国 家 精 品 课 程 配 套 教 材
国家精品资源共享课配套教材

# 医学分子生物学

## （第三版）

胡维新　刘　静　主编

科学出版社

北　京

# 内 容 简 介

由编者团队主持的"医学分子生物学"课程被评为国家精品课程及国家精品资源共享课，本书第一版、第二版作为配套教材得到了广泛好评。本次改版仍然保留了第二版的基本框架。在编写过程中，紧扣当代分子生物学发展的主题，系统地阐述了本学科的热门研究领域，根据医学分子生物学的长期教学实践，编者在第二版的基础上对有关内容进行了适当的调整。根据需要增加了部分新内容、新进展，以求更加实用。全书共有14章，第一章简要介绍了分子生物学的研究对象、发展历史及与医学的关系；第二章至第六章为分子生物学基本理论和基础知识部分；第七章至第十章介绍现代分子生物学研究策略、方法、原理及其应用；第十一章至第十四章讨论疾病产生的分子基础和分子生物学在医学领域中的应用。

本书不仅可以作为医学和相关专业本科生、研究生的教材，也可作为医学、生命科学领域从事教学、科研的教师及医务工作者的参考书。同时本书配套教学课件，供授课教师参考。

**图书在版编目（CIP）数据**

医学分子生物学 / 胡维新，刘静主编 . —3 版 . —北京：科学出版社，2021.1

国家精品课程配套教材　国家精品资源共享课配套教材

ISBN 978-7-03-066668-0

Ⅰ.①医… Ⅱ.①胡… ②刘… Ⅲ.①医学—分子生物学—医学院校—教材 Ⅳ.① Q7

中国版本图书馆 CIP 数据核字（2020）第 215825 号

责任编辑：王玉时 / 责任校对：严　娜
责任印制：赵　博 / 封面设计：蓝正设计

科 学 出 版 社 出版
北京东黄城根北街 16 号
邮政编码：100717
http://www.sciencep.com

三河市春园印刷有限公司印刷
科学出版社发行　各地新华书店经销
*

2007 年 2 月第　一　版　开本：787×1092　1/16
2021 年 1 月第　三　版　印张：24 1/2
2025 年 1 月第二十四次印刷　字数：627 000

**定价：89.00 元**
（如有印装质量问题，我社负责调换）

# 《医学分子生物学》（第三版）
# 编写委员会

# 第三版前言

分子生物学是在分子水平上研究生命物质的结构、组织和功能的一门新兴的边缘学科。分子生物学不仅是生命科学和医学科学的前沿，而且今后总的发展趋势仍然是分子生物学向医学广泛交叉、渗透和影响。由于分子生物学在医学上的不断渗透和影响，导致医学和生物学进入了分子水平，以探讨多种多样的生命现象及基因的结构与功能；基因诊断和基因治疗的开展是分子生物学在医学领域中应用的典范。PCR 的发明和发展，能在体外成百万倍地扩增 DNA 片段，使近代分子生物学技术更为简便、快速和易于普及，甚至取代了过去某些必需的基因克隆过程。即使是基因克隆，也可借助于 PCR 技术，使基因克隆的效率大大增加。由 PCR 技术衍生出许多快速、准确、简便的新技术，推动医学与分子生物学的快速发展。近年发展起来的以 CRISPR/Cas9 为代表的基因编辑技术，可以实现对基因组的精确编辑，如基因敲除、基因敲入、基因置换、基因修复、点突变等，可广泛应用于基因功能研究，在基因治疗方面也有潜在的应用价值。

以 PCR 为基础的基因诊断技术，不但可以对恶性肿瘤的基因改变进行分析，在重大刑事案件的追踪、定性和侦破中起关键作用，而且可以对各种传染病，包括寄生虫病、细菌和病毒感染性疾病进行诊断。在传染源（如冠状病毒）的发现，患者的诊断、追踪和流行病学调查中也发挥了重要作用，为有关部门的科学决策提供了重要依据。

当代分子生物学领域中具有革命性的理论和技术的渗入，彻底改变了病理学和实验医学的各个方面，采用基因水平的检测方法来进行疾病诊断。应用分子病理学的基因检测技术，揭开了认识疾病发生的分子事件。现在已经能在动物的基因组中成功地导入突变基因或利用基因剔除技术去除某一基因，从而建成转基因动物或基因剔除动物，对分子病理学发展提供了许多有益的资料。转基因动物或基因剔除动物能为疾病发生的分子机制提供明确的证据，并阐明某一特殊基因在某种疾病的发生过程中所导致的病理变化；也能提供某种疾病的整体动物模型，以便观察病情的转归，各种潜在治疗手段的效应。许多有关疾病中基因表达和基因功能的新资料和新观点，多来自对转基因动物和基因剔除动物的研究。

人们有可能利用基因编辑技术或者从某一生物体的基因组中分离某一特定功能的基因，导入另一种生物的基因组中，改变这种生物的遗传性状，或进行疾病的基因治疗。外源基因可与载体在体外进行连接，或者在基因水平上进行定向诱变，从而诞生了基因工程和蛋白质工程。生物技术也随之进入了分子水平，人们有可能按照自己的意愿和社会需求来改造基因，以制备各种具有生物活性的大分子。DNA、RNA 和蛋白质也已经成为人类防病、治病的一类新型生物制品或药物。

由编者团队主持的"医学分子生物学"课程被评为国家精品课程及国家精品资源共享课，本书第一版、第二版作为课程的配套教材受到广泛好评。根据医学分子生物学的长期教学实践，我们在第二版的基础上，与时俱进，增加了部分新内容、新进展，以求更加实用。第三版仍然保留了第二版的基本框架，在编写过程中，紧扣当代分子生物学发展的主题，系统地阐述了该学科的热门研究领域。紧密结合教学实际，对书中内容有所取舍，并且力求理论联系实际，通俗易懂，图文并茂，深入浅出。

参加本书编写的作者均为在相关领域第一线，长期从事教学和科学研究的国内知名专家、教授，既具有深厚的分子生物学理论知识，又有丰富的实践工作经验。编者不拘泥于固有的思维模式，敢于挑战，对某些热点、难点问题进行大胆探讨。本书不仅可以作为医学和相关专业本科生、研究生的教材，也可作为医学、生命科学领域从事教学、科研的教师及医务工作者的参考书。

在本书的编写过程中，曾赵军、曾海涛、吴坤陆、陈慧勇、朱敏、萧小鹃、孙曙明、熊德慧、胡景平、殷志新、陈园园、张鹏举、刘贤锡、申晓冬、林佳、漆辉洲等同志在图片制作和文字校对等方面给予大力协助，特此致谢。

由于编者水平有限，出现各种不当之处在所难免，欢迎读者在使用过程中不断批评指正。

编　者

2020 年 6 月

---

## 《医学分子生物学》（第三版）教学课件索取单

凡使用本书作为教材的主讲教师，可获赠教学课件一份。欢迎通过以下两种方式之一与我们联系。本活动解释权在科学出版社。

**1. 关注微信公众号"科学 EDU"索取教学课件**

关注 →"教学服务"→"课件申请"

**2. 填写教学课件索取单拍照发送至联系人邮箱**

科学 EDU

| 姓名： | | 职称： | | 职务： |
|---|---|---|---|---|
| 学校： | | 院系： | | |
| 电话： | | QQ： | | |
| 邮箱（重要）： | | | | |
| 通讯地址及邮编： | | | | |
| 所授课程 1： | | | 学生数： | |
| 课程对象：□研究生　□本科（　　年级）□其他 | | | 授课专业： | |
| 使用教材名称 / 作者 / 出版社： | | | | |
| 所授课程 2： | | | 学生数： | |
| 课程对象：□研究生　□本科（　　年级）□其他 | | | 授课专业： | |
| 使用教材名称 / 作者 / 出版社： | | | | |
| 其他建议： | | | | |

联系人：席慧　　咨询电话：010-64000815　　回执邮箱：xihui@mail.sciencep.com

# 目　录

第三版前言

第一章　绪论 ······················································ 1

　　第一节　分子生物学的研究对象 ······························ 1
　　　　一、分子生物学的定义 ································· 1
　　　　二、分子生物学的研究内容 ······························ 2
　　第二节　分子生物学发展简史 ································· 3
　　　　一、生物遗传物质的发现 ································· 3
　　　　二、现代分子生物学的建立 ······························ 3
　　　　三、现代分子生物学的深入发展 ·························· 5
　　第三节　分子生物学与相关学科的关系 ······················ 11
　　　　一、分子生物学与生物化学 ······························ 11
　　　　二、分子生物学与细胞生物学 ·························· 11
　　　　三、分子生物学与遗传学 ································· 12
　　　　四、分子生物学与生物技术 ······························ 12
　　第四节　分子生物学与医学未来 ······························ 13
　　　　一、分子生物在医学中的应用 ·························· 13
　　　　二、分子生物学和基础医学 ······························ 14
　　　　三、分子生物学和病理学 ································· 14
　　　　四、分子生物学和疾病诊断 ······························ 15
　　　　五、分子生物学和疾病治疗 ······························ 15

第二章　基因、基因组与基因组学 ······························ 17

　　第一节　基因的结构与功能 ································· 17
　　　　一、基因的生物学概念 ································· 17
　　　　二、基因的现代概念 ································· 18
　　第二节　基因组的结构和功能 ······························ 20
　　　　一、原核生物基因组 ································· 21
　　　　二、真核生物基因组 ································· 25
　　　　三、病毒基因组 ································· 31
　　第三节　基因组学 ································· 34
　　　　一、基因组学的研究内容 ································· 34
　　　　二、人类基因组计划及人类基因组学的研究进展 ············ 36

第四节 基因组复制 ···································· 38
　一、基因组复制的共同机制和不同特点 ········· 38
　二、原核生物基因组的复制模式 ··············· 39
　三、真核生物基因组的复制特点 ··············· 40

第三章　遗传信息的复制、转录与翻译 ·············· 41
第一节 中心法则 ······································ 41
　一、遗传信息的存储和传递 ··················· 41
　二、分子生物学中心法则 ····················· 41
第二节 DNA 的生物合成（复制） ···················· 42
　一、原核生物 DNA 的复制 ···················· 42
　二、真核生物 DNA 的复制 ···················· 49
　三、DNA 生物合成的抑制 ···················· 51
第三节 RNA 的生物合成 ······························ 52
　一、概述 ··································· 52
　二、原核生物 RNA 转录 ····················· 52
　三、真核生物 RNA 转录 ····················· 54
　四、转录产物的加工修饰 ····················· 56
第四节 蛋白质的生物合成（翻译） ·················· 59
　一、概述 ··································· 59
　二、遗传密码 ······························· 59
　三、翻译所需物质 ··························· 62
　四、tRNA 识别 mRNA 上密码子 ·············· 64
　五、翻译过程 ······························· 64
　六、蛋白质生物合成的抑制剂 ················· 68

第四章　蛋白质的加工、运输与降解 ················ 70
第一节 新生肽链的折叠 ······························ 70
　一、新生肽链的折叠加工 ····················· 70
　二、分子伴侣 ······························· 71
　三、影响新生肽链折叠的酶类 ················· 73
　四、新生肽链错误折叠所致的疾病 ············· 75
第二节 蛋白质亚基的聚合与组装 ···················· 76
　一、亚基的聚合与组装过程 ··················· 76
　二、蛋白质寡聚化的优越性 ··················· 77
　三、与组装错误有关的疾病 ··················· 77
第三节 蛋白质翻译后的修饰 ························ 77
　一、肽链水解 ······························· 78
　二、辅基结合 ······························· 79

三、氨基酸残基的共价修饰 79
四、蛋白质分子中二硫键的形成 86
五、蛋白质修饰异常所致的疾病 87
第四节　蛋白质的运输和定位 87
一、分泌型蛋白和膜蛋白的运输和定位 88
二、细胞内蛋白质靶向定位 90
三、蛋白质定位紊乱所致的疾病 94
第五节　细胞内蛋白质的降解 95
一、影响蛋白质降解的因素 95
二、蛋白质降解的途径 96
三、蛋白质降解异常所致的疾病 98

第五章　基因表达调控 99
第一节　原核生物基因表达的特点及调控 99
一、原核生物基因表达的特点 99
二、原核生物基因表达的各种调控 100
第二节　真核生物基因表达的特点及调控 110
一、真核生物基因表达的特点 110
二、真核生物基因表达的各种调控 110
第三节　非编码 RNA 调控 121
一、小非编码 RNA 121
二、长链非编码 RNA 123
第四节　基因表达的调控网络与协同控制 124
一、转录调控物的活性调节 124
二、转录因子调节基因表达的方式 124
三、转录过程与 mRNA 前体的加工协调 125
四、mRNA 出核运输与 mRNA 前体的加工和转录过程偶联 126
五、基因表达调控发生在多个环节 127
六、珠蛋白基因表达的精确时空调控 127

第六章　DNA 损伤与修复的分子机制 130
第一节　DNA 损伤的原因与后果 130
一、DNA 分子的自发性损伤 130
二、物理因素引起的 DNA 损伤 131
三、化学因素引起的 DNA 损伤 132
四、DNA 损伤的后果 132
五、DNA 损伤的检测和与 DNA 损伤相关的蛋白质 133
第二节　DNA 修复 133
一、错配修复 134

二、碱基切除修复 ……………………………………………… 135

三、核苷酸切除修复 …………………………………………… 136

四、重组修复 …………………………………………………… 138

五、直接修复 …………………………………………………… 140

六、跨损伤修复 ………………………………………………… 140

七、线粒体损伤和修复 ………………………………………… 141

八、DNA 损伤修复缺陷性疾病 ………………………………… 141

第七章　基因结构与表达分析的基本技术 …………………………… 142

第一节　DNA 序列分析技术 ………………………………………… 142

一、双脱氧核苷酸末端终止法 ………………………………… 142

二、化学降解法 ………………………………………………… 144

三、DNA 序列分析的自动化 …………………………………… 145

四、新一代 DNA 测序技术发展 ………………………………… 146

第二节　核酸分子杂交技术 ………………………………………… 148

一、核酸分子杂交的原理 ……………………………………… 148

二、Southern 印迹杂交 ………………………………………… 149

三、Northern 印迹杂交 ………………………………………… 150

四、斑点杂交和狭缝印迹杂交 ………………………………… 150

五、原位分子杂交 ……………………………………………… 150

六、液相杂交 …………………………………………………… 150

第三节　聚合酶链反应 ……………………………………………… 152

一、PCR 反应的基本原理 ……………………………………… 152

二、耐热 DNA 聚合酶 …………………………………………… 153

三、PCR 引物及设计原则 ……………………………………… 155

四、PCR 反应条件的优化 ……………………………………… 156

五、常用的 PCR 改进技术 ……………………………………… 157

第四节　基因芯片和微阵列技术 …………………………………… 163

一、芯片制备 …………………………………………………… 163

二、样品制备与杂交反应 ……………………………………… 164

三、DNA 芯片技术的主要应用 ………………………………… 165

第五节　Western 免疫印迹技术 …………………………………… 166

第六节　基因结构与表达分析的其他技术 ………………………… 167

一、cDNA 末端快速扩增技术 ………………………………… 167

二、限制性片段长度多态性和 PCR-RFLP 分析 ……………… 168

三、PCR 产物单链构象多态性分析 …………………………… 169

四、PCR-ELISA ………………………………………………… 169

**第八章　基因克隆与基因体外表达** ………………………………………… 170

　第一节　基因克隆的工具酶 …………………………………………………… 170

　　一、限制性内切核酸酶 ……………………………………………………… 170

　　二、其他常用的工具酶 ……………………………………………………… 172

　第二节　基因克隆的载体 ……………………………………………………… 174

　　一、常用的克隆载体 ………………………………………………………… 174

　　二、表达载体 ………………………………………………………………… 178

　第三节　基因克隆的基本过程 ………………………………………………… 179

　　一、目的基因的获得 ………………………………………………………… 179

　　二、载体的选择与准备 ……………………………………………………… 180

　　三、DNA 分子的体外连接 …………………………………………………… 180

　　四、重组 DNA 导入宿主细胞 ……………………………………………… 182

　　五、目的基因的筛选与鉴定 ………………………………………………… 183

　第四节　真核细胞转染 ………………………………………………………… 186

　　一、真核细胞转染的方法与基本原理 ……………………………………… 186

　　二、转染细胞的筛选 ………………………………………………………… 186

　第五节　基因的改造 …………………………………………………………… 187

　　一、基因定点突变技术 ……………………………………………………… 188

　　二、基因定点突变技术的应用 ……………………………………………… 190

　第六节　克隆基因的表达 ……………………………………………………… 191

　　一、大肠杆菌表达系统 ……………………………………………………… 191

　　二、哺乳动物细胞表达系统 ………………………………………………… 192

　　三、其他表达系统 …………………………………………………………… 193

　第七节　电子克隆 ……………………………………………………………… 194

**第九章　基因功能研究的基本策略** ………………………………………… 195

　第一节　动物转基因技术的原理与方法 ……………………………………… 195

　　一、动物转基因技术的基本原理 …………………………………………… 196

　　二、基因转移方法 …………………………………………………………… 196

　　三、转基因动物的检测 ……………………………………………………… 200

　　四、转基因动物的应用 ……………………………………………………… 201

　第二节　动物基因敲除技术的原理与方法 …………………………………… 202

　　一、构建基因敲除动物的基本原理和操作流程 …………………………… 202

　　二、Cre/loxP 系统 …………………………………………………………… 203

　　三、基因打靶的基本方案和策略 …………………………………………… 205

　　四、基因敲除小鼠的建立与鉴定 …………………………………………… 210

　　五、基因敲除动物的应用 …………………………………………………… 213

第三节 细胞模型的建立与特定基因功能研究 …………………………………… 213
　一、细胞模型中过表达特定基因 ………………………………………………… 213
　二、抑制或沉默基因表达 ………………………………………………………… 214
　三、基于 CRISPR/Cas 技术敲除基因表达 ……………………………………… 217

第十章　蛋白质组学的研究方法和疾病蛋白质组学 ……………………………… 221
第一节 蛋白质组学的概念及其发展史 …………………………………………… 221
　一、蛋白质组学的概念 …………………………………………………………… 221
　二、蛋白质组学的产生与发展 …………………………………………………… 221
第二节 蛋白质组学的研究方法 …………………………………………………… 222
　一、蛋白质组表达模式的研究方法 ……………………………………………… 223
　二、蛋白质组功能模式的研究方法 ……………………………………………… 230
第三节 蛋白质组学在疾病研究中的应用 ………………………………………… 239
　一、疾病蛋白组学的诞生 ………………………………………………………… 239
　二、疾病蛋白质组学的发展 ……………………………………………………… 240

第十一章　疾病产生的分子基础 …………………………………………………… 246
第一节 基因结构改变引起的疾病 ………………………………………………… 246
　一、不同的分子机制产生不同类型的基因突变 ………………………………… 246
　二、基因突变引起的遗传学效应 ………………………………………………… 249
　三、结构基因改变导致的疾病 …………………………………………………… 251
　四、调控序列变异导致基因表达水平变化引起疾病 …………………………… 255
　五、单核苷酸多态性与疾病的发生发展相关 …………………………………… 255
第二节 细胞间异常信号导致基因表达异常引起的疾病 ………………………… 256
第三节 细胞内因素导致基因表达异常引起的疾病 ……………………………… 257
　一、细胞内信号异常导致基因表达异常 ………………………………………… 257
　二、DNA 甲基化异常导致基因表达异常 ……………………………………… 258
　三、组蛋白异常修饰 ……………………………………………………………… 258
　四、非编码 RNA 引起基因表达改变 …………………………………………… 259
第四节 翻译后加工运输障碍引起的疾病 ………………………………………… 259
第五节 蛋白质降解异常引起的疾病 ……………………………………………… 260
第六节 病原生物基因引起的疾病 ………………………………………………… 262
第七节 通过结构、表达及功能分析研究疾病分子机制 ………………………… 262
　一、基因结构变异分析 …………………………………………………………… 262
　二、基因表达水平分析 …………………………………………………………… 265
　三、基因功能研究 ………………………………………………………………… 268

第十二章　基因诊断的原理与应用 ………………………………………………… 274
第一节 基因诊断学基础 …………………………………………………………… 274

一、基因诊断的概念及特点 ································· 274

二、基因诊断常用的分子生物学技术 ····················· 275

三、基因诊断技术路线和方法选择 ······················· 282

第二节　遗传病的基因诊断 ······························· 285

一、血红蛋白病基因诊断 ······························· 286

二、血友病基因诊断 ··································· 288

三、脆性 X 综合征基因诊断 ····························· 289

第三节　传染病基因诊断 ································· 291

一、病毒性疾病基因诊断 ······························· 291

二、细菌性疾病基因诊断 ······························· 292

三、寄生虫病基因诊断 ································· 292

四、其他应用 ······································· 293

第四节　恶性肿瘤基因诊断 ······························· 293

一、原癌基因与抑癌基因检测 ··························· 293

二、常见恶性肿瘤基因诊断 ····························· 294

第五节　基因检测在药效评价和指导个体化用药的应用 ········· 296

一、临床药物疗效评价 ································· 296

二、指导个体化用药 ··································· 297

第六节　基因诊断在法医学上的应用 ······················· 297

一、DNA 指纹与多态性遗传标记 ························· 297

二、短串联重复序列 ··································· 298

三、Y 染色体上的 STR 基因座 ··························· 298

四、STR 微卫星标记和亲权鉴定 ························· 298

**第十三章　基因治疗的原理与应用研究** ··················· 300

第一节　基因治疗的基本策略 ····························· 300

一、基因置换 ······································· 300

二、基因添加 ······································· 301

三、基因干预 ······································· 301

四、自杀基因治疗 ··································· 301

五、基因免疫治疗 ··································· 302

第二节　基因转移的基本技术 ····························· 303

一、病毒介导的基因转移系统 ··························· 303

二、非病毒介导的基因转移系统 ························· 308

第三节　基因干预 ····································· 309

一、反义 RNA ······································· 309

二、RNA 干扰 ······································· 311

三、核酶 ········································· 313

第四节　治疗基因的受控表达 ····························· 315

一、基因内部的调节机制 …………………………………………………………… 316

二、基因外部的调节机制 …………………………………………………………… 316

三、利用病灶微环境使治疗基因特异性表达 …………………………………… 317

四、治疗基因的诱导表达 …………………………………………………………… 317

第五节　基因治疗的应用研究 ……………………………………………………… 318

一、遗传病的基因治疗研究 ……………………………………………………… 318

二、恶性肿瘤的基因治疗研究 …………………………………………………… 320

三、病毒性疾病的基因治疗研究 ………………………………………………… 323

四、其他疾病的基因治疗研究 …………………………………………………… 324

第六节　基因治疗的前景与问题 ………………………………………………… 325

第十四章　肿瘤分子生物学 ………………………………………………………… 327

第一节　肿瘤发生的分子基础 …………………………………………………… 327

一、多因素启动癌变的分子基础 ………………………………………………… 328

二、多基因参与癌变的作用规律 ………………………………………………… 332

三、多阶段递进性癌变的分子依据 ……………………………………………… 342

第二节　肿瘤转移的分子基础 …………………………………………………… 343

一、肿瘤转移相关因子 …………………………………………………………… 343

二、肿瘤转移相关基因 …………………………………………………………… 346

三、肿瘤转移相关机制 …………………………………………………………… 347

第三节　肿瘤靶向治疗的分子基础 ……………………………………………… 349

一、分子靶向治疗靶标 …………………………………………………………… 349

二、分子靶向治疗药物 …………………………………………………………… 352

三、分子靶向治疗原则 …………………………………………………………… 354

四、分子靶向治疗耐受 …………………………………………………………… 355

主要参考文献 ………………………………………………………………………… 358

索引 …………………………………………………………………………………… 367

# 第一章　绪　论

　　分子生物学是在分子水平上研究生命现象、生命活动及其规律的一门新兴学科。它以核酸和蛋白质等生物大分子的结构、功能及其在细胞信号转导中的作用为研究对象，与其他学科广泛交叉与渗透。由于分子生物学以其崭新的观点和技术对其他学科进行了全面渗透，推动了细胞生物学、遗传学、发育生物学、神经生物学等学科向分子水平的方向发展，使它们已不再是原来的经典学科，而成为生命科学的前沿。尽管生命现象在数以百万计的不同种属生物中的表现形式多种多样和千姿百态，但生命活动的本质在不同生物中却是高度一致的。例如，绝大多数生物遗传的分子基础取决于DNA；除少数例外，遗传密码在整个生命世界中都是一致的。分子生物学开辟了研究各种不同种属生物的生命现象的最基本、最重要的途径。分子生物学的发展为人类认识生命现象带来了前所未有的机遇，也为人类利用和改造生物创造了极为广阔的前景。

## 第一节　分子生物学的研究对象

### 一、分子生物学的定义

　　生命科学的发展经历了从生物的表型到基因型，从整体水平到细胞水平，再到分子水平的漫长过程。图1-1形象地描述了生命科学发展的历程，即经历了从整体水平、细胞水平到分子水平三个层次。细胞是生命机体构建的基本单位（病毒等生物体例外），活的细胞具有遗传、变异、生长、增殖、分化、衰老及凋亡等基本特征，这些生命的特征是一系列极其复杂但又井然有序的化学反应链，是细胞本身及其制造的生物大分子（核酸及蛋白质等）相互作用的结果。不同生命机体具有不同的遗传特征，遗传特征取决于特异基因。而所谓基因就是携带有遗传信息的DNA片段，遗传信息是指DNA片段中的核苷酸特异序列，它们编码蛋白质多肽链中氨基酸序列。人类每个细胞中的全部遗传信息均包含在24条（或23对）染色体及线粒体上，由30亿对核苷酸组成，总共编码2.5万～3万个不同的基因。但在不同细胞中，哪些基因表达、如何表达、表达量多少，又与基因本身及其旁侧DNA序列和蛋白质（DNA结合蛋白）有极为密切的关系。

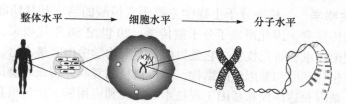

整体水平 ⟶ 细胞水平 ⟶ 分子水平

图 1-1　从整体水平到分子水平的示意图

　　分子生物学技术是由传统生物化学、生物物理学、细胞生物学、遗传学、应用微生物学及免疫学等各专业技术的渗透、综合而形成的，同时包含了数学、化学、物理学、计算机科学和信息学技术的广泛渗入，并在此基础上发明和创造了一系列新的技术，如DNA及

RNA 的印迹转移、核酸分子杂交、DNA 克隆或重组 DNA、基因体外扩增、DNA 测序、基因编辑等，形成了独特的重组 DNA 技术及其相关技术。重组 DNA 技术和其他分子生物学技术的发明和应用，带动了整个生命科学的发展。重组 DNA（recombinant DNA）技术是现代分子生物学技术的核心，又称为基因操作（gene manipulation）、分子克隆（molecular cloning）、基因克隆（gene cloning）或基因工程（gene engineering）等。这些名词彼此间存在某些微小的差别，在不同情况和不同条件下常常交换使用。这种技术的不同名词只不过是人们对"基因操作"的不同理解，但对基因操作或重组 DNA 有其明确的定义。一般将"基因操作"定义为：通过任何方法在细胞外构建的 DNA 分子（或片段）插入病毒、质粒或其他载体系统，形成遗传物质的重新组合，并使它们能够进入宿主细胞内；虽然它们在天然宿主中并不存在，但能在其中继续扩增。而"重组 DNA 技术"狭义上也具有"基因操作"相同的含义，但它涉及的范围更广泛，甚至用以泛指分子生物学中与 DNA 水平研究有关的技术。分子生物学技术还包括研究蛋白质一级结构、二级结构和三级结构与功能分析的技术。

1953 年，沃森（Watson）和克里克（Crick）提出了 DNA 双螺旋结构模型，从此开创了现代分子生物学的新纪元。经典遗传学中的决定生物遗传性状的基本单位——基因，其化学本质就是一个 DNA 片段。DNA 印迹转移、核酸分子杂交、基因重组、DNA 体外扩增和序列分析等技术，使得对 DNA 分子进行体外操作和分析成为可能。特别是 1985 年 K. Mullis 发明的聚合酶链反应（PCR），可在体外将 DNA 大量扩增，并使 DNA 操作技术更为简便，所需样品更微量。过去难以诊治的遗传性疾病和某些常见病，以及各种生命现象（包括生命的起源和演化、生长和发育、遗传与变异、细胞增殖、分化、凋亡及自噬等）的机制有可能在分子基础（核酸与蛋白质）上进行研究。分子生物学已成为当代生命科学研究中的核心前沿和推动整个生命科学发展的重要基础。

## 二、分子生物学的研究内容

由于分子生物学涉及研究和认识生命的本质，它已广泛渗透到医学科学各个领域，成为现代医学的理论和研究基础。在医学各个学科中，包括生理学、微生物学、免疫学、病理学、药理学及临床各学科都与分子生物学有着广泛的交叉与渗透，在研究内容上也有着广泛的交叉，从而大大促进了医学的发展。

分子生物学主要研究生物大分子的结构、功能，以及生物大分子之间的相互作用及其与疾病发生、发展的关系。分子生物学的研究内容主要包括以下三个方面。

**1. 核酸分子生物学**　　核酸分子生物学主要研究核酸的结构及其功能。核酸的主要作用是携带和传递遗传信息，因此形成了分子遗传学。20 世纪 50 年代以来，分子遗传学已形成了比较完整的理论体系和研究技术，它是目前分子生物学中内容最丰富、研究最活跃的一个领域。研究内容包括基因和基因组的结构，遗传信息的复制、转录与翻译，核酸信息的储存、修复与突变，基因表达调控和基因工程技术的发展和应用等。遗传信息传递的中心法则是其理论体系的核心部分。

**2. 蛋白质分子生物学**　　DNA 分子中虽然储存了生命活动的各种信息，但生命活动的执行者则是蛋白质。蛋白质分子生物学主要研究蛋白质的结构与功能。尽管人类对蛋白质的研究比对核酸研究的历史要长得多，但由于其研究难度较大，与核酸分子生物学相比，蛋白质分子生物学发展仍较慢。近年来虽然在认识蛋白质的结构与功能关系方面取得了一些进展，但是对其基本规律的认识仍缺乏突破性进展。

**3. 细胞信号转导分子生物学** 细胞信号转导分子生物学主要研究细胞内、细胞间信息传递的分子基础。构成生物体的每一个细胞的分裂与分化及其他生物学功能，均依赖于外界环境所产生的各种信号。在这些外源信号的刺激下，细胞可以将这些信号通过第二信使转变成一系列生物化学变化。例如，蛋白质构象的转变、蛋白质分子的磷酸化、蛋白质与蛋白质之间及蛋白质与核酸之间的相互作用等，从而使细胞的增殖、分化及分泌状态等发生改变，以适应细胞内外环境的需要。信号转导研究的目的主要是阐明这些变化的分子机制，明确每一条信号转导途径及参与该途径的所有分子间的相互作用和调节方式，以及认识各种途径间的网络控制系统。信号转导机制的研究在理论和技术方面与核酸和蛋白质的功能研究有紧密的联系，是当前分子生物学中发展最迅速、最热门的领域之一。

# 第二节 分子生物学发展简史

## 一、生物遗传物质的发现

早在 1868 年，F. Miescher 就从脓细胞中分离出细胞核。他用稀碱抽提再加入酸，得到了一种含氮和磷特别丰富的物质，当时称其为核素（nuclein）。1872 年，他又在鲑鱼精子细胞核中发现了大量的这类物质。由于这类物质都是从细胞核中提取出来的，而且又呈酸性，故称其为核酸（nucleic acid）。

早期实验证明，核酸是由嘌呤碱、嘧啶碱、戊糖和磷酸组成的高分子物质。同时还发现，胸腺及许多其他动物组织细胞的核酸中所含有的戊糖都是 D-脱氧核糖，称这类核酸为"脱氧核糖核酸"（DNA）；而酵母及多种植物细胞中所含的戊糖都是 D-核糖，称这类核酸为"核糖核酸"（RNA）。这些发现是核酸研究中的重要成果，但也给人们带来了一些错觉，以至长期以来，人们误认为 DNA 只存在于动物组织，而 RNA 只存在于植物组织，而且二者都只存在于细胞核。直到 20 世纪 40 年代，这些事实才被逐步澄清。

自核酸被发现以来的相当长一段时期内，对它的生物学功能几乎毫无所知。直到 1944 年，O. T. Avery 等将 S 型肺炎双球菌（外面有一层多糖荚膜）中提取的 DNA 与 R 型肺炎双球菌（外面没有荚膜）一起温育，可使 R 型肺炎双球菌转化为 S 型肺炎双球菌，而且还能传代，表明肺炎双球菌的 DNA 与其转化和遗传有关。1952 年，A. D. Hershey 和 M. Chase 用 $^{35}S$ 和 $^{32}P$ 分别标记 T2 噬菌体的蛋白质和核酸，将其感染大肠杆菌。在大肠杆菌细胞内增殖的噬菌体中都只含 $^{32}P$ 而不含 $^{35}S$，这表明噬菌体的增殖直接取决于 DNA 而不是蛋白质。这些实验充分证明了 DNA 是遗传的物质基础。

在对 DNA 结构的研究上，1949～1952 年，S. Furbery 等应用 X 射线衍射分析阐明了核苷酸并非平面的空间构象，提出了 DNA 是螺旋形结构；1948～1953 年，E. Chargaff 等用新的层析和电泳技术分析了组成 DNA 的碱基和核苷酸量，积累了大量的数据，提出了 DNA 碱基组成含量比 A=T、G=C 的 Chargaff 规则，为碱基配对的 DNA 结构打下了基础。

## 二、现代分子生物学的建立

1950 年 W. T. Astbury 在一次题为 "Adventures in Molecular Biology" 的讲演中首先使用

了"分子生物学"这一术语，用以说明它研究的是生物大分子的化学和物理学结构。但现代分子生物学并不是从那时开始的，因为分子生物学创始的里程碑是在 1953 年 J. D. Watson 和 F. H. Crick 提出的"DNA 双螺旋结构学说"以后。该学说启动了分子生物学及重组 DNA 技术的发展，开创了分子遗传学基本理论建立和发展的黄金时代。DNA 双螺旋发现的最深刻意义在于：确立了核酸作为信息分子的结构基础；提出了碱基配对是核酸复制、遗传信息传递的基本方式，从而最终确定了核酸是遗传的物质基础，为认识核酸与蛋白质的关系及其在生命活动中的作用打下了最重要的基础。20 世纪 50 年代至 70 年代为 DNA 和遗传信息的研究和认识阶段，其主要进展包括以下几个方面。

（1）1953 年，Watson 和 Crick 通过分析 DNA 的 X 射线衍射数据，提出 DNA 分子的双螺旋结构模型，并在 Nature 杂志上发表了一篇震动生物学界的论文"脱氧核糖核酸的结构"。根据这一模型，DNA 的二级结构是由两条平行但方向相反的多核苷酸链组成，两条链由氢键相连，如同一架梯子。每一条多核苷酸链由脱氧核糖、磷酸和碱基组成。组成 DNA 的碱基有四种：腺嘌呤（A）、鸟嘌呤（G）、胸腺嘧啶（T）和胞嘧啶（C）。在两条平行链上，A-T、G-C 配对，DNA 分子中嘌呤数与嘧啶数相等，即 A=T、G=C。四种碱基可任意排列，形成无数种排列方式。数周后他们又发表了第二篇论文，对 DNA 复制过程作了更详尽的阐明。Watson 和 Crick 的 DNA 双螺旋结构学说已普遍地被视为分子生物学发展的最主要里程碑，也是分子生物学及其技术的重要理论基础。

（2）在发现 DNA 双螺旋结构的同时，Watson 和 Crick 还提出了 DNA 复制的可能模型。其后在 1956 年 A. Kornbery 首先发现了 DNA 聚合酶；1958 年，M. Meselson 及 F. W. Stahl 提出了 DNA 半保留复制模型；1968 年，R. Okazaki（冈崎）等提出了 DNA 不连续复制模型；并于 1972 年证实了 DNA 复制开始时需要短 RNA 片段作为引物，在 RNA 引物基础上分段合成 DNA 片段，这个不连续的 DNA 片段被称为"冈崎片段"（Okazaki fragment）；20 世纪 70 年代初科学家获得了 DNA 拓扑异构酶，并对真核 DNA 聚合酶特性做了分析研究。这些都逐渐完善了对 DNA 复制机制的认识。1958 年，S. B. Weiss 及 J. Hurwitz 等发现了依赖于 DNA 的 RNA 聚合酶；1961 年 B. D. Hall 等用 RNA-DNA 杂交证明了 mRNA 与 DNA 序列互补。这些工作使 RNA 转录合成的机制得以逐步阐明。

（3）20 世纪 50 年代初，P. C. Zamecnik 等在形态学和亚细胞组分实验中发现微粒体（microsome）是细胞内蛋白质合成的部位；1957 年，M. B. Hoagland、P. C. Zamecnik 及 M. L. Stephenson 等分离出 tRNA，并对它们在合成蛋白质中转运氨基酸的功能提出了假设；1961 年，S. Brenner 及 P. R. Gross 等观察了在蛋白质合成过程中 mRNA 与核糖体的结合；1963 年，R. W. Holley 从酵母中提取了丙氨酰转移核糖核酸（tRNA），它可以根据 mRNA 序列寻找对应的氨基酸，在核糖体上合成蛋白质，mRNA 的密码子不能直接选择氨基酸，而是依靠 tRNA 结构中的反密码子来识别 mRNA 的密码，并通过氨酰 tRNA 合成酶连接相应的氨基酸。1965 年，Holley 测定了 tRNA 核苷酸序列。1961 年，M. W. Nirenberg、H. G. Khorana 等几组科学家的共同努力破译了 RNA 上编码合成蛋白质的遗传密码，证明 DNA 分子中的遗传信息是以三联密码的形式贮存，他们将人工合成的多聚尿嘧啶核苷酸（poly U）加至分离的核糖体中，同时加入标记的氨基酸，发现仅苯丙氨酸渗入到合成的多肽——聚苯丙氨酸中，因此设想 UUU 三联体是苯丙氨酸的遗传密码或密码子（codon）。随后证明 AAA 是赖氨酸的密码子，最后全部破译了 20 种氨基酸的密码子，并确定 UAG、UGA 和 UAA 是肽链合成的终止信号，称为"终止密码"，从而认识了蛋白质翻译合成的基本过程。随后研究证明这套遗传密码在生物界具有通用性。以上这些重要发现共同建立了以中心法则为基础的分子遗传学基本理论体系。1970年，H. M. Temin 和 D. Baltimore 同时从鸡 Rous 肉瘤病毒（Rous sarcoma virus，RSV）颗粒中发现了以 RNA 为模板合成 DNA 的反转录酶，进一步补充了遗传信息传递的中心法则。

人们认识到遗传信息存在于 DNA 分子中，纠正了长期将染色体上蛋白质看成是遗传信息的携带者的错误观点。从 DNA 双螺旋结构的发现和遗传密码的破译，到 1978 年体外首次成功地人工合成了第一个完整基因，经历了近 30 年，人们才真正认识到，孟德尔在 1865 年发现的遗传因子（基因）的化学本质即是 DNA 分子，而且基因或 DNA 分子竟是多种多样生命现象的物质基础——蛋白质编码的模板。从此 DNA 成为生命物质最本质的分子基础和打开认识生命现象之谜的钥匙，为分子生物学的进一步发展奠定了坚实的理论基础。

（4）与此同时，对蛋白质结构与功能的研究也在进行。1956 年，C. B. Anfinsen 等根据对酶蛋白的变性和复性实验，首次提出蛋白质的三维空间结构是由其氨基酸序列来确定的。1958 年，V. M. Ingram 证明正常的血红蛋白与镰状细胞溶血症患者的血红蛋白之间，其 β 亚基的肽链上仅有一个氨基酸残基的差别，使人们对蛋白质一级结构的改变影响其功能产生了深刻的印象。蛋白质的研究方法也得到了很大改进。1969 年，K. Weber 首先使用十二烷基磺酸钠（SDS）-聚丙烯酰胺凝胶电泳测定蛋白质分子质量；20 世纪 60 年代先后分析了血红蛋白（Hb）、核糖核酸酶 A（RNase A）等一批蛋白质的一级结构；1973 年，氨基酸序列自动分析仪问世，大大加快了蛋白质的结构和功能的研究。中国科学家在 1965 年人工合成了牛胰岛素；1973 年又用 1.8Å X 射线衍射分析法测定了牛胰岛素的空间结构，为认识蛋白质的结构做出了贡献。

### 三、现代分子生物学的深入发展

#### （一）重组 DNA 技术的发明

限制性内切核酸酶、反转录酶、连接酶等一些工具酶相继被发现，以及 DNA 序列分析技术的建立，为重组 DNA 技术的发展奠定了坚实的基础。随后又发明了分子克隆，即重组 DNA 技术，并构建了可用于分子克隆的载体，发明了 DNA 印迹杂交技术、聚合酶链反应技术等，初步形成了一整套分子生物学技术。

**1. 基因克隆工具酶的发现** 1970 年，H. O. Smith 在微生物中发现了一组目前称为限制性内切核酸酶的酶类，简称限制性内切酶或限制酶（restriction enzyme）。这类酶具有很高的特异性，要求切割的 DNA 分子具有 4~6 个特定核苷酸序列的回文结构。因其特异性高，被人们称之为"核酸分子手术刀"。这一发现意味着人们有可能制备某种一定分子质量大小的 DNA 片段，并可使含有某种特定基因的片段与其他 DNA 片段分离。限制酶的发现在重组 DNA 技术中有巨大的应用价值。迄今为止，已发现了数百种限制酶。同时，Temin 等从 Rous 肉瘤病毒（一种反转录病毒）中发现了一种反转录酶（reverse transcriptase），它是依赖于 RNA 的 DNA 聚合酶（RNA-dependent DNA polymerase），能催化以 RNA 为模板合成双链 DNA 的酶促反应，其产物为 cDNA（complementary DNA）。可以用它进行 cDNA 克隆和制备探针，也可用做定量分析基因表达水平，进行 cDNA 序列分析，由此推导出其编码蛋白质的氨基酸序列。

**2. DNA 片段的体外连接** 1972 年，P. Berg 和 D. A. Jackson 等首次将两个不同生物体来源的，并经限制酶切割的 DNA 片段，在 DNA 连接酶的作用下进行连接（或重组），产生了第一个重组 DNA 分子，此过程现称为分子克隆（molecular cloning）。分子克隆是指将外源 DNA 片段连接并插入 DNA 载体（vector）中，使一个基因或 DNA 片段产生很多相同拷贝的过程。这个过程也称为"重组 DNA 技术"或"基因操作"，它是在 DNA 分子水平研究基因结构、表达和功能的一种关键技术。

**3. 质粒的构建** 1973 年，S. Cohen 构建了第一个可用于 DNA 分子克隆的载体——质粒（plasmid），称为 pSC101（p 代表质粒，SC 代表构建创始者姓氏缩写，数字代表实验编号）。质粒是存在于细菌染色体外、能自我复制和稳定遗传的环状 DNA 双链分子。用于基因克隆的质粒均经过改造，去掉了质粒分子中与其本身复制无关的部分，并加入多个限制酶的酶切位点序列（多克隆位点）和抗某种（些）抗生素的抗性基因。最早且最常用的质粒有 pBR322，此质粒由 F. Bolivar 和 R. L. Rodriguez 构建，它有数个限制酶的酶切位点及抗四环素和抗氨苄青霉素的抗性基因。

**4. 核酸杂交技术** 1969 年，M. L. Pardue 等首先建立了细胞原位杂交技术。1975 年，E. M. Southern 发明了一种印迹杂交技术，或称为 Southern 印迹或 Southern 转移技术，使人们有可能从生物体的任何细胞中提取基因组 DNA，并从中鉴别出某一特异的基因片段或核苷酸序列。其操作的主要步骤包括：①用一种或数种限制酶消化基因组 DNA；②用琼脂糖凝胶电泳分离酶切 DNA 片段；③在凝胶上将被分离的 DNA 片段，用印迹转移技术转移至固相支持物（如硝酸纤维素滤膜或尼龙膜）上；④用 $^{32}P$（或其他标记物）标记的已知特异 DNA 探针或 RNA 探针，根据碱基互补规律，与膜上的待测 DNA 片段进行分子杂交；⑤洗净游离探针后，将滤膜进行放射自显影，即可从曝光区带鉴定出某一已知基因片段。1977 年 J. C. Alwine 等发明了 Northern 印迹杂交技术，用于样品中某种 mRNA 分子的定量和分子质量大小的测定。其原理是 RNA 分子在变性琼脂糖凝胶中电泳，按分子质量大小不同而相互分离，然后用与 Southern 转移技术类似的方法，进行转膜、标记探针、杂交、放射自显影。

**5. DNA 序列分析技术** 1977 年，剑桥大学 F. Sanger 等创建了双脱氧末端终止法测定 DNA 序列，同时美国 I. Maxam 和 W. Gilbert 发明了化学裂解法或部分降解法测定 DNA 序列。从此有可能对某一 DNA 片段的一级结构或序列进行分析，从而导致一系列重大发现，包括：①断裂基因（split gene）的发现，证明真核细胞的基因不是连续的 DNA 片段；②前体 mRNA 分子的剪接（或拼接），去除内含子序列，连接成熟的 mRNA；③发现单基因遗传病的基因结构变异；④从 cDNA 序列推导出蛋白质的一级结构；⑤根据 DNA 序列合成基因，并与质粒载体连接，使之在细菌中表达，合成活性蛋白质，开创了基因工程。目前 DNA 序列分析已经实现了自动化和高通量（high throughput）测序，应用最多的仍是 20 世纪 80 年代中期发展起来的、以凝胶电泳为基础、结合双脱氧末端终止法的测序技术。

**6. 聚合酶链反应** 1985 年，K. Mullis 首创了聚合酶链反应（polymerase chain reaction，PCR）技术。该技术在体外模拟细胞内 DNA 的复制过程，进行体外"基因扩增"。

PCR 是一种特异性 DNA 序列的酶促合成方法，利用两个特异性寡核苷酸片段作为引物，以目的 DNA 序列为模板，通过变性、退火和延伸三个步骤组成的循环周期，进行特异

DNA 片段的合成。每一个循环周期所合成的 DNA 产物又可用作下一个周期的模板，故目的 DNA 的拷贝数呈指数增加，仅 20 个周期，其产物便可增加约百万倍（$2^{20}$）。最初的 PCR 技术采用 Klenow 片段（Klenow fragment）进行 DNA 合成，其最佳温度为 37℃。因它不耐热，在每个周期的变性反应中被高温灭活，因此不得不在每一周期添加新的酶，给实验带来不便。1988 年，科学家在温泉耐高温细菌 *Thermus aquaticus*（*Taq*）中分离出耐热的 DNA 聚合酶（*Taq* DNA 聚合酶），使 PCR 实验变得更为简单、方便。自动热循环仪的问世及多种具有新功能的耐热 DNA 聚合酶的发现（详见相关章节），为更广泛推广、应用该技术创造了条件，特别是应用 PCR 技术在临床医学中进行基因诊断及在生命科学研究中进行快速基因克隆。

（二）分子生物学技术的应用与发展

由于重组 DNA 技术广泛应用于生命科学中基因水平的研究，并渗透至医学各个领域，出现了许多冠以"分子"命名的新学科，使整个医学逐渐形成了"生物医学"或"分子医学"。而分子生物学的广泛渗透和应用，反过来又推动了重组 DNA 技术和分子生物学本身的发展。有关这方面的研究进展事例不胜枚举。现仅就具有重大历史意义、影响广泛深远的主要事件简述如下。

**1. 癌基因的发现** 1975 年，J. M. Bishop 和 H. E. Vermus 在 Rous 肉瘤病毒中首次发现了第一个癌基因——*src*。同时证明 *src* 基因不是 Rous 肉瘤病毒所固有的，而是来自宿主细胞基因组，在所有小鸡细胞中都有其同源副本。后来将宿主细胞基因组中的癌基因称为原癌基因（proto-oncogene）或细胞癌基因（cellular oncogene，c-onc），而将反转录病毒中的癌基因称为病毒癌基因（v-oncogene，v-onc）。细胞中的原癌基因是一类与真核生物生长、分化和调控有关的基因。这项发现在癌症发生机制的研究中具有十分重要意义，Bishop 和 Vermus 因此而荣获 1989 年诺贝尔生理学或医学奖。

**2. 基因诊断** 1976 年，Y. W. Kan 应用分子杂交技术，用 cDNA 探针进行溶液杂交，检测 α 珠蛋白基因有无缺失，首次成功地进行了一例 α 珠蛋白合成障碍性贫血（又称为 α 地贫）纯合子胎儿（胎儿水肿）的产前诊断。这也是首例单基因遗传疾病的基因诊断。

**3. 基因组文库的建立** 1978 年，O. Smithies 等建立了第一个人类基因组文库（genomic library）。基因组文库是指将某种生物体全部基因组 DNA 序列克隆至有关载体中，它包含该种属基因组 DNA 中的全部遗传信息，每个克隆均随机包含一个或多个基因的大片段。这项技术为从基因组中分离特定基因，并研究其结构与功能奠定了基础。

**4. 基因工程技术** 1979 年，D. V. Goeddel 及其同事报道了他们成功地用化学合成的人胰岛素基因在大肠杆菌中进行了表达。随后 Eli Lilly 公司在 1982 年获准销售基因工程生产的胰岛素。基因工程技术逐步在生物技术中得到应用，大量人类需要的蛋白质及其他生物活性蛋白可以应用基因工程技术，利用细胞或细菌进行工业化生产。自 1975 年 G. Kohler 和 C. Milstein 首次用 B 淋巴细胞杂交瘤技术制备出单克隆抗体以来，人们利用这一细胞工程技术研制出多种单克隆抗体。1989 年，美国 Scripps 研究所的 W. D. Huse 等首次利用重组 DNA 技术研制了组合抗体库（combinatorial immunoglobulin library）。随着基因工程抗体技术的发展，相继出现的单域抗体、单链抗体、嵌合抗体、重构抗体、双功能抗体等，为广泛应用单克隆抗体提供了广阔的前景。

**5. 转基因动物**　　1981 年，R. Palmiter 和 R. Brinster 利用基因转移技术成功地建立了第一个转基因小鼠。转基因动物模型的建立为研究基因功能及遗传病的基因治疗提供了活体模型。转基因动物不但为研究基因功能提供了技术平台，而且也成为人类生产生物活性物质的反应器。

**6. 人类基因治疗研究**　　1990 年 4 月，美国国立卫生研究院（National Institutes of Healthy，NIH）的 R. M. Blaese 和 W. F. Anderson 等首次将腺苷脱氨酶（adenosine deaminase，ADA）基因导入一位患严重复合免疫缺陷病（severe combined immunodeficiency，SCID）的 4 岁小孩体内，并取得一定疗效，开创了人类基因治疗（human gene therapy）的先河，并为 20 世纪 90 年代以来基因治疗研究的蓬勃开展奠定了基础。

**7. DNA 芯片（基因芯片、生物芯片）技术**　　该技术是指将大量（通常每平方厘米点阵密度高于 400）探针分子固定于固相支持物上，与标记的样品分子进行杂交，通过检测每个探针分子的杂交信号强度而获取样品分子的数量和序列信息。早在 20 世纪 80 年代，W. Bains 等就将短的 DNA 片段固定到支持物上，借助杂交方式进行序列分析。但基因芯片从实验室走向工业化却是直接得益于探针固相原位合成技术和照相平版印刷技术，以及激光共聚焦显微技术的引入，它使得合成、固定高密度的探针分子切实可行，而且借助激光共聚焦显微扫描技术可以对杂交信号进行灵敏、准确的检测和分析。核酸杂交技术的集成化使分子生物学技术发生革命，基因芯片技术由于同时将大量探针固定于支持物上，故可一次性对样品中大量序列进行检测和分析，从而解决了传统核酸杂交技术操作繁杂、检测效率低的问题。通过设计不同的探针阵列和使用特定的分析方法，可使该技术具有多种不同的应用价值，如基因表达谱测定、基因突变检测、多态性分析、基因组作图及杂交测序等。

**8. 基因编辑（gene editing）技术**　　该技术主要有 CRISPR/Cas9 系统，CRISPR/Cas9 系统通常简称为 CRISPR。CRISPR（clustered regularly interspaced short palindromic repeats）都是通过在特定的靶向序列处引入双链断裂缺口，然后通过细胞内两种 DNA 修复机制完成修复。在 CRISPR 发明之前，已经有锌指核酸酶（zinc-finger nuclease，ZFN）技术可以用来进行类似精准的基因编辑，转录激活样效应因子核酸酶（transcription activator-like effector nuclease，TALEN）技术的发明使基因编辑变得简单和便利。CRISPR 的出现已成为分子生物学中自重组 DNA 技术诞生以来最具突破性的工具之一。

（三）基因组研究的进展

基因组（genome）指的是一个物种遗传信息的总和。目前已经从研究单个基因发展到研究生物体整个基因组的结构与功能。基因组研究已从简单的低等生物到真核生物，从多细胞生物到人类。测定一个生物基因组核酸的全序列无疑对了解该生物的生命信息及其功能有极大的意义。20 世纪 70 年代末以来，基因组研究取得了很大的进展。1977 年，F. Sanger 测定了 ΦX174 DNA 全部 5375bp 核苷酸序列；1978 年，W. Fiers 等测出环状 SV40 DNA 全部 5243bp 核苷酸序列；80 年代 λ 噬菌体 DNA 全部 48 502bp 核苷酸序列被测出；一些小的病毒，包括乙型肝炎病毒、艾滋病病毒等基因组的全序列也陆续被测定；1996 年年底，许多科学家共同努力测出了大肠杆菌基因组 DNA 的全部序列长 $4 \times 10^6$ bp。1996 年年底完成的真核生物酿酒酵母（*Saccharomyces cerevisiae*）的基因组全序列测定，更具有里程碑意义。在所测定的酵母的 12 068kb 序列中，发现了 5885 个潜在的蛋白质编码基因，接近 140 种核糖体 RNA 基因，40 个小分子细胞核 RNA 基因，以及 275 个 tRNA 基因。另外，这一全序列也为酵母的 16 条染色体的高级组织结构提供了重要信息。1998 年年底，长达 100Mb 的线虫基因组序列测定也全部完成，这是人类完成的第一个多细胞生物体全基因组序列测定。

人类基因组计划（human genome project，HGP）是由美国科学家、诺贝尔奖获得者 R. Dulbecco 于 1986 年在美国《科学》（Science）杂志上发表的短文中率先提出的，并认为这是加快癌症研究进程的一条有效途径。美国于 1990 年正式启动人类基因组计划。HGP 是人类自然科学史上与曼哈顿原子弹计划和阿波罗登月计划相媲美的伟大科学工程，整个计划耗资 30 亿美元，预计在 15 年时间内完成。其主要的目标是绘制遗传连锁图、物理图、转录图，并在 2005 年完成人类基因组全部核苷酸的序列测定。测出人体细胞中 24 条染色体上全部 30 亿对核苷酸的序列，把所有人类基因都明确定位在染色体上，破译人类的全部遗传信息。随后英国、日本、法国、德国和中国也相继加入人类基因组计划。

由于科学家们的共同努力和测序技术的不断进步，人类基因组计划进展十分迅速。2001 年 2 月 11 日，参加人类基因组计划的六国科学家、美国塞莱拉基因组（Celera Genomics）公司、美国《科学》杂志和英国《自然》杂志联合宣布，继科学家于 2000 年绘制成功人类基因组工作框架图之后，又绘制出了更加准确、清晰、完整的人类基因组图谱，对人类基因组的面貌有了新的发现。人类基因数量远比预计的少，人类基因数量仅有 2.5 万～3 万个，比以前估计的 8 万～10 万个要少得多。通过进一步研究还发现，男、女可能存在巨大遗传差异，男性染色体减数分裂的突变率是女性的 2 倍。找到了很多与遗传病有关的基因，包括乳腺癌、遗传性耳聋、中风、癫痫症、糖尿病和各种骨骼异常的基因。人体细胞中 30 亿对碱基序列全部研究清楚后，如果印成书，以每页 3000 个印刷符号计，该书会有 100 万页。就是这样一本"天书"，蕴藏着人类的生、老、病、死的全部信息，也是科学家们进一步探索生命奥秘的"地图"，其价值难以估量。就其科学价值而言，从基因组水平去研究遗传与变异，更接近生命科学的本来面目，由此还可以带动生物信息学和生物技术等一批相关学科的形成和发展，可能带来的经济效益也是十分惊人的。

### （四）基因表达调控机制的研究

1961 年，F. Jacob 和 J. Monod 最早提出操纵子学说，打开了人类认识基因表达调控的窗口，在分子遗传学基本理论刚建立的 20 世纪 60 年代，人们主要认识了原核生物基因表达调控的一些规律，70 年代以后才逐渐认识到真核基因组结构和调控的复杂性。1977 年，最先发现猴 SV40 病毒和腺病毒中编码蛋白质的基因序列是不连续的，这种基因内部的间隔区（内含子）在真核基因组中普遍存在，从而揭开了认识真核基因组结构和调控的序幕。从 80 年代开始，人们逐步认识到真核基因的顺式调控元件与反式作用因子、核酸与蛋白质间的分子识别与相互作用是真核基因表达调控的根本所在。1981 年，S. Altman 和 T. R. Cech 同时发现了具有催化自我剪接活性的 RNA，将其称之为核酶（ribozyme），参与基因表达的调节。核酶是从嗜热四膜虫（Tetrahymena thermophila）核糖体 RNA 前体中发现的，无蛋白质存在时，RNA 前体可在本身 RNA 的催化下，将其内含子切去，形成一个缩短的 RNA 分子。这种内含子 RNA（即核酶）能使 RNA 链本身在一特殊部位切断和连接起来，而本身并无消耗，证明了核酶是一个真正的酶。这一重大发现为生物催化剂增添了一个 RNA 成员，打破了"酶必定是蛋白质"的传统观念，同时也为生命起源的假说提供了新的证据。

### （五）小分子 RNA 研究进展

1993 年，R. C. Lee 等发现秀丽隐杆线虫（*Caenorhabditis elegans*）*lin-4* 基因编码的小分子 RNA，其长度为 22～61 个核苷酸，能与 *lin-14* mRNA 的 3′非翻译区（untranslated region，UTR）反义互补结合，阻断 *lin-14* 的翻译，降低线虫早期发育阶段 lin-14 蛋白的水平。这是继核酶以后，内源性 RNA 参与基因调节的又一证据。

微 RNA（miRNA）是一种长度为 21～25 个碱基的单链小分子 RNA，是由具有发夹结构的 70～90 个碱基大小的单链 RNA 前体经过 Dicer（一种 RNA 酶）加工后生成。miRNA 有 5′端磷酸基和 3′端羟基，位于 RNA 前体的 3′端或者 5′端。在 lin-4 发现以后，在包括人类、果蝇、植物等多种物种中鉴别出了数百个 miRNA。除了 lin-4，还有一些 miRNA 可能在细胞分化和组织发育过程中起重要作用，如 let-7、miR-14、miR-23 等。由于 miRNA 存在的广泛性和多样性，提示 miRNA 有非常广泛的生物学功能。miRNA 可能代表一个更高层次的基因表达调控方式。

对部分 miRNA 的研究分析显示，miRNA 参与生命过程中一系列的重要进程，包括早期发育及细胞增殖、分化和凋亡。此外还发现某些 miRNA 水平的下降与慢性淋巴细胞白血病之间的显著相关，提示 miRNA 和癌症之间可能存在某种关系。bantam miRNA 是第一个被发现有原癌基因作用的 miRNA。多数植物的某些特定组织中 miRNA 高水平表达，也提示它们可能参与了植物组织的发育。

小干扰 RNA（small interfering RNA，siRNA）是 21～25 个碱基对的短双链 RNA，是长双链 RNA（dsRNA）被细胞内 Dicer 切割而成的。siRNA 能诱发细胞内基因沉默，使双链 RNA 有同源序列的 mRNA 被降解，从而抑制了该基因的表达，这一现象称为 RNA 干扰（RNAi）。

siRNA 的结构与 miRNA 类似，而且二者的长度也差不多，同样有调控基因表达功能。因而这两类小分子 RNA 之间的关系令人关注。miRNA 可以通过部分互补结合到目的 mRNA 的 3′非编码区，抑制蛋白质翻译从而抑制蛋白质合成。这种结合并不诱导目的 mRNA 降解，一般不影响相关 mRNA 的丰度，其原因可能是由于 miRNA 与结合位点之间不完全互补。这种作用方式区别于 siRNA 的介导的 mRNA 的降解（见相关章节）。

### （六）细胞信号转导机制研究

细胞信号转导机制的研究可以追溯至 20 世纪 50 年代。1957 年，E. W. Sutherland 发现了 cAMP，1965 年又提出第二信使学说，这是人们认识受体介导的细胞信号转导的第一个里程碑。1977 年，E. M. Ross 等用重组实验证实 G 蛋白（GTPase-activating protein）的存在和功能，并将 G 蛋白与腺苷环化酶（adenylate cyclase）的作用联系起来，深化了对 G 蛋白偶联信号转导途径的认识。70 年代中期以后，癌基因和抑癌基因（肿瘤抑制基因）、酪氨酸蛋白激酶的发现及其结构与功能的深入研究，各种受体蛋白基因的克隆及结构和功能的探索等，使得近年来细胞信号转导的研究有了很大进展。目前，对于某些细胞中，癌基因、抑癌基因及生长因子参与的信号转导途径已经有了初步的了解，尤其是在免疫活性细胞对抗原的识别及其信号的传递途径和细胞增殖控制等方面都形成了一些基本概念。当然，要完全弄清楚细胞在生长、发育、分化及凋亡过程中的信号转导途径，还需要经过相当长时间的努力。

从以上分子生物学的发展历程可以看出，它是半个多世纪来生命科学中发展最为迅速的一个领域，推动着整个生命科学的发展。至今分子生物学仍在迅速发展中，新理论、新成果、新技术不断涌现，这也从另一方面说明分子生物学发展还处在初级阶段。分子生物学已建立的基本规律给人们认识生命的本质指出了光明的前景，但分子生物学的发展历史尚短，积累的资料还不够多。例如，在地球上千姿百态的生物携带庞大的生命信息，迄今人类所了解的只是其中极少的一部分，对核酸、蛋白质组成生命的许多基本规律还未充分认识。即使人们完成了人类基因组计划，获得人类基因组 30 亿对核苷酸的全部序列，确定了人类 2.5 万～3 万个基因的结构和定位，但要彻底搞清楚这些基因的功能、调控机制、基因之间的相互关系，以及非编码序列的作用等，还需要经历漫长的路程。可以说分子生物学的发展前景光辉灿烂，但道路仍然艰难曲折。

## 第三节　分子生物学与相关学科的关系

由于生命本质的高度一致性，分子生物学已经对生物学和医学的各个领域产生了全面而深刻的影响，并逐步形成了一系列分子学科，特别是有关医学领域的各学科，如分子遗传学、分子免疫学、分子生理学、分子病理学、分子血液学、分子内分泌学、分子肿瘤学、分子心脏学、分子病毒学、分子流行病学等。使得这些学科可以使用同一套理论、同一套技术来解释和研究不同的病理、生理现象，甚至治疗不同的疾病。

### 一、分子生物学与生物化学

分子生物学是与生物化学、生物物理学、遗传学、微生物学、细胞生物学及信息科学和计算机科学等多种学科相互作用和相互渗透而发展起来的一门新兴学科。它已形成自己独特的理论体系和研究手段，成为一门独立的学科。

生物化学与分子生物学的关系最为密切，二者并重，在国家标准二级学科中称为"生物化学与分子生物学"。分子生物学虽然主要起源于生物化学，但它又不同于生物化学。生物化学主要是从化学角度研究生命现象的科学，它着重研究生物体内各种生物分子的结构、转化和新陈代谢。传统生物化学的主要研究内容是各种物质代谢，包括糖代谢、脂类代谢、蛋白质和氨基酸代谢、核酸和核苷酸代谢及能量代谢等。分子生物学则着重阐明生命物质（核酸与蛋白质）的结构与功能的关系、细胞内信号转导途径和基因表达调控的机制。

### 二、分子生物学与细胞生物学

分子生物学与细胞生物学关系十分密切。传统上，细胞生物学主要是利用光学显微镜和电子显微镜研究细胞和亚细胞器的形态、结构与功能。细胞作为生物体的基本构成单位，是由许多分子组成的复杂体系，显微镜下所见的细胞规则结构是由各种生物分子有序组合而成的。探讨组成细胞的生物大分子的结构与功能，比单纯观察细胞形态更能深入了解细胞的结构与功能，因此，现代细胞生物学越来越多地应用分子生物学的理论和方法。分子生物学则是从生物大分子的结构入手，并进一步研究各种生物分子之间高层次的组织、结构和相互作用，尤其是细胞整体反应的分子机制，这在某种程度上反映了分子生物学和细胞生物学的交叉与融合，细胞分子生物学因此应运而生，成为人们认识生命现象的重要基础。

### 三、分子生物学与遗传学

遗传学是研究生物体遗传和变异的科学。生物界如果没有变异，就失去进化的基础；没有遗传，变异就不能积累，从而使进化失去意义。分子生物学的兴起和发展，从分子水平确认了生物遗传信息携带者——基因的实质就是 DNA 分子。DNA 的双螺旋结构的发现，为生物遗传信息的复制与传递提供了理论基础，经典遗传学开始进入了分子水平，从而诞生了分子遗传学。

分子遗传学是分子生物学和遗传学相互交叉和渗透的结果。分子遗传学和分子生物学的研究界线越来越模糊，但分子生物学的研究范围更为广泛，几乎包括生命科学各领域在分子水平上的研究，而医学分子遗传学则是从基因水平研究遗传性疾病的发病机制，揭示基因突变与遗传性疾病的关系，建立基因水平的诊断和治疗方法。过去认为某些常见病（如肿瘤、心血管疾病）与遗传病有完全不同的发病机制，随着医学科学研究进入分子水平，随着认识的深入，这种差异正在逐渐消失。基因水平的研究也不再只是局限于遗传性疾病的研究，而是扩展至常见病，甚至可能涉及几乎所有疾病。医学分子遗传学的研究范围也随之扩展，从而使遗传学与其他基础和临床医学各个学科的界线也愈来愈模糊。随着分子生物学的发展和渗透，各种生理和病理现象都可能从基因水平找到答案。例如，肿瘤发生与癌基因和肿瘤抑制基因的关系，人体对药物的耐药性与抗药基因等。生物机体各种各样的生命现象及生理和病理表现几乎无一不与基因有关。要深入了解生命现象和人类疾病的分子基础，就必须从基因（或 DNA）出发，并结合蛋白质的结构与功能研究，才有可能实现。

### 四、分子生物学与生物技术

根据美国生物技术产业组织的定义：生物技术（biotechnology）是指"利用细胞和分子过程来解决问题或制造产品的技术"。古代的酿酒、制酪发酵、人畜排泄物的循环，都是由微生物所介导。动物、植物的育种是通过亲代和子代特征的相互比较而入手的。因此，古代生物技术就是人类对自身环境中的生物学理论的粗浅运用。20 世纪以来，生物学的发展和进步，特别是分子生物学的发展，产生了重组 DNA 技术，并被用于生物技术领域中，随之推动生物技术的深入发展，导致现代生物技术作为一门交叉学科的产生。转基因细胞、转基因动物和基因剔除动物、植物的出现，则是现代分子生物学技术在生物技术领域的应用与发展。现在已有许多名称用于叙述这个领域的知识，包括应用遗传学（applied genetics）、生物技术、生物工程（bioengineering）和遗传工程（genetic engineering）等。

现代生物技术主要包括两个方面：基因（核酸）工程和蛋白质（酶）工程，并应用现代分子生物学、微生物学、细胞生物学、生物化学和生物加工等分支学科的理论和技术相互交叉和渗透。人们有可能从某一生物体的基因组中分离出某一特定功能基因，导入到另一种生物的基因组中，改变这种生物的遗传性状或治疗某种疾病。外源 DNA 可与载体在体外进行连接，或在基因水平上进行有目的的定向诱变，从而诞生了基因工程和蛋白质工程。换言之，现代生物技术是分子生物学在生物加工过程中的应用，并及时和充分地反映了近代分子生物学的研究成果。例如，基因工程可在农业上应用于快速育种，改良品种，提高农作物的产量、质量及抗病虫害，抗干旱等能力。基因工程在临床医学上的应用，已发展成为基因治疗；同时发展形成新一代的核酸产业或 DNA 药物产业，开始进入利用人类自身基因或 DNA

分子治疗疾病的新时代。

分子生物学理论和技术的发展，使得基因工程技术的出现成为必然。1972 年，P. Berg 等将 SV40 病毒 DNA 与噬菌体 P22 DNA 在体外重组成功，并转化大肠杆菌，使本来在真核细胞中合成的蛋白质能在细菌中合成，打破了种属界限，开创了利用基因工程技术在原核细胞中表达真核基因产物的时代；1977 年，H. W. Boyer 等首先将人工合成的生长激素释放抑制因子 14 肽基因的 DNA 片段与质粒重组，成功地在大肠杆菌中合成得到这种 14 肽；1978 年，K. Itakura 等使化学合成的人生长激素抑制素（hormone somatostatin）191 肽在大肠杆菌中表达成功；1979 年，美国基因技术公司用人工合成的人胰岛素基因经过重组后导入大肠杆菌，在大肠杆菌中合成了人胰岛素。运用基因定向诱变技术和重组 DNA 技术改造酶或蛋白质的结构，使其具有更高的效能和更好的稳定性，更好地满足人类社会的需求。应用重组 DNA 技术扩大和提高活性蛋白质的生产，并在不同生物间或个体间进行基因信息的传递，达到基因工程生产活性蛋白质和基因治疗疾病的目的。

转基因动物、植物和基因剔除动物、植物的成功是重组 DNA 技术发展的必然结果。1982 年，R. D. Palmiter 等将克隆的生长激素基因导入小鼠受精卵的细胞核内，培育得到比同类小鼠个体大几倍的"巨鼠"，激起了人们创造优良品系家畜的热情。我国科学家将生长激素基因转入鱼受精卵，得到的转基因鱼的生长速度显著加快、个体增大；其他转基因动物也正在研制中。用转基因动物还能获取治疗人类疾病的重要蛋白质，导入了凝血因子Ⅸ基因的转基因绵羊分泌的乳汁中含有丰富的凝血因子Ⅸ，能有效地用于血友病治疗。美国最早研制得到抗虫棉花，我国科学家将自己发现的蛋白酶抑制剂基因转入棉花获得抗棉铃虫的棉花株。转基因植物和转基因食品随处可见，而且日益进入人们的日常生活。

# 第四节 分子生物学与医学未来

从医学发展的历史看，从最初的有机体的表型来认识疾病，即根据现象和检查所获知的症状与体征，到现在的从组织细胞的病理、生理变化来分析和诊断疾病，使人类积累了十分丰富的医学资料，但都不能从本质上真正认识疾病发生的根本原因，更不能从根本上治愈疾病。分子生物学的根本任务是从分子水平来研究生命现象，了解生命现象的分子基础和生物大分子之间的相互关系。根据信息传递的中心法则，DNA（基因）始终处于十分重要的地位，主宰和控制其他程序的发生和发展。绝大多数生命现象或人类疾病几乎都可从 DNA 或基因水平获得最终答案。过去传统临床和基础医学采取由表型到基因型的研究策略，来探索疾病的发生、发展的规律；而现代医学分子生物学则遵循 DNA → RNA → 蛋白质或从基因型至表型（称为反向遗传学）的研究方向或策略，并遵循此法则探索生命本质和疾病发生、发展机制，从而抓住了问题的实质与关键，大大提高了疾病的诊治水平。因此分子生物学的发展和渗透从根本上改变了医学（包括基础医学和临床医学）各个学科的格局，使医学进入了一个更高的水平——分子水平。

## 一、分子生物学在医学中的应用

分子生物学理论及其技术的迅猛发展和广泛渗透，使医学领域各分支学科产生许多冠以"分子"字样的新兴学科，对医学的影响十分巨大。很明显，分子生物学已使医学科学、医药工业和相关生物技术产业发生了深刻的变革，取得了辉煌的成就，并且正在不断深入发展。由于分子生物学渗透进入生物学的每一分支领域，全面推动了生命科学和医学的各个方面的发展，使医学在一个更高的水平——分子水平来研究生命现象和处理疾病，并使医学进入了一个崭新的"生物医学"（biomedicine）或"分子医学"（molecular medicine）时代。

由于分子生物学在医学上的不断渗透和影响，导致基础医学和临床医学进入了基因或DNA水平，以探讨多种多样生命现象的基因型和表型的联系，以及这些基因的结构与功能；而基因诊断和基因治疗的开展是分子生物学在医学领域中应用的典范，使临床医学进入了一个崭新的时代。借助重组DNA技术而迅猛发展起来的医药工业和其他生物高技术产业正不断占领医药市场。另外，由于PCR的发明和发展，能在体外成百万倍地扩增DNA片段，乃至整个基因，使近代分子生物学技术更为简便、快速和易于普及，甚至取代了过去某些必需的基因克隆过程。即使是基因克隆，也可借助于PCR技术，使基因克隆的效率大大增加。并且由PCR技术衍生出许多快速、准确、简便的新技术，如RT-PCR、PCR-RFLP、PCR-SSCP和竞争性PCR等，使非分子生物学的专业研究人员也能迅速应用分子生物学技术以发展和加速本专业的分子水平研究，推动基础和临床医学的各分支学科的变革，向"分子"学科方向发展。

## 二、分子生物学和基础医学

基础医学是整个医学科学的基石，分子生物学不仅是生命科学的前沿，也是整个基础医学的前沿。今后总的发展趋势仍然是分子生物学向医学，特别是基础医学广泛交叉、渗透和影响。主要表现在以下几个方面。

（1）对人的生理功能和疾病机制的研究已由整体水平、器官水平进入到细胞和分子水平，对生命的了解，也由表面现象观察进入了本质探讨。

（2）基础医学中不断出现新的边缘学科——分子学科，如分子生理学、分子药理学、分子病理学、分子遗传学、分子免疫学、分子病毒学、分子肿瘤学、分子神经科学等。

（3）传统上按"形态"和"机能"来进行基础医学各个学科划分的界限已日益模糊，出现了各学科在分子水平上进行整合的趋势。

（4）改变了传统生物学的研究方法和策略，形成了直接从基因水平入手研究基因型和表型的相互关系，因此有人称之为"反向生物学"或"反向遗传学"研究途径。

## 三、分子生物学和病理学

由于分子生物学向病理学的渗透，出现"分子病理学"这样一个新学科。从大体病理学到显微病理学（即外科病理学）、免疫组织化学和电镜病理学，均保留了形态学内容。免疫组织化学在临床病理学中长期基于对生物化学、免疫学、组织学的应用，主要进行糖和蛋白质（酶）的分析，而很少涉及核酸研究。

当分子生物学领域中具有革命性的理论和技术的渗入时，彻底改变了病理学和实验医学的各个方面，并开始采用基因水平的检测方法来进行疾病诊断。过去十多年来应用于分子病理学的基因检测技术，揭开了认识疾病发生的分子事件。长期以来在病理学标本柜中堆积的石蜡包埋组织块，一直以来都因"食之无味，弃之可惜"而越来越成为一种负担。随着分子病理学诊断技术的出现，原位PCR技术、原位分子杂交技术和其他分子生物学技术的不断创新和发展，都可以对其进行 DNA 和 RNA 分析，以探讨疾病发生的分子基础，使这一长期积压的病理组织蜡块标本重新焕发了生机，变成了蕴藏已久的分子病理学研究的宝贵财富，无疑这将大大促进医学科学的进步。

## 四、分子生物学和疾病诊断

由于分子生物学的发展和重组 DNA 技术的问世，人们对于许多疾病的认识已经深入到基因水平。一种从基因水平对疾病进行诊断的新技术——基因诊断技术得以诞生和迅速发展。所谓基因诊断，即在 DNA、RNA 或蛋白质水平，应用分子杂交技术、限制性内切核酸酶长度多态性（RFLP）连锁分析、PCR 技术、DNA 序列分析技术、DNA 重组技术、蛋白质免疫印迹技术及近年来发展起来的生物芯片技术等，对人类疾病进行诊断和研究。

自 1978 年 W. Y. Kan 等首次采用液相 DNA 分子杂交技术进行了 α 地贫的基因诊断以来，基因诊断技术已得到很大的发展和广泛应用。特别是临床上对遗传病和传染病的诊断，在法医学中也常利用 DNA 指纹图谱技术（DNA fingerprinting）进行刑事侦破和亲子鉴定。基因诊断是通过直接检测目的基因（或该基因的转录产物）的存在状态对疾病做出诊断的方法。可以应用核酸技术来诊断和研究范围更广泛的人类疾病，如遗传性疾病、传染性疾病及各种常见疾病（包括肿瘤、心血管疾病等），甚至还包括非疾病性检测，如应用 DNA 指纹图谱进行法医学诊断和基因分型。基因水平的诊断技术在遗传性疾病的应用成为发展迅速的领域。遗传性疾病和恶性肿瘤在观念上的差异，随着对肿瘤分子水平的认识和深化几乎可以全部消除。癌症属多基因突变的进行性疾病，包括生殖细胞系和体细胞系的基因突变。用于检测基因突变的新技术对所有各类疾病的检测都是可行的。目前，基因诊断技术不仅用于出生后人群的疾病诊断，而且还应用于产前基因诊断和着床前诊断，这样可大大减少有先天性疾病或携带遗传性疾病基因的胎儿出世，促进优生优育，提高人口素质。

基因诊断技术迅速发展与完善，在医学上不仅广泛应用于遗传性疾病、恶性肿瘤和传染性疾病诊断，而且也为流行病调查及许多常见疾病诊断、食品卫生检验及环境卫生监测等工作开创了崭新的领域，使诊断技术进入了一个新的、更高的水平，刷新了医学诊断的面貌。

## 五、分子生物学和疾病治疗

人类基因治疗（human gene therapy）是分子生物学理论与技术的飞速发展给医学带来的新的希望和新的治疗手段，开辟了治疗学（therapeutics）的新纪元。基因治疗是临床医学中发展起来的新领域，发展十分迅速。

所谓基因治疗，就是用正常基因置换致病基因以纠正患者基因结构和功能异常的一种疾病治疗的方法。狭义的基因治疗是指目的基因导入靶细胞后与宿主细胞内的基因发生整合、成为宿主基因组的一部分，目的基因的表达产物起治疗疾病的作用。而广义的基因治疗则包括通过基因转移技术，使目的基因得到表达，封闭、剪切致病基因的 mRNA，或自杀基因产物催化药物前体转化为细胞毒性物质，杀死肿瘤细胞，从而达到治疗疾病的目的。

基因治疗技术的发展与整个医学科学的发展及许多分子生物学新理论、新技术、新方法的应用密切相关。分子生物学的深入研究逐步揭示了包括癌症在内的遗传病的分子机制。致病基因的发现和克隆、基因表达调控机制的阐明及日益完善的基因转移技术，使得基因治疗成为可能。1989 年，S. A. Rosenberg 等首次对人恶性黑色素瘤患者进行基因标记，并从患者体内取出的细胞中检测到标记基因的存在，说明外源基因能够安全地转移到患者体内。1990 年，R. M. Blaese 等对腺苷脱氨酶（ADA）缺陷而产生的重症联合免疫缺陷病（SCID）进行了基因治疗，并取得一定疗效；患儿的免疫功能增强，临床症状改善。在此后的短短几年内，临床基因治疗研究得到了迅速发展，基因治疗的范围从单基因缺陷遗传病扩大到多基因遗传病（恶性肿瘤、心血管病、免疫性疾病等）及传染性疾病（如肝炎、艾滋病等）。最近获得美国食品药品监督管理局（Food and Drug Administration，FDA）批准的、以 Zolgensma 为代表的基因治疗新药（能根治小儿脊髓性肌萎缩症）问世，将基因治疗推向了新的阶段。

随着人类基因组遗传信息的全部破译和基因功能的澄清，分子外科医生有可能根据患者的需要，将外源基因导入患病的细胞，替换有缺陷的基因以治疗疾病。在新的世纪，可以预期基因治疗将会有一个更大的发展。

（胡维新　刘　静）

# 第二章 基因、基因组与基因组学

基因是指携带有遗传信息的 DNA 或 RNA 序列，通过遗传信息的表达从而控制性状的基本遗传单位，也称遗传因子。基因有两个特点，一是能忠实地复制自己，以保持生物的基本特征；二是基因能够"突变"，绝大多数突变会导致疾病，其余是非致病性突变。非致病性突变给自然选择带来了机遇，使生物可以在自然选择中产生最适合的个体。RNA 和蛋白质的结构信息都是以基因的形式贮存 DNA 分子中的。除此之外，DNA 中还有大量并不编码 RNA 或蛋白质的序列，这些序列中同样存在着大量重要的信息。基因组（genome）是指含有一种生物的全套遗传信息的遗传物质。为更好地认识自我，揭示遗传信息的奥秘，科学家们开始对人类所有基因（即基因组）进行研究，由此形成了基因组学（genomics）。基因组学的概念最早于 1986 年由美国科学家 Thomas Roderick 提出，指对所有基因进行基因组作图、核苷酸序列分析、基因定位和基因功能分析的一门科学，其最终目的是对生命进行系统、科学的解码，从而达到了解和认识生命的起源、种群间和个体间存在差异的起因、疾病产生的机制及长寿与衰老等生命现象的目的。

## 第一节 基因的结构与功能

对基因的化学本质及功能的真正了解是在 20 世纪 40 年代以后。基因的概念随着遗传学、分子生物学、生物化学等领域的发展而不断完善。从分子生物学角度看，除了某些以 RNA 为基因组的 RNA 病毒外，基因通常是指负载特定生物遗传信息的 DNA 分子片段，在一定条件下能够表达这种遗传信息，产生特定的生理功能。它包括合成一个有功能的多肽或 RNA 分子所必需的整个核苷酸序列，即蛋白质或 RNA 的编码区，此外，还包括为获得一个特定转录产物所必需的其他 DNA 序列，如转录控制区、3′端剪切信号和多聚腺苷酸，以及与初始 RNA 转录物剪接有关的非编码序列。

### 一、基因的生物学概念

基因（gene）一词是 1909 年丹麦生物学家 W. Johannsen 根据希腊文"给予生命"之意创造的，并用"基因"一词代替了 1866 年孟德尔发表的《植物杂交实验》一文中所用的"遗传因子"这个术语。从 20 世纪初始，基因研究就一直成为遗传学发展的主线。只是当时的"基因"是遗传性状的符号，并未涉及基因的物质概念。1926 年摩尔根发表了《基因论》，指出基因是在特定的染色体上，而且是呈线性排列在染色体上的遗传颗粒，位于同源染色体的同一位置的相对基因叫作等位基因（allele）。基因是世代相传的，基因决定遗传性状。

到 20 世纪 40 年代，Beadle 和 Tatum 用 X 射线照射链孢霉菌使其产生不同的突变株，发现突变可以影响代谢反应，故认为突变可致催化代谢的酶发生缺陷，而提出了"一个基因，一种酶"的学说。50 年代初，Benzer 用"顺反子"进一步阐明了基因的概念。Benzer 在研究 T4 噬菌体的一群紧密连锁的突变群时发现了顺反效应，从而提出了"顺反子"概念。两个突变点位于两条染色体上，称为反式排列；而两个突变点位于同一染色体上，称为顺式排列，进而提出了"一个顺反子，一条多肽链"的概念。故现在很多分子生物学的书中仍常用"单顺反子"（monocistron）、"多顺反子"（polycistron）这种名词，但两者不能完全等同，生物学基因的"顺反子"概念只是解释了很多生物现象。60 年代，遗传密码的破译使人们对基因表达的机制有了更多了解，将基因定义修改为：基因是基因组中的一个区域或一段 DNA 序列，其转录产物编码一条多肽链或者一个结构 RNA 分子（tRNA 或 rRNA 等）。

Alberts 于 1994 年提出，基因是一段 DNA 序列，包括完整的功能单位（如编码序列、调节序列和内含子等）；基因可以作为一个转录单位，其表达产物通常是一条多肽链或一个RNA 分子，但有时编码一组相关的蛋白质异形体，有些蛋白质异形体的产生与特殊的转录后加工（如 RNA 编辑）或者翻译水平的再编码（如核糖体跳跃）有关。

## 二、基因的现代概念

从生物学角度来说，基因是世代相传的，基因决定了遗传性状。基因主要表现在世代相传的行为和功能表达上有相对的独立性，基因呈线性排列在染色体上。从分子生物学角度来说，基因是指合成有功能的蛋白质或 RNA 所必需的全部 DNA（除部分 RNA 病毒外），即一个基因不仅包括编码蛋白质或 RNA 的核酸序列，还应包括为保证转录所必需的调控序列。

### （一）基因的分类

基因按其功能可分为结构基因和非结构基因。

**1. 结构基因**　传统观念认为，结构基因是可被转录形成 mRNA，并翻译成多肽链或蛋白质的 DNA 序列，可表达生成各种结构蛋白及催化各种生化反应的酶和激素等。但近年随着 RNA 研究的逐渐深入，特别是众多非编码 RNA 的发现，不少人认为结构基因的定义应修正为"编码 RNA 或蛋白质的 DNA 序列"，这一概念纳入了一些只转录而不翻译的基因，如转录生成 rRNA 的核糖体 RNA 基因，也称为 rRNA 基因，还有转录生成 tRNA 的转运 RNA 基因，也称为 tRNA 基因。

**2. 非结构基因**　非结构基因指不编码 RNA 或蛋白质，但参与转录调控结构基因表达的 DNA 序列。由于它们和特定功能的基因连锁在一起，因此称为顺式作用元件（cis-acting element），包括启动子、增强子、沉默子、终止子等。其突变可影响一个或多个结构基因的功能，或导致一个或多个蛋白质（或酶）量的改变。

### （二）基因的结构

真核基因是分散分布的，基因之间被一些不含编码信息的 DNA 序列分开，这些序列称为基因间 DNA（intergenic DNA）。在基因中用于编码 RNA 或蛋白质的 DNA 序列称为结构基因（structure gene），在其两侧通常还有旁侧序列（flanking sequence），是一段不编码的DNA 片段，含有基因调控序列。在 DNA 链上，由蛋白质合成的起始密码子开始，到终止密码子为止的一个连续编码序列，称为开放阅读框（open reading frame，ORF）。人类基因结构如图 2-1 所示。

人类基因通常包含以下 4 个区域。

（1）编码区：包括外显子与内含子。

（2）前导区：位于编码区上游，相当于 mRNA 5′端非编码区（非翻译区）。

（3）尾部区：位于编码区下游，相当于 mRNA 3′端非编码区（非翻译区）。

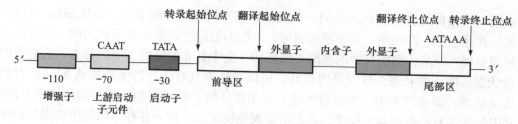

图 2-1　人类基因结构示意图

（4）调节区：包括启动子和增强子等基因编码区的两侧，也称为旁侧序列。

大量实验证明，从病毒到高等生物的细胞核均共用一套遗传密码，从分子水平上为生物同一起源的进化理论提供了有力的证据，也为基因工程提供了可能性。但近年来对人、牛、酵母线粒体和植物叶绿体基因序列结构的研究发现，其遗传密码与细胞核的遗传密码有所不同：AUU、AUG、AUA 都可作为起始密码子，AUA 也可作为甲硫氨酸密码子，UGA 为色氨酸密码子，CUA 为苏氨酸密码子，AGG、AGA 为终止密码子。关于线粒体和叶绿体这种遗传密码例外的现象的生物学意义目前尚不清楚。

DNA 的两条多核苷酸链都可以作为编码蛋白质的基因，不同的基因在不同的 DNA 片段上。但任一链上的开放阅读框（ORF）方向总是由 5′→3′。与肽链的 N 端到 C 端的方向是一致的。此外，按照 3 个核苷酸决定一个氨基酸的理论，在序列中的同一个核苷酸有 3 种编码开放阅读框的可能性，即密码子有可能重复利用。这种重复性会使开放阅读框的信息容量和利用率变得更高。这种重复利用开放阅读框主要见于病毒等小型 DNA 中，使不大的 DNA 分子能编码更多的蛋白质。在高等生物中则很少见到重复利用开放阅读框的情况。有时一段互补的双链可分别作为 2 个基因的编码序列，如 *ear-1* 和 *ear-7* 基因都位于 17 号染色体上，拥有重叠的外显子，但分别位于两条互补链上，转录方向相反。可能在生物进化的早期，DNA 双链均具有编码能力，而现在只能观察到这种现象的遗迹。

基因是核酸分子中贮存遗传信息的遗传单位，是指贮存有功能的蛋白质多肽链或 RNA 序列信息及表达这些信息所必需的全部核苷酸序列。按照这个定义，一个基因不仅包括编码蛋白质多肽链或 RNA 的核酸序列，还包括保证转录所必需的调控序列及位于编码区 5′端上游的非编码序列、内含子和位于编码区 3′端下游的非编码序列。从简单的病毒到复杂的高等动植物细胞，RNA 和蛋白质的结构信息都是以基因的形式贮存在 DNA（部分病毒是 RNA）中的。

## （三）基因的功能

基因的功能包括：生物学功能，如作为蛋白激酶对特异蛋白质进行磷酸化修饰；细胞学功能，如参与细胞间和细胞内信号传递途径；发育功能。新的技术应运而生，包括基因表达的系统分析、DNA 微阵列、DNA 芯片等。鉴定基因功能最有效的方法是观察基因表达被阻断或增加后在细胞和整体水平所产生的表型变异，因此需要建立模式生物体。

基因有控制遗传性状和活性调节的功能。基因通过复制把遗传信息传递给下一代，并通过控制酶的合成来控制代谢过程，从而控制生物的个体性状表现。基因还可以通过控制结构蛋白的成分，直接控制生物性状。

生物体细胞中的 DNA 分子上有很多基因，但并不是每一个基因的特征都表现出来。即使是由同一受精卵发育分化而来的同一个人体，其不同组织中的细胞，如肌细胞、肝细胞、骨细胞、神经细胞、红细胞、胃黏膜细胞等，它们的细胞性状都是各不相同的。为什么会出现这种现象呢？原来，细胞核中的基因在细胞的一生中并非始终处于活性状态，它们有的处于转录状态，即活性状态，这时基因打开，可以表达为具有活性的蛋白质或 RNA；有的处于非转录状态，即基因关闭，不进行表达。在生物体的不同发育期，基因的活性是不同的，而且基因的活性有严格的调控程序，这是生命周期稳定的基础。各种不同的生物因其细胞内的基因具有独特的活性调节而呈现不同的性状特征。

那么，基因是如何决定性状的呢？

生物体的一切遗传性状都受基因控制，但是基因并不等于性状，从基因型到表现型（性状）要经过一系列的发育过程。基因控制生物的性状主要通过两条途径。一条途径是通过控制酶的合成来控制生物的性状。这是因为由基因控制的生物性状要表现出来，必须经过一系列的代谢过程，而代谢过程的每一步都离不开酶的催化，所以基因是通过控制酶的合成来控制代谢过程，从而控制生物个体性状的表现的。另一条途径是基因通过控制结构蛋白的成分直接控制生物性状。蛋白质多肽链上氨基酸序列受基因的控制，如果控制编码蛋白质基因 DNA 中的碱基发生变化，则可引起信使 RNA 上相应的碱基的变化，从而导致蛋白质的结构改变。

此外，遗传性状的表现，不但要受到内部基因的控制，还受到外部环境条件的影响。因此，不同基因型的个体在不同的环境条件下可以产生不同的表现型，即使同一基因型的个体，在不同环境条件下，也可以产生不同的表现型。也就是说，表现型是基因型与环境共同作用的结果。

## 第二节　基因组的结构和功能

基因组（genome）一词是 1920 年首先由 Winkles 提出，从 GENes 和 chromosOMEs 组合产生，用于描述生物的全部基因和染色体的组成。

现代分子生物学中，基因组是指细胞或生物体中一套完整单倍体的遗传物质的总和，如人类基因组包含 23 对染色体（22 对常染色体和 2 条性染色体）及线粒体上的遗传物质。基因组结构主要指不同的基因功能区域在核酸分子中的分布和排列情况，基因组的功能是贮存和表达遗传信息。基因组中不同的区域具有不同的功能，有些区域是编码蛋白质的结构基因，有些区域是复制及转录的调控信号，有些区域的功能尚不清楚。

不同生物体，其基因组大小和复杂程度各不相同。表 2-1 列出了从病毒、原核生物到真核生物较有代表性的生物体中 DNA 分子的大小。从表 2-1 中可以看出，进化程度越高的生物体其基因组越复杂。

**表 2-1　不同生物体中 DNA 的大小**

| 生物 | 千碱基对 / 染色体 | 长度 /cm | 染色体数（单倍体） | 形状 |
|---|---|---|---|---|
| **病毒** | | | | |
| 病毒 SV40 | 5.2 | 0.00017 | 1 | 环状双链 |
| 噬菌体 φX174 | 5.4 | 0.00018 | 1 | 环状单链 |

续表

| 生物 | 千碱基对／染色体 | 长度/cm | 染色体数（单倍体） | 形状 |
|---|---|---|---|---|
| 噬菌体 λ | 48 | 0.0015 | 1 | 线状双链 |
| **原核生物** | | | | |
| 大肠杆菌 | 4 600 | 0.13 | 1 | 环状双链 |
| **真核生物** | | | | |
| 酵母 | 1 000 | 0.033 | 17 | 线状双链 |
| 果蝇 | 41 000 | 1.4 | 4 | 线状双链 |
| 人 | 125 000 | 4.1 | 23 | 线状双链 |

病毒、原核生物及真核生物所贮存的遗传信息量有着巨大的差别，其基因组的结构与组织形式上也有着巨大的差异。病毒基因组结构简单，所含结构基因很少；原核生物基因组所含基因数量较多，且有了较为完善的表达调控体系；真核生物基因组所含基因数量巨大（可达上万乃至几万个基因），表达调节系统也更为精细。不同的基因组虽然差别巨大，却仍有相似之处。

## 一、原核生物基因组

原核生物的结构相对简单，繁殖迅速，容易获得突变株；生命活动主要是利用外界环境中的营养成分，获取自身所需的能量，合成自身生长所需的物质（核苷酸、氨基酸）。原核生物基因组中结构基因的数量和功能远远多于病毒基因组。但是，与真核基因组相比，原核生物基因组还是很小的，所能容纳的基因数量有限。由于生命现象从低等到高等具有一些共同规律，所以研究原核基因组的结构和功能，对于了解真核生物以至人类基因组的结构和功能也有重要意义。

（一）原核生物基因组的结构

（1）基因组通常仅由一条环状双链 DNA 分子组成。原核生物基因组 DNA 虽与蛋白质结合，但并不形成染色体结构，只是习惯上仍将其称为染色体。细菌染色体 DNA 在细胞内形成一个致密区域，即类核。类核无核膜将之与细胞质分开，其中央部分由 RNA 和支架蛋白组成，外围是双链闭环的超螺旋 DNA。

（2）基因组中只有一个复制起点，具有操纵子（operon）结构。操纵子结构是原核基因组的一个突出的结构特点，所谓操纵子是指数个功能上相关联的结构基因串联在一起，构成信息区，连同其上游的调控区（包括启动子和操纵基因）及下游的转录终止信号所构成的基因表达单位，所转录的 RNA 为多顺反子。启动子是 RNA 聚合酶结合的区域；操纵基因实际上不是一个基因，而是一段能被特异阻遏蛋白识别和结合的 DNA 序列。这些区域是基因表达调控中各种调控蛋白作用的部位，是决定基因表达效率的关键元件。

（3）编码序列一般不会重叠。基因是连续的，无内含子，因此转录后不需要剪切。

（4）编码区在基因组中所占的比例远远大于真核基因组，但又远远小于病毒基因组。非编码区主要是一些调控序列。

（5）基因组中重复序列很少。编码蛋白质的结构基因多为单拷贝，但编码 rRNA 的基因往往是多拷贝的，这有利于核糖体的快速组装。

（6）具有编码同工酶的等基因（isogene）。这是一类结构上不完全相同而功能相同的基因。例如，在大肠杆菌中含有 2 个编码乙酰乳酸合成酶同工酶的基因和 2 个编码分支酸变位酶同工酶的基因。

（7）细菌基因组中存在着可移动的 DNA 序列，包括插入序列和转座子。

（8）在 DNA 分子中具有多种功能的识别区域，如复制起始区、复制终止区、转录启动区和终止区等。这些区域往往具有特殊的序列，并且含有反向重复序列。例如，细菌的强终止子含有反向重复序列，可形成茎环结构。

（二）原核生物基因组的特点

（1）细菌的染色体相对聚集在一起，形成一个较为致密的区域，称为类核（nucleoid）。类核无核膜与细胞质分开，类核的中央部分由 RNA 和支架蛋白组成，外围是双链闭环的 DNA 超螺旋。染色体 DNA 通常与细胞膜相连，连接点的数量随细菌生长状况和不同的生活周期而异。在 DNA 链上与 DNA 复制、转录有关的信号区域与细胞膜优先结合，如大肠杆菌染色体 DNA 的复制起点（origin of replication，ori）、复制终点等。细胞膜在这里的作用可能是对染色体起固定作用，另外，在细胞分裂时将复制后的染色体均匀地分配到两个子代细菌中去。有关类核结构的详细情况目前尚不清楚。

（2）具有操纵子结构（有关操纵子结构详见第五章"基因表达调控"），其中的结构基因为多顺反子，即数个功能相关的结构基因串联在一起，受同一个调节区的调节。数个操纵子还可以由一个共同的调节基因，即调节子（regulon）所调控。

（3）在大多数情况下，结构基因在细菌基因组中都是单拷贝，但是编码 rRNA 的基因往往是多拷贝的，这样可能有利于核糖体的快速组装，便于在急需蛋白质合成时细胞可以在短时间内生成大量核糖体。

（4）与病毒的基因组相似，不编码 DNA 部分所占比例比真核细胞基因组少得多。

（5）具有编码同工酶的等基因。

（6）和病毒基因组不同的是，在细菌基因组中编码序列一般不会重叠，即不会出现基因重叠现象。

（7）在 DNA 分子中具有各种功能的识别区域，如复制起始区、复制终止区、转录启动区和终止区等。这些区域往往具有特殊的序列，并且含有反向重复序列。

（8）在基因或操纵子的终末往往具有特殊的终止序列，它可使转录终止和 RNA 聚合酶从 DNA 链上脱落。例如，大肠杆菌色氨酸操纵子后尾含有 40bp 的 GC 丰富区，其后紧跟 AT 丰富区，这就是转录终止子的结构。终止子有强、弱之分，强终止子含有反向重复序列，可形成茎环结构，其后面为 polyT 结构，这样的终止子无须终止蛋白参与即可使转录终止。而弱终止子尽管也有反向重复序列，但无 polyT 结构，需要有终止蛋白参与才能使转录终止。

（三）质粒

质粒（plasmid）是独立于许多细菌及某些真核细胞（如酵母等）染色体外共价闭合环状 DNA（covalent closed circular DNA，cccDNA）分子，是能独立复制的最小遗传单位。质粒的分子质量一般为 $10^6 \sim 10^8$Da，小型质粒的长度一般为 1.5～15kb。

质粒只有在宿主细胞内才能完成复制，一旦离开宿主就无法复制和扩增，而质粒对宿主细胞的生存不是必需的，宿主细胞丢失了质粒依旧能够存活。尽管质粒不是细菌生长、繁殖所必需的物质，但它所携带的遗传信息能赋予细菌特定的遗传性状。例如，性质粒（F质粒），即含F质粒的细菌（标记为F$^+$）与不含F质粒的细菌（F$^-$）混合，其结果是F$^+$菌将其质粒DNA转到F$^-$宿主细胞，使后者变成F$^+$。耐药性质粒（R质粒）带有耐药基因，可以使宿主菌获得耐受相应抗生素的能力。大肠杆菌素质粒（Col质粒）能使大肠杆菌合成大肠杆菌素，后者可以杀死不含大肠杆菌素质粒的亲缘细菌。

**1. 质粒的分类**

（1）按质粒的功能分为F质粒、R质粒和Col质粒。

（2）按质粒的复制机制分为严紧型质粒（stringent plasmid）和松弛型质粒（relaxed plasmid）。严紧型质粒复制受宿主细胞的严格控制，每个细胞仅含1个或几个拷贝；松弛型质粒复制不受宿主细胞的严格控制，每个细胞可含10～200个拷贝。

（3）按质粒转移方式分为接合型质粒、可移动型质粒和自传递型质粒。细菌可以通过接合作用在细菌之间传递质粒。接合型质粒只能使细菌接合，本身不能被传递；可移动型质粒可以被传递，但不能使细菌接合，只能被动传递；接合型和可移动型共存时，能传递可移动型质粒；自传递型质粒兼具上述两种质粒的功能，因而可以自传递，如F质粒。

**2. 质粒的特性**

（1）能在细胞内自主复制，但不同质粒对宿主细胞的复制系统利用程度不同。许多质粒的复制是自主调节的，不受染色体复制调节因素的影响。例如，F因子可以在 *E. coli* DnaA（TS）菌株中高温下复制，但细菌染色体DNA则不复制，说明F因子的复制不需要宿主DnaA基因产物；也有些质粒需要宿主基因产物，如细菌突变株中DNA聚合酶I活性降低使细菌不能正常生长，也不能支持ColE1的复制。

（2）质粒的不相容性（incompatibility）。利用相同复制系统的质粒不能共存于同一个细胞内。pMB1和ColE1是两个密切相关的复制调控系统，带有pMB1和ColE1复制调控系统的质粒是不相容的。但它们与带有PSC101或P15A的复制调控系统是完全相容的，可以共存于一个细胞内。不相容性使质粒能够很容易被克隆。

（3）质粒的转移性。有些质粒可以通过细菌接合（conjugation）作用在细菌细胞间传递。

利用天然质粒的特性加以改造，保留所需成分，去除非必需的成分，这种质粒可作为基因工程的良好载体被广泛使用。

（四）转位因子

转位因子（transposable element）即可移动的基因成分，是指能够在一个DNA分子内部或两个DNA分子之间移动的DNA片段。在细菌中指在质粒和染色体之间或在质粒和质粒之间移动的DNA片段。转位也是DNA重组的一种形式。转位因子不仅存在于原核生物中，也存在于真核生物。早在20世纪40年代末，美国科学家McClintock在玉米中首次发现并指出某些遗传因子可以转移位置，这一现象当时并没有受到重视。60年代，J. A. Shapirc研究大肠杆菌高效突变实验中证实可以转移位置的插入序列，后来转位因子被逐渐证明在生物界普遍存在。

**1. 转位因子的种类及特征**　　细菌的转位因子包括插入序列、转座子及可转座的噬菌体。

1）插入序列（insertion sequence，IS）　　IS是一类较小的没有表型效应的转位因子，长度 700~2000bp，由一个转位酶基因及两侧的反向重复序列（inverted repeat sequence，IR 序列）组成。IR 的对称结构使 IS 可以双向插入靶位点，并在插入后与两侧形成一定长度（3~11bp）的顺向重复序列（directed repeat sequence，DR 序列），DR 是靶位点序列复制的产物。IS 的转位频率为 $10^{-7}$/拷贝，即在一个世代的 $10^7$ 个细菌中有一次插入，插入方向可以是正向，也可以是反向。IS 按发现序列 $IS_1$，$IS_2$，$IS_3$，…，$IS_n$ 命名。

2）转座子（transposon，Tn）　　Tn 是一类较大的可移动成分，除有关转座的基因外，至少还含有一个与转座无关并决定宿主菌遗传性状的其他基因，如抗药基因。Tn 是在研究抗药基因时发现的，由此知道抗药基因可在质粒之间、质粒与染色体之间或质粒与可转座的噬菌体之间来回移动，转位频率为 $10^{-6}$~$10^{-3}$/拷贝。转座子中的转位酶常称为转座酶，其功能是介导转座子插入到 DNA 的其他部分。

3）可转座的噬菌体（transposable phage）　　这是一类具转座功能的溶源性噬菌体，包括 Mu 和 D108 等。Mu 噬菌体是大肠杆菌的一种温和致突变噬菌体，是原核生物中第一个被阐明的可移动因子。其感染细菌后，可整合到细菌染色体中，可以插到结构基因内部，引起突变，Mu 即突变子（muton）因而得名。它兼有温和噬菌体和转座因子的特性，但不含末端反向重复序列，其溶源性整合和裂解周期的复制均以转座方式进行，且转座位点是随机的。

**2. 转位作用的机制**　　转位作用可以分为简单转座（单纯转座）和复制性转座，带有内解离区（或位点）的转座因子主要以复制性转座为主，而无解离区的转座子则以简单转座为主。

（1）复制性转座的主要过程。首先，转座因子在其自身 *tnpA* 基因编码的转座酶的作用下，在转座成分双链的反向极性端同时出现单链的切口；与此同时，一种 DNA 内切酶在靶点序列（质粒、噬菌体、染色体）两侧各一条单链上造成一切口。其次，供体上转座因子的游离端与靶位点上错开切割的突出端分别连接，在宿主 DNA 聚合酶的作用下，以任意一条链为模板进行复制，新的转座成分通过半保留复制完成并伴有两个复制子的融合，即形成"共整合体"。此"共整合体"是以转座成分的正向重复序列相连接的。最后，由转座因子 *tnpR* 基因编码的解离酶作用于共整合体中转座因子的内解离区（或 res），使共整合体发生解离，产生各含有一个 Tn 拷贝的供体 DNA 分子和受体 DNA 分子。

（2）简单转座时转位酶将供体 DNA 转座因子两侧各切断一条单链并与靶序列的两个游离末端连接，随后并没有复制过程，而是由转座酶将供体 DNA 转座因子的另一端也切断，因此在供体 DNA 留下一个致死性缺口。

简单转位作用易发生在 DNA 复制时期，转位因子可以转移到其他部位，而供体 DNA 则因断裂而被丢失。这就造成一个假象，即转位因子发生转移后，原位仍保留原有的转位因子；实际上是 DNA 复制后，一套基因组 DNA 中的一个转位因子转入到另一套基因组 DNA 中，供体丢失，受体 DNA 在"原位"上保留了原来的转位因子，也就是说，实际上转移的基因只是一个复制品（图 2-2）。

**3. 转位的遗传效应**　　由于转位因子的转位，可以想象基因组的 DNA 可能由于转位因子的存在而发生变化。

（1）转位因子插入到结构基因中可使基因序列发生改变，造成基因插入失活或功能改变；如果插入到调控区，可使下游基因不能转录；转位因子的插入还可能引起基因突变、缺失和基因重排。

（2）转位因子的纵向转位插入，可引入产生新基因。例如，R 质粒的转位因子转位到染

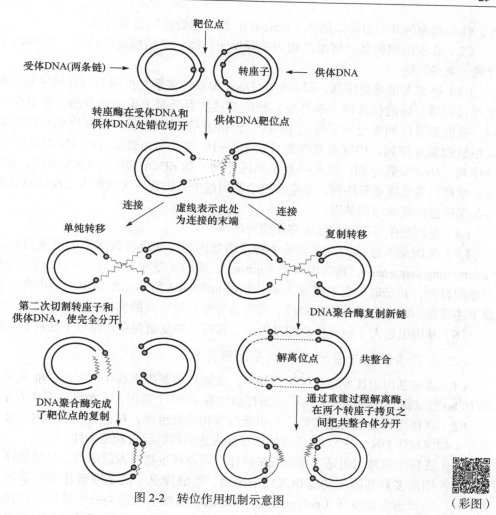

图 2-2 转位作用机制示意图 （彩图）

色体上，在该部位出现抗药性基因，从而使抗药性在菌群中得以传播；转位因子的横向转位插入，如 R 质粒基因通过细菌接合作用和转移能力，使抗药基因得以产生和传播。

## 二、真核生物基因组

真核生物的基因组一般比较庞大。例如，人类单倍体基因组由 $3 \times 10^9$ bp 组成，按 1000 个碱基编码一种蛋白质计算，理论上可有 300 万个基因。但实际上，人类细胞中所含基因总数大概在 3 万个左右。这就说明在人类细胞基因组中有许多 DNA 序列并不转录成 mRNA 用于指导蛋白质的合成。DNA 的复性动力学研究发现这些非编码区往往都是一些大量的重复序列，这些重复序列或集中成簇，或分散在基因之间。在基因内部也有许多能转录但不翻译的间隔序列（内含子）。因此，在人类细胞的整个基因组中只有很少一部分（占 2%~3%）的 DNA 序列用以编码蛋白质。

（一）真核细胞基因组的结构特点

（1）真核细胞基因组 DNA 与蛋白质结合形成染色体，储存于细胞核内，除配子细胞外，体细胞内的基因组是双倍体（diploid），即有两份相同的基因组。

（2）真核细胞的基因转录产物为单顺反子，即一个结构基因转录一个 mRNA 分子，翻译成一条多肽链。

（3）存在大量重复序列，即在整个 DNA 中有许多重复出现的核苷酸序列，重复序列长度可长可短，短的仅含两个核苷酸，长的多达数百乃至上千个核苷酸。重复频率也不尽相同，高度重复序列重复频率可达 $10^6$ 次，包括卫星 DNA、反向重复序列和较复杂的重复单位组成的重复序列；中度重复序列可达 $10^1 \sim 10^5$ 次，如为数众多的 *Alu* 家族序列、*Kpn* I 家族序列、*Hinf* 家族序列，以及一些编码区序列（如 rRNA 基因、tRNA 基因、组蛋白基因）等；单拷贝或低度重复序列，是指在整个基因组中只出现一次或很少几次的核苷酸序列，主要是编码蛋白质的结构基因。

（4）基因组中不编码的区域多于编码区域。

（5）基因是不连续的，在真核生物结构基因的内部存在许多不编码蛋白质的间隔序列（intervening sequence），称为内含子（intron），编码区则称为外显子（exon）。内含子与外显子相间排列，转录时一起被转录下来，然后 hnRNA（前体 mRNA）中的内含子被切掉，外显子连接在一起成为成熟的 mRNA，作为指导蛋白质合成的模板。

（6）基因组远大于原核生物的基因组，具有许多复制起点，而每个复制子的长度较短。

（二）真核细胞与原核细胞的基因组比较

（1）真核基因组比原核基因组大得多，大肠杆菌基因组约 $4 \times 10^6$ bp，哺乳类动物基因组在 $10^9$ bp 数量级，比细菌大千倍；大肠杆菌约有 4000 个基因，人类则约有 3 万个基因。

（2）真核生物主要的遗传物质与组蛋白等构成染色质，被包裹在核膜内，核外还有遗传成分（如线粒体 DNA 等），这就增加了基因表达调控的层次和复杂性。

（3）真核生物基因组是二倍体或多倍体，而原核生物基因组基本上是单倍体。

（4）细菌多数基因按功能相关成串排列，组成操纵子的基因表达调控单元，共同开启或关闭，转录出多顺反子（polycistron）mRNA；真核生物则是一个结构基因转录生成一条 mRNA，即 mRNA 是单顺反子（monocistron），基本上没有操纵子的结构，而真核细胞的许多活性蛋白质是由相同的和不同的多肽形成的亚基构成，这就涉及多个基因协调表达的问题，真核生物基因协调表达要比原核生物的复杂得多。

（5）原核生物基因组的大部分序列都为编码基因，而核酸杂交等实验表明：哺乳类基因组中仅约 <3% 的序列编码蛋白质、rRNA、tRNA 等，其余序列的功能至今还不清楚。

（6）原核生物的基因为蛋白质编码的序列绝大多数是连续的，而真核生物编码蛋白质的基因绝大多数是不连续的，转录后需经剪接（splicing）成为成熟的 mRNA，才能翻译成蛋白质，这就增加了基因表达调控的环节。

（7）原核生物基因组中除 rRNA、tRNA 基因有多个拷贝外，重复序列不多。哺乳动物的基因组中则存在大量重复序列（repetitive sequence）。有以下三类重复序列。

a. 高度重复序列（highly repetitive sequence）：这类序列一般较短，长 6~200bp，在哺乳类基因组中重复 $10^6$ 次左右，占基因组 DNA 序列总量的 10%~60%，人基因组中这类序列约占 20%。高度重复序列按其结构特点分为反向重复序列和卫星 DNA，前者总长度约占人基因组的 5%，多数是散在的，后者主要存在于染色体的着丝粒区。高度重复序列主要参与复制水平和基因表达的调控，参与染色体配对。

b. 中度重复序列（moderately repetitive sequence）：这类序列多数长 100～500bp，重复 10～$10^5$ 次，占基因组 DNA 序列总量的 10%～40%。例如，哺乳类中含量最多的一种称为 *Alu* 的序列，长约 300bp，在哺乳类不同种属间相似，在基因组中重复 $3 \times 10^5$ 次，在人类基因组中约占 7%，功能也还不是很清楚。在人类基因组中 18S/28S rRNA 基因重复 280 次，5S rRNA 基因重复 2000 次，tRNA 基因重复 1300 次，5 种组蛋白的基因串联成簇重复 30～40 次，这些基因都可归入中度重复序列范围。

c. 单拷贝序列（single-copy sequence）：这类序列基本上不重复，占哺乳类基因组的 50%～80%，在人类基因组中约占 65%。绝大多数真核生物中编码蛋白质的基因在单倍体基因组中都不重复，是单拷贝的基因。

真核细胞与原核细胞的基因组比较见表 2-2。

**表 2-2　真核细胞与原核细胞的基因组比较**

| 比较内容 | | 原核细胞 | 真核细胞 |
|---|---|---|---|
| | 实例 | 细菌、蓝藻、放线菌、衣原体、支原体（支原体细胞最小，且无细胞壁） | 酵母菌等真菌、衣藻、高等植物、动物 |
| 遗传方面 | 细胞大小 | 较小（1～10μm） | 较大（10～100μm） |
| | 遗传物质 | DNA | DNA |
| | DNA 分布 | 类核（控制主要性状），质粒（控制抗药性、固氮、抗生素生成等性状） | 细胞核（控制细胞核遗传），线粒体和叶绿体（控制细胞质遗传） |
| | 基因结构 | 编码区是连续的，无内含子 | 编码区是不连续的、间隔的，有内含子和外显子 |
| | 基因表达 | 转录产生的信使 RNA 不需要加工；转录和翻译通常在同一时间同一地点进行（在转录未完成之前翻译便开始进行） | 转录产生的信使 RNA 需要加工（将内含子转录的部分切掉，将外显子转录的部分拼接起来）；转录和翻译不在同一时间同一地点进行（转录在翻译之前，转录在细胞核内、翻译在细胞质的核糖体上） |
| 可遗传变异的来源 | | 基因突变 | 基因突变、基因重组、染色体变异 |
| 进化水平 | | 低 | 高 |

## （三）真核细胞基因组功能特点

**1. 高度重复序列**　　高度重复序列在基因组中重复频率高，可达百万（$10^6$）次以上，因此复性速度很快。在基因组中所占比例随种属而异，占 10%～60%，在人类基因组中约占 20%。高度重复序列又按其结构特点分为以下两种。

（1）反向重复序列（inverted repeat sequence）：这种重复序列复性速度极快，即使在极低的 DNA 浓度下，也能很快复性，因此又称零时复性部分，约占人类基因组的 5%。反向重复序列由两个相同序列的互补拷贝在同一 DNA 链上反向排列而成。变性后再复性时，同一条链内的互补的拷贝可以形成链内碱基配对，形成发夹式或"十"字形结构。反向重复（即两个互补拷贝）间可有一到几个核苷酸的间隔，也可以没有间隔。没有间隔的反向重复又称回文结构（palindrome），这种结构约占所有反向重复的 1/3（图 2-3）。若以两个互补拷贝组成的反向重复为一个单位，则反向重复单位约长 300bp 或略少。两个单位之间有一平均 1.6kb 的片段相隔，两对反向重复单位之间的平均距离约为 12kb，即它们多数散布非群集于基因组中。

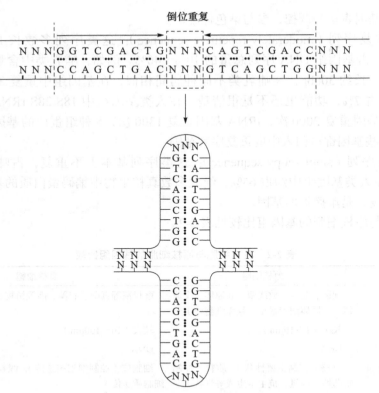

图 2-3　回文结构和发夹结构示意图

（2）卫星 DNA（satellite DNA）：这是另一类高度重复序列，这类重复序列的重复单位一般由 2～70bp 组成，成串排列。由于这类序列的碱基组成不同于其他部分，可用等密度梯度离心法将其与主体 DNA 分开，因而称为卫星 DNA 或随体 DNA。在人类基因组中卫星 DNA 占 5%～6%。按照它们的浮力密度不同，人类卫星 DNA 可分为Ⅰ、Ⅱ、Ⅲ、Ⅳ四种。果蝇的卫星 DNA 序列已经研究清楚，可分为三类，这三类卫星 DNA 都是由 7bp 组成的高度重复序列：卫星Ⅰ为 5′-ACAAACT-3′，卫星Ⅱ为 5′-ATAAACT-3′，卫星Ⅲ为 5′-ACAAATT-3′。而蟹的卫星 DNA 为只有 AT 两个碱基的重复序列组成。

高度重复序列主要有以下功能。

a. 参与复制水平的调节：反向序列常存在于 DNA 复制起点区的附近。另外，许多反向重复序列是一些蛋白质（包括酶）和 DNA 的结合位点。

b. 参与基因表达的调控：DNA 的重复序列可以转录到 hnRNA 分子中，而有些反向重复序列可以形成发夹结构（图 2-3），这对稳定 RNA 分子，使其免遭分解有重要作用。

c. 参与转位作用：几乎所有转位因子的末端都包括反向重复序列，长度由几个碱基对到 1400bp。由于这种序列可以形成回文结构，因此在转位作用中既能连接非同源的基因，又可被参与转位的特异酶所识别。

d. 与进化有关：不同种属的高度重复序列的核苷酸序列不同，具有种属特异性，但相近种属又有相似性。例如，人与非洲绿猴的 α 卫星 DNA 长度仅差 1 个碱基（前者为 171bp，后者为 172bp），而且碱基序列有 65% 是相同的，这表明它们来自共同的祖先。在进化中某些特殊区段是保守的，而其他区域的碱基序列则累积变化。

e. 同一种属中不同个体的高度重复序列的重复次数不一样，这可以作为每一个体的特征，即 DNA 指纹（DNA fingerprint）。

f. α 卫星 DNA 成簇地分布在染色体着丝粒附近，可能与染色体减数分裂时染色体配对有关，即同源染色体之间的联会可能依赖于具有染色体专一性的特定卫星 DNA 序列。

**2. 中度重复序列**　　中度重复序列是指在真核基因组中重复数十至数十万次的重复序列。其复性速度快于单拷贝序列，但慢于高度重复序列。少数在基因组中成串排列在一个区域，大多数与单拷贝序列间隔排列。依据重复序列的长度，中度重复序列可分为以下两种类型。

1）短分散片段（short interspersed repeated segment）　　这类重复序列的平均长度约为 300bp（<500bp），它们与平均长度约为 1000bp 的单拷贝序列间隔排列。拷贝数可达 10 万次左右，如 *Alu* 家族、*Hinf* 家族等属于这种类型的中度重复序列。

2）长分散片段（long interspersed repeated segment）　　这类重复序列的长度大于 1000bp，平均长度为 3500～5000bp，它们与平均长度为 13 000bp（个别长几万 bp）的单拷贝序列间隔排列。有的实验显示人类基因组中所有长分散片段之间的平均距离为 2.2kb，拷贝数一般在 1 万左右，如 *Kpn*I 家族等。中度重复序列在基因组中所占比例在不同种属之间差异很大，一般占 10%～40%，在人类约为 12%。这些序列大多不编码蛋白质。这些非编码中度重复序列的功能可能类似于高度重复序列。在结构基因之间、基因簇中及内含子内都可以见到这些短的和长的中度重复序列。按本文的分类原则有些中度重复序列则是编码蛋白质或 rRNA 的结构基因，如 HLA 基因、rRNA 基因、tRNA 基因、组蛋白基因、免疫球蛋白基因等。中度重复序列一般具有种特异性，在适当情况下，可以应用它们作为探针区分不同种哺乳动物细胞的 DNA。

下面介绍几种典型的中度重复序列。

（1）*Alu* 家族。*Alu* 家族是哺乳动物包括人类基因组中含量最丰富的一种中度重复序列家族，在人类单倍体基因组中重复达 30 万～50 万次，占人类基因组的 3%～6%。*Alu* 家族每个成员的长度约为 300bp，由于每个单位长度中有一个限制性内切核酸酶 *Alu* 的切点（AG↓CT）从而将其切成长 130bp 和 170bp 的两段，因而定名为 *Alu* 序列（或 *Alu* 家族）。序列分析表明人类 *Alu* 序列是由两个约 130bp 长的正向重复构成的二聚体，而在第二个单体中有一个 31bp 的插入序列，该插入序列在 *Alu* 家族的不同成员之间核苷酸序列相似但不相同。每个 *Alu* 序列两侧为 6～20bp 的正向重复顺序，不同的 *Alu* 成员的侧翼重复序列也各不相同。

（2）*Kpn*I 家族。*Kpn*I 家族是中度重复序列中仅次于 *Alu* 家族的第二大家族。用限制性内切核酸酶 *Kpn*I 消化人类及其他灵长类动物的 DNA，在电泳谱上可以看到 4 个不同长度的片段，分别为 1.2kb、1.5kb、1.8kb 和 1.9kb，这就是所谓的 *Kpn*I 家族。*Kpn*I 家族成员序列比 *Alu* 家族更长（如人 *Kpn*I 序列长 6.4kb），而且更加不均一，呈散在分布，属于中度重复序列的长分散片段型。

（3）*Hinf* 家族。这一家族以 319bp 长度的串联重复存在于人类基因组中。用限制性内切核酸酶 *Hinf*I 消化人 DNA，可以分离得到这一片段。*Hinf* 家族在单位基因组内有 50～100 个拷贝，分散在不同的区域。

（4）多聚 dT-dG 家族。这一家族的基本单位是 dT-dG 双核苷酸，多个 dT-dG 双核苷酸串联重复在一起，分散于人类基因组中。已经发现，这个家族的一个成员位于人类 δ 珠蛋白和 β 珠蛋白基因之间，含有 17 个 dT-dG 双核苷酸组成的串联重复序列。在人类基因组中，dT-dG 交替序列达 $10^6$ 个拷贝，这些序列的平均长度为 40bp。

（5）rRNA 基因。在原核生物（如大肠杆菌）基因组中，rRNA 基因共 7 套；在真核生物中 rRNA 基因的重复次数更多。在真核生物基因组中，*18S rRNA* 和 *28S rRNA* 基因是在同一转录单位中，在低等的真核生物（如酵母）中，*5S rRNA* 也和 *18S rRNA*、*28S rRNA* 在同一转录单位中；而在高等生物中，*5S rRNA* 是单独转录的，而且其在基因组中的重复次数高于 *18S rRNA* 和 *28S rRNA* 基因。与一般的中度重复序列不一样，各重复单位中的 *rRNA* 基因都是相同的。

人类的 *rRNA* 基因位于 13、14、15、21 和 22 号染色体的核仁组织区，每个核仁组织区平均含有 50 个 *rRNA* 基因的重复单位。*5S rRNA* 基因似乎全部位于 1 号染色体（1q42-43）上，每个单倍体基因组约有 1000 个 *5S rRNA* 基因。*tRNA* 基因的精确重复次数比较难以估计。在人类单倍基因组中有 1000~2000 个 *tRNA* 基因，为 50~60 种 rRNA 编码，每种 tRNA 平均重复 20~30 次。

**3. 单拷贝序列（低度重复序列）**　　单拷贝序列在单倍体基因组中只出现一次或数次，因而复性速度很慢。单拷贝序列在基因组中占 50%~80%，如人基因组中有 60%~65% 的序列属于这一类。单拷贝序列中储存了巨大的遗传信息。目前尚不清楚单拷贝序列的确切数字，但在单拷贝序列中只有一小部分用来编码各种蛋白质，其他部分的功能尚不清楚。

在基因组中，单拷贝序列的两侧往往为散在分布的重复序列。由于某些单拷贝序列编码蛋白质，体现了生物的各种功能，因此对这些序列的研究对医学实践有特别重要的意义。但由于其拷贝数少，在 DNA 重组技术出现以前，要分离和分析其结构和序列几乎是不可能的，现在人们通过基因重组技术可以获得大量想要研究的基因，并对许多结构基因进行了较为细致的研究。

**4. 多基因家族与假基因**　　真核基因组的另一特点就是存在多基因家族（multigene family）。多基因家族是指由某一祖先基因经过重复和变异所产生的一组基因。多基因家族大致可分为两类：一类是基因家族成簇地分布在某一条染色体上，它们可同时发挥作用，合成某些蛋白质，如组蛋白基因家族就成簇地集中在第 7 号染色体长臂 3 区 2 带到 3 区 6 带区域内；另一类是一个基因家族的不同成员成簇地分布在不同染色体上，这些不同成员编码一组功能上紧密相关的蛋白质，如珠蛋白基因家族。在多基因家族中，某些成员并不产生有功能的基因产物，这些基因称为假基因（pseudogene）。假基因与有功能的基因同源，原来可能也是有功能的基因，但由于缺失、倒位或点突变等，使这一基因失去活性，成为无功能基因。与相应的正常基因相比，假基因往往缺少正常基因的内含子，两侧有顺向重复序列。人们推测，假基因的来源之一，可能是基因经过转录后生成的 RNA 前体通过剪接失去内含子形成 mRNA，如果 mRNA 经反复转录产生 cDNA，再整合到染色体 DNA 中去，便有可能成为假基因，因此该假基因是没有内含子的，在这个过程中，可能同时会发生缺失、倒位或点突变等变化，从而使假基因不能表达。

**（四）线粒体基因组的结构特点**

线粒体是生物氧化的场所，呼吸链中的某些蛋白质或酶的编码基因就在 mtDNA 上。线粒体还能独立合成一些蛋白质，因为线粒体有自己的 rRNA、tRNA、核糖体等可以用来表达自己的基因。

现在已知线粒体的基因组至少含有以下基因。

（1）tRNA 基因：在啤酒酵母 mtDNA 中有 24 个 tRNA 基因，粗链孢霉菌的 mtDNA 中有 40 个 tRNA 基因，而人类 mtDNA 中有 22 个 tRNA 基因。

（2）rRNA 基因：在人类 mtDNA 中有一个拷贝的 *16S rRNA* 及 *12S rRNA* 基因。

（3）细胞色素氧化酶基因：细胞色素氧化酶有 7 个亚基，其中 3 个亚基由 mtDNA 编码，4 个亚基由细胞核 DNA 编码。

（4）ATP 酶基因：ATP 酶的分子质量为 340kDa，含有 10 个亚基，其中 4 个由 mtDNA 编码。

（5）细胞色素还原酶（b、c 复制物）基因：此酶有 7 个亚基，其中 1 个由 mtDNA 编码。另外，还有一些抗药性基因也在 mtDNA 上。

### 三、病毒基因组

病毒（virus）是一种具有原始的生命形态和生命特征的非细胞生物。虽极其微小，但却有其特殊的结构和与功能相适应的基因组。完整的病毒颗粒包括衣壳蛋白和内部的基因组 DNA 或 RNA，有些病毒的衣壳蛋白外面有一层由宿主细胞构成的被膜，被膜内含有病毒基因编码的糖蛋白。病毒不能独立地复制，必须进入宿主细胞中，借助细胞内的一些酶类和细胞器才能使病毒得以复制。衣壳蛋白（或被膜）的功能是识别和侵袭特定的宿主细胞，并保护病毒基因组不受核酸酶的破坏。

（一）病毒基因组的结构特点

病毒基因组的主要功能就是保证基因组的复制及其向子代传递，整套基因组所编码的蛋白质都是与基因组复制、病毒颗粒包装及病毒向其他宿主细胞传递密切相关的，有些蛋白质可影响宿主细胞基因表达和增殖，通过促进细胞增殖而有利于病毒的复制和繁殖。

（1）病毒基因组大小相差较大，与细菌或真核细胞相比，病毒的基因组很小。病毒之间其基因组相差亦甚大。例如，乙肝病毒基因组 DNA 只有 3kb 大小，所含信息量也较小，只能编码 4 种蛋白质，而痘病毒的基因组有 300kb，可以编码几百种蛋白质，不但为病毒复制所涉及的酶类编码，甚至为核苷酸代谢的酶类编码，因此，痘病毒对宿主的依赖性较乙肝病毒小得多。

（2）病毒基因组可以由 DNA 组成，也可以由 RNA 组成。每种病毒中只含有一种核酸，或为 DNA 或为 RNA，两者不共存于同一病毒中。组成病毒基因组的 DNA 和 RNA 可以是单链的，也可以是双链的，可以是闭环分子，也可以是线性分子。例如，乳头瘤病毒是一种闭环的双链 DNA 病毒，而腺病毒的基因组则是线性的双链 DNA，脊髓灰质炎病毒是一种单链的 RNA 病毒，而呼肠孤病毒的基因组是双链的 RNA 分子。大多数 DNA 病毒的基因组是双链 DNA 分子，而大多数 RNA 病毒的基因组是单链 RNA 分子。

（3）基因有连续的和间断的。感染细菌的病毒（噬菌体）基因组与细菌基因组结构特征相似，基因是连续的；而感染真核细胞的病毒基因组与真核生物基因组结构特征相似，有的基因具有内含子，基因是间断的。除了正链 RNA 病毒之外，真核细胞病毒的基因都是先转录成 mRNA 前体，再经加工才能切除内含子成为成熟的 mRNA。有些真核病毒的内含子或其中的一部分，对某一个基因来说是内含子，而对另一个基因却是外显子，如 SV40 的早期基因即是如此。SV40 的早期基因即 T 抗原和 t 抗原的基因都是从 5146 位开始逆时针方向进行编码，T 抗原基因到 2676 位终止，而 t 抗原到 4624 位就终止了，但是，从 4900～4555 一段 346bp 的片段是 T 抗原基因的内含子，而该内含子中从 4900～4624 的 DNA 序列则是 t 抗原的编码基因（图 2-4）。

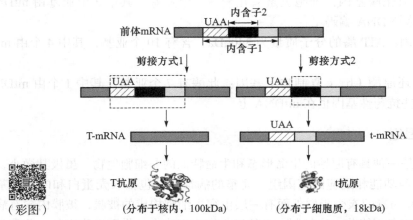

图 2-4　SV40 病毒 T 和 t 抗原 mRNA 的不同剪接方式示意图（UAA：终止密码）

（4）有的 RNA 病毒基因组由不连续的 RNA 链组成。病毒基因组 RNA 由不连续的几条核酸链组成。例如，流感病毒的基因组 RNA 分子是节段性的，由 8 条 RNA 分子构成，每条 RNA 分子都含有编码蛋白质分子的信息；而呼肠孤病毒的基因组由双链的节段性的 RNA 分子构成，共有 10 个双链 RNA 片段，同样每段 RNA 分子都编码一种蛋白质。目前，也有发现有节段性的 DNA 分子构成的病毒基因组。

（5）病毒基因组的功能单位或转录单元可被一起转录成为多顺反子 mRNA，然后再加工成各种成熟的 mRNA，作为翻译蛋白质的模板。例如，腺病毒基因编码病毒的 12 种外壳蛋白，在晚期基因转录时是在一个启动子的作用下生成多顺反子 mRNA，然后再加工成各种mRNA，编码病毒的各种外壳蛋白，它们在功能上都是相关的；φX174 基因组中的 *D-E-J-F-G-H* 基因也转录在同一 mRNA 中，然后再翻译成各种蛋白质，其中 *J*、*F*、*G* 及 *H* 都是编码外壳蛋白的，D 蛋白与病毒的装配有关，E 蛋白负责细菌的裂解，它们在功能上也是相关的。

（6）基因重叠。重叠基因（overlapping gene），即同一段 DNA 片段能够以两种或两种以上的阅读方式进行阅读，因而可编码两种或两种以上的多肽。基因重叠的程度有大有小，有的完全重叠，有的部分重叠。这种现象最早是在大肠杆菌噬菌体 φX174 中发现，在其他的生物细胞中仅见于线粒体和质粒 DNA。这种结构使较小的基因组能够携带较多的遗传信息，利用有限的基因序列编码较多的蛋白质，以满足病毒复制和执行不同功能的需要。例如，φX174 的基因组由 5387 个核苷酸组成，如果没有重叠基因只能编码 1796 个氨基酸，但实际编码了 2500 个氨基酸残基，构成 10～12 种蛋白质。

（7）病毒基因组大部分用来编码蛋白质。乳头瘤病毒是一类感染人和动物的病毒，人结肠癌、子宫颈癌的部分病因与乳头瘤病毒感染相关。病毒基因组约 8.0kb，其中不翻译的部分约为 1.0kb，该区同样也是其他基因表达的调控区。

（二）反转录病毒基因组的结构特点

反转录病毒属于 RNA 病毒。所有反转录病毒的共同特点是能够携带或编码合成反转录酶（reverse transcriptase，RT）。与其他 RNA 病毒复制不同的是，当病毒感染细胞后，首先以自身的基因组 RNA 为模板，在 RT 的催化下合成 DNA 中间体，即前病毒或原病毒 DNA（provirus DNA）。该 DNA 可以整合到宿主细胞染色体 DNA 上，并且能够作为细胞基因组的一部分，随细胞基因组复制和细胞分裂而传递下去；在宿主 RNA 聚合酶的作用下，原病毒 DNA 可以重新转录形成子代病毒 RNA。

**1. 反转录病毒基因组的一般特征** 反转录病毒（retrovirus）基因组的 RNA 类似于真核细胞的 mRNA，在 5′端有帽子结构，在 3′端有 poly（A）尾巴。反转录病毒的病毒颗粒中携带有 2 条相同的 RNA 和 2 条来自宿主细胞的 tRNA。4 条链以氢键结合在一起。不同反转录病毒基因组所结合的 tRNA 是不同的。2 条 RNA 都携带病毒的全部遗传信息，而且完全相同，是一个基因组的两套复本。人类免疫缺陷病毒（human immunodeficiency virus，HIV）就是反转录病毒的一种。

（1）编码区：所有的反转录病毒基因组都含有 3 个基本的结构基因——*gag*、*pol* 和 *env*。*gag* 基因编码病毒衣壳蛋白；*pol* 基因编码肽链内切酶、一个反转录酶和一个前病毒整合相关的酶；*env* 基因编码包膜蛋白。

（2）非编码区：除了上述编码区外，还有非编码区，主要与基因组复制和基因表达有关。

**2. 前病毒基因组的转录和翻译** 反转录病毒基因组的复制和转录都需要经过 DNA 中间体才能完成，这种 DNA 中间体称为前病毒。经过反转录所形成的 cDNA（前病毒基因组）在末端形成了新的重复序列（U3-R-U5），称为长末端重复（long terminal repeat，LTR）序列。

U3 区有启动子，从前病毒基因组可以转录出从 5′R 区至 3′R 区的 RNA。全长 RNA 只能直接作为 *gag* 基因的 mRNA 进行翻译。*pol* 基因编码区没有起始密码子，在 mRNA 中，与 5′帽结构的连接被 *gag* 基因编码区隔断，不能直接翻译。但在 RNA 序列中有干扰 *gag* 基因终止密码子的序列。在利用全长 mRNA 翻译时，90% 的 mRNA 只翻译出 *gag* 的多蛋白质，约有 10% 的 mRNA 在翻译过程中可以越过 *gag* 基因的终止密码子，一直翻译到 *pol* 基因的终止密码子，形成更大的多蛋白质，所有这些多蛋白质均被 *pol* 基因编码的肽链内切酶切割裂解，形成病毒的衣壳蛋白、反转录酶和与前病毒整合有关的酶［如整合酶（integrase）］。

从前病毒基因组转录的 RNA，有一部分经过转录后剪接，使 *env* 基因的编码区与病毒 RNA 的 5′帽结构连接在一起，从而形成 *env* 基因的 mRNA，翻译出病毒包膜的糖蛋白。剪切掉的 RNA 部分不再被利用。

**3. 反转录病毒的致癌作用与癌基因** 多种反转录病毒可使宿主细胞恶性转化而形成肿瘤。根据其致病性可分为：①急性转化性反转录病毒（acute transforming retrovirus），又称转导性反转录病毒（transducing retrovirus）；②非急性转化性反转录病毒（non-acute transforming retrovirus），其又分为两类，即顺式激活反转录病毒（*cis*-activating retrovirus）和反式激活反转录病毒（*trans*-activating retrovirus）。

急性转化性反转录病毒的主要特征是：病毒基因组携带有细胞来源的癌基因，称为病毒癌基因（viral oncogene，v-onc）。除鸟类肉瘤病毒外，几乎所有的转导性反转录病毒基因组序列都存在不同类型的缺损，必须通过辅助病毒协助才能进行复制。但是这些病毒一旦感染宿主细胞后，只需数天或数周即可引起宿主发生实体瘤或白血病。

另有一些反转录病毒并不携带癌基因，其有完整的基因组不需辅助病毒，但通过其原病毒 DNA 插入细胞基因中激活，经过顺式激活癌基因表达而诱发细胞癌变，故称为顺式激活反转录病毒。它们的致癌或转化作用的速度比较慢，潜伏期一般需要数周或数个月。利用该类病毒感染培养细胞一般不会使细胞发生转化。

除此之外，还有一类为反式激活反转录病毒，这类病毒基因组既不携带有癌基因，其原病毒 DNA 也不插入细胞基因组中，它们是通过病毒基因编码的调节蛋白反式激活细胞基因的异常表达，而实现诱发细胞转化或癌变的。与前两类反转录病毒相比较，该类病毒转化效率低，潜伏期也比较长，一般为数月至数年。HIV 属于此类。

# 第三节　基因组学

1986 年美国科学家 Thomas Roderick 提出了基因组学（genomics）的概念，是指对所有基因进行基因组作图（包括遗传图谱、物理图谱、转录图谱）、核苷酸序列分析、基因定位和基因功能分析的一门科学。因此，基因组研究应包括两方面的内容：以全基因组测序为目标的结构基因组学（structural genomics）、以基因功能鉴定为目标的功能基因组学（functional genomics）和比较基因组学（comparative genomics）。结构基因组学代表基因组分析的早期阶段，以建立生物体高分辨率遗传、物理和转录图谱为主。功能基因组学代表基因分析的新阶段，是利用结构基因组学提供的信息系统地研究基因功能，它以高通量、大规模实验方法及统计与计算机分析为特征。

随着 1990 年人类基因组计划的实施并取得了巨大成就，同时模式生物（model organism）基因组计划也在进行，并先后完成了几个物种的序列分析，研究重心从开始揭示生命的所有遗传信息转移到从分子整体水平对功能的研究上。第一个标志是功能基因组学的产生，第二个标志是蛋白质组学（proteomics）的兴起。

## 一、基因组学的研究内容

基因组学是从整体水平上来研究一个物种的基因组的结构、功能及调控的一门科学。目前基因组学又分为结构基因组学和功能基因组学两个部分。结构基因组学是指以全基因组测序为目标的研究基因和基因组的结构、基因组作图和基因定位等，是基因组分析的早期阶段。功能基因组着重以基因功能鉴定为目标研究不同序列结构的功能、基因的相互作用、基因表达及其调控等，它以高通量、大规模试验的方法结合统计与计算机分析，是基因组分析的新阶段。

### （一）结构基因组学

结构基因组学（structural genomics）是基因组学的一个重要组成部分和研究领域，它是一门通过基因作图、核苷酸序列分析确定基因组成、基因定位的学科。遗传信息在染色体上，但染色体不能直接用来测序，必须将基因组这一巨大的研究对象进行分解，使之成为较易操作的小的结构区域，这个过程就是基因作图。根据使用的标志和手段不同，作图有三种类型，即构建生物体基因组高分辨率的遗传图谱、物理图谱、转录图谱。

**1. 遗传图谱**　　　通过遗传重组所得到的基因在染色体上的线性排列图称为遗传连锁图。它是通过计算连锁的遗传标志之间的重组频率，确定它们的相对距离，一般用厘摩（cM，即每次减数分裂的重组频率为 1%）来表示。绘制遗传连锁图的方法有很多，但是在 DNA 多态性技术未开发时，鉴定的连锁图很少。随着 DNA 多态性的开发，使得可利用的遗传标志数目迅速扩增。早期使用的多态性标志有限制性酶切片段长度多态性（restriction fragment length polymorphism，RFLP）、随机扩增多态性 DNA（randomly amplified polymorphic DNA，RAPD）、扩增片段长度多态性（amplified fragment length polymorphism，AFLP）；20 世纪 80 年代后出现的有短串联重复（short tandem repeat，STR，又称微卫星）、DNA 遗传多态性分析和 20 世纪 90 年代发展的单核苷酸多态性（SNP）分析。

**2. 物理图谱**　　　物理图谱是利用限制性内切核酸酶将染色体切成片段，再根据重叠序列确定片段间的连接序列，以及遗传标志之间的物理距离［碱基对（bp）或千碱基（kb）或兆碱基（Mb）］的图谱。以人类基因组物理图谱为例，它包括两层含义：一是获得分布于整个基因组 30 000 个序列标志位点（sequence tagged site，STS，其定义是染色体定位明确且可用 PCR 扩增的单拷贝序列）。将获得的目的基因的 cDNA 克隆，进行测序，确定两端的 cDNA 序列，约 200bp，设计合成引物，并分别利用 cDNA 和基因组 DNA 作模板扩增；比较并纯化特异带；利用 STS 制备放射性探针与基因组进行原位杂交，使每隔 100kb 就有一个标志。二是在此基础上构建覆盖每条染色体的大片段：首先是构建数百 kb 的酵母人工染色体（YAC），对 YAC 进行作图，得到重叠的 YAC 连续克隆系，被称为低精度物理作图；然后在几十个 kb 的 DNA 片段水平上进行将 YAC 随机切割后装入黏粒的作图，称为高精度物理作图。

**3. 转录图谱**　　　通过对 cDNA 文库中随机条区的克隆进行测序所获得的部分 cDNA 的 5′ 端或 3′ 端序列称为表达序列标签（expressed sequence tag，EST），一般长 300~500bp。利用基因表达序列标签作为标记所构建的分子遗传图谱被称为转录图谱。一般来说，mRNA 的 3′ 端非翻译区（3′-UTR）是代表每个基因的比较特异的序列，将对应于 3′-UTR 的 EST 序列进行 RH 定位，即可构成由基因组成的 STS 图。截止到 1998 年 12 月底，在美国国家生物技术信息中心（NCBI）数据库中公布的植物 EST 的数目总和已达几万条，所测定的人基因组的 EST 达 180 万条以上。这些 EST 不仅为基因组遗传图谱的构建提供了大量的分子标记，而且来自不同组织和器官的 EST 也为基因的功能研究提供了有价值的信息。此外，EST 计划还为基因的鉴定提供了候选基因（candidate gene）。其不足之处在于通过随机测序有时难以获得低丰度表达的基因和在特殊环境条件下（如生物胁迫和非生物胁迫）诱导表达的基因。因此，为了弥补 EST 计划的不足，必须开展基因组测序。通过分析基因组序列能够获得基因组结构的完整信息，如基因在染色体上的排列顺序、基因间的间隔区结构、启动子的结构及内含子的分布等。

（二）功能基因组学

　　基因组 DNA 测序是人类对自身基因组认识的第一步。随着测序的完成，功能基因组学成为研究的主流，它从基因组信息与外界环境相互作用的高度，阐明基因组的功能。

　　功能基因组学（functional genomics）又称为后基因组学（post-genomics），它利用结构基因组所提供的信息，发展和应用新的实验手段，通过在基因组水平上系统、全面分析基因的功能，使得生物学研究从对单一基因或蛋白质的研究转向对多个基因或蛋白质同时进行系统的研究。这是在基因组静态的碱基序列弄清楚之后转入基因组动态的生物学功能学研究。研究内容包括基因功能发现、基因表达分析及突变检测、人类基因组 DNA 序列变异性研究、基因组表达调控的研究、模式生物体的研究和生物信息学的研究等。

功能基因组学的研究内容包括以下几方面。

（1）基因组表达及调控的研究。在全细胞的水平，识别所有基因组表达产物 mRNA 和蛋白质，以及两者的相互作用，阐明基因组表达在发育过程和不同环境压力下的时空整体调控网络。

（2）人类基因信息的识别和鉴定。要提取基因组功能信息，识别和鉴定基因序列是必不可少的基础工作。基因识别需采用生物信息学、计算生物学技术和生物学实验手段，并将理论方法和实验结合起来。基于理论的方法主要从已经掌握的大量核酸序列数据入手，发展序列比较、基因组比较及基因预测理论方法。识别基因的生物学手段主要基于以下的原理和思路：根据表达序列标签（EST）对染色体特异性黏粒（cosmid）进行直接的 cDNA 选择；根据 CpG 岛、差异显示及相关原理、外显子捕获及相关原理、基因芯片技术、基因组扫描、突变检测等体系，对基因进行识别。

（3）基因功能信息的提取和鉴定。其包括人类基因突变体的系统鉴定，基因表达谱的绘制，"基因改变-功能改变"的鉴定，蛋白质水平、修饰状态和相互作用的检测。

（4）测序和基因多样性分析。人类基因组计划得到的基因组序列虽然具有代表性，但是每个人的基因组并非完全一样，基因组序列存在着差异。基因组的差异反映在表型上就形成个体的差异，如黑人与白人的差异、高个与矮个的差异、健康人与遗传病患者的差异等。出现最多基因多态性就是单核苷酸多态性（single nucleotide polymorphism，SNP）。

（三）比较基因组学

比较基因组学是在基因组图谱和测序的基础上，对已知的基因和基因组结构进行比较，以了解基因的功能、表达机制和物种进化的学科。利用模式生物基因组与人类基因组之间编码序列上和结构上的同源性，克隆人类疾病基因，揭示基因功能和疾病分子机制，阐明物种进化关系及基因组的内在结构。目前，从模式生物基因组研究中得出了一些规律：模式生物基因组一般比较小，但编码基因的比例较高，重复序列和非编码序列较少；其（G+C）百分含量比较高；内含子和外显子的结构组织比较保守，剪切位点在多种生物中一致；DNA 冗余，即重复；绝大多数的核心生物功能由相当数量的直系同源（orthologous）蛋白承担；同线性（synteny）连锁的同源基因在不同的基因组中有相同的连锁关系等。模式生物基因组研究揭示了人类疾病基因的功能，利用基因序列上的同源性克隆人类疾病基因，利用模式生物实验系统上的优越性，在人类基因组研究中应用比较作图分析复杂性状，加深对基因组结构的认识。

将人类基因组与模式生物基因组进行比较，一方面有助于根据同源性方法分析人类基因的功能，另一方面有助于发现人类和其他生物的本质差异。

## 二、人类基因组计划及人类基因组学的研究进展

自从 DNA 双螺旋结构被发现，人们就一直致力于对遗传物质——核酸的研究。1990 年

启动的人类基因组计划（human genome project，HGP），与曼哈顿原子弹计划和阿波罗登月计划并称为 20 世纪的三大科学工程，目标是测定人类基因组全序列，破译人类全部遗传信息，使得人类第一次在分子水平上全面地认识自我。

（一）人类基因组计划

人类基因组的研究在 20 世纪 70 年代已具有一定的雏形，80 年代在许多国家已形成一定规模，最终形成了投资额最多、最具规模的国际人类基因组计划。

基因组学和人类基因组计划的最终目的是对生命进行系统地和科学地解码，以此达到了解和认识生命的起源、种间和个体间存在差异的起因、疾病产生的机制及长寿与衰老等生命现象的目的。在人类基因组计划之前的遗传学（genetics）偏重单个基因的研究，而人类基因组计划则是把目光投向整个基因组的所有基因，从整体水平去考虑基因的存在、基因的结构与功能、基因之间的相互关系等。随着数理化、信息和材料等学科的渗透，人类基因组计划成为生命科学领域的第一项大科学工程。人类基因组计划的正式启动标志着解码生命的真正开始，也就很自然地成为人们关注的焦点。

（二）人类基因组计划的研究进展

人类基因组计划最早在 1985 年由诺贝尔奖获得者、美国的杜尔贝克提出。1986 年 3 月 7 日，杜尔贝克在《科学》杂志上发表了一篇题为"癌症研究的转折点——测定人类基因组序列"的文章，指出癌症和其他疾病的发生都与基因有关，并提出测定人类整个基因组序列的途径和重要意义。1988 年成立了一个国际的合作机构——人类基因组组织（Human Genome Organization），由多个国家筹集资金和科研力量，积极参加这一国际性研究计划。1990 年 10 月，国际人类基因组计划正式启动，预计用 15 年时间，投资 30 亿美元，完成 30 亿对碱基的测序，并对所有基因进行绘图和排序。该计划由美国、英国、日本、法国、德国和中国 6 个国家共同完成。

1998 年，Perkin-Elmer（简称 PE）公司与文特尔领导的基因研究所合作成立了塞莱拉遗传信息公司，并宣布他们将利用最新技术在 3 年内完成人类基因组的测序工作，从而加快了人类基因组的研究步伐。1999 年 12 月 1 日，国际人类基因组计划联合小组宣布，已经完整破译出人体第 22 对染色体的遗传密码，通过对该染色体上 $3.35 \times 10^7$ 个碱基对的测序，发现了 679 个基因，这些基因与人的先天性心脏病、免疫功能低下、精神分裂症、智力低下，以及许多恶性肿瘤（如白血病等）有关。通过对第 22 号染色体上的基因进行统计分析，科学家开始对原来估计的 10 万个基因的数目产生了怀疑。2000 年 5 月 8 日，德国和日本的科学家宣布已基本绘制出人类最小的染色体——第 21 号染色体的基因图谱，发现白血病、唐氏综合征、肌肉萎缩性侧索硬化症、阿尔茨海默病、躁狂性抑郁症及部分癌症都与第 21 号染色体有关，并确定第 21 号染色体所含基因数为 225 个。2000 年 6 月 26 日，美国国家人类基因组研究所所长弗朗西斯·柯林斯和塞莱拉公司的董事长兼首席科学家克莱格·文特尔联合宣布人类基因组工作草图绘制成功。工作草图（即工作框架图）中的序列信息每天都得到更新，24h 上网公布，供全球公众直接免费使用，这表明人类基因组的研究结果是全人类的共同财富，不再为少数人或公司所垄断。

自宣布成功绘制人类基因组工作草图和公布人类基因组测序草图至今，对人类基因的研究又取得了一系列重大的发现。

（1）人类基因总数在 3 万个左右，大大低于原来估计的数目。这说明人类在使用基因上比其他物种更为高效。

（2）基因组中存在着基因密度较高的"热点"区域和大片不携带人类基因的"荒漠"区域。研究结果表明：基因密度在 17 号、19 号和 22 号染色体上最高，在 X、Y、4 号和 18 号染色体上密度较小。

（3）大约 1/3 以上基因组包含重复序列，这些重复序列的作用有待进一步研究。

（4）所有人都具有 99.99% 的相同基因，任何两个不同个体之间大约每 1000 个核苷酸序列中会有一个不同，这称为单核苷酸多态性（SNP），每个人都有自己的一套 SNP，它对"个性"起着决定性作用。

# 第四节　基因组复制

基因组中蕴藏的生物遗传信息决定着物种的遗传和变异。各种物种通过其基因组完整的复制将亲代的遗传信息忠实地传给子代，保证了物种连续性。因此，基因组全部序列的复制是完整地、忠实地传递生物体内全部遗传信息的必要条件。

## 一、基因组复制的共同机制和不同特点

复制是遗传信息传递的基础，而真核生物基因组、原核生物基因组、病毒基因组的结构各不相同，因此它们在复制过程中，既共同遵从一定的机制和规律，也有各自不同的特点。

（一）不同基因组 DNA 复制的共同机制和不同特点

### 1. 不同基因组 DNA 复制的共同机制

（1）基因组 DNA 都有固定的复制起始点。DNA 复制总是在一个或多个位点开始。这种控制复制起始的位点称为复制起始点，不同生物的 DNA 复制起始点的序列不同，但都含有短的重复序列，这些短的序列可以被相关的蛋白质识别和结合。

（2）复制过程中形成复制泡和复制叉。亲代 DNA 在复制起始点解链后，就形成一个复制泡，即两个复制叉，分别向相反的方向进行双向复制。

（3）复制的基本单位称为复制子。从一个复制起始点开始所复制的 DNA 分子或 DNA 片段是一个基本的复制单位，称为复制子。

（4）半保留复制方式保证遗传信息的忠实传递。DNA 复制时，亲代 DNA 双链解开为两条单链，各自作为模板，按碱基互补原则合成新的互补链，新合成的两个 DNA 分子和亲代 DNA 分子是完全一样的。

（5）半不连续复制方式克服了 DNA 空间结构对 DNA 新链合成的制约。在复制叉处，一条新链沿 $5' \rightarrow 3'$ 方向，随着复制叉移动方向连续合成，另一条链向复制叉移动相反方向分段合成，然后连接成完整的链，这样可以保证 DNA 新链的顺利合成。

### 2. 不同基因组 DNA 复制具有不同特点

（1）真核生物基因组 DNA 复制过程中涉及反转录。真核生物 DNA 是线性 DNA，其末端端粒结构的一部分需要以反转录的方式来完成：端粒中富含 G 的一条链是由端粒酶通过反转录来延伸的。

（2）基因组单链 DNA 通过复制中间体完成复制。有些病毒，如依赖微小病毒需依靠辅助病毒重复感染方能完成自己的复制。

（3）有的基因组 DNA 需要通过 RNA 中间体进行复制。少数 DNA 病毒是通过 RNA 中间体复制其基因组 DNA 的。

（4）双链环状 DNA 有不同的复制方式。在双链环状 DNA 复制过程中有滚环复制、环复制等不同的复制方式。

（二）不同基因组 RNA 可通过不同的模式进行复制

（1）基因组双链 RNA 复制的过程是双链复制：双链 RNA 病毒进入宿主细胞后，以两条 RNA 链为模板，复制出基因组双链 RNA。

（2）基因组单链正链 RNA 以负链为模板进行复制：单链正链 RNA 病毒进入宿主细胞后，首先以基因组 RNA 为模板合成负链，再以负链为模板合成基因组 RNA。

（3）基因组单链负链 RNA 以正链为模板进行复制：单链负链 RNA 病毒进入宿主细胞后，首先以基因组 RNA 为模板合成正链，再以正链为模板合成基因组 RNA。

## 二、原核生物基因组的复制模式

原核生物是由原核细胞构成的单细胞生物，其基因组 DNA 较为简单，多为单个环状结构，其复制过程有其遵循的模式机制。

（一）原核生物染色体 DNA 具有特定的复制起始点和终点结构

原核生物染色体 DNA 是环状 DNA，只有一个复制起始点。复制起始点发生解链后，局部可形成引发体。引发体是由引物酶、Dna B 蛋白、Dna C 蛋白和 Dna G 蛋白和复制起始点 DNA 共同形成的复合物。引发体的蛋白质部分可在 DNA 链上移动，到达适当位置时，就可按照模板碱基序列，催化引物 RNA 的合成。

大肠杆菌基因组复制的终点是在复制起始点对侧的一段约 350bp 序列范围内。大肠杆菌染色体 DNA 复制的终止区域存在一些终止序列，这些终止序列分别位于终止区域中心的两侧，并分别与特异的 Tus 蛋白结合，起终点结构作用。这个蛋白质可能是通过抑制解链酶（helicase）的活性而终止复制。详细的机制还不完全清楚。

（二）某些环状 DNA 通过 θ 型模式进行复制

DNA 复制起始点有结构上的特殊性。例如，大肠杆菌染色体 DNA 复制起始点 oriC 由 422 个核苷酸组成，是一系列对称排列的反向重复序列，即回文结构，其中有由 9 个核苷酸或 13 个核苷酸组成的保守序列，这些部位是大肠杆菌中 DnaA 蛋白识别的位置，大肠杆菌染色体 DNA 是环状双链 DNA，它的复制是典型的 "θ" 型复制（由于形状像希腊字母 θ）。从一个起点开始，同时向两个方向进行复制，当两个复制方向相遇时，复制就停止。而有些生物的 DNA 复制起始区是一段富含 A-T 的区段。这些特殊的结构对于在 DNA 复制起始过程中参与的酶和许多蛋白质分子的识别和结合都是必需的。

（三）某些环状 DNA 通过滚环模式进行复制

滚环复制是双链 DNA 复制的另一种模式。某些病毒、噬菌体的环状 DNA 及革兰氏阴性菌的接合性质粒均采取这种复制方式。

### 三、真核生物基因组的复制特点

真核生物多数是由真核细胞构成的多细胞生物，其基因组 DNA 的结构与原核生物有所不同，如真核基因组 DNA 为线性结构，末端有端粒，碱基数量也更为庞大。因此，真核生物 DNA 复制过程也比原核生物复杂得多，有其独特的模式。

#### （一）真核生物 DNA 复制需要解开和重新组装核小体结构

真核生物 DNA 缠绕在组蛋白八聚体上，形成核小体。复制叉经过时需要解开核小体，复制后还需要重新形成核小体。真核生物 DNA 复制时，需要克服亲代染色质中组蛋白的影响，因此复制叉前进的速度慢。

组装新核小体的组蛋白合成发生在细胞的 S 期，与 DNA 的复制同步进行。组蛋白基因的转录起始于 $G_1$ 期晚期，在随后的 S 期继续进行。当 S 期开始时成熟的组蛋白 mRNA 就出现在细胞质中并立即翻译组蛋白，运回细胞核后 DNA 组装成新的核小体。组蛋白基因的转录终止和细胞质中组蛋白 mRNA 的迅速降解，基本上终止了组蛋白的合成。

#### （二）真核生物染色体 DNA 的复制从多个位点起始

真核生物染色体 DNA 分子很大，与组蛋白紧密结合，以染色质的形式存在，故真核生物 DNA 复制过程更为复杂，复制速度比原核生物慢。但是真核生物染色体 DNA 上有多个复制起始位点，它们相距 5~300kb，可以在多个复制位点上同时复制，而且是进行双向复制，所以真核生物 DNA 从总体上可以快速合成。例如，酿酒酵母（*S. cerevisiae*）的 16 条染色体约有 400 个起始点，因此，虽然真核生物 DNA 复制的速度（60 核苷酸/s）比原核生物 DNA 复制的速度（*E. coli* 1700 核苷酸/s）慢得多，但复制完全部基因组 DNA 也只要几分钟的时间。

#### （三）真核生物染色体 DNA 需要特殊机制复制端粒

真核生物染色体 DNA 是线性分子，其末端是由 DNA 和蛋白质组成的一种特殊结构，称为端粒。端粒 DNA 由重复序列组成，不同生物的重复序列不同。人的端粒中，一条 DNA 链的重复序列为 TTAGGG，另一条为 CCCTAA。已存在的端粒 DNA 可在 DNA 复制过程中以正常方式复制，而端粒酶又可以将其进一步延伸。

端粒酶是由蛋白质和 RNA 共同组成的，能以自身的 RNA 为模板，在后随链模板 DNA 的 3′端延长 DNA，再以这种延长的 DNA 为模板，继续合成后随链，即反复延伸端粒 DNA 的重复序列。

端粒结构对于真核染色体 DNA 复制过程中保持 DNA 的长度具有非常重要的作用。端粒 DNA 的长度由端粒结合蛋白调控。一定量的端粒结合蛋白与端粒结合后可以抑制端粒酶的活性。适度的端粒酶活性对于细胞的正常增殖非常重要。端粒 DNA 长度随细胞分裂次数的增加和年龄的增长而缩短。端粒 DNA 逐渐变短甚至消失，可导致染色体稳定性下降，引起衰老。反过来，如果某些原因引起端粒酶活性持续增强，端粒 DNA 不断增长，细胞就会不停地分裂，有可能导致癌变。

（德　伟　陈园园）

# 第三章 遗传信息的复制、转录与翻译

　　基因组中蕴藏的遗传信息是决定所有生物表型性状遗传和变异的基础。各种生物均通过基因组核酸的完整复制，将亲代的遗传信息忠实地传给子代，保证了物种的连续性。因此，遗传信息的复制实际上就是基因组全部核酸序列的复制。脱氧核糖核酸（DNA）是生物界遗传的主要物质基础。生物有机体的遗传特征以密码（code）的形式储存在 DNA 分子上，表现为特定的核苷酸排列顺序，即遗传信息。体细胞分裂前首先发生 DNA 的复制（replication），细胞分裂后每个子代细胞获得亲代细胞完全相同的 DNA。在生殖过程中，无论是有性繁殖还是无性繁殖，总体结局是子代获得与亲代同样数量的 DNA。在子代的个体发育过程中，遗传信息自 DNA 转录（transcription）给 RNA，并指导蛋白质合成，以执行各种生命功能，使后代表现出与亲代相似的遗传性状。这种遗传信息的传递方向，是从 DNA 到 RNA 再到蛋白质，即所谓分子生物学的"中心法则"。20 世纪 80 年代后在某些致癌 RNA 病毒中发现遗传信息也可存在于 RNA 分子中，由 RNA 通过反转录（reverse transcription）的方式将遗传信息传递给 DNA，为中心法则加入了新的内容。

## 第一节　中心法则

### 一、遗传信息的存储和传递

　　在 20 世纪 40 年代之前，生物化学家一般认为蛋白质（而非 DNA）是控制生物遗传信息并把它传递到下一代的关键分子。这个想法很容易理解，因为 20 种氨基酸组成的蛋白质，比 4 种核苷酸组成的核酸要复杂得多。但 40 年代以后，细菌和噬菌体的研究表明，DNA 才是传递遗传信息的关键分子。

　　当时，X 射线衍射技术已发展起来，可以用来构建分子模型，反映其中原子间的位置。几个实验室都希望利用纯化 DNA 的 X 射线衍射数据，深入了解生命的化学基础。英国伦敦国王学院的化学家 R.E. Franklin，利用小牛胸腺 DNA 制备了非常细的 DNA 纤维，获得了最好的 DNA X 射线衍射数据。沃森和克里克使用 Franklin 的数据，以及 DNA 化学特性（含水量和碱基比例）的信息，建立了 DNA 双螺旋（double helix）模型，认为此结构可以解释遗传信息如何在细胞内复制并传递给子细胞。1962 年威尔金斯、沃森和克里克因 DNA 结构的发现而获得诺贝尔生理学或医学奖。

　　遗传信息的储存和表达需要 DNA 和 RNA 两种核酸。真核生物 DNA 存在于染色体，也存在于线粒体和植物的叶绿体。而原核细胞没有核结构，只有一条染色体 DNA，同时在染色体外的质粒也含有 DNA。病毒既不是原核生物更不是真核生物，其遗传物质是 DNA 或 RNA。

### 二、分子生物学中心法则

　　中心法则（图 3-1）描述了 DNA 存储的遗传信息指导细胞的生物过程。基本原则是每个生物体都含有一组 DNA 分子，共同编码维持生命所需的所有信息。细胞分裂产生子细胞时，亲代 DNA 生成具有相同碱基序列的子代 DNA，此过程称为复制。受精卵 DNA 携带着

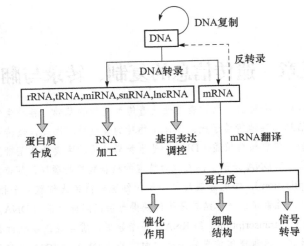

图 3-1　遗传信息传递的中心法则

指导发育的信息，使它可以发育成含数十亿细胞的个体。个体中每一个细胞都是专一的，只表达特定的功能。因此，DNA 不仅要在细胞分裂时精确复制，还要选择性地表达所含信息。转录是基因信息表达的第一阶段，可以将称为"基因"的 DNA 片段转化为 RNA。其中信使 RNA（mRNA）也叫作编码 RNA（coding RNA），可以作为模板翻译成蛋白质。蛋白质是生命活动的关键分子，可以催化反应、作为细胞结构组成部分、作为信号分子，或发挥其他多种功能。除了 mRNA，那些不编码蛋白质的 RNA 叫作非编码 RNA（non-coding RNA，ncRNA），包括参与 RNA 加工的小核 RNA（small nuclear RNA，snRNA），调节基因表达和 mRNA 翻译的微小 RNA（miRNA），以及参与基因表达调控的长链非编码 RNA（long non-coding RNA，lncRNA）等。细胞中最丰富的 ncRNA 是核糖体 RNA（ribosome RNA，rRNA）和转运 RNA（transfer RNA，tRNA），它们都是蛋白质合成必需的工具。在几乎所有的生物中，遗传信息的流动都是从 DNA 到 RNA 再到蛋白质。但在有些病毒，是以 RNA 而不是 DNA 作为遗传物质。RNA 指导自身 RNA 及 DNA 的合成，由反转录酶催化该过程，称作反转录。

# 第二节　DNA 的生物合成（复制）

## 一、原核生物 DNA 的复制

　　DNA 复制过程中，双链 DNA 的 2 条链分离，每条链分别作为新链合成的模板，产生子代 DNA 分子。每个子代 DNA 包含反向平行的 2 条 DNA 链（1 条旧链，1 条新链）（图 3-2）。亲代 DNA 在复制过程中被分成两半，2 条亲代 DNA 链构成的 DNA 双链在子代中不存在了，但每个单链在子代 DNA 双链中保持完整，所以称为半保留复制（semi-conservative replication）。参与 DNA 复制的是依赖模板及镁离子的 DNA 聚合酶，高保真地合成互补的子代 DNA 链。下面描述的原核生物 DNA 复制过程，主要来源于大肠杆菌（*E. coli*）的研究。高等生物 DNA 的合成过程较复杂，但机制类似。DNA 复制启动后都会继续进行，直到整个基因组复制完成。

## （一）互补链分离

亲本 DNA 要进行复制，其互补链必须局部分离［或"解链"（melting）］，因为聚合酶只能用单链 DNA 作模板。在原核生物中，DNA 复制从一段特定的核苷酸序列开始，称为复制起始位点（复制起点）（图 3-3A 所示）。该序列在不同菌的复制起点基本相同，称为保守序列。复制起点含短的富 AT 区域，易于解链。在真核生物中，复制从多个位点开始（图 3-3B），使得较长的真核 DNA 能够快速复制。

## （二）复制叉的形成

DNA 两条链解旋并分离后，形成复制叉（replication fork），从复制起点向相反方向移动，产生复制泡（replication bubble），进行复制（图 3-3）。复制叉的命名来源于其 Y 形结构，叉的齿则代表分离的链（图 3-4）。

**1. 所需蛋白质**　　DNA 复制的启动需要组蛋白识别起点并形成复合物。这些蛋白质使复制起点解链，使亲本链保持分离状态，并在复制叉前解开螺旋。在大肠杆菌中有以下蛋白质参与。

（1）DnaA 蛋白：与复制起点的特定序列（DnaA 盒）结合，使富 AT 区域（DNA 解旋元件）解链，形成局部单链 DNA，启动复制。

（2）DNA 解旋酶（DNA helicase）：与复制叉附近的单链 DNA 结合，并进入相邻双链

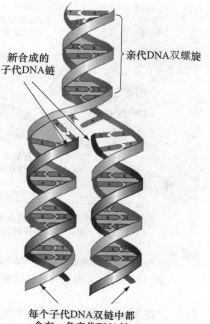

新合成的子代DNA链

亲代DNA双螺旋

每个子代DNA双链中都含有一条亲代DNA链

图 3-2　DNA 的半保留复制

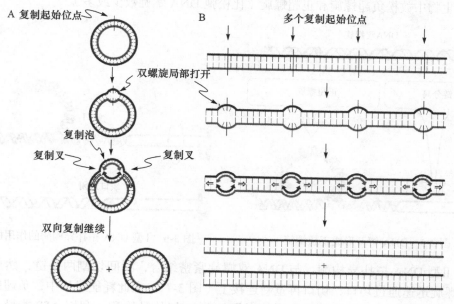

图 3-3　DNA 复制起点和复制叉
A. 原核生物小的环状 DNA；B. 真核生物长的线状 DNA

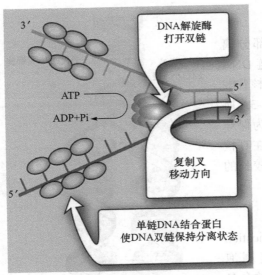

图 3-4　复制叉形成与维持示意图

区域，使双链 DNA 分开，解开双螺旋。解旋酶需要 ATP 水解提供能量（图 3-4）。复制叉处的解旋引起其他区域形成超螺旋。在大肠杆菌中，六聚体蛋白 DnaB 是主要的解旋酶，它与 DNA 的结合还需要 DnaC 参与。

（3）单链 DNA 结合蛋白（single-stranded DNA binding protein，SSB）：与解旋酶产生的单链 DNA 结合（图 3-4）。此结合是协同性的，即 SSB 分子的结合，使其他分子更容易与 DNA 链紧密结合。SSB 不发挥酶的作用，而是改变单链和双链 DNA 间的平衡。SSB 不仅使 DNA 链在复制起点区域处于分离状态，为 DNA 聚合酶（DNA polymerase，DNA pol）提供单链模板，也能保护 DNA 免被核酸酶降解。

**2. 超螺旋问题的解决**　　当 DNA 双螺旋分开时，在复制叉前面的区域会由于过度缠绕形成正超螺旋（图 3-5），后面的区域形成负超螺旋。正超螺旋的积累会干扰进一步的解旋过程；而 DNA 拓扑异构酶（DNA topoisomerase）通过瞬时切割螺旋中的一条或两条链去除超螺旋。

（1）I 型 DNA 拓扑异构酶：具有链切割和连接活性，把一条链切开再连上。此酶不需要 ATP，而是似乎把切割磷酸二酯键时释放的能量贮存起来，在连接时利用（图 3-6）。单链 DNA 每次形成瞬时切口时，完整的 DNA 链在重新连接前通过切口，从而使累积的超螺旋松弛。在大肠杆菌中，I 型拓扑异构酶放松负超螺旋（比松弛 DNA 螺旋数少）；在其他原核生物和真核生物中放松负超螺旋和正超螺旋（比松弛 DNA 螺旋数少或多）。

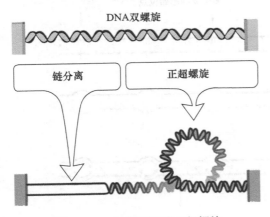

图 3-5　DNA 解开形成正超螺旋

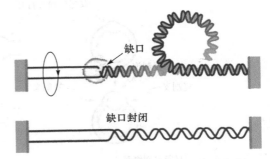

图 3-6　I 型 DNA 拓扑异构酶的作用机制

（2）II 型 DNA 拓扑异构酶：与 DNA 双螺旋紧密结合，瞬间切割两条链，然后第二段 DNA 双螺旋迅速通过切口，切口再重新连接上（图 3-7）。在此耗能过程中，负超螺旋和正超螺旋均松弛。在细菌和植物中存在一种 II 型 DNA 拓扑异构酶，利用 ATP 能量，在环状 DNA 中引入负超螺旋，可以中和 DNA 双螺旋打开时形成的正超螺旋，有利于 DNA 复制，也有利于转录过程所需的双链的瞬间分离。临床上某些抗癌药物就是以拓扑异构酶作为药靶。例如，喜树碱作用于人的Ⅰ型拓扑异构酶，依托泊苷作用于人的Ⅱ型拓扑异构酶。

### （三）DNA 复制的方向

DNA 复制所需的 DNA 聚合酶只能以 3′→ 5′方向读取亲本核苷酸序列，并只能以 5′→ 3′方向合成新的 DNA 链。因此，从打开的双螺旋开始，新合成的两条核苷酸链必须以相反的方向生长，一条以 5′→ 3′方向朝向复制叉，另一条以 5′→ 3′方向远离复制叉（图 3-8）。这个过程是以稍微不同的机制在每条链上实现的。在复制叉前进方向上连续合成的链称为前导链（leading strand）。在远离复制叉方向先合成短的 DNA 片段［冈崎片段（Okazaki fragment）］，再由连接酶（ligase）连接形成连续的链。这样合成的新 DNA 链称为后随链（lagging strand）。

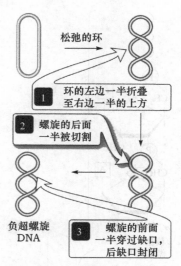

图 3-7　Ⅱ型 DNA 拓扑异构酶的作用机制

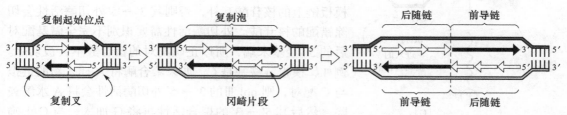

图 3-8　DNA 的半不连续复制（semidiscontinuous replication）

黑色箭头：连续合成；白色箭头：不连续合成

### （四）RNA 引物

DNA 聚合酶不能在 DNA 单链模板上直接启动互补链的合成，而是需要一段与模板配对的 RNA 作为引物（primer），与模板 DNA 形成 DNA-RNA 杂合体。RNA 引物 3′端的游离羟基通过 DNA 聚合酶作用，接受脱氧核苷酸（图 3-9）。

**1. 引物酶（primase）**　引物酶是一种特殊的 RNA 聚合酶（RNA polymerase，RNA pol），可合成约 10 个核苷酸长度的短链 RNA，与 DNA 模板互补。在形成的杂合双链中，RNA 中的 U（尿嘧啶）与 DNA 中的 A 配对。如图 3-10，在后随链上，这些短 RNA 要在复制叉处不断合成，而在前导链上，仅需要在复制起点处合成一个就可。合成引物的底物是三磷酸核糖核苷，通过形成 3′,5′-磷酸二酯键加入一磷酸核糖核苷，释放焦磷酸。

**2. 引物体**　DNA 解链复合物加上引物酶后，形成引物体，合成前导链和冈崎片段延伸所需的引物。引物的合成与 DNA 合成一样，都是 5′→ 3′方向。

### （五）链的延长

原核和真核 DNA pol 通过不断添加脱氧核糖核苷酸，在 3′端延长 DNA 链（图 3-10）。添加的核苷酸由模板链的核苷酸序列决定，与模板链互补配对。

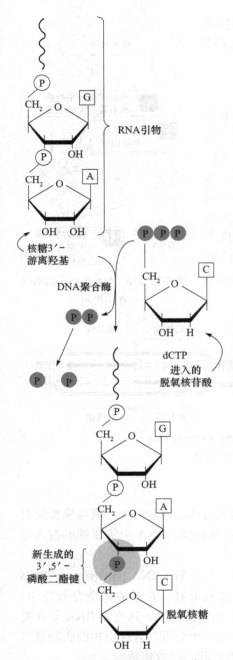

核糖3′-游离羟基

DNA聚合酶

dCTP
进入的
脱氧核苷酸

新生成的
3′,5′-
磷酸二酯键

脱氧核糖

图 3-9　RNA 引物启动 DNA 的合成

**1. DNA pol Ⅲ**　　　DNA 链的延长是由多个亚基组成的 DNA pol Ⅲ 催化的。此酶用 RNA 引物的 3′-羟基作为第一个脱氧核糖核苷酸的受体，沿着模板链，根据模板链上碱基序列添加脱氧核苷酸。延长所用的底物是三磷酸脱氧核糖核苷酸。形成 3′,5′-磷酸二酯键时，一磷酸脱氧核糖核苷酸加到延长链的游离 3′-羟基上，焦磷酸盐（PPi）释放出来（图 3-9）。链延长时需要 dATP、dTTP、dCTP 和 dGTP 四种底物，当其中一个耗尽时 DNA 合成就会停止。

**2. 新合成 DNA 链的校对**　　　DNA 复制过程极少出错，这对生物体的存活非常重要。如果出错可能对生物有害，甚至致命。DNA pol Ⅲ 除了 5′ → 3′ 聚合酶活性之外，在另外一个亚基上还拥有 3′ → 5′ 外切酶活性，保证了复制的高保真性（图 3-11）。每个脱氧核苷酸添加到链中时，DNA pol Ⅲ 会检查确定新添加的核苷酸确实与模板链上的核苷酸互补，否则其 3′ → 5′ 外切酶活性会切除错配的核苷酸。外切酶活性需要识别不完全碱基配对后的 3′-羟基末端，所以正确配对的核苷酸不会被切除。例如，模板链碱基是 C，如果聚合酶将 A 插入新的链拟与 C 配对，则 pol Ⅲ 的 3′ → 5′ 外切酶活性会将 A 水解去除，然后其 5′ → 3′ 的聚合活性再将 G 加入，与 C 正确配对（图 3-11）。

### （六）RNA 引物被切除并用 DNA 替换

DNA pol Ⅲ 继续在后随链合成 DNA，直到接近 RNA 引物而被阻断，这时 RNA 引物被切除，然后 DNA pol Ⅰ 填充间隙。

**1. 5′ → 3′ 外切酶活性**　　　DNA pol Ⅰ 除了具有 5′ → 3′ 聚合酶活性和 3′ → 5′ 外切酶活性之外，还具有 5′ → 3′ 外切酶活性，能够水解 RNA 引物。DNA pol Ⅰ 首先找到 DNA pol Ⅲ 合成链的 3′ 端与相邻 RNA 引物 5′ 端的缺口，利用其 5′ → 3′ 外切酶活性按 5′ → 3′ 方向移动，水解切除 RNA 引物。切除的同时用脱氧核糖核苷酸取代，按 5′ → 3′ 方向合成 DNA（5′ → 3′ 聚合活性）。在此过程中，还利用其 3′ → 5′ 外切酶活性进行校对，消除可能的错误。这个切除—合成—校对过程一直持续到 RNA 引物完全降解，间隙用 DNA 填满（图 3-12）。

**2. 5′ → 3′ 和 3′ → 5′ 外切酶活性比较**　　　DNA pol Ⅰ 的 5′ → 3′ 外切酶活性允许酶从 RNA 引物的 5′ 端开始，按 5′ → 3′ 方向移动，一次切除一个或多个核苷酸。相反，DNA pol Ⅰ 或 pol Ⅲ 的 3′ → 5′ 外切酶活性从延长的 DNA 链的 3′ 端，按 3′ → 5′ 方向移动，一次切除一个错

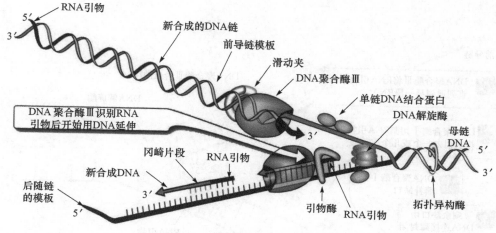

图 3-10 前导链和后随链的延长

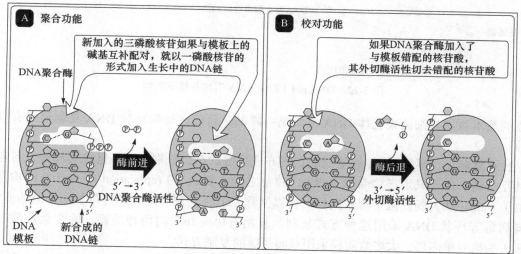

图 3-11 DNA pol Ⅲ的外切酶活性校对新合成的 DNA 链

配的核苷酸，增加复制的保真性，使复制过程中每 $10^7$ 个核苷酸才可能有一个错误。

（七）DNA 冈崎片段的连接

DNA pol Ⅲ合成 DNA 的 5′-磷酸基团与 DNA pol Ⅰ合成 DNA 的 3′-羟基，通过 DNA 连接酶，消耗 ATP，形成磷酸二酯键。

（八）终止

在大肠杆菌中随着复制的延长，当末端利用底物（terminus utilization substrate，Tus）蛋白与 DNA 复制终止位点（Ter）的序列特异性结合后，阻止复制叉移动，DNA 复制终止。

（九）其他环状 DNA 分子的复制

大肠杆菌的质粒、某些噬菌体基因组、双链 DNA 病毒基因组，以及真核生物的线粒体 DNA 等也是共价环状闭合 DNA 分子。这些 DNA 的复制各有其特点和调控机制，但 DNA

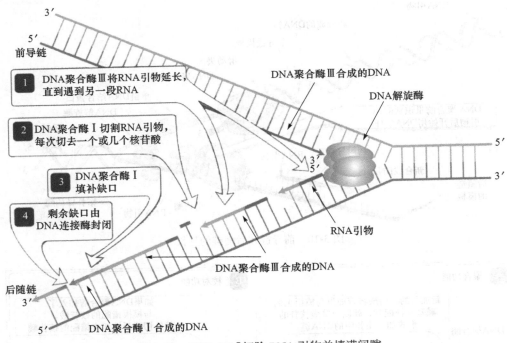

图 3-12　DNA pol Ⅰ切除 RNA 引物并填满间隙

合成的基本特点与细菌染色体 DNA 复制是一样的。目前已知的环状 DNA 复制形式有以下几种。

**1. θ 复制**　　环状 DNA 在复制起点解开成单链状态，分别以两条链作为模板，各自合成其互补链。由于其形态像希腊字母 θ，故称之为 θ 复制（θ replication），由于 θ 结构是首先由 J. Cairns 从大肠杆菌中观察到的，所以又称 Carins 复制。绝大部分革兰阴性菌的质粒、多瘤病毒等环状 DNA 采用这种方式复制。复制有单向和双向两种类型，除少数质粒（如 CoEl）为绝对单向外，大多数质粒采用双向等速的复制方式。

**2. 滚环复制**　　双链环状质粒 DNA 以某种方式切断其中一条链，其 5′端与特殊蛋白相连，3′端不断地由 DNA 聚合酶催化，以未切断的一条环形链为模板，加上新的核苷酸。由于 3′端不断延长，而 5′端不断被甩，好像中间的一个环在不断滚动一样，故称为滚环复制（rolling circle replication）（图 3-13）。当这条链甩到某一长度时，开始复制其互补链。某些病毒、噬菌体的环状 DNA 及革兰氏阴性菌的接合性质粒、革兰氏阳性菌及古细菌中一些高拷贝质粒采取这种复制方式。

**3. D 环复制**　　线粒体 DNA 也是环状双链，有两个相距很近的复制起始点。复制开始

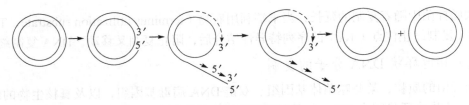

图 3-13　滚环复制

时，在一个复制起始点打开双链，先以亲代分子中的负链为模板，合成一条新链，将亲代分子的正链置换出来。当新合成的链达到全环的 2/3 时，从另一起始点开始以亲代分子正链为模板合成另一条新链。两条新链的合成方向相反，由于二者的合成起始时间不同，所以复制是不对称进行的，两个子代分子的合成也不是同时结束的。从第一起始点开始的新链合成进行到一定阶段时，被置换出的正链呈现如 D 环形状，所以称之为 D 环型。又由于其间有过正链的置换，所以取其英文词 displacement 中的字首 D，称之为 D 环复制。

## 二、真核生物 DNA 的复制

真核细胞 DNA 复制过程与原核类似，但是与原核的单一起点不同，真核细胞 DNA 复制从多个起点开始。另外，真核细胞 RNA 引物由 RNA 酶 H 和 FEN1 内切酶 1 切除，不同于原核细胞的 DNA pol I。

### （一）真核 DNA pol

在真核生物已经鉴定了至少 5 种 DNA pol，按分子质量、细胞定位、对抑制剂的敏感性、作用模板或底物分类用希腊字母表示（表 3-1）。

表 3-1　真核生物 DNA pol

| 项目 | α | β | γ | δ | ε |
| --- | --- | --- | --- | --- | --- |
| 亚基数 | 4 | 4 | 4 | 2 | 5 |
| 分子质量 /kDa | > 250 | 36～38 | 160～300 | 170 | 256 |
| 细胞内定位 | 核 | 核 | 线粒体 | 核 | 核 |
| $3' \to 5'$ 外切酶活性 | − | − | + | + | + |
| 功能 | 合成引物启动合成 | 修复 | 线粒体 DNA 复制 | 冈崎片段延长 | 前导链延长 |

**1. DNA pol α**　　含多个亚基。其中一个亚基具有引物酶活性，在前导链和后随链冈崎片段开始处引发链的合成。引物酶亚基合成 RNA 引物，然后由具有 $5' \to 3'$ 聚合活性的亚基进行链延伸，产生 DNA 片段。

**2. DNA pol ε 和 DNA pol δ**　　引物合成后，前导链由 DNA pol ε 进行 DNA 合成，后随链的冈崎片段由 DNA pol δ 延长，且二者均由其 $3' \to 5'$ 外切酶活性校正新合成的 DNA。

**3. DNA pol β 和 pol γ**　　DNA pol β 在 DNA 修复过程中填充缺口，而 DNA pol γ 参与线粒体 DNA 的复制。

### （二）端粒

端粒（telomere）是位于染色体末端的 DNA 和蛋白质（统称为 shelterin）复合物，可以保持染色体结构完整，防止核酸酶攻击。DNA 修复系统也可以通过端粒来区分双链 DNA 的真正末端与断点。人类端粒 DNA 由数千个非编码的 AGGGTT 六聚体串联组成，与富含 C 和 A 的链配对。富含 G 的链比富含 C 的互补链长，使 3′ 端存在几百个核苷酸的单链区。单链区域反折，与蛋白质形成稳定的环状结构。

**1. 端粒缩短**　　真核细胞线性 DNA 在复制末端时面临一个特殊问题，即当后随链 5′ 端的 RNA 引物切除后，无法用 DNA 填补剩余的空白。所以大多数正常人体细胞随着细胞分裂，端粒会缩短。一旦端粒缩短到某个临界值，细胞就不再分裂而衰老。在生殖细胞、干细胞和癌细胞中，由于核糖核蛋白端粒酶（telomerase）维持着端粒的长度，所以端粒不会缩短，细胞也就不会衰老。

**2. 端粒酶**　　其含有作为反转录酶的 Tert 蛋白和作为模板的短链 RNA（Terc）。富含 C 的短链 RNA 与端粒单链 DNA 3′端富含 G 的区域配对（图 3-14）。反转录酶以短链 RNA 为

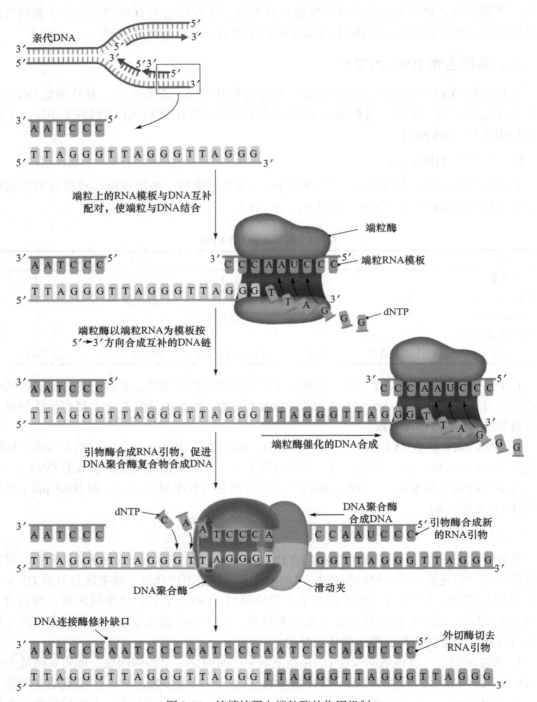

图 3-14　核糖核蛋白端粒酶的作用机制

模板，从 DNA 突出的单链 3′端开始，按 5′→3′方向合成 DNA，使原来突出的单链更长。然后端粒酶再移位至新合成的 3′端，重复该过程。当富含 G 的链延长后，DNA pol α 的引物酶活性将其作为模板合成 RNA 引物，通过 DNA pol 活性延伸后，再由核酸酶切去引物。

### （三）反转录

反转录（reverse transcription）是指以 RNA 为模板在反转录病毒（retrovirus）的参与下合成 DNA 的过程。反转录病毒以单链 RNA 形式携带基因组，感染宿主细胞后，反转录酶以病毒 RNA 作为模板，按 5′→3′方向合成 DNA，然后整合到宿主染色体中。在真核生物基因组中移动的转座子中也存在反转录酶活性。大多数转座子被转录为 RNA，由转座子编码的反转录酶用作模板合成 DNA，再随机插入基因组中。这些涉及 RNA 中间体的转座子称为反转录转座子或逆转座子。

## 三、DNA 生物合成的抑制

遗传信息的复制与表达是细胞生理过程的主要环节，也是生命得以正常延续的物质基础。这些过程中任何一步受到抑制，均可干扰生物体的发育和功能，这里重点讨论造成 DNA 损伤的药物。

**1. 烷化剂的作用机制**　烷化剂是指能向其他分子导入烷基的化合物。它是第一类用来治疗肿瘤的药物，对多种常见肿瘤均有较好的疗效。常见的有氮芥、苯丁酸氮芥、芥丙氨酸氮芥、环磷酰胺（氮芥类）；噻替派、癌宁（乙烯亚胺类）；马利兰（甲烷磺酸酯类）；卡氮芥、环己亚硝脲、甲环亚硝脲（亚硝脲类）；二去氢卫茅醇、二溴甘露醇（环氧化物），以及非典型烷化剂类，如氮烯咪胺、甲基苄肼、六甲嘧胺等。非典型烷化剂本身并无烷化基团，但在体内的代谢产物有烷化作用。

烷化剂在体内被细胞摄取后，首先生成高度反应性的中间物（乙撑亚胺离子），然后这些中间产物与生物大分子的富含电子基团（如氨基、羟基、巯基等）共价化合起烷化作用，造成 DNA 链断裂、交联等。当上述断裂和交联得不到及时修复时就会影响 DNA 的复制。

**2. 铂类化合物**　铂类化合物的抗肿瘤作用可由其水化物的化学特性来解释。例如，在水中顺铂的两个氯离子逐渐被水取代，在低氯离子浓度的环境（细胞内）中此过程加快，形成带正电荷的水复合物。这一复合物与 DNA、RNA 或蛋白质上的亲核部位起烷化反应，产生 DNA 链内、链间及 DNA 与蛋白质交联，阻断 DNA 复制，抑制细胞分裂。

**3. 蒽环类抗癌药**　这类抗癌物包括阿霉素、柔红霉素、阿克拉霉素、洋红霉素等，是由一个四环的发光团通过糖苷键与一个或几个糖或氨基糖连接而成的化合物。目前了解最多的是其与 DNA 结合并影响 DNA 功能的作用，这类药物插入 DNA 双螺旋，抑制依赖于 DNA 的 RNA 合成过程。

**4. 博来霉素**　博来霉素的原发作用是引起 DNA 单链或双链断裂，仅对 DNA 有作用，而不会对 RNA 起作用。

**5. 拓扑异构酶抑制剂**　以拓扑异构酶为靶点的药物有放线菌素 D、喜树碱、安吖啶、Vp-16、Vm-26、阿霉素、玫瑰树碱、新霉素等。它们的作用机制是促进 DNA 拓扑异构酶介导的 DNA 链断裂，影响基因转录。

## 第三节　RNA 的生物合成

### 一、概述

生物体遗传信息贮存在 DNA 的核苷酸序列中，但信息的表达需要通过 DNA 的副本 RNA 来进行。以 DNA 为模板合成 RNA 的过程称为转录。转录产生能翻译成蛋白质的信使 RNA（mRNA），或核糖体 RNA（rRNA）、转运 RNA（tRNA），以及发挥结构、催化和调节功能的其他 RNA 分子，统称为 ncRNA。因此，基因表达的最终产物可能是蛋白质，也可能是 RNA，这取决于基因本身。表达为蛋白质的基因只占整个基因组的 2% 左右。转录的一个核心特征是具有高度选择性。例如，DNA 的某些区域产生很多转录产物，而其他区域转录很少或不转录。这种选择性至少部分取决于 DNA 序列中的信号，指示 RNA 聚合酶从何处开始转录、转录的频率及停止的位置。有些调节蛋白也参与该选择过程。生物体的发育分化都是选择性表达的结果。转录的另一重要特征是最初的 RNA 转录本会进行不同的修饰，如末端添加、碱基修饰、剪切等，将无活性的初级转录本转化为功能性分子。基因组转录出的所有 RNA 转录物称为转录组（transcriptome）。

### 二、原核生物 RNA 转录

原核生物和真核生物转录所需的 RNA pol、控制信号及 RNA 转录物的修饰都存在很大差别。

#### （一）原核 RNA pol

在细菌中，除了 DNA 复制时 RNA 引物由引物酶合成之外，所有的 RNA 都由一种 RNA pol 合成。原核 RNA pol 含 6 个亚基，识别待转录 DNA 的特定序列（启动子区），以 DNA 作为模板合成互补的 RNA，直到 DNA 转录区末端（终止区）序列而终止。转录按 $5' \rightarrow 3'$ 方向进行，与 DNA 模板链反向平行。转录过程中，RNA 产物上 C 与 DNA 模板的 G 对应，G 与 C 对应，A 与 T 对应，但是以 U 而不是 T 与 DNA 链的 A 对应。因此，RNA 转录产物序列与 DNA 模板链（反义链）互补，而与编码链（coding strand）（有义链）相同，只是 U 替代 DNA 链中的 T。DNA 的两条链都可作为转录的模板，但是对某一个基因，两条 DNA 链中只有一条作为模板，具体是哪条链，则由启动子的位置决定。转录过程需要 RNA pol 的核心酶（core enzyme）和几种辅助蛋白。核心酶由 1 个 β、1 个 β′、1 个 ω 和 2 个 α 亚基组装而成，其中 α 和 ω 负责酶的组装，β′ 结合模板，β 有 $5' \rightarrow 3'$ 聚合酶活性。但是核心酶缺乏特异性，不能识别 DNA 模板上的启动子区域。只有加上识别启动子区域的 σ 因子（σ factor），构成全酶（holoenzyme），才可以识别 DNA 启动区。不同 σ 因子识别不同启动区，以 $\sigma^{70}$ 亚基为主。

#### （二）RNA 合成步骤

大肠杆菌（E. coli）典型的转录过程可分为三个阶段：起始、延伸和终止。从启动子到终止区算一个转录单元，RNA pol 转录产物称为初级转录产物（primary transcript）。

**1. 起始**　　RNA pol 首先与 DNA 的启动子区域结合，但启动子区域并不转录。原核启动子含有特征性的保守序列（图 3-15）。图 3 -15 中每个位置显示了最常见的碱基，但并不是所有基因都如此。原核 RNA pol σ 亚基识别以下序列。

（1）–35 序列：保守序列为 5′-TTGACA-3′，以转录起始位点上游第 35 位碱基为中心（图 3-15）。全酶最开始与此区域接触，形成封闭复合物。按惯例，转录起始的调控区序列按编码链上的 5′→ 3′核苷酸序列书写。如果启动子的碱基在转录起始位点之前（左侧，5′端方向或"上游"），则写为负数。TTGACA 序列大约以 –35 位为中心。转录起始位点的第一个碱基被指定为 +1 位置，而没有 "0" 位的碱基。

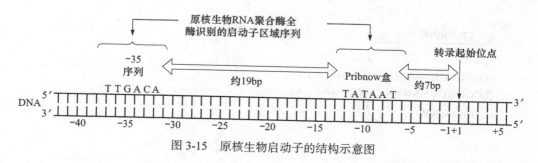

图 3-15　原核生物启动子的结构示意图

（2）Pribnow 盒子：全酶识别 –35 位后移动，覆盖第二个保守序列（5′-TATAAT-3′），以约 –10 位为中心，长 14bp 左右，是双链解链的位置（图 3-15）。在此位置，封闭的起始复合物转化为开放复合物，称为转录小泡。–10 或 –35 序列的突变可以影响启动子控制的转录效率。

**2. 延伸**　　一旦启动子被全酶识别并结合，聚合酶介导的 DNA 解旋就继续进行（图 3-16）。解旋过程会在 DNA 中产生超螺旋，而超螺旋可以由 DNA 拓扑异构酶释放。RNA pol 开始合成 DNA 的转录物。开始合成的几个短的 RNA 会被丢弃。只有当转录物（通常以嘌呤开始）长度超过 10 个核苷酸时，延伸阶段才开始。然后释放 σ 亚基，核心酶离开启动子区域沿着模板链（template strand）移动。转录过程中会形成短的 DNA-RNA 杂交螺旋（图 3-16）。RNA pol 与 DNA pol 一样，也是使用三磷酸核苷作为底物，每次将一磷酸核苷加到生长的链中，释放焦磷酸。且与复制一样，转录也总是沿 5′→ 3′方向进行。但与 DNA pol 不同的是，RNA pol 不需要引物，也不具有 3′→ 5′外切酶校对活性。转录过程中若有错误的核苷酸掺入，会导致 RNA pol 暂停、倒退并切割，然后重新启动。尽管如此，转录的错误率仍然高于复制。

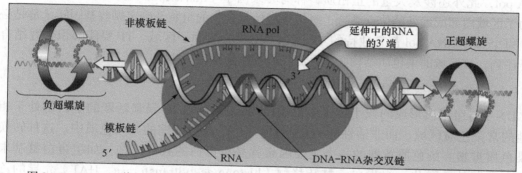

图 3-16　RNA pol 将 DNA 解旋并形成开放的起始复合物——转录泡（transcription bubble）

**3. 终止**　　　RNA 链的延伸一直持续到终止信号。终止有不依赖 ρ 因子和 ρ 因子依赖型两种方式。

（1）不依赖 ρ 因子：从大多数原核基因看，这种方式要求 DNA 模板在转录生成的 RNA 中产生自我互补的序列（图 3-17），使 RNA 自身折回，形成富含 GC 并由氢键结合的茎环结构，也叫"发夹"（hair pin）结构。在发夹结构外，RNA 转录物 3′ 端带有一串 U。这些 U 与 DNA 模板上的 A 结合力弱，有利于新合成 RNA 与 DNA 模板的分离，利于解开的模板在 RNA pol 后面再形成双螺旋。

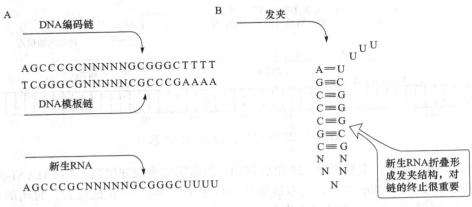

图 3-17　不依赖 ρ 因子的原核转录终止过程

（2）ρ 因子依赖型：RNA 链终止需要具有解旋酶活性的六聚体 ATP 酶参与，此酶称为 ρ 因子。ρ 因子与新生 RNA 的 5′ 端富含 C 的区域结合，利用其 ATP 酶活性沿 RNA 移动直至遇到在终止位点暂停的 RNA pol。ρ 因子的解旋酶活性将 RNA-DNA 杂交链解链，释放 RNA。

**4. 抗生素**　　　一些抗生素通过抑制转录过程阻止细菌生长。例如，利福平通过与原核 RNA pol 的 β 亚基结合，阻止在 3 个核苷酸基础上的链增长，从而抑制转录的起始，在治疗结核病方面发挥重要作用。

### 三、真核生物 RNA 转录

真核生物的转录比原核生物的复杂得多。rRNA、tRNA 和 mRNA 的合成需要不同的 RNA pol，此外还涉及大量的蛋白质，称为转录因子（transcription factor，TF）。TF 与核心启动子区域内部或远处的位点结合，对转录起始复合物的组装及确定哪些基因转录都是必需的。每个真核 RNA pol 都有独特的 TF 及识别的核心启动子区域。TF 要能够识别并结合启动子序列，该区域的染色质结构必须要放松后才能暴露出 DNA。

#### （一）染色质结构和基因表达

DNA 与组蛋白形成的核小体，会影响 TF 接近 DNA。转录最活跃的基因都处于相对松弛的常染色质区域，而非活性的 DNA 片段多位于高度浓缩的异染色质中。这种转换称为染色质重塑。染色质重塑的一个主要因素就是组蛋白的共价修饰，如组蛋白氨基末端赖氨酸残基的乙酰化。组蛋白乙酰转移酶（histone acetyltransferase，HAT）介导的乙酰化修饰，消除了赖氨酸上的正电荷，降低了组蛋白与带负电荷 DNA 的相互作用。而组蛋白脱乙酰酶（histone deacetylase，HDAC）去除乙酰基，可恢复正电荷并促进组蛋白与 DNA 之间更强的相互作用。另外，依赖 ATP 的核小体重新定位机制也是影响转录的重要因素。

### （二）真核 RNA pol

真核生物存在三种不同的 RNA pol，都含有多个亚基，分别识别不同的基因。线粒体内的 RNA pol 与细菌类似。

**1. RNA pol Ⅰ**　合成核仁中 28S、18S 和 5.8S rRNA 前体。

**2. RNA pol Ⅱ**　合成 mRNA 前体，经过加工，再翻译成蛋白质。RNA pol Ⅱ还合成 lncRNA 及某些小的 ncRNA，如核仁小 RNA（snoRNA）、snRNA 和 miRNA 等。

（1）RNA pol Ⅱ的启动子。RNA pol Ⅱ转录的一些基因，在其转录起始位点上游 –25 核苷酸位置存在与 Pribnow 盒几乎相同的 TATAAA 序列，称为 TATA 盒。然而大多数基因并没有 TATA 盒，而有其他核心启动子元件，如 Inr 或下游启动子元件（downstream promoter element，DPE）（图 3-18）。这些启动子序列与转录的基因位于同一 DNA 上，所以称为顺式作用元件（*cis*-acting element），作为 TF 的结合位点。TF 又相互作用并与 RNA pol Ⅱ相互作用。

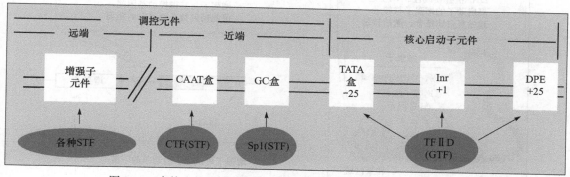

图 3-18　真核生物核心启动子和其他调控元件及对应的 GTF 或 STF

（2）通用转录因子（general TF，GTF）。GTF 识别启动子，将 RNA pol Ⅱ募集到启动子，形成转录起始复合物，达到开始基础水平转录的最低要求（图 3-18）。GTF 由不同基因编码，翻译合成后转运到作用位点，因此是反式作用。与原核 RNA pol 不同，真核 RNA pol Ⅱ本身不直接识别结合启动子，而是由一种含有 TATA 结合蛋白和其他因子的 TFⅡD 识别结合 TATA 盒和其他核心启动子。另一个 GTF（TFⅡF）将聚合酶带到启动子。TFⅡH 的解旋酶活性使 DNA 解旋，其激酶活性使 RNA pol 磷酸化，开始转录。

（3）调控元件和特异转录因子。在核心启动子上游还有一些调控元件（图 3-19）。离核心启动子 200 个核苷酸以内的属于近端调节元件（如 CAAT 盒和 GC 盒），更远的叫远端调控元件（如增强子）。与这些调控元件结合的 TF 称为特异转录因子（special TF，STF）。STF 与近端调控元件结合，调节转录起始的频率；或与远端元件结合，介导对激素或其他信号的响应，调节基因在不同时间点表达。典型的真核编码基因都有许多 STF 结合位点。STF

有两个结构域：DNA 结合结构域和转录激活结构域，后者招募 GTF 到核心启动子，或招募其他共激活因子（如参与染色体修饰的乙酰转移酶等）。DNA 结合结构域一般含螺旋-环-螺旋、锌指结构或亮氨酸拉链等模体。参与 RNA pol Ⅱ 转录过程的共激活因子，与 RNA pol、GTF、STF 结合，调控转录的起始。

（4）增强子。增强子是特殊的 DNA 序列，通过 RNA pol Ⅱ 提高转录起始速率。增强子通常与所激活转录的基因位于同一染色体上，可以在转录起始位点上游（5′侧）或下游（3′侧），离核心启动子较远（可能有数千碱基对）。STF 与增强子结合后，使 DNA 弯曲或环化，与结合启动子的其他 TF 和 RNA pol Ⅱ 相互作用，诱导转录（图 3-19、图 3-20）。沉默子与增强子类似，也可以在远距离发挥作用，抑制基因表达。

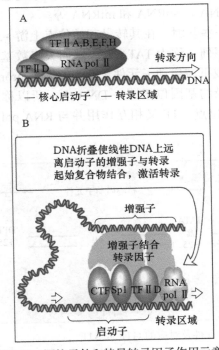

图 3-19　调控元件和特异转录因子作用示意图

A. 核心启动子上的 GTF 和 RNA pol Ⅱ 的关联；B. 增强子
对转录的诱导

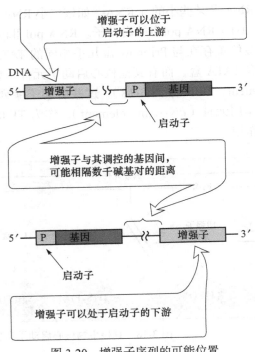

图 3-20　增强子序列的可能位置

（5）RNA pol Ⅱ 抑制剂。毒伞蕈产生的毒素鹅膏蕈碱（α-amanitin）与 RNA pol Ⅱ 紧密结合并减缓其运动，从而抑制 mRNA 合成。

**3. RNA pol Ⅲ**　　　合成 tRNA、5S rRNA，以及一些 snRNA 和 snoRNA。

## 四、转录产物的加工修饰

DNA 片段特定起始和终止位点间的转录单位，转录形成初级转录物。原核和真核 tRNA 和 rRNA 的初级转录物，都通过核糖核酸酶切割进行修饰。tRNA 进一步进行修饰，以使不同的 tRNA 有不同特性。相反，原核 mRNA 一般不进行加工，而真核 mRNA 在转录时和转录后都广泛地进行修饰。

### （一）rRNA

原核 rRNA 和真核 rRNA 都由较长的前体分子产生。原核生物的 23S、16S 和 5S rRNA，真核生物的 28S、18S 和 5.8S rRNA，都由单个前体分子产生（图 3-21），而真核 5S rRNA 由 RNA pol III 合成并单独进行修饰。rRNA 前体由 RNA 酶切割，产生中等大小片段，进一步由核酸外切酶对某些碱基和核糖加工修饰，产生特定 RNA。真核生物中，rRNA 基因以长串联序列存在。rRNA 的合成和加工在核中进行，snoRNA 促进了碱基和糖基修饰。

### （二）tRNA

原核 tRNA 和真核 tRNA 也都是由较长的前体经过修饰产生（图 3-22），包括切去两端序列及反密码子环可能存在的内含子。由核苷酸转移酶将 CCA 序列添加至 tRNA 的 3′端，并对特定碱基进行修饰形成稀有碱基。

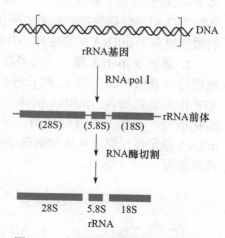

图 3-21　真核 rRNA 在转录后由 RNA 酶进行加工

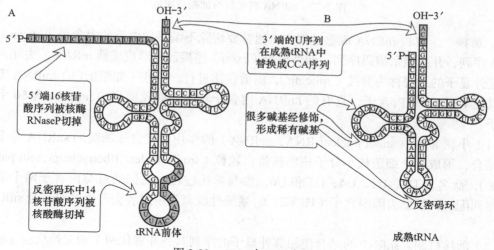

图 3-22　tRNA 加工示意图
A. tRNA 前体；B. 加工形成的成熟 tRNA
修饰的碱基包括 D（二氢尿嘧啶）、ψ（假尿嘧啶）、m（甲基化）

### （三）真核 mRNA

RNA pol II 在细胞核中合成的初级转录物称为核不均一 RNA（heterogeneous nuclear RNA，hnRNA）。hnRNA 在细胞核中经转录中和转录后修饰，形成成熟 mRNA。在此过程中，由 RNA pol II 招募加工修饰所需的蛋白质。hnRNA 的加工修饰包括以下几种。

**1. 加入 5′帽结构**　这是 mRNA 前体的第一个加工反应。帽结构通过特殊的 5′-5′-三磷酸键连到 mRNA 5′端的 7-甲基鸟苷，对大多数核酸酶有抗性。加帽过程首先从 mRNA 前体 5′-三磷酸除去 γ 磷酰基，然后由鸟苷酰转移酶加入鸟苷一磷酸。末端鸟嘌呤的甲基化由鸟嘌呤-7-甲基转移酶在细胞质中催化产生，由 S-腺苷甲硫氨酸提供甲基。7-甲基鸟苷帽结构的添加提高了 mRNA 的稳定性，并有助于翻译的启动。

**2. 添加 3′-polyA 尾**　　大多数真核 mRNA（组蛋白等的例外）在 3′端都有 40～250 个腺嘌呤核苷酸（图 3-23）。此 polyA 尾巴不是从 DNA 转录而来，而是通过腺苷酸聚合酶以 ATP 作为底物加入。mRNA 前体一般在 3′端附近有保守序列（AAUAAA），称为多聚腺苷酸化信号。在其下游进行切割，并在 3′端加上 polyA 尾，终止转录过程。polyA 尾增加了 mRNA 稳定性，促进其从细胞核运出，并有助于其翻译。mRNA 进入细胞质后，polyA 尾会逐渐缩短。

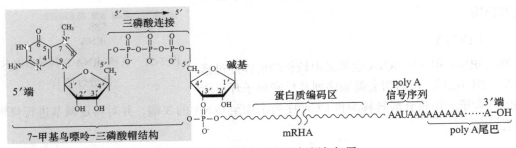

图 3-23　mRNA 转录后的加帽与加尾

**3. 剪接**　　真核 mRNA 成熟过程中，通常要切除不编码蛋白质的内含子（intron）或其他插入序列，并把剩余编码序列，即外显子（exon）连接起来形成成熟 mRNA。去除内含子并连接外显子的过程称为剪接（splicing），由剪接体进行。有些（如组蛋白）hnRNA 无内含子，其他 hnRNA 有内含子，且有的 hnRNA 内含子较多，如胶原蛋白 hnRNA 含 50 个以上内含子。

（1）小核 RNA（small nuclear RNA，snRNA）的作用。富含尿嘧啶的 snRNA 与多种蛋白质结合，形成 5 个细胞核小分子核糖核蛋白颗粒（small nuclear ribonucleoprotein particle，snRNP），命名为 U1、U2、U4、U5 和 U6，参与剪接过程。它们通过与内含子两个末端的保守序列配对，帮助去除内含子（图 3-23）。系统性红斑狼疮患者会产生针对自身 snRNP 的抗体。

（2）剪接机制。snRNP 的结合使相邻外显子的序列对齐并催化两个酯交换反应（由 U2、U5 和 U6 的 RNA 催化）。内含子中腺嘌呤核苷酸（分支点 A）的 2′-OH 攻击内含子 5′端的磷酸酯（5′剪接点），形成特殊的 2′,5′-磷酸二酯键，并形成"套索"结构（图 3-24）。释放的外显子 1 的 3′-OH 攻击剪接受体位点的 5′-磷酸，形成磷酸二酯键，把外显子 1 和 2 连接起来。切除的内含子作为"套索"释放，然后被降解或生成一些 ncRNA。内含子开头和结尾处的 GU 和 AG 序列是保守的，且其他序列对于剪接位点的识别也很重要。内含子切除外显子连接后，成熟 mRNA 通过核孔进入细胞质。

（3）剪接位点突变的影响：剪接位点的突变可造成剪接错误并产生异常蛋白质。据估计，20% 以上的遗传病是由于突变影响了 mRNA 剪接造成的。例如，β-珠蛋白基因突变造成 hnRNA 剪接错误，导致 β-珠蛋白减少，这是一些 β-地中海贫血病的重要原因。剪接位点突变，可造成外显子被跳过或内含子被保留，也可能激活那些通常不使用的隐蔽剪接位点，造成剪接错误。

（4）可变剪接（alternative splicing）。人类90%以上的 hnRNA 可以在不同组织以不同方式剪接，产生不同的 mRNA，从而翻译出不同的蛋白质产物（图3-25），使得机体可以由有限的基因产生大量多样化的蛋白质。例如，原肌球蛋白 hnRNA 就在不同组织经可变剪接，产生多种不同的蛋白质。

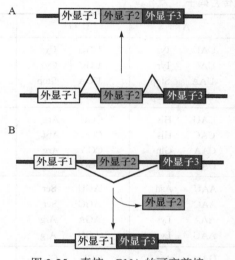

图 3-25　真核 mRNA 的可变剪接

## 第四节　蛋白质的生物合成（翻译）

### 一、概述

遗传信息存储在染色体中，通过 DNA 复制传递给子细胞，通过转录生成 RNA，其中 mRNA 翻译成蛋白质。蛋白质合成过程就是把 mRNA 的核苷酸序列转化成蛋白质中的氨基酸序列，称为翻译。核苷酸序列的改变可能导致错误氨基酸进入蛋白质，从而引起疾病，甚至死亡。新生成的多肽须经过折叠、加工修饰等，形成成熟的蛋白质。折叠错误会造成蛋白质聚集或降解。许多蛋白质通过共价修饰来改变其活性。最后，蛋白质通过其氨基酸序列中的信号靶向运输到最终的胞内或胞外目的地。

### 二、遗传密码

遗传密码决定 mRNA 上核苷酸碱基序列和蛋白

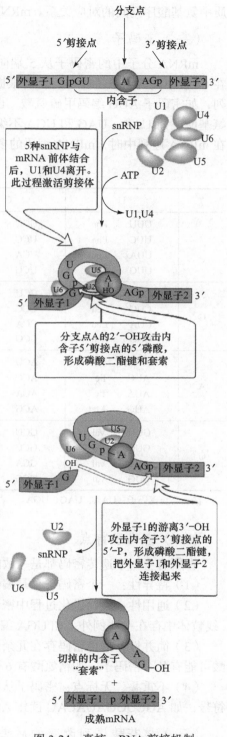

图 3-24　真核 mRNA 剪接机制

U1 与 5′剪接点结合，U2 与分支点 A 和 3′剪接点结合，然后 U4~U6 加入形成剪接复合物

质中氨基酸序列间的对应关系。mRNA 上每 3 个核苷酸组成一个密码子。

（一）密码子

mRNA 分子中的密码子从 5′端向 3′端方向读，每 3 个核苷酸构成一个三联体，因此存在 64 种不同的组合（表 3-2）。可根据表 3-2 翻译密码子，确定 mRNA 序列编码的氨基酸序列，如密码子 AUG 编码甲硫氨酸，也是起始密码子。64 个密码子中的 61 个编码 20 个标准氨基酸。而 UAA、UAG 和 UGA 不编码氨基酸，而是作为终止密码子。它们中任一个出现在 mRNA 序列中时，mRNA 编码的多肽合成就停止。

表 3-2　遗传密码子

|  | U | | C | | A | | G | | |
|---|---|---|---|---|---|---|---|---|---|
| U | UUU | Phe | UCU | Ser | UAU | Tyr | UGU | Cys | U |
|  | UUC | Phe | UCC | Ser | UAC | Tyr | UGC | Cys | C |
|  | UUA | Leu | UCA | Ser | UAA | Stop | UGA | Stop | A |
|  | UUG | Leu | UCG | Ser | UAG | Stop | UGG | Trp | G |
| C | CUU | Leu | CCU | Pro | CAU | His | CGU | Arg | U |
|  | CUC | Leu | CCC | Pro | CAC | His | CGC | Arg | C |
|  | CUA | Leu | CCA | Pro | CAA | Gln | CGA | Arg | A |
|  | CUG | Leu | CCG | Pro | CAG | Gln | CGG | Arg | G |
| A | AUU | Ile | ACU | Thr | AAU | Asn | AGU | Ser | U |
|  | AUC | Ile | ACC | Thr | AAC | Asn | AGC | Ser | C |
|  | AUA | Ile | ACA | Thr | AAA | Lys | AGA | Arg | A |
|  | AUG | Met | ACG | Thr | AAG | Lys | AGG | Arg | G |
| G | GUU | Val | GCU | Ala | GAU | Asp | GGU | Gly | U |
|  | GUC | Val | GCC | Ala | GAC | Asp | GGC | Gly | C |
|  | GUA | Val | GCA | Ala | GAA | Glu | GGA | Gly | A |
|  | GUG | Val | GCG | Ala | GAG | Glu | GGG | Gly | G |

注：终止密码子：UAA、UAG、UGA

（二）密码子特点

在所有生物中遗传密码都是一致的，有以下特征。

（1）特异性：一个密码子总是编码相同的氨基酸。

（2）通用性：生物进化过程中密码子保持了不变，因此所有生物中密码子几乎是通用的（线粒体中存在一些例外，如 UGA 编码色氨酸）。

（3）简并性：遗传密码存在冗余。尽管一个密码子对应一个氨基酸，但反过来一个氨基酸可能有几个密码子，如精氨酸有 6 个密码子。只有甲硫氨酸和色氨酸只有一个密码子。

（4）不重叠、无标点：密码子从固定的起点连续读取，一次取 3 个，密码子间没有标点符号，如 AGCUGGAUACAU 读作 AGC UGG AUA CAU。

（三）核苷酸序列改变的后果

mRNA 编码区中的单核苷酸改变（点突变）可导致以下不同的结果。

（1）同义突变：碱基改变后密码子仍编码相同的氨基酸，如丝氨酸密码子 UCA 突变成

UCU，仍然编码丝氨酸。

（2）错义突变：密码子改变后编码不同的氨基酸，如丝氨酸密码子 UCA 突变成 CCA，将编码脯氨酸。

（3）无义突变：编码氨基酸的密码子变成终止密码子，如丝氨酸密码子 UCA 突变成 UAA，导致翻译过早终止，并产生截短的蛋白质。

**（四）其他突变：可能改变翻译出蛋白质的数量或结构**

**1. 三核苷酸重复扩增**　　有时基因组内三核苷酸的串联重复数可能增加，从而产生太多的三联体重复。如果扩增发生在编码区，编码的蛋白质会含有很多额外的氨基酸。例如，亨廷顿蛋白基因外显子 1 中 CAG 密码子扩增，造成蛋白质插入了许多谷氨酰胺残基，引起神经变性疾病——亨廷顿病（图 3-26）。过多谷氨酰胺残基导致蛋白质过长，切割后产生毒性片段，在神经元中聚集。如果三核苷酸串联重复扩增发生在基因的非翻译区（UTR），可能造成蛋白质产量减少，如脆性 X 综合征和肌强直性营养不良。目前已知有 20 多种三核苷酸重复扩张疾病。在脆性 X 综合征中，男性智力障碍最常见的原因是，三核苷酸重复扩增引起 DNA 高甲基化，造成基因沉默。

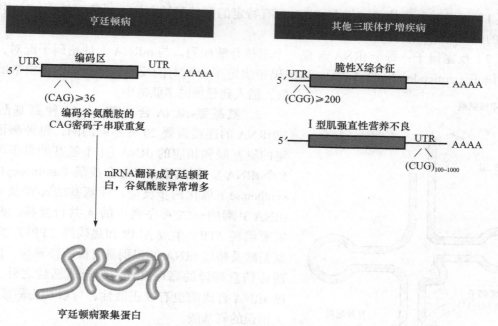

图 3-26　mRNA 中串联三联体重复数目变化，造成亨廷顿病和其他疾病

正常人群中，亨廷顿蛋白基因中的重复数小于 27；脆性 X 综合征蛋白基因中的重复数是 5～44；肌强直性营养不良蛋白激酶基因中的重复数是 5～34

**2. 剪接位点突变**　　剪接位点的突变可以影响内含子切除方式，产生异常蛋白质。

**3. 移码突变**　　如果 mRNA 编码区缺失或添加一个或两个核苷酸，则发生移码突变，改变阅读框，生成完全不同氨基酸序列或截短的蛋白质。如果加入 3 个核苷酸，则多肽中加入 1 个新的氨基酸，但如果丢失 3 个核苷酸，则丢失 1 个氨基酸，都可能导致严重的疾病。例如，囊性纤维化是一种慢性进行性遗传性疾病，影响肺部和消化系统，最常见的原因是基因编码区丢失了 3 个核苷酸，导致该基因编码的囊性纤维化跨膜传导调节蛋白（CF transmembrane conductance regulator，CFTCR）第 508 位苯丙氨酸缺失（ΔF508）。此缺失阻止了 CFTCR 的正常折叠，导致其被蛋白酶体破坏。CFTCR 通常在上皮细胞发挥氯离子通道的作用，其缺失导致肺和胰腺中产生黏稠的分泌物，造成肺损伤和消化不良。

### 三、翻译所需物质

蛋白质合成需要多种物质，包括所有氨基酸、mRNA 模板、每种氨基酸的 tRNA、核糖体、能量、酶和翻译启动、延伸和终止所需的多种蛋白质因子。

**1. 氨基酸**　　蛋白质合成时，出现在最终产物中的所有氨基酸必须都存在。如果缺失一个氨基酸，则在该氨基酸的密码子处停止翻译。这提示我们，饮食中必须含有足量的所有必需氨基酸，以确保持续的蛋白质合成所需的原料。

**2. tRNA**　　每种氨基酸需要至少一种特定的 tRNA。人类至少有 50 种 tRNA，细菌至少包含 30 种。这些 tRNA 通常运输 20 种氨基酸，因此一些氨基酸具有 1 个以上的 tRNA 来运输。

（1）氨基酸结合位点：每个 tRNA 都有特定的氨基酸结合位点，其 3′端—CCA 中 A 核苷酸的核糖与氨基酸的羧基形成酯键。

（2）反密码子：每个 tRNA 含有一个三核苷酸序列，与 mRNA 上的密码子配对，称为反密码子（anticodon）（图 3-27）。该密码子决定了含配对的反密码子的 tRNA 携带的氨基酸，插入到延伸的多肽链中。

**3. 氨基酰-tRNA 合成酶**　　20 种氨基酸与相应 tRNA 的连接需要 20 种不同的酶，每种酶识别特定的氨基酸和相应的 tRNA（1 个氨基酸最多可识别 5 个 tRNA）。氨基酰-tRNA 合成酶（aminoacyl-tRNA synthetase）催化两步反应，使氨基酸 α-羧基与相应 tRNA 3′端的—CCA 序列中的 A 共价连接。此反应需要消耗 ATP，生成 AMP 和焦磷酸（PPi）。该酶对氨基酸及相应 tRNA 的识别具有极高特异性，保证了遗传信息翻译的高保真性。除合成活性之外，氨基酰-tRNA 合成酶也有校正活性，可以切去酶或 tRNA 上错误的氨基酸。

**4. mRNA**　　翻译必需 mRNA 作为模板。在真核生物翻译过程中，mRNA 首先要环化。

**5. 核糖体**　　核糖体是蛋白质和 rRNA 组成的复合物，其中 rRNA 占优势。核糖体由一个大亚基和一个小亚基组成，其相对大小以其沉降系数表示。原核和真核核糖体的结构、功能相似，都作为蛋白质合成的场所。

（1）rRNA。原核生物核糖体含有 3 种 rRNA，真

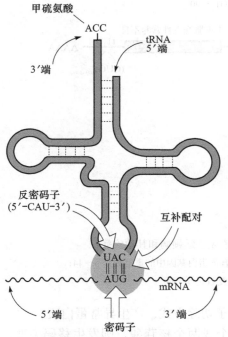

图 3-27　反密码子与密码子结合

甲硫氨酸 tRNA 的反密码子（CAU）与 mRNA 上甲硫氨酸的密码子（AUG）互补结合

核生物核糖体含有 4 种 rRNA（图 3-28）。rRNA 由其前体通过核糖核酸酶切割，并对一些碱基和核糖进行修饰后产生。

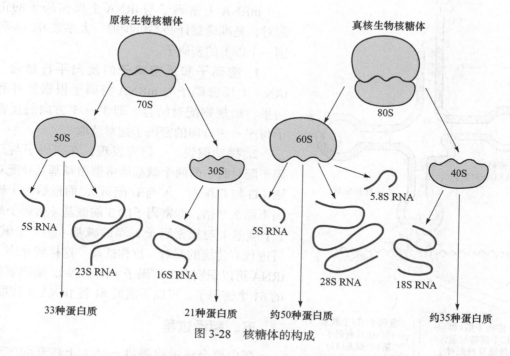

图 3-28　核糖体的构成

（2）核糖体蛋白。其在核糖体结构、功能及与翻译系统其他组分的相互作用中发挥多种功能。真核生物核糖体蛋白的数量比原核生物的多。

（3）A、P 和 E 位点。核糖体有三个与 tRNA 结合的位点：A、P 和 E 位点，覆盖了 3 个密码子。翻译过程中，A 位点按照它位置上的密码子，指导氨基酰-tRNA 进入。P 位点被肽基-tRNA 占据，该 tRNA 携带已经合成的氨基酸链，当它即将离开核糖体时，E 位点被游离 tRNA 占据。

（4）细胞定位。真核细胞中，核糖体在胞质中游离，或与内质网紧密结合，后者称为粗面内质网（rough endoplasmic reticulum，RER）。RER 上核糖体合成的蛋白质一般运输到胞膜、溶酶体或分泌到细胞外，而细胞质中核糖体合成的蛋白质一般存在于细胞质内，或运输到细胞核、线粒体或过氧化物酶体等。线粒体含有自己的一些核糖体（55S）和环状 DNA，但大多数线粒体蛋白质仍由染色体 DNA 编码，在细胞质中合成后，靶向运输到线粒体。

**6. 蛋白质因子**　　多肽合成过程需要起始、延伸和终止（或释放）因子。这些蛋白质因子中，有些有催化功能，有些可以提高合成系统的稳定性。

**7. 能源**　　翻译过程需要消耗能量。给生长中的多肽链添加一个氨基酸，需要消耗 4 个高能键，即氨基酸与 tRNA 结合成氨基酰基-tRNA 的过程中，消耗 ATP 生成 AMP，相当于消耗 2 个 ATP；氨酰基-tRNA 与 A 位点的结合消耗 1 个 ATP；转位步骤消耗 1 个 ATP。另外，真核生物蛋白质合成的启动需要消耗额外的 ATP 和 GTP，真核生物和原核生物蛋白质合成的终止，需要消耗额外的 GTP。

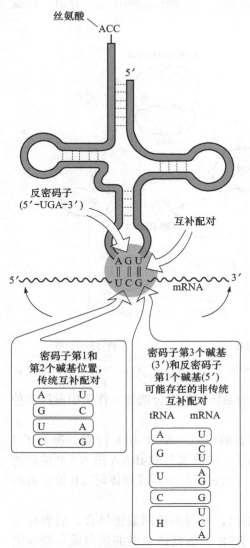

图 3-29　摆动假说：反密码子的 5′- 核苷酸
（第 1 个核苷酸）与密码子的 3′- 核苷酸（末
端核苷酸）之间的非传统配对

H：次黄嘌呤核苷酸

## 四、tRNA 识别 mRNA 上密码子

mRNA 上密码子与 tRNA 上反密码子的正确配对，是准确翻译必不可少的。大多数 tRNA 可识别一个以上的密码子。

**1. 密码子和反密码子的反向平行结合**
tRNA 上反密码子与 mRNA 密码子根据互补和反向平行的规则配对结合，即 3′ → 5′ 方向的反密码子与 5′ → 3′ 方向的密码子配对读取。

**2. 摆动假说**　　研究发现，在密码子与反密码子配对时，前两个碱基严格遵循碱基互补配对规则（G 与 C 配对，A 与 U 配对），而最后一个碱基则不那么严格，即密码子的 3′ 端碱基（密码子最后 1 个碱基）与反密码子 5′ 端的碱基（第 1 个碱基）可进行非传统的配对，称作摆动。这样就允许一个 tRNA 可以识别多个密码子（图 3-29），编码氨基酸的 61 个密码子，可以不需要 61 种 tRNA 来读取。

## 五、翻译过程

蛋白质合成过程是将 mRNA 上核苷酸序列翻译成蛋白质上氨基酸序列。mRNA 从 5′ 向 3′ 进行翻译，即从氨基端（N）末端到羧基（C）端合成蛋白质。原核 mRNA 通常有几个编码区（多顺反子），每个编码区有其自身起始和终止密码子，分别产生多肽。而每个真核 mRNA 只有一个编码区（单顺反子）。翻译过程分为起始、延长和终止 3 个独立步骤，真核生物与原核生物相似，仅稍有不同。

### （一）起始

在肽键开始形成之前，翻译系统的各个组分要先进行组装。这些组分包括核糖体大小亚基、待翻译的 mRNA 模板、mRNA 第一个密码子决定的氨酰基-tRNA、GTP 和促进组装的起始因子（initiation factor, IF）。原核生物有 3 种 IF（IF-1、IF-2 和 IF-3），真核生物有许多 IF（用 eIF 表示）。核糖体识别起始密码子 AUG 有以下两种机制。

**1. Shine-Dalgarno（SD）序列**　　大肠杆菌中 mRNA 5′ 端有一段富含嘌呤的序列，称为 SD 序列，位于起始密码子 AUG 上游 6～10 个碱基。核糖体小亚基的 16S rRNA 在 3′ 端附近具有与全部或部分 SD 序列互补的序列，可以与 SD 序列配对结合，促进小亚基定位于 mRNA 起始密码子 AUG 附近（图 3-30）。

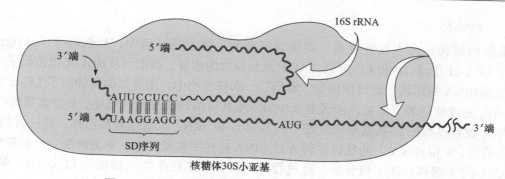

图 3-30 原核 mRNA 的 SD 序列和 16S rRNA 的互补结合

**2. 5′帽结构** 真核 mRNA 没有 SD 序列。在 eIF-4 蛋白质家族成员辅助下,核糖体小亚基与 mRNA 5′端的帽结构结合,并按 5′→ 3′方向沿 mRNA 移动,直至遇到起始密码子 AUG。此移动过程需要 ATP。eIF-4 与 mRNA 帽结构结合的同时,也与 polyA 尾结合,造成 mRNA 环化,同时可阻止加工不完全的 mRNA 进行翻译。如果小亚基与起始密码子附近的内部核糖体进入位点结合,则不依赖帽结构就可启动翻译过程。

**3. 起始密码子** 起始密码子 AUG 由特殊的起始 tRNA(tRNAi)识别。原核生物 IF-2-GTP 和真核生物 eIF-2-GTP(加其他 eIF)促进了识别。tRNAi 带电荷,是(e)IF-2 识别的唯一 tRNA,也是直接进入小亚基上 P 位点的唯一 tRNA。tRNAi 和编码框内部 AUG 密码子识别的 tRNA,可以通过碱基修饰区别开来。在细菌和线粒体中,tRNAi 携带 $N$-甲酰甲硫氨酸(fMet)。甲硫氨酸(Met)与 tRNAi 连接后,由 $N^{10}$-甲酰基四氢叶酸作为碳供体,通过酶添加甲酰基(图 3-31)。真核生物中,tRNAi 携带未甲酰化的 Met。N 端的甲硫氨酸通常在翻译完成前除去,然后核糖体大亚基与此复合物连接,并在 P 位点形成具有带电荷 tRNAi 的功能性核糖体。A 位点此时是空的。

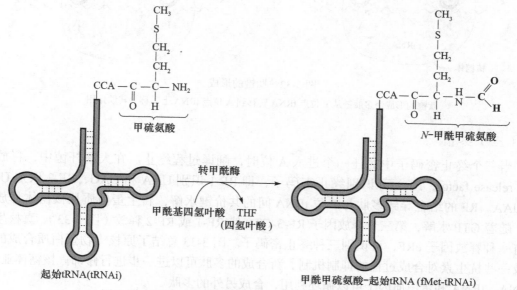

图 3-31 起始 $N$-甲酰甲硫氨酰 tRNA(fMet-tRNAi)的产生

## （二）延长

多肽的延长是向生长链羧基末端添加氨基酸。在大肠杆菌中，延长因子（elongation factor，EF）EF-Tu-GTP 和 EF-Ts 通过 GTP 水解释放的能量，帮助与核糖体 A 位密码子结合的氨酰基-tRNA 的运输（此过程称为"解码"）。真核生物中，由类似的延伸因子 EF-1a-GTP 和 EF-1βγ 完成此任务。然后，由大亚基中 rRNA 具备的转肽酶活性催化，P 位氨基酸的 α-羧基与 A 位氨基酸的 α-氨基形成肽键（图 3-32）。此 rRNA 具有这种酶活性，是一种核酶。肽键形成后，P 位 tRNA 上的肽转移到 A 位 tRNA 连接的氨基酸上，称为转肽。然后核糖体沿 mRNA 向 3' 端移动 3 个核苷酸，此过程称为转位。原核生物的转位需 EF-G-GTP 参与，真核生物需要 EF-2-GTP 参与，由 GTP 水解提供能量。转位导致不带电荷的 tRNA 从 P 位移动到 E 位并释放，使肽链-tRNA 从 A 位移动到 P 位。此过程不断重复直至遇到终止密码子。由于大多数 mRNA 都有一定长度，因此一个 mRNA 上有多个核糖体同时进行翻译。mRNA 和多个核糖体构成的复合物称为多聚核糖体。

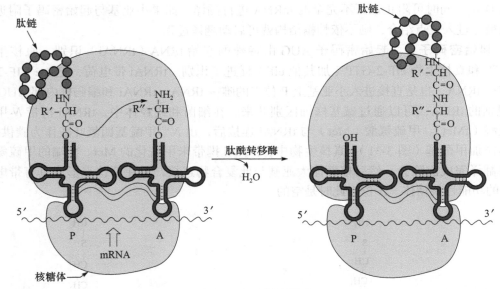

图 3-32　肽键的形成
肽键的形成使多肽链从 P 位点 tRNA 转移到 A 位点 tRNA 上，称为转肽作用

## （三）终止

当三个终止密码子中的任一个进入 A 位时，翻译过程终止。在大肠杆菌中，释放因子（release factor，RF）可识别终止密码子，即 RF-1 识别 UAA 和 UAG，RF-2 识别 UGA 和 UAA。RF 的结合导致多肽与 P 位 tRNA 间的共价键水解，新生蛋白质从核糖体释放出来。随着 GTP 水解，第三个释放因子 RF-3-GTP 使 RF-1 或 RF-2 释放（图 3-33）。真核生物只有一种释放因子 eRF，可识别三种终止密码子。图 3-33 总结了原核生物蛋白质合成的步骤及一些抗生素对合成过程的抑制机制。新合成的多肽可以进一步进行修饰。核糖体亚基、mRNA、tRNA 和蛋白质因子可以循环利用，合成另外的多肽。

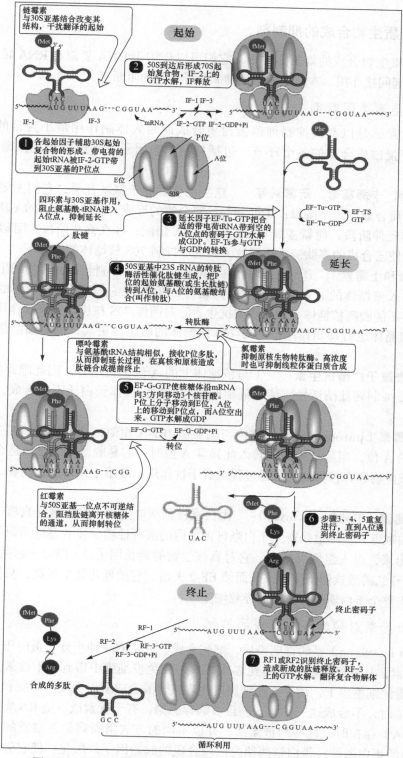

图 3-33  原核生物蛋白质合成过程及抗生素对合成过程的抑制

fMet：甲酰化甲硫氨酸

### 六、蛋白质生物合成的抑制剂

影响蛋白质生物合成的物质非常多，它们可以作用于 DNA 复制和 RNA 转录，对蛋白质的生物合成起间接作用，本节主要讨论抑制翻译过程的阻断剂。

（一）抗生素类阻断剂

许多抗生素都是以直接抑制细菌蛋白质合成而对人体副作用最小为目的而设计的，它们可作用于蛋白质合成的各个环节，包括抑制起始因子、延长因子及核糖体的作用等（图 3-33）。

**1. 链霉素、卡那霉素、新霉素等**　这类抗生素属于氨基苷类，它们主要抑制革兰氏阴性细菌蛋白质合成的三个阶段：①抑制起始复合物的形成，使氨基酰 tRNA 从复合物中脱落；②在肽链延伸阶段，使氨基酰 tRNA 与 mRNA 错配；③在终止阶段，阻碍终止因子与核糖体结合，使已合成的多肽链无法释放，而且还抑制 70S 核糖体的解离。

**2. 四环素和土霉素**　①作用于细菌内 30 S 小亚基，抑制起始复合物的形成；②抑制氨酰-tRNA 进入核糖体的 A 位，阻滞肽链的延伸；③影响终止因子与核糖体的结合，使已合成的多肽链不能脱离核糖体。四环素类抗生素除对菌体 70S 核糖体有抑制作用外，对人体细胞的 80S 核糖体也有抑制作用，但对 70S 核糖体的敏感性更高，故对细菌蛋白质合成抑制作用更强。

**3. 氯霉素属于广谱抗生素**　①与核糖体上的 A 位紧密结合，因此阻碍氨基酰-tRNA 进入 A 位；②抑制转肽酶活性，使肽链延伸受到影响，菌体蛋白质不能合成，因此有较强的抑菌作用。

**4. 嘌呤霉素（puromycin）**　结构与酪氨酰-tRNA 相似，从而取代一些氨基酰-tRNA 进入核糖体的 A 位，当延长中的肽转入此异常 A 位时，容易脱落，终止肽链合成。由于嘌呤霉素对原核生物和真核生物的翻译过程均有干扰作用，故难于用作抗菌药物，有人试用于肿瘤治疗。

**5. 白喉毒素（diphtheria toxin）**　由白喉杆菌所产生的白喉毒素是真核细胞蛋白质合成抑制剂。白喉毒素实际上是寄生于白喉杆菌体内的溶源性噬菌体 β 基因编码的，由白喉杆菌转运分泌出来，进入组织细胞内，它对真核生物的延长因子-2（EF-2）起共价修饰作用，生成 EF-2 腺苷二磷酸核糖衍生物，从而使 EF-2 失活，它的催化效率很高，只需微量就能有效地抑制细胞整个蛋白质的合成，而导致细胞死亡。

（二）干扰素对病毒蛋白合成的抑制

干扰素（interferon）是病毒感染后，细胞合成、分泌的一种小分子蛋白质。从白细胞中得到 α-干扰素，从成纤维细胞中得到 β-干扰素，在免疫细胞中得到 γ-干扰素。干扰素结合到未感染病毒的细胞膜上，诱导这些细胞产生寡核苷酸合成酶、核酸内切酶和蛋白激酶。在细胞未被感染时，不合成这三种酶，一旦被病毒感染，有干扰素或双链 RNA（double strand RNA，dsRNA）存在时，这些酶被激活，并以不同的方式阻断病毒蛋白质的合成。干扰素和 dsRNA 激活蛋白激酶，蛋白激酶使蛋白质合成的起始因子磷酸化，使它失活。另一种方式是 mRNA 的降解，干扰素和 dsRNA 激活 2,5-腺嘌呤寡核苷酸合成酶的合成作用，2,5-腺嘌呤寡核苷酸激活核酸内切酶，核酸内切酶水解 mRNA。

　　由于干扰素具有很强的抗病毒作用，因此在医学上有重大的实用价值，但组织中含量很少，难于从生物组织中大量分离干扰素。现在已能应用基因工程合成干扰素以满足研究与临床应用的需要。

（潘星华　殷志新）

# 第四章　蛋白质的加工、运输与降解

　　蛋白质是生物体的主要功能大分子，是生命活动的物质基础。在细胞核糖体经翻译产生的新生多肽链通常不具备生物学活性，结构伸展的新生多肽链必须逐步折叠形成正确的三维空间结构才能发挥特定的生物功能。生物体内绝大多数功能蛋白质以寡聚体（oligomer）的形式存在。寡聚蛋白中的亚基可以独立存在，即使有三维空间结构，仍不具备生物学活性，只有当所有亚基通过一定机制组装成寡聚体，才能称之为功能蛋白质。此外，蛋白质分子还需要经过共价修饰、靶向运输、细胞内定位才能发挥其生物学功能。本章主要介绍翻译后蛋白质折叠、组装、修饰、靶向运输及其细胞内定位的分子机制。由于蛋白质降解是影响蛋白质功能的另一个方面，故本章还简单介绍了细胞内蛋白质降解的机制。

## 第一节　新生肽链的折叠

　　蛋白质折叠（protein folding）是多肽链在一级结构的基础上形成高级结构的过程。在核糖体合成的大部分新生多肽链必须通过折叠才能转变成热力学和动力学稳定的三维空间构象，并获得特异的生物学功能。如果蛋白质折叠错误，就会改变蛋白质的空间构象，影响蛋白质的功能，严重者甚至会导致疾病发生。

### 一、新生肽链的折叠加工

　　蛋白质翻译是按照 mRNA 上的遗传信息，将各种氨基酸有序连接形成多肽链的过程。多肽链中氨基酸的排列顺序，即蛋白质的一级结构是蛋白质空间结构和功能的基础。蛋白质的功能依赖于蛋白质特定的空间结构，如酶催化反应的特异性，是由酶活性中心的空间构象所决定的；抗体与抗原、配体与受体的特异性结合，也是由蛋白质的特异性空间构象所决定的。大部分新生多肽链只有紧密折叠形成特异的空间构象，才能行使其功能。多肽链在一级结构的基础上组装形成特定的三维空间构象［又称天然构象（native conformation）］的过程称为蛋白质折叠。

　　蛋白质折叠通常比较迅速，单域球蛋白的折叠时间一般在毫秒量级，但是有些蛋白质的折叠需要几小时，影响蛋白质折叠速率的主要因素包括蛋白质大小、蛋白质天然态的拓扑复杂性等。多肽链的折叠是一个复杂过程，目前主要有两种模式解释折叠。第一种模式认为折叠是按等级进行的。首先在肽链局部形成二级结构，然后再进一步折叠盘曲成三维球状结构，即三级结构。第二种模式认为多肽链通过疏水作用自动折叠成一个称之为"熔球"（molten globule）的紧密结构。熔球内含有多个二级结构，但缺乏必备的三级结构。根据蛋白质的折叠行为，可将其分为两类：一类是"二态"蛋白质，这类蛋白质在折叠过程中不会显示出明显的中间态，且遵循"全或无"的过程；另一类是"三态或多态"蛋白质，这类蛋白质在折叠过程需要经过中间体不断累积才能完成。

　　早期研究认为蛋白质折叠是一种自发行为，即多肽链依靠自身的氨基酸序列自发性进行折叠，不需要别的分子的帮助，不需要额外能量的补充，又称为自我组装（self-assembly）。

Anfinsen 根据他的著名实验所得的结论也认为肽链折叠是自发进行的。但近 20 年来的研究发现，细胞中大多数天然蛋白质的折叠都不是自发完成的，需要其他蛋白质帮助，又称为辅助性组装（assisted-assembly）。目前已认识到的在细胞内辅助新生肽链折叠的蛋白质至少有两大类：一类称为分子伴侣（molecular chaperone），另一类是催化与折叠直接有关的化学反应的酶，统称为折叠酶。

## 二、分子伴侣

分子伴侣是一类序列上没有相关性但具有相同功能的保守性蛋白质，在细胞内能够结合和稳定另外一种蛋白质，促进新生多肽链的折叠、多聚体的装配或降解及细胞器蛋白的跨膜运输。分子伴侣本身不包含控制正确折叠所需的构象信息，但是能阻止非天然态多肽链的错误折叠或凝集，给处于折叠中间态的多肽链提供更多的正确折叠的机会，因而它们能提高折叠的产率但不一定影响折叠的速率。分子伴侣存在于细胞内的各个部位，协助蛋白质在细胞质、线粒体和内质网等进行折叠和组装。

分子伴侣的主要作用是：①封闭待折叠肽链暴露的疏水区段；②创建一个隔离的环境，可以使肽链的折叠互不干扰；③促进肽链折叠和去聚集；④遇到应激刺激，使已折叠的蛋白质去折叠。

多肽链在合成时，很多疏水基团暴露在外，具有分子内或分子间聚集的倾向，阻碍蛋白质形成正确空间构象。这种混乱的聚集产生过多会对细胞产生致命的影响。许多分子伴侣具有 ATP 酶活性，能水解 ATP 产生自由能，通过可逆地与未折叠肽段的疏水部分相结合并随后松开，防止错误的聚集发生，使肽链正确折叠。分子伴侣也可识别并结合错误聚集的肽段，使之解聚后，再诱导其正确折叠。

分子伴侣广泛存在于原核生物和真核生物中，细胞内分子伴侣可以分为两大类，一类为核糖体结合性分子伴侣，包括触发因子和新生链相关复合物；另一类为非核糖体结合性分子伴侣，包括热激蛋白、伴侣蛋白等。目前研究的较为清楚的是热激蛋白（heat shock protein，Hsp）和伴侣蛋白（chaperonin）。

### （一）热激蛋白

热激蛋白（Hsp）亦称为热休克蛋白，是一类应激反应性蛋白，高温刺激可诱导其合成，可以帮助新生多肽链正确折叠为有天然空间构象的蛋白质。Hsp 广泛分布于原核及真核细胞中，各种生物都有相应同源蛋白质。大肠杆菌中参与蛋白质折叠的热激蛋白包括 Hsp70、Hsp40 和 Grp E 等。Hsp70 是分子质量接近 70kDa 的蛋白质，由 *DnaK* 基因编码，因此Hsp70 也称为 DnaK 蛋白。Hsp70 含有 N 端 ATP 酶结构域（N-terminal ATPase domain）和 C端多肽结合结构域（C-terminal peptide-binding domain）两个主要的功能域。Hsp70 的主要功能是防止蛋白质的聚集和协助折叠错误的蛋白质重新折叠。通常 Hsp70 不是单独作用，而是有赖于 Hsp40 和 GrpE 两个辅伴侣（co-chaperone）的调节，共同行使辅助蛋白折叠的功能。Hsp40 是分子质量接近 40kDa 的蛋白质，亦称为 DnaJ，含有一个保守的 J 结构域。Hsp40 通过 J 结构域与 Hsp70（DnaK）结合，激活其 ATP 酶活性，抑制肽链聚集。GrpE 是分子质量接近 20kDa 的蛋白质，作为核苷酸交换因子，可促进 Hsp70 结合的 ADP 与 ATP 交换，调控Hsp70 的 ATP 酶活性（图 4-1）。

　　Hsp 促进新生肽链折叠的基本过程称为 Hsp70 反应循环（图 4-1）。首先，Hsp40 与正在核糖体上延伸的新生肽链结合，将肽链导向 Hsp70-ATP 复合物，Hsp70 的 ATP 酶活性被 Hsp40 激活，促进 Hsp70 水解 ATP 生成 ADP，产生稳定的 Hsp40-Hsp70-ADP-多肽复合物。接着，GrpE 再与 Hsp40-Hsp70 复合物相互作用，促进 ATP 与 ADP 交换，复合物变得不稳定而解离，释放出多肽链片段进行正确折叠。多肽各区段依次进行上述结合-解离循环，完成折叠过程。

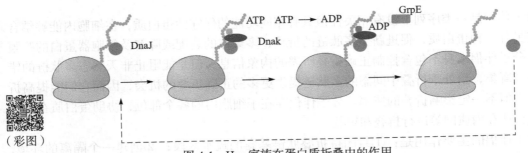

图 4-1　Hsp 家族在蛋白质折叠中的作用

　　Hsp 家族不仅能在细胞质按照上述机制调控新生肽链的正确折叠，还能通过类似机制，使变性蛋白的多肽链重新折叠恢复其天然构象。在线粒体、内质网等细胞器内，Hsp 可以使损伤蛋白或错误折叠的多肽中间物保持伸展状态，协助损伤蛋白跨膜转运，以便降解清除。由此可见，Hsp 蛋白家族在功能蛋白质的形成及细胞功能保护方面发挥重要作用。

（二）伴侣蛋白

　　伴侣蛋白是分子伴侣的另一家族，大肠杆菌中的代表性成员是 Gro EL 和 Gro ES，大肠杆菌细胞中有 10%～20% 的蛋白质折叠需要这一家族的辅助，其主要作用是为非自发性折叠肽链提供能折叠形成天然空间构象的微环境。

　　Gro EL 属于 Hsp60 家族，是由 14 个相同亚基组成的多聚体，形似圆桶，体积约为 14.6mm×13.7mm，中央有约 4.5nm 的空腔。Gro EL 由两组相同的环状结构组合而成，故又称为双桶状结构（double cylinder）。每 7 个亚基相互连接组成一个环状结构，两个环状结构再倒转连接，顶对顶结合成未封闭的双桶状结构，该桶状结构的顶部和底部的表面结构相同，均是环状结构的底部。每个环的中央有个空腔，每个空腔能结合一个蛋白质底物。Gro EL 要完成全部功能，需要 Gro ES 的帮助。Gro ES 属于 Hsp10 家族，也称伴侣蛋白 10，是由 7 个相同亚基组成的圆顶状复合物，可作为"桶盖"瞬时封闭 Gro EL 复合物。在蛋白质折叠中 Gro EL 起主要作用，Gro ES 起激活 Gro EL 的作用，故 Gro ES 又被称为辅-伴侣蛋白（co-chaperonin）。

　　Gro EL 的底物可以是蛋白质变性后的多肽链，也可以是由其他伴侣蛋白转运的经初步折叠的肽链。如在核糖体上合成的新生肽链，经 Hsp70 结合解离循环完成初步结构域折叠，然后靶向运输到 Gro EL 复合体，在 Gro ES 辅助和 ATP 的参与下完成折叠，形成天然构象的蛋白质。其作用机制如下：蛋白质变性的肽链或者经 Hsp70 初步折叠的新生肽链进入到 Gro EL 14 亚基复合物的空腔中，肽链表面的疏水基团通过疏水作用与暴露在腔内的 Gro EL

残基结合。同时，ATP 也结合到与多肽链结合的同一个 Gro EL 的环上。随后 Gro ES 聚合体对称地与 Gro EL 桶状结构的上口和下口结合，将桶状结构封闭，并促使其构象改变，为完成肽链折叠提供适宜的微环境。伴随着 ATP 水解释能，Gro EL 复合物的构象周期性改变，引起 Gro ES "盖子"解离和折叠后肽链释放（图 4-2）。以上过程重复进行，直到形成天然蛋白质构象。

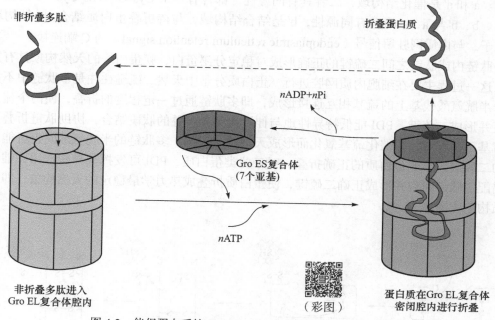

图 4-2　伴侣蛋白系统 Gro EL-Gro ES 促进蛋白质折叠的过程

## （三）分子内分子伴侣

最近的一些研究表明，某些蛋白水解酶的前导肽（leader peptide）及一些核糖体前体蛋白的泛素尾（ubiquitin tail）具有分子伴侣的功能，能够辅助其蛋白的折叠和成熟，为了与一般意义上的分子伴侣相区别，将它们称为分子内分子伴侣（intramolecular chaperone，IMC），如 Aqualysin、Thermolysin 和 Cathepsin C 等的前导肽都具有分子内分子伴侣的功能。

前导肽辅助蛋白酶折叠成熟的过程可以分成三个阶段：①前体蛋白质的折叠；②通过酶切作用切除前导肽，伴随着蛋白酶部分的结构调整；③前导肽被降解，蛋白质最终成熟，成为具有活性的酶。大量研究表明，很多蛋白质的前导肽对其完成正确折叠与成熟是不可缺少的。

### 三、影响新生肽链折叠的酶类

研究已经证实某些酶可以帮助蛋白质折叠，这类酶能催化形成功能构象所必需的共价键，与蛋白质折叠直接相关，故称为折叠酶（foldase）。已发现两种异构酶可以帮助细胞内新生肽链折叠为功能蛋白质，一种是蛋白质二硫键异构酶（protein disulfide isomerase，PDI），另一种是肽基脯氨酰顺反异构酶（peptidylprolyl *cis/trans* isomerase，PPI）。

## （一）蛋白质二硫键异构酶（PDI）

PDI 家族是硫氧还蛋白（thioredoxin，Trx）超家族中的成员，主要存在于细胞内质网中，促进蛋白质巯基-二硫键转换，调节二硫键的氧化还原状态，帮助二硫键形成、破坏与重排。

PDI 是最早被研究的 PDI 家族成员，分子质量接近 57kDa，含有 a、a′、b、b′ 和 c 5 个结构域。a 和 a′ 是催化结构域，二者具有同源性，都含有一个 Cys-Gly-His-Cys（CGHC）活性部位。b、b′ 与 a、a′ 间也有同源性，b′ 是结合结构域，与待折叠蛋白质结合。c 结构域富含阳离子，与内质网驻留信号（endoplasmic reticulum retention signal）的 C 端连接。

多肽链内或肽链之间二硫键的正确形成对稳定分泌蛋白、膜蛋白等的天然构象具有重要作用，这一过程主要在细胞内质网腔进行。蛋白质分子中天然二硫键往往是多肽链中不相邻的两个半胱氨酸残基上的巯基相互连接形成，即多肽链通过一定程度的折叠，使两个巯基互相接近并形成二硫键。PDI 能低特异性地与伸展或部分折叠的肽段结合，协助肽链折叠，使相应巯基正确配对，并催化巯基氧化而形成天然的二硫键。多肽链的半胱氨酸间也可能出现错配的二硫键，影响蛋白质的正确折叠。对于此类蛋白质，PDI 可发挥其异构作用，催化肽链中错配二硫键断裂并形成正确二硫键，使蛋白质折叠成热力学最稳定的天然构象，即功能蛋白质构象（图 4-3）。

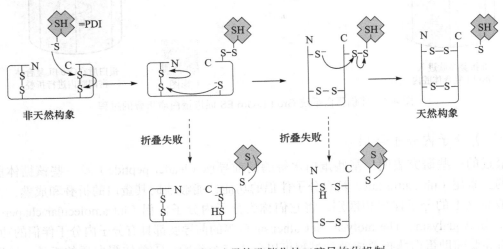

图 4-3　蛋白质二硫异构酶催化的二硫异构化机制

## （二）肽基脯氨酰顺反异构酶（PPI）

脯氨酸为亚氨基酸，多肽链中肽酰-脯氨酸间形成的肽键（Xaa-Pro 键）有顺反两种异构体，空间构象差别明显，生物学功能不同。在新合成的多肽中，X-脯氨酸肽键的构型是反式的，而成熟蛋白质中该肽键的构型有 6% 是顺式的。PPI 催化这种异构化的过程，也可以加速蛋白质的折叠。

PPI 广泛分布于各种生物体及各种组织中，多数定位于细胞质。PPI 在细胞中的基本作用是通过非共价键方式，稳定扭曲的酰胺过渡态，催化 Xaa-Pro 键（其中 Xaa 是任何氨基酸）的顺反异构体之间的转换。Xaa-Pro 键的旋转异构是蛋白质折叠最慢的限速步骤，因此

PPI 是蛋白质三维构象形成的限速酶，在肽链合成需要形成顺式构型时，可使多肽链在各脯氨酸弯折处形成准确折叠。

## 四、新生肽链错误折叠所致的疾病

新生肽链的正确折叠对蛋白质正确构象形成和功能发挥至关重要，细胞中蛋白质的折叠受到严格的质量控制，上述分子伴侣及能使错误折叠蛋白质降解的蛋白酶是细胞中保证蛋白质正常功能的质量监控系统。在一级结构不变的情况下，如果蛋白质折叠失去控制，即可能发生错误折叠，形成错误的空间结构，丧失正常的生物学功能，严重时可导致疾病发生。由于蛋白质折叠错误所导致的疾病，统称为蛋白质折叠病（protein fold disease），也称为蛋白质构象病（protein conformational disease）。有些蛋白质错误折叠后相互聚集，常形成抗蛋白水解酶的淀粉样纤维沉淀，产生毒性而致病，表现为蛋白质淀粉样纤维沉淀的病理改变。这类疾病包括：人纹状体脊髓变性病（Creutzfeldt-Jakob disease，CJD）、阿尔茨海默病（Alzheimer's disease，AD）、亨廷顿病（Huntington disease，HD）、疯牛病等。

### （一）朊病毒病——神经退行性病变

动物中脑软化症、羊瘙痒症、牛海绵状脑病（俗称疯牛病），以及在人类中发现的库鲁病和纹状体脊髓变性疾病，均属于神经退行性病变。美国学者 S. Prusiner 于 1982 年证实了此类疾病的致病因子是不含核酸的蛋白因子，为了区别于病毒和类病毒，他将这类蛋白质致病因子定名为朊病毒（prion），对应的蛋白质称为朊病毒蛋白（prion protein，PrP），而相应的疾病称为朊病毒病（prion disease）。随后他又对朊病毒致病的分子机制进行了系统研究，并提出了治疗朊病毒病的方案。Prusiner 因此获得了 1997 年的诺贝尔生理学或医学奖。

PrP 是染色体基因编码的分子质量 $33 \sim 35 kDa$ 的蛋白质。PrP 有两种构型：一种是正常的细胞型，称为 $PrP^C$；另一种是异常的致病型，称为 $PrP^{SC}$（瘙痒型）。这两种蛋白质一级结构及共价修饰完全相同，但它们的空间结构不同。$PrP^C$ 主要由 α 螺旋组成，水溶性强，对蛋白酶敏感；$PrP^{SC}$ 主要由 β 折叠组成，耐热，对蛋白酶消化具有显著的抵抗能力，并聚集成淀粉样的纤维杆状结构。人和动物正常细胞的 *PrP* 基因表达的正常产物 $PrP^C$ 没有感染能力，$PrP^{SC}$ 则具有致病能力。朊病毒就是 $PrP^{SC}$ 蛋白颗粒，是一种传染性颗粒，其来源尚不清楚，其自我复制及传染疾病的机制也还不甚明了。目前对 $PrP^{SC}$ 致病机制有几种不同的假说，其核心是：外源或新生 $PrP^{SC}$ 通过复杂机制诱导含 α 螺旋的 $PrP^C$ 重新折叠形成富含 β 折叠的 $PrP^{SC}$，$PrP^{SC}$ 聚集成淀粉样的纤维杆状结构，导致神经退行性病变。

### （二）蛋白质错误折叠引起的其他疾病

朊病毒蛋白质的发现及对朊病毒致病机制的研究，开拓了从蛋白质构象探讨疾病机制及防治的新思路，促进了对由其他蛋白质错误折叠引起的疾病的认识。近年来，通过对蛋白质构象和疾病关系的研究，已发现多种由于蛋白质错误折叠引发的疾病。阿尔茨海默病（AD）是一种常见的老年人中枢神经系统退行性疾病。目前的研究普遍认为 AD 是由 β 淀粉样蛋白质（Aβ）和 Tau 蛋白质错误折叠堆积引起的疾病。Aβ 和 Tau 蛋白都是由脑中正常产生的蛋白质转化而来，Aβ 形成淀粉样斑，Tau 蛋白形成 Tau 缠结，引起神经细胞内自损伤。最近的研究发现在帕金森病（Parkinson disease）患者的脑中也有蛋白质沉积物，称为 Lewy 小体，表明帕金森病的发病也与蛋白质的错误折叠有关。还有多种疾病被确认是蛋白质折叠病，如囊性纤维性病变、家族性淀粉样病变、家族性高胆固醇血症、白内障及某些癌症等。

　　蛋白质折叠病的发现，对"蛋白质一级结构决定高级结构"的传统观念是一个严峻的挑战，也为蛋白质的理论研究提出了新的课题。蛋白质错误折叠与基因表达是否有关系？生物体以何种机制控制蛋白质折叠？α/β 的结构转化导致疏水核的暴露和亲水区的减少容易引起蛋白质分子间形成交叉 β 折叠结构（cross-β-sheet），这可能是引起朊病毒蛋白质分子间积聚并沉积的主要原因。那么从热力学或动力学角度看，究竟是什么内在因素引起这种 α 螺旋向 β 折叠的转换？这些问题至今了解甚少，有待进一步深入研究。

# 第二节　蛋白质亚基的聚合与组装

　　蛋白质的种类繁多，结构各异。有的蛋白质仅含有一条多肽链，称为单体蛋白（monomeric protein）；有的蛋白质由两条或两条以上多肽链组成，称为寡聚蛋白（oligomeric protein）或多聚蛋白（polymeric protein）。寡聚蛋白中的多肽链称为亚基（subunit），组成同一种蛋白分子的亚基可以是相同（同源）的，也可以是不同（异源）的。生物体内的蛋白质绝大多数以寡聚体或多聚体形式存在，如胶原蛋白、细胞骨架蛋白、病毒的外壳蛋白等结构性蛋白质，以及免疫球蛋白、变构酶及血红蛋白等功能性蛋白质。寡（多）聚体蛋白分子中的每一个亚基都具有特定的三维空间构象，亚基之间通过非共价键相互装配，形成空间构象更为复杂的寡聚蛋白，寡聚蛋白形成的过程称为蛋白质组装（protein assembly）。

## 一、亚基的聚合与组装过程

　　1994 年，Eisenberg 等利用 X 射线晶体衍射分析白喉毒素蛋白质亚基组装机制，发现在蛋白质亚基识别和组装过程中存在"3D 结构域交换"（3D domain swapping），并总结出"结构域交换模型"（domain swapping model）。该模型认为，寡聚体的组装是一个亚基的一个"结构域"被另一个相同亚基的相同结构域置换的结果，通过这种结构域的对换，亚基之间相互契合，即可形成同源二聚体或多聚体。

　　结构域交换模型的动态机制如图 4-4 所示，即处于天然构象的亚基，通过挠性的铰链区（hinge region）构象变化，部分解折叠，暴露出结构域及其封闭界面（closed interface）。当部分解折叠状态的肽链的浓度足够大时，肽链之间互相识别其互补界面，并以对称方式相互接触，结构域交换契合形成二聚体。再通过封闭界面，两个单体重新折叠，形成具有特异空间构象的同源二聚体。该模型还指出，形成的二聚体蛋白并不是两个单体的简单加和，而是在两个铰链区之间形成了一个新的分子内界面，称为开放界面（open interface），该界面在单体中不存在。开放界面的形成，为分子的稳定提供了额外的能量，这可能是寡聚体亚基较单体更稳定的原因之一。

　　已有研究发现，牛 RNase A 亚基的识别和组装符合上述的结构域交换模型；蛋白质工程研究也支持 3D 结构域交换机制，表明结构域交换模型能够解析同源寡聚体或多聚体的亚基识别和组装的规律。但是该模型是否适合于异源寡聚体或多聚体的形成还有待进一步的研究。

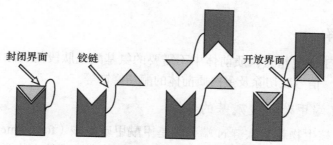

图 4-4　结构域对换模型的动态机制示意图

## 二、蛋白质寡聚化的优越性

蛋白质寡聚化或多聚化具有如下优越性。①从热力学角度看，以寡聚和多聚体形式存在的蛋白亚基比游离亚基更稳定，而蛋白质稳定性越强，其寿命越长，越能有效地发挥其生物学功能。②寡聚蛋白有更加复杂的空间构象，因而能执行更为复杂的功能。③寡聚蛋白可以通过亚基之间的协同作用，实现对蛋白质活性的调节。例如，变构酶都是多亚基蛋白质，有催化亚基，还有调节亚基，当底物与调节亚基结合时，通过变构作用，使酶的催化活性增强；而当产物与调节亚基结合时则可以抑制酶的活性。这种调节作用符合最佳经济原则。④在细胞中一些功能相关的酶蛋白分子相互聚合形成多酶复合体，可以提高酶的催化效应。例如，丙酮酸脱氢酶系是由丙酮酸脱氢酶、硫辛酸乙酰基转移酶和二氢硫辛酸脱氢酶聚合成的多酶复合体，它们催化的代谢途径中，前一个酶的催化产物直接进入下一个酶的活性中心，而无须扩散进入溶液环境中，避免了代谢物的损耗，使代谢反应的效率进一步得到提高。另外，寡聚化或多聚化蛋白体系还具有高层次的识别和调节机制。由于蛋白质结构的多样化和复杂性，有一些蛋白质寡聚化或多聚化的意义尚不甚清楚，有待于进一步的思考和研究。

## 三、与组装错误有关的疾病

朊蛋白异常折叠和组装可引发朊病毒病，淀粉样蛋白变性可导致神经退行性病变，这些研究成果使科学界对研究蛋白质构象病产生了极大兴趣，甚至于有人提出只要蛋白质浓度足够大并处于部分去稳定环境中，所有蛋白质均可能通过 3D 结构域交换机制相互凝聚，甚至导致疾病。关于这些设想尚缺乏直接实验依据，但是确有一些现象和实验结果支持上述设想。例如，3D 结构域交换与蛋白质淀粉样变性的机制极为类似，它们的加工过程均有高选择性。另外，有人设计了两种能够进行 3D 结构域交换的螺旋蛋白衍生物，并采用多种物理化学方法及 X 射线晶体衍射分析技术观察它们是否能二聚化或组装成多聚化纤维性结构。尽管未在分子水平形成纤维结构，但其他实验结果均支持 3D 结构域交换可能与淀粉样蛋白变性有关，是纤维形成的机制。临床上已有人将检测异常二聚体作为预测异常构象改变及淀粉样蛋白变性病危险性高低的诊断指标。

# 第三节　蛋白质翻译后的修饰

多数蛋白质翻译后，需要进行不同形式的共价修饰（covalent modification），才能成为有生物学活性的功能蛋白质。

## 一、肽链水解

肽链的水解加工主要指蛋白质前体中不需要的氨基酸或肽段的切除，包括肽链 N 端甲硫氨酸残基的切除、信号肽切除及蛋白质前体的酶切修饰等。

### （一）肽链 N 端甲硫氨酸残基的切除

原核生物和真核生物新生肽链 N 端分别是甲酰甲硫氨酸（formylmethionine，fMet）和甲硫氨酸（methionine，Met），但大多数成熟蛋白质，特别是真核生物蛋白质，其 N 端第一个氨基酸残基并不保留。脱甲酰基酶（deformylase）和氨基肽酶（aminopeptidase）催化 N 端甲硫氨酸残基的水解去除，前者切除 fMet 的甲酰基，后者切除 Met。原核细胞中约半数成熟蛋白质的 N 端经脱甲酰基酶切除 $N$-甲酰基而保留着 Met。据报道，原核细胞蛋白质是否保留 N 端的 Met，常取决于相邻的第二个氨基酸，若第二个残基是 Arg、Asn、Asp、Gln、Ile 或 Lys，则以脱甲酰基为主，若第二个残基是 Ala、Gly、Pro、Thr 或 Val，则以切除 fMet 为主。这种加工过程可以发生在肽链合成的进程中，也可以发生在新生肽链从核糖体上释放之后。

### （二）信号肽切除

某些分泌型蛋白、膜蛋白等在核糖体上合成后，其 N 端通常有 13～36 个富含疏水性氨基酸残基的肽段，该肽段引导新合成的肽链进入内质网腔，称为信号肽（signal peptide）。这些信号肽在蛋白质成熟过程中被切除，内质网腔壁上有信号肽酶（signal peptidase），通常在多肽链合成 80% 以上时，将信号肽段切下；信号肽段切下后，肽链本身继续延长，直至合成终止。

### （三）蛋白质前体的酶切修饰

有些蛋白质在初合成时没有生物学活性，被分泌并运输到靶器官后，经酶切加工成为具有生物学活性的蛋白质。下面分别以前胰岛素原和胰凝乳蛋白酶原为例进行简单介绍。

**1. 前胰岛素原的酶切修饰**　　胰岛素是胰岛 β 细胞分泌的一种激素。新合成的胰岛素前体是一条多肽链，含有信号肽和一个 C 肽，称为前胰岛素原（preproinsulin）。前胰岛素原在信号肽的引导下进入内质网内腔，信号肽被切除，形成二硫键并正确折叠成胰岛素原（proinsulin）。胰岛素原在分泌小泡中被前激素原转换酶（prohormone convertase）PC2、PC3 切割，去除肽链内的 C 肽，产生 A 链和 B 链，两条链由 2 个二硫键相连。B 链 C 端被羧肽酶水解，切去 2 个精氨酸残基，形成成熟的胰岛素（图 4-5）。胰岛素原中的 C 肽在 A、B 链间形成正确的二硫键，在保证肽链的正确折叠中起重要作用。研究显示如果将成熟胰岛素还原变性，再在温和条件下复性和氧化，A、B 链的 Cys 残基可随机形成二硫键，胰岛素的活性难以恢复。若对胰岛素原进行同样处理，其空间结构可以完全恢复。这表明成熟胰岛素的形成必须经过胰岛素原阶段。

**2. 胰凝乳蛋白酶原的酶切修饰**　　胰凝乳蛋白酶（chymotrypsin）是消化道内的一种蛋白水解酶，在胰腺初合成和分泌时，其是含有 245 个氨基酸残基和 5 对二硫键的酶原。当其被分泌到肠腔后，在胰蛋白酶（trypsin）和其他胰凝乳蛋白酶的催化下，Leu13 和 Ser14、Arg15 和 Ile16、Tyr146 和 Thr147、Asn148 和 Ala149 之间的 4 个肽键断裂，使一条肽链变

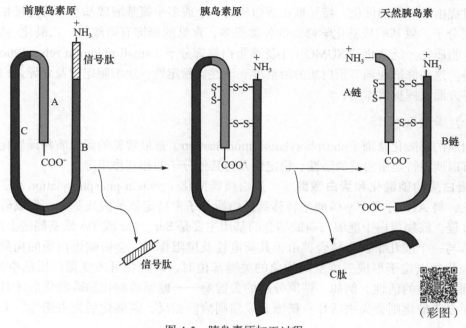

图 4-5　胰岛素原加工过程

成 3 个肽段和 2 个二肽（Ser14-Arg15、Tyr146-Thr147）。3 个肽段靠二硫键相连，形成胰凝乳蛋白酶。这样剪切的结果，使 Ile16 暴露并与 Asp194 侧链羧基形成盐键，既稳定了酶的构象，又使 Met192 从分子内暴露到分子表面，Gly193 残基变得更加伸展，形成一个能与底物非极性侧链结合的疏水口袋，从而使酶原激活为胰凝乳蛋白酶。

## 二、辅基结合

许多功能蛋白质以某种金属离子为辅基，这些蛋白质只有与辅基金属离子结合后才具有生物学活性。金属酶（metalloenzyme）就是典型例子之一。金属酶蛋白紧密结合金属离子，这些金属离子已成为酶蛋白结构中必不可少的组分，即使在纯化过程中也不会丢失。例如，羧肽酶 A 中含有锌、脯氨酸羟化酶中含有铁、酪氨酸酶中含有铜等，这些酶都属于金属酶。金属离子是在蛋白质合成后结合上去的。也有的酶是单纯蛋白质，但其发挥活性时必须与金属离子结合，称为金属激活酶（metal-activated enzyme）。血浆铜蓝蛋白（ceruloplasmin）是肝脏合成的一种含铜糖蛋白，呈蓝色，故称铜蓝蛋白，又称铁氧化酶，可以将亚铁氧化为高铁，以便后者在肠黏膜细胞中化合成铁蛋白（ferritin），在血浆中转化成运铁蛋白（transferrin）。铜离子在铜蓝蛋白催化过程中发挥了重要作用，而铜离子也是在蛋白质翻译后与之结合的。金属离子在蛋白质空间构象的正确形成中起重要作用，如锌指蛋白通过其自身的锌指结构与 DNA 结合，在基因表达调控中起重要作用。而在锌指构象形成中，$Zn^{2+}$是必不可少的，正因为 $Zn^{2+}$ 与多肽链中的 4 个组氨酸残基配位结合，才使多肽链得以折叠，形成指状结构。

## 三、氨基酸残基的共价修饰

氨基酸残基的共价修饰（covalent modification）是最常见的一种蛋白质翻译后加工形

式，该过程由专一的酶催化，特异地在蛋白质的一个或多个氨基酸残基上共价连接相应的化学基团或分子。氨基酸残基化学修饰的种类很多，常见的修饰有磷酸化、乙酰化、糖基化、甲基化、脂质化、泛素化和 SUMO［小泛素蛋白修饰分子（small ubiquitin related modifier）］化修饰等。这些修饰在调节蛋白质的溶解度、活性、稳定性、亚细胞定位及介导蛋白质间相互作用等方面发挥重要作用。

（一）磷酸化修饰

蛋白质的磷酸化修饰（phosphorylation modification）是最常见的蛋白质翻译后化学修饰方式，可以调控特定蛋白质的活性、稳定性及与其他分子的相互作用等。

**1. 蛋白质的磷酸化和蛋白激酶**　　蛋白质磷酸化（protein phosphorylation）是由蛋白激酶催化，将 ATP 分子中 $\gamma$-磷酸基转移到蛋白质分子中特定氨基酸残基上，形成磷酸化衍生物的过程。底物蛋白中能够与磷酸结合的基团主要是 Ser、Thr 或 Tyr 残基侧链上的羟基。当磷酸基与一个或几个位点结合，由于其荷电性及位阻作用，会影响蛋白质的构象。特别是当磷酸化位点位于形成三维空间构象的关键部位时，磷酸化可改变蛋白质的空间构象，并影响到蛋白质的活性。例如，糖原分解的关键酶——糖原磷酸化酶磷酸化后才具有催化活性，而去磷酸化则会失去活性；糖原合成酶则恰恰相反，磷酸化后失去活性，去磷酸化才有活性。

蛋白激酶（protein kinase，PK）的种类很多，目前已知的约有 500 多种。蛋白质分子中特定位点的磷酸化是由蛋白激酶的特异性决定的。根据蛋白激酶催化的专一性氨基酸残基的种类，可将其分为三大类：①蛋白质酪氨酸激酶（protein tyrosine kinase，PTK），这是一类特异性催化蛋白质酪氨酸残基磷酸化的激酶家族，分为受体型 PTK 和非受体型 PTK。②蛋白质丝氨酸/苏氨酸激酶（protein serine/threonine kinase），这是一大类特异性催化蛋白质丝氨酸和（或）苏氨酸残基磷酸化的激酶家族。根据蛋白激酶在信号传导途径中的作用，又可分为蛋白激酶 A（protein kinase A，PKA），蛋白激酶 B、C、G 等。③双底物特异性蛋白激酶（double specific protein kinase，DSPK），这是一类既能催化底物蛋白酪氨酸残基磷酸化又能催化丝氨酸和（或）苏氨酸残基磷酸化的激酶家族。

所有的蛋白激酶都包含催化结构域、调节结构域和其他功能结构域。蛋白激酶催化功能区域的氨基酸序列高度保守，与磷酸供体核苷三磷酸的锚定和定向、底物蛋白的结合及磷酸基的转移有关。蛋白激酶高保守的催化功能域决定了蛋白激酶催化作用的特异性。蛋白激酶不仅对不同底物的 Ser、Thr 和 Tyr 磷酸化位点有选择性，而且对同一蛋白质分子内不同位点的氨基酸残基也有选择性，这些选择性取决于底物蛋白磷酸化位点附近的氨基酸序列，通常将这些序列称为蛋白激酶磷酸化位点识别序列。例如，蛋白激酶 A 磷酸化位点的识别序列是-X-R-(R/K)-X-(S/T)-X-，而蛋白激酶 G 的则是-X-(R/K)$_{2-3}$-X-(S/T)-X。

蛋白激酶本身的活性，可通过不同机制进行调控。大多数蛋白激酶均可通过分子内机制，即催化自我磷酸化或被蛋白磷酸酶去磷酸化而调控，也可受其他激活剂或抑制剂的调控，如 cAMP 可激活 PKA，$Mg^{2+}$ 则可激活组蛋白激酶等。

**2. 蛋白质的去磷酸化和蛋白磷酸酶**　　蛋白质的去磷酸化（protein dephosphorylation）是蛋白质磷酸化的逆过程，由蛋白磷酸酶（protein phosphatase，PP）催化，将磷酸化蛋白的磷酸基水解下来。蛋白质磷酸酶与蛋白激酶相对应存在，共同构成了磷酸化和去磷酸化这一重要的蛋白质活性的开关系统。例如，糖原磷酸化酶有磷酸化（a 型，活性型）和去磷酸化（b 型，无活性型）两种形式。无活性的磷酸化酶 b 被磷酸化酶 b 激酶磷酸化后变成高活性的磷酸化酶 a，而高活性的磷酸化酶 a 被磷蛋白磷酸酶-1 催化脱下磷酸基后，又转变为无活性的磷酸化酶 b。

蛋白磷酸酶的数量远远少于蛋白激酶，与蛋白激酶相比，其底物特异性低。根据去磷酸化的氨基酸残基不同，蛋白磷酸酶主要可分为三类：①蛋白质丝氨酸/苏氨酸磷酸酶（protein serine/threonine phosphatase，PSTP），将磷酸化的丝氨酸和（或）苏氨酸残基去磷酸化。PSTP 又可分为 PPP 家族和 PPM 家族，PPP 家族包括 PP1、PP2A 和 PP2B 等。PPM 家族的典型成员有 PP2C。②经典型蛋白酪氨酸磷酸酶（classic protein tyrosine phosphatase，PTP），催化磷酸化的酪氨酸残基去磷酸化。所有 PTP 活性中心的共同特点是有一个深约 9Å 的活性中心口袋。经典型 PTP 又分为两大类，其中 1/3 为跨膜的受体型蛋白质酪氨酸磷酸酶，如 LAR 和 CD45；2/3 为非受体型蛋白质酪氨酸磷酸酶，如 PTP1B、PTPN12、PTPN22 等。③双重底物特异性蛋白磷酸酶（dual-specificity phosphatase，DUSP），能够使磷酸化的酪氨酸、丝氨酸和（或）苏氨酸都有可能去磷酸化，如 PTEN、DUSP1 和 Slingshot 等。双底物特异性磷酸酶与经典型 PTP 磷酸酶一样，都有 $C(X)_5R$ 的活性中心模体，区别在于其活性中心较浅，一般深度小于等于 6Å。

**3. 蛋白质磷酸化修饰的生物学效应** 蛋白质可逆磷酸化现象早在 50 余年前即已发现，当时主要是研究可逆磷酸化在糖原代谢中的调控作用。后来发现丙酮酸脱氢酶（pyruvate dehydrogenase）的活性也受磷酸化修饰调控。丙酮酸脱氢酶催化丙酮酸氧化脱羧产生乙酰 CoA，后者在线粒体内经三羧酸循环氧化产能。该反应是糖、脂类及蛋白质最终氧化成 $CO_2$ 和 $H_2O$ 的共同途径，表明磷酸化修饰在三大物质代谢的调控中具有普遍意义。随着蛋白质磷酸化修饰研究的深入，发现磷酸化修饰在信号传导、腺体分泌、遗传信息的传递和表达、离子通道的开放与关闭、细胞周期及肌肉收缩等各种生理生化过程中都发挥重要作用。

（1）磷酸化修饰是一种可逆修饰过程。蛋白质的磷酸化水平是通过蛋白激酶催化的磷酸化，以及蛋白磷酸酶催化的去磷酸化作用来调节的，这两种作用是一种可逆的动态平衡过程。蛋白质磷酸化和去磷酸化均参与细胞内信号传导。对大多数蛋白质来说，磷酸化使其激活，去磷酸化则使其失活。但是也存在着相反的现象，如糖原合成酶磷酸化后失活，去磷酸化则被激活。

（2）磷酸化修饰是一种快速高效的调控机制。磷酸化修饰是细胞内调节生理效应的快速、高效的方式。蛋白质的磷酸化和去磷酸化均由酶催化，调控酶或其他蛋白质的活性。酶促反应的特点之一是催化效率高，这是磷酸化修饰快速高效的原因之一。此外，磷酸化修饰是调控细胞内已经存在的蛋白质的活性，与蛋白质含量（蛋白质的重新合成和降解）调节相比，不仅节省了原料，而且使调控反应能够快速有效地进行。

（3）磷酸化修饰具有级联放大效应。众所周知，在物质代谢过程中的某些关键酶，需经过一系列酶促磷酸化反应，才能最终被激活。例如，糖原分解中的糖原磷酸化酶的激活，实际上包括多步磷酸化活化过程。首先，蛋白激酶 A（PKA）激活磷酸化酶激酶，然后使无活性的磷酸化酶 b 变成有活性的磷酸化酶 a，从而启动糖原的分解。这一系列的激活过程，构成了磷酸化的级联反应。丝裂原激活的蛋白激酶信号传导途径中也有相似的情况。因为这些级联反应都是酶促反应，所以具有放大效应；又因为每一步磷酸化反应都是可逆的，所以具有可调控性，在生理生化过程的调控中具有重要意义。

### （二）乙酰化修饰

**1. 蛋白质乙酰化和乙酰基转移酶**　　蛋白质乙酰化（protein acetylation）是指在乙酰转移酶（acetyltransferase）的催化下，将乙酰 CoA 的乙酰基转移到底物蛋白质分子的赖氨酸残基侧链上的过程。当底物蛋白发生乙酰化修饰时，乙酰基会中和赖氨酸残基的正电荷，从而影响底物蛋白的构象和功能。例如，组蛋白经乙酰化修饰后，会引起其构象变化，从而影响基因表达的开关，调控基因的表达。催化组蛋白乙酰化的酶是组蛋白乙酰转移酶（histone acetyltransferase，HAT）。HAT 的主要功能是对核心组蛋白分子 N 端的赖氨酸残基进行乙酰化修饰。HAT 将乙酰 CoA 分子中的乙酰基转移到组蛋白 N 端赖氨酸的 ε-氨基上，从而中和了其正电荷，增加了疏水性，削弱了 DNA 与组蛋白的相互作用，使某些染色质区域的结构从紧密变得松散，有利于转录因子与 DNA 的结合，促进转录。近几年的研究发现，HAT 不仅能使组蛋白乙酰化，还能使其他非组蛋白，如转录因子（E2F、*P53*、CATA-1 等）、转录辅调节因子、DNA 结合蛋白、非细胞核蛋白等乙酰化。目前在哺乳动物中已知的乙酰化酶有 20 多个，主要分为 3 个家族：GNAT 家族、CBP/p300 家族和 MYST 家族，其中 GNAT 家族是最具有特征、作用最强的乙酰基转移酶家族。

**2. 蛋白质去乙酰化和去乙酰化酶**　　在去乙酰化酶的催化下使乙酰化蛋白脱去乙酰基，称为蛋白质去乙酰化（protein deacetylation）。去乙酰化酶根据其催化机制不同分为两类：$Zn^{2+}$ 依赖的组蛋白去乙酰化酶（histone deacetylase，HDAC）家族和 $NAD^+$ 依赖的 Sirtuin（SIRT）家族。组蛋白去乙酰化酶能催化乙酰化组蛋白脱乙酰基，具有抑制转录的作用。

**3. 蛋白质乙酰化的生物学作用**　　蛋白质乙酰化和去乙酰化是广泛存在的蛋白质翻译后修饰形式，参与基因转录、蛋白质降解、细胞代谢、应激反应等多个细胞过程，通过调节蛋白质相互作用、活性、稳定性和定位影响其生物学功能，在代谢相关疾病、肿瘤、心血管疾病等多种疾病中发挥重要调控作用。乙酰化作用和脱乙酰化作用在基因表达中起重要调节作用。例如，Lys9 的乙酰化在组蛋白的堆积和染色质的装配中起关键作用，而这种作用最终影响基因的表达。有证据表明 HAT 具有抑瘤功能，如果编码 HAT 的基因突变或易位，有可能诱发肿瘤。近年来的研究也显示，HDAC 抑制剂能抑制肿瘤细胞生长、促进细胞凋亡，具有明显的抑瘤作用。

### （三）糖基化修饰

许多组成性膜蛋白和分泌蛋白分子中含有共价结合的糖链，这些糖链是翻译延长过程中或翻译后加上的。翻译延长过程中或翻译后蛋白质与糖链共价结合成糖蛋白，称为蛋白质糖基化修饰（protein glycosylation modification）。

**1. *N*-糖基化**　　在蛋白质糖基化修饰中，糖基可以连接在蛋白质分子中的天冬酰胺（Asn）残基侧链酰胺基的 N 原子上，这种糖基与 Asn 侧链的 N 原子连接的糖基化修饰称为 *N*-型糖基化修饰（*N*-glycosylation modification）。参与 *N*-型糖基化修饰的寡糖链带有多个分支，共含有 14 个单糖，包括 2 个 *N*-乙酰葡糖胺（*N*-acetylglucosamine，GlcNAc）、9 个甘露糖（mannose，Man）和 3 个葡萄糖残基。寡糖基在内质网膜上合成。内质网膜上含有一种高度疏水的多萜醇焦磷酸酯（dolicol diphosphate，p-Dol），是寡糖基合成的载体。在多萜醇上，组成寡糖基的单糖逐个连接而形成寡糖基。

糖蛋白前体蛋白在粗面内质网上的核糖体合成时，其新生肽链伸入内质网腔。在内质网膜上的糖苷转移酶（glycosyl transferase）的催化下，将在多萜醇上合成的寡糖基转移到新生多肽链的糖基化位点（Asn 残基的酰胺 N）上。寡糖基中与 Asn 酰胺 N 直接相连的单糖是 GlcANc。糖基转移酶能够特异识别蛋白分子中的特征性序列 Asn-X-Ser/Thr（其中 X 为脯氨酸之外的任何一种氨基酸残基，而且在紧接此三肽之后也不能有脯氨酸残基），该三肽序列称为糖基化位点。

*N*-糖基化修饰是一个共翻译（cotranslational）过程，即在蛋白质肽链合成时，一旦形成 Asn-X-Ser/Thr 三肽序列段，即有可能开始糖基化，随着肽链延伸进入内质网腔，被加工成高甘露糖型，再运至高尔基复合体，继续进行加工。

**2. *O*-糖基化**　　在蛋白质糖基化修饰中，寡糖基与蛋白质分子中 Ser/Thr 残基侧链的羟基 O 原子连接，称为 *O*-型糖基化修饰（*O*-glycosylation modification）。*O*-型糖基化修饰广泛存在于真核细胞中及部分原核细胞中。*O*-型糖基化修饰是在蛋白质翻译并折叠好后在高尔基体进行的，而且寡糖链是在蛋白质分子中糖基化位点上合成的。首先，在 *N*-乙酰半乳糖胺（*N*-acetylgalactosamine，GalNAc）转移酶催化下，将 UDP GalNAc 中的 GalNAc 基转移至多肽链的 Ser 或 Thr 的羟基上，进行 *O*-连接，再逐个加上 Gal、GalNAc 或 GlcNAc 形成不同的核心结构。然后再进行延长和修饰，包括聚乳糖胺（polylosamine）延伸、唾液酸化（sialylation）、岩藻糖化（fucosylation）、硫酸化（sulfatation）和乙酰化（acetylation）等，最终形成寡糖基。

*O*-型糖基化修饰的蛋白质分子中未发现有 *O*-型糖基化修饰识别位点的特征性序列，对 *O*-型糖基化修饰位点特异性选择的机制尚不清楚。因为，此类糖基化修饰是在蛋白质翻译完成并折叠成空间结构后才发生的，推测其位点特异性的选择，可能是由 Ser/Thr 残基所在位点的特定空间构象所决定的。

**3. 真核蛋白质糖基化与生物学活性**　　真核生物体内 1/3 以上的蛋白质会发生糖基化修饰，糖基化修饰对蛋白质的结构和功能起重要的调控作用。糖基化可以影响蛋白功能的正常发挥。例如，β-羟 β 甲基戊二酰辅酶 A 还原酶（β-hydroxy-β-methylglutaryl-CoA reductase）是一种糖蛋白，如果将其寡糖基去掉，其活性降低 90% 以上。再如，免疫球蛋白 G（immunoglobulin G，IgG）也是一种糖蛋白，其寡糖基主要存在于 Fc 段，如果将 IgG 的寡糖基去除，其铰链区的空间构象即会遭到破坏，与 Fc 受体及补体的结合功能就会丧失。

近年来，利用糖基转移酶反义技术（antisense technique）、糖化位点定点诱变（site-directed mutagenesis）等技术对糖蛋白的结构和功能进行分析，发现糖蛋白的寡糖基能影响糖蛋白的折叠、聚合和降解，还参与了糖蛋白的分拣（sorting）和投送（transfiching）等细胞过程。寡糖基是维持糖蛋白的构象和功能所必不可少的条件，但是有关寡糖基的功能还存在许多未解之谜，如寡糖基是通过什么机制影响上述过程的，至今尚不清楚。

（四）甲基化修饰

**1. 蛋白质甲基化和甲基化酶**　　蛋白质甲基化（protein methylation）是指在甲基转移酶催化下，将 *S*-腺苷甲硫氨酸的甲基转移到底物蛋白质分子的过程。蛋白质的甲基化可发生在肽链的赖氨酸、精氨酸、组氨酸和天冬酰胺等氨基酸残基，其中以赖氨酸和精氨酸的甲基化最为常见，催化其发生甲基化的酶分别是蛋白质赖氨酸甲基转移酶（protein lysine methyltransferase，PLMT）和蛋白质精氨酸甲基转移酶（protein arginine methyltransferase，PRMT）。赖氨酸残基可以发生单、双或三甲基化，精氨酸的胍基氮原子上可发生单或双甲基化修饰。

**2. 蛋白质去甲基化和去甲基化酶**　　最初认为蛋白质甲基化是不可逆的蛋白质修饰过程，后来随着组蛋白 H3K4 去甲基化酶（demethylase）LSD1 的发现，表明蛋白的甲基化也是可逆的，细胞内有相应的去甲基化酶催化蛋白质的去甲基化反应。目前已经鉴定出相当数量的甲基转移酶和去甲基化酶，二者协同参与介导蛋白质的甲基化与去甲基化修饰。

**3. 蛋白质甲基化的生物学作用**　　蛋白质甲基化修饰通过影响蛋白分子内氢键的形成、侧链的结构及产生空间位阻等从而影响蛋白质的空间结构和功能，产生多种不同的效应，包括影响蛋白质之间的相互作用、蛋白质的定位、RNA 加工、细胞信号转导、基因表达调控等。目前对于蛋白质甲基化研究最多的是组蛋白甲基化，组蛋白甲基化可以改变染色质的结构，影响与转录因子的相互作用，进而影响基因的转录。例如，H3K4、H3K36、H3K79、H3R2、H3R4 等位点的甲基化与相应基因的转录激活有关；H3K9、H3K27、H4K20 的甲基化通常与基因沉默有关。随着研究的进展，发现蛋白质甲基化修饰并不仅仅局限于组蛋白，越来越多的非组蛋白甲基化被发现。非组蛋白靶位点多为转录因子、信号通路分子和肿瘤抑制蛋白，如肿瘤抑制因子 *P53*、RNA 结合蛋白 TAF10 等也可以发生甲基化修饰。

### （五）脂酰化修饰

蛋白质脂酰化（protein lipidation）是蛋白质在酶的催化下共价连接疏水的脂肪酸或类异戊二烯基团的过程。常见的脂酰化修饰包括豆蔻酰化（myristoylation）、棕榈酰化（palmitoylation）、异戊二烯化（prenylation）等，分别由相应的基团转移酶催化完成，如豆蔻酰基转移酶、棕榈酰基转移酶等。脂质共价修饰能够增强蛋白质与细胞膜的亲和力，影响蛋白质的亚细胞定位、蛋白质-蛋白质之间的相互作用、蛋白质的稳定性等生物学活性和功能。

**1. 蛋白质 N 端豆蔻酰化修饰**　　豆蔻酰基（myristol）是一种十四碳脂肪酰基，因其具有疏水性，可插入膜结构中。当合成中或合成完毕的多肽链与豆蔻酰辅酶 A 接近时，在 *N*-豆蔻酰基转移酶的催化下，豆蔻酰基与多肽链 N 端甘氨酸残基形成酰胺键，蛋白质 N 端被豆蔻酰化。参与豆蔻酰化反应的多肽链的 N 端必须是甘氨酸（Gly），第 5 位通常是含有羟基的丝氨酸（Ser）或苏氨酸（Thr）残基，第 6 位和第 7 位是碱性氨基酸残基，这一保守序列被认为是 *N*-豆蔻酰基转移酶的识别位点。

$$\underset{\text{豆蔻酰}}{H_2C-(CH_2)_{12}-\overset{\overset{\displaystyle O}{\|}}{C}-NH-CH_2-}\underset{\text{甘氨酸}}{\overset{\overset{\displaystyle O}{\|}}{C}-NH-CH_2-CO-}$$

蛋白质豆蔻酰化修饰能使水溶性蛋白质通过脂溶性的豆蔻酰基定位于膜，更好地发挥生物学功能。介导小泡运输的 ADP 核糖基化因子（ADP-ribosylation factor，ARF）、G 蛋白的 α 亚基及癌基因产物 Src 蛋白等，都是通过这种修饰机制与小泡或细胞膜胞质面结合。另外，蛋白激酶、蛋白质磷酸酯酶、某些钙离子结合蛋白、病毒蛋白等也发现有豆蔻酰化修饰。豆蔻酰化的蛋白质可以通过可逆的磷酸化和变构作用而使它们与膜解离，如 ARF 通过蛋白质变构而可逆地与膜结合，介导小泡运输。

**2. 蛋白质棕榈酰化修饰**　　棕榈酰基是十六碳脂肪酰基。棕榈酰化修饰是一种更普遍且唯一可逆的翻译后脂质修饰形式，棕榈酰基的供体是棕榈酰辅酶 A，受体是蛋白质分子中 Cys 残基。在酶的催化下，棕榈酰基通过一个硫酸酯键与底物蛋白质分子上的 Cys 残基共价结合，并通过疏水的脂酰基将蛋白质定位于质膜。例如，视紫红质是 I 型跨膜蛋白，C 端在细胞质内，可通过两个 *S*-棕榈酰基与膜结合。被修饰的 Cys 残基可以位于底物蛋白的 N 端附近（如鸟苷酸结合蛋白的 G 亚基）、C 端附近（如 5-羟色胺受体）或跨膜结构附近（如抗利尿素受体）。但在被修饰的 Cys 残基附近未发现有明显的保守序列。在一定条件下，硫酯键发生水解，棕榈酰基脱离 Cys，蛋白质实现去棕榈酰化，因此棕榈酰化修饰是一个可逆的过程。被棕榈酰化修饰的蛋白质大多数是定位于膜上的整合蛋白，其中相当多为受体蛋白。与豆蔻酰化修饰一样，棕榈酰化也能调节蛋白质与膜、蛋白质与蛋白质的动态相互作用。

$$H_2C-(CH_2)_{14}-\overset{\overset{O}{\|}}{C}-S-CH_2-\overset{\overset{NH}{\|}}{\underset{\underset{C=O}{|}}{CH}}$$

蛋白质中 S-棕榈酰半胱氨酸残基

### （六）泛素化修饰

蛋白质泛素化（protein ubiquitination）是蛋白质分子中的赖氨酸残基在一系列酶的催化下共价连接一个或多个泛素分子的翻译后修饰过程。泛素化修饰最早被发现的功能是标记靶蛋白，使之被蛋白酶体识别并降解。随着泛素化修饰研究的深入，泛素化修饰的作用已不仅仅局限于介导蛋白质的降解，泛素化修饰还可以直接影响蛋白质的活性和定位。

泛素（ubiquitin，Ub）是一个由 76 个氨基酸组成，在真核细胞中普遍存在并具有高度保守性的多肽，分子质量为 8.451kDa。泛素与靶蛋白的结合是由泛素活化酶（ubiquitin-avtivating enzyme，E1）、泛素偶联酶（ubiquitin-conjugating enzyme，E2）和泛素-蛋白连接酶（ubiquitin-protein ligating enzyme，E3）连续催化完成的。其基本过程如下：① E1 利用 ATP 水解释放能量活化 Ub，其半胱氨酸残基与 Ub 的 C 端甘氨酸残基形成高能硫酯键。② E1 将活化的 Ub 传递给 E2，形成 Ub-E2 中间体。E2 是一类小分子质量的蛋白质，含有一个保守的核心结构域，其中的半胱氨酸残基与 Ub 也以高能硫酯键相连。③在 E3 的催化下，Ub 的 C 端与靶蛋白的赖氨酸残基的 ε-氨基以酰胺异构肽键连接，形成泛素化蛋白质。单个泛素分子修饰底物蛋白上的单个赖氨酸残基，可形成单泛素化修饰。多个泛素分子修饰底物蛋白上的多个赖氨酸残基，可形成多泛素化修饰。由于泛素分子本身携带有 7 个赖氨酸残基，K11、K29、K48 和 K63 均能参与形成泛素与泛素间的异肽键，使已经共价修饰到底物蛋白上的泛素分子的赖氨酸残基还可继续发生泛素化修饰，形成泛素链。所以细胞中可存在单泛素化、多泛素化及 8 类不同形式的同质泛素链修饰。不同的泛素化模式发挥不同的生物学功能，如 K48 多聚泛素化主要调控靶蛋白的稳定性，将靶蛋白导向蛋白酶体降解；K63 多聚泛素化主要调节蛋白质的活性和定位等。

与蛋白质磷酸化、甲基化修饰等类似，蛋白质泛素化修饰是可逆的过程。细胞中广泛存在去泛素化作用（deubiquitination）。蛋白质去泛素化是在去泛素酶的催化下，泛素化的蛋白质水解脱泛素化，泛素链被解离为单个泛素分子，可再次参与泛素化过程。人类基因可编码大约 100 个去泛素化酶。去泛素化酶根据其结构和作用可分为 6 种：泛素 C 端水解酶家族

（UCH）、卵巢肿瘤相关蛋白酶家族（OTU）、泛素特异性蛋白酶家族（USP）、Josephin 结构域蛋白家族（MJD）、JAB1/MPN/Mov34 蛋白酶家族（JAMM），以及最新发现的单细胞趋化蛋白诱导蛋白家族。蛋白质泛素化过程是精密调控的过程，它参与多种重要生命活动，包括细胞周期调控、基因转录、蛋白质降解、DNA 修复等，泛素化异常可引发癌症及神经退行性疾病等多种疾病。

（七）类泛素化修饰

继泛素发现后，一些与泛素结构和功能类似的小分子蛋白被陆续发现，称为类泛素蛋白（ubiquitin-like protein），包括 SUMO、NEDD8（neural-precursor-cell-expressed developmentally down-regulated 8，神经前体表达发育下调蛋白-8）、ISG15（Interferon-stimulated gene 15，干扰素刺激基因 15）等。

与泛素的作用方式类似，这些类泛素蛋白在一系列酶的催化下与底物蛋白共价结合，称为蛋白质的类泛素化修饰（ubiquitin-like modification）。目前研究比较多的类泛素化修饰主要有 Sumoylation 和 Neddylation 两类。

**1. SUMO 化修饰**　　SUMO 蛋白是一组与泛素蛋白非常相似的小蛋白家族，广泛存在于从酵母到人的各种真核生物细胞中，其分子质量为 12kDa 左右，包含 100 个左右的氨基酸。SUMO 蛋白以无活性前体方式存在，通过裂解 C 端的数个氨基酸形成成熟的蛋白，其 C 端甘氨酸残基可与底物蛋白的赖氨酸之间形成异肽键。类泛素蛋白 SUMO 与底物蛋白共价结合的修饰过程称为 SUMO 化修饰（Sumoylation）。这个过程是一个酶促介导的级联反应。首先，SUMO 活化酶 E1 催化，使 SUMO 的 C 端甘氨酸与 E1 亚基的半胱氨酸残基形成硫酯键相连，然后再与 SUMO E2 结合酶 Ubc9 结合，最后在 SUMO E3 连接酶催化下使其从 E2 转到底物蛋白的赖氨酸残基上以异肽键相连，底物蛋白发生 SUMO 化修饰。SUMO 修饰参与调控蛋白的亚细胞定位、转录与 DNA 修复等。

SUMO 化修饰是可逆的。去 SUMO 化由 SUMO 特异性蛋白酶（SUMO-specific protease，SUP）催化，SUMO 在 SUP，如人类 SENP1-3 和 SENP5-7 的剪切作用下，异肽键断裂，SUMO 从底物蛋白上解离。

**2. NEDD 化修饰**　　NEDD8 是一种在细胞生长发育过程中起调控作用的蛋白质，最初被发现在小鼠胚胎的脑组织中高度富集。NEDD8 在大多数真核组织中高度保守，在细胞核中表达很高，在细胞质中表达较弱。NEDD8 是与泛素相似度最高的类泛素蛋白，与泛素具有 60% 的一致性与 80% 的相似性。尽管 NEDD8 在结构上与泛素极为相似，但二者介导的功能并不完全相同。

NEDD8 特异性地与底物蛋白相结合的修饰过程称为 NEDD 化修饰（Neddylation）。该过程与泛素和 SUMO 修饰过程类似，涉及一系列酶的级联反应。NEDD8 的前体分子通过水解酶去除第 76 位后的 5 个氨基酸残基，暴露 76 位的甘氨酸，继而在激活酶 E1、结合酶 E2、连接酶 E3 的作用下与底物的赖氨酸结合，从而修饰底物蛋白。同样，NEDD 化修饰也是可逆的，在 deNeddylation 酶的作用下，NEDD8 与底物解离，NEDD8 分子重新进入循环。

## 四、蛋白质分子中二硫键的形成

蛋白质分子中两个半胱氨酸残基上的巯基在酶的催化下，氧化脱氢即可形成二硫键

（disulfide bond）。并不是所有的蛋白质立体结构中都有二硫键，但对含有二硫键的蛋白质来说，二硫键对维持其三维空间构象的稳定非常重要。mRNA 中没有胱氨酸的密码子，二硫键均为翻译后加工而成。催化二硫键形成的酶存在于内质网腔内，新生蛋白质进入内质网腔，在酶的催化下两个半胱氨酸残基的侧链巯基氧化产生二硫键。二硫键的形成不会改变蛋白质的性质，但可以加强其有利构象，使功能蛋白质的立体构象更稳定。

### 五、蛋白质修饰异常所致的疾病

蛋白质翻译后修饰是形成功能性蛋白质的重要环节，蛋白质修饰异常必然影响蛋白质的结构和功能。已发现多种疾病的发生与蛋白质修饰异常有关，现选择其中几种简单介绍。

**1. Tau 蛋白异常磷酸化和糖基化与阿尔茨海默病**　　最近的研究发现，阿尔茨海默病患者易溶性细胞质 Tau 蛋白和难溶性双螺旋中 Tau 蛋白均被异常磷酸化和糖基化修饰。异常修饰的 Tau 蛋白丧失了促微管组装的生物学活性。用不同蛋白磷酸酯酶进行处理，难溶型双螺旋丝中 Tau 蛋白去磷酸化，并能不同程度恢复其促微管组装活性。进一步研究发现，单纯去糖基化处理只能在有限范围内恢复 Tau 蛋白的功能，但去糖基化预处理可增强去磷酸化对 Tau 蛋白功能的恢复。这些研究结果提示，Tau 蛋白的异常磷酸化修饰可能是导致功能丧失的直接原因，而糖基化修饰可能间接影响 Tau 蛋白的功能。

**2. 糖基化修饰异常与先天性糖化紊乱症**　　先天性糖化紊乱症（congenital disorders of glycosylation，CDG）是一种典型的由于糖基化修饰异常（包括 N-糖基化异常和 O-糖基化异常）所引起的疾病，具有家族遗传性。导致 CDG 的直接原因是某些糖基化修饰相关酶蛋白变异。根据变异酶的不同，将 CDG-I 型分为 CDG-Ia～CDG-Ig 7 个亚型，而 CDG-II 型分为 CDG-IIa～CDG-IId 4 个亚型。CDG-Ia 最先发现于一对纯合子双胞胎姐妹，至今在全世界已发现 500 多名患者。CDG-Ia 是由于磷酸甘露糖变位酶（phosphomannomutase）缺乏所致，该酶能使甘露糖 6-磷酸转变为甘露糖 1-磷酸，由于其缺乏，CDG-Ia 成纤维细胞中 GDP-Man 池减少了 10%。正常成纤维细胞主要是在多萜醇上合成 $Glc_3Man_9GlcNAc_2$ 寡糖链，而 CDG-Ia 成纤维细胞合成的是 $Man_3GlcNAc_2$，使寡糖链缩短。

**3. 组蛋白乙酰化异常与肿瘤**　　染色体组蛋白的乙酰化与去乙酰化是调节基因表达的关键环节之一，而异常的基因表达在肿瘤发生和发展中起着重要作用。近年来的研究发现，组蛋白去乙酰化酶抑制剂能抑制肿瘤细胞生长、促进细胞凋亡，具有明显的抑瘤作用。这些发现为研究开发治疗肿瘤的药物提供了重要的理论依据。

## 第四节　蛋白质的运输和定位

蛋白质在细胞核糖体上合成后需转运到细胞核、线粒体、过氧化物酶体、内质网等细胞器才能发挥生物学功能。也有些蛋白质在细胞内合成后，需分泌到体液，运输到靶器官和靶细胞才能发挥其功能，这些蛋白质称为分泌蛋白质（secretory protein）。蛋白质合成后，通过复杂机制，经过不同途径，定向地运送到其执行功能的目的地的过程，称为蛋白质靶向输送（protein targeting）或蛋白质分选（protein sorting）。有些蛋白质的输送与蛋白质合成同时进行，即翻译同步转运（co-translational translocation），如分泌蛋白、膜蛋白等；有些蛋白质是先合成再进行分选转运，即翻译后转运，如线粒体、叶绿体、细胞核等结构中的蛋白质。前述的多种蛋白质的修饰反应也与靶向输送同步进行。靶向输送的蛋白质一级结构中往往有一些特异的氨基酸序列，可引导蛋白质转移到细胞特定的靶部位，这类序列称为信号序列（signal sequence），也被称为蛋白质的分拣信号。这些序列在不同肽链中的位置不固定，有的在 N 端，有的在 C 端，有的在肽链内部；有的输送完成后切除，有的保留。靶向不同的蛋白质各有其特定的分拣信号，细胞根据这些蛋白质分子中的分拣信号，将其准确地转运到靶部位。

### 一、分泌型蛋白和膜蛋白的运输和定位

真核细胞分泌蛋白、膜整合蛋白及溶酶体蛋白等前体蛋白合成后均要进入内质网（endoplasmic reticulum，ER），并在内质网中进行加工，包装成分泌小泡，再转移、融合到靶部位或分泌出细胞。这些蛋白质前体分子中含有特殊信号序列，能引导蛋白质的靶向运输。

#### （一）分泌蛋白质新生肽的信号肽序列

分泌蛋白质在内质网表面合成，随着肽链延伸，新生肽链穿越 ER 膜进入腔内。引导多肽链进入 ER 腔的是多肽链分子中的信号肽（signal peptide）序列。所谓信号肽是指分泌蛋白新生肽链 N 端的一段能被细胞转运系统识别的特征性（保守性）氨基酸序列，该序列为 16~30 个氨基酸残基，分为 N 端碱性区、疏水核心区及加工区三个区段。N 端碱性区含一个或几个带正电荷的碱性氨基酸残基，如赖氨酸、精氨酸；疏水核心区位于信号肽序列的中部，含 4~15 个氨基酸残基，主要是疏水中性氨基酸，如亮氨酸、异亮氨酸等；加工区位于 C 端，多为甘氨酸、丙氨酸等小侧链的氨基酸，紧接其后的是被信号肽酶（signal peptidase）裂解的位点（图 4-6）。分泌蛋白在内质网加工过程中信号肽被信号肽酶切除，故分泌的成熟蛋白分子中并无信号肽。

前溶菌酶(prelysozyme)
⊕
H₃N-Me-Arg-Ser-Leu-Leu-Ile-Leu-Val-Leu-Cys-Phe-Leu-Pro-Leu-Ala-Ala-Leu-Gly-Gly-

前白蛋白原(preproalbumin)
⊕
H₃N-Met-Lys-Trp-Val-Thr-Phe-Leu-Leu-Leu-Leu-Phe-Ile-Ser-Gly-Ser-Ala-Phe-Ser-Arg-

碱性磷酸酶(alkaline phosphatase)
⊕
H₃N-Met-Lys-Gln-Ser-Thr-Ile-Ala-Leu-Ala-Leu-Leu-Pro-Leu-Leu-Phe-Thr-Pro-Val-Thr-Lys-Ala-Arg-

OmpA
⊕
H₃N-Met-Lys-Lys-Thr-Ala-Ile-Ala-Ile-Ala-Val-Ala-Leu-Ala-Gly-Phe-Ala-Thr-Val-Ala-Gln-Ala-Ala-

图 4-6　分泌蛋白的信号肽的裂解位点
下划线部分疏水性氨基酸残基，箭头所指为信号肽裂解部位

#### （二）新生肽链进入内质网的机制

蛋白质跨膜转运的信号机制研究始于 20 世纪 70 年代，目前对分泌蛋白跨膜转运的机制已基本阐明。分泌蛋白靶向进入内质网，需要多种蛋白质协同作用：①信号肽识别颗粒（signal recognition particle，SRP）是细胞质中的一种小分子核糖核蛋白，由 1 分子 7S

RNA 和 6 分子蛋白质组成。SRP 具有 GTP 酶活性，能识别信号肽序列并与信号肽及其所在的核糖体结合。SRP 还能识别一种称为 SRP 受体（SRP receptor）的膜蛋白，并通过与其结合，最终将分泌蛋白介导进入内质网。② SRP 受体蛋白又称对接蛋白（docking protein，DP），含有两个亚基，分别为 SRα 亚基（72kDa）和 SRβ 亚基（30kDa）。SRα 亚基能与 GTP 结合，也具有 GTP 酶活性。DP 通过大亚基 N 端氨基锚定于内质网膜，其膜外区域能识别 SRP 中的 7S RNA。③转位因子（translocator）又称肽转位复合物（peptide translocation complex），为跨 ER 膜蛋白，可形成肽链跨 ER 膜蛋白通道。

　　分泌蛋白进入内质网的机制如图 4-7 所示。简述如下：①以 mRNA 为模板，在细胞质游离核糖体上合成多肽链。②当包括信号肽在内的一段 70～80 个氨基酸残基的多肽链被合成后，SRP 与信号肽、核糖体及 GTP 结合，蛋白质翻译暂停。③ SRP 引导核糖体-多肽-SRP 复合体与 SRP 受体结合，启动 GTP 酶活性，水解 GTP 使 SRP 解离并再利用，翻译功能恢复。④核糖体大亚基与 ER 膜上的核糖体结合糖蛋白（ribophorin）结合，锚定在 ER 膜上，水解 GTP 供能，诱导跨 ER 膜通道开放，新生肽链的信号肽插入内质网膜。⑤信号肽启动肽链转位，新生肽链通过跨 ER 膜通道进入内质网腔。信号肽被信号肽酶切除并降解。⑥ ER 腔内的 Hsp70 消耗 ATP，促进新生肽链折叠成空间构象。再经高尔基体的加工分类包装，以囊泡的方式运至细胞膜，再分泌到细胞外。

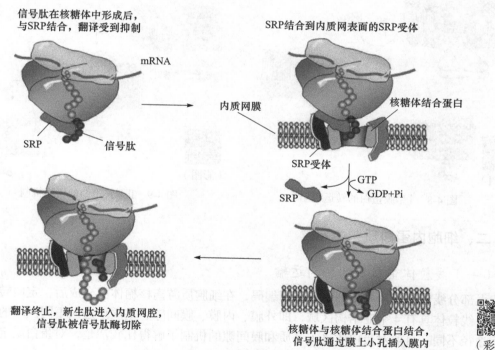

图 4-7　分泌蛋白进入内质网的机制

## （三）膜蛋白转运

　　与分泌蛋白一样，膜蛋白质新生肽链中也有信号肽，在 SRP 引导下可进行插膜转运。与分泌蛋白不同的是，膜蛋白肽链中还存在着第二个信号序列，即停止转运信号（stop-transfer signal）或称为锚定信号序列（signal-anchor sequence，简称 anchor sequence）。锚定序列是一段疏水性氨基酸肽段，当它插入内质网膜内后，锚定不动，使新生肽链的转运停止，并形成 α 螺旋，固定在内质网膜中。

不同膜蛋白信号肽在新生肽链中的位置不同，有些膜蛋白质的信号肽位于新生肽链的 N 端，有些则在新生肽链的内部紧接于停止转运信号之后。信号肽位于 N 端的膜蛋白跨膜转运机制与分泌蛋白相同。信号肽与 SRP 分离后插入跨 ER 膜通道，并引导后随翻译延长的肽链进入通道。信号肽被信号肽酶切除，后续肽链继续移位。当锚定序列在膜内锚定，使肽链转运停止，形成 α 螺旋固定在内质网膜中，后续肽段则留在胞液中（图 4-8）。此类膜蛋白的 N 端在内质网腔，而 C 端位于细胞液，称为Ⅰ型膜蛋白。

有些膜蛋白的信号肽不是在 N 端而是位于停止转运信号之后，这类膜蛋白插膜及其定位的机制尚不清楚。目前认为，当新生肽链延长到一定长度，停止转运信号及信号肽均出现时，肽链翻转，信号序列先进入膜通道，停止转运信号随后插入并锚定于膜内，其后续肽链继续插入，直至移位完成（图 4-9）。此类膜蛋白与易位子结合的方向与Ⅰ型膜蛋白不同，N 端在胞液，C 端在内质网腔，称为Ⅱ型膜蛋白。膜蛋白中Ⅰ型占大多数。多次跨膜的膜蛋白肽链中有相间排列的信号肽和停止转运信号，通过上述机制形成多次跨膜的膜蛋白。

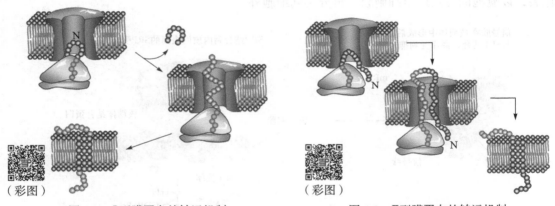

（彩图）　　　　　　　　　　　　　　　　　　　（彩图）

图 4-8　Ⅰ型膜蛋白的转运机制　　　　　　　图 4-9　Ⅱ型膜蛋白的转运机制

## 二、细胞内蛋白质靶向定位

### （一）线粒体蛋白质的靶向运输

大部分线粒体蛋白质由细胞核基因编码，在细胞质游离核糖体上合成后，定向转运到线粒体。线粒体具有 4 个亚结构区域，即外膜、内膜、膜间隙、基质。进入不同区域的蛋白质转运途径不同。目前对蛋白质进入基质和膜间隙的机制了解得比较清楚，对蛋白质定位于线粒体膜，特别是定位于外膜的机制，了解较少。

**1. N 端信号序列介导蛋白质跨线粒体膜进入基质和膜间隙**　　在细胞质中初步合成的不成熟的线粒体蛋白质，称为前体蛋白。这些前体蛋白的 N 端含有 20～80 个氨基酸残基组成的信号序列，称为前导肽（leader peptide），也称为基质导入序列（matrix-targeting sequence，MTS）。不同蛋白质之间前导肽序列差别较大，但它们有共同的组成特征及相似的二级结构。在组成方面，它们富含碱性氨基酸（如精氨酸、赖氨酸等）、丝氨酸和苏氨酸，不含酸性氨基酸。信号序列的二级结构是一个两性 α 螺旋，螺旋的一侧为疏水性氨基酸，另一侧为碱性氨基酸或带羟基的亲水氨基酸。线粒体基质蛋白质前体只含有上述信号序列，定位于线粒体其他部位的前体蛋白质除含有前导肽序列外还含有第二信号序列。例如，膜间隙蛋白质前体（细胞色素 c 等）除含有前导肽外，还含有一段"膜间腔导入序列"（intermembrane-space-targeting sequence），该序列紧接在前导肽序列之后。而外膜蛋白前体［如外膜孔蛋白（porin）］上，紧接前导肽序列之后有一个"停止转运序列"（stop-transfer sequence），又称为外膜定位序列（out-membrane location sequence）。

线粒体蛋白质转运还涉及多种蛋白质复合体：① TOM 复合体，即特异受体/外膜转运酶复合体（translocase of outer membrane，TOM complex），负责介导蛋白质通过外膜。TOM 复合体中存在蛋白质通过的通道。② TIM 复合体，即内膜转运酶复合体（translocase of inner membrane，TIM complex），位于线粒体内膜，包括 TIM23、TIM22 等不同类型。TIM23 复合体能将蛋白质转运到基质，也可将某些蛋白质插在内膜；TIM22 复合体能协助内膜蛋白的组装。上述两种蛋白质复合体统称为转位因子（translocator）。

线粒体基质蛋白靶向转运过程如下：①分子伴侣 Hsp70 或线粒体输入刺激因子（mitochondrial import stimulating factor，MSF）与新合成的线粒体前体蛋白质结合，维持其非折叠状态，并阻止分子间的聚合；②前体蛋白上的信号序列与位于外膜的 TOM 复合体识别、结合，并被转运跨过外膜；③进入膜间隙的前体蛋白被 TIM 复合体转运进线粒体基质；④前体蛋白上的信号序列被蛋白酶水解切除，然后蛋白质分子自发地或在分子伴侣帮助下折叠形成天然构象（图 4-10）。线粒体基质蛋白的这种转运过程，不仅包括蛋白质分子的特异识别，还涉及能量提供。基质 Hsp70 水解 ATP 释能及跨内膜电化学梯度，为肽链进入线粒体提供了动力。

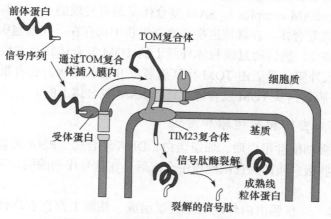

图 4-10　线粒体基质蛋白的转运机制

（彩图）

膜间隙蛋白的转运包括两个步骤，首先在 N 端前导肽（第一个信号序列）引导下从细胞液进入线粒体基质。此过程与基质蛋白转运的前三个步骤相同。进入基质的膜间隙前体蛋白的第一个信号序列被蛋白酶切除，暴露出膜间腔导入序列（第二个信号序列）。在膜间腔导入序列的引导下，膜间隙蛋白穿过线粒体内膜进入膜间隙。在膜间隙，膜间腔导入序列被蛋白酶切除。

**2. 线粒体内膜蛋白的插入和定位需要两个信号序列**　　线粒体内膜蛋白前体有两个信号序列，即 N 端信号序列和停止转运序列，停止转运序列紧随在 N 端信号序列之后，因其富含疏水性氨基酸，又称为疏水信号序列（hydrophobic signal sequence）。内膜蛋白质前体在细胞液游离核糖体上合成并被释放后，在第一个信号序列引导下，经 TOM 和 TIM 进入基质。在基质中，第一个信号序列被蛋白酶切除，暴露出疏水信号序列，后者在 OXA 复合体的帮助下，引导内膜蛋白插入内膜（图 4-11）。OXA 是一种镶嵌在线粒体内膜的转位因子，它能介导线粒体合成的蛋白质插入内膜，也能帮助经由 TOM/TIM 复合体进入基质的蛋白质插入内膜。

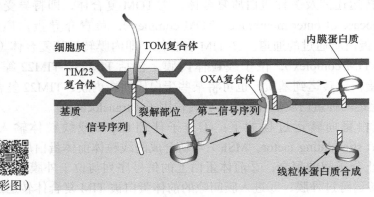

图 4-11　线粒体内膜蛋白的插入机制

**3. 线粒体外膜蛋白的定位需要 TOM 和 SAM 两个蛋白复合体**　　目前对线粒体外膜蛋白的插入和组装了解甚少。最近研究发现，在线粒体外膜上有两种蛋白复合体参与 β 桶蛋白（β-barrel protein）的组装及插膜过程，即 TOM 复合体和 SAM 复合体（sorting and assembly machinery complex，SAM complex）。SAM 复合体是最近发现的一种参与线粒体外膜蛋白的插入和组装的蛋白质复合体，在真核生物和原核生物中均存在。在细胞质合成的蛋白质前体与 TOM40 识别并结合，然后通过线粒体外膜上的 TOM 复合体转运进线粒体膜间隙，再通过 SAM 复合体插入外膜，最后由 TOM 将其组装成 β 桶状结构。也有报道认为，是一种小分子蛋白 TIM 将外膜蛋白从 TOM 复合体上转到 SAM 复合体上的。

（二）细胞核蛋白的靶向运输和定位

细胞核内有许多功能性蛋白质，如组蛋白、DNA 聚合酶、RNA 聚合酶、调节基因表达的转录因子等，这些蛋白质都是在细胞质中合成后，在信号序列的引导下，通过核孔进入细胞核内。

**1. 核孔复合体**　　核膜由内外两层单位膜组成，核膜上存在着许许多多的核膜孔，是细胞核内外物质流通的通道。核膜孔由至少 50 种不同的核孔蛋白（nucleoporin）精致排列构筑而成，称为核孔复合体（nuclear pore complex，NPC）。NPC 的结构较复杂，主要由胞质环（cytoplasmic ring）、核质环（nucleoplasmic ring）、辐（spoke）和中央栓（central plug）四部分构成。其中，胞质环位于核孔边缘细胞质一侧，又称外环，环上有 8 条对称分布的短纤维。核质环又称为内环，位于细胞核基质一侧，环上 8 条对称分布的细长纤维在核内延伸，最终在末端形成直径为 60nm 的小环。辐呈沙漏形，辐射状八重对称分布。其结构又可以划分为靠近内外核膜的外围层、中间的结构层和最里面的"phe-Gly（FG）层"。中央栓位于核孔的中心，呈颗粒状，所以又称为中央颗粒。核孔复合体在核的有选择性的物质转运中起重要作用。每一个核孔含有数量不等的充满水的通道，水和小分子水溶性分子可以自由扩散通过。大分子物质，如 RNA、蛋白质及大分子复合物需要在分拣信号的介导下才能通过核孔。

**2. 核蛋白分子上的核定位信号** 1982 年 R.Laskey 在研究病毒 SV40 的 T 抗原蛋白进入细胞核的机制时发现，T 抗原蛋白质进入细胞核时受制于分子中的一段保守序列 Pro-Pro-Lys-Lys-Lys-Arg-Lys-Val，其中连续 5 个碱性氨基酸残基中的任何一个被替换，均会使蛋白质丧失进入细胞核的能力。用基因工程技术制备出含有该序列的非细胞核蛋白质也能定位于细胞核。随后研究证明所有靶向输送的核蛋白多肽链中都含有类似信号序列，称为核定位信号（nuclear localization signal，NLS）。NLS 由 4～8 个氨基酸残基组成，富含带正电荷的 Lys、Arg，并含有 Pro，可位于肽链的不同部位。NLS 对其连接的蛋白质没有严格的专一性，完成核输送后不被切除。当细胞分裂形成子细胞时，NLS 可再次被利用，使蛋白质进入细胞核。

细胞质中存在一类能识别核定位信号的蛋白质，称为核输入受体（nuclear import receptor）。核输入受体是异二聚体，由 α、β 两个亚基组成，α、β 亚基又称为核输入因子（nuclear importin）。核蛋白前体合成后，核输入受体识别核定位信号并与之结合，再与核孔复合体蛋白相互作用，启动核蛋白的靶向输送。此外，核蛋白的输送还涉及 Ran 蛋白，Ran 蛋白是一种 GTP 酶。

**3. 核定位信号引导核蛋白通过核膜孔进入细胞核** 核蛋白的靶向输送过程如下：①核蛋白合成并折叠成三维空间结构后，通过核定位信号与核输入受体（即核输入因子 αβ 二聚体）结合成核蛋白-受体复合物。②核蛋白-受体复合物与核孔复合体胞质环上的纤维结合，核孔复合体构象发生改变，形成亲水通道，核蛋白-受体复合物被转运进入核中。③在细胞核中，核蛋白-受体复合物与 Ran-GTP 结合释放出核蛋白。④受体-Ran-GTP 从核膜孔返回细胞质，Ran-GTP 在 Ran-GTP 激活蛋白（Ran-GTP activating protein，Ran-GAP）的作用下水解成 Ran-GDP，并与受体分离。Ran-GDP 再进入核内并转变为 Ran-GTP，核输入受体进入下一轮输送循环（图 4-12）。

（三）过氧化物酶体蛋白质的靶向运输

过氧化物酶体是单层膜包裹的细胞器，普遍存在于真核细胞中。过氧化物酶体的膜蛋白和酶分子都是由核基因编码，在细胞质游离核糖体上合成之后，由蛋白质内部的定位信号引导靶向运输到过氧化物酶体。

过氧化物酶体蛋白质靶向输送的分子机制还知之甚少。目前已鉴定出两类过氧化物酶体靶向信号（peroxisome targeting signal，PTS）：一类是位于肽链 C 端的 PTS1 保守序列［Ser-Lys-Phe（SKF）］，比较常见；另一类是位于 N 端的 PTS2 保守序列（Arg/Lys-Leu/Ile-5X-His/Gln-Leu），相对少见。利用基因工程技术表达产生的 C 端含有 SKF 序列的非过氧化物酶体蛋白质能被运入过氧化物酶体，而一旦过氧化物酶体蛋白质 C 端的 SKF 被替换，则不能进入。这些研究结果证实此类蛋白质 C 端的三肽信号序列在其靶向转运中起重要作用，也证明此三肽信号序列在过氧化物酶体蛋白转运中没有严格的专一性。在细胞质中发现两种可以识别 PTS1 和 PTS2 的可溶性受体蛋白，分别称为 PTS1R 和 PTS2R。过氧化物酶体蛋白表面的 PTS 与其相应的 PTSR 结合形成受体-蛋白复合物，然后与过氧化物酶体膜上的蛋白质转运子蛋白结合，从而被转运至过氧化物酶体内。过氧化物酶体膜上参与蛋白质转运过程的蛋

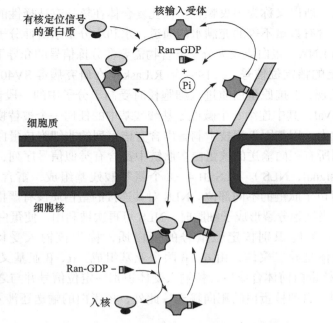

图 4-12　核蛋白通过核膜孔进入细胞核的机制

白质至少有 23 种，统称为 Peroxin，它们转运蛋白质的功能由 ATP 水解供能而启动。在蛋白质进入过氧化物酶体后，C 端信号序列不会被切除，而 N 端信号序列则被切除掉。

### 三、蛋白质定位紊乱所致的疾病

生物细胞中物质代谢多种多样，繁杂纷呈，但是其过程却有条不紊，杂而不乱，这应部分归功于区域性调控作用。不同蛋白质在不同靶部位执行其功能，正是区域性调控的分子基础。如果功能蛋白质靶向定位异常，或在该出现的部位缺失，或在不该出现的部位出现，都会引起细胞功能紊乱，甚至导致疾病的发生。

Zellweger 综合征就是一种典型的过氧化物酶体蛋白质靶向转运异常所导致的疾病。研究发现，这类患者的过氧化物酶体是空的，不含基质蛋白，进一步研究证实这是由于 *PTS1R* 基因缺陷引起的。*PTS1R* 基因缺陷，受体蛋白表达异常，蛋白质靶向转运受阻，致使过氧化物酶体丧失正常功能，引起病理性改变。该综合征可能伴有脑、肝、肾等器官的严重异常，有的患者甚至可能在出生后很快死亡。Zellweger 综合征的发现还进一步证明了过氧化物酶体功能的重要性。

细胞信号转导异常可引起多种疾病，其病因多种多样，机制也十分复杂。细胞内信号转导分子，细胞效应相关分子等在细胞内定位改变也可能与这些疾病的发生有关。

有关蛋白质靶向运输和细胞内定位的理论意义和实践价值，已被人类广泛认识，但是由于其分子机制十分复杂，对蛋白质靶向运输和定位的分子机理的认识还欠深入，特别是对线粒体膜蛋白的插入和定位，对过氧化物酶体蛋白的靶向运输等的认识还甚少。对蛋白质的靶向运输进行进一步的深入研究，对于认识生命、认识疾病和治疗疾病均具有重要意义。

# 第五节 细胞内蛋白质的降解

在细胞内新生肽链可能因错误折叠而产生异常蛋白质，一些功能蛋白也可能因为损伤而变成"废物"，异常的或损伤的蛋白质逐渐积聚可能影响细胞功能，需通过降解被清除。此外，细胞内功能蛋白质处于动态平衡状态，即蛋白质在不断合成，同时也在不断降解，这是调控蛋白质浓度，维持细胞正常功能的重要机制之一。细胞内蛋白质的合成和降解受到精确的时空调节，并具有高度选择性。细胞内蛋白质降解（protein degradation）包括溶酶体途径、特殊细胞器内水解系统、细胞膜表面水解酶体系和泛素-蛋白酶体通路（ubiquitin-proteasome pathway，UPP）等多条途径。溶酶体途径主要降解进入细胞内的外源蛋白质及表面膜蛋白，在应急状态下也能降解胞内蛋白，但其特异性较低。UPP 途径是细胞质和细胞核内的一种依赖 ATP 的蛋白降解途径，它能高效并高选择性地降解细胞内蛋白质。UPP 途径是 20 世纪 70 年代后期发现的一种新的蛋白质降解途径，目前对 UPP 途径的分子机制有了比较清晰的认识。内质网中的蛋白质可被内质网相关蛋白质降解途径逆向定位到细胞质中，再进行降解。

## 一、影响蛋白质降解的因素

细胞内有成千上万的蛋白质分子，各种蛋白质结构不同，功能各异。出于细胞活动对各种特异蛋白质的阶段性需要，各自都具有特定的寿命。细胞内蛋白质降解的高度选择性，是蛋白质寿命不同的决定因素之一，而蛋白质选择性降解的中心问题是对底物的特异识别。决定蛋白质选择性降解的信号可能存在于蛋白酶体的结构中，但目前了解比较多的还是在底物分子中。

### （一）蛋白质 N 端的选择性降解信号

1984 年，Hershko 等发现在网织红细胞提取液中对一种短寿命蛋白 N 端 α-NH$_2$ 进行化学修饰可以抑制它的降解，提示蛋白质的寿命可能与它的 N 端有关。随后，Bachmair 等利用基因重组技术构建泛素与 β-半乳糖苷酶（β-galactosidase，β-gal）的融合基因，在该重组基因中，Ub 基因与 β-gal 基因连接处的 ATG 分别换成其他 19 种氨基酸的密码，并分别在酵母内表达产生相应融合蛋白，再用 Ub-C 末端水解酶专一性切去 Ub 部分，获得了 20 种不同 N 端的 β-gal。进一步研究发现，这些仅仅 N 端不同的 β-gal 分子的半衰期差别很大，最短的 2min，而最长的在 20h 以上。该研究结果表明，在某些蛋白质的 N 端确实存在降解选择信号。

### （二）N 端氨基酸与蛋白质的半衰期

根据位于蛋白质 N 端的氨基酸残基对蛋白质稳定性的影响，将其分为去稳定残基（destabilizing residue）和稳定残基（stabilizing residue）两大类。去稳定残基又被分为一级、二级、三级三类。如果一个蛋白质分子的 N 端为精氨酸、赖氨酸、苏氨酸、甘氨酸、苯丙氨酸、亮氨酸、异亮氨酸、酪氨酸或色氨酸等，蛋白质的稳定性极低，其半衰期一般不会超过 3min，这类氨基酸被称为一级去稳定残基（primary destabilizing residue）。在真核生物体内，二级去稳定残基（secondary destabilizing residue）包括天冬氨酸、谷氨酸。三级去稳定残基（tertiary destabilizing residue）包括天冬酰胺和谷氨酰胺，三级去稳定残基被 N 端酰胺水解酶（N-terminal amidohydrolase）催化脱氨即变成二级去稳定残基。二级去稳定残基则可被 Arg-tRNA-蛋白转移酶识别，并在 N 端加上一个一级去稳定残基精氨酸。一级去稳定残基可进行泛肽素化标记降解。如果蛋白质 N 端为半胱氨酸、丙氨酸、丝氨酸、苏氨酸、甘氨酸、缬氨酸或甲硫氨酸，蛋白质分子的寿命就大大延长，其半衰期可达 30h 以上，这些氨基酸称为稳定残基。

这种由 N 端氨基酸决定蛋白质半衰期的现象，被称为 N 端规则（N-end rule）。不同物种之间 N 端规则有所不同。N 端规则是利用模型蛋白（如 β-半乳糖苷酶）研究总结出来的，细胞中正常的生理底物蛋白质是否遵循此规律，还有待进一步研究。

（三）肽链内的保守序列与蛋白质降解

有些蛋白质降解信号可能是肽链内的保守序列。在细胞周期性分裂过程中，周期蛋白（cyclin）的含量在细胞分裂过程中呈现周期性增加和降低。这种蛋白浓度的周期性降低是泛素介导的蛋白质降解的结果。分裂周期蛋白分子中的选择降解信号不是位于 N 端的某一个氨基酸，而是位于肽链 N 端的一段保守序列，称为降解盒（destruction box）（图 4-13）。也有一些蛋白质以 C 端的 Pro-Glu-Ser-Thr 序列为其降解信号，该信号又称为 PEST 序列。

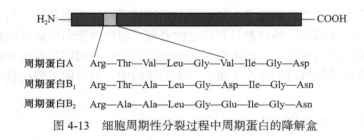

图 4-13　细胞周期性分裂过程中周期蛋白的降解盒

## 二、蛋白质降解的途径

（一）溶酶体途径

溶酶体含有多种酸性蛋白水解酶，称为组织蛋白酶（cathepsin），能够降解进入溶酶体的蛋白质，是细胞内负责消化的细胞器。溶酶体途径主要降解细胞外来的蛋白质、膜蛋白和胞内长寿蛋白质，一些细胞液蛋白质被溶酶体的自噬小体吞噬后，亦在溶酶体中发生降解。蛋白质经此途径降解，不需要消耗 ATP。

（二）泛素-蛋白酶体途径

细胞内的异常蛋白质和短寿命蛋白质主要通过 ATP 依赖的泛素-蛋白酶体途径降解。降解过程包括两个阶段：首先被选择降解的蛋白质与泛素共价连接，形成多聚泛素化蛋白质；然后蛋白酶体（proteasome）识别泛素标记的蛋白质并将其降解。

蛋白酶体存在于细胞核和细胞质中，是一个 26S 的蛋白酶复合体，由 20S 的核心颗粒（core partical，CP）和 19S 的调节颗粒（regulatory partical，RP）组成。20S 核心颗粒呈桶状结构，由 α 和 β 两类亚基组装而成。7 个 α 亚基和 7 个 β 亚基分别聚合成七聚体环状结构，分别为 $\alpha_7$ 环和 $\beta_7$ 环。两个 $\alpha_7$ 环分别位于桶顶部和底部，两个 $\beta_7$ 环围成桶腰，可表示为 $\alpha_7\beta_7\beta_7\alpha_7$（图 4-14）。每个 $\beta$ 环的 $\beta_1$、$\beta_2$、$\beta_5$ 亚基具有蛋白酶活性，其催化部位位于 N 端，突出在桶腔内。两个调节颗粒分别位于圆桶状核心颗粒的两端，作为"桶盖"结构与空心核心颗粒组装成 26S 蛋白酶体。每个调节颗粒由 18 个亚基组成，有些亚基可以识别、结合待降解的泛素化蛋白，有些亚基具有 ATP 酶活性，能水解 ATP，为蛋白质的去折叠和转位进入核心颗粒空腔提供能量。

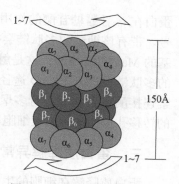

图 4-14 真核 20S 蛋白酶体由两个逆时钟方向的七聚体环状结构组成

　　总之，细胞待降解靶蛋白在 E1、E2 和 E3 的连续催化下被泛素化标记，然后被 26S 蛋白酶体识别并降解（图 4-15），这一蛋白质降解途径受到严格调控。

图 4-15 泛素-蛋白酶体途径的蛋白质降解

## （三）内质网相关蛋白质降解途径

　　蛋白质合成的质量控制对细胞的生存非常重要。内质网具有蛋白质质量监控功能，发生错误折叠的蛋白质聚集在内质网中，引起内质网应激，真核细胞内调控内质网应激的途径主要有两种，即非折叠蛋白反应（unfold protein response，UPR）和内质网相关蛋白质降解途径（endoplasmic reticulum-associated degradation，ERAD）。UPR 是通过细胞内的相关信号转导通路，上调分子伴侣和折叠酶的表达来提高蛋白质的折叠能力。ERAD 是将错误折叠的蛋白质逆向转运到细胞质，再被泛素-蛋白酶体系降解。ERAD 是细胞蛋白质质量控制的重要途径，承担着对错误折叠蛋白的鉴别、分拣和降解，清除无功能蛋白在细胞内的积累。ERAD 主要包括三个步骤：错误折叠或损伤蛋白质的识别、蛋白质从内质网向细胞质逆向转运和蛋白质在细胞质中的降解。

　　ERAD 途径的首要步骤是底物识别过程，且底物的降解程度取决于底物的识别水平。目前 ERAD 识别错误折叠蛋白质的分子机制不甚明确，涉及的识别成分包括 ER 中的分子伴侣、折叠酶和靶蛋白糖基化相关组分等，如已鉴定的 ER 中的热休克蛋白（Hsp70）Kar2p 对 ERAD 底物的识别和降解具有十分重要的作用。同时，多肽链的糖基化状态也是检测其折叠情况和导向 ERAD 的信号。内质网钙联蛋白/钙网蛋白（CNX/CRT）循环识别糖基化蛋白并促进其折叠。新合成的糖蛋白通过葡萄糖残基与 ER 中的跨膜蛋白钙连蛋白（calnexin，CNX）和 ER 腔中可溶性钙网蛋白（calreticulin，CRT）连接并开始折叠，完成正确折叠的蛋白质从两种分子中释放，未获得正确结构的蛋白质再次被 CNX/CRT 识别并重复折叠。CNX/CRT 循环保证只有正确折叠的糖蛋白才能到达靶部位，而最终不能形成正确折叠的糖

蛋白在 α-甘露糖苷酶的作用下，其糖链变为 Man8GlcNAc2，这是蛋白质退出折叠循环的信号。带有该糖链的多肽链会被甘露糖苷酶复合物 Htm1 识别催化形成末端为 α-1,6-甘露糖残基的 Man7GlcNAc2，这是触发 ERAD 降解的信号。通过这种"糖链时钟"机制，错误折叠的多肽链便进入 ERAD 途径。经识别和分拣的 ERAD 靶蛋白进入 ERAD 途径后便定位到泛素连接酶复合物上进行多聚泛素化修饰，然后通过内质网跨膜蛋白 Sec61p、Sec63p 等构成的转移孔道逆向转运至细胞质，最终被细胞质 26S 蛋白酶体识别并将其水解成小的片段。

### 三、蛋白质降解异常所致的疾病

蛋白质降解在细胞的生理活动中发挥着极其重要的作用，参与维持细胞内蛋白质、细胞器水平的相对稳态，维持细胞生存。蛋白质降解主要通过泛素-蛋白酶体途径和溶酶体途径进行，这些过程异常均可导致疾病，如神经退行性疾病、肿瘤等。

目前认为，细胞内 80% 左右的蛋白质通过泛素-蛋白酶体途径降解，该途径在细胞周期、抗原提呈、转录及细胞凋亡等多种生理功能中发挥重要调控作用。如果该系统功能失常可能引起多种病理损害，如严重创伤和恶性肿瘤患者常因伴发肌肉萎缩和消耗而延迟康复，甚至危及患者的生命。近年来的研究表明，这些患者体内泛素-蛋白酶体系统中某些酶分子表达上调，泛素-蛋白酶降解速度加快，致使骨骼肌蛋白高代谢，可能是上述患者继发肌肉萎缩和消耗的主要原因。囊性纤维化是一种常见的多系统紊乱的遗传病，其发病也与泛素-蛋白酶体途径异常有关。囊性纤维化跨膜传导调节蛋白（CFTCR）是一种氯离子通道，由于其编码基因突变，导致 CFTCR 仅有小部分被运达细胞膜，其余被泛素-蛋白酶体降解，从而引起囊性纤维化疾病。

目前已经发现了一些与泛素-蛋白酶体途径相关的致病蛋白，为探讨通过调控此途径进行疾病治疗的方法提供了靶标。也有人开始利用蛋白酶体抑制剂进行癌症治疗的研究，并已获得了一定成效。但是因为这些抑制剂缺乏肿瘤特异性，可能引起较大的副作用。故发现更好的靶蛋白，寻找肿瘤特异的治疗药物，是该领域研究的重要内容之一。

（孙金鹏　张鹏举　刘贤锡）

# 第五章　基因表达调控

　　基因表达（gene expression）是指原核生物和真核生物基因组中特定的结构基因所携带的遗传信息，经过转录、翻译等一系列过程，合成具有特定的生物学功能的各种蛋白质，表现出特定的生物学效应的全过程。然而，在同一机体的各种细胞中虽然含有相同的遗传信息，即相同的结构基因，但它们并非在所有细胞中都同时表达，而必须根据机体的不同发育阶段、不同的组织细胞及不同的功能状态，选择性、程序性地表达特定数量的特定基因，这就是基因表达的调控。通常情况下，真核生物细胞只有 2%～15% 的基因处于有转录活性的状态。为了适应环境的变化，生物体需要不断地调节和控制各种基因的表达。

　　基因表达的调控是一个十分复杂的过程，并已成为分子生物学的研究中心和热点。从 DNA 上的遗传信息到蛋白质功能发挥的整个过程中，存在着多个水平（基因组、转录、转录后、翻译及翻译后）的调控环节。调控因子主要是蛋白质，小分子 RNA 在某些环节也参与调控。在原核生物中，基因表达主要以操纵子为基本调节单位；而在真核生物中，组蛋白对基因表达有阻遏作用，非组蛋白（主要是反式作用因子）对基因表达有重要调节作用。

## 第一节　原核生物基因表达的特点及调控

　　原核细胞（如细菌）可以根据外界环境因素变化调整自身基因的表达，使其生长和繁殖处于较佳状态。其对环境变化反应快，主要原因是原核生物的转录和翻译过程相偶联，且 mRNA 降解快、半衰期短（1～3min），因此在调整对外环境变化反应中，可以消除一些不必要的蛋白质，而迅速合成适应环境变化所必需的蛋白质。原核生物基因表达调控的环节主要在转录水平，其次是翻译水平。本节主要以大肠杆菌为例介绍原核生物基因表达的调控。

### 一、原核生物基因表达的特点

　　原核生物是单细胞生物，没有完整的核膜和核结构，其基因表达特点如下。

　　（1）只有一种 RNA 聚合酶。RNA 聚合酶用来识别原核细胞的启动子，催化所有 RNA 的合成。

　　（2）原核生物的基因表达以操纵子为基本单位。原核基因一般不含内含子，其基因是连续的。原核基因中功能相关的几个结构基因串联在一起，构成转录单位，大多数原核基因转录单位为多顺反子（polycistron），即包含多个编码多肽链或 RNA 的序列。多顺反子的转录通常依赖 5′ 端或 3′ 端相同的调控序列，使得多基因产物能够得到协同调节和表达。

　　（3）转录和翻译是偶联进行的。原核生物染色体 DNA 是裸露的环形 DNA，转录成 mRNA 后直接在细胞质中与核糖体结合翻译成蛋白质。

　　（4）mRNA 翻译起始部位有特殊的碱基序列——SD 序列。在起始密码 AUG 上游 4～13 个碱基之前有一段富含嘌呤的序列，其共有序列（consensus sequence）为 AGGAGG，称为 SD 序列（Shine-Dalgarno sequence）。此序列能与核糖体 30S 亚基中 16S rRNA 3′ 端富含嘧啶的序列互补配对结合，与蛋白质合成过程中起始复合物的生成有关。

（5）原核生物基因表达的调控主要在转录水平，即对 RNA 合成的调控。其通常有两种方式：一种是起始调控，即启动子调控；另一种是终止调控，即衰减子调控。

## 二、原核生物基因表达的各种调控

### （一）转录起始的调控

**1. δ 因子与转录起始的调控**　转录起始（transcription initiation）需要 RNA 聚合酶辨认启动区并与双链 DNA 形成开放型复合体（open complex），RNA 聚合酶方可开始转录过程。

细菌 RNA 聚合酶参与的转录过程涉及上千种细菌转录单位，其中某些转录过程仅需 RNA 聚合酶，但大多数转录还需要其他辅助蛋白的协助。例如，大肠杆菌 RNA 聚合酶由 5 个亚基（$\alpha_2\beta\beta'\delta$）构成，核心酶（$\alpha_2\beta\beta'$）本身即可以 DNA 为模板合成 RNA，但必须依靠 δ 因子协助才能在正确位置起始转录。因此 RNA 聚合酶不仅需要具有催化 RNA 合成的活性，而且需要具有与各种因素（DNA、蛋白质）相互作用以改变其内在转录活性的能力，以满足生物体复杂多变的转录过程的需要。细菌 RNA 聚合酶的相对复杂形式反映了这种需要，真核细胞 RNA 聚合酶更加复杂及多样的形式更充分证明了这一点。

1）δ 因子调控 RNA 聚合酶与 DNA 结合　尽管 RNA 聚合酶核心酶部分与 DNA 有一定的亲和力，但主要由碱性氨基酸残基的正电荷与 DNA 戊糖磷酸骨架的负电荷相互吸引形成的这种结合是非特异的，而 δ 因子的作用则正是确保 RNA 聚合酶与特异启动区（而不是其他位点）的稳定结合。

δ 因子含有识别启动区的结构域。作为独立的多肽链存在时，因为 N 端部分抑制了 C 端的 DNA 结合活性，所以 δ 因子并不能与 DNA 结合。当 δ 因子与核心酶组成全酶时，其空间构象改变，N 端对 C 端的抑制作用消失，δ 因子即可在转录起始点上游与 DNA 发生特异结合。由于 δ 因子的参与，RNA 聚合酶全酶与启动区序列结合的特异性大大增强，达到识别非特异序列能力的 $10^7$ 倍。当然对不同的启动区，RNA 聚合酶的结合能力有 1~100 倍的变化，这是决定不同启动区转录起始效率的重要因素。转录起始完成后 δ 因子脱落，但这时核心酶与 DNA 的亲和力已大大提高；同时 δ 因子的脱落使核心酶不再停留在启动区部位，向下游滑动完成转录。

2）RNA 聚合酶与启动区序列的相互作用　RNA 聚合酶与启动区相互作用的关键是蛋白质分子如何识别 DNA 序列。突变分析及 DNA 酶 I 足迹（DNase I footprinting）实验等证明，细菌启动区特异序列有以下 4 个保守特征（图 5-1）。

（1）起始点。第一个被转录的核苷酸（+1）90% 以上为嘌呤核苷酸，起始点 $\frac{CAT}{+1}$ 核苷酸序列很常见。

（2）"–10" 序列。在转录起始点上游 –10bp 位置有一几乎所有启动区中普遍存在的 6 核苷酸保守序列，共有序列（一致序列）为 TATAAT，又称 Pribnow 盒。

（3）"–35" 序列。在起始点上游 –35bp 处也为 6 核苷酸保守序列，共有序列为 TTGACA。

（4）"–35" 和 "–10" 序列的间距。通常二者的位置和距离都较为恒定，两段一致序列之间的距离也是影响启动区特异性的一个因素。间隔序列本身并不十分重要，但距离长短对维持两个共有序列处于合适间隔从而对 RNA 聚合酶结合具有重要影响。

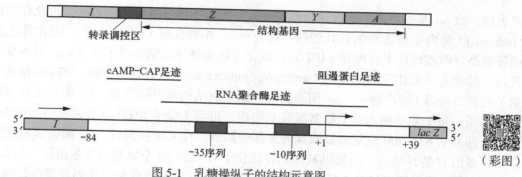

图 5-1 乳糖操纵子的结构示意图

乳糖操纵子包括三个结构基因：Z（编码 β-半乳糖苷酶）、Y（编码乳糖通透酶）和 A（编码硫代半乳糖苷转乙酰基酶）。转录调控区紧挨在 Z 基因上游，调控蛋白与此区结合，调节结构基因的转录。编码 lac 阻遏蛋白的 I 基因在调控区的上游。乳糖操纵子调控区包括分别能与 CAP、RNA 聚合酶及 lac 阻遏蛋白结合的位点，图中显示经 DNA 足迹实验所测得的 cAMP-CAP、RNA 聚合酶及阻遏蛋白的结合范围（图上部的黑线）

3）6 因子对转录起始的调节作用　　大肠杆菌仅有一种 RNA 聚合酶，却要参与细菌所有的基因转录，因此它必须能够识别相当数量的启动区，并可使这些启动区所控制的基因在不同条件下处于不同的转录水平。RNA 聚合酶须依赖数目繁多的辅助蛋白才能完成这些功能，6 因子在这方面有独特作用。大肠杆菌中最早发现的 6$^{70}$ 为普遍使用的因子。以后新的 6 因子不断被发现，现已确定的有 6$^{32}$、6$^{54}$、6$^{28}$，它们分别协助核心酶辨认具有不同共有序列的启动区。

6 因子使得 RNA 聚合酶选择一套特定启动区起始转录。一旦一种 6 因子被另一种代替，即引起原来一套基因转录的关闭和新的一套基因转录的开启。6$^{70}$ 为细菌普遍使用，而其他因子则各有其特殊作用。6$^{32}$（6$^{H}$）协助 RNA 聚合酶启动一套热休克蛋白（heat shock protein，Hsp）基因的表达，环境温度升高或其他应激变化引起 6$^{32}$ 与核心酶结合，RNA 聚合酶全酶特异结合 Hsp 基因的启动区，起始 Hsp 基因的转录。目前发现大肠杆菌有 17 种 Hsp。这些蛋白质在细菌对环境变化的应激反应过程中起重要作用。

**2. 转录起始的负调控**　　大多数细菌转录单位为多顺反子，即多个功能相关的结构基因串联在一起构成一个转录单位，依赖同一调控序列对其转录进行调节，使这些相关基因实现协同表达。这样的一个多顺反子转录单位与其调控序列即构成操纵子（operon）。同一代谢途径上相关酶的表达常常以这种方式进行。1961 年，Jacob 和 Monod 通过研究大肠杆菌乳糖代谢相关酶的表达提出了"操纵子"概念，从此开创了基因表达调控研究的新纪元。

乳糖操纵子（lactose operon，lac）是原核生物基因转录负调控的最典型模式，也称 Jacob-Monod 模式。早在 20 世纪初，人们就已观察到细菌为适应某种环境能产生代谢特异物质的酶类。例如，当大肠杆菌在含有乳糖的培养基中生长时，能产生 β-半乳糖苷酶（β-galactosidase）和半乳糖苷通透酶（galactoside permease，也称乳糖通透酶）。前者能使乳糖水解为半乳糖和葡萄糖，后者能使乳糖转运进入细菌。乳糖还能诱导大肠杆菌产生硫代半乳糖苷转乙酰基酶（thiogalactoside transacetylase），此酶在体外能使乙酰辅酶 A 的乙酰基转移到 β-硫代半乳糖苷的 6 位碳羟基上。编码上述三种酶蛋白的基因 Z、Y、A 称为结构基因，结构基因加上调控元件（control element）——启动子（promoter，P）和操纵基因（operator，O）即构成乳糖操纵子（图 5-1）。

由于在没有乳糖的条件下，lac 阻遏蛋白能与操纵基因 O 特异地结合，抑制了结构基因的表达，故 *lac* 是一种典型的转录负调控模式。乳糖能诱导基因协同表达，因此称为诱导剂（inducer），体内生理诱导剂是乳糖的异构体——1,6-别乳糖（allolactose）。而体外实验用的诱导剂是异丙基硫代半乳糖苷（IPTG），该化合物能诱导乳糖操纵子的表达，但本身不进行代谢，故称为"无偿"的诱导剂（gratuitous inducer）。在没有诱导剂时，与 *lac* 相邻（上游端）的调节基因 *I* 的产物——*lac* 阻遏蛋白，能抑制结构基因的转录。*lac* 阻遏蛋白为同四聚体蛋白质，每个亚基由 360 个氨基酸残基组成，可与 1 分子 IPTG 结合，其中与 IPTG 结合的位点涉及从 62～300 位氨基酸残基的大部分肽链。在无诱导剂时，*lac* 阻遏蛋白能与操纵子操纵基因 *O* 特异结合，与操纵基因结合区位于 N 端约 50 个氨基酸残基范围。与 *lac* 阻遏蛋白结合的操纵基因区域具有反向重复序列（图 5-2）。这种反向重复序列是能与蛋白质特异结合的 DNA 的特征性结构。

```
        −10          +1         +10        +20        +30
         .           .           .          .          .
5′ -ATGTTGTGTGGAATTGTGAGCGGATAACAATTTCACACAGGAA -3′
3′ -TACAACACACCTTAACACTCGCCTATTGTTAAAGTGTGTCCTT -5′
```

图 5-2　*lac* 操纵区序列是一个以 +11 位 GC 碱基对为中心的反向重复序列

　　操纵基因在操纵子的位置是从 −7～+28 位，启动子所占的区域从 −20～+20 位，因此两者有部分重叠。这也说明，阻遏蛋白和 RNA 聚合酶与 DNA 的结合是相互排斥的。但是至少在体外两种蛋白质能同时和操纵子结合，形成不具有转录活性的复合物。与操纵基因结合的阻遏蛋白能阻止 RNA 聚合酶形成具有活性的转录起始复合物。诱导剂存在时，阻遏蛋白不能与操纵基因结合，结构基因即被转录（图 5-3）。通常在以葡萄糖为能源的条件下，此操纵子是被关闭的；仅当葡萄糖消耗完，并以乳糖作为能源时，此操纵子才表达（参见后文"转录起始的复合调控"）。

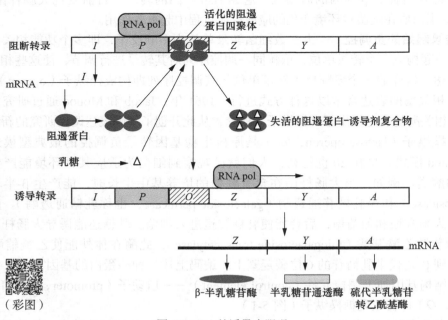

（彩图）

图 5-3　*lac* 的诱导去阻遏

**3. 转录起始的正调控** 阿拉伯糖操纵子是原核生物转录起始的正调控的典型例子。该操纵子由结构基因 $B$、$A$、$D$，以及调控元件 $I_1$、$I_2$、$O_1$、$O_2$ 和启动子构成（图 5-4）。

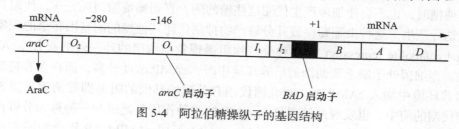

图 5-4 阿拉伯糖操纵子的基因结构

当大肠杆菌以阿拉伯糖为能源生长时，结构基因 $B$、$A$、$D$ 编码产生三种酶，即异构酶（isomerase）、激酶（kinase）和表位酶（epimerase），可催化阿拉伯糖转变为 5-磷酸木酮糖，后者可进入糖酵解途径。此外，在阿拉伯糖操纵子的调控模式中，$araC$ 基因表达的蛋白质 AraC 起着关键作用。当不存在阿拉伯糖时，AraC 二聚体与 $O_1$、$O_2$ 及 $I_1$ 结合，与 $O_2$ 和 $I_1$ 结合的 AraC 二聚体间相互作用使 DNA 弯曲形成环结构（相当于 190bp）。由于 $I_2$ 不被占据，$B$、$A$、$D$ 基因不发生转录，但有低水平的 $araC$ 基因转录。当有阿拉伯糖时，AraC 二聚体可与阿拉伯糖形成复合物，使 AraC 形状发生改变，原来与 $O_2$ 和 $I_1$ 结合的 AraC 二聚体之间的作用不复存在，$I_1$ 和 $I_2$ 由一个 AraC 二聚体占据，从而激发 $B$、$A$、$D$ 基因转录。此时，可有一过性高水平的 $araC$ mRNA 形成，维持到 $O_1$-$O_2$ 环结构形成（图 5-5）。在阿拉伯糖操纵子调控模式中，AraC 蛋白是参与基因转录起始正调节的激活物。在阿拉伯糖存在时，AraC 不仅能激发 $B$、$A$、$D$ 基因的转录，也参与自身的合成调节。

**4. 转录起始的复合调控（compound control）** 在大肠杆菌的许多操纵子中，基因的转录不是由单一因子调控的，而是通过负调控因子和正调控因子进行复合调控。比较典型的

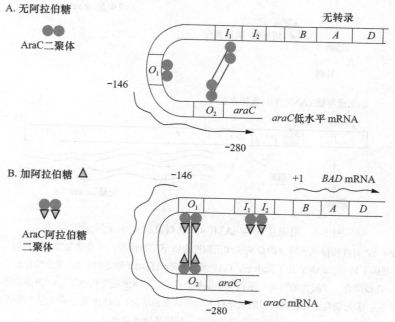

图 5-5 AraC 对阿拉伯糖操纵子的调节

是一些与糖代谢有关的操纵子。

　　细菌通常优先以葡萄糖作为能量来源，当培养环境中有葡萄糖时，即使加入乳糖、阿拉伯糖等其他糖时，也不会使细菌产生代谢这些糖的酶，直到葡萄糖消耗完毕，代谢其他糖的酶才会被诱导产生。这种由葡萄糖或其分解产物抑制代谢其他糖的酶基因转录的现象称为分解物阻遏（catabolite repression）。这种分解物阻遏现象与细菌的环—磷酸腺苷（cAMP）的水平有关。当细菌处于缺乏葡萄糖的培养环境中时，cAMP 浓度升高，而在含有葡萄糖、半乳糖的培养环境中加入 cAMP 时，对乳糖代谢有关酶的基因的阻遏即被消除（图 5-6）。在阿拉伯糖代谢的酶中，也发现此种现象。cAMP 的这种作用是通过和一种称为分解代谢基因激活蛋白质（catabolite gene activator protein，CAP）形成 cAMP-CAP 复合物而实现的。如同许多调节蛋白一样，CAP 为同二聚体，每个单体含有一个 DNA 结合区和一个转录激活区。它在启动区附近的特异结合序列称为 CAP 结合位点，在 *lac* 操纵子中位于 RNA 聚合酶

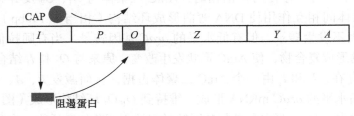

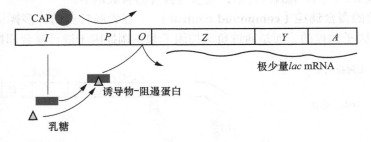

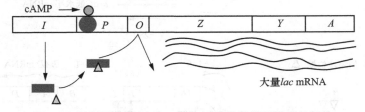

图 5-6　阻遏蛋白与 cAMP-CAP 对乳糖操纵子转录的调控

阻遏蛋白与 cAMP-CAP 对乳糖操纵子转录的负调控和正调控有以下三种情况：①有葡萄糖无乳糖时，阻遏蛋白与操纵基因结合，*lac* 结构基因不转录，cAMP 处于低水平，CAP 蛋白不能与启动子附近的 CAP 位点结合；②葡萄糖和乳糖均存在时，阻遏蛋白与乳糖结合，空间构象改变，不再与操纵基因结合，cAMP 处于低水平，CAP 蛋白不与 CAP 位点结合，结构基因有少量表达；③无葡萄糖有乳糖时，阻遏蛋白不与操纵基因结合，cAMP 处于高水平，形成 cAMP-CAP 复合物并与 CAP 位点结合，结构基因大量表达

结合位点上游（图 5-7），共有序列 TGTGA 及一段反向重复序列 TCANA 是决定 CAP 与位点亲和力大小的主要因素。CAP 的活性依赖 cAMP，而 cAMP 水平与葡萄糖水平密切相关。葡萄糖浓度高时，cAMP 水平很低；葡萄糖缺乏时，腺苷酸环化酶活性升高，催化 ATP 生成 cAMP。CAP 只有与 cAMP 结合，空间构象发生变化，才能与相应位点结合，促进多种操纵子的转录起始，因此 CAP 又称作 cAMP 受体蛋白（cAMP receptor protein，CRP）。

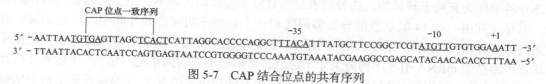

图 5-7 CAP 结合位点的共有序列

CAP-cAMP 复合物与 *lac*、阿拉伯糖操纵子的调控元件结合后，促进结构基因的转录，因此是一种转录起始的正调节物。*lac* 的转录起始由 CAP 和阻遏蛋白两种正、负调控因子来控制。cAMP-CAP 与 *lac* 的结合区域位于 *P* 和 *I* 之间。cAMP-CAP 对转录的激活可能是通过直接与 RNA 聚合酶作用；也可能是 cAMP-CAP 和启动子的结合改变了后者的构象，易于形成开放的 RNA 聚合酶起始复合物。

（二）转录终止的调控

原核生物的转录终止调控方式可分为两大类：一类是依赖 ρ 因子的终止调控，通过 ρ 因子的作用使转录终止；另一类是不依赖 ρ 因子的终止调控。此外，核糖体也参与转录终止，这方面可以以色氨酸操纵子的调控模式为例做介绍。

色氨酸操纵子的结构基因（*E*、*D*、*C*、*B*、*A*）编码的 5 种酶，在色氨酸合成代谢过程中发挥作用，结构基因中还包括 *L* 基因，其转录产物是先导 mRNA，调控元件有启动子（*P*）和操纵基因（*O*）（图 5-8）。色氨酸操纵子表达的调控有两种方式：一种是通过阻遏蛋白的负调控，另一种是通过衰减子作用（attenuation）。

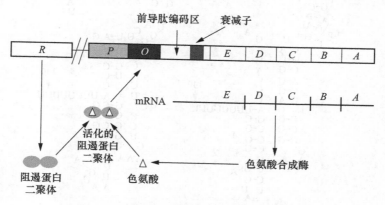

图 5-8 色氨酸操纵子的结构及其调控方式

**1. 阻遏蛋白对色氨酸操纵子的调控** 色氨酸操纵子阻遏蛋白是一种由两个亚基组成的二聚体蛋白质，是色氨酸操纵子 *R* 基因的产物。细胞内无色氨酸时，该阻遏蛋白不能与操纵基因结合，对转录无抑制作用；细胞内有大量的色氨酸时，阻遏蛋白与色氨酸形成的复合物能与操纵基因结合，抑制转录（图 5-8）。

**2. 衰减子对转录的调控**　　色氨酸操纵子的衰减子位于前导肽编码基因中，距离 *E* 基因上游 30～60 个核苷酸。大肠杆菌在无色氨酸的环境下，前导肽编码基因和 5 个结构基因能转录产生具有 6700 个核苷酸的全长多顺反子 mRNA。当细胞内色氨酸增多时，*E*、*D*、*C*、*B* 和 *A* 基因转录受到抑制，但前导肽编码基因转录出 140 个核苷酸 mRNA 引导序列并没有减少，这部分转录称为衰减子转录物。这种现象是由衰减子造成的，而不是由于阻遏蛋白的作用所致。引导序列由一段 14 氨基酸前导肽编码区和一个衰减子组成，前导肽编码区起始部位有核蛋白体结合位点，AUG 密码子后面紧跟 13 个密码子，第 10、11 为色氨酸密码子。根据序列特点可将整个 mRNA 引导序列分为 4 个区域，可形成不同的碱基配对结构。1 区和 2 区互补时，3 区和 4 区可以互补配对，形成的发夹结构及随后出现的 8 个 U 即构成典型的不依赖 ρ 因子终止子；1 区不能与 2 区互补时，2 区即与 3 区互补，3 区不再与 4 区互补（图 5-9）。4 个区域以哪种形式配对则取决于核蛋白体翻译 mRNA 引导序列的速度，后者又受控于色氨酸的水平。色氨酸丰富时，核蛋白体可顺利沿引导序列移动直至达最后一个密码子 UGA，合成完整的引导肽。UGA 位于 1 区和 2 区之间，到达此处的核蛋白体占据 2 区，使 3 区不能与 2 区互补而与 4 区互补，形成终止子发夹结构，RNA 聚合酶停止在衰减子部位。色氨酸缺乏时，核蛋白体因原料缺乏终止在 1 区色氨酸密码子部位，2 区无法与 1 区配对且在 4 区被转录出来之前与 3 区互补，致 4 区处于单链状态，不能形成终止发夹，RNA 聚合酶通过衰减子而继续转录（图 5-10）。所以转录衰减实际上是细菌内转录与翻译的密切偶联，需要二者精确的时间对应关系。对色氨酸操纵子而言，最重要的一点是 RNA 聚合酶沿引导序列移动至第 90 个核苷酸时有一停顿，直至核蛋白体开始翻译，RNA 聚合酶才继续向衰减位点移动。

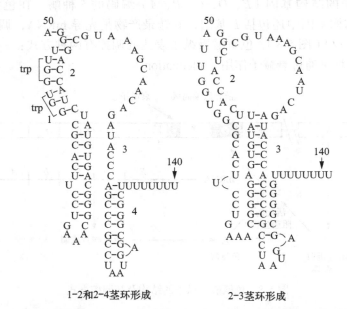

1-2和2-4茎环形成　　　　2-3茎环形成

图 5-9　色氨酸操纵子 mRNA 引导序列不同区域互补所形成的不同二级结构

　　色氨酸操纵子中的操纵基因和衰减子可以起双重负调节作用。衰减子可能比操纵基因更灵敏，只要色氨酸增多，即使不足以诱导阻遏蛋白结合操纵基因，也足以使大量的 mRNA

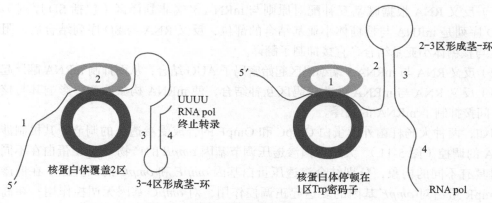

图 5-10　色氨酸操纵子的转录衰减作用

提前终止。反之，当色氨酸减少时，即使失去了诱导阻遏蛋白的阻遏作用，但只要还能维持前导肽的合成，仍可继续阻止转录。这样可以保证尽可能充分地消耗色氨酸，使其合成维持在满足需要的水平，防止色氨酸堆积和过多地消耗能量。同时，这种机制也使细菌能够优先将环境中的色氨酸消耗完，然后开始自身合成。

色氨酸操纵子前导肽编码基因的翻译产物中具有相邻的色氨酸残基这一现象，在具有衰减调节作用的 Phe、His、Leu、Thr 等操纵子中也存在（表 5-1）。

表 5-1　一些具有衰减作用操纵子前导肽的部分序列

| 操纵子 | 氨基酸序列 |
| --- | --- |
| Trp | Met-Lys-Ala-Ile-Phe-Val-Lys-Gly-TRP-TRP-Arg-Thr-Ser |
| Phe | Met-Lys-His-Ile-Pro-PHE-PHE-PHE-Ala-PHE-PHE-PHE-Thr-PHE-Pro |
| His | Met-Thr-Arg-Val-Gln-Phe-Lys-HIS-HIS-HIS-HIS-HIS-HIS-Pro-Asp |
| Leu | Met-Ser-His-Ile-Val-Arg-Phe-Thr-Gly-LEU-LEU-LEU-LEU-Asn-Ala-Phe-Ile-Val-Arg Gly-Arg-Pro-Val-Gly-Gly-Ile-Gln-His |
| Thr | Met-Lys-Arg-Ile-Ser-THR-THR-Ile-THR-THR-THR-Ile-THR-Ile-THR-THR-Gln-Asn- Gly-Ala-Gly |
| Ile | Met-Thr-Ala-Leu-Leu-Arg-Val-ILE-Ser-Leu-Val-Val-ILE-Ser-Val-Val-Val-ILE-ILE ILE-Pro-Pro-Cys-Gly-Ala-Ala-Leu-Gly-Arg-Gly-Lys-Ala |

注：某个氨基酸操纵子编码的前导肽含有互为相邻的对应氨基酸序列，用大写字母表示

## （三）翻译水平的调控

翻译过程是原核细胞调控某些基因表达的重要环节。与转录类似，翻译一般在起始阶段和终止阶段受到调节。特别是翻译起始的调节主要靠调节分子，调节分子可直接或间接决定翻译起始位点能否为核蛋白体所利用，调节分子可以是 RNA，也可以是蛋白质。

**1. 反义 RNA 的调控作用**　　反义 RNA 是指能与特定 mRNA 互补结合的 RNA 片段，反义 RNA 由反义基因转录而来。天然的具有功能的反义 RNA 分子一般为 200 个碱基以下的小分子 RNA。反义 RNA 又称 mRNA 干扰性互补 RNA（mRNA interfering complementary RNA，micRNA）。micRNA 在原核生物翻译水平上有三种作用方式。

（1）反义 RNA 根据碱基互补配对原则与 mRNA 5′端非翻译区（包括 SD 序列）相结合。SD 序列是 mRNA 与核糖体小亚基结合的部位，反义 RNA 与 SD 序列结合后，阻止了 mRNA 与核糖体小亚基结合，直接抑制了翻译。

（2）反义 RNA 与 mRNA 5′端编码区起始密码子 AUG 结合，从而抑制 mRNA 翻译起始。

（3）反义 RNA 与 mRNA 的非编码区互补结合，使 mRNA 构象改变，影响其与核糖体结合，间接抑制了 mRNA 的翻译。

例如，两种大肠杆菌外膜蛋白 OmpC 和 OmpF 的合成受渗透压的调节，其机制涉及反义 RNA 的调控（图 5-11）。大肠杆菌渗透压调节基因 *ompR* 的产物 OmpR 蛋白在不同的渗透压时具有不同的构象，分别结合渗透压蛋白基因 *ompF* 和 *ompC* 的调控区。在低渗环境下，OmpR 蛋白对 *ompF* 基因的表达起正调控作用，对 *ompC* 基因无调控作用；在高渗环境下，OmpR 蛋白发生构象改变，对 *ompC* 基因的表达起正调控作用，对 *ompF* 基因无调控作用。

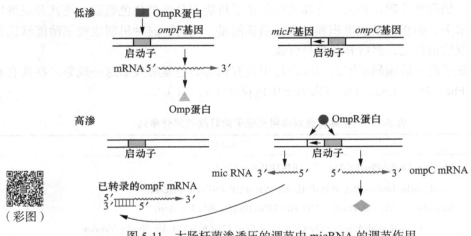

图 5-11　大肠杆菌渗透压的调节中 micRNA 的调节作用

当环境渗透压由低渗转为高渗时，不仅 *ompF* 基因的转录停止，已经转录出来的 mRNA 的翻译也被抑制。此抑制物不是蛋白质，而是一种小分子反义 RNA（约 170bp），它的碱基顺序恰好与 ompF mRNA 的 5′端附近的顺序互补，故叫 mRNA 干扰性互补 RNA。由于 micRNA 能与 ompF mRNA 特异结合，阻碍其翻译，因而抑制 *ompF* 基因的表达。micRNA 的基因也受 OmpR 蛋白调控，与 *ompC* 基因同时被激活转录。

此外，细菌中 Tn10 转位酶基因低水平的表达亦是通过反义 RNA 调节的。Tn10 转位酶基因由 $P_{IN}$ 启动子控制，反义 RNA 的基因由 $P_{OUT}$ 启动子控制。两个启动子方向相反，转录区有 35 个碱基重叠（图 5-12）。因此，两个基因的转录物中有 35 个碱基是互补的，互补区覆盖了 Tn10 转位酶 mRNA 的翻译起始区，其活性 $P_{OUT}$ 比 $P_{IN}$ 更强。因此，反义 RNA 表达水平要比转位酶 mRNA 高得多，反义 RNA 与 mRNA 的杂交可以使绝大多数转位酶 mRNA 的翻译阻断，其结果是转位酶的表达效率非常低，转位作用也极少发生。反义 RNA 对 Tn10 转位酶合成速率的调控及随之出现的转位频率减少与细菌的生存要求相适应。

反义控制策略已被用于真核细胞基因表达抑制的实验研究。将表达反义 RNA 的重组载

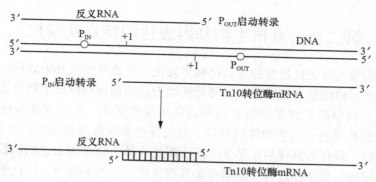

图 5-12　反义 RNA 调控 Tn10 转位酶基因的表达

体导入真核细胞，某些情况下可使靶基因失活。但这种抑制并不像细菌中那样直接阻断翻译起始，反义 RNA 主要与靶基因转录产物杂交，干扰了 RNA 在核内的加工过程。有些情况下，反义表达载体并不能抑制靶基因编码蛋白的活性，也许是因为这些蛋白质（如酶）在很低水平就能发挥其应有的作用。

**2. RNA 的稳定性**　　细菌 mRNA 通常是不稳定的，mRNA 的降解速度是翻译调控的另一个重要机制。蛋白质合成速率的快速改变，不仅是因为 mRNA 不断合成及 mRNA 合成与蛋白质翻译偶联，更重要的是，许多细菌 mRNA 降解速率很快。大肠杆菌的许多 mRNA 在 37℃时的平均寿命大约为 2min，很快被酶解，所产生的游离核苷酸被磷酸化，成为高能磷酸盐，再用于新的 mRNA 分子的合成。因此，用于许多蛋白质翻译的模板在几分钟内即可被全部替换。这意味着诱导基因表达的因素一旦消失，蛋白质的合成就会迅速停止。由于细菌的 mRNA 合成迅速，降解亦迅速，细菌可以通过转录水平的调控而对环境变化做出快速反应。

细菌的生理状态和环境因素都会影响 mRNA 的降解速率。另外，mRNA 的一级结构和二级结构对 mRNA 的稳定性也有很大影响，一般有其 5′端和 3′端的发夹结构，可保护其不被外切酶迅速水解。mRNA 的 5′端与核糖体结合，可明显提高其稳定性，如大肠杆菌的 *ompA* 的 5′端与核糖体结合后半衰期可延长几倍。

不同操纵子转录出的 mRNA 分子的平均寿命不同，有些 mRNA 编码的蛋白质持续存在，mRNA 也较稳定。mRNA 的稳定性与其序列和结构有关，对此已有了一些了解。例如，RNase Ⅲ 识别一种特殊的发夹结构，将其裂解，使 RNA 能够被其他 RNA 酶降解，而这种发夹结构可能是其他 RNA 酶所不能破坏的。如果这种发夹结构被保护，mRNA 的寿命就延长了。有些特殊的调控蛋白可以结合这种发夹结构，从而调节 mRNA 的稳定性。

**3. 蛋白质合成中的自身调控**　　大肠杆菌核糖体蛋白有 50 余种，它们既可与 rRNA 组装成核糖体，也可与自身 mRNA 翻译起始区结合，对前者的亲和力大于后者。50 种核糖体蛋白的基因分布在几个不同的操纵子中，而核糖体蛋白合成的控制主要是翻译水平。

在每个操纵子中转录出一种多顺反子 mRNA，每个结构基因的转录物在 mRNA 中形成一个完整的编码区。一个多顺反子中编码的几种蛋白质以同样的速率被翻译，每个操纵子转录的 mRNA 所编码的核糖体蛋白质多到与 rRNA 结合还有剩余时，或其合成早于 rRNA 时，才与顺反子 mRNA 上游的一个特定部位结合，阻止核糖体结合和起始翻译，即阻遏核糖体蛋白质自身的合成。

# 第二节　真核生物基因表达的特点及调控

真核细胞结构及基因表达过程的复杂化和多元化，使真核细胞基因表达的调控相对于原核细胞要复杂得多。单细胞真核生物，如酵母基因表达的调控和原核生物表达的调控基本相同，主要通过及时调整酶系统基因的表达来适应环境的变化。而多细胞真核生物除少数基因外，绝大多数的基因表达与生物体的发育、分化等生命现象密切相关。本节将从 DNA 复制、转录、转录后、翻译和翻译后水平 5 个层次阐述真核生物基因表达的调控及机制。由于基因的转录又是遗传信息传递过程中的第一个具有高度选择性的环节，因此基因转录调控就是研究这一高度选择性的本质和基础，也是本节讨论的重点。

## 一、真核生物基因表达的特点

**1. 细胞的全能性**　　所谓全能性是指同一种生物的所有细胞都含有相同的基因组 DNA，即基因的数目和种类是一样的，尽管细胞的类型不同，分化程度也不一样，但它们都有发育成完整个体的潜能。

**2. 基因表达的时间性和空间性**　　所谓时间性是指高等生物的各种不同细胞具有相同的基因组，但在个体发育的不同阶段，细胞中各种蛋白质的组成不一样，就是说基因表达的种类和数量是不同的，如珠蛋白基因簇中 α-珠蛋白基因和 β-珠蛋白基因均由许多成员组成，有些在胚胎前期表达，有些在胚胎后期表达，有的成年后表达，这就是基因表达的时间性；所谓空间性指在不同组织和器官中，基因表达的种类和数量不同。不同的细胞之所以有区别是由于它们合成和积累不同蛋白质的结果，或者说是由于基因表达的种类和数目不同的结果。

**3. 转录和翻译分开进行**　　真核生物 DNA 大多与蛋白质结合形成染色体，并由核膜包绕形成细胞核。在细胞核中转录生成 mRNA，穿过核膜至细胞质指导蛋白质合成；转录和翻译不是同步进行的，受多层次调控。

**4. 初级转录产物要经过转录后加工修饰**　　初级转录产物——核不均一 RNA（heterogeneous nuclear RNA，hnRNA），即 mRNA 前体分子要经过戴帽（$m^7GpppN$）、加 polyA 尾、切除插入的内含子和拼接外显子等过程，才能形成成熟的 mRNA 分子。

**5. 不存在超基因式操纵子结构**　　真核生物基因转录产物为单顺反子（monocistron），一条 mRNA 只翻译一种蛋白质。功能相关的基因大多数分散在不同的染色体上，即使空间位置很近，也是分别进行转录。

**6. 部分基因多拷贝**　　某些基因以多拷贝形式存在，如组蛋白和 tRNA 等，这样既可满足细胞的需要，也是表达调控的一种有效方式。

## 二、真核生物基因表达的各种调控

### （一）基因组 DNA 水平的调控

基因组水平的调控即转录前调控，指发生在基因组水平的基因结构的改变，这种调控方式较稳定持久，有时甚至是不可逆的。真核生物基因表达在 DNA 水平的调控主要通过下列几种方式。

**1. 染色质的丢失**　　一些低等生物（如线虫、原生动物和昆虫等）体细胞发育过程中发生染色质丢失及高等动物红细胞在发育成熟过程中染色质的丢失，都是一些不可逆的调控。

**2. 基因扩增（gene amplification）**　　发育分化或环境条件的改变，使对某种基因产物的需要量剧增，而单纯靠调节其表达活性不足以满足需要，只有增加这种基因的拷贝数（即基因的扩增或基因放大）才能满足需要。这是基因表达调节的一种有效方式。一些药物，如氨甲蝶呤及镉、汞等重金属离子也可分别诱导体细胞中二氢叶酸还原酶基因、金属硫蛋白I基因及其他抗药性基因的扩增。然而，不适当的基因扩增可导致某些疾病的发生，如某些原癌基因拷贝数异常增加，导致其表达产物增加，使细胞持续分裂而致癌变。基因扩增的机制仍不清楚，目前多数人认为是基因反复复制的结果；也有人认为是姐妹染色单体不均等交换，从而使一些细胞中某种基因增多，而另一些细胞减少。

**3. 基因重排（gene rearrangement）**　　基因重排是指某些基因片段改变原来存在的顺序而重新排列组合，成为一个完整的转录单位。例如，免疫球蛋白基因在 B 淋巴细胞分化和浆细胞生成过程中，编码免疫球蛋白分子的许多基因片段发生重排，从而奠定了免疫球蛋白分子的多样性的基础。基因重排是 DNA 水平调控的重要方式之一。

**4. 基因的甲基化修饰**　　某些高等生物，尤其在脊椎动物中，DNA 上特定的 CpG 序列处的胞嘧啶可发生甲基化修饰（5mC）。这种 DNA 的甲基化修饰对真核生物基因的表达具有一定的调控作用。一般认为，基因的甲基化程度与基因的表达成反比。甲基化程度越高，基因的表达则越低。去甲基化可使基因的表达增加，基因某一特定位点（尤其是靠近 5′ 端调控序列）的去甲基化可使基因的转录活性增加。在所有组织发育过程都表达的基因，如看家基因（house-keeping gene）调控区多呈低甲基化，在组织中不表达的基因多呈高甲基化。目前认为，甲基化影响基因表达的机制有下列几种。

（1）直接作用。基因的甲基化直接改变了基因的构型，影响 DNA 特异顺序与转录因子的结合，使基因不能转录。

（2）间接作用。5′ 端调控序列甲基化后与核内甲基化 CpG 序列结合蛋白（methyl CpG binding protein）结合阻止了转录因子与基因形成转录复合物。

（3）DNA 去甲基化为基因的表达创造了一个较好的染色质环境。因为 DNA 去甲基化常与 DNaseⅠ高敏感区同时出现，后者为基因活化的标志。

**5. 染色质结构对基因表达的调控作用**　　真核生物基因组 DNA 在细胞核内存在以核小体（nucleosome）为基本单位的染色质（chromatin）结构，典型的间期染色质可分为高度密集状态的异染色质（heterochromatin）和较为松散的常染色质（euchromatin）。在常染色质中大约 10% 处于更为疏松的状态即为活性染色质。这些结构特征产生了真核细胞基因转录前在染色质水平上独特的调控机制。真核生物的染色质或染色体由 DNA 与组蛋白、非组蛋白和少量 RNA 及其他物质结合而形成，核小体为其基本结构单位。组蛋白与 DNA 结合，可保护 DNA 免受损伤，维持基因组的稳定性，抑制基因的表达。去除组蛋白则基因转录活性增高。这种组蛋白与 DNA 结合与解离是真核基因表达调控的重要机制之一。组蛋白 N 端丝氨酸磷酸化，使其所带正电荷减少，与 DNA 结合能力降低，组蛋白中丝氨酸和精氨酸的乙酰化同样使组蛋白所带正电荷减少，与 DNA 结合力减弱，从而有利于基因的转录。非组蛋白具有种属和组织特异性，与细胞的发育、分化有关，在基因表达的调控中起重要作用。高迁移率组（high mobility group，HMG）蛋白是细胞核内一组较丰富而不均一的富含电荷的蛋白质，相对分子质量一般 $\leq 3 \times 10^4$，由于其在聚丙烯酰胺凝胶电泳中迁移率很高而被命名为"高迁移率组"蛋白。据推测 HMG 的非组蛋白可以与组蛋白 H1、H5 竞争性地与 DNA 结合，从而取代 H1 与 H5，解除组蛋白对基因表达的抑制作用。目前认为，有相当数量的非组蛋白为调节基因表达的反式作用因子。

### （二）转录水平的调控

真核生物基因转录水平的调控比原核生物的复杂得多，而且转录水平的调控又是真核生物基因表达调控中最重要的环节。调控作用主要是通过反式作用因子与顺式作用元件和 RNA 聚合酶（RNA polymerase，RNA pol）的相互作用来完成的。调控作用主要表现为反式作用因子影响转录起始复合物的形成。因此，深入了解真核生物基因表达在转录水平上的调控，关键要弄清楚反式作用因子的特点及反式作用因子对转录起始的调控。

**1. 转录起始复合物的形成**　　不论是原核生物还是真核生物，在转录起始复合物形成过程中，RNA 聚合酶与启动子的结合都是关键的一步，差别在于细菌的 RNA 聚合酶识别的是一段单纯的 DNA 序列，而真核生物的 RNA 聚合酶识别的是一个由通用转录因子与 DNA 形成的蛋白质-DNA 复合物。真核细胞的 RNA 聚合酶不能单纯识别 DNA 上的启动子。只有当一个或多个序列特异性的 DNA 结合蛋白 [称为转录因子（transcription factor，TF）] 与 DNA 结合，形成功能性的启动子后，才可被 RNA 聚合酶识别与结合。

TF 是 RNA 合成起始所必需的因子。TF 与原核细胞中的 δ 因子不同，δ 因子是先与 RNA 聚合酶结合形成全酶后，方可识别启动子；δ 因子在启动转录后与 RNA 聚合酶解离，并且不再结合 RNA。而 TF 是不依赖于 RNA 聚合酶而独立地结合 DNA，并且在转录过程中促使许多 RNA 聚合酶分子与启动子的结合。

与原核生物单一的 RNA 聚合酶不同，真核生物 RNA 聚合酶有三种：RNA 聚合酶 I、II、III。RNA 聚合酶 I 存在于核仁中，其转录产物为 rRNA（5.8S、18S 和 28S rRNA）；RNA 聚合酶 II 存在于核质中，其转录产物为 mRNA 及其他一些小分子 RNA，如 U1-6 RNA；RNA 聚合酶 III 存在于核质中，其转录产物为 5S rRNA 和 tRNA。真核生物的 RNA 聚合酶 I、II、III 分别识别不同的启动子，需要不同的 TF，即 TF I、TF II 和 TF III。每一类又依发现先后命名为 A、B……，如 TF III A、TF III B 等。其中，由 RNA 聚合酶 II 转录的基因称为 II 类基因。由于此类基因种类多，又与细胞生长、分化直接相关，其表达调控亦最为复杂。现以真核细胞 RNA 聚合酶 II 为例重点介绍 II 类基因的转录调控。

RNA 聚合酶 II 分子识别启动子的最低要求是：必须在聚合酶识别启动子之前，与一个 TATA 盒结合因子（或称 TATA 因子）形成稳定的转录复合物。这种 TATA 因子也称为转录因子 II D（transcription factor II D，TF II D）。TATA 盒的共有序列（consensus sequence）为 $T_{82}A_{93}T_{93}A_{85}$（A 或 T）$_{100}A_{83}$（A 或 T）$_{83}$（下角数字表示核苷酸在共有序列中出现的频率）。该序列一般位于转录起始位点上游，即 $-25 \sim -30$ 核苷酸处。TATA 盒对于许多编码蛋白质基因的启动子活性和 RNA 链的起始点决定起关键作用。由于 TATA 因子为 RNA 聚合酶 II 转录的基因所需要，所以它更倾向被视为通用转录组分。体外实验证明，TATA 因子一旦与 DNA 结合，就可形成一个稳定的转录复合物，并介导许多 RNA 聚合酶 II 分子的转录。

RNA 聚合酶 II 识别并结合由 TATA 因子与 TATA 盒形成的蛋白质-DNA 复合物。此时形成的是闭合的复合物，DNA 双链没有打开，尚不能启动转录；只有当转录起始因子与 RNA 聚合酶结合，使 DNA 部分双螺旋解开成为开放的转录起始复合物时，基因转录才开始，才可以合成 RNA（图 5-13）。

在转录调控过程中，反式作用因子主要是促进或抑制 TATA 因子与 TATA 盒结合、RNA 聚合酶与 TATA 因子-DNA 复合物结合及转录起始复合物的形成。

**2. 顺式作用元件（*cis*-acting element）**　某些能影响基因表达但不编码蛋白质和 RNA 的 DNA 序列，按照功能分为启动子、增强子、负调控元件（沉默子）。

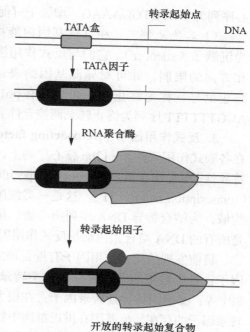

图 5-13　真核基因开放的转录起始复合物的形成

1）启动子（promoter）　真核基因启动子是在基因转录起始位点（+1）及其 5′ 端上游近端 100～200bp 以内的一组具有独立功能的 DNA 序列。每个元件长度为 7～20bp，是决定 RNA 聚合酶Ⅱ转录起始点和转录频率的关键元件。整个启动子由核心启动子和上游启动子元件两个部分组成（图 5-14）。

图 5-14　真核Ⅱ类基因的顺式作用元件

（1）核心启动子（core promoter）是指足以使 RNA 聚合酶Ⅱ转录正常起始所必需的、最少的 DNA 序列。其中包括"转录起始位点"，即相当于 mRNA 的 CAP 位点及其上游 –25～–30bp 处的富含 TA 的典型元件 TATA 盒，即 Hogness 盒。其核心序列为 TATAAAA，与原核生物启动子 Pribnow 盒相似。核心启动子单独起作用时，其功能为确定转录起始位点并产生基础水平的转录。

（2）上游启动子元件（upstream promoter element, UPE）包括通常位于 –70bp 附近的 CAAT 盒（CCAAT）和 GC 盒（GGGCGG）等，其功能是调节转录起始的频率，提高转录效率。

2）增强子（enhancer）　增强子指位于启动子上游或下游并通过启动子增强邻近基因转录效率的 DNA 顺序，但增强子本身不具备启动子活性。增强子一般具有以下特性：①能通过启动子提高同一条 DNA 链上靶基因的转录效率；②对同源和异源基因同样有效；③其位置可在基因 5′ 端上游、基因内或其 3′ 端下游序列中；④在 DNA 双链中没有 5′ 与 3′ 固定的方向性，即增强子从 5′→3′ 或是从 3′→5′ 均可对启动子发挥作用；⑤增强子可远离转录起始位点，通常在 1～4kb 起作用；⑥一般无基因特异性，对各种基因启动子均有作用，但具有组织或细胞特异性；⑦其活性与其在 DNA 双螺旋结构中的空间方向性有关。增强子首先发现于 SV40 病毒中，位于早期启动子 5′ 端上游约 200bp，内含 2 个 72bp 的重复序列，其核心序列为 GGTGTGGAAAG。增强子可促使该病毒基因转录效率提高 100 倍。

3）其他元件　　在真核基因内能抑制基因转录的 DNA 序列称为负调控元件，亦称为沉默子（silencer）。它们与反式作用因子相互结合而起作用。这些负调控元件不受距离和方向的限制，并可对异源基因的表达起作用。此外，在模板 DNA 分子的 5′ 端有转录终止信号，称为终止子。通常具有 polyA 尾的基因终止信号为 G/T 簇，如在 SV40 中的 AGGTTTTTT 序列为终止转录调控元件。

**3. 反式作用因子（*trans*-acting factor）**　　反式作用因子指能直接或间接地识别或结合在各顺式作用元件 8～12bp 核心序列上，参与调控靶基因转录效率的一组蛋白质，也称序列特异性 DNA 结合蛋白（sequence specific DNA binding protein，SDBP），有时也称转录因子（transcription factor，TF）。这是一类细胞核内蛋白质因子。在结构上含有与 DNA 结合的结构域，为结合特异 DNA 序列所必需。虽然可以把反式作用因子称为 DNA 结合蛋白，但不是所有的 DNA 结合蛋白都是反式作用因子。

目前发现的反式作用因子有近百种之多，根据其作用方式的不同分为三类：①通用转录因子：是多数细胞普遍存在的一类转录因子，如 TATA 盒结合因子 TFⅡD、GC 盒结合因子 SP1 等；②组织特异性转录因子：在很大程度上，基因表达的组织特异性取决于组织特异性转录因子的存在，*Ig* 基因在淋巴细胞中特异性表达是由一种淋巴细胞中特异性转录因子 Oct-2 所决定的，并能识别 *Ig* 基因的启动子及增强子中的 ATTTGCAT 八聚体序列；③诱导性反式作用因子：这些反式作用因子的活性能被特异的诱导因子所诱导，这种活性的诱导可以是新蛋白的合成，如 cAMP 结合转录因子 CREB、热休克转录因子 HSTF、类固醇激素受体等。

反式作用因子结构域的模式　　一个完整的反式作用因子通常含有三个主要功能结构域，分别为 DNA 识别结合域、转录活化结构域和结合其他蛋白质的调节结构域。这些结构域含有几十到几百个氨基酸残基。不同的结构域有自己的特征性结构。

（1）DNA 识别结合域。反式作用因子发挥其转录调控的功能的首要条件是必须有一与 DNA 特异结合的结构。目前已发现以下几种不同的 DNA 识别结合域模型。

a. 锌指（zinc finger）结构。锌指结构指含有一段保守氨基酸序列的蛋白质与该蛋白的辅基锌螯合而形成的环状结构，分为锌指、锌扭（twist）和锌簇（cluster）结构；也有按照与锌结合的氨基酸残基性质分为 Cys2/Cys2 锌指和 Cys2/His2 锌指，即两个半胱氨酸残基（Cys）和两个半胱氨酸残基或两个半胱氨酸残基和两个组氨酸残基（His），通过与位于中心的锌离子以配位键结合，形成一个稳定的指状结构。它们的共同特点是以锌作为活性结构的一部分。在指状突出区表面暴露的碱性氨基酸及其他极性氨基酸与 DNA 结合有关（图 5-15）。一个蛋白质分子可具有 2～9 个锌指重复单位，每个单位以其指部结合于 DNA 双螺旋结构的深沟内，锌指环上突出的赖氨酸、精氨酸参与 DNA 的结合。例如，参与 RNA 聚合酶Ⅲ转录的 TFⅢA 肽链的指结构域含有 9 个重复的 Cys2/His2 锌指；类固醇激素受体 DNA 结合区为 Cys2/His2 锌指结构。

b. 同源结构域（homeodomain，HD）。同源盒基因家族各基因间具有一相同的保守序列，称为同源结构域。该结构域由大约 60 个氨基酸组成，其 C 端部分与原核生物阻遏蛋白的螺旋-转角-螺旋（helix-turn-helix）结构区同源（图 5-16）。在它所含的至少两个 α 螺旋中，其间由短氨基酸残基形成的"转折"，而第三个 α 螺旋与 DNA 大沟相互作用是同源盒蛋白与 DNA 结合的主要力量。

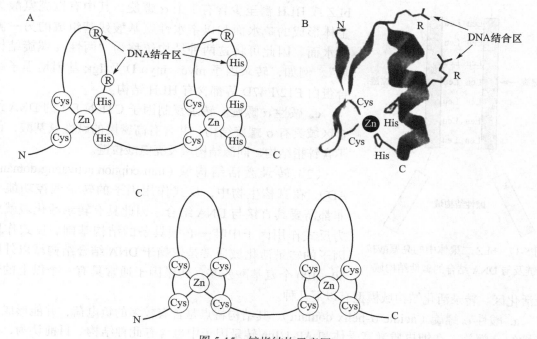

图 5-15　锌指结构示意图
A. Cys2/His2 锌指结构；B. 折叠的 Cys2/His2 锌指结构；C. Cys2/Cys2 锌指结构

c. 碱性亮氨酸拉链（basic leucine zipper，bLZ）。有些反式作用因子肽链 C 端有一段 30 个氨基酸序列以 α 螺旋构型出现的结构单元，其中每间隔 6 个氨基酸便出现一个亮氨酸残基，能形成两性 α 螺旋（amphipathic α-helix），带电荷的亲水性氨基酸（如 Lys、Arg、Asn 等）位于一侧，而具有疏水性的亮氨酸残基位于另一侧，其侧链向外伸出，构成状如齿形排列的半拉链。两个具有这种结构的因子接触后可借助侧链疏水性交错对插，像拉链一样将两个反式作用因子连在一起，形成具有稳定卷曲螺旋结构的二聚体，即亮氨酸拉链。然而 bLZ 并不与 DNA 直接结合，而是以肽链氨基端富含碱性氨基酸的 20～30 个氨基端结构域与 DNA 结合。bLZ 二聚体的形成，可使碱性区与 DNA 的亲和力明显增加。因此，bLZ 的 DNA 识别结合域实际上是以碱性区和亮氨酸拉链结构的整体作为基础（图 5-17）。例如，AP-1、Fos、Jun、C/EBP 和 CREB 等转录因子含有 bLZ 结构，这些蛋白质通过形成同源或异源二聚体，产生具有不同功能特性的反式作用因子而在转录调控中起着重要作用。

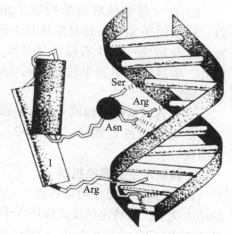

图 5-16　同源结构域与 DNA 的结合

d. 螺旋-环-螺旋（helix-loop-helix，HLH）结构。其结构特点是含两个双性 α 螺旋，每 3～4 个氨基酸含 1 个疏水性残基，其中间为非螺旋的环区，内含 1 个或多个能阻断螺旋的氨基酸残基。α 螺旋附近氨基端也有碱性区，其 DNA 结合性质与亮氨酸拉链相似。上述

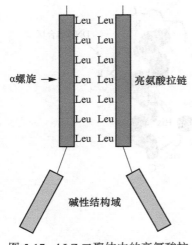

图 5-17　bLZ 二聚体中的亮氨酸拉链及与 DNA 结合的碱性结构域

bLZ 或 HLH 都至少含有 1 个 α 螺旋，其中有以亮氨酸为主体形成的疏水面和以亲水性氨基酸残基组成的另一侧亲水面。因此可将这两种结构统称为"两性 α 螺旋结构域"。例如，转录因子 myc、myo D 及 Igκ 基因增强子结合蛋白 E12/E47D 等都含有 HLH 结构。

e. 碱性 α 螺旋。转录复制因子 CTF/N F-1 的 DNA 结合区域具有 α 螺旋结构，并含有高密度的碱性氨基酸，但不含锌指结构、同源结构域及亮氨酸拉链。

（2）转录激活结构域（transcription activating domain，AD）。在真核生物中，反式作用因子的转录调控功能并非都需要其直接与 DNA 结合。因此具有转录活化域就成为反式作用因子中唯一必须具备的结构基础。反式作用因子的转录活化域通常是依赖于 DNA 结合结构域以外的 30～100 个氨基酸残基。转录因子通常具有一个以上的转录活化区。转录活化结构域模型有以下几种。

a. 酸性 α 螺旋（acidic α-helix domain）。其结构特点是含有较多的负电荷，并能形成亲脂性的 α 螺旋，在糖皮质激素受体和 AP-1/Jun 转录因子中也含有此种结构。目前认为，酸性活化区可能为相对非特异性地与那些起始复合物（如 TATA 盒结合因子或 pol Ⅱ 本身）相互作用而发挥其转录活化功能。

b. 富含谷氨酰胺的结构域（glutamine-rich domain）。SP1 是启动子 GC 盒的结合蛋白，转录因子 SP1 与转录活化相关的 4 个区域都位于锌指 DNA 结合域之外，其中最强的转录活化域之一很少有极性氨基酸，却富含谷氨酰胺，占该区氨基酸总数的 25% 左右。此外，哺乳动物细胞中的 Oct-1、Oct-2、Jun、AP-2 和血清应答因子（SRF）等均含有此结构域。

c. 富含脯氨酸结构域（proline-rich domain）。CTF/NF 因子的羧基端富含脯氨酸（20%～30%），难以形成 α 螺旋。在 Oct-2、Jun、AP-2、SRF 等哺乳动物因子中也有富含脯氨酸的结构域。

**4. 转录水平的调控机制**

1）反式作用因子的活性调节　　真核基因转录起始的调节，首先表现为反式作用因子的功能调节，即特定的反式作用因子被激活后，可以启动特定基因的转录。反式作用因子的激活方式如下。

（1）表达式调节。反式作用因子合成出来即具有活性，随后被迅速降解。这一类反式作用因子仅在需要时才合成，并通过蛋白水解酶迅速降解，不能积累。

（2）共价修饰。①磷酸化-去磷酸化。细胞表面受体介导的第二信使分子（如 cAMP 和 $Ca^{2+}$）的产生及随后引起的蛋白激酶和磷酸二酯酶的激活是哺乳动物细胞信息转导的普遍机制。许多反式作用因子是磷蛋白，其功能是通过磷酸化-去磷酸化作用进行调节的。例如，酵母热休克蛋白转录的增加与已经结合在热休克基因启动子上的转录因子 HSF 的磷酸化的增加相对应。磷酸基团的负电荷可能通过类似于转录因子的酸性活化区的机制促进基因的转录。②糖基化。细胞内的许多转录因子都是糖蛋白，其合成的初级产物无活性，经糖基化的修饰就能转变成具有活性的糖蛋白。例如，体外用麦胚凝集素处理 SP1 并不影响其 DNA 结合活性，但可特异地抑制其转录激活活性。由于糖基化与磷酸化的位点都是在丝氨酸和苏氨酸残基上，因而这两种修饰可能是竞争性相互排斥的。

（3）配体结合。类固醇激素及其他小分子脂溶性激素（甲状腺素、维生素 $D_3$、视黄酸等）作用的受体统称为核受体超家族（nucleic receptor superfamily），均为反式作用因子，其本身对基因转录无调节作用。当激素进入细胞后，核受体超家族通过与配体（激素）结合，进入细胞核与相应的靶基因反应元件结合，调节靶基因转录。所有核受体蛋白分子在相应部位均含有转录激活区、DNA 结合区及激素结合区等。

（4）蛋白质与蛋白质相互作用。蛋白质-蛋白质复合物的解离及形成是许多细胞内活性调节的一种重要的形式。有些反式作用因子与另一蛋白形成复合物后才具有调节活性，如 Myc 蛋白是一种调控基因转录的反式作用因子，具有碱性亮氨酸拉链和螺旋-环-螺旋结构域。Myc 蛋白与其他亮氨酸拉链蛋白不同，它不能形成同源二聚体，需要与含有亮氨酸拉链结构域的 Max 或 Myn 蛋白构成异源二聚体，才能调节基因的表达。

2）反式作用因子作用方式　　反式作用因子与顺式元件的结合位点通常与其所调控的基因相距较远。它们如何影响远距离 RNA 聚合酶结合位点，并影响其转录活性呢？目前提出的有下列几种作用模式。

（1）成环（looping）。反式作用因子结合位点与 RNA 聚合酶结合位点之间的 DNA 成环，从而使两者直接接触而发挥作用。

（2）扭曲（twisting）。通过 DNA 结合蛋白与变形的 DNA（如左旋 DNA）结合或者结合蛋白具有某种酶活性（如解旋等），使 DNA 构型改变而发挥作用。

（3）滑动（sliding）。反式作用因子先结合到特异的位点上，然后沿 DNA 滑动到另一特异的序列而发挥作用。

（4）Oozing。一种反式作用因子与其顺式作用元件的结合，促进另一种反式作用因子与邻近的顺式作用元件结合，后者又促进下一个反式作用因子与其顺式作用元件的结合，直到基因的转录起始点，进而影响基因的转录。

3）反式作用因子的组合式调控作用　　反式作用因子结合的顺式作用元件包括上游启动子元件和远距离的增强子元件。反式作用因子被激活后，即可识别上游启动子元件和增强子中的特定序列，对基因的转录发挥调节作用。通常大部分反式作用因子在激活以后与顺式作用元件结合，但也可能有一些反式作用因子是先结合 DNA，被激活后才发挥调节功能。有些反式作用因子结合顺式作用元件后激活转录，有些则抑制转录。每一种反式作用因子结合顺式作用元件后虽然可发挥促进或抑制作用，但反式作用因子对基因表达的调控不是由单一反式作用因子完成的，而是由几种因子组合发挥特定的作用，称为组合式基因调控（combinatorial gene regulation）。单一的调节蛋白对转录的影响可以是正调控，也可以是负调控。在转录水平的调控上，作为反式作用因子的蛋白质对基因表达的调控活性是极其特异而精密的，不同因子的加和、协同或阻遏，决定一个基因的转录，亦可以认为是决定真核细胞特征及细胞生长、发育、成熟过程中基因时空调控机制的基础。

（三）转录后水平的调控

**1. 5′ 端加帽和 3′ 端多聚腺苷酸化**　　真核生物转录生成 mRNA 后，随即在 5′ 端加帽

（$m^7$GPPPmNp-）。加帽不是转录后一种简单的加工，帽子结构的功能是保护转录体 mRNA 不受 5′ 外切酶降解，增强 mRNA 的稳定性，同时有利于 mRNA 从细胞核向细胞质的转运，促进 mRNA 与核糖体的结合（通过帽结合蛋白介导完成）。没有这一加工，基因信息无法表达。

　　与核糖体结合的大多数真核生物 mRNA 在 3′ 端都含有 50～150 个腺苷酸，即 poly（A）尾，也是在转录后加上去的。

　　加帽和 poly（A）尾虽不是 mRNA 稳定的唯一因素，却是十分重要的因素。这两个因素至少保证 mRNA 在转录过程中不被降解。当转录进行到加尾信号 AAUAAA 之后，mRNA 在其下游 10～30 个核苷酸处被切断，经 poly（A）聚合酶的作用加上 100～200 个 A，RNA 聚合酶Ⅱ则继续向前转录数百至数千个核苷酸。这些转录物没有 5′ 端帽和 3′ 端 poly（A）尾，被迅速降解。催化 5′ 端加帽和 mRNA 在 AAUAAA 下游断裂的酶，可能是与 RNA 聚合酶Ⅱ结合的延长因子中的一些酶，只在 RNA 聚合酶Ⅱ转录时起作用。当遇到第一个 AAUAAA 时，相应的因子即与之结合，而且与 RNA 聚合酶Ⅱ解离，mRNA 被切割断裂，加上 poly（A）尾巴。在酵母中，RNA 合成在此终止。在高等生物细胞中，通常是继续转录几千个核苷酸，RNA 聚合酶Ⅱ的特性已发生了改变，在下游遇到任何 AAUAAA 信号，都不再发生断裂和加 poly（A）尾的反应，可能是 mRNA 转录物第一次断裂时，延长因子已被释放。此后合成的 RNA 被迅速降解。

　　核糖体是在核内组装的，这可能是保护 rRNA 不被降解的机制。tRNA 在合成后，形成特殊的空间结构，可能是其抵抗降解的机制，因为 tRNA 的半衰期相对较长。mRNA 如果没有 5′ 端帽和 3′ 端 poly（A）尾，在合成过程中就会被迅速降解。

### 2. mRNA 前体的选择性剪接（alternative splicing）及对基因表达的调控

　　1）mRNA 前体的选择性剪接　　真核细胞基因表达所转录出的 mRNA 前体除了要经过 5′ 端加帽和 3′ 端加 poly（A）尾以外，还要在剪接酶的作用下，有序切除每一个内含子并将外显子拼接起来，才能形成成熟的 mRNA，这一过程即为剪接。

　　在高等真核细胞中，来自一个基因的 mRNA 前体分子中一般不止一个内含子。因此，某个内含子 5′ 的供点可以在特定条件下与另一个内含子 3′ 的受点进行剪接，从而同时删除这两个内含子及其中间的全部外显子或内含子，即一个外显子或内含子是否出现在成熟的 mRNA 中是可以选择的，这种剪接方式称为选择性剪接。选择性剪接可因 mRNA 前体的外显子或内含子 DNA 序列中发生突变、缺失，分别影响 5′ 或 3′ 剪接点的存在、数目和位置。此外，有些基因常不止一个转录起始位点，两个转录起始点之间可以间隔数千碱基，其中并含有内含子，因此就会导致同一个基因在不同的组织中转录出两种 mRNA 前体，以不同的剪接方式产生有活性的蛋白质。另外有的基因 3′ 端常有多个加多聚腺苷信号，有可能产生不同 3′ 外显子的蛋白质同源体。其他由于基因中单核苷酸改变产生新的剪接点、消除正常剪接点、活化隐蔽剪接点，以及消除正常加多聚腺苷信号，产生异常长的 3′ 非翻译区等方式，都是在高等真核生物体内常见的选择性剪接方式（图 5-18）。由此可见，转录后选择性剪接在高等生物细胞的高度异质性中起重要作用。由于选择性剪接的多样化，一个基因在转录后通过 mRNA 前体（hnRNA）的剪接加工而产生两个或更多的蛋白质，因此基因的定义也应当随之扩展，即可以独立转录的一段 DNA 为一个基因。

　　2）选择性剪接对基因表达的调控作用　　如 *bax* 基因的编码产物是与细胞凋亡有关的

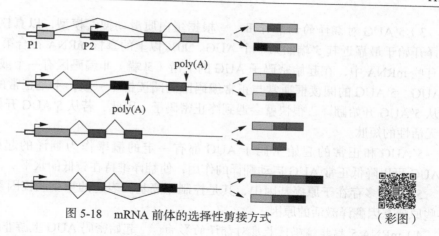

图 5-18　mRNA 前体的选择性剪接方式　（彩图）

分子。该基因的原始转录产物经过选择性剪接形成几种（α、β、γ等）不同类型的蛋白质，其结构上的差异主要源于 mRNA 前体的选择性剪接。

（1）α 型 Bax 蛋白。*bax* 基因原始转录产物剪接后，保留全部（6个）外显子，共 192 个密码子，翻译出含有 192 个氨基酸残基的蛋白多肽。

（2）β 型 Bax 蛋白。*bax* 基因的初级转录产物剪接后，保留了全部（6个）外显子，但同时也保留了第 5 个内含子（内含子选择），共 218 个密码子。终止密码来自第 5 个内含子中，而不是来自第 6 个外显子中。因此，从翻译结果来看，第 6 个外显子实际上是被删除了。

（3）γ 型 Bax 蛋白。*bax* mRNA 前体选择性剪接过程中删除了第二个外显子（含 41 个密码子）。所以成熟的 mRNA 中只保留了基因中的 5 个外显子，共 151 个密码子，翻译出由 151 个氨基酸构成的多肽。

（四）翻译水平的调控

**1. 翻译起始的调控**

1）翻译起始因子的功能调控　　eIF-2 是蛋白质合成过程中重要的起始因子。有些物质可以影响 eIF-2 的活性，调节蛋白质合成的速度。培养的真核细胞处于营养不足（"饥饿"）时，eIF-2 失活，最终导致肽链合成起始效率降低。

血红素对珠蛋白合成的调节就是一个典型的例子。在成熟前，红细胞中已证实 eIF-2 的 3 个亚基之一被磷酸化可导致其活性的降低。这种磷酸化系由一种 cAMP 依赖性蛋白激酶所催化，由于血红素能抑制 cAMP 依赖性蛋白激酶的活化，从而防止或减少了 eIF-2 的磷酸化所导致的失活，使珠蛋白的合成增加。

2）阻遏蛋白的调节作用　　所有进入细胞质的 mRNA 分子并不是都可以立即与核糖体结合，翻译成蛋白质。由于存在一些特定的翻译抑制蛋白可以与一些 mRNA 的 5′端结合，从而抑制了蛋白质翻译。真核细胞中研究的较清楚的是铁蛋白（ferritin）。

铁蛋白的 mRNA 分子的 5′端非编码区有一段约 30 个核苷酸的序列，称为铁反应元件（iron-response element），可折叠成一个茎-环结构（即发夹结构），结合一个铁结合调节蛋白（regulatory iron-binding protein）。铁蛋白未与铁结合时，可与 mRNA 茎-环结构结合，抑制翻译。如有铁与该蛋白结合，则该蛋白从 mRNA 上解离，mRNA 的翻译效率可提高 100 多倍。

3）5′AUG 对翻译的调节作用　　根据蛋白质滑动搜索模型，以真核 mRNA 为模板的翻译开始于最靠近其 5′端的第一个 AUG。90% 以上的真核 mRNA 符合第一 AUG 规律。但在有些 mRNA 中，在起始密码子 AUG 的上游（5′端）非编码区有一个或数个 AUG，称为 5′AUG。5′AUG 的阅读框通常与正常编码区的阅读框不一致，不是正常的开放阅读框。如果从 5′AUG 开始翻译，很快就会遇到终止密码子。因此，若从 5′AUG 开始翻译，就会翻译出无活性的短肽。

5′AUG 和正常的起始密码子 AUG 都有一定的概率作为翻译的起始密码子。因此，5′AUG 可以降低正常 AUG 启动翻译的作用，使翻译维持在较低的水平。

5′AUG 多存在于原癌基因中，其是控制原癌基因表达的重要调控因素。5′AUG 缺失是某些原癌基因翻译激活的原因。

4）mRNA 5′端非编码区长度对翻译的影响　　起始密码 AUG 上游非编码区的长度可以影响翻译水平。当第一个 AUG 密码子离 5′端帽子的位置太近时，不容易被 40S 亚基识别。当第一个 AUG 密码子距 5′端帽子结构的距离在 12 个核苷酸以内时，有一半以上的核糖体 40S 亚基会滑过第一个 AUG。当 5′端非编码区的长度在 17～80 核苷酸之间时，体外翻译效率与其长度成正比。所以，第一个 AUG 至 5′端之间的长度同样影响翻译起始效率和翻译起始的准确性。

**2. mRNA 稳定性调节**　　mRNA 的稳定性之所以是翻译水平调控的一个重要因素，是由于 mRNA 是翻译蛋白质的模板，其量的多少直接影响蛋白质合成的量。不同种类的 mRNA，半衰期亦不一致。即使同种 mRNA，在不同条件下，其半衰期也不一样。mRNA 半衰期越长，翻译效率越高，因而在细胞内合成蛋白质的量亦越多。

细菌细胞内的大多数 mRNA 都是非常不稳定的，半衰期大约为 2min。由于细菌的 mRNA 合成和降解的速度极快，细菌可以通过调整基因表达而对环境变化作出快速反应。而在真核细胞中，mRNA 的稳定性差别很大。有些 mRNA（如编码 β-珠蛋白的 mRNA）半衰期在 10h 以上，而有些 mRNA 的半衰期则只有 30min 或更短。不稳定 mRNA 多编码调节蛋白，如生长因子和原癌基因（如 myc、fos 等）的产物，这些蛋白质的水平在细胞内变化迅速。

3′端非编码区含有一段富含 A 和 U 的序列，这可能是引起许多 mRNA 不稳定的原因。但有些 mRNA 的不稳定性（快速降解）是由其 3′端非编码区中的特定的信号所决定的。例如，转铁蛋白受体的 mRNA 便是由外来信号调控其稳定性。人转铁蛋白受体的 mRNA 在 3′端非翻译区 A 和 U 丰富区可形成 5 个发夹结构，能够结合一种铁结合调节蛋白以保护 mRNA 不被降解。当有铁存在时，调节蛋白与铁结合，而与 RNA 解离，mRNA 迅速被降解。有趣的是，与转铁蛋白受体 mRNA 3′端非编码区结合的铁结合调节蛋白，与结合铁蛋白 5′端非编码区的铁结合调节蛋白，似乎是同一个铁敏感性 RNA 结合蛋白。铁的存在可以同时对铁蛋白和转铁蛋白受体的翻译产生影响，一方面使铁蛋白大量合成，另一方面使转铁蛋白受体的 mRNA 迅速降解，减少转铁蛋白受体的合成。

（五）翻译后调控

翻译后调控（posttranslational control）指蛋白质生物合成之后对其表现生物活性和特定功能的时空控制过程。主要包括以下过程：蛋白质分子的折叠（folding）、修饰加工、分选

（sorting）和传送。相当多的蛋白质在翻译的同时进行折叠。折叠过程需要分子伴侣及其一些因子参与。

分子伴侣（molecular chaperone）是一类为其他蛋白质的装配和折叠所需要的蛋白质，它本身并不是被装配和折叠的蛋白质的组成成分。分子伴侣在蛋白质生物合成、蛋白质膜转位和折叠中起重要作用。它们阻止新合成的多肽链发生聚集，然后介导其折叠和组装，使其由非天然构象（无活性）变为天然构象（有活性）。分子伴侣有很多家族，它们各自在进化中保持高度保守状态。分子伴侣家族主要是热休克蛋白类蛋白。

蛋白质翻译后的修饰加工包括蛋白质前体的剪辑、限制性蛋白水解作用、辅基的连接和交联作用，以及蛋白质肽链中一些残基侧链的化学修饰，如磷酸化与去磷酸、甲基化、酰基化等。可逆修饰（如磷酸化与去磷酸）使蛋白质在无活性和有活性两种状态之间转换。各种类型和方式的修饰加工都是在专一性酶或酶系催化的作用下完成的。

蛋白质的分选和传送，是指将具有正确折叠和正确装配因而具有四级结构和生物活性的蛋白质分选出来，并传送至细胞特定的部位，以便达到蛋白质功能的时空表面。负责蛋白质分选和传送的主要细胞器是高尔基体。

从以上内容中，可以大致归纳出下面三点结论：①真核生物生命现象的基础是基因调控，而转录后遗传信息扩展的多种方式又是基因表达多样性的最主要基础；②无论在基因表达的哪一个调控层次上，可以认为反式作用因子的调控作用都能最有效地在质和量上改变和扩展遗传信息；③在翻译过程中，mRNA 不仅是肽链合成的模板，而且其结构也是实现翻译水平调节的基础。许多在翻译水平起调控作用的反式因子，需要与 mRNA 上特定结构（即顺式调控元件）发生专一性的结合才能显示它们的生物活性。翻译水平的调控如转录水平一样是一个复杂的过程，要最终阐明控制机制尚需更深入的研究。

# 第三节　非编码 RNA 调控

数十年来，RNA 的主要细胞功能被认为是遗传信息从 DNA 到蛋白质传递的中间分子。但当基因组测序结果显示人类只有 21 000 蛋白质编码基因，与很多低等物种（如线虫）相当，这样的结果令整个科学界为之震惊。随着高通量测序技术的出现和生物信息学的进步，人们发现人类基因组编码数以万计的小和长的 RNA 转录本，这些转录本不编码蛋白质，被称为非编码 RNA，其在包括人类在内的哺乳动物的生理和疾病发生发展过程中发挥重要的调控作用。非编码 RNA 包括小非编码 RNA（small noncoding RNA）和长链非编码 RNA（long non-coding RNA，lncRNA）。

## 一、小非编码 RNA

小非编码 RNA 包含 20～30nt 核苷酸，是 RNA 干扰（RNAi）的核心成分，在从裂变酵母到人类的各种生物中均发挥调控作用。小非编码 RNA 可以根据其长度、生物发生模式和效应蛋白分为三大类：微小 RNA（microRNA，miRNA）、小干扰 RNA（small interfering RNA，siRNA）和 Piwi 互作 RNA（Piwi-interacting，piRNA）。通过识别靶标 RNA，这些分子在以序列特定的结合方式调节基因的表达方面起着关键作用。

### （一）miRNA

**1. miRNA 的发现**　　1993 年，Lee 等第一个发现的 miRNA 是 *lin-4*，该基因为线虫胚胎发育相关的重要基因。*lin-4* 基因座产生 22nt RNA，其与靶 mRNA——lin-14 的 3′-UTR 中的序列部分互补，负调控 LIN-14 蛋白表达，保证幼虫具有正常的发育模式。使用计算和基因组方法相结合的进一步研究已经在多种生物中发现了数千种 miRNA，包括人类、苍蝇、蠕虫和植物。miRNA 被认为在所有细胞类型的高等生物中表达。

**2. miRNA 产生和作用机制**　　miRNA 转录为初级 miRNA（pri-miRNA）的长发夹结构，然后由 Drosha-DGCR8 复合物加工成 60～70nt 前体 miRNA（pre-miRNA）。pre-miRNA 通过 Exportin-5 从细胞核进入细胞质中，并由 Dicer 及其合作伙伴加工成约 22nt 的 miRNA / miRNA 双链。22nt RNA 双链与 Ago 和其他蛋白质结合形成 miRISC 复合物。miRISC 在靶 mRNA 的 3′-UTR 处结合，导致翻译抑制（见第十三章图 13-7B）。

miRNA 表达谱可能成为重要的诊断和预后监测工具。在细胞转化和恶性状态中鉴定这些异常调节的 miRNA 在癌症治疗中具有重要意义。抑制调节多个靶标的致癌 miRNA 可能会关闭多种促癌信号。

### （二）小干扰 RNA（small interfering RNA，siRNA）

**1. RNA 干扰现象**　　1998 年，科学家发现双链 RNA（double-stranded RNA，dsRNA）可以抑制线虫同源基因的表达。dsRNA 诱发的同源 mRNA 降解，使细胞表现出特定基因缺陷的表型现象称为 RNA 干扰（RNA interference，RNAi）。

siRNA 一般长度为 21 个核苷酸，其中 19 个核苷酸互补配对成双链，3′端各有两个不配对的核苷酸（多数为 UU），5′端为磷酸基团。其中一条链为引导链（guide strand），用于介导 mRNA 降解；另外一条链为乘客链（passenger strand），在 siRNA 形成有功能的复合体后被降解。

**2. siRNA 的生物合成及作用机制**　　根据 siRNA 前体的来源，可以将其进一步分为外源 siRNA（exogenous siRNA）和内源 siRNA（endogenous siRNA）。

siRNA 的产生过程主要包括 3 个阶段：Dicer 切割形成双链小片段；组装复合体；RNA 诱导性沉默复合体（RNA induced silencing complex，RISC）的形成。Dicer 是 RNaseⅢ家族中特异性识别 dsRNA 的核酸酶，主要包括 RNaseⅢ结构域、dsRNA 结合域、解旋酶结构域和 PAZ 结构域。PAZ 结构域可以结合 dsRNA 的两个 3′不配对核苷酸。两个 RNaseⅢ结构域形成分子内二聚体结构，各催化剪切一条链，产生双链小分子 siRNA，且每条单链的 3′端都带有 2 个突出的非配对碱基（多数为 UU）。

一旦形成活性 RISC，siRNA 引导链与靶 mRNA 配对，在距离 siRNA 3′端 12 个碱基切割 mRNA 并降解。随后 RISC 复合体被回收利用（见第十三章图 13-7B）。

### （三）piRNA

与 Piwi 互作的 RNA 称为 Piwi 相互作用 RNA（piRNA），它是已知最长的（24～29nt）小 ncRNA，主要存在于动物种系中。

大多数 piRNA 定位于果蝇中的基因组重复序列或转座子，因此最初被命名为重复相关的小干扰 RNA（repeat-associated small interfering RNA，rasiRNA）。后来，证明其参与保护种系基因组抵抗反转录转座子的有害影响。随后在许多其他生物的性腺中发现了相似类型的

RNA。由于这些 RNA 与 Ago 蛋白的 Piwi 亚家族相关，因此统称为 piRNA。piRNA 以不依赖于 Dicer 的方式由长单链 RNA 前体产生，其产生与 siRNA 或 miRNA 完全不同。为突出 piRNA 在保护基因组完整性中的重要性，编码 piRNA 途径的许多组分的基因突变会影响动物的生育能力。

## 二、长链非编码 RNA

人类基因组中存在数千种长链非编码 RNA（lncRNA）。lncRNA 的长度通常大于 200nt，具有典型蛋白质编码转录本的特征，如 5′帽、poly（A）尾和内含子。

lncRNA 涉及多种生物过程的调节，包括转录、剪接、翻译、染色体基因剂量补偿、印记、表观遗传调控、细胞周期控制、细胞质和核运输及细胞分化。

**1. lncRNA 在转录和转录后调控**　　lncRNA 通过靶向转录激活因子或抑制因子来调节转录，充当转录因子的辅因子。lncRNA lincRNA-p21 被转录为具有两个外显子的 3.1kb 转录本，位于细胞周期调节基因 *p21/Cdkn1a*（*p53* 的典型靶标）上游约 15kb 处。由多柔比星引起的 DNA 损伤在小鼠胚胎成纤维细胞和几种肿瘤来源的细胞系（肺肿瘤、肉瘤和淋巴瘤）中以 *p53* 依赖性方式诱导 lincRNA-p21 转录。RNA pull-down 实验表明，lincRNA-p21 通过其 5′端区域与异质核核糖核蛋白 K（hnRNP-K）相互作用。lincRNA-p21 通过向启动子募集 hnRNP-K 而充当 *p53* 应答基因的转录抑制因子。

lncRNA 亦参与调节转录后 RNA 加工的各个方面，包括前 mRNA 剪接、细胞质转运、翻译和降解，其通常涉及 lncRNA 与靶 mRNA 之间的碱基配对。

**2. lncRNA 的翻译调控**　　一些研究已经证明了 lncRNA 参与 mRNA 翻译的控制。例如，lncRNA *BC1* 和 *BC200* 分别在小鼠和人的中枢神经系统中转录，*BC1* 可调控纹状体中树突中多巴胺 D2 受体介导的传递效率，并且 *BC1* 缺陷小鼠显示出减少探索行为和增加焦虑。*BC1* 显示了与各种神经元特异性 mRNA 的一些序列互补性，表明该 lncRNA 可能在靶向翻译抑制中起作用。

**3. lncRNA 与表观遗传调控**　　许多 lncRNA 参与基因表达的表观遗传调控。在果蝇中，lncRNA 通过募集 trithorax 蛋白 Ash1 并将其染色质修饰功能指向 Hox 调节元件来诱导同源异型基因 *Ubx* 的表达。某些哺乳动物 *Hox* 基因也受 lncRNA 的调节，这些 lncRNA 的表达在整个人类发育过程中在空间和时间上受到调节。源自 *HOXC* 基因座的 40kb lncRNA HOTAIR 通过与 Polycomb 抑制复合物 2（PRC2）结合并将其募集至目标基因座来抑制跨 *HOXD* 基因座的转录，其影响异染色质形成。

**4. lncRNA 与癌症**　　许多 lncRNA 在癌症中表现出异常表达。lncRNA *MALAT-1* 在非小细胞肺癌中大量表达，并且在转移中的水平比非转移性肿瘤高 3 倍。此外，*MALAT-1* 表达与 I 期患者的预后不良相关，因此可作为生存的预后标志物。*MALAT1* 的小鼠同源物在肝细胞癌中高度表达。lncRNA *PCGEM1* 在前列腺肿瘤中过表达并且与肿瘤细胞增殖和集落形成增加相关，表明其可能参与细胞生长调节。在前列腺癌组织中 lncRNA ANRIL 水平亦明显上调。INK4/ARF 基因座和 lncRNA ANRIL 的大的种系缺失与遗传性皮肤恶性黑素瘤和神经系统肿瘤综合征相关。在白血病和结肠直肠癌的研究中发现 lncRNA 基因中亦存在种系和体细胞突变。

## 第四节　基因表达的调控网络与协同控制

随着功能基因组时代的到来，基因调控已不仅仅是细胞内单个的事件，而是在一个复杂调控网络控制下的综合协同过程。

### 一、转录调控物的活性调节

真核生物具有高度复杂的基因转录速率的调节机制。参与转录调控的转录因子是特定基因的表达产物即蛋白质。这些蛋白质参与翻译后水平的调控，同时又参与其他基因的转录水平调控。这就是调节物（regulator）的调节。其中一些活性转录因子在诱导一个基因转录的同时，亦可抑制另外基因的转录，从而对不同基因的转录产生不同的调控效应。

转录调控物的活性调节有多种模式，包括核孔运输蛋白的调控作用、与泛素蛋白酶系统相关联的转录因子的激活与降解、其他各种翻译后修饰等。

（1）核孔是细胞核内外大分子运输的主要通道，核孔通道能够识别特定的短氨基酸模体，介导蛋白质通过核孔。有两种识别模体：核输出信号（nuclear export signal，NES）和核定位信号（nuclear localization signal，NLS）。前者使具有该信号模体的蛋白质能够从核内输出；后者则使核外的蛋白质进入核内。因此，通过核孔的运输是受到控制的，取决于被运输的蛋白质是否具有 NES 或 NLS。也可以简单通过共价修饰或与运输抑制物结合来调控通过核孔的运输。

（2）泛素蛋白酶系统同时参与了转录激活物的激活与快速灭活过程。在酵母细胞中，泛素化既加强原型 VP16 活性域的活性，又同时作为其降解破坏的靶。转录因子的激活与降解的紧密偶联限定了转录因子活性的持续时间。这种短时的活性作用使细胞能连续监控细胞微环境的变化，以对各种刺激产生快速的反应。

（3）其他的翻译后修饰作用也在调控转录因子活性方面具有重要作用。包括磷酸化修饰以及其他修饰，如赖氨酸残基的酰基化修饰和精氨酸、赖氨酸残基的甲基化修饰等。

### 二、转录因子调节基因表达的方式

转录因子调节基因表达主要有以下几种方式。

#### （一）启动子部位有序的 DNA 结合与染色质重塑

染色质解压缩需要转录因子的参与，而转录因子与 DNA 的结合又需要染色质解压缩为前提，转录因子如何诱导局部染色质的重塑，转录因子如何首先接近 DNA？结果不同的转录因子具有不同的作用方式。一些转录激活蛋白的功能是通过修饰染色体蛋白而改变染色质结构，另外一些转录因子则是结合到 DNA 后对转录产生调控作用。

#### （二）共调控蛋白是控制转录网络的调控物

共调控蛋白是基因表达调控所需要的调控物，该调控物是由序列特异的 DNA 结合转录因子招募到启动子区域发挥作用。目前研究较为清楚的是配体活化转录因子的核激素受体超家族和 RNA 聚合酶Ⅱ相关联的调介物（mediator）。前者作用有两种类型：共激活物（coactivator）和共抑制物（corepressor）。共激活物由与核受体结合的配体招募，共抑制物则由非配体或与受体结合的拮抗物招募。调介物能与 RNA 聚合酶Ⅱ结合，具有多个亚基，对多种不同的基因调节有作用，它能整合正向或负向地调控信号。

现在发现许多共调控蛋白具有酶的作用，能够调整染色质结构，如依赖于 ATP 的染色体重塑复合物和组蛋白翻译后修饰活性物。前者通过对启动子部位的核小体重新定位或诱导核小体构象的改变而有利于 DNA 结合蛋白与 DNA 接触。后者的修饰调节有 4 种类别，涉及组蛋白乙酰转移酶（HAT）、组蛋白质去乙酰化酶（HDAC）、组蛋白甲基转移酶（HMT）和组蛋白激酶。组蛋白乙酰化与转录能力成正相关，并可能启动染色质的结构解体。组蛋白 N 端尾部残基的甲基化和乙酰化是许多基因激活的关键，通过转录抑制因子招募 HDAC 导致组蛋白尾部脱乙酰化从而抑制转录。

（三）精氨酸甲基化控制的基因开关

最近有研究显示，一种特殊的共激活物 CARM1 处于一种决定基因表达的分子开关的中心。有些基因受核受体或 CREB 转录因子的调控。共激活物 CARM1 具有 HMT 活性，使精氨酸甲基化，它能与 P300/CBP 共激活物的 HAT 活性协同作用，这一 HAT 活性增强了核受体对基因调节的诱导作用。CARM1 也能使 P300/CBP 中与 CREB 作用的功能域中精氨酸残基甲基化，而这种甲基化破坏了 P300/CBP 与 CREB 的相互作用，从而灭活了 CREB 的转录活性。通过这种方式，CARM1 同时起到了双重作用：既是核受体介导的转录过程的共激活物，又作为 CREB 介导的转录过程的共抑制物。因而 CARM1 可能是细胞整个基因调控网络中此类调控方式的分子开关。

（四）组蛋白尾修饰调节转录

组蛋白尾修饰与基因表达的关系较为复杂，因为发现单个组蛋白尾修饰受到其他修饰的影响，如组蛋白 H3 尾部的磷酸化修饰和乙酰化修饰就是如此。HAT 修饰两种残基：精氨酸残基和赖氨酸残基，组蛋白的精氨酸甲基化仅与转录激活有关，而赖氨酸甲基化的效应则与细胞类型或修饰的前后过程有关，即可抑制转录或使染色体包装，也可导致转录激活。

（五）组蛋白密码（histone code）假说

由于 4 种组蛋白尾部包含多种共价修饰的靶点，因此有人提出组蛋白 N 端的修饰状态构成组蛋白密码。该密码假说预测组蛋白修饰为附属蛋白创造了结合位点，不同的修饰反映了染色质的不同结构状态。尽管有许多细节尚不清楚，但这一假说已经开始被人们所认识。

（六）染色质解体如何扩展到编码区

染色质在启动子区的解包装并不足以实现有效的转录。RNA 聚合酶Ⅱ常常需要经过启动子下游处于紧密包装状态的数千个碱基对的区域。因此，启动子区的解包装状态如何扩展到整个转录区呢？最近的观察发现：启动子下游染色质结构的解开与转录延长过程相偶联。两种蛋白因子参与了这一过程：染色质特异的转录延长因子（chromatin specific transcription elongation factor）和延长子（elongator）。前者促进 RNA 聚合酶Ⅱ在核小体上延长，并促进组蛋白 H2A 和 H2B 的解离；后者能加强经过染色质的转录。

## 三、转录过程与 mRNA 前体的加工协调

真核生物 RNA 聚合酶Ⅱ与原核细胞的 RNA 聚合酶不同，它不能识别靶基因的启动子，

而是依赖一系列的辅助因子，称为通用转录因子（GTF）。这些转录因子识别 TATA 盒和启动子序列并招募 RNA 聚合酶Ⅱ到转录起始点。普遍的观点认为：RNA 聚合酶Ⅱ和辅助因子是以复合物的形式，即全酶的形式存在，这种情况与细菌有些类似。然而，近来发现某些全酶的组分独立于 RNA 聚合酶Ⅱ，被单独招募到一些启动子区。

### （一）mRNA 前体的加工与转录同时发生

许多证据表明 mRNA 前体的加工与转录过程同时发生，而不是在转录以后。首先是 RNA 的 5′ 端加帽，这一过程发生在 RNA 开始转录不久，通常是转录出 20～30nt 的长度，即开始加帽。很早就发现 RNA 在转录到这一长度时有一个转录暂停现象。看来这一暂停是在等待 5′ 端完成加帽过程。RNA 聚合酶并不继续转录，而是等到这一保护性的修饰完成。这有点类似细胞周期中的 "检查站"（checkpoint）机制，即一个时相完成后，再进入下一个时相。

在 RNA 前体转录与加工偶联过程中，RNA 聚合酶Ⅱ的最大的亚基的 C 端域发挥了独特的功能。这一区域被称为 CTD（carboxy-terminal domain），它包含 52 个重复的 7 肽（Tyr-Ser-Pro-Thr-Ser-Pro-Ser）。CTD 含有许多其他蛋白因子的结合位点，但其精确功能尚不完全清楚。CTD 在 RNA 加工过程中可能机制是：在新生转录物合成过程的不同阶段，通过 CTD 的磷酸化来调整及招募不同的加工因子进行相应的加工，包括 mRNA 前体的加帽、选择性剪接、3′ 端加尾等。CTD 发挥着转录的 "信号" 作用。证据是：首先，发现 CTD 不同部位丝氨酸磷酸化与不同的转录阶段相对应，如 CTD 中第 5 位丝氨酸的磷酸化发生在转录起始与启动子清除过程之间，第 2 位丝氨酸的修饰只在聚合酶处于密码子区出现；其次，不同的 mRNA 前体加工因子识别特定的 CTD 区。因此推测可能存在类似上述组蛋白密码的 "CTD 密码"。

RNA 聚合酶Ⅱ的 CTD 在 RNA 加工中的作用确保了反应以正确的顺序进行，以控制不会遗漏任何步骤。据此进一步推测，"CTD 密码" 中也应包含 RNA 降解的指令，以使 CTD 能在 RNA 聚合酶Ⅱ转录出缺陷的产物时，招募降解 RNA 的因子，使缺陷 RNA 转录物降解。

### （二）3′ 端转录加工与转录过程、选择性剪接及 5′ 端加帽过程偶联

许多证据表明 3′ 端加多聚腺苷酸尾、mRNA 前体的选择性剪接及 5′ 端加帽是偶联的。研究显示，完整的 5′ 端帽子是有效进行选择性剪接和 3′ 端加尾的前提。其机制涉及帽子结合蛋白复合物（CBC）与选择性剪接的组分及 3′ 端加尾结构的相互作用。CBC 与选择性剪接相互作用仅决定对第一个内含子的剪接，而 3′ 端加尾要求无内含子的 mRNA 前体。有实验表明催化加帽结构的酶同时也介导转录的终止，并有实验显示涉及转录起始与腺苷酸化的特异因子存在着物理与功能上的相互作用。

## 四、mRNA 出核运输与 mRNA 前体的加工和转录过程偶联

mRNA 加工完成以后就要运送到蛋白质翻译的位点，mRNA 的运输利用了蛋白质进出核膜的相同的核孔通道。一般认为 mRNA 运输蛋白能识别 mRNA 的保守元件，并将其带向核孔。这些因子能与排列在核孔处的核孔素蛋白相互作用并结合，mRNA 的选择性剪接能够促进其输出，表明两者之间存在着偶联。目前已经获得其中一个起偶联作用的蛋白质 Aly，其作用可能是防止未被充分加工的 mRNA 输出到核外。

### 五、基因表达调控发生在多个环节

真核生物蛋白质表达的调节是一种发生在多个水平的协同调节模式。细胞中蛋白质活性的调节非常精细，可以是基因特异性的或普遍性的。例如，通过调节转录因子控制特定基因的转录水平；而通过某些刺激（如激素）则能调节蛋白质的合成，全面地提高细胞的转录水平。基因表达调节可以非常迅速，也可以较为缓慢，这与基因的类型或功能作用有关。一般而言，看家基因诱导得较慢并具有较长的半衰期，受到快速和紧密控制的基因转录和翻译也非常迅速。

#### （一）蛋白质活性的调节

调节蛋白质活性的最简单方式是改变其在细胞内的表达量。一般可通过调节基因转录、mRNA 翻译及它们的周转来实现。如果蛋白质处于无活性的状态，可通过翻译后修饰激活的方式，快速增加蛋白质的活性，如通过磷酸化修饰激酶的激活是细胞内信号级联的特点。

#### （二）蛋白质多样性的调节

一个基因通过选择性剪接可以产生多种亚型的蛋白质分子，这一过程是单向的，因而能够确保基因信息维持稳定。RNA 编辑在多细胞生物中较为罕见，但也能通过改变 mRNA 本身的编码序列，进一步增加蛋白质的多样性。再加上蛋白质翻译后的化学修饰，使得蛋白质的理论数目大大超过基因组中的基因数目。

#### （三）蛋白质局部浓度的区域化调节

细胞中蛋白质的活性由活性分子的浓度决定。因此增加某一特定细胞区域中蛋白质的浓度是调节活性的有效方法。通过某些短的氨基酸序列可将蛋白质识别并带到细胞内特定的局部区域。mRNA 上也有类似的非翻译短序列。mRNA 的区域化确保了蛋白质的翻译可以在适当的细胞局部完成。

### 六、珠蛋白基因表达的精确时空调控

#### （一）珠蛋白（globin）基因的结构和表达

人类珠蛋白的基因有两类，即 α 类珠蛋白基因和 β 类珠蛋白基因，二者在结构上十分相似，推测是从一个原始珠蛋白基因进化而来。两类珠蛋白基因连锁在不同染色体上成簇排列，所以又分别称为 α 类珠蛋白基因簇（α-like globin gene cluster）和 β 类珠蛋白基因簇（β-like globin gene cluster）。α 类珠蛋白基因簇位于 16 号染色体短臂末端（16p13.3），全长 30kb，其中 $\xi_2$、$\alpha_2$、$\alpha_1$ 和 $\theta_1$ 基因为功能基因。β 类珠蛋白基因簇位于 11 号染色体短臂（11p12），全长约 60kb。β 类珠蛋白基因包含 $\varepsilon$、$\gamma$、$\delta$、$\beta$，$\varepsilon$ 珠蛋白基因在胚胎早期表达，$\gamma$ 基因在胎儿期表达，$\delta$ 基因在胎儿晚期开始表达，随后 $\delta$ 基因与 $\beta$ 基因在出生后至成人期一直表达。在骨髓细胞内，$\delta$ 基因的表达量仅为 $\beta$ 基因的 1/50。

血红蛋白（hemoglobin，Hb）是一种结合蛋白，它的蛋白质部分为珠蛋白，非蛋白部分（辅基）为血红素。Hb 分子含两对珠蛋白链，其中一对为 α 链（或 ξ 链），每条链由 141 个氨基酸组成，另一对为 β 链（或 ε、γ、δ 链），每条链由 146 个氨基酸组成。由这 6 种不

同珠蛋白链组合成人类的 6 种不同的 Hb，即 Hb Gower Ⅰ（$\xi_2\epsilon_2$）、Hb Portland（$\xi_2\gamma_2$）、Hb Gower Ⅱ（$\alpha_2\epsilon_2$）、HbF（$\alpha_2\gamma_2$）、HbA（$\alpha_2\beta_2$）和 HbA2（$\alpha_2\delta_2$）。其中 $\gamma$ 珠蛋白链还有两种亚型 $G_\gamma$ 和 $A_\gamma$，二者仅在 136 位氨基酸存在差异，在 $G_\gamma$ 为甘氨酸，而 $A_\gamma$ 为丙氨酸，因此，HbF 也有两种类型——$\alpha_2 G_{\gamma_2}$ 和 $\alpha_2 A_{\gamma_2}$。上述各种人类 Hb 出现于个体发育的不同阶段：在胚胎发育早期（8 周以前），主要合成胚胎型血红蛋白 Hb Gower Ⅰ、Hb Portland 和 Hb Gower Ⅱ；胎儿期主要合成胎儿血红蛋白（HbF），而成人期则主要是 HbA 和 HbA₂。正常成人外周血中 95% 为 HbA，2%～3.5% 为 HbA₂，HbF 少于 1.5%，这是由于编码这些珠蛋白链的各种不同的珠蛋白基因表达随着个体发育的进程有规律地依次开启和关闭的缘故。此外，合成珠蛋白的特异性组织器官也依个体发育的不同阶段而不同，依次为卵黄囊、胎肝和骨髓。血红蛋白合成在个体发育中所出现的顺序变化反映了珠蛋白基因的表达在时空上受遗传的精确调控（图 5-19）。

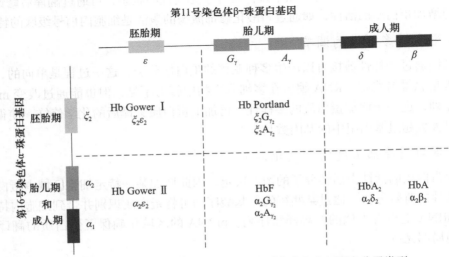

图 5-19　正常人体发育过程中珠蛋白基因表达和血红蛋白分子类型

### （二）控制珠蛋白基因表达的顺式作用元件

顺式作用元件（cis-acting element）包括以下几种。

**1. 启动子（promoter）**　　　人类珠蛋白基因具有三种类型的启动子。在珠蛋白基因的 5′ 旁侧有一系列表达调控序列模块（motif）或称基序，即 TATA 盒、CAAT 盒和 CACCC 盒，参与珠蛋白基因表达调控。以 $\beta$-珠蛋白基因为例，具有下述几个启动子部位：①位于 CAP 位点上游 –30bp 处的 TATA 盒，这也是许多基因启动子的通用元件，这一位点的任一碱基突变将导致基因转录效率减少 70%～80%，引起 $\beta$ 地中海贫血（thalassemia）；②位于 –70bp 的 CAAT 盒；③位于 –90bp 和 –105bp 各一个 CACCC 元件，又称远端元件（distal element）。已发现远端元件近侧位点的突变导致 $\beta$ 地中海贫血，揭示远端位点的 CACCC 元件不能完全代偿近侧 CACCC 远件的功能，而且近侧 CACCC 还是一个红系特异性蛋白的结合位点，该处突变将影响与特异蛋白质的结合，从而发生 $\beta$ 地中海贫血。

**2. 增强子（enhancer）**　　　已知人类 $\beta$-珠蛋白基因有两个增强子，一个位于基因内，另一个位于转录起点下游 2400bp 处。$\gamma$-珠蛋白基因也有一个 3′ 端增强子。

**3. 沉默子（silencer）** 已在人类 β-珠蛋白基因上游 5′端鉴定出两个沉默子，在 ε 基因和 α 基因的 5′端也分别鉴定出一个沉默子。

**4. 位点控制区（locus control region，LCR）** LCR 是位于整个 β 类珠蛋白基因簇上游和下游序列中 6 个对 DNase Ⅰ高度敏感的 DNA 序列。其中 5 个位于 ε 基因上游 6～22kb，一个位于 β 基因下游 22kb 处。在转基因鼠中发现 LCR 能决定 β-珠蛋白的表达量，而且某些位点活性具有红系特异性。在某些缺失型 β 地中海贫血中，由于缺失 β 基因上游 2.5kb 至99kb 的区域，导致 β 基因不表达。

（三）珠蛋白基因表达的特点

**1. 组织细胞特异性** 人类珠蛋白仅在红细胞内表达，不在非红系细胞中表达，推测具有红系特异性的顺式作用元件和反式作用因子共同起作用。

**2. 发育阶段特异性** 人类血红蛋白随个体发育的不同阶段有规律性的变化和更替，出现明显的发育阶段特异性。目前有人认为这种阶段特异性至少受三个开关机制的控制。第一个开关控制珠蛋白基因在原发红系组织中起始激活；第二个开关控制从胚胎血红蛋白至胎儿血红蛋白的转化；第三个开关则在出生时控制胎儿血红蛋白到成人血红蛋白的转换。例如，能有效调节控制胎儿期到成人期血红蛋白的转换这一开关，使一些患有严重地中海贫血的患者已关闭的 γ 珠蛋白基因的功能重新活化，增加胎儿血红蛋白（HbF）的合成，就能在功能上代偿成人血红蛋白，减轻症状。最近有人通过转基因小鼠实验对这一开关机制提出了一个模式，即位点控制区（LCR）通过与 ε、γ 和 β 基因的相互作用来确定究竟哪一个基因被活化，而不能活化的基因则通过诸如阻遏因子之类的蛋白质结合保持静止状态。

**3. 协同性** 尽管 α 类和 β 类珠蛋白基因位于两条不同的染色体上，但此两类珠蛋白维持严格的等摩尔比例。在细胞内存在某种机制维持这两类基因的协同表达。协同作用不仅表现在 α 类和 β 类珠蛋白基因之间，而且在同一类珠蛋白基因簇内，各个珠蛋白基因之间也是协同的。例如，β 类珠蛋白基因簇的 5 个珠蛋白基因的表达水平随发育过程而异，但 β 类珠蛋白的总量总是维持相对恒定。

**4. 可诱导性** 珠蛋白基因簇的表达受一些造血生长因子及化学物质的诱导。例如，血红素、羟基脲、促红细胞生成素、粒系巨噬细胞系集落刺激因子（GM-CSF）等可刺激珠蛋白基因表达。羟基脲（hydroxyurea，HU）作为一种低毒和有效的 γ-珠蛋白基因诱导剂，不仅在动物实验中也在 HbS 患者中证实确有增加血液中 HbF 的功能，因而被认为是治疗 β 地中海贫血的一种有希望的药物。

（罗志勇）

# 第六章　DNA损伤与修复的分子机制

哺乳动物在其生命活动周期中会经常受到内源性代谢物、环境诱变剂，甚至治疗性药物的影响而导致 DNA 的结构破坏，即发生损伤。细胞中能进行损伤修复的生物大分子只有 DNA，反映了 DNA 对生命的重要性。因此，一方面，进化过程中生物细胞所获得的修复 DNA 损伤的能力十分关键；另一方面，在生物进化中，基因组 DNA 突变普遍存在，突变与遗传是对立统一的。基因组 DNA 分子的损伤并非全部都能被修复而回到原初状态，正因为如此，生物才会有变异，有进化。

## 第一节　DNA 损伤的原因与后果

DNA 分子中存储着生物体赖以生存和繁衍的遗传信息，如果 DNA 的损伤，即突变不能被及时更正修复，对体细胞而言可能影响其功能，甚至是生存。对生殖细胞而言则可能影响到后代，因此维护基因组 DNA 的完整性对细胞至关重要。

### 一、DNA 分子的自发性损伤

#### （一）DNA 复制产生的误差

以 DNA 为模板按碱基配对进行 DNA 复制是一个严格而精确的分子事件，但也并非完全不发生错误。复制误差主要由碱基的互变异构引起，因为某些错配的碱基可避开校正系统的检测。通常，复制过程中如有错误的核苷酸掺入，DNA 聚合酶会暂停其聚合催化作用，而以其 $3' \to 5'$ 核酸外切酶的活性切除错接上去的核苷酸，然后再继续正确的复制，这种校正作用普遍存在于原核细胞和真核细胞的 DNA 聚合酶中，是对 DNA 复制误差的修复形式，从而保证了复制的准确性。但校正后的错配率仍在 $10^{-10}$ 左右，即每复制 $10^{10}$ 个核苷酸大概会有一个错误核苷酸的掺入。

#### （二）DNA 的自发性化学变化

生物体内的 DNA 分子可以由于各种原因发生变化，至少有以下几种类型。

**1. 碱基的异构互变**　　DNA 分子中的 4 种碱基，各自的异构体间可以自发地相互转化。例如，烯醇式与酮式碱基间的互变，使碱基配对间的氢键改变，使腺嘌呤错配胞嘧啶、胸腺嘧啶错配鸟嘌呤等，如果这些错配发生在 DNA 复制过程中，就会造成子代 DNA 与亲代 DNA 序列不同。

**2. 碱基的脱氨基作用**　　碱基的环外氨基有时会发生氧化脱氨，胞嘧啶（C）变成尿嘧啶（U）、腺嘌呤（A）变成次黄嘌呤（H）、鸟嘌呤（G）变成黄嘌呤（X）等，遇到复制时，U 与 A 配对、H 与 C 配对，导致子代 DNA 序列错误。

**3. 脱嘌呤与脱嘧啶**　　自发的水解可使嘌呤或嘧啶从 DNA 链的核糖磷酸骨架上脱落下来。哺乳动物细胞基因组，每天每个细胞因 N-糖苷键水解约丢失 10 000 个嘌呤碱基和 200 个嘧啶碱基。

**4. 碱基修饰与链断裂**　　细胞在正常生理活动中产生的活性氧自由基会造成 DNA 损伤，产生胸腺嘧啶乙二醇、羟甲基尿嘧啶等碱基修饰物，还可引起 DNA 单链断裂等。每个哺乳类细胞每天 DNA 单链断裂发生的频率约 5 万次。这些损伤的积累可能导致细胞癌变等。如果细胞不具备高效率的修复系统，生物的突变率将大大提高。

## 二、物理因素引起的 DNA 损伤

### （一）紫外线照射引起的 DNA 损伤

当 DNA 受到波长约 260nm 紫外线照射时，同一条 DNA 链上相邻的嘧啶会以共价键连成二聚体，相邻的两个 T，或两个 C，或 C 与 T 间都可以环丁烷基（cyclobutane）形式形成二聚体，其中最容易形成的是 T-T 二聚体。皮肤因受紫外线照射而形成的二聚体的频率可达每小时 $5 \times 10^4$ 个 / 细胞，紫外线不能穿透皮肤，因此这种损伤只局限于皮肤中。此外，紫外线照射还能引起 DNA 链断裂损伤。

### （二）电离辐射引起的 DNA 损伤

电离辐射损伤 DNA 有直接效应和间接效应。直接效应是 DNA 直接吸收射线能量而遭受损伤；间接效应是指 DNA 周围其他分子（主要是水分子）吸收射线能量，产生具有很高反应活性的自由基，再损伤 DNA。

**1. 电离辐射对 DNA 损伤**　　电离辐射对 DNA 损伤的机制主要有以下几种。

（1）自由基间接损伤。

（2）损伤 DNA 修复系统。

（3）MCI（mobile charge interaction，移动电荷相互作用）假说，即电磁场除了间接通过自由基或损伤 DNA 修复系统作用于 DNA 分子外，还能够直接与 DNA 分子链发生作用，作用的靶点是 DNA 分子中移动的电荷。

**2. 电离辐射可导致 DNA 分子发生的变化**　　电离辐射可导致 DNA 分子发生如下变化。

（1）碱基变化。其主要由 OH· 自由基引起，包括 DNA 链上的碱基氧化修饰、过氧化物的形成、碱基环的破坏和脱落，一般嘧啶比嘌呤更敏感。

（2）脱氧核糖变化。脱氧核糖上的每个碳原子和羟基上的氢都能与 OH· 反应，导致脱氧核糖分解，最后引起 DNA 链断裂。

（3）DNA 链断裂。这是电离辐射引起的十分严重的 DNA 损伤事件，断裂数随照射剂量而增加。射线的直接与间接作用都可能使脱氧核糖被破坏或磷酸二酯键断开，致使 DNA 链断裂。DNA 双链中一条链断裂称为单链断裂（single-strand breakage），DNA 双链在同一处或相近处断裂称为双链断裂（double-strand breakage）。虽然单链断裂发生频率为双链断裂的 10～20 倍，但容易修复；对单倍体细胞来说，如细菌，一次双链断裂往往就是致死性事件。

（4）交联。包括 DNA 链交联和 DNA-蛋白质交联。同一条 DNA 链上或两条 DNA 链上的碱基间可以共价键结合，DNA 与蛋白质之间也能够以共价键相连，组蛋白、染色质中的非组蛋白、调控蛋白、与复制和转录有关的酶都可能与 DNA 以共价键相连接。

## 三、化学因素引起的 DNA 损伤

### （一）烷化剂对 DNA 的损伤

烷化剂是一类亲电子化合物，很容易与生物体中的大分子，如 DNA 发生反应，引发各种类型的损伤。

（1）碱基烷基化。烷化剂很容易将烷基加到 DNA 链中嘌呤或嘧啶的 N 或 O 上，其中鸟嘌呤的 $N^7$ 和腺嘌呤的 $N^3$ 最容易受到攻击，而烷基化的嘌呤碱基配对会发生变化。例如，鸟嘌呤 $N^7$ 被烷基化后就不再与胞嘧啶配对，而改为与胸腺嘧啶配对，结果使 G-C 转变成 A-T。

（2）碱基脱落。发生烷基化的鸟嘌呤的糖苷键不稳定，容易脱落形成 DNA 上无碱基的位点，复制时可以插入任何的核苷酸，造成序列的改变。

（3）断链。DNA 链的磷酸二酯键上的氧也容易被烷基化，结果形成不稳定的磷酸三酯键，易在糖与磷酸间发生水解，使 DNA 链断裂。

（4）交联。烷化剂有两类，一类是单功能基烷化剂，如甲基甲烷碘酸，只能使一个位点发生烷基化。另一类是双功能基烷化剂，化学武器，如氮芥、硫芥等；一些抗癌药物，如环磷酰胺、苯丁酸氮芥、丝裂霉素等；某些致癌物，如二乙基亚硝胺等均属于此类，其两个功能基可同时使两处发生烷基化，结果造成 DNA 链内、DNA 链间，以及 DNA 与蛋白质间的交联。

### （二）碱基类似物、修饰剂对 DNA 的损伤

人工合成的碱基类似物，如 5-溴尿嘧啶、5-氟尿嘧啶、2-氨基腺嘌呤等，其结构与正常的碱基相似，进入细胞能替代正常的碱基掺入到 DNA 链中而干扰 DNA 复制合成。例如，5-溴尿嘧啶结构与胸腺嘧啶十分相近，在酮式结构时与 A 配对，却又更容易成为烯醇式结构而与 G 配对，在 DNA 复制时导致 A-T 转换为 G-C。

还有一些人工合成或环境中存在的化学物质能专一性修饰 DNA 链上的碱基或通过影响DNA 复制而改变碱基序列，如亚硝酸盐能使 C 脱氨基变成 U，经过复制就可使 DNA 上的 G 变成 A；羟胺能使 T 变成 C，结果是 A 改成 G；黄曲霉素 B 也能专一攻击 DNA 上的碱基导致序列的变化，这些都是诱发突变的化学物质或致癌剂。

## 四、DNA 损伤的后果

上述损伤最终导致 DNA 分子结构发生变化，这种 DNA 分子水平上的突变（mutation）是整体遗传突变的基础。归纳 DNA 损伤突变，主要有以下几种类型。

（1）点突变（point mutation），指 DNA 链上单一碱基的变异。嘌呤替代嘌呤（A 与 G之间的相互替代）、嘧啶替代嘧啶（C 与 T 之间的相互替代）称为转换（transition）；嘌呤变嘧啶或嘧啶变嘌呤则称为颠换（transversion）。

（2）缺失（deletion），指 DNA 链上一个或一段核苷酸的消失。

（3）插入（insertion），指一个或一段核苷酸插入到 DNA 链中。

在蛋白质编码序列中如缺失或插入的核苷酸数不是 3 的整倍数，则发生读框移动（reading

frame shift），使其后所译读的氨基酸序列全部混乱，称为移码突变（frameshift mutation）。

（4）倒位或转位（transposition），指 DNA 链重组使其中一段核苷酸链方向倒置，或从一处迁移到另一处。

（5）DNA 断裂。

## 五、DNA 损伤的检测和与 DNA 损伤相关的蛋白质

DNA 损伤的检测是多个蛋白质共同参与的过程。在此过程中，有多个监测点，分别在细胞增殖周期的 $G_1$、S 期、$G_2$ 期和 M 期。这些监测点主要使受损伤的 DNA 不会被复制，从而保证损伤不会被遗传给子代细胞。

损伤的 DNA 能够被多种蛋白质所识别。这些蛋白质对于损伤的修复具有两面性。一方面，有些蛋白质与损伤部位结合后，能够作为 DNA 受到损伤的信号传递给修复系统。另一方面，有些蛋白质与损伤的部位结合后，掩盖了受损的部位，使其不能够被修复系统识别，从而导致基因突变或细胞死亡。由此可见，这些蛋白质对于 DNA 损伤的修复和基因组的稳定性发挥着非常重要的作用。其中，掩盖损伤位点的蛋白质分别是：拓扑异构酶、HMG 蛋白（高速泳动族蛋白，high mobility-group protein）和 TBP（TATA 结合蛋白，TATA binding protein）。使损伤的 DNA 易于被修复的蛋白质分别是 Ixr1（高速泳动族蛋白转录因子链内交联识别蛋白，HMG containing transcription factor intrastrand cross-link recognition protein）和 YB-1（Y-box 结合蛋白）等。

# 第二节　DNA 修复

DNA 修复（DNA repairing）是细胞对其自身 DNA 受损后的一种反应，这种反应可能使 DNA 受损的结构恢复其原样，重新执行原来的功能，但有时并非完全修复 DNA 的损伤，只是使细胞耐受这种 DNA 的损伤而能够继续生存下去而已。

生物在进化过程中获得的 DNA 修复功能，对生物的生存和维持遗传的稳定性是至关重要的。如果细胞不具备 DNA 修复功能，就无法应对经常发生的 DNA 损伤。

对不同的 DNA 损伤，细胞可以有不同的修复途径（表 6-1）。目前，已在哺乳动物细胞中发现了 4 条较为完善的 DNA 修复途径，分别是错配修复（mismatch repair）、碱基切除修复（base excision repair，BER）、核苷酸切除修复（nucleotide excision repair，NER）和重组修复（recombination repair），以及还不完善的 DAN 修复途径——直接修复等。其中，外源性化合物所导致的 DNA 损伤主要经核苷酸切除修复、碱基切除修复和重组修复机制进行修复；DNA 复制和重组过程中所发生的碱基错配以错配修复为主。核苷酸切除修复是体内识别 DNA 损伤种类最多的修复途径，主要修复影响碱基配对而扭曲双螺旋结构的 DNA 损伤，如苯并芘或紫外线对 DNA 的损伤，以及可阻断基因转录和复制的 DNA 损伤。碱基切除修复主要针对 DNA 单链断裂和微小的碱基改变，细胞内由代谢产生的活性氧造成的氧化性 DNA 损伤也由碱基切除修复途径修复。核苷酸切除修复和碱基切除修复途径修复的 DNA 损伤只涉及 DNA 双螺旋中的一条链，通过"切-补"模式，DNA 的损伤，包括损伤 DNA 位点周围的几个核苷酸被切除，形成的单链缺口以完整无误的互补链为模板填补。核苷酸切除修复和碱基切除修复途径均为无差错修复途径。

**表 6-1　常见的 DNA 损伤及其修复途径**

| DNA 损伤因素 | DNA 损伤类型 | 修复途径 |
| --- | --- | --- |
| X 射线、活性氧自由基、自发脱碱基、烷化剂 | 单链断裂、无碱基位点、氧化性碱基（如 8-氧鸟嘌呤）、脲嘧啶 | 碱基切除修复 |
| 紫外线和多环芳烃 | 环丁烷嘧啶二聚体形成、多环芳烃化合物与 DNA 的加合物 | 核苷酸切除修复 |
| 抗癌药（如顺铂和丝裂霉素） | 双链断裂与链间交联 | 双链断裂修复（同源重组修复和末端连接修复） |
| 复制错误和烷化剂 | 碱基错配、缺失或插入 | 错配修复 |

## 一、错配修复

错配修复可校正 DNA 复制过程中偶尔出现的 DNA 碱基错配，错配的碱基可被错配修复酶识别后修复。

在 DNA 复制过程中，DNA 聚合酶能够利用其 $3' \rightarrow 5'$ 核酸外切酶活性去除错配的碱基，但是这种校正作用并不十分可靠，某些错配的碱基可能逃避检测，出现于新合成的 DNA 链中。每一种碱基可以和其他三种碱基形成错配，总共可形成 12 种错配。错配修复系统（mismatch repair system）能够发现和修复这些错配碱基，将复制的准确性提高 2～3 个数量级。

### （一）*E. coli* 错配修复途径

在 *E.coli* 中，错配修复蛋白 MutS 二聚体沿着 DNA 链运动，能够发现 DNA 骨架因非互补碱基对间的不对称而产生的变形，从而识别错配碱基。MutS 在错配位点夹住 DNA，利用 ATP 水解释放的能量使 DNA 形成扭结，MutS 自身构象也发生改变。随后，错配碱基修复复合物募集该修复系统的第二种蛋白因子 MutL，MutL 再激活核酸内切酶 MutH，在错配位点附近切断错配碱基所在的一条 DNA 链，在解旋酶 UvrD 和外切酶作用下，将包括错配碱基在内的一条单链 DNA 去除，所产生的单链 DNA 缺口由 DNA 聚合酶Ⅲ填补，DNA 连接酶封口，完成错配修复。

在 DNA 复制过程中，*E.coli* 通过暂时的半甲基化状态，标记母链和新合成链。*E.coli* 的 Dam 甲基化酶可以将回文序列 $5'$-GATC-$3'$ 两条链中的 A 在其 $N^6$ 位甲基化。GATC 序列广泛分布于 *E.coli* 基因组，平均每 256bp 出现一次，复制前两条链中的 GATC 序列均被完全甲基化。当复制叉通过时，仅模板链的 GATC 序列保持甲基化，而新合成的 DNA 链中的 GATC 回文序列要晚几分钟才被甲基化，以便 Dam 甲基化酶识别该序列并使之甲基化。于是，子代 DNA 出现暂时的半甲基化状态，新合成的 DNA 链缺少标记甲基，因此能够被错配修复系统识别并修复。

MutH 结合于半甲基化位点，只有与定位于碱基错配位点附近的 MutL 和 MutS 相接触，其内切酶活性才被激活。MutH 仅切割非甲基化 DNA 链，即新合成的 DNA 单链。MutH 切割位点可能距离错配位点有几百个碱基对，通过 MutL、MutS、MutH 相互协同作用，可以使子代 DNA 形成环状结构。根据 MutH 的切口不同，错配修复系统使用不同的核酸外切酶切除 MutH 切口和错配碱基之间的单链 DNA。如果切口位于错配位点的 $5'$ 端，使用外切酶Ⅶ或 RecJ，按 $5' \rightarrow 3'$ 方向降解 DNA；如果切口位于错配位点的 $3'$ 端，则使用外切酶Ⅰ或外切酶Ⅹ，按 $3' \rightarrow 5'$ 方向降解 DNA。DNA 聚合酶Ⅲ填补所产生的单链 DNA 缺口。

### （二）真核细胞错配修复途径

真核细胞修复错配碱基利用 MSH（MutS homolog）蛋白，以及与 MutL 同源的 MLH 蛋白和 PMS 蛋白。真核细胞有多种 MutS（MutS-like）蛋白，其特异性不同。有的 MutS 特异作用于简单的错配碱基，有的则识别在 DNA 复制中因"滑动"而出现的少量核苷酸（碱基）的插入或缺失。

真核细胞错配修复系统辨别校正 DNA 的机制与 E.coli 不同，在 DNA 复制过程中，随从链的合成是不连续的，冈崎片段通过 DNA 连接酶相连接。连接前，冈崎片段与以前合成的 DNA 链之间存在一个缺口，这个缺口相当于 E.coli 的 MutH 在新合成的 DNA 链上产生的切口。人 MSH 蛋白通过与复制体组分增殖细胞核抗原（PCNA）相互作用，被募集于后随链的合成位点。通过与 PCNA 相互作用，也可能将错配修复蛋白募集于后随链的 3′ 端。

## 二、碱基切除修复

碱基切除修复（BER）是指切除和替换由内源性活性化合物作用产生的 DNA 碱基损伤，是切除修复中的一种。碱基切除修复能够修复许多种类型的碱基损伤，但受损碱基的移除不是由一种酶来完成的，而是由多个酶来完成的，每一种酶切除特定的受损碱基。例如，尿嘧啶糖基酶移除 DNA 内的尿嘧啶，3-甲基腺嘌呤糖基酶可以切除烷化的碱基。

碱基切除修复主要针对 DNA 单链断裂和小范围的碱基改变，细胞内代谢产生的活性氧造成的氧化性 DNA 损伤也由碱基切除修复途径修复。这种修复方式普遍存在于各种生物细胞中，也是人体细胞主要的 DNA 损伤修复机制。DNA 糖基化酶参与此过程，随后糖苷键断裂，切去受损碱基，最终 DNA 链连接修复损伤。从细菌到人类细胞，参与碱基切除修复的蛋白质广泛存在。绝大多数自发的碱基损伤也是靠碱基切除修复途径进行修复的。

糖苷酶（glycosidase）又称转葡萄糖基酶（glycosylase），能识别受损碱基并通过水解糖苷键切除碱基，从而在 DNA 骨架上产生一个无碱基的裸露的脱氧核糖位点，即 AP 位点（apurinic 或 apyrimidinic site）。然后，AP 内切酶在 AP 位点的 5′ 端切断 DNA 骨架的磷酸二酯键，AP 外切酶再切割 AP 位点的 3′ 端，产生的缺口由 DNA 聚合酶利用未损伤的 DNA 链作为模板而填补，最后由 DNA 连接酶连接。这一方式可以修复细胞 DNA 中碱基自发脱氨基产生的异常碱基，在尿嘧啶 DNA 糖苷酶活性缺陷的 E.coli 突变株中，碱基对 C-G 突变比 A-T 高约 20 倍。脱嘌呤也是一种常见的细胞 DNA 损伤，也在 DNA 中产生 AP 位点，其修复与上述过程相似，只是不需要 DNA 糖苷酶。碱基切除修复能够修复许多种类的碱基损伤，但受损碱基的移除不是由一种酶来完成的，而是由多种酶分别完成，每一种酶切除特定的受损碱基，详见图 6-1。

在人细胞核中已经发现了 8 种 DNA 糖苷酶，它们参与碱基切除修复，具有碱基损伤特异性，通常嘧啶的氧化损伤由 hNTH1、hNEIL1 或 hNEIL2 切除，而氧化损伤的嘌呤由 hOGG1 切除。特异识别的异常碱基包括胞嘧啶脱氨基产生的尿嘧啶、氧化的鸟嘌呤、脱氨基的腺嘌呤、开环碱基及碳原子之间双键变成单键的碱基等。

APE-1（apurinic/apyrimidinic endonuclease-1，脱嘌呤 / 脱嘧啶核酸内切酶 1）是 DNA 碱基切除修复途径中的一种多功能蛋白酶，首先由 HeLa 细胞核内提取鉴定，随后研究发现 APE-1 广泛存在于真核细胞内。APE-1 蛋白酶的作用是修复 AP 位点，它从 AP 位点的 5′ 端

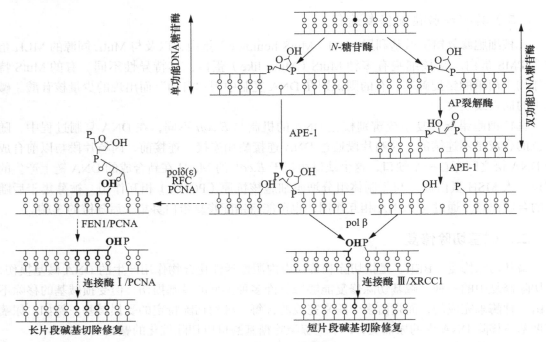

图 6-1　碱基切除修复途径

RFC. 复制因子 C；FEN1. 片段结构特异内切核酸酶；PCNA. 增殖细胞核抗原；XRCC1. X 射线损伤修复交叉互补组分 1

切开，再去除无碱基的残基，然后由 β-聚合酶（pol β）及连接酶插入一个新的核苷酸，完成修复过程（图 6-1）。近来发现，在碱基切除修复途径中还存在 APE-1 非依赖性修复机制，多聚核苷酸激酶（polynucleotide kinase，PNK）与 DNA 聚合酶 β、连接酶Ⅲα 和 NEIL Ⅰ 共同作用，协同完成碱基切除修复。

X 射线损伤修复交叉互补组分 1（X-ray repair cross-complementing group 1，XRCC1）是参与碱基切除修复的另一种蛋白质，与 hOGG1、DNA 聚合酶 β、DNA 连接酶Ⅲ相互作用，协同完成碱基切除修复（图 6-1）。

### 三、核苷酸切除修复

核苷酸切除修复（NER）主要切除由环境因素作用产生的较大的 DNA 加合物。人类细胞有精密的核苷酸切除修复机制。至少有 4 种核苷酸切除修复因子连接 DNA 损伤位点，有两种切开 DNA 单链的酶，切口则由核苷酸连接酶连接。

NER 是体内受损 DNA 主要的修复途径之一，主要修复影响碱基配对的扭曲双螺旋结构的 DNA 损伤，如苯并芘二醇环氧化物 DNA 加合物，以及可阻断基因转录和复制的 DNA 损伤。与碱基切除修复不同，核苷酸切除修复系统并不识别任何特殊的碱基损伤，而是识别 DNA 双螺旋形状的改变，如紫外线照射产生的胸腺嘧啶二聚体及其他嘧啶二聚体（C-C 和 C-T）造成的变形。NER 在进行修复时，切除含有损伤碱基的一段 DNA，而不是仅仅切除受损的碱基。这一复杂过程需要大量蛋白质因子的参与。

NER 有两条不同的途径，详见图 6-2。一是 GG-NER（global genome-NER），能在基因组任何部位移除受损的 DNA；二是 TC-NER（transcription -coupled NER），即转录偶联

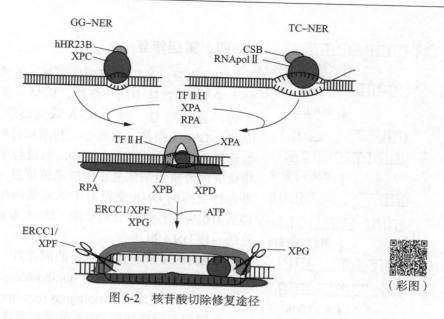

图 6-2　核苷酸切除修复途径

修复。多酶复合物 XPC/hHR23B（特异作用于 GG-NER）或 RNA 聚合酶 /CSA/CSB 复合物（特异作用于 TC-NER）识别受损的 DNA，接着受损 DNA 周围由 RPA、XPA 和 XPB/XPD 解旋酶打开，有利于核酸内切酶 ERCC1/XPF 和 XPG 在受损位点两侧切割 DNA 单链，移除包括损伤位点在内的单链 DNA 短片段，然后由 DNA 聚合酶和连接酶利用未损伤的另一条 DNA 单链为模板修补缺口，从而恢复 DNA 的正常序列。

E.coli 的 NER 主要由 UvrA、UvrB、UvrC 和 UvrD 4 种蛋白质组成。2 个 UvrA 和 1 个 UvrB 分子组成的复合物首先结合于 DNA，并消耗 ATP 沿着 DNA 链运动，UvrA 能够发现损伤造成的 DNA 双螺旋变形，由 UvrB 负责解链，在损伤部位形成单链区，并使之弯曲约130°，接着 UvrB 募集核酸内切酶 UvrC，在损伤部位的两侧切断 DNA 链，其中一个切点位于损伤部位 5′ 侧翼 8 个核苷酸处，而另一个切点位于 3′ 侧翼 4 个或 5 个核苷酸处。然后，DNA 解旋酶 UvrD 去除两切口之间的 DNA 片段，再由 DNA 聚合酶和连接酶填补缺口。

高等真核生物的 NER 工作原理与 E.coli 的大体相同，但该系统更为复杂，参与核苷酸切除修复的蛋白质分子达 25 个以上。人 XPC 蛋白负责发现 DNA 双螺旋中的变形，其功能相当于 E.coli 中的 UvrA；人 XPB 和 XPD 蛋白具有解旋酶活性，其功能相当于 E.coli 中的 UvrB；核酸酶 ERCC1-XPF 切割损伤部位 5′ 侧翼，XPG 切割损伤部位 3′ 侧翼，其功能相当于 UvrC。高等生物 NER 切割单链 DNA 片段长度为 24～32 个核苷酸。这一片段被释放后，产生的缺口由 DNA 聚合酶和连接酶填补并连接。NER 不仅能够修复整个基因组的损伤，而且能够拯救因转录模板链损伤而暂停的转录，即转录偶联修复。在这一过程中，NER 蛋白被募集于暂停的 RNA 聚合酶位点。转录偶联修复的意义在于，将修复酶集中于正在转录的 DNA，使该区域的损伤尽快得以修复。RNA 聚合酶发挥损伤传感蛋白的作用，真核转录偶联修复的核心是 TFⅡH（transcription factor Ⅱ H，转录因子ⅡH）。在转录起始过程中，TFⅡH 的主要功能是对 DNA 模板发挥解螺旋作用，其亚基包括 XPB 和 XPD。所以，TFⅡH 分别参与了两个独立过程：一是在核苷酸切除修复时发挥 DNA 解旋酶的作用；二是在转录过程中打开 DNA 模板。原核细胞也存在转录偶联修复。

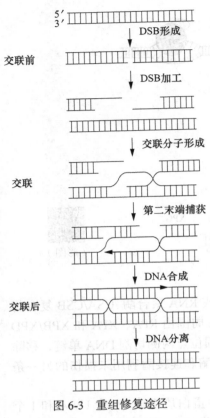

图 6-3　重组修复途径

## 四、重组修复

切除修复之所以能够精确修复，重要前提是损伤仅发生于 DNA 双链中的一条链，而另一条链仍然贮存着正确的遗传信息。对于 DNA 双链断裂（double-strand break，DSB）损伤，细胞必须利用双链断裂修复，即重组修复（recombination repair），通过与姐妹染色体正常拷贝的同源重组来恢复正确的遗传信息（图 6-3）。同源染色体之间的 DNA 交换对于保证基因组精确复制和保持基因组完整性是十分必要的。DNA 双链断裂是比较常见的一种 DNA 损伤。

根据 DNA 末端连接需要的同源性，可以将重组修复分为非同源末端连接（non-homologous end joining，NHEJ）和同源重组（homologous recombination，HR）。

非同源末端连接的 DNA 分子与被连接的 DNA 分子之间不需要广泛的同源性。非同源末端连接主要是免疫球蛋白在 V（D）J 重组的时候，对 DNA 双链进行连接，因此，非同源末端连接的缺陷会导致细胞对放射线敏感和免疫缺陷。

同源重组需多种蛋白质因子参与，包括 RAD51 及其同源物、RAD52、RAD54、BRCA1、BRCA2、MRN 复合物，以及触发 DNA 损伤应激反应的损伤检测分子，如 ATM 和 ATR 等。同源重组修复 DNA 双链断裂时，需要在受损的 DNA 双链和未受损的 DNA 双链之间存在一个互补序列。首先，受损的 DNA 双链的 5′端被外切酶剪开，留下一个伸出的 3′端单链，这个单链与 RAD52 结合。RAD52 是一个七聚体大分子，保护伸出的 DNA 单连末端不被降解。RAD52 环后面的单链 DNA 被 RAD51 结合形成核蛋白细丝（nucleoprotein filament），它能够进行链的交换。RAD51 核蛋白细丝是一个松散的螺旋结构，它能够使受损 DNA 链更容易进入另一条染色质上同源 DNA 双链。未受损的 DNA 单链与受损的 DNA 单链形成异源双链核酸分子，然后通过分支迁移（branch migration）进行延伸，替代原来的 DNA 单链，最终，被替换的 DNA 单链被核酸内切酶切断，供体链与受体链相连接。第 2 个损伤链可以由二次重组进行修复，也可以以被替换的受体链为模板，合成新的互补链。两者略有不同，前者只需合成前导链，后者需要同时合成前导链和后随链。

真核生物中同源重组修复具有非常重要的意义。同源重组和非同源末端连接两种机制互相协调共同修复 DSB，维持基因组的完整性，非同源末端连接在有丝分裂细胞 $G_1/G_0$ 期发挥主要作用，而同源重组在减数分裂、有丝分裂后期的 $S/G_2$ 期，以及胚胎细胞修复中发挥重要作用；同源重组还参与端粒长度的维持，是杂合性丢失的主要机制之一。同源重组修复缺陷的细胞对电离辐射的敏感性明显增加，癌变倾向增高，表明同源重组与肿瘤发生有密切联系。

利用重组修复系统修复断裂染色体，细胞中必须存在姐妹染色体。在细胞增殖周期早期，姐妹染色体还没有产生，如果染色体发生断裂，细胞自动防故障系统将通过非同源末端连接发挥作用，再由 DNA 聚合酶填补缺口。非同源末端连接是 DNA 双链断裂修复中的重要修复途径，目前已发现 6 个非同源末端连接因子，分别是 Ku70、Ku80、DNA-PKcs、Artemis、XRCC4、DNA 连接酶Ⅳ。非同源末端连接通过断裂末端的两条单链突出之间一小段碱基互补，连接断裂 DNA 分子的两个末端，Ku70/Ku80 异二聚体形成空环，结合在受损 DNA 末端，募集 DNA-PKcs，再和核酸酶 Artemis 形成复合物，未配对的 DNA 单链尾部被核酸酶 Artemis 切除。DNA-PKcs 将两断端连接，XRCC4 类似因子（XLF）与 XRCC4、连接酶Ⅳ同时形成复合物，最后由 XRCC4-连接酶Ⅳ催化断裂 DNA 连接（图 6-4）。其详细机制及 XLF 的作用方式尚不甚清楚。

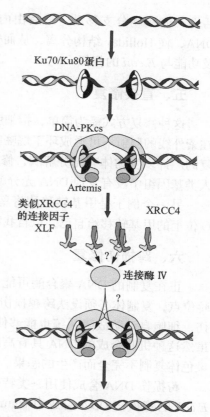

图 6-4　断裂 DNA 非同源末端连接方式

　　DNA 重组修复也用于修复 DNA 复制中的差错。当复制叉遇到一个核苷酸切除修复系统未能修复的 DNA 损伤（如胸腺嘧啶二聚体）时，DNA 聚合酶有时将暂停，并试图跨越损伤进行复制。虽然此时的复制不可能利用模板链，但通过与复制叉的另一个子代 DNA 分子重组，可以恢复其序列信息。一旦完成这一重组修复，核苷酸切除修复系统就获得另一次机会修复胸腺嘧啶二聚体。另一种情况是，复制叉遇到一个缺口，复制叉跨越缺口将产生 DNA 断裂，修复这种损伤只能利用双链断裂修复。

　　大肠杆菌重组修复的基本过程：①受损的 DNA 链复制时，产生的子代 DNA 在损伤的对应部位出现缺口；②另一条母链 DNA 与有缺口的子链 DNA 进行重组交换，将母链 DNA 上相应的片段填补子链缺口处，而母链 DNA 出现缺口；③以另一条子链 DNA 为模板，经 DNA 聚合酶催化合成一新 DNA 片段填补母链 DNA 的缺口，最后由 DNA 连接酶连接，完成修补。重组修复不能完全去除损伤，损伤的 DNA 片段仍然保留在亲代 DNA 链上，只是重组修复后合成的 DNA 分子不再带有损伤，故经多次复制后，损伤就被"稀释"了，在子代细胞中只有一个细胞带有损伤的 DNA。

　　*E.coli* 的 *rec* 基因（*recA*、*recB*、*recC* 和 *recD*）编码的几种酶参与重组修复。RecB、RecC、RecD 酶复合物兼有解旋酶和核酸酶活性，其利用 ATP 水解提供能量沿着 DNA 链运动。当 *recB*、*recC*、*recD* 遇到 chi 序列 5′-GCTGGTGG-3′时，它就在附近将单链 DNA 切断，使 DNA 重组成为可能。

　　*E.coli* 的 RecA 蛋白在 DNA 重组中发挥关键作用。RecA 蛋白被单链 DNA 紧紧缠绕，每圈单链 DNA 缠绕 6 个 *recA* 分子。RecA 蛋白结合单链 DNA 后可在 DNA 单链区产生 RecB、RecC 和 RecD 酶作用的位点，形成 DNA 缺口。RecA 蛋白结合 DNA 具有正协同效应。*E.coli* 的 RuvA 蛋白识别 Holliday 结构连接处，而 RuvB 蛋白具有解旋酶和 ATPase

活性，能驱动分支移动。最后由内切酶 RuvC 特异识别 Holliday 结构中 ATTG 序列并切割 DNA，使 Holliday 结构分离，从而完成 DNA 重组。真核细胞参与重组修复的蛋白质的结构及功能与 E.coli 的相似。

## 五、直接修复

这种修复方式最为简单，指细胞在酶的作用下，直接将损伤的 DNA 修复。细菌的 DNA 在紫外线的照射下可形成环丁烷嘧啶二聚体。这种类型的损伤是在光分解酶的作用下直接修复的。许多生物体有光分解酶，修复由紫外线诱导的环丁烷嘧啶二聚体形成所造成的损伤。人类基因组中没有发现 DNA 光分解酶编码基因的同源基因。

另一个例子是甲基转移酶将鸟嘌呤（$O^6$-甲基鸟嘌呤）或胸腺嘧啶（$O^4$-甲基胸腺嘧啶）O 位上的甲基转移给自己，以自我牺牲的方式修复受损的 DNA。

## 六、跨损伤修复

正在复制的 DNA 聚合酶可能会遇到尚未修复的 DNA 损伤，如胸腺嘧啶二聚体或无嘌呤位点，复制体必须设法跨越损伤进行复制，或者被迫暂停复制。即使细胞不能修复这些损伤，细胞自动防故障系统也能够使复制体绕过损伤部位，这一机制就是跨损伤 DNA 合成。虽然这种机制合成的 DNA 具有高度倾向出现差错，可能引入突变，但可使细胞得以避免因染色体复制不完全而产生的恶果。

跨损伤 DNA 合成使用一类特殊的 DNA 聚合酶，它们能够直接跨越损伤部位进行合成。E.coli 的跨损伤 DNA 合成由 UmuC-UmuD 复合物进行。UmuC 是 DNA 聚合酶 Y 家族的成员。这些跨损伤 DNA 聚合酶的重要特征是虽然它们依赖模板，但插入核苷酸时并不依赖碱基配对，这就是它们能跨越模板链中的损伤而继续合成 DNA 的原因。由于这些 DNA 聚合酶没有"阅读"模板链中的遗传信息，所以跨损伤 DNA 合成差错率通常较高。

因为跨损伤 DNA 合成的差错率高，这一方式可能是 DNA 损伤修复系统的最后手段，它使细胞在面临 DNA 复制受阻的巨大灾难时能够存活，但同时突变率升高。因此在正常环境中 E.coli 细胞内不存在跨损伤 DNA 聚合酶，这种酶仅在对 DNA 损伤做出应答时才被诱导合成。跨损伤 DNA 聚合酶编码基因的表达是 SOS 应答的一部分。在 DNA 受到严重损伤时，SOS 应答能够诱导合成很多参与 DNA 损伤修复的酶和蛋白质。SOS 应答十分迅速，在 DNA 损伤发生后几分钟之内就可出现。转录阻遏蛋白 LexA 抑制若干参与 SOS 应答的蛋白质编码基因的表达。LexA 具有潜在的蛋白水解酶活性。E.coli 的 DNA 损伤产生的单链 DNA 诱导 RecA 蛋白水平提高近 50 倍，而 RecA 蛋白能激活 LexA 的自我蛋白酶解，导致至少 15 个参与 SOS 应答 DNA 损伤修复蛋白编码基因由于解除阻遏状态而表达。RecA 激活 LexA 蛋白酶的自我酶解断裂位点位于其多肽链中央的二肽 Ala-Gly。E. coli 的 RecA 蛋白拥有双重功能，一是在 DNA 重组过程中具有 DNA 链交换活性，二是具有 LexA 蛋白水解酶激活活性。当 DNA 两条链的损伤邻近时，损伤不能被切除修复或重组修复，这时在核酸内切酶、外切酶的作用下造成损伤处的 DNA 链空缺，再由损伤诱导产生的一整套的特殊 DNA 聚合酶即 SOS 修复酶类，催化空缺部位 DNA 的合成，这时补上去的核苷酸几乎是随机的，但仍然保持了 DNA 双链的完整性，使细胞得以生存。这种修复带给细胞很高的突变率。

## 七、线粒体损伤和修复

细胞的能量主要来源于线粒体。线粒体是细胞氧化反应产能的主要场所。由于线粒体内的 DNA（mtDNA）与氧化反应体系非常接近，因此其更容易受到氧化损伤。如果线粒体 DNA 修复功能缺失，就会导致线粒体因其 DNA 氧化损伤出现功能失调，进而发生退行性病变。

mtDNA 损伤包括单链断裂、双链断裂、碱基修饰、DNA 链间交联等。线粒体中碱基切除修复最为普遍，同时辅以其他方式共同修复 mtDNA 损伤。

**1. mtDNA 氧化损伤的修复**　　在线粒体内，存在着专门用于碱基切除修复的酶。mtDNA 拥有对 DNA 氧化损伤有效的修复机制。mtDNA 损伤修复比核 DNA 损伤修复要快些，大约 65% 的 mtDNA 损伤在 4h 内完成修复。当 $H_2O_2$ 浓度增大时，mtDNA 的损伤比核 DNA 的损伤严重。

**2. mtDNA 错配和烷基化损伤的修复**　　细菌中错配修复被变位酶 mutL、mutH、mutS 介导。这些酶除了在酵母的线粒体中存在外，在其他真核生物的线粒体中尚未被发现。线粒体中错配修复机制尚有待深入研究探讨。烷基化损伤通常由 BER 机制修复。一些试剂，如链脲菌素、亚硝基脲用于基因特异分析中，证实了 mtDNA 烷基化损伤的特异切除。

## 八、DNA 损伤修复缺陷性疾病

人类遗传性疾病已发现 4000 多种，其中许多人类遗传性疾病与 DNA 修复缺陷有关。DNA 修复缺陷细胞表现出对辐射或致癌剂的敏感性增加。例如，遗传性非息肉病性大肠癌（hereditary non polyposis colorectal cancer，HNPCC）是一常染色体显性遗传性疾病，与 DNA 的错配修复基因突变有关。干细胞错配修复基因（MMR）的突变是导致 HNPCC 的主要原因，MMR 产物能通过辨认切断 DNA，修复错配的碱基从而减少突变的发生。HNPCC 中 MMR 基因的突变发生率为 22%～86%。

着色性干皮病（xeroderma pigmentosum，XP）是另一种常染色体隐性遗传病，是第一个被发现与 DNA 修复缺陷相关的遗传病，该病的患者核苷酸损伤切除修复缺陷。患者的皮肤和眼睛对太阳光，特别是紫外线十分敏感，身体曝光部位的皮肤干燥脱屑、色素沉着，容易发生溃疡，皮肤癌发病率高，常伴有神经系统功能障碍，智力低下等。此外，*NER* 基因缺陷引起的遗传性疾病还有 Bloom 综合征（布卢姆综合征）、Cowden 综合征、范科尼贫血和毛细血管扩张性共济失调症、遗传性非息肉型结肠癌、成人早老综合征等。

（李恩民）

# 第七章　基因结构与表达分析的基本技术

自 20 世纪 50 年代 Watson 和 Crick 建立 DNA 双螺旋结构模型以来，人类对基因和基因组结构与功能的探索就没有停止过。DNA 序列分析技术开创了基因组研究的新时代。基因组研究已经从单细胞生物到多细胞生物，从低等生物发展到高等生物。目前，已分析完成了大批生物的全基因组序列。2001 年初完成的人类基因组计划使基因组研究达到了高潮，是人类真正认识和改造自我的开始。

本章主要介绍基因结构与表达分析的基本技术，这些技术不但对基因功能研究有重要意义，而且在疾病诊断和基因治疗中有重要的实用价值。

## 第一节　DNA 序列分析技术

核苷酸序列测定技术最早始于 20 世纪 60 年代，即 Sanger 和 Brownlee 等建立的 RNA 序列测定技术。真正意义上的 DNA 序列分析方法，是在具有高分辨率的变性聚丙烯酰胺凝胶电泳（polyacrylamide gel electrophoresis，PAGE）技术的基础上建立并发展起来的。通过电泳，可以分离长度达 300～500 个碱基，而差别仅 1 个碱基的同系单链核苷酸序列。20 世纪 70 年代初，Sanger 建立了第一种直接测定 DNA 序列的方法——加减法，并测定了 $\phi$X174 噬菌体 DNA 的全长 5375 个核苷酸序列。1977 年 Sanger 又建立了更为简便、精确的双脱氧核苷酸末端终止法（dideoxynucleotide chain termination method）测定 DNA 序列。几乎在同一时期，Maxam 和 Gilbert 于 1977 年建立了另一种快速 DNA 测序的方法——化学降解法。这两种方法虽然原理不同，但都对 DNA 序列分析技术的快速发展具有深远的影响。

此后，以双脱氧核苷酸末端终止法为基础，利用与光敏元件相连的计算机系统，建立了荧光 DNA 序列分析技术，实现了 DNA 测序过程的自动化。DNA 序列分析技术伴随现代分子生物学的发展而不断完善，这一技术已成为生命科学研究工作者探索生命奥秘的重要工具之一。新的 DNA 序列分析技术的发展更是将生命科学研究推向新的高潮。

### 一、双脱氧核苷酸末端终止法

双脱氧核苷酸末端终止法又称双脱氧末端终止法，该方法操作简便、结果清晰可靠，一次能确定 300～500 个核苷酸的序列，已成为最常用的 DNA 测序方法。

#### （一）基本原理

双脱氧末端终止法以 DNA 合成反应为基础。脱氧核苷三磷酸 dATP、dGTP、dCTP 和 dTTP（合称为 dNTP）是合成 DNA 分子的底物。如果脱氧核苷三磷酸分子在其戊糖五元环 3′ 位碳原子上的羟基进一步被氢原子所取代（即再脱去一个氧原子），则相应地形成双脱氧核苷三磷酸 ddATP、ddGTP、ddCTP 和 ddTTP（合称为 ddNTP）。图 7-1 显示了 ATP、dATP 和 ddATP 的结构。

研究表明，无论是在体内还是体外条件下的 DNA 合成反应中，DNA 聚合酶都是以单链

DNA 为模板，根据碱基互补配对原则，将适当的脱氧核苷三磷酸（dNTP）底物连接到事先已与 DNA 单链模板结合的寡核苷酸引物的 3′羟基末端，形成 3′,5′-磷酸二酯键，同时脱去一个焦磷酸（PPi）分子；而新连接到引物上的脱氧核苷三磷酸（dNTP）底物又提供一个新的 3′羟基末端，与下一个脱氧核苷三磷酸（dNTP）底物连接，以形成下一个 3′,5′-磷酸二酯键。以此类推，从而使引物延伸链不断延伸下去，最终合成一条与单链模板互补的完整新链（图 7-2）。

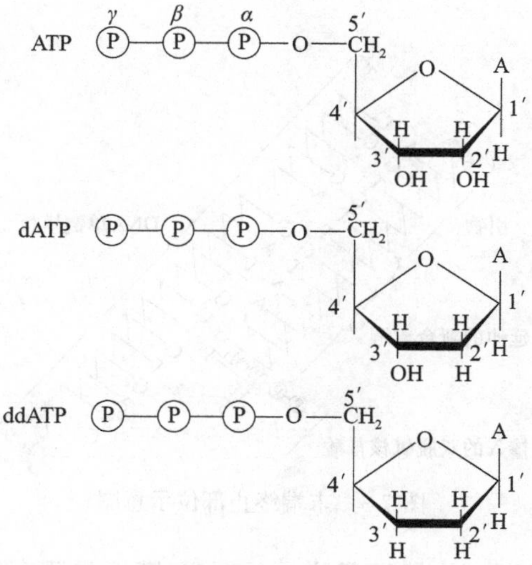

　　如果在此反应体系中，除含有正常脱氧核苷三磷酸底物外，还加入少量的双脱氧核苷三磷酸（ddNTP）特殊底物，由于这种底物的 5′-磷酸基团是正常的，能够替代相对应的脱氧核苷三磷酸而与引物延伸链的 3′羟基连接，进入部分新合成链；

图 7-1　ATP、dATP 和 ddATP 的结构示意图

但由于这种特殊底物不存在 3′羟基末端，故下一个核苷酸底物不能通过 5′-磷酸基团与之形成 3′,5′-磷酸二酯键，从而导致 DNA 新链的延伸提前终止于这一"异常"核苷酸处，而掺入的双脱氧核苷三磷酸位于 DNA 延伸链的最末端（图 7-3）。因此，依据这一原理测定 DNA 序列的方法相应地被称为末端终止法。

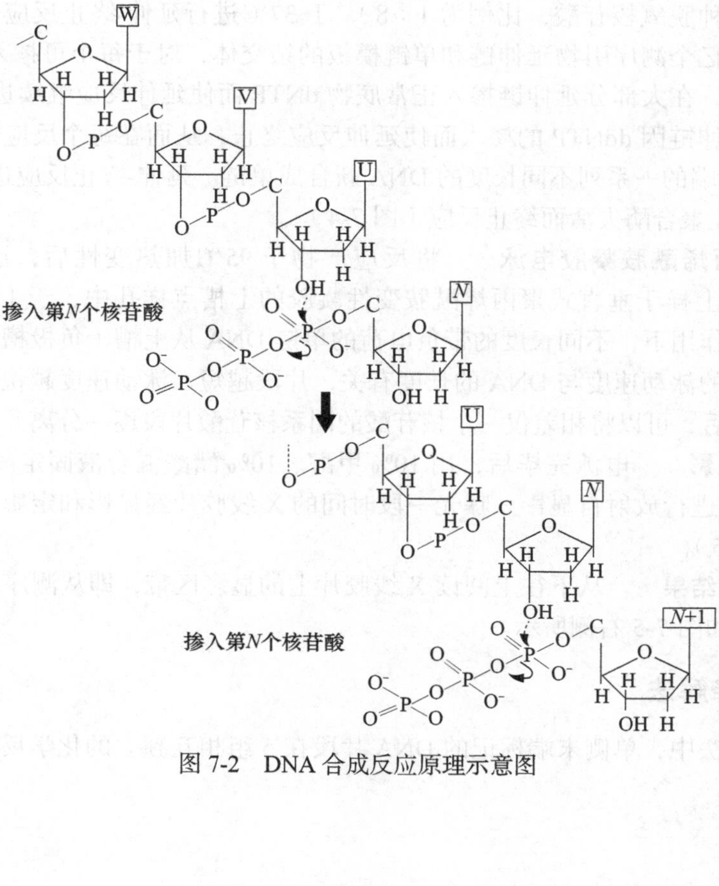

图 7-2　DNA 合成反应原理示意图

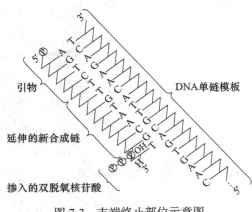

引物

DNA单链模板

延伸的新合成链

掺入的双脱氧核苷酸

图 7-3　末端终止部位示意图

（二）主要步骤

**1. 单链 DNA 模板的制备**　　采用质粒、染色体 DNA 或者 PCR 产物等双链 DNA 作为模板进行序列分析时，需经强碱如高浓度 NaOH 处理，使双链变性解链，形成单链 DNA 模板；而采用 M13 噬菌体等单链 DNA 作为模板进行序列分析时，无须上述变性处理过程。

**2. DNA 模板与测序引物退火**　　制备好的单链 DNA 模板与测序引物在适当的反应缓冲体系中混合后，于 68℃加热 2min，然后缓慢冷却至 30℃左右，测序引物便会结合到单链模板的相应位置上，完成退火过程。

**3. 标记反应**　　DNA 模板与测序引物退火后，加入 DNA 聚合酶和 4 种底物 [ dNTP，其中一种带有放射性核素标记，如（$\alpha$-$^{35}$S）dATP ] 及适当的反应缓冲液，于 25℃反应 2～3min，[ $\alpha$-$^{35}$S ] dATP 即在 DNA 聚合酶的作用下掺入到每条测序引物的延伸链中，使其带上放射性标记。由于标记反应过程中严格控制了反应条件，如底物浓度低、反应温度低及反应时间短等，从而可以达到控制标记反应中新合成 DNA 单链不至延伸进入待测 DNA 模板区域。

**4. 延伸-终止反应**　　将反应混合物分成 4 等份，分别加入 4 个反应管中（各含 1 种双脱氧核苷酸和 4 种脱氧核苷酸，比例为 1∶8），于 37℃进行延伸-终止反应。由于在 4 个反应管中均存在上亿个测序引物延伸链和单链模板的杂交体，对于每个可掺入 ddNTP 的位置都进行随机选择，在大部分延伸链掺入正常底物 dNTP 而使延伸反应继续进行下去的同时，总有一小部分延伸链因 ddNTP 的掺入而使延伸反应终止，从而在每个反应管中，得到以某一种 ddNTP 为末端的一系列不同长度的 DNA 新合成单链。延伸-终止反应进行 5min 后，加入 EDTA 使 DNA 聚合酶失活而终止反应（图 7-4）。

**5. 变性聚丙烯酰胺凝胶电泳**　　将反应产物于 95℃加热变性后，迅速于冰上冷却 2min，然后依次上样于垂直式聚丙烯酰胺变性凝胶的上槽点样孔中，于 1×TBE 缓冲液中电泳。在电场力作用下，不同长度的带负电荷的单链 DNA 从上槽（负极槽）向下槽（正极槽）泳动，片段的泳动速度与 DNA 的长度有关，片段越短，泳动速度越快，反之亦然。经过一段时间电泳后，可以将相差仅一个核苷酸的同系核苷酸片段逐一分离开来。

**6. 放射自显影**　　电泳完毕后，用 10% 甲醇、10% 醋酸混合液固定凝胶，真空抽干，放入 X 线片夹中进行放射自显影。曝光一段时间的 X 线胶片经显影和定影，即可出现相应显影区带（图 7-5）。

**7. 阅读测序结果**　　从下往上阅读 X 线胶片上的显影区带，即从测序引物的 5′端读向 3′端。测序结果如图 7-5 右侧所示。

## 二、化学降解法

在化学降解法中，单侧末端标记的 DNA 片段在 5 组相互独立的化学反应中分别得到部

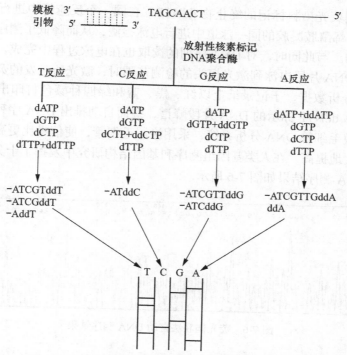

图 7-4　双脱氧末端终止法测序反应的基本原理和过程

分降解，其中每一组反应特异地针对某一种或某一类被修饰碱基，因此形成 5 组带有放射性标记的长短不一的 DNA 混合物。它们的长度取决于该组反应所针对的碱基在原有 DNA 片段上的位置。然后通过聚丙烯酰胺凝胶电泳分别分离这 5 组 DNA 混合物，再通过放射自显影来检测末端标记 DNA 链的电泳区带位置。

由于化学降解法操作繁杂，所用的化学试剂多为有毒物质，且无法实现自动化分析，故在 DNA 序列分析中很少有人再使用。

## 三、DNA 序列分析的自动化

利用双脱氧核苷酸末端终止法的原理，用 4 种不同的荧光化合物分别标记 4 种反应产物，把 4 种反应物混合在一起进行电泳，从而大大提高电泳分析的效率。这种方法利用现代精密仪器和计算机技术，实现了 DNA 测序的高度自动化。1987 年，J. M. Prober 等将结构上存在细微差别的琥珀酰荧光素分别偶联至 ddATP、ddGTP 嘌呤环的第 7 位碳原子，以及 ddCTP、ddTTP 嘧啶环的第 5 位碳原子上；在激光的激发下，上述 4 种双脱氧核苷酸产生不同波长的荧光，分别为 512nm、505nm、519nm 和 526nm。采

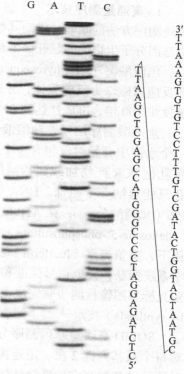

图 7-5　双脱氧末端终止法测序的放射自显影结果图

用这 4 种带有不同荧光染料标记的终止物 ddNTP，在同一个反应管中进行末端终止测序反应，并于变性聚丙烯酰胺凝胶的同一泳道中进行电泳检测，从而降低了测序泳道间迁移率差异对精确性的影响。与此同时，对 DNA 序列的读取也在电泳过程中完成，即当带有某种荧光素标记的单链 DNA 片段电泳到激光探头的检测范围时，激光所激发的荧光信号被探测器接收，经计算机分析数据，于记录纸上以红、黑、蓝和绿四种颜色打印出由带有不同荧光素染料标记终止物 ddNTP 标示的 DNA 片段峰谱，继而自动排出 DNA 序列。目前，新型自动测序仪为大规模毛细管 DNA 分析系统，采用涂层毛细管，使信噪比更高，有效提高分辨率，工作效率极大地提高，在人类基因组测序和基因结构研究中发挥了十分重要的作用。荧光偶联法自动 DNA 测序结果如图 7-6 所示。

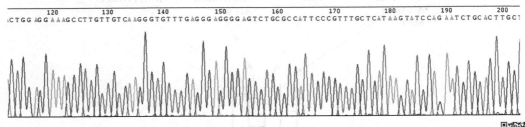

图 7-6　荧光偶联法自动 DNA 测序结果

（彩图）

## 四、新一代 DNA 测序技术发展

**1. 高通量测序技术**　　新一代（包括第二代、第三代等）DNA 测序技术的出现弥补了传统测序方法的缺陷，借助其数据产出高通量、测序成本低的显著优势，新的测序技术为解决基因分子生物学问题开辟了新途径。

焦磷酸测序法（pyrosequencing）的测序系统开创了高通量测序技术的先河。焦磷酸测序反应以磁珠为反应载体，并通过 GSFLX 系统进行分析。与双脱氧末端终止法相比，测序速度快 100 倍，准确性达到 99% 以上。

焦磷酸测序法是在油溶液包裹的水滴中扩增 DNA［即乳化 PCR（emulsion PCR）］，每一个水滴中开始时仅包含一个包裹大量引物的磁珠和一个连接到磁珠上的 DNA 模板分子。将乳化 PCR 产物加载到特制的 PTP（Pico-Titer plate）板上，板上有上百万个孔，每个微孔只能容纳一个磁珠。DNA 聚合酶将一个 dNTP 分子聚合到模板上的时候，释放出一个 PPi（焦磷酸分子）；在 ATP 硫酸化酶（ATP-sulfurylase）催化下，PPi 与腺苷-5′-磷酸硫酸酐（adenosine-5′-phosphosulfate，APS）生成一个 ATP 分子；ATP 在萤光素酶（luciferase）的作用下，将萤光素（luciferin）变成氧化萤光素（oxyluciferin），同时产生的可见光被 CCD 光学系统捕获，读取信号强度和发生时间，实现 DNA 序列测定。通过交替重复的酶促反应和萤光标签图像检测步骤完成测序，这种测序方法的原理又称之为边合成边测序（sequencing by synthesis）技术。

SOLiD 高通量基因测序分析系统在进行测序反应时应用连接法和双碱基编码原理，它对每个碱基判读 2 次、用连接酶替代了传统的聚合酶、测序过程中更换引物，SOLiD 系统对原始碱基数测定的准确性极高，一般情况下大于 99.94%，在新的测序技术中，SOLiD 是准确度最高的。

　　Illumina 测序仪在单分子簇的边合成边测序技术的基础上，采用了可逆终止化学反应，可逆终止子这一新颖设计保证了测序技术的高准确性，这一技术能够在短时间内获得高测得率，而且保证了每次延伸反应时 4 种 dNTP 的浓度均匀，有效地避免了掺入错误。

　　新一代测序技术主要基于循环芯片测序法（cyclic-array sequencing），与传统测序技术相比，新的测序技术平台无论是测序原理、测序过程、适用范围在本质上完全不同，它的出现给生物学领域研究带来新的突破（图 7-7）。

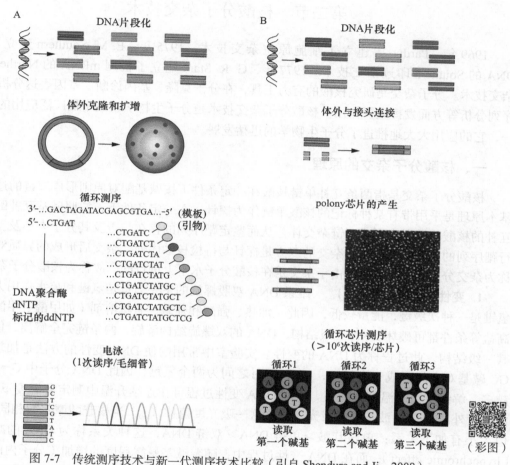

图 7-7　传统测序技术与新一代测序技术比较（引自 Shendure and Ji，2008）

A. 双脱氧核苷酸末端终止法测序技术；B. 基于循环芯片测序的新一代测序技术

　　高通量测序技术的研究并没有停止，Helicos 单分子测序技术、SMRT 技术和纳米孔单分子测序技术向更高通量、更低成本、更长读取的方向发展。

　　**2. 全基因组测序**　　全基因组关联研究（genome-wide association study，GWAS）是指在全基因组层面上，利用现代基因芯片技术，通过对大样本人群 DNA 进行高密度遗传标记的分型检测，从而寻找多基因复杂病，如糖尿病、肥胖病等的遗传因素的一种研究方法，能够发现与疾病发生、发展相关的基因变异位点。基于全基因组 SNP 芯片的 GWAS 技术流程和数据分析相对成熟，但芯片上的杂交探针是基于已知 SNP 位点设计，不能发现新的多态性位点。理论上，全基因组测序可以鉴定人类基因组序列的所有变异。

**3. 外显子组测序（exome sequencing）**　　其是针对基因组中的蛋白质编码区，靶向富集外显子区域测序，以发现疾病相关遗传变异的技术。外显子组测序一般先应用靶向富集技术捕获基因组的外显子区域，再通过高通量测序获得编码区序列，进而发现疾病的遗传特征。外显子组测序在一定程度上解决了杂交分型芯片和传统测序技术的局限性，相对成本低，可以详细分析编码区域的遗传变异，成为目前疾病相关基因研究的重要工具。

# 第二节　核酸分子杂交技术

1969 年，Pardue 等建立了细胞原位杂交技术。1975 年，E. M. Southern 建立了检测 DNA 的 Southern 印迹杂交技术。1977 年，G. R. Stark 建立了检测 mRNA 的 Northern 印迹杂交技术。分子杂交是研究核酸的有力工具，在分子克隆、基因诊断、基因表达分析、核酸序列分析等方面发挥重要作用。核酸分子杂交技术是分子生物学领域中最广泛应用的技术之一，它的应用大大地推进了分子生物学的迅猛发展。

## 一、核酸分子杂交的原理

核酸分子杂交是指两条互补单链核酸在一定条件下按碱基配对原则形成双链的过程。其基本原理是采用带有某种标记的核酸单链作为探针，在一定条件下，按照碱基互补配对，与互补的核酸单链退火形成双链杂交体，从而鉴定靶序列的存在与否及其分子大小及（或）进行靶序列的相对定量分析。杂交的双方是探针与待检核酸序列，杂交后形成的异质双链分子称为杂交分子或杂交双链。由于杂交是在核酸分子水平上进行的，故称为核酸分子杂交。

**1. 变性（denaturation）**　　维系 DNA 双股螺旋的主要力量是氢键和疏水作用力。其中氢键是一种次级键，能量较低，因此，加热、强酸和强碱、有机溶剂（如甲醛、甲酰胺）及高盐等条件都可破坏 DNA 二级结构，DNA 的双螺旋结构解旋，两条链完全解离，但未破坏其一级结构，此过程称为 DNA 的变性。实验室中常用的使 DNA 变性的方法是加热。由于 GC 碱基对之间形成三个氢键，AT 碱基对之间为两个氢键，因此 DNA 分子中 $G \equiv C$ 配对越多，解链所需的温度就越高。监测 DNA 变性过程可在连续升温中测定各温度下 DNA 溶液在紫外区 260nm 波长处的吸光变化。这一吸光度值称 $A_{260}$。当核苷酸摩尔数相同时，$A_{260}$ 值大小有如下关系：单核苷酸＞单链 DNA＞双链 DNA，这种关系称为 DNA 的减色效应（hypochromic effect）；而在 DNA 变性过程中，随着碱基暴露程度的增加（分子内的共轭双键暴露程度增加），其溶液的 $A_{260}$ 值增高的现象称为增色效应（hyperchromic effect）。DNA 变性从开始到完全解链，只是在一个相对窄的温度范围内完成，在这个温度范围内，$A_{260}$ 值达到最大值的 50% 时的温度称为 DNA 的解链温度（melting temperature，$T_m$）；此时，DNA 分子内 50% 的双链结构被打开。DNA 链越长，$T_m$ 值越高；DNA 分子中 G 和 C 的含量越高，$T_m$ 值越高。

**2. 复性（renaturation）**　　变性的两条互补 DNA 单链，在适当条件下重新缔合形成双链的过程称为复性或退火。复性并不是变性反应的简单逆反应过程。复性的过程是相当复杂的。变性过程可以在一个极短的时间内迅速完成，而复性却需要相对较长的时间才能完成。如果使热变性的溶液迅速冷却，则只能形成一些不规则的碱基对，而不能立即恢复 DNA 双链原有结构。但是，将此变性的 DNA 溶液在低于 $T_m$ 值 25℃的温度下维持相当长的一段时间，则可回复到天然的双链结构状态。

**3. 杂交（hybridization）**　　上述的复性是指本来是双链而分开的两股单链的重新结合。而如果把不同的 DNA 链放在同一溶液中做变性处理，或把单链 DNA 与 RNA 放在一起，只要有某些区域有形成碱基配对的可能，它们之间可形成局部的双链，这一过程则被称为核酸杂交。生成的核酸双链称杂交双链。核酸探针往往是指标记有放射性或带有其他标记物的单链多聚核苷酸片段，用于检测核酸样品中特定核苷酸序列。核酸探针是核酸分子杂交、DNA 序列测定等技术的基础，已被广泛应用于分子生物学领域中克隆筛选、酶切图谱制作、DNA 序列测定、基因点突变分析及疾病的临床诊断等方面。

## 二、Southern 印迹杂交

Southern 印迹杂交（Southern blotting）是指将电泳分离的待测 DNA 片段结合到一定的固相支持物上，然后与存在于液相中标记的核酸探针进行杂交的过程，是目前最常用的一种核酸分子杂交方法。1975 年，英国爱丁堡大学的 E.M. Southern 首创了这一方法，并称之为 Southern 印迹转移。利用 Southern 印迹转移可进行克隆基因的酶切图谱分析、基因组基因的定性和定量分析、基因突变分析及限制性片段长度多态性分析（RFLP）等。目前用于印迹转移的固相支持物有硝酸纤维素膜（nitrocellulose membrane，NC 膜）、尼龙膜（nylon membrane）、化学活化膜（chemical activated paper）和滤纸等，以下简述 Southern 印迹杂交的基本过程。

（1）制备基因组 DNA：提取真核生物 DNA 的一般原理是将分散好的组织细胞在含 SDS 和蛋白酶 K 的溶液中消化分解蛋白质，再用酚、氯仿、异戊醇抽提以去除蛋白质，得到 DNA 溶液，并经乙醇沉淀或透析等方法进一步纯化。

（2）用限制性内切核酸酶消化基因组 DNA：根据样品的种类及研究目的确定 DNA 用量。对于克隆片段的限制性内切核酸酶酶切分析，取 $0.1\sim0.5\mu g$ 基因组 DNA 即可；如果需要鉴定基因组 DNA 中的单拷贝基因序列，则需要 $10\sim20\mu g$ 基因组 DNA。

（3）适当浓度的琼脂糖凝胶电泳分离 DNA 酶切片段。

（4）Southern 印迹转移前的凝胶预处理：转移前凝胶需要碱变性、蒸馏水漂洗、酸中和处理；对于较大的 DNA 片段（如大于 15kb），可在变性前用 0.2mol/L HCl 预处理 10min，使其在凝胶中原位变成较小的片段，然后再进行碱变性处理。

（5）Southern 印迹转移：印迹转移的方法有多种：①利用毛细管虹吸作用由转移缓冲液带动核酸分子转移到固相支持物上；②利用电场作用的电转移法；③利用真空抽滤作用的真空转移法。

（6）用标记的核酸探针与转移到固相支持物上的核酸片段进行杂交。杂交溶液中加有已标记和变性的单链核酸或寡核苷酸探针，在一定条件下与印迹转移后固定在固相支持物上的互补核酸单链退火形成双链杂交体。经典杂交反应进行前，须以含多种大分子物质（如 ssDNA、BSA 等）的预杂交液对滤膜进行预杂交，使这些大分子物质与杂交膜表面及待测核酸分子中的非特异性大分子结合位点以非极性基团间的疏水作用力或其他次级键形式结合，从而封闭这些非特异性结合位点，阻止探针在杂交反应进行时与这些非特异性位点结合，以降低显影后的背景。采用基因组 DNA 或 PCR 产物进行 Southern 印迹杂交时也可不进行预杂交。

（7）杂交结果的显示：杂交反应完成后的固相支持物经洗膜和显影，即可从显影区带鉴定待检 DNA 片段，或者通过酶底物显色显示杂交区带。

### 三、Northern 印迹杂交

Northern 印迹杂交（Northern blotting）是指将 RNA 变性及电泳分离后，将其转移到固相支持物上的过程，然后利用杂交反应来鉴定其中特定 mRNA 分子的含量及其大小。1977 年，G. R. Stark 建立了这一方法，被对应地称为 Northern 印迹转移。

Northern 印迹转移可以对 mRNA 进行定性和定量分析，即基因表达分析。Northern 印迹转移除了在样品的制备、凝胶电泳分离及凝胶的处理步骤与 Southern 印迹转移不同外，其他步骤与 Southern 印迹转移基本一致。

电泳分离 mRNA 的方法主要有聚乙二醛和二甲亚砜变性胶电泳、甲醛变性胶电泳和甲基氢氧化汞电泳。毛细管虹吸转移法、电转移法、真空转移法均适用于 Northern 印迹转移。

### 四、斑点杂交和狭缝印迹杂交

斑点杂交（dot blotting）和狭缝印迹杂交（slot blotting）是指 RNA 或 DNA 变性后直接点样于硝酸纤维素膜或尼龙膜上，然后再与相应的探针杂交并显示结果，除无须电泳分离外，整个过程与 Southern 印迹杂交基本相同，用于基因组中特定基因及其表达的定性及定量研究，称为斑点印迹。斑点印迹也是分子生物学实验中常用的技术之一。与 Southern 印迹转移及 Northern 印迹转移相比，其优点是简单、迅速；可以在同一张膜上同时进行多个样品的检测；对于核酸粗提样品的检测效果也较好。其缺点是不能确定所测基因或基因片段的分子质量大小，而且特异性不高，有一定比例的假阳性。

### 五、原位分子杂交

组织细胞的核酸原位分子杂交（molecular hybridization *in situ*）是用已标记的核酸探针与组织切片或细胞中的待测核酸互补序列杂交，从而对组织细胞中的核酸进行定性、定位和相对定量分析。这一方法已被广泛应用于组织细胞中 mRNA 及病毒 DNA 和 RNA 的检测、特定基因在染色体上的定位及基因转移效果分析等领域。后来又发展了荧光原位杂交（fluorescence *in situ* hybridization，FISH）等一些应用较广泛的非放射性原位杂交方法，使基因定位更加精确。

核酸原位分子杂交的基本原理仍是根据碱基互补配对原则，在一定条件下使两条互补核酸单链形成双链复合体。可用标记的核酸探针，与细胞涂片、染色体压片或组织切片上具有互补序列的单链 DNA 或 RNA 形成双链结构，然后通过放射自显影或激发荧光、酶底物显色等方法检测特定的核酸分子所在的部位；还可利用显微分光光度法进行定量分析；也可将显微镜和计算机联用，把激发荧光信号数字化，由计算机进行定性和定量分析。

### 六、液相杂交

液相杂交（solution hybridization）是将标记的探针与待测样品存在于同一溶液体系中，即杂交反应在一均匀的液相中进行，互补的碱基序列彼此配对形成杂交分子，杂交反应完成后，以含变性剂（通常为尿素）的聚丙烯酰胺凝胶电泳分离并进行信号显示。

**1. 核酸酶 S1 保护分析法（nuclease S1 protection assay）**　　这是一种检测 RNA 的杂交技术。其灵敏度较 Northern 杂交法更高，并可进行较为准确的定量。选择适当的探针还可进行基因转录起始位点分析及内含子剪切位点分析等。

利用 M13 噬菌体体系合成单链 DNA 探针，探针与待测 RNA 样品在液相中进行杂交，形成 DNA/RNA 杂交双链。加入核酸酶 S1 专一性地降解未形成杂交体的 DNA 或 RNA 单链，DNA/RNA 杂交双链则受到保护而不被降解。

**2. RNA 酶保护分析法（RNase protection assay，RPA）**　　此法的原理与核酸酶 S1 保护分析法基本相同，只是所采用的探针为单链 RNA 探针，杂交后形成 RNA/RNA 双链。RNA 酶 A 和 RNA 酶 T1 专一性降解单链 RNA，双链 RNA 则不被降解。此法的灵敏度较核酸酶 S1 保护分析法还要高出数倍。此法可用于 RNA 定量、RNA 末端定位及确定内含子在相应基因中的位置。

**3. 引物延伸分析法**　　引物延伸分析法可用于 RNA 5′端的定位和定量，并可检测 mRNA 的前体和加工中间体。待检 RNA 与过量的 5′端标记的单链 DNA 引物（合成的寡核苷酸或限制性酶切片段）杂交，随后用反转录酶延伸此引物，合成与 RNA 模板互补的 cDNA。通过变性聚丙烯酰胺凝胶电泳测定 cDNA 的长度，即可反映引物末端的标记核苷酸与 RNA 5′端的距离。

引物延伸分析法中使用的单链 DNA 引物一般为 30~40 个碱基长度的合成寡核苷酸。这种引物有两个主要优点：一是不能形成 DNA/DNA 杂交体；二是其序列可以精心设计，以便与特定的 mRNA 序列杂交。采用这种方法可以消除 mRNA 二级结构造成的不利影响，并能最大限度地提高分离度，使 cDNA 产物在电泳凝胶上与引物分开。

**4. 抑制性消减杂交（suppression subtractive hybridization，SSH）**　　抑制性消减杂交是以杂交为基础，并与 PCR 技术结合的 cDNA 消减杂交方法。通过合成两个不同的接头，连接于经限制性内切核酸酶消化后的试验方（tester）cDNA 片段的 5′端，然后将比较基因表达差异双方的 cDNA 进行液相杂交，根据接头设计的引物可以选择性扩增差异表达的 cDNA 片段。

抑制性消减杂交的基本步骤如下（图 7-8）。

1）合成双链 cDNA　　提取待比较双方的细胞 mRNA，利用 3′端引物将 mRNA 反转录成 cDNA。反转录体系中加入 T4 DNA 聚合酶，保证产生平头 cDNA。

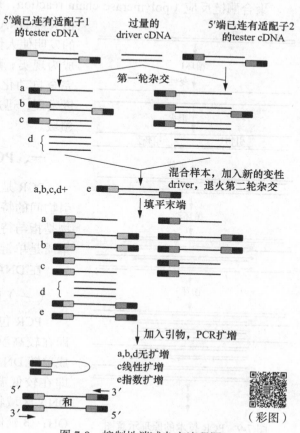

图 7-8　抑制性消减杂交流程图

2）tester 准备　　　平头双链 cDNA 用 *Rsa* I 或 *Hae* III 限制酶将双链 cDNA 切成短片段，且分成两个组。在 T4 连接酶的作用下，分别在 cDNA 的 5′端连上两个不同的寡核苷酸接头，用于以后的选择性扩增。

3）driver 准备　　　driver 的双链 cDNA 只需经 *Rsa* I 或 *Hae* III 限制酶酶切成短片段，而不需添加接头。

4）消减杂交　　　分别向两个 tester 样品中加入过量的 driver cDNA，于杂交缓冲液中进行杂交反应。第一轮杂交反应完成后，将两个样品 tester 混合，再加入过量变性的 driver cDNA 继续杂交反应，获得作为 PCR 扩增模板的差异表达序列。

5）PCR 扩增　　　杂交产物中两端连有不同接头的片段就是寻找的差异表达基因片段。经补平末端后进行巢式 PCR 扩增以获得所需要的差异表达基因。第一次 PCR 扩增以两个接头的 5′端设计引物对差异表达序列进行特异性扩增，有效富集差异表达的 cDNA 片段，然后再以这一次扩增反应的产物作为模板，以两个接头的 3′端部分设计引物再次特异扩增差异表达序列，并进一步消除背景序列干扰。

6）分析　　　差异表达基因的克隆、测序及进一步分析。

# 第三节　聚合酶链反应

聚合酶链反应（polymerase chain reaction，PCR）是 K. Mullis 于 1985 年发明的一种模拟天然 DNA 复制过程的核酸体外扩增技术。PCR 技术的发明使人们梦寐以求的体外无限扩增核酸片段的愿望成为现实。耐热 *Taq* DNA 聚合酶的发现实现了 PCR 的完全自动化，从此，PCR 及其相关技术更以惊人的速度发展，迅速地应用于医学、生物学、考古学等各学科领域。

## 一、PCR 反应的基本原理

PCR 是利用 DNA 聚合酶在体外条件下，催化一对引物间的特异 DNA 片段合成的基因体外扩增技术。引物是指与待扩增 DNA 片段两翼互补的寡聚核苷酸，其本质是单链 DNA 片段。当引物与单链模板互补区结合后，在 DNA 聚合酶作用下即可进行 5′ → 3′ 合成反应。

### （一）PCR 技术的基本过程

PCR 包括三个基本过程：①变性（denaturation），即在较高温度（93～98℃）使双链模板 DNA 变性解链成单链 DNA，以提供复制的模板；②退火（annealing），即在较低温度（37～65℃）下使加入的引物与待扩增 DNA 区域特异性地结合，以提供 DNA 复制起始的 3′-OH；③延伸（extension），即在适当的温度（70～75℃）

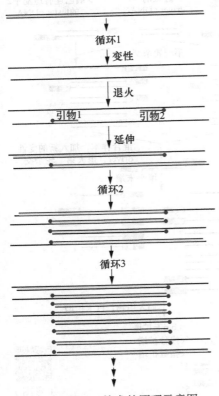

图 7-9　PCR 技术的原理示意图

下，DNA 聚合酶从特异性结合到 DNA 模板上的引物 3′-OH 端开始，根据碱基互补配对原则，按照待扩增区域的核苷酸序列，进行 DNA 链的延伸，即合成新的 DNA 分子。这三个过程组成一个循环周期；每个周期合成的产物又可作为下一个周期的模板，如此循环往复，经过 $n$ 轮循环后，靶 DNA 的拷贝数理论上呈 $2^n$ 增长（图 7-9），即一个靶 DNA 分子经过 20 轮循环后，理论上，其拷贝数将达百万（$2^{20}=1\,048\,576$）个分子。

在指数扩增期，扩增产物的量取决于最初靶 DNA 的数量、PCR 扩增效率及循环次数。公式 $Y=A(1+E)n$ 可描述它们之间的关系，式中，$Y$ 为扩增产物的量；$A$ 为最初靶 DNA 分子的数量；$E$ 为 PCR 扩增效率；$n$ 为循环次数。扩增效率对扩增程度影响较大：当效率为 100% 时，25 个循环后，$Y=2^{25} \cdot A=33\,554\,432A$；当效率为 90% 时，$Y=1.9^{25} \cdot A=9\,307\,649A$，扩增产物为前者的 28%。从图 7-9 中可以看出，比两引物限定区长的延伸产物（又称引物延伸产物）仅能发生在以原始模板 DNA 为模板的扩增过程中，第一循环扩增后这种引物延伸产物仅增加 2 条，即以倍数形式扩增，当起始模板数为 $A$，$n$ 个循环后，理论上有 $A \times n \times 2$ 个拷贝的引物延伸产物产生。这种产物极其微量，在电泳中是无法检测到。

（二）平台期与平台效应

实际上，PCR 扩增反应并不是无限的。经过一定数量的循环后，随着产物的对数累积趋于饱和，DNA 片段不再呈指数积累，而是进入线性增长期或静止期，此过程称为平台效应（plateau effect）。根据反应条件和热循环，下列因素与平台期有关：①引物、dNTP 快速掺入底物中，浓度降低，掺入速度减慢。②随产物增加，酶与模板的比例下降：当合成的 DNA 量超过反应体系中 DNA 聚合酶在限定延伸时间内所能复制的能力时，底物便过量了。这时，反应产物便不再以指数形式增加。对于 2.5U $Taq$ DNA 聚合酶 /100μl 体系中，产物 DNA 约 1μg 时（相当于 3nmol dNTP），便出现底物过量。③非特异性产物或引物二聚体与反应物的竞争。④产物的再结合。变性后的单链 DNA 片段在与引物退火前即自身配对结合，这种抑制作用是由于分支迁移（branch migration）和引物被取代，还是因为 DNA 聚合酶的无效取代合成所致，目前尚不清楚。当产物浓度达到 10pmol/μl 时常出现这种限制效应，而且很难避免，除非稀释反应溶液。

## 二、耐热 DNA 聚合酶

早期在 PCR 技术中使用的是大肠杆菌 DNA 聚合酶 I 的大片段，即 Klenow 片段，延伸温度为 37℃。由于 Klenow 片段在 95℃时完全失活，因此需要在每轮循环变性步骤后再添新酶。同时由于 Klenow 片段聚合反应温度偏低，使非特异性产物增多，受 DNA 二级结构影响较大，聚合反应不完全。改用 T4 DNA 聚合酶，效果也无明显改善。直至 1987 年，发现了热稳定的 $Taq$ DNA 聚合酶才使 PCR 技术有了重大发展。$Taq$ DNA 聚合酶能经受 95℃以上高温而不失活，同时它催化的聚合反应的最适温度为 70~80℃。

现已发现多种耐热 DNA 聚合酶，如 $Tth$ DNA 聚合酶、$Vent$ DNA 聚合酶、$Pfu$ DNA 聚合酶等。其中以 $Taq$ DNA 聚合酶的应用最为广泛。

（一）$Taq$ DNA 聚合酶

该酶是从嗜热水生菌（$Thermus\ aquatics$）YT-1 株中直接分离出来的。基因全长 2499bp，编码分子质量为 94kDa、长度为 832 个氨基酸的蛋白质。

**1. *Taq* DNA 聚合酶活性**　　*Taq* DNA 聚合酶具有较高的热稳定性，在 92.5℃、95℃和 97.5℃的半衰期分别为 130min、40min 和 5～6min。催化 DNA 合成的最适温度为 72～80℃，催化反应速率为每 1 酶分子每秒延伸 150～300 个核苷酸（nucleotide，nt）。温度下降则合成速率下降。70℃时为每 1 酶分子延伸 60nt/s；55℃时为每 1 酶分子延伸 22nt/s；37℃和 22℃时分别为每 1 酶分子延伸 1.5nt/s 和 0.25nt/s；在温度高于 80℃时，几乎无 DNA 合成，原因可能是高温破坏引物-模板结合的稳定性。

*Taq* DNA 聚合酶具有以下特性：① $5' \rightarrow 3'$ 方向的聚合活性；② $5' \rightarrow 3'$ 方向的外切酶活性；③反转录酶活性；④较弱的非模板依赖性；⑤缺乏 $3' \rightarrow 5'$ 方向的外切酶活性，因而无校正功能。

**2. 无机离子和抑制剂**　　*Taq* DNA 聚合酶的活性对 $Mg^{2+}$ 浓度和单价离子（$K^+$ 或 $NH_4^+$）的性质和浓度较敏感。以鲑鱼精子 DNA 为模板，dNTP 的总浓度为 0.7～0.8mmol/L，使用不同浓度的 $Mg^{2+}$ 进行 PCR 反应 10min。结果表明，$MgCl_2$ 浓度在 2.0mmol/L 时酶活性最高，$Mg^{2+}$ 浓度偏高，酶活性受抑制。PCR 反应中的模板 DNA、引物及 dNTP 均可与 $Mg^{2+}$ 结合。因此，$Mg^{2+}$ 浓度在不同的反应体系中应进行适当调整。

适当浓度的 KCl 可增加 *Taq* DNA 聚合酶的聚合活性，最适浓度为 50mmol/L，高于 75mmol/L 时 PCR 反应明显受抑制。50mmol/L $NH_4Cl$ 中度抑制 *Taq* DNA 聚合酶活性。50mmol/L NaCl 可提高 *Taq* DNA 聚合酶活性 20%～30%。不同变性剂对酶活性的影响各异，如低浓度的（2%～10%）二甲基亚砜（DMSO）可减少模板二级结构，在 G+C 含量较高的模板中，特别当 G+C 含量达 75% 以上时，需加入 DMSO 以提高扩增特异性。Triton X-100、Tween 20、NP-40 有利于保护 *Taq* DNA 聚合酶活性和消除低浓度 SDS 的抑制。

**3. 保真性**　　DNA 的生物合成是由 DNA 聚合酶催化的一个高度有序的、复杂的分子过程。纯化的 94kDa *Taq* DNA 聚合酶在体外只有 $5' \rightarrow 3'$ 外切酶活性，它不具有 $3' \rightarrow 5'$ 校对功能。生化保真性测定表明，"无校正功能"的 DNA 聚合酶可在 DNA 合成过程错误掺入碱基。DNA 生物合成中的错配率并不是恒定的，而是依赖于 DNA 聚合酶的类型、DNA 序列、反应条件等。表 7-1 是以 M13mp2 正向突变分析法对各种 DNA 聚合酶在合成过程中保真性的小结。采用 T4 DNA 聚合酶、修饰的 T7 DNA 聚合酶及 Klenow 大片段时的反应条件如下：20mmol/L HEPES（pH7.8）、2mmol/L DTT、10mmol/L $MgCl_2$、1mmol/L dNTPs，37℃；而采用 *Taq* DNA 聚合酶时，反应条件为 20mmol/L Tris-HCl（pH7.2）、50mmol/L KCl，70℃。

**表 7-1　各种 DNA 聚合酶在 PCR 过程中的保真性**

| 酶 | $3' \rightarrow 5'$ 外切酶活性 | 碱基替换 | 聚合过程中核苷酸的错误率 |
|---|---|---|---|
| T4 DNA 聚合酶 | + | 1/80 000 | 1/260 000 |
| 修饰的 T7 DNA 聚合酶 | + | 1/53 000 | 1/190 000 |
| Klenow 片段 | ± | 1/27 000 | 1/140 000 |
| *Taq* DNA 聚合酶 | − | 1/9 000 | 1/41 000 |

采用以下优化条件可提高 PCR 过程中 DNA 聚合酶催化掺入核苷酸的保真性：①在 PCR 反应体系中，除使用 *Taq* DNA 聚合酶外，加入少量的具有 $3' \rightarrow 5'$ 外切酶活性的耐热 DNA 聚合酶，如 *Pfu*、*Vent*、*Pwo* 等可使错配率降为原来的 1/10；如有必要，可选用 T4 或

修饰的 T7 聚合酶合成 DNA 链。②使 4 种三磷酸脱氧核苷酸浓度相等，并尽可能地使用不影响 DNA 合成的最低浓度。③在不影响 DNA 合成的情况下，尽可能使用低浓度的 $MgCl_2$。④尽量缩短高温反应时间，以减少对 DNA 的热损伤。⑤尽可能减少循环数。⑥使在 70℃时反应体系的 pH 低于 6.0。

### （二）其他耐热 DNA 聚合酶

**1. Tth DNA 聚合酶** 从嗜热菌（*Thermus thermophilus*）HB8 株中分离出来的一种热稳定 DNA 聚合酶。在高温和存在 $MnCl_2$ 的条件下，能有效地反转录 RNA。当有 $Mn^{2+}$ 和 $Mg^{2+}$ 存在时，该酶的聚合活性增加。使用该酶能同时进行 cDNA 合成及其扩增反应。

**2. Vent DNA 聚合酶** 又称为 *Tli* DNA 聚合酶，是从 *Thermococcus litoralis* 菌体中分离出来的一种极度耐高温的 DNA 聚合酶，97.5℃时半衰期长达 130min。*Tli* DNA 聚合酶具有 3′→5′外切酶活性，因此催化 DNA 合成时具有校正功能，其碱基的错误掺入率约为 1/31 000，扩增产物的忠实性比 *Taq* DNA 聚合酶高 5～10 倍。

**3. Pfu DNA 聚合酶** 其是从 *Pyrococcus furiosus* 菌株中纯化获得的一种热稳定 DNA 聚合酶，具有 5′→3′ DNA 聚合酶活性及 3′→5′外切酶活性，催化 DNA 合成的忠实性比 *Taq* DNA 聚合酶高 12 倍，最适延伸温度为 72～78℃。*Pfu* DNA 聚合酶耐热性极好，97.5℃时半衰期大于 3h。在无 dNTP 时，此酶会降解模板 DNA，因此反应时应最后加入该酶到反应混合物中。由于该酶促反应采用低盐缓冲液，故退火温度较低，为 37～45℃。

### 三、PCR 引物及设计原则

引物设计的优劣直接关系到 PCR 特异性及成功与否。如下的一些基本原则是从大量设计实践中总结而来，将有助于引物的设计。

### （一）长度及碱基分布

引物长度一般为 10～30 个核苷酸。4 种碱基的分布应遵循随机原则，不应有聚嘌呤或聚嘧啶存在，尤其 3′端不应超过 3 个连续的 G 或 C，因为这样会使引物在 G+C 富含区引发错误延伸。G+C 含量一般为 40%～60%，引物与非特异性扩增序列的同源性不应超过 70%，避免有连续 8 个以上碱基同源。

### （二）引物之间及引物自身

两引物之间不应有互补性，尤其应避免 3′端互补重叠以防引物二聚体的形成。一对引物间不应有多于 4 个连续碱基互补。同时，引物自身不应存在互补序列，否则引物自身会折叠成发夹结构或引物本身复性。这种二级结构会因空间位阻而影响引物与模板的复性结合。

### （三）引物末端

**1. 引物 3′端** 引物的延伸从 3′端开始，3′端不能进行任何修饰，也不能有形成任何二级结构的可能。引物 3′端错配对扩增产物有较大的影响：A-A 错配使产量下降至 1/20，A-G、G-A 和 C-C 错配使产量下降至 1/100；引物 3′端第 2、3 和 4 位的错配对扩增量影响虽较第 1 位减轻，但易出现非特异扩增和形成引物二聚体。同时，引物 3′端应尽量避免为 T，尤其应避免连续 2 个或 2 个以上的 T。

**2. 引物 5′端**　　引物 5′端限定 PCR 产物的长度，但对扩增特异性影响不大。研究表明，在引物的 5′端最多可添加 10 个碱基而对扩增无严重影响。因此，根据不同的目的，可以对引物 5′端进行不同的修饰，如添加限制酶酶切位点序列等。

（四）二级结构区

某些引物无效的主要原因是引物重复区 DNA 二级结构的影响，选择扩增片段时最好避开二级结构区域。实验表明，待扩增区域自由能（$\Delta G^0$）小于 58.6 KJ/mol 时，扩增往往不能成功。若不能避开这一区域，用 7-deaza-2′-脱氢 GTP 取代 dGTP 对扩增的成功是有帮助的。

（五）简并引物

简并引物（degenerate primer）是指碱基序列不同，但有相同碱基数的一组针对某一基因相同区域的寡核苷酸混合物。不同生物在翻译时都表现出有密码子的偏嗜性，选择引物时，应选择某种生物机体内进行蛋白质翻译时使用频率较高的密码子；同时 3′端不应终止于密码子的简并碱基，引物长度一般为 15～20 个核苷酸。原则上引物的简并程度越低越好，虽高达 1024 倍的简并引物已成功地用于 PCR，但是最好不超过 516 倍。一种降低简并程度的好方法是：在高度简并位点用脱氧次黄嘌呤核苷酸（dI）替代。因为 dI 与任何碱基均可配对。

（六）引物设计缺陷的后果

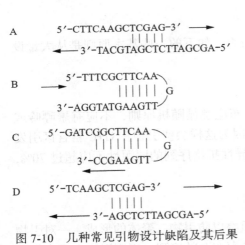

图 7-10 列举了几种因引物设计缺陷而导致的后果。图 7-10A 表示引物与引物之间或引物与模板的非引物结合部位部分互补。那么，DNA 聚合酶的 5′→3′核酸外切酶活性可能将 5′端的碱基切除；同时，DNA 聚合酶也可发挥 5′→3′聚合活性，即发生了非特异性扩增。图 7-10B 表示引物形成 3′突出的发夹结构，DNA 聚合酶发挥 5′→3′核酸外切酶活性，切去引物 5′端的碱基。图 7-10C 表示引物形成 5′突出发夹结构，DNA 聚合酶将发挥 5′→3′聚合活性。图 7-10D 表示引物间 3′端互补黏合，从 3′端发生模板依赖性延伸，形成引物二聚体。这样形成的二聚体是非常有效的 PCR 扩增模板；如果发生在早期 PCR 循环，可以很快成为主要的 PCR 产物。

图 7-10　几种常见引物设计缺陷及其后果

## 四、PCR 反应条件的优化

PCR 原理简单，操作方便，在大多数情况下均可得到较好的扩增效果。但实际上，其技术是比较复杂的，而且迄今并没有完全清楚地了解其全部生化过程。反应体系中各种成分间的相互作用不断变化，其动力学行为决定了扩增产物的质和量。当扩增完全失败或扩增效果不理想时，可对下述参数进行改进。

**1. *Taq* DNA 聚合酶的浓度**　　在其他参数都合适的情况下，*Taq* DNA 聚合酶的较好浓度范围为 1.0～2.5U/100μl 反应液。实际操作时，可建立一系列不同酶浓度（0.5～

5 U/100µl）的反应管；扩增后，电泳检测扩增效果，确定最佳酶浓度。酶浓度过高将增加非特异性扩增，酶浓度过低则使扩增产物的产量减少。

**2. dNTP 的浓度**　　dNTP 的常用浓度为 20～200µmol/L，且要求 4 种底物的浓度相等，以减少错误掺入的机会。一般在 100µl 反应液中含 dNTP 20µmol/L 时，理论上足可合成 2.6µg（100pmol）的 400bp 的 DNA 片段。有实验表明，应用低浓度的 dNTP 可以减少引物在非靶位点的错误引导，并且降低延伸时错误配对的可能性。

**3. Mg²⁺ 浓度**　　*Taq* DNA 聚合酶发挥活性需要 Mg²⁺ 参与，并且通过 Mg²⁺ 介导与模板 DNA、引物及 dNTP 结合。因此，Mg²⁺ 浓度的改变将直接影响引物的退火、模板与 PCR 产物的解链温度、产物的特异性、引物二聚体的形成、酶活性及扩增特异性等。PCR 时常用的 Mg²⁺ 浓度为 0.5～2.5mmol/L。由于 dNTP 可定量地与 Mg²⁺ 结合，加上引物贮存液及模板 DNA 中的 EDTA 或其他螯合物的存在均会影响 Mg²⁺ 的浓度。Mg²⁺ 浓度过高，将增加非特异扩增；Mg²⁺ 浓度过低则导致产量降低。

**4. 引物的浓度**　　引物的使用浓度一般为 0.1～0.5µmol/L。引物浓度过高，将错误启动延伸（即错误引发），导致非特异性扩增产物堆积，另外，还可形成引物二聚体；引物浓度过低则可使扩增产量下降。

## 五、常用的 PCR 改进技术

近年来，以 PCR 为基础的相关技术正在迅速发展，各种各样的 PCR 方法层出不穷。下面对其中的一些常用方法作一简要归纳。

### （一）RT-PCR

RT-PCR（reverse transcription PCR）是一种快速、简便、敏感性极高的检测 RNA 的方法。其原理是先在反转录酶的作用下，以 mRNA 为模板合成 cDNA，再以此 cDNA 为模板进行 PCR 反应（图 7-11）。这样，低丰度的 mRNA 通过 RT-PCR 得以扩增，便于检测。RT-PCR 中的关键步骤是 RNA 的反转录，要求 RNA 模板必须是完整的，且不含 DNA、蛋白质等杂质。常用的反转录酶有两种，即鸟类成髓细胞性白血病病毒（avian myeloblastosis virus，AMV）反转录酶和莫洛尼鼠白血病病毒（Moloney murine leukemia virus，MMLV）反转录酶。

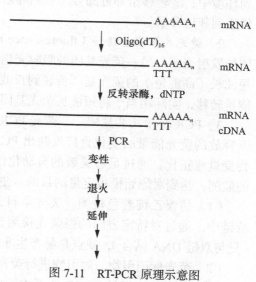

图 7-11　RT-PCR 原理示意图

### （二）定量 RT-PCR

定量 RT-PCR（quantitative RT-PCR，QRT-PCR）是当前精确定量分析基因表达的一种最快速、敏感的方法。与传统的 RNA 分析法相比具有敏感度高、特异性强及能快速分析大量样本等优点。由于在 PCR 扩增的指数期内很小的扩增效率的改变会极大地影响其产量，所以 RT-PCR 很难获得数量信息。如果设立一定的 RNA 竞争性参考标准，将能利用 RT-PCR 对 mRNA 水平进行半定量或绝对定量分析。

选择内源性基因模板标准：内源性基因模板标准是选用在组织中普遍表达、表达量比较恒定的一类 mRNA。编码这些 mRNA 的基因都是一些保守性强的"管家"基因，如 β2-微球蛋白、β-肌动蛋白、核糖体蛋白、翻译延长因子、二氢叶酸还原酶和磷酸甘油醛脱氢酶等基因。将这些表达量恒定的 mRNA 稀释成不同浓度，与样本中的目的 mRNA 混合后在各自不同的引物引导下共同反转录，共同扩增。将待测模板与内标准的扩增产物比较，当两者产物量相等时，待测 mRNA 量即与内标准 mRNA 相应的稀释浓度相同，从而达到半定量的目的。但是由于这些管家基因的 mRNA 与靶基因使用不同的引物，两种 mRNA 在序列组成、分子大小及二级结构上可能存在较大的差异，使两者的扩增效率不同，从而影响定量的准确性。不同来源的组织或细胞的 mRNA 可能有着不同的反转录效率，这种反转录效率的差异在随后进行的 PCR 中被成百万倍地放大。因此，选择这类 mRNA 作为内标准时，只能对目的 mRNA 进行相对定量分析。

### （三）实时荧光定量 PCR（realtime fluorescent quantitative PCR，FQ-PCR）

**原理**

1）荧光染料（fluorescent dye，fluorochrome）　荧光基团通常各有单一的光吸收峰，荧光基团吸收激发光的能量后通常以三种方式释放出能量：①光能：许多荧光基团吸收光能后仍旧以光能形式释放能量，并且发射光的峰值波长大于吸收峰的波长，如 FAM 的光吸收峰为 490nm，而发射峰为 530nm；②热能：某些荧光基团吸收光能后，能量转换为热量扩散到环境中；③转移给邻近的分子：当邻近分子满足发生能量转移的要求时，能量从荧光基团传递到邻近分子。

2）荧光共振能量转移（fluorescence resonance energy transfer，FRET）　当某个荧光基团的发射光谱与另一荧光基团的吸收光谱发生重叠，且两个基团距离足够近时，能量可以从短波长（高能量）的荧光基团传递到长波长（低能量）的荧光基团，这个过程称为荧光共振能量转移，实际相当于将短波长荧光基团释放的荧光屏蔽（淬灭）。

3）PCR 扩增及其监测　荧光 PCR 独特之处在于 PCR 过程中利用荧光染料在激发光下释放的荧光能量的变化直接反映出 PCR 扩增产物量的变化。由于荧光信号变量与扩增产物变量成正比，通过足够灵敏的自动化仪器对荧光进行采集和分析，能够实现对 PCR 过程的监测，达到对原始模板定量的目的。主要采用以下几种模式。

（1）仿溴乙锭着色检测。荧光染料，如 SYBR Green I 直接嵌入扩增产物 DNA 双股螺旋链中。通过对特定方向的强荧光检测获得信号。这种模式能特异性地区分单、双链 DNA（只与双链 DNA 结合），缺点是易产生非特异信号，且本底较高。

（2）荧光标记引物。对引物进行荧光标记从而使荧光标记基团直接掺入 PCR 扩增产物。

（3）荧光标记探针。PCR 体系中除常规扩增引物外，还需要特异性针对扩增模板的探针，位置在引物对中间。可进一步区分为以下几种。

A. 水解探针（hydrolysis probe）模式。如 PE 公司推出的 TaqMan 系统，采用双荧光标记探针（如 Taqman™ 5′-核酸酶检测），利用 *Taq* DNA 聚合酶的 $5' \to 3'$ 聚合酶活性及 $5' \to 3'$ 外切酶活性，可以在链延伸过程中实现链替换，并将被替换的探针切断，故可进行定性与定量检测。其具体原理是：探针完整时，5′端标记的 TAMRA（荧光报告基团）被 480nm 光激发，将能量传递给 3′端标记的 FAM（荧光淬灭基团），FAM 发射其特征光子回到稳定态，产生绿色荧光；PCR 过程中，当 *Taq* DNA 聚合酶在延伸扩增时遇到探针，便发挥其 5′→3′ 外切酶活性，将探针水解成单个核苷酸。由于单个核苷酸之间距离较远，TAMRA 的能量无法传给 FAM，只能发射其自身特征光子回到稳定态，产生红色荧光，因此通过检测红色荧光而定量分析 PCR 产物（图 7-12）。

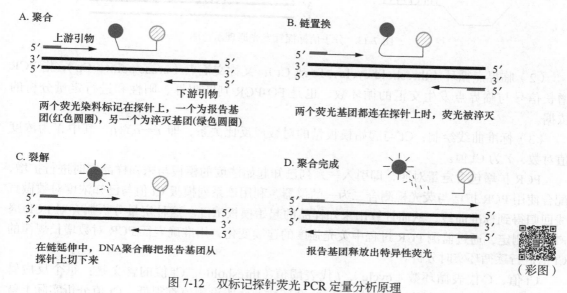

图 7-12　双标记探针荧光 PCR 定量分析原理

荧光探针必须完全与靶基因互补，长度以 20～30 个核苷酸为宜，必要时 3′ 端磷酸化封闭，以防在扩增时作为引物延伸。

当模板变性后低温退火时，引物与探针同时与模板结合。在引物的介导下，沿模板向前延伸至探针结合处，发生链的置换；*Taq* DNA 聚合酶的 5′→3′ 外切酶活性将探针 5′ 端连接的荧光基团从探针上切割下来，游离于反应体系中，从而脱离 3′ 端荧光淬灭基团的屏蔽，接受光刺激发出荧光，切割的荧光基团数与 PCR 产物量成正比，因此根据 PCR 反应液连续变化的荧光强度可绘制反应曲线，计算出初始模板数量。

也有采用双杂交探针，如 LightCycler™ 系统，引物对之间需要设计两个特异针对扩增模板的相邻探针，在一个探针 3′ 端碱基上结合一个荧光染料，在另一个探针 5′ 端碱基上结合第二个荧光染料；引物退火时，两个探针也退火结合至模板，第一个染料接受激发光得到的能量传给了第二个染料，接受能量的第二个染料通过发射特征光子回到稳定态，通过对结合在扩增模板上双探针中第二个染料的荧光检测获得信号。

B.　分子信标探针（molecular beacon）。其是一个发夹样结构的特异探针，其环状部分与靶序列互补。在室温时，分子信标的发夹紧闭，荧光淬灭；PCR 扩增时，随着温度升高，发夹松开，与单链模板特异结合，发出荧光；荧光强度与模板成正比，故可用于 PCR 产物的定性及定量分析（图 7-13）。

4）实时荧光定量 PCR 计算原理

（1）临界点（threshold）选择：PCR 扩增信号进入相对稳定对数增长的最下限，通常设定在 S 形扩增曲线的增长拐点处附近。

A. 荧光探针　　　　　　B. 探针在退火时与目的DNA结合，发出特异性荧光

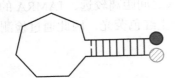
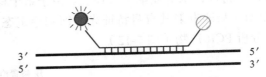

图 7-13　分子信标探针发光原理示意图

（2）临界点循环（threshold cycle，Tc 或 Ct）：又称交汇点（cross point，Cp），指 PCR 增长信号与临界点发生交汇的循环数，也是 FQ-PCR 判断阴性、阳性和进行定量分析的依据。

（3）标准曲线绘制：Ct 与起始模板量的对数成反比关系，即 $Y=-aX+b$，其中 $X$ 为浓度值对数，$Y$ 为 Ct 值。

PCR 扩增包含定量对照，即引入一系列已知起始浓度的模板与未知样品同时进行扩增，配合使用 PCR 扩增与荧光检测合二为一的仪器，利用该系列模板 Ct 值与已知浓度对数做直线回归得到标准曲线，从而计算出未知样品的起始模板浓度。这种定量分析摒弃对 PCR 终产物的测定，通过监测 PCR 过程中荧光强度的连续变化，用准确表征 PCR 对数增长规律的 Ct 值进行逐循环实时分析。

Ct 值，$C$ 代表循环数（cycle），$t$ 代表阈值（threshold），Ct 值的含义是：每个反应管内的荧光信号到达设定的阈值时所经历的循环数，而所设阈值都很低。Ct 值分析实际上就是低浓度的荧光值分析。由于是低浓度，影响因素小，误差没有被放大，所以具有良好的重现性。

固定循环数后，荧光信号与模板数成正比，但当固定荧光信号值后，模板数就与循环数成反比。研究表明，每个模板的 Ct 值与该模板的起始拷贝数的对数存在线性关系，起始拷贝数越多，Ct 值越小。利用已知起始拷贝数的标准品可做出标准曲线：横坐标代表起始拷贝数的对数，纵坐标代表 Ct 值。因此，只要获得未知样品的 Ct 值，即可从标准曲线上计算出该样品的起始拷贝数。

荧光 PCR 融汇了 PCR 的灵敏性、DNA 杂交的特异性和光谱技术的定量精确性，具有以下突出的优点：①封闭反应，直接探测 PCR 过程中的变化以获得定量的结果，污染因素少，且无须 PCR 后处理；②灵敏度高，假阳性率低，尤其荧光标记探针的最大优点在于其特异性非常强，避免了非特异性扩增造成的假阳性信号；③采用对数期分析，摒弃终点数据，定量准确；④定量范围宽，可达到 10 个数量级；⑤电脑同步跟踪，数据自动化处理，在线实时监测，结果直观，避免人为判断；⑥效率高，可用多种商品化荧光物质，如 TET、FAM、HEX、JOE 等作为报告荧光（3′ 端的淬灭基团常用 TAMRA），实现一管双检或多检；⑦操作安全快速；⑧利于自动化和联网管理。

扩增的循环数越靠后，定量的重复性越差。主要原因可能是：①荧光定量技术要求在低分子浓度环境下进行。因为荧光检测定量原理是在忽略分子间相互作用，如果分子浓度过高，影响作用很复杂，而 PCR 扩增产物是高浓度的，因此重复性变差也很容易理解。②扩增末期的扩增效率可能因为大量的靶序列而产生不可控的影响。

### （四）反向 PCR

反向 PCR（inverse PCR）是对已知 DNA 片段两侧的未知序列进行扩增和研究的一种简捷方法。其原理是：用限制酶 A 消化 DNA 片段，然后用连接酶将酶切产物连接成环状，再用已知序列上两端相反方向的引物进行 PCR 扩增。也可先将环化 DNA 用限制酶 B 线性化再进行 PCR 扩增（图 7-14）。

限制酶的选择对反向 PCR 很重要。将已知的 DNA 序列作为核心 DNA，第一步消化基因组 DNA 模板时，必须选择核心 DNA 上无酶切位点的限制酶，若产生黏性末端 DNA 片段则更易于环化。此外，限制酶消化后产生的 DNA 片段大小要适当，太短（200～300bp）不能环化，太长的 DNA 片段则受 PCR 扩增片段有效长度的限制。

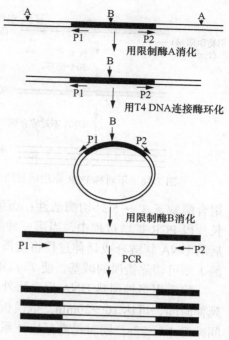

图 7-14　反向 PCR 原理示意图
A 和 B 分别为限制酶及其酶切位点；P1 和 P2 分别为引物；
黑色区域为已知序列；空白区域为未知序列

### （五）Alu-PCR

哺乳动物基因组的特点是包含许多短的重复 DNA 序列，散布于基因组 DNA 中的 Alu 序列是人类基因组中主要的重复序列，其拷贝数约为 900 000。利用 Alu 高度保守区序列设计引物，扩增未知 DNA 片段的方法称 Alu-PCR（图 7-15）。

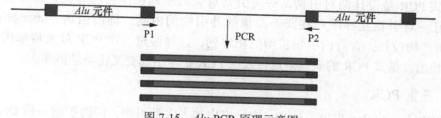

图 7-15　Alu-PCR 原理示意图

靶 DNA 中 Alu 序列的数目及分布在 Alu-PCR 中起决定作用。当靶 DNA 中无 Alu 序列或只有一个 Alu 序列，或两个 Alu 序列相距甚远而超过 PCR 扩增有效长度时，都将无法进行 Alu-PCR。Alu 序列在基因组 DNA 中的排列方向决定着 Alu-PCR 引物的选择，当两个 Alu 序列排列方向相反时，用一个引物即可进行 Alu-PCR，方向相同时则需采用方向相反的两个引物。

### （六）不对称 PCR

不对称 PCR（asymmetric PCR）的目的是通过扩增获得特异单链 DNA。PCR 反应中采用两种不同浓度（1：50～1：100）的引物，经若干循环后，低浓度的引物被消耗尽，以后的循环只产生高浓度引物的延伸产物，结果产生大量单链 DNA（图 7-16）。因 PCR 反应中使用的两种引物浓度不同，因此称为不对称 PCR。此法产生的单链 DNA 可用作杂交探针或 DNA 测序的模板。

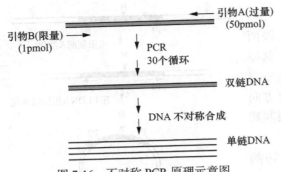

图 7-16　不对称 PCR 原理示意图

引物A(过量)
(50pmol)

引物B(限量)
(1pmol)

PCR
30个循环

双链DNA

DNA 不对称合成

单链DNA

## （七）长片段 PCR

采用 PCR 扩增超过 5kb 的长片段时，扩增效率显著下降（即长片段产量明显减少）。这些减少的长扩增片段只是被部分地合成，大小不一，从而在电泳中呈抹片形式。现认为耐热 DNA 聚合酶是影响长 PCR 是否顺利扩增的一个关键因素。随后，人们利用两种耐热 DNA 聚合酶的混合体进行长片段 PCR（long distance PCR）扩增，第一种耐热 DNA 聚合酶缺乏 $3' \rightarrow 5'$ 外切酶活性；而第二种酶含量较少，具有 $3' \rightarrow 5'$ 外切酶活性。这样，在长片段 PCR 扩增过程中，当第一种酶（如 *Taq* DNA 聚合酶）错误地掺入一个 dNTP 时，随后的 DNA 新链合成延伸过程将变慢，甚至中止。这时，第二种酶（如 *Pfu* 或 *Tli* DNA 聚合酶）则可切除错误的碱基，使 *Taq* DNA 聚合酶能继续将新链合成下去。

除采用多种耐热 DNA 聚合酶外，改变其他影响因素也可提高长片段扩增效率，如增加延伸时间，可达 10～20min，依模板长度而定。模板质量也是一个关键因素；将模板变性时间减为 10～22s，同时提高反应体系 pH，可减少模板在反应过程中受损，有助于链的延伸。甘油和 DMSO 可降低 $T_m$ 值而促进双链解链，可缓解因变性时间过短而使模板变性不充分的影响。将 $Mg^{2+}$ 浓度减少 10%～40% 也能提高长链扩增效率。

## （八）巢式 PCR

有时由于扩增模板含量太低，为了提高检测灵敏度和特异性，可采用巢式 PCR（nested PCR）。巢式 PCR 是设计两对引物，一对引物对应的序列在模板的外侧，称外引物（outer primer）；另一对引物互补序列在同一模板的外引物的内侧，称内引物（inter primer），即外引物扩增产物较长，含有内引物扩增的靶序列，这样经过二次 PCR 放大将单拷贝的目的 DNA 片段检出。巢式 PCR 的缺点是进行二次 PCR 扩增引起交叉污染的概率大。

## （九）多重 PCR

多重 PCR（multiplex PCR）是在一次反应中加入多种引物，同时扩增一份 DNA 样品中的不同序列。每对引物所扩增的产物序列长短不一。根据不同长度序列的存在与否，检测是否有某些基因片段的缺失或突变。进行多重 PCR 扩增时，需要注意的是各对引物扩增的片段的长度要有差别，这样经过电泳后才能区分开来，否则无法检测。此外，PCR 技术还可应用于肿瘤基因诊断等研究，也更常用于传染病和流行病的研究。

## （十）固相锚定 PCR

固相锚定 PCR（solid-anchored PCR）是利用耦合于一固相基质上的特异性寡核苷酸链作为引物合成 cDNA，从而使合成的 cDNA 与固相基质以共价键相结合。典型的固相基质有琼脂糖、丙烯酰胺、磁珠或乳胶等。用 oligo（dT）为引物合成的附着于固相基质上的 cDNA 包含了与一个 cDNA 文库相似的序列信息，因此也称为固相文库。结合在固相基质上的 cDNA 可直接或经修饰后作为 PCR 模板。由于 cDNA 结合在固相基质上，所以在 PCR 过程中改变缓冲液条件或引物组成十分方便，只需洗涤固相基质，然后将其重悬于不同的

PCR 反应混合液中即可。

固相锚定 PCR 在以下方面有广泛用途：PCR 产物单链的自动化序列分析；自动化临床检验方法中对 PCR 产物的检测；产生高度特异性的单链 DNA 探针；构建 cDNA 文库；杂交筛选 RNA 等。

## （十一）原位 PCR

原位 PCR（*in situ* PCR）是指直接用细胞涂片或石蜡包埋组织切片在单个细胞中进行 PCR 扩增，然后用特异探针进行原位杂交检测含该特异序列的细胞的一种方法。

原位 PCR 的关键步骤是制备细胞。通常用 1%～4% 的聚甲醛固定细胞，并用蛋白酶 K 消化完全。为了原位杂交检测扩增产物时能测定细胞的数目，PCR 的变性步骤必须不能破坏细胞 PCR 反应的最佳条件，如 $Mg^{2+}$、*Taq* DNA 聚合酶等各种试剂的浓度须根据实验确定。进行原位 PCR 时，须防止短片段 PCR 扩增产物扩散到细胞外，还要防止扩增过程中组织变干燥，注意保持组织细胞的粘连性。

# 第四节　基因芯片和微阵列技术

基因芯片（gene chip）上的阵列是由规则排列的 cDNA 或寡核苷酸等样本所组成的。宏阵列（macroarray）就是把大型尼龙过滤器上的 cDNA 或寡核苷酸等样本排列起来，以便于通过杂交的方法对它们进行筛选；但是对于微阵列而言，样本所占有空间的直径不超过 200μm，而且需要进行显微分析。在如此小的表面放置如此多的信息，这就使得微阵列具有其优势。一个 DNA 微阵列芯片（基因芯片）只有几平方厘米，却能够容纳几千个样本，每个样本都代表着一类基因。这样，在单个芯片上可以容纳一个复杂的生物体所具有的所有基因，数目可达 30 000～60 000 个。

DNA 微阵列（DNA microarray）提供了一种强大的手段，能够同时对几千个基因进行表达分析，具有多种用途，可以用于变异分析、基因测序、研究基因表达等。这些微阵列系统把 DNA 芯片与多种仪器相结合，共同对样本进行研究，使用扫描仪来研究信使分子（reporter molecule），使用生物信息工具（bioinformatics tool）对数据进行分析。把提取的核酸同某种固定的寡核苷酸杂交后，能够轻松地测定某种特定的 mRNA 在染色体上的表达，或者用来检验 DNA 多态现象。

DNA 芯片一出现，就显示出强大的生命力，其发展速度及其中所运用的技术令人瞩目，展示的应用前景令人鼓舞，它顺应了人类基因组计划的实施，给生命科学研究及其开发领域带来了无法预知的广阔空间。基于 DNA 芯片技术近年来的不断完善，它已成为后基因组时代基因功能分析的最重要技术之一。

所有的生物芯片技术都包含四个基本要点：芯片制备、杂交或反应、检测或扫描、数据处理。生物芯片的技术核心是芯片的制备及反应信号的检测。

## 一、芯片制备

制备芯片的方法基本上可分为两大类：一类是原位合成（*in situ* synthesis）；另一类是合成后交联（post-synthesis attachment）。原位合成是目前制备高密度寡核苷酸芯片最为成功的方法。在制备基因芯片时要考虑阵列的密度、重复性、操作的简便性及成本等因素。

典型的 DNA 芯片制备方法有 4 种：第一种方法是光引导原位合成法，该方法是微加工技术中光刻工艺与光化学合成法相结合的产物。第二种方法是化学喷射法，该方法是将合成好的寡核苷酸探针定点喷射到芯片上并加以固定化来制作 DNA 芯片。第三种方法是接触式点涂法。在 DNA 芯片制备中通过高速精密机械手的精确移动让移液头与芯片接触，而将 DNA 探针涂敷在芯片上。第四种方法是合成点样法，通过使用 4 支分别装有 A、T、G、C 核苷酸的压电喷头在芯片上并行地合成出 DNA 探针。

与其他方法相比，光引导合成法有其优点，即可以合成密度极高的阵列；但它的缺点是耗时、操作复杂。合成点样法虽然芯片上探针的密度相对较低，每个样品都要预合成并纯化，但是其优点是操作简便。目前很多公司采用合成点样法制备芯片。

## 二、样品制备与杂交反应

### （一）样品标记

样品的标记主要采用荧光标记法，也可用生物素、放射性核素等标记。标记在 PCR、RT-PCR 等过程中进行。常用荧光色素 Cy3、Cy5 或生物素标记 dNTP，后者可通过链亲和素偶联的荧光素、丽丝胺、藻红蛋白等进行进一步检测。

样品经扩增、标记等处理后，即可与 DNA 芯片上的探针阵列进行分子杂交。由于集成的显微化，使得杂交所需的探针及待测样品量均大量减少，杂交时间也明显缩短，一般的分子杂交过程可在 30min 内完成。

### （二）杂交反应及过程控制技术

杂交反应的质量和效率直接关系到检测结果的准确性。杂交反应受很多因素的影响：①寡核苷酸探针密度的影响。低覆盖率使杂交信号减弱，而过高的覆盖率会造成相邻探针之间的杂交干扰。②探针浓度的影响。以凝胶为支持介质的芯片，提高了寡核苷酸的浓度，在凝胶内进行的杂交反应更像在液相中进行的杂交反应，可提高对错配碱基的分辨率，同时也提高了芯片检测的灵敏度。③ GC 含量的影响。GC 含量不同的序列，其杂交分子的稳定性不同。④杂交序列长度的影响。在杂交反应中经常发生碱基错配，区分正常配对的互补复合物与单个或 2 个碱基的错配形成的复合物，主要依赖于形成的复合物的稳定性不同，而杂交序列的长度是影响复合物稳定性的一个重要因素，一般说来，短的杂交序列更容易区分碱基的错配；而长杂交序列形成的复合物更稳定，但区分碱基错配的能力差一些。⑤支持介质与杂交序列间的间隔序列长度的影响。研究表明当间隔序列长度提高到 15 个寡核苷酸时杂交信号显著增强。⑥核酸二级结构的影响。样品制备过程中，对核酸的片段化处理，不仅可提高杂交信号的强度，还可提高杂交速度。

### （三）杂交信号检测

杂交信号检测是生物芯片的关键技术之一。荧光检测主要有两种：激光共聚焦荧光显微扫描和 CCD 荧光显微照相检测。前者检测灵敏度、分辨率均较高，但扫描时间长；后者扫描时间短，但灵敏度和分辨率不如前者。虽然荧光检测在芯片技术中得到了广泛的应用，但是荧光标记的靶 DNA 只要结合到芯片上就会产生荧光信号，而目前的检测系统还不能区分来自某一位点的荧光信号是由正常配对产生的，还是单个或 2 个碱基的错配产生的，或二者兼而有之，甚或是由非特异性吸附产生的，因而目前的荧光检测系统还有待进一步完善与发展。有研究者正试图绕过荧光标记，建立新的检测系统，以提高杂交信号检测的灵敏度。

比较成熟的杂交信号检测方法是采用激光扫描仪进行的荧光检测，噪音水平、信噪比、分辨率是衡量扫描仪工作质量的几个重要指标。由于荧光标记法的灵敏度相对较低，因此质谱法、化学发光和光导纤维、二极管方阵检测、乳胶凝集反应、直接电荷变化检测等，正作为新的芯片标记和检测方法而处于研究和试验阶段。

显色和分析测定方法主要为荧光法，其重复性较好，不足的是灵敏度仍较低。当前主要检测手段是激光共聚焦显微扫描技术，可对高密度探针阵列每个位点的荧光强度进行定量分析。因为探针与样品完全正常配对时所产生的荧光信号强度是具有单个或 2 个错配碱基探针的 5～35 倍，所以对荧光信号强度精确测定是实现检测特异性的基础。但由于只要标记的样品结合到探针阵列上后就会发出阳性信号，荧光法不能提供足够的信息而分辨这种结合是否为正常配对，或正常配对与错配兼而有之，因而导致假阳性结果。

（四）信号分析与解读

芯片杂交图谱的多态性处理与存储都由专门设计的软件来完成。一个完整的生物芯片配套软件应包括生物芯片扫描仪的硬件控制软件、生物芯片的图像处理软件、数据提取或统计分析软件，同时要建立数据库及网上检索。

对所读取的数据的处理，目前已经有许多数学统计的方法用于芯片数据处理与信息提取，应用最广泛的是聚类分析（cluster analysis），此外还有主成分分析（principal component analysis）、时间序列分析（time series analysis）等，但是还没有一种"标准"的统计方法。

作为以核酸分子杂交原理为基础的检测技术，基因芯片分析的主要流程如图 7-17 所示：首先用荧光素标记扩增过的靶序列或样品，然后与芯片上的大量探针进行杂交，将未杂交的分子洗去，再用落差荧光显微镜或其他荧光显微装置对片基进行扫描，采集每点荧光强度并对其进行分析比较。由于正常互补配对双链要比具有错配碱基的双链分子具有较高的热力学稳定性，如果探针与样品分子出现错配或不配对，则该位点荧光强度就会减弱，而且荧光信号的强度还与样品中靶分子的含量呈一定的线性关系。因此，人们就可通过分析荧光信号的强弱而得出结果。当然，由于检测原理及目的不同，样品及数据的处理也自然有所不同，甚至由于每种方法的优缺点各异而使分析结果不尽一致。

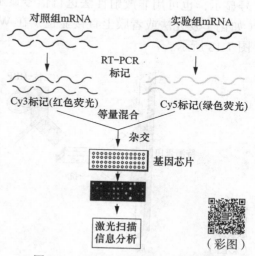

图 7-17　基因芯片分析的主要流程

# 三、DNA 芯片技术的主要应用

**1. 应用 DNA 芯片技术分析基因组及发现新基因**　DNA 芯片技术用于基因组研究可

创造第三代遗传图。DNA 芯片技术与传统的差异显示技术相比具有许多优点，如被检目标 DNA 密度高、样品用量极少、自动化程度高而便于大量筛选新基因，使发现新基因的速度大大提高。

**2. DNA 芯片用于基因表达的研究**　　DNA 芯片技术可直接检测 mRNA 的种类及丰度，其是研究基因表达的有力工具。

**3. DNA 芯片用于 DNA 序列分析**　　主要是依靠短的标记寡核苷酸片段探针与靶 DNA 杂交，利用杂交所获得的图谱分析靶 DNA 序列。

**4. 基因诊断和基因药物的设计**　　DNA 芯片可用于大规模的筛查由基因突变所引起的疾病，做出正确的诊断后，就可针对病变的靶序列设计基因药物，以改变靶序列的表达情况而达到治疗该疾病的目的。目前已有几种 DNA 芯片，如筛查囊性纤维变性基因 *CFTR* 及球蛋白基因突变、检测 HIV-1、检测 *p53* 基因突变的芯片都已商品化。预计许多临床常见疾病病原体诊断的 DNA 芯片诊断技术不久便会在疾病的分子诊断方面得到广泛的应用，成为一项常规检验和临床诊断技术。

## 第五节　Western 免疫印迹技术

细胞内基因表达的最终产物是蛋白质，因此检测蛋白质是研究基因表达最常用、最有效的手段之一。Western 免疫印迹（Western blotting）的基本原理与 Northern 印迹杂交和 Southern 印迹杂交十分相似，都是由凝胶电泳、转膜、杂交和信号显示等步骤组成。不同之处是 Western 免疫印迹检测的是蛋白质，使用的凝胶是 SDS-聚丙烯酰胺凝胶，所用的探针是蛋白质抗体，而不是核酸。Western 免疫印迹可用放射性核素（$^{125}$I）标记的蛋白 A 进行信号显示，也可用非放射性法进行信号显示。由于使用放射性核素的种种限制，非放射性法（如化学发光法或者膜上直接显色）在 Western 免疫印迹中得到了广泛应用。其检测原理如图 7-18 所示。

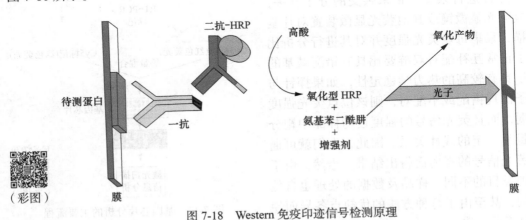

图 7-18　Western 免疫印迹信号检测原理

进行 Western 免疫印迹时，首先在细胞悬液中加入含蛋白酶抑制剂的蛋白抽提液，破碎细胞，离心后收集上清并测定蛋白质浓度。

SDS-聚丙烯酰胺凝胶电泳（SDS-PAGE）技术是分离蛋白质的常用技术之一，在进行

Western 免疫印迹前，先要制备 SDS-聚丙烯酰胺凝胶并进行电泳。通常先配制 30% 丙烯酰胺和 2% 甲叉双丙烯酰胺贮备液，再制备分离胶和浓缩胶。凝胶的浓度视待测蛋白质的分子质量大小而定。制胶时，先制备分离胶，待分离胶聚合后，再制备浓缩胶，并插上梳板。凝胶中含有 0.1%SDS。

SDS-聚丙烯酰胺凝胶制备完成后，取 50～100μg 蛋白质，加入等体积的样品缓冲液，于沸水中加热变性，冷却后立即加样，并在含有 Tris（pH 8.3）、甘氨酸和 SDS 的缓冲液中电泳。当溴酚蓝迁移到距凝胶下缘 1cm 处时，即可停止电泳。加样时一般应在样品泳道的左侧泳道上样生物素标记的蛋白质分子质量标准物，以便估计待测蛋白质的分子质量。

电泳完成后，把凝胶浸泡于转膜缓冲液中，轻轻摇动 20min，以去除凝胶上吸附的电泳缓冲液中的盐与去污剂。根据厂商提供的说明对膜进行预处理，膜的大小应和胶的大小一致。

有几种装置可用于蛋白质的转移，目前比较理想的是半干型电泳转移槽。依次在电泳转移槽正极板上铺两层正极缓冲液Ⅰ湿滤纸，一层正极缓冲液Ⅱ湿滤纸，膜，凝胶，三层负极缓冲液湿滤纸。在膜上做好标记以便定位，并驱除每层间的气泡，盖上负极板，接通电源，进行转移。随时注意观察电流变化，以免温度过高。转膜后，用考马斯亮蓝染色凝胶，观察凝胶中是否有蛋白质残留。

转膜完成后，要对膜进行封闭（blocking）。封闭主要是为了降低抗体与膜的非特异性结合。把膜浸泡于封闭液中，4℃轻轻摇晃过夜。

第二天按如下步骤进行信号检测：一抗（鼠抗人）按 1：1000 比例稀释于 20ml 抗体稀释液中，加于膜上，室温 1～2h。洗去游离的一抗后，加入生物素连接的二抗（羊抗鼠，1：1000 稀释）室温 1h。洗去游离的二抗后，加入 Avidin（抗生物素蛋白）-生物素化辣根过氧化物酶（HRP），反应 30～60min，使二抗、Avidin、生物素化 HRP 充分结合。洗去游离的 HRP 后，立即用 ECL 化学发光剂进行信号检测。其原理是 HRP 在碱性条件下催化氨基苯二酰肼（luminol）氧化，同时释放出光子，产生的光信号可用 X 光片直接记录下来（图 7-18）。

另一种信号显示方法就是在洗去游离的一抗后，加入碱性磷酸酶标记的二抗，再用 BCIP/NBT（5-bromo-4-chloro-3 indolyl-phosphate / nitroblue tetrazolium，5-溴-4-氯-3-吲哚基-磷酸盐 / 四唑硝基蓝）在膜上直接显色。

# 第六节　基因结构与表达分析的其他技术

在上述基因结构与表达分析技术的基础上，近年来出现了一些新的衍生技术，在基因结构与表达分析中发挥着重要作用。

## 一、cDNA 末端快速扩增技术

cDNA 末端快速扩增技术（rapid amplification of cDNA end，RACE）是一种用 PCR 扩增转录物的某一点与 3′端或 5′端之间区域的方法。要使用这一方法，首先应知道某一处外显子的一段序列，从该区域选择 3′和 5′方向的引物，两种引物分别与 3′端或 5′端引物组合扩增 3′cDNA 或 5′cDNA，且扩增产物重叠。从重叠的 3′端或 5′端 RACE 可获得完整的全长 cDNA 序列（图 7-19）。

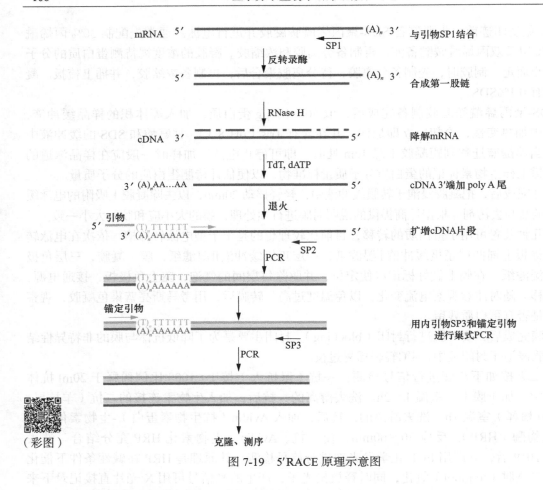

图 7-19　5′RACE 原理示意图

## 二、限制性片段长度多态性和 PCR-RFLP 分析

限制性片段长度多态性（restriction fragment length polymorphism，RFLP）分析是 DNA 多态性中最常见的一种。由于 DNA 分子中的核苷酸变异，使某些限制性酶切位点移位、数目增加或减少，导致限制性酶切片段长度发生改变，故称为 RFLP。

RFLP 技术的基本原理是利用特定的限制酶识别并切割（消化）不同生物个体的基因组 DNA，得到许多大小不等的 DNA 片段，所产生的 DNA 片段数目和各个片段的长度反映了 DNA 分子上不同酶切位点的分布情况。通过琼脂糖凝胶电泳将这些片段按大小顺序分离开来，然后将它们按原来的顺序和位置转移至易于操作的尼龙膜或硝酸纤维素膜后，用放射性核素（如 $^{32}$P）或非放射性物质（如生物素、地高辛等）标记的 DNA 作为探针，与膜上的 DNA 进行杂交（即 Southern 印迹杂交），若某一位置上的 DNA 酶切片段与探针序列相似，或者说同源程度较高，则标记好的探针就结合于这个位置上，后经放射自显影或酶学检测，可显示出不同材料对应该探针序列的限制性酶切片段多态性情况（形成不同带谱），即反映个体特异性的 RFLP 图谱。

RFLP 的产生机制包括：①DNA 分子中产生点突变，导致酶切位点的丧失或出现；②限制性酶切位点之间重复序列数目改变；③限制性酶切位点前后 DNA 片段的插入或缺失，导致酶切片段长度改变。RFLP 按孟德尔定律遗传，所检测到的等位基因具有共显性特点，它已作为遗传标记应用于临床某些疾病的连锁分析。

PCR-RFLP 是采用 PCR 与 RFLP 相结合而产生的一种新技术，首先设计一套特异的 PCR 引物，用这些引物扩增某一基因的 DNA 片段，然后用专一性的限制酶酶切割所得扩增产物，凝胶电泳分离酶切片段，染色并进行 RFLP 分析。PCR-RFLP 技术解决了传统 RFLP 所需样本 DNA 量大和检测周期长的问题，大大提高了工作效率和检测精度。

### 三、PCR 产物单链构象多态性分析

PCR 产物单链构象多态性分析（PCR-single strand conformation polymorphism，PCR-SSCP）是一种具有很大实用价值的基因突变分析方法，与传统的基因突变分析方法，如 Southern 印迹杂交及 DNA 序列分析相比较，PCR-SSCP 法具有操作简便、快速、经济、技术条件容易掌握等优点，现已被广泛应用，尤其适合大样本的筛查。其原理是：在不含变性剂的中性聚丙烯酰胺凝胶中电泳时，单链 DNA 的迁移率除与 DNA 链的长度有关外，更主要的是取决于该 DNA 单链所形成的构象。在非变性条件下，单链 DNA 分子为维持其稳定而自身折叠形成具有一定空间结构的构象。这种构象由单链 DNA 分子中的碱基序列所决定。相同长度的单链 DNA 分子，可因其序列的不同，甚至单个碱基的不同而形成不同的构象，导致电泳迁移率发生改变，据此可用该法对基因突变进行检测。首先将待测 DNA 片段进行 PCR 扩增，然后加热或加入一定变性剂使扩增后的双链 DNA 变成单链，再进行 6% 中性聚丙烯酰胺凝胶电泳，经溴乙锭染色后，不同迁移率的 DNA 区带便可清晰辨认。该方法对小于 200bp 的 DNA 片段中存在的突变几乎可全部检出，但随着 DNA 片段长度的增加，突变的检出率逐渐降低。为了提高突变检出率，Sarkar 等设计了一种 RNA-SSCP（rSSCP）技术。其主要依据是：单链 RNA 的构象因链内戊糖上 2′-OH 能加强糖基-碱基、糖基-糖基之间的氢键连接而比 DNA 更加稳定，对单碱基的置换较 DNA 更加敏感。

PCR-SSCP 的影响因素主要来自两方面：一是影响 PCR 扩增特异性的因素均可影响 PCR-SSCP 分析；二是影响 PCR 产物单链电泳的因素，包括聚丙烯酰胺凝胶浓度和交联度、电泳温度、凝胶中甘油（弱变性剂）的浓度、电泳缓冲液离子强度等。一般需经过反复摸索，设置阳性对照比较后确定单链电泳条件，否则极易出现假阴性结果。另外，此法只能检出是否有突变，而不能确定突变内容，需进一步进行序列分析。

### 四、PCR-ELISA

PCR-ELISA 是 PCR 和 ELISA 相结合的一种方法，主要用于定量检测 PCR 产物。其基本原理是首先在 PCR 反应中掺入 DIG（地高辛）-dUTP（碱性条件下稳定），带有 DIG 标记的 PCR 产物经变性后与生物素标记的特异性探针杂交。杂交体中的生物素随后与包被于微孔板底的亲和素结合，再加入抗-DIG-POD（过氧化物酶）抗体及底物 ABTS［2,2′-azinobis（3-ethylbenzo-thiazoline-6-sulfonic acid）diammonium salt，2,2′-联氮-二（3-乙基苯并噻唑-6-磺酸）二铵盐］，即可显色。通过显色信号的强弱可进行 PCR 产物定量。应该注意的是，PCR 要在对数期内终止，并需设立已知标准对照。

（胡维新）

# 第八章　基因克隆与基因体外表达

基因克隆（gene cloning）又称 DNA 克隆（DNA cloning）、分子克隆（molecular cloning）、DNA 重组（DNA recombination）或基因工程（gene engineering），是指在体外将两个或两个以上的 DNA 片段连接或重组形成一个重组 DNA 分子，并在体内进行克隆扩增的过程。其主要过程包括：在体外将目的 DNA 片段与能自主复制的载体连接，形成重组 DNA 分子，随后在受体细胞中复制、扩增，从而获得单一 DNA 分子的大量拷贝。克隆目的基因后，可针对该基因进行特定蛋白质或多肽制备及基因结构的定向改造。自 1972 年成功构建第一个重组 DNA 分子以来，基因克隆技术得到了迅速发展，使人们几乎可以随意地分离、分析和操作基因。基因克隆技术在基因改造、生物制药、基因诊断与治疗等诸多方面都得到了广泛应用。

## 第一节　基因克隆的工具酶

基因克隆技术涉及核酸的分离、剪切、连接等过程，需使用限制性内切核酸酶、DNA聚合酶、DNA 连接酶、末端转移酶、多核苷酸激酶、碱性磷酸酶等多种工具酶。

### 一、限制性内切核酸酶

限制性内切核酸酶（restriction endonuclease），简称限制酶，是一类能识别双链 DNA 分子中某些特定核苷酸序列，并在识别位点或周围特异性切割 DNA 双链的内切核酸酶。除极少数限制酶来自绿藻外，绝大多数来自细菌。限制酶和甲基化酶共同构成细菌的限制修饰系统，对细菌性状的稳定遗传具有重要意义，其中限制酶可切割侵入的外源 DNA 使之迅速降解，甲基化酶则可修饰自身 DNA，防止被核酸内切酶降解。W. Arber、D. Nathans 和 H. O. Smith 的研究工作奠定了限制酶作为重组 DNA 技术中关键酶的基础，三人在 1978 年分享了诺贝尔生理学或医学奖。

（一）限制性内切核酸酶的分类与命名

限制性内切核酸酶有三种类型。I 和 III 型限制酶均为复合功能酶，同时具有限制（核酸酶功能）和修饰（甲基化酶功能）作用，这两种类型的酶通常不在所识别的位点切割 DNA（即特异性不强），故应用价值不大。只有 II 型限制酶，能在 DNA 双链内部的特异位点识别并精确切割 DNA（识别和切割位点一致），产生特异性的酶解 DNA 片段，故其在基因克隆中应用广泛。因此，通常所说的限制酶特指 II 型限制酶。

限制酶的命名采用 H. O. Smith 和 D. Nathans 提出的细菌属名与种名相结合的命名方法，通常用缩略字母表示：①第一个字母是酶来源的细菌菌属的词首字母，用大写斜体表示；②第二个及第三个字母是细菌菌种的词首字母，用小写斜体表示；③第四个字母（不是所有限制酶都有），表示细菌的特定菌株，用大写或小写表示；④罗马数字表示酶发现和分离的先后顺序。例如，*Eco*R I 的命名中 *E=Escherichia*，埃希氏菌属；*co=coli*，大肠杆菌菌种；R=RY13，菌株名；I，在该细菌中第一个被分离到的内切酶。再如，*Hind* III 表示在嗜血杆菌属流感菌种 d 株中第三个被发现的酶。

（二）Ⅱ型限制性内切核酸酶的特点

**1. 具有特定的识别和切割位点** Ⅱ型限制酶识别的位点通常为6或4碱基序列（有些为8个或更多碱基序列）。表8-1列举了部分Ⅱ型限制酶的识别位点。

表 8-1　Ⅱ型限制酶的识别位点举例（'= 切割位点）

| 限制酶 | 识别位点 | 限制酶 | 识别位点 |
|---|---|---|---|
| *Apa*I | GGGCC'C | *Pst*I | CTGCA'G |
| | C'CCGGG | | G'ACGTC |
| *Bam*HI | G'GATCC | *Sau*3AI | GATC' |
| | CCTAG'G | | 'CTAG |
| *Eco*RI | G'AATTC | *Sfi*I | GGCCNNNN'NGGCC |
| | CTTAA'G | | CCGGN'NNNNCCGG |
| *Not*I | GC'GGCCGC | *Sma*I | CCC'GGG |
| | CGCCGG'CG | | GGG'CCC |

**2. 所识别和切割的核苷酸序列通常为回文结构** 回文结构（palindrome）又称为反向重复（inverted repeat，IR）序列，其特点是在两条核苷酸链中，从 5′ → 3′方向的核苷酸序列是完全一致的。例如，*Hind* Ⅲ的识别序列，在两条核苷酸链中，从 5′ → 3′方向均为 AAGCTT（图 8-1）。

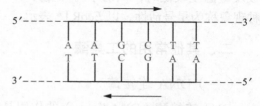

图 8-1　*Hind* Ⅲ的识别序列

**3. 切割双链 DNA 分子后产生黏性末端或平端** 多数Ⅱ型限制酶在所识别的位点上错位切割双链 DNA，产生 5′ 或 3′ 突出末端，称为黏性末端（sticky end），简称黏端（图 8-2）。另外一些Ⅱ型限制酶则可在对应碱基的同一水平切割双链 DNA，产生平头或钝性末端（blunt end），简称平端或钝端（图 8-2）。

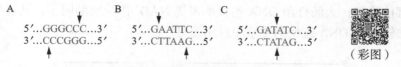

图 8-2　限制酶切割 DNA 所产生的末端结构

A. *Apa*I切割 DNA 分子形成 3′黏端；B. *Eco*RI切割 DNA 分子形成 5′黏端；

C. *Eco*RV切割 DNA 分子形成平端；箭头所指为切割后产生的末端位点

**4. 一些特殊的Ⅱ型限制酶**

（1）同裂酶（isoschizomer）。能识别同一序列（切割位点可相同或不同），但来源不同的两种限制酶互称同裂酶或同工异源酶。例如，*Bam*HI 和 *Bst*I 能识别并在相同位点切割同一 DNA 序列（G'GATCC）；*Xma*I 和 *Sma*I 虽能识别相同序列，但切割位点不同，前者的切点在识别序列的第一个核苷酸后（G'GGCC），而后者的切点则在序列的中间（GGG'CCC）。同裂酶为 DNA 操作增加了酶的选择余地。

（2）同尾酶（isocaudarner）。有些限制酶虽然来源及识别序列各不相同，但切割双链 DNA 后，可产生相同的黏端，这样的酶彼此互称同尾酶，所产生的相同黏端称为配伍末端（compatible end）。例如，*Bam*HI（G'GATCC）、Bcl I（T'GATCA）、*Bgl* Ⅱ（A'GATCT）和

*Mbo* I（'GATC）四种限制酶就是一组同尾酶，它们在切割不同序列后均形成由 GATC 组成的 5' 黏端。由同尾酶所产生的 DNA 片段，由于具有相同的黏端，故可通过其黏端之间的互补作用而彼此连接起来，因此在 DNA 重组实验中很有用处。有时同尾酶产生的末端，重组后形成的序列不能再被原来的同尾酶所识别。例如，上面的一组同尾酶中，只有 *Mbo* I 能识别并切割黏端重新连接后形成的 DNA 片段，而其他三个酶却不能再识别重组后的 DNA 片段。

（3）可变酶。此类酶所识别的序列中有一个或几个碱基是可变的（通常用 N 表示），并且识别序列往往超过 6 个核苷酸。例如，*Bstp* I 识别序列为 G'GTNACC，其中有 1 个可变碱基；*Bgl* I 识别序列为 GCCNNNN'NGGC，其中有 5 个可变碱基。

（4）能识别和切割甲基化序列的酶。例如，*Dpn* I 可识别和切割甲基化序列 GA'TC（其中的 A 被甲基化后才能被该酶识别和切割）。

（5）具有星号活性（star activity）的酶。缓冲液或环境温度可影响一些酶的切割特异性。例如，*Eco*R I 在正常情况下识别 "— GAATTC —" 序列，但在甘油浓度大于 5%（*V/V*）或反应温度较低时，识别序列可变为 "— AATT —" 或 "—嘌呤嘌呤 AT 嘧啶嘧啶—"，这种现象称为星号活性，以 *Eco*R I* 表示。

## 二、其他常用的工具酶

### （一）DNA 连接酶

DNA 连接酶（DNA ligase）的作用是催化相邻的 3'-OH 和 5'-磷酸基团形成 3',5'-磷酸二酯键，从而使 DNA 片段或单链断裂形成的缺口连接起来，因此，其被誉为基因工程中的 "缝纫针"。DNA 连接酶有两种来源：一种是由 T4 噬菌体 DNA 编码、通过感染大肠杆菌而产生的 T4 DNA 连接酶；另一种是由大肠杆菌染色体 DNA 编码的 DNA 连接酶。两种酶催化的化学反应基本相同（图 8-3）：反应中，AMP 加到 5'-磷酸基团上，随后 AMP 受到 3'-OH 的攻击而被替换。T4 DNA 连接酶需要 $Mg^{2+}$ 作为辅助因子并由 ATP 提供能量，其对平端和黏端都能连接；大肠杆菌 DNA 连接酶需要 $NAD^+$ 作为辅助因子，其连接平端的效率极低。两者比较，T4 DNA 连接酶更常用且用途更广泛。

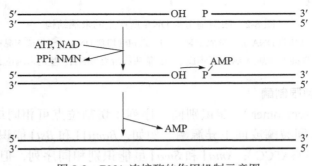

图 8-3　DNA 连接酶的作用机制示意图

NMN：nicotinamide mononucleotide，烟酰胺单核苷酸

### （二）DNA 聚合酶 I

大肠杆菌 DNA 聚合酶 I（DNA polymerase I，DNA pol I）是由大肠杆菌 *pol* A 基因编码

的一种单链多肽，具有 5′→3′ 聚合酶活性、5′→3′ 和 3′→5′ 核酸外切酶活性。DNA pol I 的 5′→3′ 聚合酶活性和 5′→3′ 核酸外切酶活性协同作用，可催化 DNA 链发生缺口平移（nick translation）反应，因而常用于 DNA 探针的标记。

### （三）Klenow 片段

DNA 聚合酶 I 经枯草杆菌蛋白酶水解后产生的 N 端大片段，因首先由 H. Klenow 通过该方法获得，而被称为 Klenow 片段（Klenow fragment），其保留了 5′→3′ 聚合酶活性及 3′→5′ 外切酶活性，但失去了 5′→3′ 外切酶活性。它具有的 3′→5′ 外切酶活性能保证 DNA 复制的准确性，即把 DNA 合成过程中错配的核苷酸去除，再把正确的核苷酸接上去（该活性称为校对活性）。Klenow 片段的主要用途有：①补平双链 DNA 的 3′ 凹末端，或通过补平 3′ 凹端而使 3′ 端标记；②在 cDNA 克隆中，用于第二股链的合成；③用于 DNA 序列的测定。

### （四）Taq DNA 聚合酶

*Taq* DNA 聚合酶（*Taq* DNA polymerase）是第一个被发现的耐热的依赖于 DNA 的 DNA 聚合酶，最佳反应温度为 70~75℃。*Taq* DNA 聚合酶具有 5′→3′ 聚合酶活性和 5′→3′ 核酸外切酶活性，酶活性的发挥对 $Mg^{2+}$ 浓度非常敏感，其主要用于 PCR 和 DNA 测序反应。该酶没有 3′→5′ 外切酶活性，因而无 3′→5′ 校对活性，故在 PCR 反应中如果发生碱基错配，该酶没有校正功能。针对此不足，目前研发出多种高保真耐高温 DNA 聚合酶，大大降低了 PCR 过程中的碱基错配率。另外，*Taq* DNA 聚合酶具有末端转移酶活性，能在所合成 DNA 链的 3′ 端加上一个单独的腺苷酸残基（A），这样的 PCR 产物可直接与带有 3′-T 的线性化载体（T 载体）连接（即 T-A 克隆）。T-A 克隆是实现 PCR 产物快速高效克隆的一条有效途径。

### （五）反转录酶

反转录酶（reverse transcriptase），又称逆转录酶，是一类依赖 RNA 的 DNA 聚合酶，常用的反转录酶有禽类成骨细胞性白血病病毒（AMV）反转录酶和 Moloney 小鼠白血病病毒（MMLV）反转录酶，它们具有 5′→3′ 聚合酶活性和 3′→5′ RNA 外切酶活性（RNase H 活性）。反转录酶最主要的用途是以 mRNA 为模板合成 cDNA，合成方向为 5′→3′，故常用于构建 cDNA 文库和 RT-PCR 等。

### （六）末端脱氧核苷酸转移酶

末端脱氧核苷酸转移酶（terminal deoxynucleotidyl transferase，TdT），简称末端转移酶，可催化脱氧核苷酸逐个掺入到 DNA 的 3′-OH 末端上，其中的 DNA 可以是具有 3′-OH 末端的单链 DNA，或是具有 3′-OH 突出末端的双链 DNA，在某些条件下也可以是具有 3′ 平端或 3′ 凹端的双链 DNA。TdT 的主要作用是在外源 DNA 片段及载体分子的 3′-OH 末端加上互补的同聚物尾巴（该过程称为同聚物加尾），形成人工黏端，便于 DNA 连接重组。同时，该酶也可用于 DNA 片段的 3′ 端标记。

### （七）多核苷酸激酶

在该类酶中，常用的是 T4 多核苷酸激酶（T4 polynucleotide kinase），该酶含 5′ 多核苷酸激酶和 3′磷酸酶活性，能催化 ATP 的 γ-位磷酸向 DNA 和 RNA 的 5′-羟基转移。该酶常用于：① DNA 或 RNA 的 5′端标记；②使没有 5′-磷酸基团的 DNA 片段磷酸化，以供连接和克隆之用。

（八）碱性磷酸酶

碱性磷酸酶（alkaline phosphatase）包括细菌碱性磷酸酶（bacterial alkaline phosphatase，BAP）和牛小肠碱性磷酸酶（calf intestinal alkaline phosphatase，CIP），其中以 CIP 更为常用。碱性磷酸酶能特异地切除 DNA、RNA 及核苷酸的 5′-磷酸基团。在制备载体时，用碱性磷酸酶处理，可去除载体分子的 5′-磷酸基团，防止载体的自连接，从而提高载体与 DNA 片段的重组效率。

# 第二节　基因克隆的载体

载体（vector）是为携带目的外源 DNA 片段，实现外源 DNA 在受体细胞中的无性繁殖或表达为有意义蛋白质所采用的一些 DNA 分子。载体按照功能分为克隆载体（cloning vector）和表达载体（expression vector）两大类。克隆载体用于外源 DNA 片段的克隆及其在受体细胞中扩增；表达载体则用于外源基因的表达。有的载体兼具克隆和表达的功能。载体还可根据其来源分为质粒载体、噬菌体载体、病毒载体、噬粒载体、黏粒载体、人工染色体载体等。

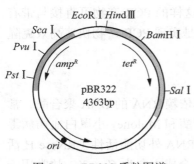

图 8-4　pBR322 质粒图谱

作为载体的 DNA 至少应具备以下 3 个基本特点：①至少有一个复制起点（origin of replication，ori），从而使载体能在宿主细胞中进行自主复制，并能使克隆的外源 DNA 片段得到同步扩增。②至少有一个选择标志（selection marker），用于区分受体细胞中有无载体存在，这些选择标志包括抗生素抗性基因、β-半乳糖苷酶基因（lacZ）、营养缺陷耐受基因等。例如，pBR322 质粒载体（图 8-4）含有氨苄青霉素抗性基因（$amp^R$）和四环素抗性基因（$tet^R$）两种选择标志。③具有可供外源 DNA 插入的限制酶的单一切点。多数载体中通常都构建有一段特异性核苷酸序列，在这段序列中包含了多个限制酶的单一切点，可供外源基因插入时选择，这样的序列被称为多克隆位点（multiple cloning site，MCS）。例如，pUC18/19 质粒载体中（图 8-5），核苷酸序列 396~455 位点就是 MCS 序列，这些 MCS 可用于外源 DNA 的插入。④应有较高的拷贝数，拷贝数是指在单个细菌中某质粒的分子数。通常克隆载体在细菌中应是多拷贝的，这样才能得到大量的重组 DNA 分子。

## 一、常用的克隆载体

（一）质粒载体

质粒（plasmid）是广泛存在于多种生物中的、独立于宿主细胞染色体外的、能自主复制和稳定遗传的 DNA 分子（少数为 RNA 分子）。最常见的质粒是细菌质粒。有些质粒与细

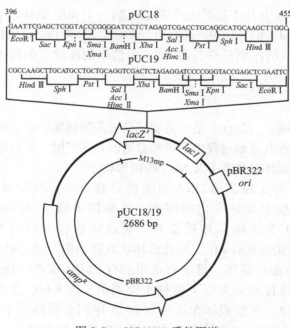

图 8-5　pUC18/19 质粒图谱

菌染色体同步复制，处于严密控制之下，该类质粒称严紧型质粒，其拷贝数较低。有些质粒的复制快于细菌染色体复制（即质粒复制不受严格控制），该类质粒称松弛型质粒，其拷贝数很高。基因克隆技术中使用的质粒通常是松弛型质粒。此外，不同的质粒必须兼容才能共存于同一细胞中，这对复合转染（或转化）有参考价值。质粒载体是基因工程中最常用的载体类型。目前，已有一系列商品化质粒载体可供选择，如 pBR322、pUC 系列、pGEM 系列等。质粒载体通常所能容纳的外源 DNA 长度在 10kb 以内，外源 DNA 片段越长，质粒越不稳定。以下简要介绍 pBR322 质粒载体和 pUC 质粒系统。

**1. pBR322 质粒载体**　　该质粒是在 20 世纪 70 年代末由 F. Boliver 和 R. L. Rodriguez 经过多次的体内易位和体外重组的方法，由 3 个亲本质粒 pMB1、pSE2124 和 pSC101 重组而成，大小为 4363bp（图 8-4）。质粒名称中的 BR 为两个主要构建者的姓名缩写，而阿拉伯数字 322 则是其构建的顺序。pBR322 含有两个抗性基因（$tet^R$ 和 $amp^R$），而且在抗性基因内部有多个限制酶酶切位点，利于外源基因的克隆，可以通过插入失活效应筛选重组质粒。同时，pBR322 具有较高的拷贝数，经过氯霉素处理后，每个细胞中可累计 1000～3000 个拷贝，为重组 DNA 的制备提供了极大的方便。以 pBR322 质粒为基础，发展出了多种载体系统。

**2. pUC 质粒系统**　　20 世纪 80 年代，由于使用了 MCS 技术，美国加利福尼亚大学（University of California）的科学家 J. Messing 和 J. Vieira 在 pBR322 的基础上进一步改造，在质粒系统中构建了一个 5′ 端带有一段 MCS 的 $lacZ'$ 基因（编码 β-半乳糖苷酶的 α 肽段），从而发展出具有双功能检测特性的新型质粒载体系统，为了纪念该质粒系统诞生的地方，被命名为 pUC 质粒系统。一个典型的 pUC 质粒包括以下四个部分：①来自 pBR322 质粒的 *ori*；②具有 pBR322 质粒来源的 $amp^R$ 基因，但其内已经不含有核酸内切酶的单一识别位点；③大肠杆菌 *lacZ* 基因的启动子及 $lacZ'$ 基因；④位于 $lacZ'$ 基因靠 5′ 端的 MCS，该 MCS 并不破坏该基因的功能。但是，当有外源 DNA 片段插入后，该基因的功能丧失。利用该特性可进行重组体的 α 互补（蓝-白斑）筛选。第一个 pUC 载体是 pUC7，后来又发展了一系列 pUC 载体，如 pUC8、pUC9、pUC10、pUC11、pUC18、pUC19 等，各载体长度约 2.7kb。pUC18 和 pUC19 的区别只是二者 MCS 中的限制酶位点的插入方向彼此相反而已，如图 8-5 所示。

### （二）噬菌体载体

噬菌体（bacteriophage，phage）是一类能感染细菌的病毒，通过将其基因组注入细菌细胞质中而感染细菌，并在其复制过程中携带外源基因共同扩增，从而达到外源基因克隆扩增的目的。目前常用的噬菌体载体有 λ 和 M13 噬菌体载体。

**1. λ 噬菌体载体**　　λ 噬菌体 DNA 为线性双链分子，两端各有一条由 12 个碱基组成、彼此完全互补且 5′ 单链突出的序列（即黏性末端），称 cos 位点（具体序列为 5′-GGGCGGCGACCT-3′）。λ 噬菌体感染时，通过尾管将基因组 DNA 注入大肠杆菌。λDNA 进入大肠杆菌后凭借其 cos 位点环化成环状双链结构。经过对 λ DNA 进行改造，已经衍生出 100 多种 λ 噬菌体载体，目前较常用的有 EMBL 系列、lgt 系列和 Charon 系列。根据这些载体的特性可将其分为以下两种主要类型（图 8-6）：①插入型载体（insertion vector），如 lgt 系列载体。该型载体允许外源 DNA 序列直接插入中间区域，插入片段在 7kb 以内，其主要用于 cDNA 文库构建；②替代（置换）型载体（replacement vector），如 EMBL 系列载体。该型载体需要用外来 DNA 替代中间区域，插入片段可达 20kb，其主要用于大片段基因组 DNA 的克隆。替代型载体允许插入片段的增大是由 λ 噬菌体包装时对 λ DNA 大小有严格要求所决定的（只有相当于野生型基因组 75%～105% 长度的 λ DNA 才能被成功包装成噬菌体颗粒）。

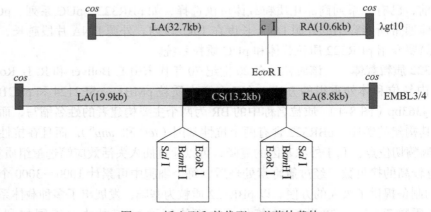

图 8-6　插入型和替代型 λ 噬菌体载体

λgt10 为插入型载体，EMBL3/4 为替代型载体。LA：left arm，左臂；RA：right arm，右臂；c I：一种阻遏蛋白质的编码基因；CS：central stuffer，中央填塞区，即可取代区

**2. M13 噬菌体载体**　　M13 噬菌体为丝状噬菌体，其 DNA 为单链闭环状分子。M13 噬菌体感染宿主菌后，以单链 DNA 为模板，经滚环复制转变为双链 DNA，称为复制型 DNA（RF DNA）。一般当 RF DNA 在一个宿主菌内累积达到 100～200 个拷贝时，DNA 的合成就变得不对称，即 RF DNA 停止复制，只允许其中一条链复制，从而产生大量单链

DNA，进而被包装成有感染能力的成熟丝状噬菌体颗粒，经分泌排到菌体外。对 M13 噬菌体 DNA 进行改造后即形成了 M13 噬菌体载体，如 M13mp 系列载体（图 8-7），其中插入了 MCS 和 *lacZ* 基因。该类载体的 RF DNA 可用作克隆载体，其单链 DNA 可用于 DNA 序列分析、体外定点突变、制备单链 DNA 探针等。

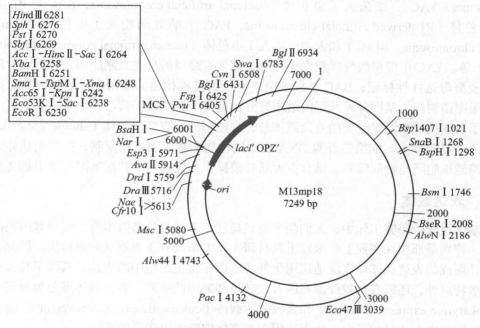

图 8-7　M13mp18 载体图谱

### （三）黏粒载体

黏粒（cosmid）又称黏性质粒或装配型质粒或柯斯质粒。cosmid 一词由英文 "*cos* site-carrying plasmid" 缩写而成，其原意是带有黏性末端位点（*cos* 位点）的质粒。黏粒是由 λDNA 的 *cos* 区与质粒重新构建而成的杂合双链环状 DNA 载体，如 pHC79 就是一个黏粒载体（图 8-8），其由 λDNA 片段和 pBR322 质粒 DNA 联合组成。黏粒兼具质粒和 λDNA 的特性：①含有质粒的抗性标记基因及 *ori* 和 MCS，可按质粒的方式在宿主菌中进行自主复制；②带有 λDNA 的 *cos* 序列，可像 λDNA 一样进行体外包装；③黏粒本身较小，通常只有几 kb，但能容纳高达 50kb 的外源 DNA 片段；④非重组体黏粒很小，故不能在体外进行包装，所以有利于后续阳性克隆的筛选。

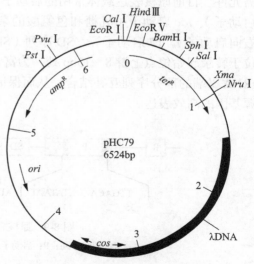

图 8-8　黏粒载体 pHC79 图谱

### （四）人工染色体载体

人工染色体（artificial chromosome）是指人工构建的含有天然染色体基本功能单位的载体系统，人们为了克隆大片段 DNA，利用 DNA 体外重组技术分离了天然染色体的基本功能元件并将它们连接起来，从而构成了人工染色体。包括酵母人工染色体（yeast artificial chromosome，YAC）、细菌人工染色体（bacterial artificial chromosome，BAC）、P1 派生的人工染色体（P1-derived artificial chromosome，PAC）、哺乳动物人工染色体（mammalian artificial chromosome，MAC）和人类游离人工染色体（human artificial episomal chromosome，HAEC）等。YAC 由酵母线性质粒发展而来，其含有酵母的自主复制序列、着丝点、四膜虫的端粒及酵母选择性标记；BAC 是以细菌 F 因子为基础构建的细菌克隆载体。人工染色体为基因组图谱制作、基因分离及基因组序列分析提供了有用的工具。

除了上述按照来源来分类的克隆载体外，常使用的还有穿梭载体（shuttle vector），即含有不止一个复制起点，能携带外源 DNA 在不同种属的宿主细胞中复制、扩增的载体。穿梭载体可跨越细胞间与种间障碍，结合在大肠杆菌操作的优越性，其在基因克隆中意义重大。

## 二、表达载体

在基因克隆的研究工作中，人们的主要兴趣往往不是目的基因本身，而是其编码的蛋白质产物，特别是那些在商业上、医疗上及科研工作方面具有重要意义的蛋白质。因此，按照特殊设计而成的表达载体被广泛地应用于外源基因在宿主细胞中的表达，其除了具备克隆载体的一般特点外，还需有调控外源基因有效转录和翻译的序列。表达载体可分为原核表达载体（prokaryotic expression vector）和真核表达载体（eukaryotic expression vector），前者适用于在原核细胞中表达目的蛋白，后者适用于在真核细胞中表达目的蛋白。

原核表达载体从克隆载体发展而来，其基本功能元件如图 8-9 所示。目前应用最广泛的原核表达载体是大肠杆菌表达载体。在原核表达载体中，启动子是启动外源基因表达的必需元件。目前原核表达载体常用的启动子有 *lac* 启动子（乳糖启动子）、*trp* 启动子（色氨酸启动子）、*tac* 启动子（乳糖和色氨酸的杂合启动子）、$P_L$ 和 $P_R$ 启动子（λ 噬菌体的左向和右向启动子）、T7 启动子等。SD 序列（Shine-Dalgarno sequence）提供核糖体结合位点，其位于转录起始位点上游 8～13bp 处，为富含嘌呤的短片段，能与核糖体 30S 小亚基中的 16S rRNA 3′ 端的部分序列互补结合，从而保证翻译起始复合物的形成。转录终止序列有助于外源基因的高效表达。

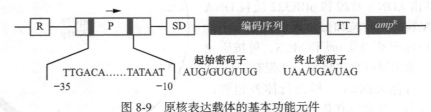

图 8-9　原核表达载体的基本功能元件

R：调节序列；P：启动子；SD：SD 序列；TT：转录终止序列

真核表达载体也是从克隆载体发展而来，故含有必不可少的原核序列，包括在大肠杆菌中起作用的 *ori*、抗生素抗性基因、MCS 等，这些原核序列便于真核表达载体在细菌中复制及阳性克隆的筛选。同时，真核表达载体还具有自身的特点，它带有：①真核表达调控元件，包括启动子、增强子、转录终止序列、poly A 加尾信号等；②真核细胞复制起始序列；③真核细胞药物抗性基因，用于导入真核细胞后进行阳性克隆的筛选。真核表达载体有多种，其基本功能元件如图 8-10 所示。根据真核宿主细胞的不同，真核表达载体可主要分为哺乳动物细胞表达载体、酵母表达载体、昆虫表达载体等。

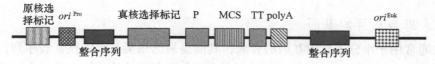

图 8-10　真核表达载体的基本功能元件

$Ori^{Pro}$：原核复制起始序列；$Ori^{Euk}$：真核复制起始序列；P：启动子；MCS：多克隆位点；

TT：转录终止序列。注：不是所有真核表达载体都有整合序列

# 第三节　基因克隆的基本过程

基因克隆的过程是一个包含众多实验技术的复杂流程，此处仅介绍其基本过程（图8-11），包括目的基因的获得、载体的选择与准备、DNA 分子的体外连接、重组 DNA 导入宿主细胞、目的基因的筛选与鉴定。

## 一、目的基因的获得

在基因克隆过程中，被分离扩增的特定DNA 片段被称为"目的基因"，由于目的基因来自操作系统以外，因而又被称为"外源基因"，这些目的基因可以是任何来源的核苷酸序列。目前，获取目的基因主要有以下几种方案。

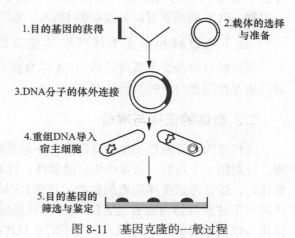

图 8-11　基因克隆的一般过程

### （一）从基因组 DNA 文库中获取目的基因

基因组 DNA 文库（genomic DNA library）是指包含某一个生物细胞或组织全部基因组DNA 序列的随机克隆群体，以 DNA 片段的形式贮存了所有的基因组 DNA 信息。构建基因组 DNA 文库的简要过程如下：分离细胞或组织染色体 DNA，经限制酶切割或机械剪切成大小不等的片段。将这些片段克隆于适当载体并转入受体菌扩增，使每个细菌内都携带一种重组 DNA 分子的多个拷贝。这种存在于受体菌内由载体所携带的所有基因组 DNA 片段的集合，就代表了基因组 DNA 文库。随后，采用适当方法（如菌落或噬斑原位杂交法）从基因组 DNA 文库中筛选和鉴定出带有目的基因的克隆，经扩增后，将目的 DNA 分离、回收，从而获得目的基因。

### （二）从 cDNA 文库中获取目的基因

cDNA 文库（cDNA library）是指包含某一组织或细胞在一定条件下所表达的全部mRNA 经反转录而合成的 cDNA 序列的随机克隆群体，它以 cDNA 片段的形式贮存了全部

的基因表达信息。构建 cDNA 文库的简要过程如下：以总 mRNA 为模板，利用反转录酶合成单链 cDNA，进而复制成双链 cDNA 片段，然后与适宜载体连接后转入受体菌，扩增为 cDNA 文库；继而采用菌落或噬斑原位杂交等方法可以从 cDNA 文库中筛选出目的 cDNA 克隆。针对 cDNA 表达文库（由 cDNA 克隆到表达载体构成），还可利用亲和筛选法筛选目的 cDNA 克隆。对目的 cDNA 克隆进行扩增后，将目的 cDNA 分离、回收，从而成功制备目的基因。

### （三）人工合成目的基因

该方法通常用于小分子肽类基因的合成，其前提是已知某基因的核苷酸序列，或能根据氨基酸序列推导出相应核苷酸序列。一般先合成两条完全互补的单链，经退火形成双链，然后克隆于载体 DNA。

### （四）PCR 扩增目的基因

PCR 是一种在体外利用酶促反应、模拟体内 DNA 复制过程、高效特异地扩增 DNA 的方法。使用 PCR 的前提是：已知待扩增目的 DNA 片段两端的序列，并能根据该序列合成适宜引物。PCR 的模板可以是基因组 DNA，也可以是经 mRNA 反转录而来的 cDNA。

### （五）通过特异杂交系统获取某些目的基因

利用酵母单杂交系统可获得 DNA 结合蛋白的编码基因，利用酵母双杂交系统可获得特异性相互作用蛋白质的编码基因。

## 二、载体的选择与准备

进行基因克隆的目的主要有两个，一是获取目的基因，二是表达目的基因所编码的蛋白质。针对第一个目的，通常选用克隆载体；针对第二个目的，需选用表达载体。同时，选择载体时，还要考虑受体细胞的种类、目的基因的大小等因素，如表 8-2 所示。此外，选择载体时还需注意载体内应有适宜的 MCS。在选定适宜载体后，需利用适当的限制酶将载体线性化，以便于目的基因的插入。为了防止载体的自连接，可用碱性磷酸酶处理线性化载体。有时，还可对载体进行其他修饰，如同聚物加尾、加 T 变成 T 载体等。

**表 8-2　不同载体的适宜宿主细胞及所允许插入的基因片段大小**

| 载体种类 | 适宜宿主细胞 | 插入基因片段大小 |
|---|---|---|
| 质粒 | 细菌，酵母 | <10kb |
| λ 噬菌体载体 | 细菌 | 约 20kb |
| 黏粒 | 细菌 | 约 50kb |
| 细菌人工染色体 | 细菌 | 约 400kb |
| 酵母人工染色体 | 酵母 | 约 3Mb |

## 三、DNA 分子的体外连接

根据目的基因和线性化载体末端的特点，可采用以下的连接策略。

（一）黏端连接

黏端连接效率最高，其连接方式主要有以下三种类型。

**1. 单一相同黏端连接**　若目的基因两端和线性化载体两端为同一限制酶（或同裂酶，或同尾酶）切割所致，那么所产生的黏端完全相同。这种单一相同黏端连接时，会有三种连接结果（图 8-12），即目的基因与载体连接、目的基因自连及载体自连。采用碱性磷酸酶预处理线性化载体，可有效减少载体自连。

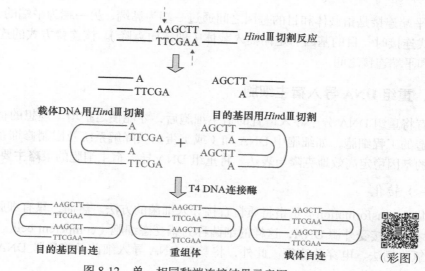

图 8-12　单一相同黏端连接结果示意图

**2. 不同黏端连接**　采用两种限制酶分别切割目的基因和载体，使二者两端形成两个不同的黏端，从而可使外源基因定向插入载体，该克隆方式称为定向克隆（directional cloning）。当然，定向克隆也可通过一端为平端，另一端为黏端的连接方式来实现。

**3. 通过其他措施制造黏端进行连接**　制造黏端的主要方法包括人工接头法、同聚物加尾法和 PCR 法。

（1）人工接头（adaptor 或 linker）是借助化学合成［和（或）结合退火的方法］而得到的含有一种或一种以上限制酶位点的平端双链寡核苷酸片段。如果目的基因末端为平端，便可在 T4 DNA 连接酶的作用下，将人工接头加在目的基因的平端上，然后用相应的限制酶切割人工接头产生黏端，进而连接到用相同限制酶线性化的载体上。

（2）同聚物加尾（homopolymer tailing）是指用末端转移酶将某单一脱氧三磷酸核苷逐一加到线性化载体 3′ 端的羟基上，形成同聚物尾（如同聚 dG 尾）；同时又将与之互补的另一脱氧三磷酸核苷加到目的基因 3′ 端的羟基上，形成与线性化载体末端同聚物尾互补的同聚物尾（如同聚 dC 尾），这样两个互补的同聚物尾均为黏端，因而可高效率地连接到一起。

（3）所谓 PCR 法，就是针对目的基因的 5′ 端和 3′ 端，设计一对特异性引物，在每条引物的 5′ 端分别加上不同的限制酶位点，然后以目的基因为模板，经 PCR 扩增便可得到带有引物序列的目的基因，进而用相应限制酶切割 PCR 产物，产生黏端，随后便可与带有相同黏端的线性化载体进行有效连接。另外，在使用 *Taq* DNA 聚合酶进行 PCR 时，扩增产物的 3′ 端可加上一个碱基 A 而成为黏端，这样的 PCR 产物可直接与 T 载体连接，此即 T-A 克隆。

## （二）平端连接

若线性化载体和目的基因的两端均为平端，则其连接结果也有三种（即载体与目的基因连接、目的基因自连及载体自连），但连接效率都较低。

## （三）黏-平端连接

黏-平端连接是指载体和目的基因之间通过一端为黏端、另一端为平端的方式进行连接。以该方式连接时，目的基因为定向插入载体（即定向克隆）。该连接方式的连接效率介于黏端连接和平端连接之间。

## 四、重组 DNA 导入宿主细胞

只有将重组 DNA 分子导入适宜的宿主细胞后，才能使之扩增。理想的宿主细胞通常是经过改造的工程细胞，如细胞中 DNA 和（或）蛋白质降解系统及限制修饰系统缺陷等，以提高目的基因稳定高效地克隆与表达。将重组 DNA 导入宿主细胞的策略主要有以下几种。

### （一）转化

转化（transformation）是指将质粒直接导入细菌的方法。然而，只有细胞膜通透性增加的细菌才容易接受外源 DNA，这样的细菌称为感受态细胞（competent cell）。实现转化的方法包括氯化钙法、电穿孔法等。此外，将黏粒 DNA 导入细菌及将质粒 DNA 直接导入酵母细胞的过程也称为转化。

### （二）转导

转导（transduction）是指通过噬菌体颗粒直接感染宿主细菌，从而将外源 DNA 分子转入宿主菌的方法。以噬菌体载体构建的重组 DNA 分子，可通过体外包装形成噬菌体颗粒（该技术最早由 A. Becker 和 M. Gold 于 1975 年建立），然后以感染的方式将重组 DNA 转入受体菌。因黏粒含有 λ DNA 的 *cos* 区，故以黏粒为载体构建的重组 DNA 也可用与包装 λ DNA 相同的方法进行体外包装和转导。

### （三）转染

转染（transfection）是指将外源 DNA 直接导入真核细胞（酵母细胞除外）的方法。常用的转染方法包括化学方法（如磷酸钙共沉淀法、脂质体介导法等）和物理方法（如显微注射法、电穿孔法等）。此外，将噬菌体 DNA 直接导入感受态细菌的过程也称为转染。

### （四）感染

感染（infection）是指借助病毒颗粒将外源 DNA 导入宿主细胞的方法。通过噬菌体颗粒直接感染宿主细菌而将外源 DNA 导入宿主细胞称为转导。采用真核细胞病毒载体构建的重组 DNA 分子，一般先经包装细胞包装成病毒颗粒，然后通过感染的方式将 DNA 导入真核细胞（通常是哺乳动物细胞）。这些经包装细胞包装出来的病毒一般为复制缺陷病毒，故通常只能一次性感染宿主细胞。

## 五、目的基因的筛选与鉴定

将重组 DNA 导入受体细胞后，需对含有重组 DNA 的重组体进行筛选和鉴定。筛选与鉴定重组体的常用方法包括借助载体上的固有遗传标志进行筛选、利用噬菌体的包装特性进行筛选、根据目的基因的序列特异性进行筛选、亲和筛选等。

### （一）借助载体上的遗传标志进行筛选

**1. 利用抗生素抗性标志进行筛选** 将含有某抗生素抗性基因的载体导入宿主细胞后，将细胞在含有相应抗生素的培养基中培养，无载体导入的细胞将被杀死，生长的细胞即是含有载体的细胞。至于细胞中的载体是否为含有目的 DNA 的重组载体，尚需进一步鉴定。

**2. 标志补救筛选** 标志补救（marker rescue）是指当载体上的标志基因在宿主细胞中表达时，通过互补宿主细胞的相应缺陷而使细胞在相应选择培养基中存活。例如，*S. cerevisiae* 酵母菌株因 *trp1* 基因突变而不能在缺少色氨酸的培养基上生长，当转入带有功能性 *trp1* 基因的载体后，转化子则能在色氨酸缺陷的培养基上生长。可见，利用标志补救策略可初步筛选出带有载体的细胞，当然，要确定细胞中的载体是否为含有目的基因的重组载体，还需进一步鉴定。

**3. 利用抗性基因的插入失活（insertional inactivation）进行筛选** 例如，pBR322 质粒含有 *amp*^R 和 *tet*^R 两个抗性基因，如将外源 DNA 插入 *tet*^R 基因序列中，便可使 *tet*^R 失活，因此，经相应重组 DNA 转化的细菌只能在含有氨苄青霉素的培养基上生长，而不能在含有四环素的培养基上生长（图 8-13）。

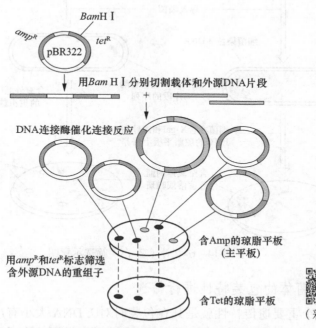

图 8-13 利用抗性基因的插入失活进行重组体筛选示意图

**4. 利用抗性基因的插入表达进行筛选** 以质粒 pTR262 为例，该质粒携带来自 λ 噬

菌体的 *cI* 基因，该基因在正常情况下表达产生阻遏蛋白，从而使下游的 *tet^R* 基因不能表达。当在 *cI* 基因中插入外源 DNA 后，将导致 *cI* 基因失活，从而使 *tet^R* 基因去阻遏而表达。因此，如果细菌内含有插入外源基因的重组 pTR262 质粒，则相应细菌可在含有四环素的培养基上生长，据此，便可筛选出阳性重组体。

**5. α-互补筛选**　　有些载体（如 pUC、pGEM 及 M13mp 等载体系列）带有 β-半乳糖苷酶 N 端 146 个氨基酸残基（α 片段）的编码序列，在该序列中含有 MCS；经过改造的宿主菌基因组 DNA 含有 β-半乳糖苷酶 C 端（ω 片段）的编码序列。只有当载体与宿主细胞共表达该酶的 α 和 ω 片段时，才能形成有活性的 β-半乳糖苷酶，该现象称为 α-互补（alpha complementation）。β-半乳糖苷酶可在诱导剂异丙基-β-D-硫代半乳糖苷（isopropylthio-β-D-galactoside，IPTG）存在的情况下，使底物 5-溴-4-氯-3-吲哚-β-D-半乳糖苷（5-bromo-4-chloro-3-indolyl-β-D-galactoside，X-gal）转变为蓝色产物，使细菌克隆或噬斑呈蓝色。当外源 DNA 插入载体的 MCS 后，载体便不能表达 α 片段，因此，在含有重组 DNA 的细菌中就不能形成有活性的 β-半乳糖苷酶，从而无法分解底物，结果使所产生的菌落或噬斑呈现白色。因此，α-互补筛选又称蓝-白筛选（图 8-14）。

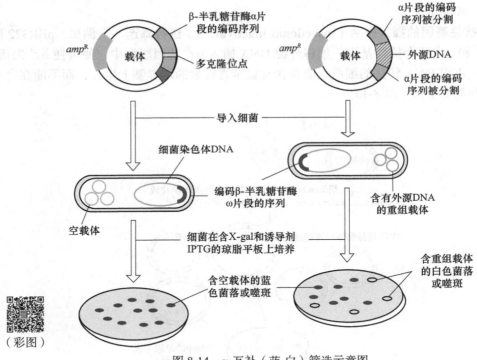

图 8-14　α-互补（蓝-白）筛选示意图

## （二）利用噬菌体的包装特性进行筛选

λ 噬菌体的一个重要遗传特性就是其在包装时对 λ DNA 大小有严格要求，只有重组 λ DNA 的长度达到其野生型长度的 75%～105% 时，方能包装形成有活性的噬菌体颗粒，进而在培养基上生长时呈现清晰的噬斑，而不含外源基因（或仅含小片段外源 DNA）的噬菌体载体因其长度太小而不能被包装成有活性的噬菌体颗粒，故不能感染细菌形成噬斑。根据此原理，可初步筛选出带有重组 λ 噬菌体载体的目的重组子。

### （三）根据目的基因的序列特异性进行筛选

**1. 利用限制酶切图谱法筛选**　　将重组 DNA 导入宿主细胞后，使细胞在相应培养基平板上形成单克隆，随后挑取单克隆扩增培养，提取其重组 DNA，以适宜的限制酶进行消化，经琼脂糖凝胶电泳便可判断有无 DNA 片段的插入及插入片段的大小。同时，根据酶切位点在插入片段内部的不对称分布，可用该方法鉴定目的基因片段的插入方向。

**2. 利用 PCR 筛选**　　借助目的基因的序列特异性引物，经 PCR 进行扩增，便可鉴定该克隆是否为阳性克隆。如果利用克隆位点两侧翼序列设计引物进行 PCR，再结合序列分析，便能可靠地证实目的基因的插入方向、序列和开放阅读框的正确性。

**3. 利用菌落或噬斑原位杂交（ *in situ* plaque hybridizaiton ）法筛选**　　该方法常用于从文库中筛选和鉴定含有目的基因的克隆。首先将含有外源 DNA 的菌落或噬斑影印到硝酸纤维素膜上，细菌裂解后所释放出的 DNA 吸附于膜上，然后将膜与标记的核酸探针杂交，通过检测探针的存在即可鉴定出含有重组 DNA 的克隆（图 8-15）。根据核酸探针标记物的不同，可通过放射自显影、化学发光、酶作用于底物显色等方法来显示探针的存在位置（即阳性克隆的存在位置）。

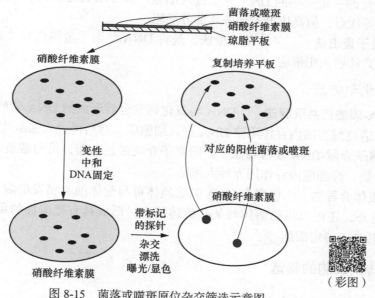

图 8-15　菌落或噬斑原位杂交筛选示意图

**4. 通过测定核苷酸序列进行筛选**　　核苷酸序列测定是最精确的重组体鉴定方法。针对已知序列，通过测序可明确所插入 DNA 的序列和阅读框的正确性；针对未知 DNA 片段，可明确其序列，为进一步研究提供依据。

### （四）亲和筛选法

亲和筛选法的前提是重组 DNA 进入受体细胞后能够表达出其编码产物。亲和筛选法的原理通常是基于生物大分子间的相互作用，如抗原-抗体结合反应或配体-受体结合反应。其筛选过程与上述菌落或噬斑原位杂交筛选法相似，只是将被检测的靶分子换成了吸附于硝酸纤维素膜上的蛋白质，检测探针换成了抗体／抗原或配体／受体。

# 第四节　真核细胞转染

基因工程中常涉及的真核细胞有酵母细胞、植物细胞、哺乳动物细胞等，依据不同细胞的特征，将重组 DNA 导入的方法多样，本节主要关注哺乳动物细胞的转染方法、原理和筛选。

## 一、真核细胞转染的方法与基本原理

向真核细胞中转染目的基因的方法可分为物理方法和化学方法。以下对各主要方法及其基本原理进行简要介绍。

### （一）物理方法

**1. 显微注射法**　　利用显微注射仪，将目的基因直接注入靶细胞，该方法的转染效率较高。

**2. 电穿孔法（electroporation）**　　利用外部高压短脉冲作用使受体细胞膜出现瞬间可逆性孔隙，允许一定大小的 DNA 分子进入细胞。该方法具有简便、快速、对质粒 DNA 纯度要求不高等优点，但高压电击会杀死部分细胞。

**3. 微粒子轰击法**　　又称基因枪法，是将 DNA 黏附于金属微粒（如钨粒子、金粒子）表面，高速直接射入靶细胞。

### （二）化学方法

**1. DNA-磷酸钙共沉淀法**　　DNA 与氯化钙混合后形成的 DNA-磷酸钙沉淀物黏附于细胞膜表面，通过细胞的内吞作用使 DNA 进入细胞质，然后再进入细胞核。

**2. 阳离子介质-DNA 复合物法**　　阳离子介质带正电荷，可与带负电荷的 DNA 分子结合形成复合物，经细胞内吞作用而导入细胞。

**3. 脂质体介导法**　　包裹有 DNA 的脂质体可与受体细胞膜发生融合，进而使 DNA 进入细胞。另外，还可以将脂质体与某些抗体结合，形成具有靶向性的免疫脂质体，从而将DNA 定向转染入特定细胞。

## 二、转染细胞的筛选

### （一）利用抗性标志筛选

利用真核表达载体中的抗生素抗性基因（如新霉素抗性基因 *neo*^R、潮霉素抗性基因 *hyg*^R 等），可对转染细胞进行筛选，该方法最为常用。例如，若载体中带有 *neo*^R 基因，当向培养基中加入新霉素类似物 G418 后，未被转染的细胞则因不存在 *neo*^R 标记基因而不能存活，最后只有转染细胞存活下来。

### （二）利用标志补救法筛选

例如，当把带有二氢叶酸还原酶基因 *dhfr* 的真核表达载体导入 *dhfr* 缺陷的哺乳动物细胞后，则可使细胞在无胸腺嘧啶的培养基中存活，从而筛选出带有载体的克隆（DHFR 可催化二氢叶酸还原成四氢叶酸，后者可用于合成胸腺嘧啶）。当然，要确定是否为含有目的基因的阳性克隆，还需进一步鉴定。

（三）利用正负筛选法筛选

该方法常用于发生同源重组（又称基因打靶）细胞的筛选。其原理是：在构建打靶载体时（图 8-16），于打靶基因的同源序列中插入 *neo*$^R$，再在序列的 3′ 端插入不含启动子的单纯疱疹病毒胸苷激酶基因（*HSV-tk*）。将打靶载体转染受体细胞后利用含新霉素（或其类似物 G418）和丙氧鸟苷（ganciclovir，GCV）的培养基进行筛选，其中 *neo*$^R$ 为正选择标志（用 G418 筛选），*HSV-tk* 为负选标志（用 GCV 筛选）。选择结果可有三种情况发生：①当外源打靶基因载体未能整合到内源基因组 DNA 上时，细胞中无 *neo*$^R$ 和 *HSV-tk* 表达（即 *neo*$^{R-}$/*tk*$^-$），由于培养液中的 G418 对细胞的毒性作用而将细胞杀死。②当外源打靶基因载体随机整合到细胞基因组上时，大多数打靶载体非同源重组发生在其两端，即整个载体将从线性末端处插入基因组（即 *neo*$^{R+}$/*tk*$^+$）。*neo*$^R$ 基因的启动子可启动 *neo*$^R$ 表达，还可同时启动同源序列之外的 *HSV-tk* 表达。*HSV-tk* 可将培养基中的 GCV 磷酸化，再在细胞中胸苷激酶（cytoTK）的作用下转变成三磷酸 GCV。三磷酸 GCV 不仅可抑制 DNA 聚合酶活性，还可与 dTTP 竞争掺入合成的 DNA，从而干扰细胞生长。结果由于 *tk* 的表达使 GCV 转变为细胞毒性物质而致细胞死亡。③当外源打靶基因载体与内源基因组 DNA 发生同源重组时，外源打靶基因代替了细胞基因组中的同源序列。由于 *HSV-tk* 在同源序列之外而未被整合，即 *neo*$^{R+}$/*tk*$^-$，结果 *neo*$^R$ 基因表达，细胞可耐受 G418；又由于 cytoTK 特异性强，不能将 GCV 磷酸化，GCV 不能转变为细胞毒性物质三磷酸 GCV，所以细胞能够在同时有 G418 和 GCV 的培养基中存活。

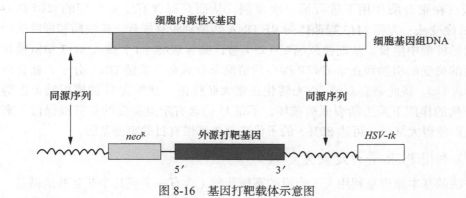

图 8-16 基因打靶载体示意图

（四）利用流式细胞术筛选

若真核表达载体所表达的标签蛋白或目的蛋白位于转染细胞表面，则可利用相应蛋白质的荧光标记抗体进行流式细胞术筛选。该方法操作相对复杂和烦琐。

# 第五节 基因的改造

利用基因克隆技术可对基因进行改造，即改变基因中的碱基序列。基因改造中最常用的方法是基因定点突变（site-directed mutagenesis）技术。

## 一、基因定点突变技术

基因定点突变技术用于突变基因序列中的特定碱基，其方法有多种，主要包括寡核苷酸介导法、PCR 法、基于 DNA 甲基化修饰的循环扩增法等，其中以后两种方法应用更为普遍。

### （一）寡核苷酸介导的定点突变

该突变技术利用了 M13 噬菌体载体的特性，即将待研究的基因插入 M13 载体，制得单链模板，然后利用含有突变碱基的一段寡核苷酸作为引物，启动单链 DNA 分子进行复制，合成新的杂合双链 DNA，进而用 T4 DNA 连接酶连接成闭环双链分子。经转化大肠杆菌后，双链 DNA 分子在胞内分别复制，从而得到野生型与突变型两种类型的重组 DNA 分子，随后利用带标记的含有目的突变的寡核苷酸作为探针进行噬斑原位杂交筛选突变体，最后通过 DNA 测序对突变体进行鉴定。

寡核苷酸介导的定点突变频率通常为 0.1%～50%（即野生型本底较高），为此，人们设计出了提高突变效率的策略。下面简要介绍两种提高突变效率的有效方法：①硫代磷核苷酸突变法：由硫代磷核苷酸取代正常核苷酸形成的 DNA，相应序列对某些限制酶（如 *Ava*I、*Ava*II、*Ban*II、*Hin*dII、*Nci*I、*Pst*I、*Pvu*I 等）有耐受性。在含目的突变的引物、硫代磷核苷酸（如 dCTP$_\alpha$S）及正常 dNTP 存在的情况下，合成杂合双链 DNA 分子，经 DNA 连接酶封闭缺口后，用特定限制酶消化杂合双链 DNA 分子，可切割的只是非硫代磷核苷酸的亲本链，随后用核酸外切酶消化清除，留下含有硫代磷核苷酸的单链（其中含有定点突变）作为模板，在聚合酶作用下进行第一次复制，从而获得含有定点突变的双链 DNA 分子。② Kunkel 突变法：先将 M13 噬菌体的 RF DNA 转染到脱氧尿苷三磷酸酶和尿嘧啶糖苷酶双缺陷的大肠杆菌中生长，从而使尿嘧啶（U）替代胸腺嘧啶（T）掺入 M13 单链模板。随后在含有目的突变的引物和正常 dNTP 存在的情况下合成杂合双链 DNA 分子，新合成的链中含 T（不含 U）。将此杂合双链 DNA 转化正常大肠杆菌，结果含 U 的模板链（正链）在尿嘧啶糖苷酶的作用下发生断裂而被破坏，不带 U 的含有定点突变的负链被保留下来并进行复制，从而使得大部分（可达 80%）的子代噬菌体都带有目的突变基因。

### （二）利用 PCR 进行定点突变

该方法的基本原理是利用人工合成的寡核苷酸（含有一个或几个非互补的碱基，即突变位点）为引物，直接进行基因扩增反应，从而产生突变型基因。该定点突变方法直接、快速、高效。以下简要介绍几种 PCR 定点突变法。

**1. 重叠延伸 PCR 突变法**　　用 PCR 分别扩增两条带有预设突变碱基的 DNA 片段，所扩增的两个 DNA 片段在预设突变处有重叠，混合两重叠片段并进行变性和退火；随后以退火后的产物为模板，用与两个原始片段互补的侧翼引物进行 PCR 扩增，从而获得带有目的突变的 DNA。

**2. 大引物 PCR 突变法**　　该方法包括两轮 PCR，在第一轮 PCR 中，使用引物 A 和 B，其中引物 B 中含有预设突变碱基。以第一轮 PCR 产物作为大引物，与原模板 DNA 进行退火和延伸，继而以延伸后的产物为模板，利用引物 A 和 C 进行第二轮 PCR，其中引物 C 为引物 B 的侧翼序列。经过以上两轮 PCR 后便可得到含有定点突变的 DNA 片段。

**3. 一步反向 PCR 突变法**　　一步反向 PCR 突变法的基本原理如下（图 8-17）：①在待突变部位的两侧沿相反方向设计一对引物：针对单纯置换突变，则将拟用作置换的碱基序列直接设计在上游或下游引物的 5′端；针对单纯缺失突变，则使上游或下游引物 5′端的起点向相应引物的 3′端移动待缺失长度；针对既有缺失又有置换的联合突变，则在使上游或下游引物 5′端的起点向相应引物的 3′端移动待缺失长度的同时，将拟用作置换的序列设计在上游或下游引物的 5′端。②以克隆有野生型 DNA 片段的环形载体为模板，利用高保真 DNA 聚合酶扩增包括载体在内的重组 DNA 分子。③对 PCR 产物进行 5′端磷酸化。④在 DNA 连接酶的作用下完成线性化 PCR 产物的自身环化。⑤将自身环化后的产物转化大肠杆菌，挑取转化细菌单克隆扩增培养，分别提取各克隆来源的重组质粒并对其中的克隆片段进行 DNA 序列测定，从中筛选出含有目的突变的重组子。

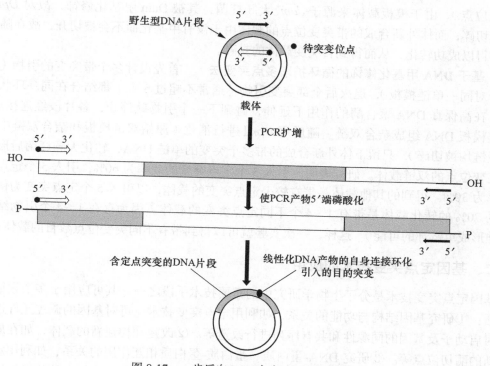

图 8-17　一步反向 PCR 突变法原理示意图

## （三）基于 DNA 甲基化修饰的循环扩增突变法

该类方法利用了甲基化的模板 DNA 对限制酶 *Dpn* I 敏感而新合成的突变 DNA 对 *Dpn* I 抵抗的特性，借助 *Dpn* I 切碎去除模板 DNA（*Dpn* I 可特异性识别甲基化和半甲基化的 GATC 序列，该序列几乎在各种载体中都会出现，而且不止一次），从而得到突变 DNA。

**1. 基于 DNA 甲基化修饰的循环扩增单点突变法**　　其基本原理如图 8-18 所示。以 *dam*⁺ 大肠杆菌制备的载体 DNA 为模板，设计一对包含突变位点的正、反向引物，当引物与模板载体退火后，用高保真 DNA 聚合酶进行低次数的循环延伸反应（该循环延伸反应类似 PCR，但非真正 PCR），正反向引物的延伸产物退火后配对成为带缺口的开环载体（其中含

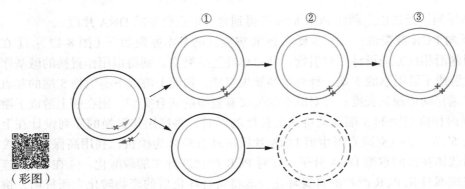

（彩图）

图 8-18　基于 DNA 甲基化修饰的循环扩增单点突变法原理示意图
①突变链的合成；② *Dpn* I 消化模板链；③转化后得到含目的突变的重组载体

有突变位点）。由于模板载体来源于 *dam*⁺ 大肠杆菌，其被 Dam 甲基化修饰，故对 *Dpn* I 敏感而被切碎；而体外新合成的带突变位点的载体由于没有甲基化而不会被切开，故在随后的转化中得以成功转化，从而得到含突变载体的克隆。

**2. 基于 DNA 甲基化修饰的循环扩增多点突变法**　　首先设计多个带突变的引物（同方向，针对同一单链模板），退火后全部突变引物（通常不超过 5 个）都结合在同一环状单链模板，在高保真 DNA 聚合酶的作用下延伸，碰到下一个引物就停止，各片段经连接成环，和单链模板 DNA 组成杂合双链。随后用 *Dpn* I 进行消化（原始双链模板和杂合双链中的原始模板链均被切碎），只留下体外新合成的带多个突变的单链 DNA，转化大肠杆菌后形成带多个突变位点的双链载体。研究表明，引入 3 个定点突变的效率为 60%，引入 5 个定点突变的效率为 30%。得到的其他载体是带有较少定点突变的载体，以引入 5 个定点突变为例，就是有约 70% 的转化载体是带有 1~4 个不同定点突变的载体（因为存在 1~4 个引物结合模板延伸形成单链环的可能）。这样，一次实验就可以得到带有不同突变位点数目的载体。

## 二、基因定点突变技术的应用

基因定点突变技术是分子生物学研究中的重要技术手段之一，其可应用于多个领域，主要包括：①研究基因结构与功能的关系，如利用定点突变技术，可对基因的调控元件进行分析、对启动子及基因的同源性和共有序列进行改造等。②改建和构建新的载体，如在质粒中引入新的酶切位点等。③研究 DNA-蛋白质、蛋白质-蛋白质相互作用的关系，如利用定点突变技术，可对蛋白质结合 DNA 双螺旋的位点及蛋白质之间相互识别和结合的位点等进行分析。④改造酶的活性或动力学特性。⑤应用于蛋白质工程，包括改造某些蛋白质产物（如改变密码子或改变某些氨基酸残基）、分析蛋白质结构与功能之间的联系（如酶活性的高低与酶活性中心的关系、受体-配体之间的关系）等。例如，通过将人胰岛素 B 链 28 位点的脯氨酸和 29 位点的赖氨酸位置互换后便得到了速效胰岛素类药物；通过用甘氨酸取代人胰岛素 A 链羧基端的最后一个天冬氨酸，同时在 B 链羧基端的 31 和 32 位点引入两个精氨酸，便获得了长效胰岛素。⑥改良动植物品种，提高动物和农作物的产量和质量。⑦用于基因治疗，如针对单一碱基突变引起的遗传病，可用定点突变的技术把突变碱基恢复为野生型，该方法为基因治疗提供了一个候选策略。

# 第六节　克隆基因的表达

根据宿主细胞的不同，克隆基因的表达体系可分为原核表达体系（如大肠杆菌表达系统）和真核表达体系（如哺乳动物细胞表达系统、酵母表达系统、昆虫细胞表达系统等）。

## 一、大肠杆菌表达系统

大肠杆菌表达系统是目前应用最为广泛和最成熟的原核表达系统，该系统既可用于表达原核基因，也可用于表达真核基因。

### （一）大肠杆菌表达体系的优缺点

大肠杆菌表达体系的主要优势包括：①有多种工程菌株可供选择，且工程菌的遗传背景和生理特性清楚；②大肠杆菌繁殖能力强，操作简便、省时；③大规模发酵成本低，生产潜力大；④表达水平一般较真核系统高（如某些外源基因在大肠杆菌中的表达量可达到菌体总蛋白质的 50% 以上），且下游工艺简单、易于控制。

然而，该表达体系也有其不足之处，主要包括：①大肠杆菌缺乏真核细胞所特有的翻译后加工修饰系统（如糖基化、磷酸化等），因此，针对这些需经修饰的蛋白质，无法用大肠杆菌表达体系获得有活性的产物；②待表达的目的基因不能含有内含子；③细菌本身产生的内毒素等热源不易去除干净，从而给产品纯化增加了难度；④蛋白质的高水平表达常形成包涵体，提取和纯化步骤烦琐，而且蛋白质复性较困难，容易出现肽链的错误折叠等问题。

### （二）影响大肠杆菌表达体系表达目的基因效率的因素

影响大肠杆菌系统表达目的基因效率的因素众多，主要包括以下几点。

**1. 目的基因的组成序列**　　目的基因的组成序列是决定该基因在大肠杆菌体系中表达的关键因素。①大肠杆菌缺乏转录后加工机制，无法切除内含子序列，故针对来自真核细胞的基因，只能选择 cDNA，不能使用基因组 DNA；②真核基因 mRNA 无结合细菌核糖体的 SD 序列，cDNA 起始密码子上游的非编码序列必须删除；③目的基因 mRNA 中的密码子应该是大肠杆菌的偏嗜密码子，否则表达效率会降低；④要让目的基因恰好位于启动子最佳作用的距离，才有利于目的基因的表达。

**2. 表达载体**　　表达载体是影响目的基因表达的另一关键因素。常用的大肠杆菌表达载体有融合表达载体（所表达的目的蛋白与载体编码的标签蛋白相融合）、非融合表达载体和分泌型表达载体（所表达的目的蛋白分泌至细菌的周质腔，甚至培养上清液中）。通常一个理想的大肠杆菌表达载体应具备强而可控的启动子、核糖体识别位点和转录终止信号三个特征。同时，还应容易转入宿主菌。通过试用不同的载体，可选出表达某一目的基因的最适载体。有时，通过调整载体上 SD 序列与起始密码子之间的距离，可提高目的蛋白的表达效率。此外，选择表达载体时还要考虑目的蛋白的理化性质。对于分子质量小、容易降解的蛋白质，通常采用融合表达载体，反之则可采用非融合表达载体。

**3. 受体菌**　　同一蛋白质在不同大肠杆菌中的表达水平可能会有差异，通常需试用几种受体菌，从中选出最适者。同时，还要根据表达载体上启动子的类型和特性来选择受体菌。例如，若使用带有 T7 启动子的载体，受体菌需能表达 T7 噬菌体 RNA 聚合酶。有时，还要利用一些温度敏感基因或药物诱导基因来协调受体菌的生长周期和目的基因的表达周期，以获得目的蛋白的最佳表达。

**4. 目的蛋白的存在形式**　　在大肠杆菌中，所表达目的蛋白的存在形式由表达载体和受体菌的特性共同决定，其主要存在形式包括包涵体（不溶性）形式和可溶形式。通常，以包涵体形式存在时，其表达量高，但蛋白质无活性，需先经变性步骤将蛋白质纯化出来，进而经复性得到有活性的蛋白质；以可溶形式表达时，其表达量较低，但蛋白质有活性，可直接在天然条件下进行纯化而得到有功能的蛋白质。

（三）提高目的基因在大肠杆菌表达体系中的表达效率及增加目的蛋白溶解性的策略

主要策略包括：①改变诱导条件；②更换启动子；③调整 SD 序列与起始密码子之间的距离，使 mRNA 在核糖体上定位后，翻译起始密码子正好进入核糖体的 P 位；④使用大肠杆菌的偏嗜性密码子；⑤进行分泌表达；⑥采用融合表达；⑦与分子伴侣或折叠酶共表达。

## 二、哺乳动物细胞表达系统

根据目的蛋白表达的时空差异，可将哺乳动物细胞表达体系分为瞬时表达体系、稳定表达体系和诱导表达体系。在瞬时表达体系中，载体 DNA 不能整合到宿主细胞基因组中，其随细胞分裂而逐渐丢失，目的蛋白的表达时限短暂。在稳定表达体系中，载体 DNA 因整合到宿主细胞基因组中而稳定存在于细胞内，目的蛋白能持久、稳定地表达。在诱导性表达体系中，目的基因的转录需经外源小分子诱导。

（一）哺乳动物细胞表达系统的优缺点

哺乳动物细胞表达系统的主要优势在于：①目的基因既可以是基因组 DNA，也可以是cDNA，转录后能进行加工。②目的基因的表达可受到更严格地调控，能使目的蛋白精确地折叠成正确构象，能正确进行糖基化、磷酸化、寡聚体的形成等加工，特别是能进行复杂的 $N$ 型糖基化和准确的 $O$ 型糖基化等翻译后修饰，因而表达产物在分子结构、理化特性和生物学功能方面最接近天然的高等生物蛋白质。所以，如果要表达结构复杂和需要精确修饰的功能性蛋白质，通常需使用哺乳动物细胞表达体系。③可使蛋白质进行分泌表达，从而有利于蛋白质的分离纯化。④所表达的目的蛋白不易被降解，且对宿主细胞的影响较小。

当然，与大肠杆菌表达体系和酵母表达体系相比，哺乳动物细胞表达体系也存在诸多不足，主要包括：①宿主细胞繁殖速度慢，培养条件要求高；②目的蛋白表达水平低；③整个操作过程复杂、费时、成本高，难以大规模生产。

（二）哺乳动物细胞表达系统中常使用的载体和宿主细胞

**1. 哺乳动物细胞表达系统中常使用的载体**　　哺乳动物细胞表达载体可根据其进入宿主细胞的方式分为病毒载体和质粒载体；根据载体在宿主细胞内是否整合于细胞染色体 DNA，可将其分为整合型载体和非整合型载体。整合型载体一般是随机整合入染色体，但所携带外源基因的表达受插入位点的影响，同时还可能会改变宿主细胞的生长特性，整合型载体通常用于外源基因的稳定表达；非整合型载体通常用于外源基因的瞬时表达。最常用的哺乳动物细胞表达载体是病毒载体。一个理想的病毒表达载体通常应具备以下条件：①使用安全，对宿主细胞无毒、副作用；②能容纳较大的外源 DNA 片段且转染效率高；③所产生的病毒效价高；④外源基因在靶组织或靶细胞中能长期、稳定表达；⑤病毒的靶向性强；⑥外源基因的表达具有可控性。然而，遗憾的是，到目前为止，还没有任何一种病毒载体能满足以上全部条件，因此，都有待于进一步改进，发展新的更加理想的哺乳动物细胞表达载体。

病毒表达载体由各种病毒 DNA 衍生而来，其构建时一般都把细菌质粒复制起点放置其中，使病毒载体及其所携带的目的 DNA 能方便地在细菌中繁殖和克隆，然后再转入哺乳动物细胞。经过质粒化改建的病毒载体通常都包括病毒启动子、包装元件、遗传标记和质粒复制起点等几个部分。目前，常使用的病毒载体有反转录病毒载体、慢病毒载体、腺病毒载体、腺相关病毒载体、痘苗病毒载体、猿猴空泡病毒 40（SV40）载体、单纯疱疹病毒载体等。此外，还有人尝试其他病毒载体，如巨细胞病毒载体、脊髓灰质炎病毒载体、乙型肝炎病毒载体等。

**2. 哺乳动物细胞表达系统中常使用的宿主细胞**　　尽管多种哺乳动物细胞均可用于外源基因的表达，但不同宿主细胞所表达的重组蛋白质的稳定性和蛋白质糖基化类型有差异，故需根据目的蛋白的特性选择最适宿主细胞。常用的宿主细胞有中国仓鼠卵巢细胞（Chinese hamster ovary cell，CHO 细胞）、COS 细胞等。CHO 细胞是目前应用最广泛的哺乳类基因表达宿主细胞之一。常用的 CHO 细胞包括野生型和二氢叶酸还原酶基因缺失突变株。该细胞的特点是：①能进行准确的转录和翻译后加工、修饰；②很少分泌自身的内源蛋白质，适合蛋白质的分泌表达和胞内表达，便于下游产物分离纯化；③对培养基的要求低，既可贴壁生长，也可悬浮生长；④外源基因被整合入宿主细胞染色体后能稳定保持，具有重组基因的高效扩增和表达能力。COS 细胞是利用复制起点缺失的 SV40 基因组 DNA 转化非洲绿猴肾细胞系 CV-1 得到的细胞系，该细胞广泛用于外源基因的瞬时表达、基因表达调控和蛋白质结构与功能等方面的研究。COS 细胞的优点是：①能在无血清的条件下表达外源蛋白质，易于培养和转染；②能使转染到该细胞中的带有 SV40 复制子的质粒快速扩增；③能瞬时表达大量的外源蛋白质。

## 三、其他表达系统

### （一）酵母表达系统

酵母表达系统兼具原核表达体系和真核表达体系的优点，是最为成熟的真核细胞表达体系。①酵母是最简单的真核生物，其在某些方面与原核细胞类似，繁殖速度快，培养和发酵等操作也较为简单，利于工业化生产；②多种酵母的遗传背景较清楚，基因表达调控机制研究得较为透彻；③酵母具有真核细胞的特点，能识别内含子，能对蛋白质进行一定程度的翻译后修饰，并且有分泌功能，从而方便了蛋白质的纯化；④不产生毒素，安全性较好。目前，常用的酵母表达体系有酿酒酵母表达体系、毕赤酵母表达体系、多形汉逊酵母表达体系、裂殖酵母表达体系等。此外，其他酵母表达体系也在尝试之中，如乳克鲁维氏酵母表达系统、*Arxula adeninivorams* 酵母表达系统等。

### （二）昆虫细胞表达系统

昆虫细胞与哺乳动物细胞类似，具有蛋白质的翻译后加工、修饰及转移外源蛋白质的能力。与哺乳动物细胞相比，昆虫细胞生长速度快，可不需 $CO_2$，甚至不需血清，易于悬浮培养，能较高水平地表达外源蛋白质，可以胞内表达，也可以进行分泌性表达。目前，昆虫细胞表达体系主要有杆状病毒表达体系和果蝇表达体系等。

# 第七节　电　子　克　隆

电子克隆（in silico cloning）是基于 EST 和基因组数据库发展起来的基因克隆新技术。它利用生物信息学技术对 EST 或基因组数据库进行同源性比较分析、整理拼接出新基因的编码序列，确认完整后根据序列设计引物进行 PCR 验证获得全长基因。电子克隆的基本步骤如图 8-19 所示。随着 EST 数据库的进一步完善，电子克隆策略已成为克隆新基因的重要方法，并成功地用于人类基因组的研究。利用 EST 资料的电子克隆是克隆功能基因的新途径，与传统的基克隆方法相比，具有快捷、成本低、针对性强等特点，但也受到 EST 数据库中 EST 数量和质量的限制，因此在 EST 信息较多的模式物种（如人、鼠等）中应用较多。在实际应用中，以模式生物某一已知基因序列为起点，结合目标物种 EST 数据库，采用现代生物信息学及实验验证相结合的技术方法，尤其是通过同源性比较，完全有可能快速筛选到一些具有重要功能的基因。

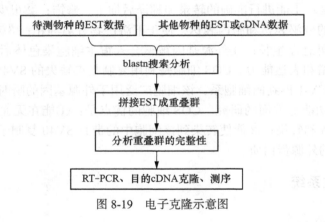

图 8-19　电子克隆示意图

（何凤田　申晓冬）

# 第九章　基因功能研究的基本策略

人类基因组计划完成后对未知基因的功能研究已成为 21 世纪的热点领域，动物模型、模式生物或细胞模型已成为研究基因功能的有力工具。20 世纪 80 年代末期发展的基因敲除技术使小鼠成为研究基因功能最重要的模型，转基因动物模型在医学研究中发挥了重要的作用，利用这一模型已系统展开了对糖尿病、神经性相关疾病、感染性疾病等诸多疾病的研究，并建立了相应的技术平台。基因转染技术的实现使细胞模型在基因表达调控、细胞信号转导、细胞周期调控、癌基因和抑癌基因功能的研究方面取得了飞速的研究进展。近年来发展的 RNA 干扰技术和 CRISPR/Cas 基因敲除技术在基因功能研究方面显示出独特作用，使研究者们可以在 RNA 水平关闭特定基因的表达，研究特定基因的功能。

对基因组功能研究是 21 世纪另一个热点领域，其主要目标是基因组水平上注释每个基因或基因产物的功能，主要研究方法包括：用最大相似的同源基因的功能注释咨询序列；用功能相关的保守基序（motif）进行搜索；用直系同源体簇中的已知基因注释未知基因的功能，该方法是将基因家族划分成各个直系同源簇的特异基序，形成功能基序库，未知基因产物的功能就可以通过搜索功能基序库来确定。

本章围绕转基因动物、基因敲除动物、在细胞模型中基因过表达、抑制表达或敲除基因等几种主要技术介绍如何从事特定基因的功能研究。

## 第一节　动物转基因技术的原理与方法

转基因动物（transgenic animal）是指用 DNA 重组技术将外源基因导入动物基因组内，并能在体内表达和稳定地遗传给后代的一类动物。整合到动物染色体基因组的外源基因称为转基因（transgene）。只有部分组织细胞整合有外源基因的动物称为嵌合体动物（chimeric animal）。转基因技术（transgenic technique）是在基因工程和胚胎工程的成就基础上发展起来的生物高新技术，是指将外源基因导入受精卵细胞或胚胎干细胞（embryonic stem cell，ES 细胞）中，通过外源基因与细胞染色体 DNA 间随机重组的发生而将外源基因插入到受体染色体 DNA 中，并随着细胞的分裂而遗传给后代，以这种方式可以产生转基因动物模型。

早在 1961 年，Tarkowski 等将不同品系小鼠卵裂期的胚胎细胞聚集后，形成了嵌合体小鼠。1974 年美国学者 Jaenisch 和 Mintz 将 SV40 DNA 注射入小鼠囊胚中，从小鼠的体细胞中检测到病毒 DNA 序列，证实病毒 DNA 已整合到小鼠胚胎细胞的基因组中。1980 年 Gordon 首次报道运用注射方法将克隆的基因导入小鼠受精卵原核，而后移植于假孕母鼠输卵管中，培育出转基因鼠。1982 年 Palmiter 获得转基因小鼠，在此后的 10 年中，转基因兔、羊、猪、鱼、牛及大鼠相继获得成功。1994 年 Love 和 Ono 等分别获得转基因鸡和转基因鹌鹑。2000 年 McCreath 等对绵羊胎儿成纤维细胞进行基因打靶（gene targeting），将 AAT（α 抗胰蛋白酶）基因定位整合到绵羊 α1 原胶原（COL1A1）基因，通过基因打靶和核移植技术首次成功获得了一只活的转基因绵羊。这些研究成果表明转基因技术可用于人为改造物种或生物性状，有效地打破了远缘物种间的种间壁垒，成为生命科学研究的有力工具。

## 一、动物转基因技术的基本原理

动物转基因技术的基本原理是运用转基因技术将改建后的目的基因导入实验动物的生殖细胞或着床前胚胎细胞，然后将转基因受精卵或着床前胚胎细胞移植到受体动物的子宫或输卵管内，使其发育成携带外源基因的转基因动物。不论采用何种方法制作转基因动物，都要首先制备目的基因，并将目的基因与表达载体连接构成重组转基因载体。转基因动物制作的关键技术是 DNA 重组和目的基因导入动物胚胎干细胞，主要包括以下几个环节：①外源目的基因（转基因）的分离；②转基因与包含启动子、增强子、报告基因等元件的表达载体拼接重组；③重组的转基因导入卵或胚胎干细胞；④转基因胚胎的培养和移植；⑤转基因胚胎发育和生长的鉴定及转基因动物品系的筛选；⑥外源目的基因在转基因动物中的整合率和表达效率的检验。

### （一）目的基因的制备

制备目的基因的方法很多（详细过程见相关章节）。cDNA 克隆则往往利用 mRNA 反转录法获得目的基因，主要步骤如下：①提取总 RNA；②进一步分离 mRNA；③以 mRNA 为模板，用反转录酶合成 cDNA；④以 cDNA 为模板，用 DNA 聚合酶合成双链 cDNA；⑤双链 DNA 与载体连接构成重组子；⑥将重组子转入受体菌；⑦筛选和鉴定重组子克隆并进行扩增，获得大量目的基因 cDNA；⑧从受体菌中获得重组子；⑨酶切鉴定获得的目的基因。

### （二）转基因载体的构建

目的基因获得后，必须通过构建转基因载体，才能有效转入受体细胞。转基因载体通常由结构基因及其调控序列构成。应用外源基因的 cDNA 序列构建转基因载体已有很多成功的报道。为了获得外源基因全套的表达调控元件，选用基因组 DNA 构建转基因载体可使外源基因在转基因动物中更有效地表达，也更具有天然的组织特异性。为了更好地检测外源基因在转基因动物中的表达模式及有效区分外源基因和内源基因表达产物，常常在转基因载体中附加半乳糖苷酶或绿色荧光蛋白等报告基因。应根据研究目的的不同选择相应的调控序列。如果要观察外源基因表达所引起的生物学效应，应选择表达水平高而无组织特异性的强启动子，如 CMV、pGK 等。如需观察外源基因在特定组织器官中的功能，可选用组织特异性启动子，如肝白蛋白启动子、胰岛素启动子等。原则上，选用组织特异性启动子能实现外源基因的组织特异性表达。由于许多基因超表达会影响动物的胚胎发育，所以研究者越来越多地选用可诱导的启动子来调控外源基因的表达。常用的系统包括 Cre/LoxP、FLP/FRT 及四环素应答调控系统等。研究表明，线性 DNA 分子比环形 DNA 分子更容易整合到染色体上。因此，转基因载体在显微注射前应运用限制酶将目的基因（DNA）消化成线性，尽可能删除原核载体序列。

## 二、基因转移方法

在研究转基因动物的 20 多年中，科学工作者已建立和发展了十多种转基因方法。常用的方法包括显微注射法、胚胎干细胞法、反转录病毒法、精子载体法、电转移（穿孔）法、体细胞核移植法、受体介导法、磷酸钙共沉淀法、脂质体载体法、嵌合体动物法（卵裂球聚合法、囊胚注射法）、原始生殖细胞技术、基因打靶结合克隆技术的方法和精子胞内共注射法等。最常用、最经典的方法仍然首推受精卵原核显微注射法。

（一）显微注射法

外源基因显微注射法是 Jaemish 于 1974 年创立的。当 Palmiter 利用此方法获得超级小鼠后，该方法被广泛使用。它的基本原理是：利用精细的显微注射针将体外构建的转基因载体溶液直接注入动物受精卵的原核，使外源基因通过 DNA 复制而整合到动物基因组中。再通过胚胎移植将整合了外源基因的受精卵移植入假孕动物的子宫内，从子代动物中筛选携带并表达外源基因的转基因动物。下面以显微注射技术制备转基因小鼠为例来介绍显微注射法，其基本过程如图 9-1 所示。

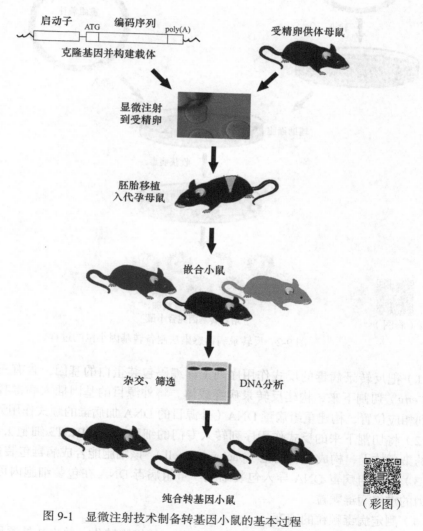

图 9-1　显微注射技术制备转基因小鼠的基本过程

（二）反转录病毒感染法

反转录病毒具有侵入宿主细胞并整合入细胞染色体 DNA 的能力。将带有外源目的基因的反转录病毒载体 DNA，通过辅助细胞包装成高感染滴度的病毒颗粒，再感染着床前或着床后胚胎，可将外源目的基因导入胚胎细胞中。其基本原理如图 9-2 所示。

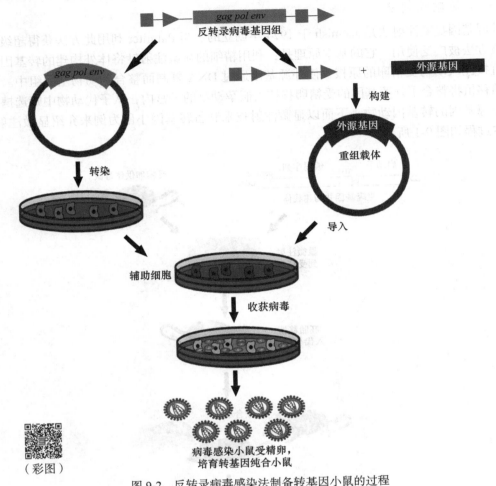

图 9-2　反转录病毒感染法制备转基因小鼠的过程

（1）把反转录病毒的反式作用序列（即编码包装蛋白的基因，含有三个编码区：*gag*、*pol* 和 *env*）切割下来，构建反转录病毒载体。将外源目的基因插入病毒载体的顺式作用元件序列相应位置，构建重组病毒 DNA（外源目的 DNA 加病毒的顺式作用元件序列）。

（2）将切割下来的反式作用序列转入专门的细胞（如 NIH3T3 细胞），使之整合到专门细胞的染色体上，构成包装细胞（packaging cell）。该细胞能合成病毒包装蛋白。

（3）将重组病毒 DNA 导入包装细胞。重组病毒 DNA 在包装细胞内可被组装成具有感染能力的重组病毒颗粒。

（4）测定病毒颗粒的滴度。

（5）用一定量的重组病毒颗粒感染靶细胞，使细胞转化，并表达外源目的基因。

（三）精子载体法

精子载体法是利用精子作为载体，借助受精过程将外源基因导入受精卵，再整合到受精卵的基因组中。意大利科学家 Lavitrano 等在 1989 年首先利用小鼠精子作为载体，使精子与 CAT（氯霉素乙酰转移酶）基因混合，待精子头部吸收 CAT 基因后，用该精子使大鼠卵子体外受精，然后移入雌鼠体内。在出生的 30% 小鼠中检出了 CAT 基因。该方法在青蛙和海胆的实验中获得了成功。我国用鱼精子作为载体，将外源人生长激素基因导入鱼卵，表达率为 50%，高表达幼苗的生长速度为不表达幼苗的 2 倍。该方法简单、方便，依靠生理受精过程，免去了对原核的损伤。

（四）电穿孔法

电穿孔法（electroporation）是利用短暂的高压电脉冲击穿细胞膜，使外源基因通过膜孔进入受体细胞内的方法。电转移法的基本原理是将受体细胞（生殖细胞或体细胞）置于电场中，同时加入外源基因（DNA 片段），在电场两端施加短暂的脉冲电场，利用电脉冲使细胞膜形成可逆性小孔，此时外源基因能通过膜孔直接进入细胞内，从而改变受体细胞的遗传物质构成。电脉冲可击穿细胞膜，但不影响或很少影响细胞的生命活动，移去电脉冲后，膜孔在一定时间内可以自动恢复。该方法具有操作简单、效果好和细胞毒性低等优点。

（五）体细胞核移植法

将外源目的基因导入能继代培养的动物体细胞，从阳性转基因细胞中分离得到细胞核，通过显微注射或电融合方法将这种细胞核导入去核的成熟卵母细胞，然后将重组的胚移植到代孕雌性动物子宫内，进而获得带有外源目的基因的转基因动物。该方法把转基因技术和动物克隆技术相结合，因而产生的是转基因克隆动物。

1997 年 6 月 Wilmut 研究小组利用克隆技术培育出一只转基因克隆绵羊"多莉"（Dolly），这是世界上第一只用已经分化的成熟的体细胞（乳腺细胞）克隆出的羊，多莉的诞生引发了世界范围内关于动物克隆技术的热烈争论。1998 年 Gibelli 等通过该技术成功培育出含有 lacZ 基因的转基因牛。该技术的使用使基因转移效率大为提高，转基因动物后代数目也迅速扩增，所需动物数大幅度减少，为显微注射法所需动物数的 2/5。更重要的是，在胚胎移植之前，就筛选了阳性转基因细胞作为核供体，这种核移植产生的胚胎为阳性，最终产生的后代个体 100% 为转基因个体。

（六）受体介导法

受体介导法就是将外源 DNA 与受体分子连接后与胚胎细胞共培养，通过受体与胚胎细胞膜上的配体相互作用介导外源 DNA 进入细胞，实现基因转移。1999 年 Ivanava 用受体介导法制作了转基因鼠，先将外源 DNA 和胰岛素-多聚赖氨酸连接在一起，然后将这种构建体与具有完整透明带的鼠胚胎共育 3h 后，用显微镜观察，证实该构建体穿过透明带在卵裂球核旁区聚集，Southern 印迹杂交显示新生鼠基因组内有外源 DNA 整合。如果在构建体中加上腺病毒能促进外源基因在早期胚胎内的保留和表达。由于早期胚胎细胞内存在胰岛素受体，胰岛素是一种调节胚胎发育的天然因子，所以对胚胎早期发育无恶劣影响，而且外源性胰岛素可促进细胞增殖及胚胎形态发生。该方法的优点是不需显微操作，使用的运载工具亦对胚胎无明显毒害作用。

（七）磷酸钙共沉淀法

磷酸钙共沉淀法是常用于哺乳动物培养细胞体外转移外源基因的方法。其基本原理是，

DNA 与磷酸钙形成的沉淀物通过细胞的胞饮作用进入细胞质，再进入细胞核内，然后 DNA 整合到染色体上，从而实现外源基因的转移。具体方法见相关章节。

### （八）脂质体载体法

脂质体（liposome）是由磷脂分子在水相中形成的稳定脂质双层膜，又称人工膜。脂质体载体法的基本原理是：将待转化的 DNA 溶液与天然或人工合成的磷脂混合，磷脂在有表面活性剂的条件下形成包埋水相 DNA 的脂质体。当将这种脂质体悬浮液加入到细胞培养物中时，便会与受体细胞膜发生融合，其中的 DNA 片段随即进入细胞质和细胞核内。用脂质体包被的 DNA 转化培养细胞已取得成功。该方法与磷酸钙共沉淀法、显微注射法和电击法等传统方法相比具有高效、简便和重复性好等优点。

### （九）嵌合体动物法

嵌合体是由基因型不同的细胞构成的复合个体，包括种内嵌合体和种间嵌合体两种类型。1961 年科学家开始在两栖类动物中研究培育嵌合体；1965 年 Mintz 等利用嵌合体动物技术首先在哺乳动物中研究培育成小鼠嵌合体后代。20 世纪 70 年代，哺乳动物嵌合体技术发展非常迅速，先后成功获得了嵌合体绵羊、家兔、牛和猪等，同时产生了部分种间嵌合体。

动物嵌合体技术有卵裂球聚合法和囊胚注射法两种。卵裂球聚合法的基本原理和方法是把不同遗传性能而发育阶段相同或相近的胚胎卵裂球聚合在一起，通过发育形成嵌合体动物。而囊胚注射法就是把一种或多种胚胎的卵裂球、内细胞团细胞、胚胎干细胞等直接注射到另一个囊胚的空隙中，从而获得嵌合体动物的方法。两种方法的操作过程如图 9-3 所示。

## 三、转基因动物的检测

通常利用 PCR 或者 Southern 印迹转移杂交技术检测可能的转基因动物。PCR 技术因具有简便、快速、敏感和特异高等特点，已成为首选方法。由于转基因和内源基因的编码区同源性很高，PCR 引物设计应能有效区分转基因的特异片段和内源基因片段。如果转入的基因含有不同于内源基因的启动子，或者是融合基因，可根据这些不同基因的特异片段核苷酸序列设计引物。实验前还应对 PCR 引物的特异性和敏感性进行检测。通常做法是：将转基因载体 DNA 进行梯度稀释并与 1μg 正常鼠 DNA 混合作为模板，用设计的引物进行 PCR 反应，理想的引物应当能扩增出相当于单拷贝的转基因 DNA 并产生最低的背景。

PCR 检测的阳性首建者转基因动物（founder transgenic animal）通常必须用 Southern 印迹杂交进行验证，以确定外源基因整合的方式，鉴定时选择合适的限制酶对基因组 DNA 进行消化和选用合适的探针进行杂交至关重要。因此，可选择不含重复序列的转基因 DNA 片段作为探针；而选用那些在转基因上有两个酶切位点的限制酶进行酶切，可得到预期大小的杂交条带。Southern 印迹杂交的具体操作见相关章节。

除以上介绍的 PCR 和 Southern 杂交方法外，还可通过染色体原位杂交技术确定转基因整合到染色体的确切位置。此外，应利用 Northern 杂交、RT-PCR、RNase 保护分析等方法确定转基因是否转录及其转录水平，也可选择 Western 印迹杂交或者免疫组织化学分析方法研究转基因在蛋白质水平上的表达及表达的时空特异性。

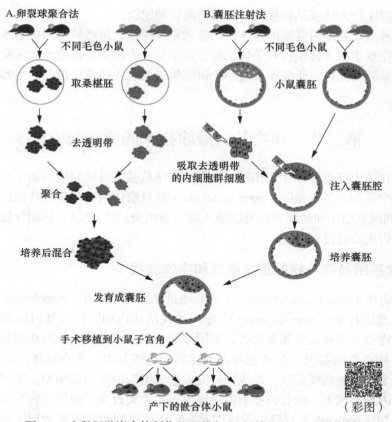

图 9-3　小鼠胚胎嵌合体制作的两种方法（根据 Gilbert's 图绘制）

## 四、转基因动物的应用

转基因小鼠模型是医学领域应用最广的动物模型，已经广泛应用到多种基因在疾病中的功能研究。例如，利用 ApoA-I 转基因小鼠模型研究 ApoA-I 与动脉窦泡沫细胞受损之间的关系；将胰岛素基因注射到小鼠受精卵原核，培育出高胰岛素血症小鼠模型。利用转基因方法建立人类疾病动物模型的优点有：遗传背景清楚、遗传物质改变简单、建立的模型更自然且更接近患者症状。但转基因动物模型仍存在一定的问题。例如，外源基因插入宿主基因引起插入突变，破坏宿主基因组功能；或外源基因在宿主染色体上整合的拷贝数不等；或整合的外源基因遗传丢失而导致转基因动物症状的不稳定遗传等。尽管疾病转基因动物模型仍存在一些问题，但随着转基因技术的不断完善，必将产生很多理想的转基因动物模型。

转基因动物在医学及生物学领域有广泛的应用，是对多种生命现象本质深入研究的工具。例如，①利用转基因动物研究特定基因在体内组织中特异表达或表达时相；研究特定基因在体内与某种疾病的发生的关联。②通过观察和研究转入外源基因后动物的新表型，可以发现基因的新功能或未知基因的功能。③导入外源基因后，由于基因的随机插入，可能会导致内源基因的突变，通过对这些突变表型的分析，可以发现新的致病基因。④可用于只在胚胎期才表达的基因的结构和功能研究。⑤建立研究外源基因表达和调控的动物模型。⑥通过转基因动物可以生产人体或动物移植时所需的器官和组织。

　　总之，转基因动物是研究基因在体内功能的重要模型，虽然转基因技术本身还存在许多问题，而且在伦理道德方面还存在争议，但在医学研究中的重要地位毋庸置疑。如何用转基因动物对特定基因功能进行研究不仅是一个研究策略问题，还需要借助许多其他实验技术手段才能实现。

# 第二节　动物基因敲除技术的原理与方法

　　一个基因在体内究竟发挥什么作用，最直接方法就是在被研究的动物（一般为小鼠）基因组中敲除这个基因。基因敲除（gene knockout）是目前体内研究基因功能的最佳方法，是指通过 DNA 同源重组定向地将外源基因插入宿主细胞染色体 DNA，从而导致特定基因在细胞内或生物体内失活的过程。

## 一、构建基因敲除动物的基本原理和操作流程

　　基因敲除动物（gene knockout animal）是指通过基因同源重组（homologous recombination）技术［又称为基因打靶（gene targeting）］定向地在活体内剔除特定基因的动物。由于小鼠的遗传结构在许多方面和人类非常接近，基因敲除小鼠已成为研究基因功能和人类疾病的理想模型，把一些重要的基因，尤其是与人类疾病相关的基因，在小鼠体内将这一基因改变后，小鼠如发生类似的病理症状，就成为研究该基因引起的疾病的模型。美国 20 世纪 80 年代就建立了基因敲除技术，随着该技术的迅速发展，大大改变了现代生物学研究的面貌。基因打靶是把已知序列的 DNA 片段与受体细胞基因组中序列相同或非常相近的基因发生同源重组，整合到受体细胞基因组中，并得以表达的一种改变生物活体遗传信息的外源 DNA 导入技术。

　　基因打靶技术结合胚胎干细胞技术，促进了相关技术的进一步发展，其基本原理和操作流程如图 9-4 所示。

　　以制备基因敲除小鼠为例，其基本操作过程分为两个阶段：第一阶段是在小鼠胚胎干细胞水平剔除染色体上的一个等位基因，第二阶段是小鼠活体内剔除另一个等位基因。在 ES 细胞水平上进行基因敲除需要首先构建基因敲除载体（打靶载体），即含有两个筛选标志基因、待敲除基因同源臂序列的克隆载体。一般情况下，Neo（新霉素）抗性基因作为阳性筛选标志基因，HSV-tk 基因作为阴性筛选标志基因，而且 $Neo^r$ 基因位于待敲除基因两个同源臂之间，具有自己的启动子元件。当外源载体与干细胞染色体上的同源序列发生同源重组时，$Neo^r$ 基因将同时被重组到染色体的待敲除基因位置，因此，同源重组的 ES 细胞获得了抵抗新霉素（G418）的能力；如果发生了非同源重组，单纯疱疹病毒（herpes simplex virus，HSV）的胸苷激酶（thymidine kinase，TK）编码基因的 HSV-tk 基因就会随机整合到染色体上，其编码产物胸苷激酶可以分解细胞培养液中加入的单核苷酸类似产物而产生对细胞有毒的代谢产物，使细胞死亡。只有发生同源重组的 ES 细胞能够在含 G418 和单核苷酸类似物的培养基中存活，因此获得基因敲除的 ES 细胞。将经过遗传操作且发生基因敲除的小鼠进行兄妹交配，按孟德尔遗传规律，有 1/4 的概率获得两条等位基因被敲除的小鼠。

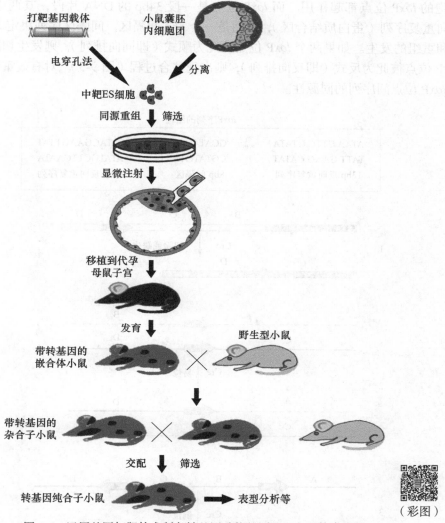

图 9-4　运用基因打靶技术制备转基因动物的原理和主要技术步骤

## 二、Cre/loxP 系统

　　整合酶是基因打靶的重要工具酶。目前已从细菌、噬菌体和酵母中发现了一个由 28 种酶蛋白组成的整合酶家族。它们都具有不变的 His-Arg-Tyr 三元群结构。这些蛋白质结合到一种 DNA 识别序列（如 loxP）上而参与 DNA 识别、联会、切割、链交换和重连接。Cre/loxP 系统为真核系统的特异重组系统之一，已经被开发为一种具有广泛用途的工具，常用于小鼠和果蝇的遗传工程研究。随着 Cre 重组酶（Cre recombinase）的问世，基因敲除又有了新的发展，可以在小鼠的特定时期及特定组织中敲除特定基因，即条件性基因敲除（conditional gene knockout）或条件性组织特异性基因敲除（conditional tissue-specific gene knockout）。某些胚胎发育期的重要基因多采用条件性基因敲除模型进行研究。

　　Cre（引起重组）/loxP（交换的位点 [ x ]）重组系统由 Cre 重组酶和位于伙伴分子上的两个 loxP 识别位点组成。Cre 重组酶是一种分子质量为 35kDa 的整合酶蛋白，对细菌和真

核细胞的 *lox*P 位点都起作用。而 *lox*P 位点是一段 34bp 的 DNA 片段，其两端是两个 13bp 的反向重复序列（蛋白质结合区），中间是一个 8bp 间隔区。间隔区序列决定 *lox*P 位点的方向性和重组的发生。如果两个 *lox*P 位点彼此为顺式（即同向排列），则发生切除反应；若两个 *lox*P 位点彼此为反式（即反向排列），则出现整合过程（图 9-5）。对有效重组起关键作用的是 *lox*P 位点间序列的同源性。

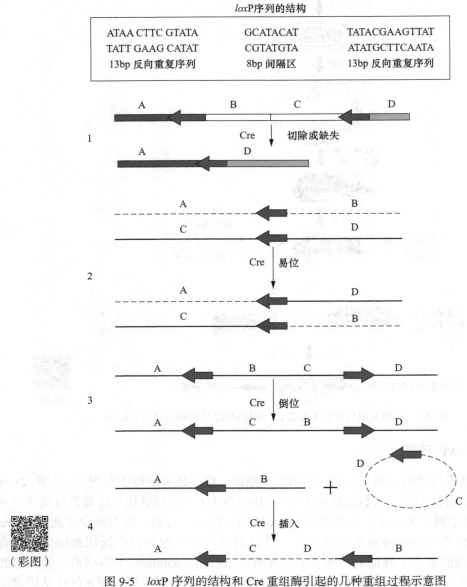

图 9-5　*lox*P 序列的结构和 Cre 重组酶引起的几种重组过程示意图

1. 切除或缺失；2. 易位；3. 倒位；4. 插入。A～D. 特定的基因序列

　　利用 Cre 重组酶的特点建立了条件性基因敲除技术，使一些在胚胎生长发育阶段非常重要的基因可以在特定时期从基因组中敲除，避免了由于基因敲除所导致的胚胎发育障碍或死胎，为研究这类基因的功能提供了动物模型。在这种基本设计的基础上，将 Cre 重组酶基因

构建到可诱导性启动子下游，构建转基因动物模型，然后再将位于组织特异性启动子下游、两个 *lox*P 位点间的靶基因导入动物的基因组中，利用可诱导性启动子的特点在动物模型的特定时期从待定组织中敲除特定的基因已成为可能。总之，各种改进的基因打靶技术的最终目的是创造更合适的动物模型，通过研究基因的功能，分析基因敲除动物机体的变化或发病情况来推断基因在疾病发生发展中的作用。

### 三、基因打靶的基本方案和策略

#### （一）基因打靶的基本方案

胚胎干细胞基因打靶就是按照预定计划通过外部打靶 DNA 与内源性靶基因之间的同源重组对胚胎干细胞进行遗传修饰。进行基因打靶之前，应在打靶载体的标记基因两端各连接一个同源臂。当打靶载体线性化时，两个同源臂取向相同则引起取代重组；两个同源臂取向相反则引起插入重组。基因打靶的两种基本方案——取代和插入见图 9-6。

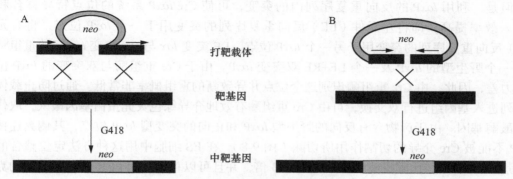

图 9-6 同源重组的两种基本方案

A 为取代重组；B 为插入重组

#### （二）基因打靶策略

近年来，基因打靶技术发展迅速，建立了多种基因打靶策略。

**1. 基因完全敲除（complete knockout）** 在 ES 细胞中进行基因敲除，最常使用正-负双选择（positive-negative selection，PNS）载体。通常将阳性选择标记基因插入靶基因功能最关键的外显子中，或通过同源重组删除靶基因最重要的功能区，使靶基因完全失去功能。在许多研究中，将 β-半乳糖苷酶基因（*lacZ*）以正确的读框插入靶基因的外显子中，除了删除靶基因以外，还可通过分析 β-半乳糖苷酶的活性研究靶基因表达的时空顺序。如果 *lacZ* 基因 5′ 端携带内源性核糖体插入位点（internal ribosomal entry site，IRE 位点），则 *lacZ* 基因的插入将不受时相的控制而得到正确的翻译。缺失启动子的打靶载体可以进一步提高打靶载体重组的效率。载体中阳性选择标记基因 *neo* 是不带启动子的，只有发生正确的同源重组，即 *neo* 基因被精确地插入靶基因启动子后，抗性基因才会表达，并使 ES 细胞克隆在选择性药物培养基中存活下来。若在 *neo* 基因 5′ 端连接上 IRE 位点，则其可以插入任意外显子中而起相同的作用（图 9-7）。

**2. 基因敲入（gene knock in）法** 基于 ES 细胞培养技术和同源重组技术的基因敲入法

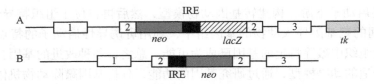

图 9-7　完全基因敲除载体

A. 带 *lacZ* 基因的 PNS 正-负双选择载体；B. 无启动子载体。数字表示靶基因的外显子顺序

可将外源基因整合到特定的靶位点，利用靶位点全套的表达调控元件以实现特异性的表达。Rickert 等于 1997 年将 Cre 基因定位地整合到 CD19 位点，使得 Cre 基因只在 B 淋巴细胞中表达。此外，Cre/*loxP* 系统也可用于研制外源基因定位整合的转基因小鼠。研究者可先通过同源重组在染色体组上的靶位点引入一个 *loxP* 位点，再通过 Cre 重组酶介导携带 *loxP* 序列的打靶载体与之重组，将外源基因引入特定的位点。这种重组发生的效率很低。因为，利用野生型 *loxP* 位点进行 Cre 介导的插入，在动力学上是不利的。残留的 Cre 重组酶活性会影响整合序列的缺失。

但是，利用 *loxP* 的反向重复序列内的突变，可使 Cre/*loxP* 系统的位点特异整合和基因敲入效率提高，即将左元件（LE）反向重复序列的突变用于一个 *loxP* 位点，将右元件（RE）反向重复序列的突变用于另一个 *loxP* 位点。LE 突变 *lox* 与 RE 突变 *lox* 间的重组将会产生一个野生型的 *loxP* 及一个 LE+RE 双突变 *loxP*。由于 Cre 重组酶与双突变的 *loxP* 位点结合力差，因此，由 Cre 重组酶识别这个位点并导致新的重组概率非常低。通过防止载体内部序列进入基因组进行双交换，可由 Cre 重组酶有效地介导绿色荧光蛋白基因敲入，取代碱性磷酸酶基因。由于产物含有反向的野生型 *loxP* 和正向的突变型 *loxP* 位点，其侧翼连接的 eGFP 不能被 Cre 介导的切割作用所切除（图 9-8）。在 ES 细胞中用这种方法定位整合的效率可达 2%～16%，比随机整合概率提高了 3 倍，并且可以直接使用 PCR 法鉴定正确的克隆而不依赖于任何药物筛选。使用这种策略和方法可将外源基因整合到染色体上的任何位点。

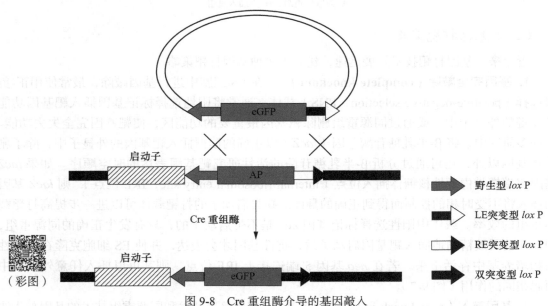

（彩图）

图 9-8　Cre 重组酶介导的基因敲入

eGFP 为绿色荧光蛋白基因；AP 为碱性磷酸酶基因

外源基因定位敲入方法改变了研制转基因动物的传统途径，将动物水平转基因筛选提前到细胞水平，即在胚胎移植到代孕母畜子宫之前使用 PCR 技术鉴定出阳性转基因细胞。

**3. 运用基因打靶技术实现精细突变** 人类的许多疾病是由于基因功能丧失引起的，而基因打靶最重要的应用之一就是研制人类疾病模型。因此，研究者发明了多种方法将精细突变引入小鼠基因组中。最早应用的策略与方法是"打了就跑"（hit and run）（图 9-9）和"标记与交换"（tag and exchange）（图 9-10）。

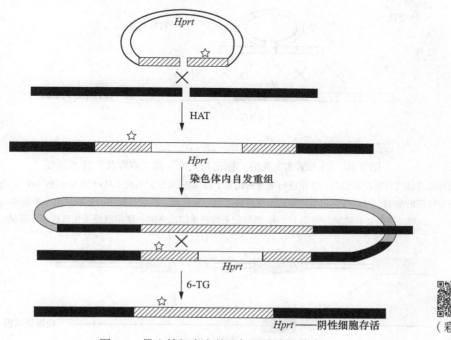

图 9-9　导入精细突变的"打了就跑"技术

插入型载体通过同源重组掺入靶位点，造成同源区的加倍。若被打靶的细胞是 *Hprt* 阴性的，具有功能的 *Hprt* 标记基因的加入将使细胞对次黄嘌呤、胸苷和氨基蝶呤（HAT）具有抗性。倍加的序列间将发生同源重组，将一份倍加的序列连同 *Hprt* 标记基因环套出来，使抗 6-硫鸟嘌呤（6-TG）的细胞存活下来。若一同源臂上存在精细的突变（☆），这些突变将保留在发生了染色体内重组的细胞基因组中

这两种方法均需分别经过两次筛选或两次打靶，即先用选择标记基因及突变基因置换野生型基因，再将选择标记基因敲除。这种长时间的体外操作有时会影响 ES 细胞发育成生殖细胞的能力。而采用 Cre/*lox*P 系统可通过分子间重组将两个方向相同的 *lox*P 序列之间的核苷酸序列有效切除。Chen 等经一次打靶将 *fgfr3* 突变基因引入到小鼠基因组中，获得突变小鼠后，再将它与 EII-Cre 转基因小鼠杂交，利用在生殖细胞中表达的 Cre 重组酶活性删除 *fgfr3* 突变小鼠基因组中的两侧带有 *lox*P 序列的选择标记基因（图 9-11），获得了与人类侏儒症完全相似的模型小鼠。

**4. 条件性基因打靶** 完全基因敲除就是使靶基因从所有的组织器官中终生灭活。在成体器官发育中起重要作用的基因，如肿瘤抑制基因 *Brca1*、*Brca2*、*Dpc4*/*Smad4* 等被敲除后，往往导致小鼠胚胎早期死亡，使得研究者无法深入探索这些基因在成体中的重要作用。Cre/*lox*P 和 FLP-FRT 系统的应用使组织特异性基因敲除成为可能。研究者利用 Cre/*lox*P 和来

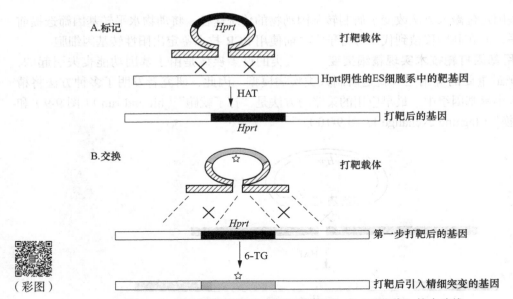

（彩图）

图 9-10　引入精细突变的"标记与交换"或"双取代"技术路线

当取代型标记载体进行同源重组时，在拟进行突变的位置上掺入正-负标记系统（*Hprt* 或 *neo*/HSV-*tk*），通过正标记基因表达选择有标记的细胞。对具有标记或添饰的细胞系再进行一轮打靶。这轮打靶用的是取代型交换载体，含有原初的序列，也包含有精细的突变（☆）。当标记系统被重组出来时，细胞能经受住负选择而存活

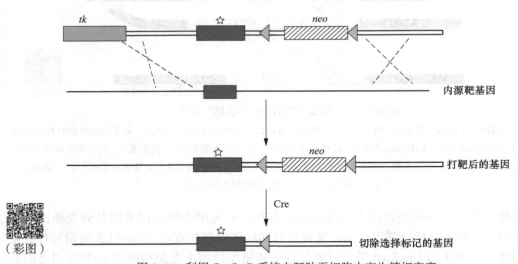

（彩图）

图 9-11　利用 Cre/*lox*P 系统在胚胎干细胞中产生精细突变

按正-负选择路线，用常规的基因打靶方法对胚胎干细胞内源的一个基因座进行打靶，在打靶载体中引入精细的突变（点突变、小缺失、小插入），侧翼所带的选择标记可在 Cre（在生殖细胞中表达的 Cre 重组酶）介导下除去，留下诱导的突变和单一的 *lox*P 位点

自酵母的 FLP-FRT 系统可研究特定组织器官或特定细胞中靶基因灭活导致的表型。1994 年，Cu 等报道了首例应用 Cre/*lox*P 系统研制成功的组织特异性基因敲除小鼠。在构建条件敲除打靶载体中，通常将阳性选择标记基因置于靶基因的内含子中，并在靶基因重要功能区两侧的内含子中插入方向相同的 *lox*P 序列。最好将标记基因的两侧也放上相同方向的 *lox*P 序列，

因为许多时候选择标记基因即便被放置在内含子中，也会阻断靶基因的转录。如果出现这种情况，可以用 Cre 重组酶表达质粒转染中靶 ES 细胞，在细胞水平通过 loxP 位点将 neo 抗性基因除去。另一种更可行的方法是将条件敲除杂合子小鼠与 EⅡ-Cre 转基因小鼠杂交。由于 EⅡ-Cre 在单细胞期即表达，通过筛选它们的子代小鼠，可获得只删除 neo 基因的条件敲除小鼠（图 9-12）。

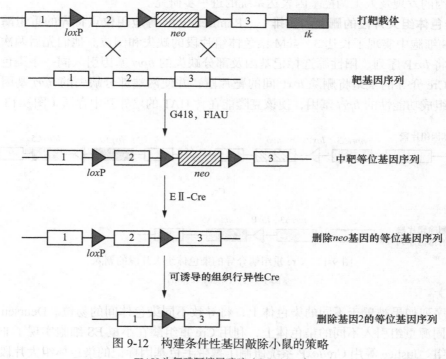

图 9-12　构建条件性基因敲除小鼠的策略

FIAU 为氟碘阿糖尿嘧啶（fialuridine）

　　为了构建组织特异性 Cre 转基因小鼠，常将 Cre 基因与组织特异性基因的启动子连接构建转基因载体，再通过传统的转基因技术或基因敲入法获得相应的转基因小鼠。Cre 转基因小鼠已近百种，相关的信息在数据库中可以查到。条件敲除小鼠获得后，除了与 Cre 或 FLP 转基因小鼠杂交获得组织特异性基因敲除小鼠外，还可通过感染表达重组酶的腺病毒或反转录病毒而实现组织特异性的重组。

　　为了达到在时空上调节基因打靶的目的，可以将 Cre 基因置于能被配体或药物诱导的启动子控制下。Kuhn 等在 1995 年报道了 Mxl-Cre 转基因鼠的研究。Mxl 是一种与抗病毒感染相关的基因，它在健康的小鼠中是不表达的，但可被重组干扰素或干扰素诱导剂 poly（IC）诱导。携带 Mxl-Cre 的条件敲除小鼠只有在干扰素或 poly（IC）存在的条件下才会发生 Cre-loxP 介导的重组。另一类研究所采用的策略是在转录后水平调节重组酶活性。Feil 等将 Cre 基因与人雌激素受体突变基因的配体结合功能区融合，产生的 Cre-ER$^T$ 具有抗雌激素 Tamoxifen 依赖的重组酶活性。他们将融合蛋白基因置于巨细胞病毒（MV）的启动子下研制成功的转基因小鼠，配体依赖的 Cre 重组酶介导的基因重组效率在皮肤中达 50%，脑中仅为 10%。不同组织的重组效率与组织中 Cre 的表达水平有关。第一例对 Cre 重组酶活性真正实现时空上调节的研究是 1998 年由 Schwenk 等报道的，他们应用 B 细胞特异的启动子将 Cre-ER 融合蛋白的表达限制在 B 淋巴细胞中，B 淋巴细胞中 Cre 介导的重组效率高达 80%。

Cre/loxP 系统的应用标志着基因打靶的研究进入了一个崭新的时代。从理论上来讲，应该可以在任意细胞、任意时刻敲除任意一个靶基因，然而，现阶段可利用的组织特异性表达 Cre 重组酶的转基因小鼠还十分有限。对 Cre 转基因表达的精确控制还依赖于更多组织特异性标志基因的发现及人工调控基因表达系统的进一步研究。

**5. 染色体组大片段的删除和重排**　　Ramirez-Solis 等应用位点特异的重组酶系统首次在小鼠 ES 细胞中实现了长达 3～4cM 染色体组片段的缺失和倒位。他们先后两次通过基因打靶分别将 loxP 序列、阳性筛选标记基因及部分缺失的 hprt 基因引入同一条染色体的靶片段两端。Cre 介导的重组将删除 loxP 间的靶片段，并使两端部分缺失的 hprt 基因在染色体组上重新组成功能性的 hprt 基因，使该克隆能在含 HAT 的培养基中存活（图 9-13）。

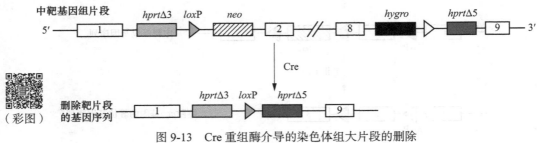

图 9-13　Cre 重组酶介导的染色体组大片段的删除
图中数字表示基因的顺序

loxP 序列如果被置于不同的染色体上，将导致不同染色体间的易位。Deursen 等将 loxP 序列通过同源重组引入不同的染色体上，利用 Cre 重组酶在小鼠 ES 细胞实现了非同源染色体间的重组。Justice 等用 Cre/loxP 系统研制了携带毛色基因标记的染色体组大片段缺失的突变小鼠。这种用毛色基因标记的倒位或缺失将成为对小鼠染色体组进行功能分析的重要手段。

## 四、基因敲除小鼠的建立与鉴定

### （一）获得靶基因 cDNA 探针

进行基因打靶研究首先要获得靶基因的 cDNA 片段。PCR 因其具有简便、快速、敏感、特异等特点，是获得靶基因的首选方法。应用 PCR 技术获取目的基因首先应设计合成相应的特异引物。若是已知基因，可根据基因序列合成特异性的引物；对未知基因，可根据蛋白质序列或同源基因序列合成简并引物。对表达水平较低的基因，针对 PCR 产物合成一对内引物进行巢式或半巢式 PCR，可提高成功的概率。采用不同 PCR 引物可从小鼠胰腺 cDNA 文库和 R1-6 细胞 cDNA 文库中扩增得到 Smad5 的 cDNA 片段。将 PCR 产物插入 T 载体，再转化宿主菌使其得以大量克隆；克隆的 cDNA 片段又可用作进一步检测相关基因组 DNA 片段的探针。

### （二）靶基因的基因组 DNA 片段的筛选和克隆

通过筛选 129 小鼠基因组噬菌体文库或者细菌人工染色体文库可获得靶基因的基因组

DNA 片段。129 小鼠基因组细菌人工染色体（BAC）文库由 5 张尼龙膜组成，每张膜上点满了高密度的 BAC 克隆，每个 BAC 克隆包含有平均长度为 100kb 的基因组片段。用标记的靶基因探针，可从文库中筛选出含有长度为 100kb 左右的靶基因的基因组 DNA 片段。

使用含有氯霉素的 LB 培养基扩增培养带有 Smad5 基因组 DNA 片段的细菌，然后经质粒提取、酶切消化、电泳、转移等步骤，将 DNA 片段转移到硝酸纤维素膜上，并用 Smad5 基因探针进行杂交反应，可得到相应的杂交带。通过杂交实验可以帮助选择合适的限制性酶切片段进行亚克隆。Xba I、Hind III、Sac I 在靶基因上均有多处识别位点，它们切割的 DNA 片段不宜进行亚克隆；Sal I 切出的 DNA 片段太大，超过了 23kb，克隆到普通的质粒上有困难；EcoR I 切出的片段约为 9kb，用于载体构建并筛选合适的 Southern 探针略显不足；BamH I 切成的片段大小介于 9～23kb，这样大小的片段既便于克隆，又有利于选择同源臂和探针。由于 BAC 质粒是抗氯霉素的，因此，用 BamH I 消化 Smad5 基因组 DNA 克隆后，可采用鸟枪法将靶基因片段克隆到氨苄青霉素抗性克隆载体 Bluescipt SK 上，获得 19kb 的 Smad5 基因组 DNA 片段。

（三）基因敲除打靶载体的构建及中靶 ES 细胞的筛选

利用 12kb 的 Smad5 基因组 DNA 片段构建打靶载体，将其分成长臂和短臂插入打靶载体中，如图 9-14A 所示。阳性筛选标记基因被插入到 Smad5 基因的第 6 外显子中，阴性筛选标记基因位于同源臂长臂的外侧。通常，打靶载体同源臂的总长度应大于 6kb，短臂长度应大于 2kb。打靶载体通过电穿孔转染小鼠胚胎干细胞（ES 细胞），在含有 G418/FIAU 的培养基中筛选双抗性的 ES 细胞克隆。从阳性克隆细胞中制备基因组 DNA 进行 Southern 杂交，筛选发生了正确同源重组事件的中靶 ES 细胞，部分结果如图 9-14B 所示。基因组 DNA 用 Xba I 和 Bam H I 进行消化，利用打靶载体同源臂外侧的 DNA 作为探针进行 Southern 杂交，野生型等位基因将产生一条 10kb 的阳性条带，中靶等位基因由于 neo 基因的插入将显示 12kb 的阳性条带。

（四）基因敲除小鼠的获得及鉴定

运用显微注射技术将中靶 ES 细胞导入受体小鼠 C57BL/6J 的囊胚。通过胚胎移植将注射后的囊胚引入代孕母鼠的子宫角并使其发育至出生。获得的高嵌合度子代小鼠与野生型小鼠杂交获得能经生殖遗传的 Smad5 基因敲除杂合子小鼠。将 Smad5 基因敲除杂合子小鼠互相杂交，理论上可获得 Smad5 基因敲除纯合子小鼠。然而，对 176 只 Smad5 基因敲除杂合子小鼠交配产生的后代进行基因型鉴定的结果显示没有纯合子小鼠，表明 Smad5 基因敲除导致小鼠胚胎期死亡。为了解 Smad5 纯合子胚胎死亡的时间，对不同时期的小鼠胚胎进行了表型观察和基因型鉴定，结果发现异常发育的胚胎在胚胎期 E8.5～E11.5 出现，Smad5 纯合子胚胎在 E10.5～E11.5 死亡，Smad5 基因敲除导致的基因突变可以通过杂合子小鼠稳定遗传。

对于基因打靶导致的突变型小鼠，一般可用 3 条寡核苷酸配成 2 对 PCR 引物，通过 2 个 PCR 反应区分野生型、杂合型和纯合型 3 种不同的基因型。在打靶载体 neo 基因插入位点两侧设计引物 1（P1）（5'-TAAACAATCGTGTTGGGGAAGC-3'）和引物 2（P2）（5'-AATGAATTGTATCCTGCCGGTA-3'），两者能从野生型 Smad5 等位基因上扩增出 231bp 的阳性条带。如果用引物 2（P2）和 neo 基因上的引物 3（P3）配对进行 PCR 反应，则可从突变等位基因

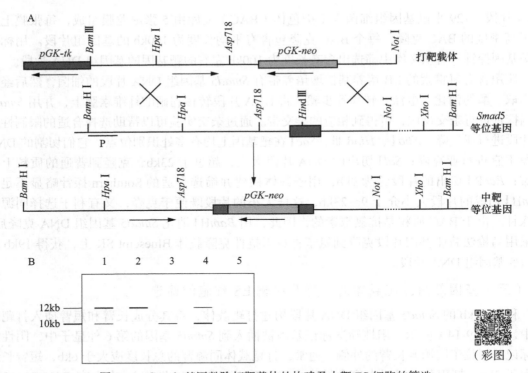

图 9-14　*Smad*5 基因敲除打靶载体的构建及中靶 ES 细胞的筛选

A. 构建打靶载体的策略，黑色正方形表示 *Smad*5 基因第 6 个外显子，P 为杂交的探针；

B. Southern 杂交筛选中靶 ES 细胞示意图，基因组 DNA 用 *Bam* H I 和 *Xba* I 消化，P 探针进行杂交；1、4 为杂合子，

2 为纯合子，3、5 为野生型

上扩增出 290bp 的阳性条带。为了更有效地区分野生型等位基因和突变型等位基因，本实验采用引物 3（P3）和引物 4（P4）配对进行 PCR 反应，从突变等位基因上扩增出 510bp 的条带。每个胚胎的基因组 DNA 分别用 P1/P2 和 P3/P4 进行 PCR 反应，只能扩增出 231bp 条带的胚胎为野生型；同时扩增出 231bp 和 510bp 条带的胚胎为杂合型；只能扩增出 510bp 条带的胚胎为突变纯合型（图 9-15）。

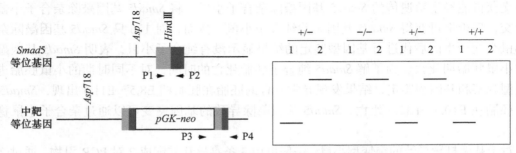

图 9-15　*Smad*5 基因敲除小鼠的酶切鉴定示意图

利用来自野生型和突变纯合子胚胎的 RNA 进行 Northern 杂交，*Smad*5 突变纯合子胚胎中检测不到任何 *Smad*5 基因的转录本，而与 *Smad*5 高度同源的 *Smad*1 基因在野生型胚胎和突变型胚胎中均正常表达。这些结果表明，采用以上策略进行 *Smad*5 基因敲除导致无义突

变（nonsense mutation）。

（五）基因敲除小鼠的表型分析

利用组织学和病理学分析及分子生物学技术对基因敲除小鼠进行表型分析，可以了解靶基因在哺乳动物发育过程中的功能。Smad5 纯合子胚胎在 E11.5 前死于胚胎及胚外组织多种缺陷，表明 Smad5 基因是小鼠胚胎正常发育所必需的。Smad5 缺陷型胚胎的血管形成可以发生，因为其卵黄膜和胚胎均可检测到内皮细胞黏附分子（pECAM）阳性的血管内皮细胞。进一步的研究结果表明 Smad5 突变胚胎血管直径增加，不能形成正常的血管网络，这可能与胚胎内过度的间充质细胞凋亡及血管外周的平滑肌细胞减少有关。这些结果显示，Smad5 可能介导 TGF-β 信号在毛细血管形成过程中调节内皮细胞-间充质细胞间的相互关系。值得注意的是，以前的许多体外实验结果将 Smad5 置于 BMP 信号转导通路而非 TGF-β 通路中，Smad5 基因敲除小鼠与 TGF-βⅠ及 TGF-βⅡ型受体基因敲除小鼠的相似表型，提示体内各种 Smad 信号通路可能存在复杂的相互作用。

**五、基因敲除动物的应用**

目前，对 ES 细胞进行同源重组已经成为一种对小鼠染色体组上任意位点进行遗传修饰的常规技术。研究者不仅可以通过简单的基因敲除改变活体的遗传信息，也可以精确地在小鼠基因组中引入点突变，甚至可以删除大至几个分摩的染色体组片段或制造特异的染色体易位，对基因打靶可进行时空上的调控。通过基因打靶获得的突变小鼠已经超过千种，并正以每年数百种的速度增加。通过对这些突变小鼠的表型分析，许多与人类疾病相关的新基因的功能已得到阐明，并直接导致了现代生物学研究各个领域中许多突破性的进展。

可以预见，随着功能基因组学研究深入发展，更多的人类疾病相关基因会被发现。各种类似于人类疾病的动物模型会在人类疾病的分子机制研究、预防和诊疗疾病的药物研制等方面发挥越来越大的作用。

# 第三节　细胞模型的建立与特定基因功能研究

## 一、细胞模型中过表达特定基因

在细胞水平上进行转基因可以建立特定过表达（overexpression）某外源基因的细胞模型，可利用该细胞模型在 DNA、RNA 和蛋白质水平上研究特定基因的功能。细胞转染（cell transfection）技术是指将外源分子，如 DNA、RNA 等导入真核细胞的技术。随着分子生物学和细胞生物学研究的不断发展，转染已经成为研究和控制真核细胞基因功能的常规工具。在研究基因功能、调控基因表达、突变分析和蛋白质生产等生物学实验中，其应用越来越广泛。

常规转染技术可分为两大类，一类是瞬时转染，另一类是稳定转染（永久转染）。前者外源 DNA/RNA 不整合到宿主染色体中，因此一个宿主细胞中可存在多个拷贝数，产生高水平的表达，但通常只持续几天，多用于启动子和其他调控元件的分析。一般来说，超螺旋质粒 DNA 转染效率较高，在转染后 24～72h 内（依赖于各种不同的构建）分析结果，常常用到一些报告系统，如荧光蛋白、β-半乳糖苷酶等来帮助检测。后者也称永久转染，外源 DNA 既可以整合到宿主染色体中，也可能作为一种游离体（episome）存在。尽管线性 DNA 比超螺旋 DNA 转入量低但整合率高。外源 DNA 整合到染色体中的概率很小，通常需要通过一些选择性标记，如氨基糖苷磷酸转移酶（APH）、潮霉素 B 磷酸转移酶（HPH）、胸苷激酶（TK）等反复筛选，才得到稳定转染的同源细胞系。有关转染细胞的筛选详见本书相关章节。

从理论上分析要成功将外源基因导入细胞的染色体中，并使之稳定传代存在一定的困难，因为生物体细胞中的 DNA 能精确合成并防止被 DNA 酶降解是由于限制酶与修饰酶组成了生物屏障，一般情况下，限制酶能将外源 DNA 切割并降解，但细胞本身合成的 DNA 由于修饰酶的甲基化作用而避免了被限制酶酶解从而保持遗传的稳定性。但是，偶尔也会发生外源 DNA 幸免被降解的情况，使之有机会整合到细胞的染色体中。

在细胞模型中表达特定基因以确定其功能的基本程序主要包括：特定基因的克隆，将基因导入细胞并进行鉴定，筛选高表达转染基因的细胞（可选择），研究特定基因的功能。一般利用转染细胞研究基因功能时，可在细胞水平上进行，也可在动物体内进行，如将转染特定基因的肿瘤细胞接种到小鼠体内。目前许多基因工程重组蛋白的功能研究都离不开转染细胞模型，这实际上也是在细胞水平上的转基因技术。

## 二、抑制或沉默基因表达

结构基因功能的研究也可在 RNA 水平上进行，通过干预蛋白质的翻译过程或减少蛋白质的产量研究基因的功能。目前在 RNA 水平上研究基因功能的方法主要有两种：一种是利用反义 RNA（antisense RNA）封闭 mRNA 的功能；另一种是使用 RNA 干扰（RNA interference，RNAi）技术使基因处于沉默状态。

### （一）反义 RNA

反义 RNA 是指能与 mRNA 互补配对的 RNA 分子，是相对 DNA 而言的。DNA 是由方向相反的两条脱氧核苷酸链互补配对而成的，其中一条为正义链（sense strand），另一条为反义链（antisense strand），在指导 mRNA 合成过程中，以 DNA 的反义链作为模板，所转录出来的 mRNA 相对该反义链 DNA 而言就是正义链，因此，能与 mRNA 互补结合的 RNA 分子就被称为反义 RNA。

反义 RNA 能与 mRNA 互补配对，在空间上妨碍以此 mRNA 为模板的蛋白质合成，因此可负调控基因表达水平。利用这种特点可以在 RNA 水平上分析特定基因的可能功能。一般情况下，根据特定基因的序列设计反义 RNA 序列，然后通过构建反义 RNA 转录载体，建立转染细胞模型，通过检测目的基因表达产物的水平，明确基因表达是否干扰成功，进一步通过系列生物学实验方法研究目的基因功能。也可以直接合成短的反义 RNA 并导入细胞中来研究基因的功能。由于反义 RNA 具有抑制特定基因表达的活性，可将反义 RNA 制成药物治疗肿瘤，如 *bcl-2* 基因的反义 RNA 治疗 B 淋巴瘤和白血病。

反义 RNA 能否像理论上推论的那样发挥作用尚无从证明，因为，当反义 RNA 进入细胞后，由于与 mRNA 互补配对在局部形成双链 RNA，除了空间构象造成蛋白质翻译受阻外，也不能排除激活细胞内 Dicer 酶复合物而进入 RNA 干扰途径的可能性，因为 RNA 干扰机制调控基因的表达是细胞内本来就存在的机制。但无论经过何种机制导致基因功能的抑制，反义 RNA 确实是研究特定基因功能的一种方法。

### （二）RNA 干扰技术

#### 1. RNA 干扰概念及作用原理

RNA 干扰（RNAi）是指由短双链 RNA 诱导同源 mRNA 的降解过程，可使基因表达受到抑制。因此，RNAi 技术是在转录后水平抑制基因表达的一种研究基因功能的有力工具。

1990 年 Napoli 和 Stuije 领导的科研组在利用转基因植物技术将查尔酮合成酶（chalcone synthase，CHS）基因转入牵牛花的实验中首次发现转录后基因沉默（post- transcriptional gene silencing，PTGS）现象。1998 年华盛顿卡耐基研究院的 Andrew Fire 和马萨诸塞大学医学院的 Craig Mello 首次证实：1995 年 Su Guo 博士在利用翻译 RNA 阻断线虫 *par-1* 基因表达时出现了正义 RNA 抑制基因表达的现象是由于污染微量双链 RNA 而引起的，并将这种由双链 RNA 引起特异性基因抑制的现象称作 RNA 干扰。

双链 RNA 之所以能引起特异性基因抑制，是由于其激活细胞内的 Dicer 酶复合物所致。研究发现，植物、线虫、动物和人的细胞中都存在无活性或低活性的 Dicer，双链 RNA 是其激活剂。Dicer 由核酸内切酶和解旋酶等组成，能识别异常双链 RNA 并将其切割成短双链 RNA（21～23bp），这种短双链 RNA 可与进一步被其激活的 Dicer 结合形成 RNA 诱导的沉默复合体（RNA-induced silencing complex，RISC）。RISC 通过 Dicer 中解旋酶的作用将双链 RNA 变成两个互补的单链 RNA，然后单链 RNA 识别细胞内与其互补的靶 RNA 分子，并与之互补结合，这时 Dicer 中核酸内切酶将 RNA 分子切断，从而使靶 RNA 分子失去编码蛋白质的功能。因此，RNA 干涉过程主要有两个步骤：①长双链 RNA 被细胞内的双链 RNA 特异性核酸酶切成 21～23bp 的短双链 RNA，称为小干扰 RNA（small interfering RNA，siRNA）；② siRNA 与细胞内的某些酶和蛋白质形成复合体，称为 RISC，该复合体可识别与 siRNA 有同源序列的 mRNA，并在特异位点将该 mRNA 切断。

#### 2. RNA 干扰技术要点

利用 RNAi 技术研究特定基因功能的主要程序如下：确定目标 RNA 并选择被干扰靶点，合成靶向目标 RNA 的 siRNA，siRNA 的转染和目标 RNA 含量或蛋白质表达水平分析等步骤。

在选择目标 RNA 干扰靶点时需要注意以下几点：避开蛋白质结合部位，选择目标 RNA 的 AUG 下游 50～100bp 区域的 AA（N19）TT 或 AA（N21）序列，GC 比在 50% 左右，长度在 30nt 左右，与其他 RNA 序列没有同源性。根据这些原则所设计的 siRNA 有 25% 左右的可能性具有特异性干扰作用。在设计 siRNA 时，以前人们一般应用较长的 dsRNA 作为基因沉默的工具，但后来发现长链 dsRNA 特异性较差。它可激活 RNaseL 导致非特异性 RNA 降解，还能激活依赖于 dsRNA 的蛋白激酶 R（protein kinase R，PKR），PKR 可磷酸化翻译起始因子 eIF2a 并使其失活，从而抑制翻译起始。后来人们发现小于 30bp 的 dsRNA 就可以有效引起基因沉默，并且不会产生非特异抑制现象，进一步研究表明抑制作用最强的是长 21bp，3′端有两个碱基突出的 siRNA。但 RNAi 技术要求 siRNA 反义链与靶基因序列之间严格的碱基配对，单个碱基错配就会大大降低沉默效应，而且 siRNA 还可以造成与其具同源性的其他基因沉默（也叫交叉沉默），所以在 siRNA 的设计中序列问题是至关重要的。要求所设计的 siRNA 只能与靶基因具高度同源性而尽可能少的与其他基因同源。设计 siRNA 序列应注意以下几点：①从靶基因转录本起始密码子 AUG 开始，向下游寻找 AA 双核苷酸序列，将此双核苷酸序列和其下游相邻 19 个核苷酸作为 siRNA 序列设计模板；②每个基因选择 4～5 个 siRNA 序列，然后运用生物信息学方法进行同源性比较，剔除与其他基因有同源性的序列，选出一个特异性最强的 siRNA；③尽量不要以 mRNA 的 5′端和 3′端非翻译区及起始密码子附近序列作为设计 siRNA 的模板，因为这些区域有许多调节蛋白结合位点（如翻译起始复合物），调节蛋白会与 RISC 竞争结合靶序列，降低 siRNA 的基因沉默效应。

目前获得 siRNA 主要有三种方法：化学合成法、体外转录法和体内转录法。最简单和最准确的方法是化学合成法；体外转录法的整个操作因需要避免 RNA 酶的污染而限制了其推广应用；体内转录法合成短双链发夹 RNA 是一种比较容易操作的方法，尤其将 PCR 技术和体内转录结合起来更简单易行。除使用人工合成的 siRNA 之外，人们已经成功地使用短发夹状 RNA（short hairpin RNA，shRNA）或以质粒载体或病毒载体在细胞内生成 siRNA，来特异性地抑制外源性或内源性基因在哺乳类动物或人类细胞内表达。用质粒载体或病毒载体可在细胞内长时间、稳定地生成 siRNA。这些研究将有助于把 RNA 干扰技术用于治疗人类疾病。

无论采用哪种方法合成 siRNA，都需要将其导入细胞中，在体外（in vitro）可用不同的方法将 siRNA 导入靶细胞，一般来讲化学合成和体外酶法合成的 siRNA 可用电转移（electrotransfer）、显微注射和转染的方法导入细胞，而表达质粒则常通过转染的方法导入靶细胞然后再表达 siRNA。向体内（in vivo）导入 siRNA 的研究工作也已有报道，如有研究者用静脉注射的方法将合成的 siRNA 引入动物体内进行基因功能的研究。但这些方法所产生的抑制效应都是很短暂的，一般有效期只有一周左右。最近 Abbas 等利用改造后的病毒载体转染哺乳动物细胞，发现在细胞内的抑制效应可持续 25 天左右，大大促进了 RNAi 技术的应用。

**3. RNA 干扰技术在基因功能研究中的应用**　　随着人类基因组计划的提前完成，科学家急需一种新的、快速的方法解读基因的功能和基因的表达机制及基因之间的相互关系。RNAi 技术已成为解决这些问题的重要手段。与其他方法相比，RNAi 技术在基因功能研究上有其独特的优点：①简单易行，容易开展；②与基因敲除相比实验周期短、成本低；③与反义技术相比具有高度特异性和高效性；④可进行高通量基因功能分析。RNAi 技术的诸多优点使它很快便被作为研究基因功能的主要方法，如 Harbth 等应用 RNAi 技术发现有 13 个基因对哺乳动物培养细胞的生长和分化必不可少。最近 Maeda 等利用高通量 RNAi 技术对线虫的大约 10 000 多个基因进行了功能分析，取得了理想的效果。随着后基因组学时代的到来，RNAi 技术将会成为功能基因组学研究的主要方法。但对于 RNAi 研究来说，在哺乳动物中，off-target 效应是一个十分关注的问题。有大量的报道，一个 siRNA 影响多个基因的表达。因此，大量研究关注于用针对同一个基因的不同区域的多个 siRNA 进行实验，然后分析各自对基因表达效果的影响。理想的结果是针对不同区域的 siRNA 对同一个靶基因产生相似的干扰效果。

在探索 RNAi 机制由来的过程中发现了内源性 RNAi 现象。生物体中有一群小分子 RNA（microRNA，miRNA）可通过自身的 RNAi 机制，在生命的各个阶段关闭或调控基因表达水平，从而控制细胞的多种生命活动。而发挥自身 RNAi 作用的小 RNA 分子很可能是以前被认为的"垃圾 DNA"所编码。研究发现，有些 RNAi 现象在 DNA 编码不变的情况下传代，甚至在一些物种中对基因组进行调整。可见，RNAi 途径已经不仅仅限于沉默 mRNA，还作用于基因组。内源性 RNAi 的可能功能包括：抗病毒作用、调控基因表达、染色质浓缩、转座子沉默、基因组重排等。

### （三）基因诱捕

面对人类基因组计划产生出来的巨大的功能未知的遗传信息，传统的基因敲除方法显得力不从心。因此，基因诱捕（gene trapping）应运而生，利用基因诱捕可以建立一个携带了随机插入突变的 ES 细胞库，它能更有效和更迅速地进行基因组的功能分析，可节省大量筛选基因组文库及构建特异打靶载体的时间及费用。基因诱捕的策略与步骤如图 9-16 所示。

典型的基因诱捕载体包括一个无启动子的报告基因，通常是 neo 基因。neo 基因插入到 ES 细胞基因组中，利用被捕获基因的转录调控元件实现表达。这种 ES 细胞克隆可以很容易地在含 G418 的选择培养基中筛选出来。在单次实验中，用基因诱捕即可获得数以百计的带有

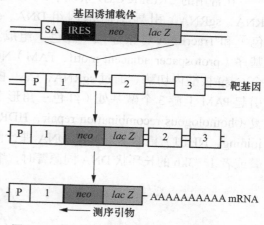

图 9-16 基因诱捕的常用策略与主要技术步骤
SA. 剪接受体；IRES. 内部核糖体进入位点

单基因敲除的 ES 细胞克隆。这些克隆可以在 96 孔培养板中生长、增殖并用于基因型分析。从理论上讲基因诱捕载体能敲除所有能在 ES 细胞中表达的基因。

## 三、基于 CRISPR/Cas 技术敲除基因表达

### （一）CRISPR/Cas 系统简介

CRISPR/Cas［Clustered Regularly Interspaced Short Palindromic Repeat（CRISPR）associated］系统是微生物（95% 的古细菌，48% 的细菌）体内的一种以 RNA 为导向的适应性免疫系统，它利用 RNA 来引导核酸酶与特定核酸序列相结合并且将它们切断。当病毒入侵细菌时，细菌能够捕捉到外来遗传物质的片段并且将它们整合到自身基因组的 CRISPR 序列中。CRISPR 序列转录生成的 CRISPR RNA（crRNA）能够与 Cas 核酸酶相结合，通过与靶点核酸序列进行碱基配对，为 Cas 核酸酶提供结合特异性。Cas 核酸酶和 crRNA 结合之后，Cas 核酸酶能够切断这些遗传片段，从而提供免疫保护作用。

原核生物的 CRISPR/Cas 适应性免疫系统根据效应子模块组织分为不同的类别。1 类 CRISPR/Cas 系统利用多蛋白效应复合物，而 2 类 CRISPR/Cas 系统利用单一蛋白效应器。目前，一些 2 类效应蛋白如 Cas9（CRISPR associated protein 9）和 Cas12（Cpf1）已成功运用于基因组编辑。

CRISPR/Cas9 是继 ZFN、TALEN 之后出现的第三代"基因组定点编辑技术"，与前两代相比，具有成本低、灵活性高、快捷高效的优点，迅速风靡于世界各地的实验室，成为科研、医疗等领域的有效工具。CRISPR/Cas9 技术被认为能够在活细胞中最有效、最便捷地"编辑"任何基因。

（二）CRISPR/Cas 的结构与工作原理

CRISPR/Cas 系统由成簇规律间隔的短回文重复序列和 Cas 基因两部分组成，CRISPR/Cas 系统首先产生与靶标序列对应的 sgRNA 序列，与入侵的病毒或质粒的 DNA 进行互补作用，然后引导 Cas 核酸内切酶对互补的序列进行双链切割。

在常用的 CRISPR/Cas9 系统中，Cas9 核酸酶（绿色）被单一的导向 RNA（single-guide RNA，sgRNA）引导靶向基因组 DNA。sgRNA 由一段约 20nt 的 crRNA 引导序列（蓝色）和 TracrRNA 骨架序列（红色）组成。crRNA 引导序列紧密结合于前间区序列邻近基序（protospacer adjacent motif，PAM）NGG 区域（黄色圆圈）的上游，TracrRNA 则结合 Cas9 核酸内切酶。通过 sgRNA，Cas9 核酸酶就可以被引导到所需要的基因编辑点从而引起 PAM 上游 3 个碱基处（红色三角形）双链 DNA 断裂，然后细胞会借助同源重组修复（homologous recombination repair，HDR）或者非同源末端连接（non-homologous end joining，NHEJ）机制对断裂的 DNA 进行修复。当存在一段 60～70bp 的短单链 DNA 同源臂或者 1～3kb 的长环状 DNA 同源臂时，细胞会进行同源重组修复（图 9-17）。

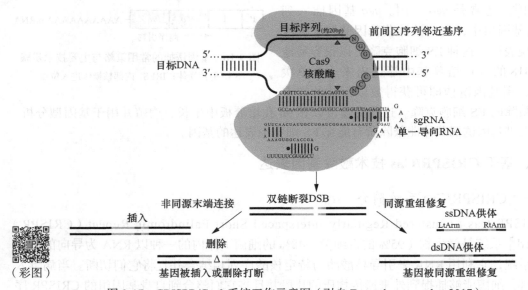

图 9-17　CRISPR/Cas9 系统工作示意图（引自 Doetschman et al.，2017）

到现在为止，经过人工改造的 CRISPR/Cas 系统一般分为两种：一种是 CRISPR/Cas9，主要由 Cas9、tracrRNA 和 crRNA 三部分构成；另一种是 CRISPR/Cpf1，主要由 Cpf1（Cas12）和 crRNA 两部分构成。与 ZFN、TALEN 比较，CRISPR/Cas 系统其载体的构建过程简便快捷，仅需人工合成一段和靶标序列相同的序列，连接至载体特定位点即可，具有高通量、高效率的特点。

（三）CRISPR/Cas 系统的局限性

CRISPR/Cas 系统仍然存在一定的局限性，具有一定的脱靶效应及随机插入和删除。其脱靶效应主要来源于 Cas9 核酸酶的不精准切割，以及 sgRNA 和 PAM 相邻靶基因的不精准结合，其中错配的数目、位置和类型都会影响双链 DNA 的断裂，从而引起不同程度的脱靶效应。研究者们发现，当达到以下几项条件时，可适当地降低 CRISPR/Cas 系统脱靶效应。

**1. 严格筛选 sgRNA** 挑选具有最小脱靶效应潜力的 sgRNA 需要满足以下条件。

（1）sgRNA 的长度为 17～20nt，GC% 含量为 40%～60%；

（2）sgRNA 设计最好选在第一个或第二个外显子区域；

（3）在脱靶位点没有 PAM 序列；

（4）在 PAM 邻近序列至少存在 2 个碱基的错配；

（5）至少需要 3 个碱基的错配，错配的距离应该少于 4 个碱基。

sgRNA 的特异性是很重要的，设计者也可以利用在线设计网站或者工具来挑选合适的 sgRNA 序列，如 CRISPR-MIT、CHOPCHOP 和 E-CRISPR 等网站或者工具。

**2. 对 Cas9 核酸酶进行修饰** 使用修饰的 Cas9 核酸酶（如 Cas9 切口酶）来切割靶基因的一条链，成对的 sgRNA 在互补链上产生切口，进一步造成双链 DNA 断裂。如图 9-18 所示，如果修饰后的 Cas9 核酸酶只能切割靶基因的一条链，则不会产生双链 DNA 断裂。该系统使得脱靶效应在不同的细胞系中分别降低为原先的 1/1500～1/50，但是切割的效率并不如野生型 Cas9 高效，因此进一步对 Cas9 进行修饰还需要研究。

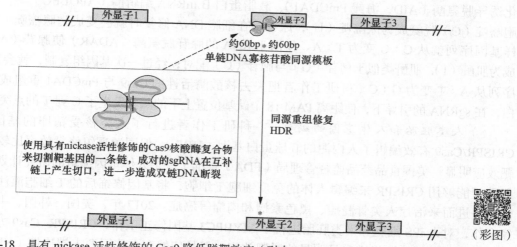

图 9-18 具有 nickase 活性修饰的 Cas9 降低脱靶效应（引自 Doetschman et al., 2017）（*：切口）

**3. 使用较短的引导序列** 研究者发现，使用较短的 17bp 的引导序列可能会降低脱靶效应，可用的 PAM 数目的增加，为选择有具有更低脱靶效应的 sgRNA 提供了可能性。

总之，改善 CRISPR/Cas9 的特异性有助于发现新的降低脱靶效应的工具。

**（四）CRISPR 的应用前景**

自从 2013 年 *Science* 等杂志报道了 CRISPR 技术的开发与应用，该技术迅速成为分子生物学研究热点。使得 CRISPR 技术在不同的生物中展开应用，在大肠杆菌、酵母、水稻、拟南芥、烟草、斑马鱼、人、小鼠和猪等生物中都成功应用了这项技术，涵盖单基因敲除、外源基因插入、基因靶向修复、多基因敲除、大片段敲除和调控基因表达等。

1）单基因的编辑与改变 利用 CRISPR/Cas 对动物的生殖细胞进行特定基因的敲除，这是目前获得模式生物敲除模型最为常用的方法。

2）同时进行多个基因的编辑与修饰　　研究者们构建了一个质粒使多个基因的 sgRNA 和 shRNA 在 U6 启动子驱动下在细胞内表达。细胞中的核糖核酸酶Ⅲ Drosha 可以把 sgRNA-shRNA 剪切开来，sgRNA 引导 Cas9 进行 DNA 双链切割，shRNA 干扰其 mRNA，对 3 个基因同时编辑的效率是 9%。引入 DNA 连接酶Ⅳ（LIG4）的 shRNA 后，以同源修复为基础的精确基因编辑效率提高了 2 倍。

3）基因转录水平的调控　　科学工作者使 Cas9 失去核酸酶活性后形成 dCas9。dCas9 在 sgRNA 的引导下，可以与基因结合，但不切割 DNA，却能阻止 RNA 聚合酶的转录，抑制基因表达。或者在 dCas9 上连接转录激活蛋白，如 VP64，当识别并结合 sgRNA 后，就会促进 RNA 聚合酶与基因的结合与转录，增强基因表达。

4）RNA 编辑的工具　　参照 sgRNA-Cas9 的基因组编辑，科学家设计了 1 个较短的 DNA 双链，作为 sgRNA 结合的辅助物，而 sgRNA 的目标序列与目标 RNA 相匹配。同时把 sgRNA、DNA 短链和 Cas9 引入细胞，Cas9 就可以在 sgRNA 引导下切割单链 RNA。O'Connell 等用这种方法在 HeLa 细胞中进行了 GAPDH mRNA 的剪切。

5）单碱基编辑　　细胞中存在一些核苷脱氨酶，如胞苷脱氨酶等。胞苷脱氨酶包括活化诱导脱氨酶（AID，海鳗 PmCDA1）、载脂蛋白 B mRNA 编辑酶（APOBEC）等，可以使胞嘧啶（C）脱氨成为尿嘧啶（U），尿嘧啶在细胞 DNA 修复时就会变成胸腺嘧啶（T）；这样基因序列就从 C：G 变为 T：A。作用于 RNA 的腺苷脱氨酶（ADAR）使腺苷（A）脱氨成为肌酐（I），肌酐类似于鸟苷（G）与胞苷（C）配对；经过一次基因组复制，就会使 DNA 序列从 A：T 变为 G：C。科研工作者把失去核酸酶活性的 Cas9 与 PmCDA1 重组成融合蛋白，在 sgRNA 的引导下，使距离 PAM 18 个碱基位置上下的碱基发生了 C 到 T 的点突变。

6）人类胚胎和人体基因的编辑　　科研工作者进行了人类核受精卵的基因编辑，CRISPR/Cas9 有效编辑了人内源的 β 球蛋白基因（HBB），但同源重组修复效率比较低，脱靶效应明显。美国食品药品监督管理局（FDA）批准了一个人体基因编辑的研究计划，该计划希望能够用 CRISPR 来编辑人体的免疫细胞 T 细胞，将基因修饰后的 T 细胞灌注回患者体内，进而来治疗人类骨髓瘤、黑色素瘤和肉瘤等癌症。2017 年，美国、韩国、中国科学家合作，对人 iPS 细胞和人类胚胎进行了 MYBPC3 基因修正工作，CRISPR/ Cas9 方法的修正效率达到 72%，该报道未见明显的脱靶效应，但是依然存在非同源末端连接（NHEJ）现象，该研究对脱靶效应的分析尚不是很全面。

如果 CRISPR/Cas 技术完全克服了未知的脱靶效应，对于人类遗传病的治疗将具有非常好的前景。但是目前脱靶效应使得该技术不能广泛应用于临床，因为不可预期的脱靶效应可能会引起其他基因的改变，从而产生未能控制的效果，那就是解决了一个基因的问题而引起了其他基因的改变。从伦理学上来讲，对人类胚胎进行基因的改变，现在大家还没有形成共识。虽然对人类遗传病的根治看见了曙光，但是由于伦理原因和脱靶效应等技术的原因，限制了该技术的临床应用研究，到目前为止还只是进行了首次人体 CRISPR 临床研究。随着科学家的不断努力，脱靶效应逐渐变得可以控制，同时即便发生脱靶现象，也可以使其在多数情况下不会产生副作用，所以人们可以期待该技术在成熟及伦理共识达成以后，将对人类生活产生巨大改变，以及部分疾病将取得突破性进展。

（刘　静）

# 第十章　蛋白质组学的研究方法和疾病蛋白质组学

人类基因组计划的完成对医学乃至整个科学界而言无疑是一个具有里程碑意义的事件，它所提供的基因组数据冲击着生命科学的每一个学科，同时也给我们提供了极好的研究人类基因结构和功能及人类疾病的材料和工具。但是，基因只是遗传信息的载体，要研究生命现象，诠释生命活动的规律，单纯揭示基因的结构是不够的，必须对基因组的编码产物——蛋白质组进行系统深入的研究。蛋白质组研究已成为后基因组时代人类基因争夺战的重要战场，为生命科学研究开辟了新的领域。

## 第一节　蛋白质组学的概念及其发展史

### 一、蛋白质组学的概念

蛋白质组（proteome）的概念是澳大利亚学者 Williams 和 Wilkins 于 1994 年首先提出，它源于蛋白质（protein）与基因组（genome）两个词的杂合，意指 proteins expressed by a genome，即"基因组所表达的全部蛋白质"是对应于一个基因组的所有蛋白质构成的整体，而不是局限于一个或几个蛋白质。由于同一基因组在不同细胞、不同组织中的表达情况各不相同，即使是同一细胞，在不同的发育阶段、不同的生理条件甚至不同的环境影响下，其蛋白质的存在状态也不相同。因此，蛋白质组是一个在空间和时间上动态变化着的整体。而蛋白质组学（proteomics）是指应用各种技术手段来研究蛋白质组的一门新兴科学，其目的是从整体的角度分析细胞内动态变化的蛋白质组成成分、表达水平与修饰状态，了解蛋白质之间的相互作用与联系，揭示蛋白质功能与生命活动规律。

然而要对"全部蛋白质"进行研究是非常困难的，功能蛋白质组学（functional proteomics）的提出解决了这一难题，其研究对象是功能蛋白质组，即细胞在一定阶段或与某一生理现象相关的所有蛋白质，它是介于对个别蛋白质的传统蛋白质化学研究和以全部蛋白质为研究对象的蛋白质组学研究之间的层次，并把目标定位在蛋白质群体上，这一群体可大可小，从局部入手研究蛋白质组的各个功能亚群体，以便把多个亚群体组合起来，逐步描绘出接近于生命细胞的"全部蛋白质"的蛋白质组图谱。功能蛋白质组学从理论和技术上使以"全部蛋白质"为研究对象的蛋白质组学更具体化，更易于从时、空、量效方面动态、整体、深入地研究生理状态下同一组织细胞在不同发育阶段和不同个体间，或同一基因组在不同组织细胞间，以及病理情况下同一疾病的不同发展阶段的蛋白质表达模式和功能模式的变化，揭示一些重要的生命现象和重大疾病的发生发展规律。

### 二、蛋白质组学的产生与发展

20 世纪中期以来，随着 DNA 双螺旋结构的提出和蛋白质空间结构的 X 射线解析，开始了分子生物学时代，对遗传信息载体 DNA 和生命功能的主要体现者——蛋白质的研究，成为生命科学研究的主要内容。90 年代初期，美国生物学家提出并实施了人类基因组计划，经过各国科学家多年的努力，人类基因组计划取得了巨大成绩。随着人类基因组计划的完成，生命科学已进入了后基因组时代。在后基因组时代，生物学研究的重点已从揭示生命所有遗传信息转移到整体水平上对生物学功能的研究。这种转向的第一个标志就是产生了一门称为功能基因组学的新科学。功能基因组学的主要任务是解析和综合大量的遗传信息，阐明基因遗传信息与人类生命活动之间的联系。基因的功能是通过其产物——mRNA 和蛋白质来体现的。近年来利用新一代测序等新技术研究 mRNA 水平上的基因活动规律取得了较大进展。但 mRNA 水平的基因表达状况并不能完全代表蛋白质水平的状况，mRNA 与蛋白质间的相关系数仅为 0.4～0.5，蛋白质才是生命功能的主要执行者，它存在着翻译后的加工修饰、转移定位、构象变化、蛋白质与蛋白质及蛋白质与其他生物大分子相互作用等自身特点，难以从 DNA 和 mRNA 水平得到解答，从而促使人们从组织或细胞内整体蛋白质的组成、表达和功能模式去研究生命活动的基本规律。

自"蛋白质组"概念提出并开始从整体蛋白质水平研究生命现象以来，蛋白质组研究在国际上进展十分迅速。不论是基础理论，还是技术方法，都在不断地进步和完善。许多种细胞的蛋白质组数据库已经建立，相应的国际互联网站也层出不穷，众多的制药厂和公司在巨大财力的支持和商业利益的诱惑下纷纷加入蛋白质组研究领域，蛋白质组研究的文章每年成倍增长。1996 年澳大利亚建立了世界上第一个蛋白质组研究中心（Australia Proteome Analysis Facility，APAF），得到了政府部门的大力支持。同年丹麦、加拿大也先后成立了国家蛋白质组研究中心，随后美国、瑞士、瑞典、英国、法国、意大利、日本和德国等也加入了蛋白质组研究行列。国际著名学府或机构，如哈佛大学、斯坦福大学、耶鲁大学、密歇根大学、华盛顿大学、瑞士联邦理工学院、欧洲分子生物学实验室、巴士德研究所均跻身此类研究。1997 年人们召开了第一次国际蛋白质组会议，预测 21 世纪生命科学的重心将从基因组学转移到蛋白质组学，为生命科学和医药学领域的研究带来了新的生机。我国于 1998 年启动了蛋白质组学研究，于 2002 年首次牵头组织了人类肝脏蛋白质组计划这一重大国际合作项目，于 2003 年成立了中国人类蛋白质组组织（CNHUPO）。在精准医学时代，中国蛋白质组学的发展始终与国际齐头并进。2014 年我国启动了"中国人类蛋白质组计划"，期望通过绘制人类十大疾病的蛋白质全谱，在蛋白质这个终极分子维度上认识疾病，治疗疾病。该计划先后获得国家科技部 863 计划、973 计划、国际合作计划等联合资助。因此，蛋白质科学及技术已经成为 21 世纪生命科学与生物技术的重要战略前沿，是生命科学突破与生物技术创新的必由之路，并且将成为生命科学与生物技术引领自然科学与技术的龙头。

## 第二节　蛋白质组学的研究方法

蛋白质组研究比基因组研究更复杂和困难，一方面，蛋白质的数目大大超过基因的数目，人基因组有 2.5 万～3.0 万个编码基因，而其表达的蛋白质可达十几万或更多；另一方面，基因是相对静态的，一种生物仅有一个基因组，而蛋白质是动态的，即随时间和空间而变化，同时还有着复杂的翻译后修饰。组成蛋白质的氨基酸有 20 种，加上修饰的氨基酸则更多，而 DNA 仅由 4 种核苷酸组成。因此，发展高通量、高灵敏度、高准确性的蛋白质组分析技术是现在乃至相当一段时间内蛋白质组学研究中的主要任务。最初的蛋白质组学主要是研究蛋白质组的组成成分，即蛋白质组表达模式（expression profile）。蛋白质组表达模式研究的支撑技术主要有双向凝胶电泳和以质谱为代表的蛋白质鉴定技术及生物信息学。随着蛋白质组学研究范围不断扩展和蛋白质组功能模式研究的不断深入，修饰蛋白质组和蛋白质-蛋白质相互作用的研究已成为蛋白质组学的重要内容。

## 一、蛋白质组表达模式的研究方法

### （一）蛋白质组研究中的样品制备

蛋白质组研究中的样品通常来自细胞或组织中的总蛋白质。也可以进行样品预分级，即采用各种方法将细胞或组织中的总蛋白质分成几部分，分别进行蛋白质组研究。样品预分级的主要方法包括根据蛋白质溶解性和蛋白质在细胞中不同的细胞器定位进行分级，如专门分离出细胞核、线粒体或高尔基体等细胞器的蛋白质成分。通过对样品进行预分级不仅可以提高低丰度蛋白质的上样量和检测灵敏度，还可以针对某一细胞器的蛋白质组进行研究。由于蛋白质组研究是对不同时间和不同空间发挥功能的蛋白质整体的研究，因此如何从细胞组织中尽可能完整地将蛋白质以溶解状态提取出来，是蛋白质组研究的首要步骤。

在蛋白质制备中主要通过组织细胞的破碎裂解、缓冲液的选择、蛋白质增溶溶解等方式破坏蛋白质与蛋白质分子之间，蛋白质与非蛋白质之间的共价与非共价相互作用，使蛋白质变性及还原，以及去除非蛋白组分，如核酸、脂类等。为了达到这一目的，在蛋白质制备过程中需使用表面活性剂、还原剂及离液剂。但样品中各种蛋白质的溶解度差别很大，使用这种标准提取液并不能真正做到将所有蛋白质提取出来。某些蛋白质，如膜蛋白、碱性蛋白如果使用一般的溶解液则溶解性较差，样品溶解得不好就会减少分离得到的蛋白质数量，甚至造成在等电聚焦时某些蛋白质产生沉淀，并影响从第一向转移到第二向的蛋白质数量。因此，为了提高总蛋白质的溶解性，常常要使用一些新的表面活性剂、还原剂及离液剂以增加蛋白质的溶解。

由于不同的蛋白质溶解性不同及在细胞中存在部位的差别，所以有时需要采取分步提取的方法或进行亚蛋白质组分的顺序分步提取，才能将细胞中的全部蛋白质分离提取出来。样品的制备没有一种通用方法，不同来源的样品需要不同的提取和裂解技术。但在蛋白质抽提过程中，有几个共同的原则需要遵循：一是尽可能溶解全部蛋白质，打断蛋白质之间的非共价键结合，使样品中的蛋白质以分离的多肽链形式存在；二是避免蛋白质的修饰作用和蛋白质的降解作用；三是避免脂类、核酸、盐等物质的干扰作用；四是蛋白质样品与第一向电泳的相容性。

临床组织样本的蛋白质组研究是蛋白质组研究的重要方向之一。但临床样本都是各种细胞或组织混杂，而且状态不一。例如，肿瘤组织中，发生癌变的往往是上皮类细胞，而这类细胞在肿瘤中总是与血管、基质细胞等混杂。所以，常规采用的癌和癌旁组织或肿瘤与正常组织进行蛋白质差异比较，实际上是多种细胞，甚至组织蛋白质组混合物的比较。目前在组织水平上的蛋白质组样品制备方面已有新的进展，如采用激光捕获显微切割（laser capture microdissection，LCM）方法可直接在显微镜下从组织切片中精确分离特定的细胞或细胞群。

### （二）蛋白质组研究中的样品分离

蛋白质分离技术，主要包括双向凝胶电泳、毛细管电泳技术和高效液相色谱。

**1. 双向凝胶电泳（two-dimensional electrophoresis，2-DE）**　　是最主要的基于胶的蛋白质组学分离技术。2-DE 技术于 1975 年首先由 O'Farrell 等创立，其原理是根据蛋白质的等电点和分子质量大小的不同，进行两次电泳将其分离。第一向在高压电场下对蛋白质进行等电聚焦，蛋白质沿 pH 梯度分离至各自的等电点；再在第一向垂直方向上进行第二向 SDS-聚丙烯酰胺凝胶电泳（SDS-PAGE），蛋白质根据分子质量的不同进行分离。目前应用最为广泛的是 1982 年由 Bjellgvist 等发展并完善了的固相 pH 梯度（immobilized pH gradient，IPG），等电聚焦电泳克服了载体两性电解质阴极漂移等许多缺点而得以建立非常稳定的可以随意精确设定的 pH 梯度。目前在一张双向电泳图谱上已可以分离到近万个蛋白质点，并且该方法具有高灵敏度和高分辨率、便于计算机进行图像分析处理、可很好地与质谱分析匹配等优点。但随着蛋白质组学研究工作的深入，常规的 2-DE 已显出其本身固有的局限性，如极酸、极碱性蛋白质，疏水性蛋白质，极大蛋白质、极小蛋白质及低丰度蛋白质用此种技术难以有效分离。而且此技术路线采用的胶内酶解过程也费时、费力，难以与质谱联用实现自动化。为弥补双向凝胶电泳技术的缺陷，促进蛋白质组学研究，目前发展了许多新型高分辨率、高通量、高峰容量的分离分析的非凝胶技术，如毛细管电泳技术（capillary electrophoresis，CE）、高效液相色谱（high performance liquid chromatography，HPLC）等，这些非凝胶技术的应用简化了蛋白质组研究步骤，又可与质谱联用实现自动化，是 2-DE 技术路线的有效补充。

**2. 毛细管电泳技术**　　是指在高电场强度作用下，对毛细管中的样品按分子质量、电荷、电泳迁移率等差异进行有效分离，包括毛细管区带电泳、毛细管等电聚焦和筛板-SDS 毛细管电泳等技术。其优点是可实现在线自动分析，可用于相对分子质量范围不适于 2-DE 的样品，缺点是存在对复杂样品分离不完全的现象。

**3. 高效液相色谱**　　高效液相色谱基于样品分子在固定相和流动相之间的特殊相互作用而实现样品的分离。无须变性处理样品，可实现上样、收集、在线分析的自动化。常用于相对分子质量小于 $1 \times 10^3$ 的蛋白质、膜蛋白及低丰度蛋白质的分离。液质联用技术（liquid chromatography-tandem mass spectrometry, LC-MS/MS）是近几年来发展迅速的新方法。蛋白质混合物直接通过液相色谱分离以代替 2-DE 的分离，然后进入质谱（mass spectrum，MS）系统获得肽段分子质量，再通过串联 MS 技术得到部分序列信息，最后通过计算机联网查询，鉴定蛋白质。Opiteck 等报道了多维 LC/LC-MS/MS，该技术根据蛋白质的物理性质，即带电性及疏水性不同，用 MS 分离多肽复合物。Link 等利用蛋白质复合物直接分析方法对酵母 80S 核糖体的蛋白质进行分离鉴定，其含有的 78 个蛋白质中的 71 个得到准确分离和鉴定，而在相同条件下，2-DE 只得到了 56 个蛋白质。Washburn 等在多维 LC-MS/MS 的基础上又应用一种多维蛋白质鉴定技术（multidimensional protein identification technology）成功分离和鉴定出酵母的 1484 种蛋白质，特别包括了一些在 2-DE 胶中难以获得的低丰度蛋白质。

（三）蛋白质组研究中的样品分析鉴定——质谱的应用

对分离的蛋白质进行鉴定是蛋白质组学研究的又一重要内容，常用的鉴定技术有蛋白质微量测序、氨基酸组成分析等，但这些方法费时、费力、不易实现高通量分析。一种新的蛋白质鉴定技术——质谱（MS）受到了人们的重视和应用，它是自 20 世纪初产生以来，目前蛋白质组研究中发展最快，也最具活力、潜力，应用最广的技术。其基本原理是样品分子离子化后，根据离子间质荷比（$m/z$）的差异来进行分离和鉴定，从而对样品进行定性和定量分析。根据电离方式的不同，目前用于蛋白质鉴定的质谱主要有两类：电喷雾质谱（electrospray ionization mass spectrometry，ESI-MS）和基质辅助激光解吸／电离飞行时间质谱（matrix-assisted laser desorption/ionization time of flight mass spectrometry，MALDI-TOF MS）。MALDI利用激光脉冲将与基质结晶混合的蛋白质样品升华并电离出来，通过肽质谱指纹图（peptide mass fingerprinting，PMF）和数据库搜寻匹配的路线，MALDI-TOF MS通常用来分析成分相对简单的肽混合物。ESI将分析物从溶液中电离出来，通过测出样品中部分肽段二级质谱信息或氨基酸序列标签和数据库搜寻匹配的路线，可以方便地与液相色谱（liquid chromatography，LC）联用，ESI-MS是分析复杂样品的首选。但这两种电离技术都太温和，不能产生大量的碎片离子，因此就有了串联质谱（tandem mass spectrometry，MS/MS）。目前将ESI技术与碰撞诱导裂解（collision-induced dissociation，CID）等过程相结合进行串联质谱分析，可分析蛋白质和多肽等物质的一级结构和共价修饰位点等。再结合使用液相分离，分离后的组分逐个进入质谱进行检测，检测时间几十分钟到几个小时。LC-ESI MS/MS的优点是灵敏度高，动态范围大，可以检测到低丰度蛋白，质谱鉴定蛋白质的基本原理如图10-1所示。

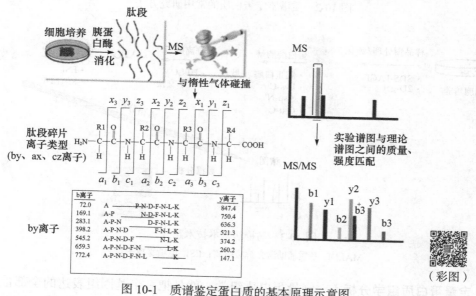

图10-1 质谱鉴定蛋白质的基本原理示意图

**1. 定性蛋白质组学分析** 蛋白质组学定性分析，即鉴定一个基因组表达的全部蛋白质或一个复杂体系中所有的蛋白质。蛋白质的定性分析通常有两种方法：Bottom-up 和 Top-down，如图10-2所示。Top-down是指从一个完整的蛋白质出发，在质谱中进行碎片化处理，通过对碎片分子的检测，推导出蛋白质的序列。而在实际使用中真正占绝大多数是Bottom-up方法，即shotgun方法，它充分利用了蛋白质自身的特点：可以被特定的酶在特定的位点切断。基本原理是，先用特定的蛋白酶对蛋白序列进行酶切，再针对酶切后的肽段进行鉴定，所以进入质谱的检测对象永远是肽段，再根据肽段序列推导出蛋白质序列。1999年，Yates研究组提出鸟枪法（shotgun），其基本技术路线是针对液体或SDS-PAGE条带的复杂混合物，用胰蛋白酶（trypsin）酶解成肽段混合物，然后对肽段混合物进行多维高效毛细管液相色谱分离和串联质谱分析，以及数据库检索，从而确定蛋白质的种类，可同时鉴定成百上千种蛋白质。与传统的双向电泳技术相比具有灵敏度更高、动态检测范围更广等特点，其基本技术路线如图 10-3 所示。M.S. Kim 等通过对包括 17 种成人组织、7 种胎儿组织和 6 种人造血细胞的 30 个组织学上正常人样品进行深入的蛋白质组学分析，结果鉴定出由 17 294 个基因编码的蛋白质，占人类注释的蛋白质编码基因总数的约 84%。

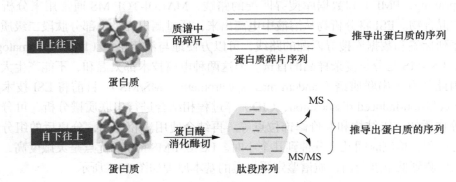

图 10-2　质谱鉴定蛋白质的常用研究方法

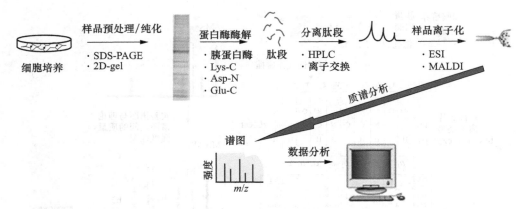

图 10-3　鸟枪法基本技术路线

MALDI. 基质辅助激光解吸电离；ESI. 电喷雾离子化

**2. 定量蛋白质组学分析**　　定量蛋白质组学，就是把一个基因组表达的全部蛋白质或一个复杂体系中所有的蛋白质进行精确的定量和鉴定。这一概念的提出，标志着蛋白质组学研究已从对蛋白质的简单定性向精确定量方向发展，并且成为当前蛋白质组研究的一个热点。最开始的定量蛋白质组研究是基于双向凝胶电泳的定量蛋白质组研究（图10-4），其优点是可以在同一块凝胶上比较两种不同来源或不同处理的蛋白质组表达，能比较精确地在较宽的动态范围内对研究者感兴趣的蛋白质进行定量，缺点是 2-DE 胶的通量低、耗时长、工作量大、准确性及可重复性都非常差。

利用质谱对蛋白质组进行定量研究是近年来发展最快、应用最广的技术。由于不同蛋白质和多肽在质谱仪中离子化能力不同，质谱仪检测得到的信号对来自单一样品的蛋白质并不具有定量功能，所以从质谱图中不能得到量的信息。但是对于具有相同离子化能力的蛋白质或多肽，可以通过比较质谱峰的强度（或峰面积）得到待比较蛋白质的相对量。根据这一原理发展了基于生物质谱的定量蛋白质组学分析方法。对蛋白质的定量可以分为基于 MS1（一级质谱图）的定量和基于 MS2（二级谱图）的定量。

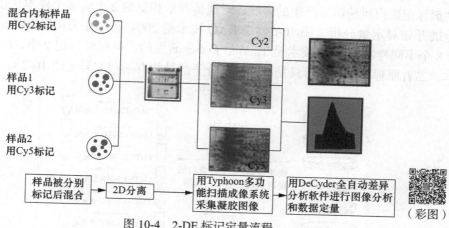

图 10-4 2-DE 标记定量流程

（1）基于 MS1 的定量，即根据一级谱图的信息得到定量结果。现在常用的是稳定同位素标记技术（stable isotope labeling strategies，SILAC）及非标记定量。SILAC 的基本原理是在细胞培养时，采用含有轻、中、重同位素型必需氨基酸的培养基进行细胞培养（常用稳定同位素氨基酸 Lys 和 Arg）。在细胞传代培养过程中，同位素氨基酸将被细胞用于合成蛋白质，细胞经传代培养 5~6 代后，细胞的所有蛋白质将被同位素标记，等量混合标记的蛋白质后经过分离和质谱分析，通过比较一级质谱图中三个同位素型肽段的面积大小进行相对定量，同时二级谱图对肽段进行序列测定从而鉴定蛋白质（图 10-5）。由于 SILAC 标记技术通量高，灵敏度高，且是体内标记技术，几乎不影响细胞的功能，但 SILAC 标记周期长，耗时大，费用高，且只适合细胞层次的蛋白质组定量，组织的定量还需要摸索。

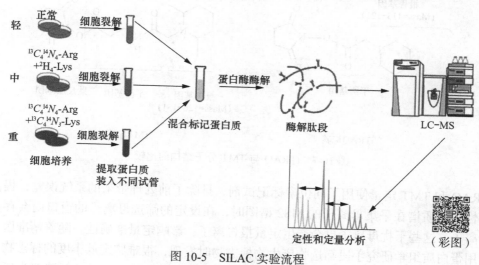

图 10-5 SILAC 实验流程

轻、中、重表示相关氨基酸中三种同位素的数量

（2）基于 MS2 的定量，也就是基于二级谱图信息（报告离子）的定量。近年来应用最广泛的是同位素的相对与绝对定量（isobaric tags for relative and absolute quantitation，iTRAQ）和同质异序标签（tandem mass tags，TMT），它们均采用体外标记的方法，利用同

位素试剂标记蛋白质酶解后产生的多肽，对遗传背景相似的 2 个或多个样本，在全蛋白质组层面上展开相对定量分析（图 10-6）。iTRAQ 技术是 2004 年 ABI 公司研发的，可同时标记 4 个或 8 个不同样本。TMT 技术是 Thermo Fisher 研发的，可同时标记 2 个、6 个或 10 个不同样本。二者原理基本一致，只是两种标签分子的结构有一些差异（图 10-7）。

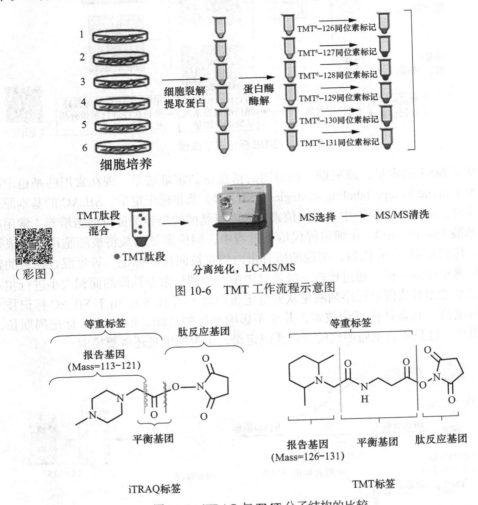

图 10-6　TMT 工作流程示意图

图 10-7　iTRAQ 与 TMT 分子结构的比较

　　iTRAQ 和 TMT 定量使用了同位素标记试剂，排除了前处理带来的系统误差，提高了定量准确性。但质谱在采集母离子的 MS2 谱图时，在设定的筛选母离子的窗口内会存在其他干扰母离子，这些干扰母离子也会产生定量报告离子，影响定量准确性。随着精准医学的发展，利用蛋白质组学研究手段筛选临床生物标志物时发现，很难鉴定低丰度的标志物。2012 年，P. Picotti 和 R. Aebersold 提出的靶向蛋白质组学（targeted proteomics）被选为年度新方法，认为是未来发展的大趋势。

　　（3）靶向蛋白质组学可以分为：MRM/SRM、PRM。选择反应监测（selective reaction monitor，SRM）就是先只选择一个肽段离子，碰撞后，从形成的碎片离子中也只选一个离子进行检测。多反应监测（multi reaction monitor，MRM）就是多个化合物同时测定时，多个 SRM 一起做。2009 年，P. Picotti 利用 MRM/SRM 对酵母全蛋白组做了精确定量，覆盖了从 $10^6$ 拷贝 / 细胞（copies/cell）到 100 拷贝 / 细胞的蛋白质，无一遗漏。2013 年，X.J. Li 等利用 MRM/SRM 技术成功研发出肺癌筛选的试剂盒，从 371 个候选蛋白中选出 13 个蛋白质作为检测目标。该试剂盒已得到美国 FDA 批准，在美国上市使用，进入医保支付范围。平行反应监测（parallel reaction monitoring，PRM）与 MRM/SRM 类似，但 PRM 只需要选定母离子，而不需要预选子离子。PRM 对质谱仪有要求，需要高精度的 Orbitrap 质谱仪。利用靶向蛋白质组学能快速、简便地鉴定少量生物样本（组织和细胞抽提物、血液、尿液、细胞培养上清等）中差异表达的蛋白质。该技术在寻找肿瘤标志物方面已展现出广阔的前景，如血浆中人重组干扰素定量、抗体血药浓度监测、生物标志物的发现与验证。

**（四）蛋白质组学研究中的生物信息学**

生物信息学是随着人类基因组计划、计算机技术、网络技术的发展而诞生的一门新兴学科，是蛋白质组学的一个重要技术平台。生物信息学研究生物信息的采集、加工、分析、存储、传播等各个方面，它通过综合应用数学、计算机科学、工程科学及生物学的技术来分析大量且复杂的生物学数据而揭示生物学的奥秘。生物信息学是蛋白质组学研究的一个不可缺少的部分，其在蛋白质组学中的研究有两个重要应用：一是构建和分析双向凝胶电泳图谱；二是数据库的搜索与构建。蛋白质组数据库是蛋白质组研究水平的标志和基础，蛋白质生物信息分析常用到的数据库如图 10-8 所示。

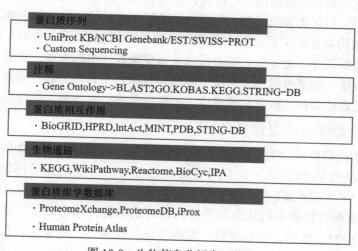

图 10-8　生物信息分析常用数据库

**1. 蛋白质序列数据库**　目前来说，应用最普遍的蛋白质序列数据库是 UniProt KB，该数据库来自欧洲生物信息学中心，其次是美国的 NCBI Genebank。这两个数据库搜集了全世界已公布的所有物种的蛋白质序列。如果从 UniProt 或者 NCBI 里都没搜索到你想要的蛋白质序列或者是未知物种未知序列，还可以用 EST 标签或者自己去测序，只是自己测序无法保证蛋白质的完整程度。EST 包括许多生物体的表达序列标签（expressed sequence tag，EST）。用肽序列标签（peptide sequence tag，PST）或部分序列信息最适合查寻 EST 数据库。

**2. 注释数据库**　鉴定到蛋白质只是万里长征的第一步，后面我们还需要对蛋白质进行注释，如我们最常用到的 Gene Ontology。人类蛋白数据库已经注释得很完整，而有的物种注释不够完整或者说在注释得比较差的情况下，则需要通过同源性序列来间接注释。

**3. 蛋白相互作用数据库**　当需要进一步研究蛋白质的功能及作用机制时，常常需要了解蛋白质-蛋白质或蛋白质-小分子相互作用，有很多收集蛋白质相互作用的数据库可以供我们搜索，或者绘制互作网络。

**4. 生物通路分析数据库**　应用最普遍的是 KEGG，还有一些有偏好性的数据库，如专门针对代谢通路的 BioCyc，或者针对人类（及大鼠和小鼠）物种的 IPA 等。

**5. 蛋白质组学数据库**　目前来说使用最多的是 ProteomeXchange、ProteomicsDB 和 iProX 这三个数据库。iProX 是中国国家蛋白质中心建立的。另外一些蛋白质组学相关的数据库，以及发表在 CNS 上的大规模数据，有一些组织也会将其搜集起来，如瑞典的 Human Protein Atlas（HPA）就是整合得很好的综合性数据库，我们可以在其中查到别人做过的详细结果数据。瑞士的 SWISS-PROT 拥有目前世界上最大，种类最多的蛋白质组数据库。丹麦、英国、美国等也都建立了各具特色的蛋白质组数据库。但 SWISS-PROT 是经过人工注释的数据库，它只有 55 万种蛋白质。除了人类和小鼠蛋白质数据库因为研究得很广泛比较全面以外，剩下的各个物种都不是很全面。因此建议除了人类和小鼠外，别的物种不要直接采用 SWISS-PROT 数据库搜索。

## 二、蛋白质组功能模式的研究方法

蛋白质功能模式的研究是蛋白质组研究的最终目标。其主要研究目标是要揭示蛋白质组成员间的相互作用、相互协调的关系，并深入了解蛋白质的结构与功能的相互关系，以及基因结构与蛋白质结构功能的关系。蛋白质翻译后修饰和蛋白质-蛋白质相互作用的研究已成为蛋白质组学的重要部分。近年来，随着蛋白质组学研究技术的发展，发展了许多有效的功能蛋白质组研究方法，如酵母双杂交系统、噬菌体展示、生物传感芯片质谱、基因工程和蛋白质工程中的突变表达分析、核磁共振成像、X 射线晶体衍射分析、蛋白质芯片技术等。

### （一）蛋白质翻译后修饰的研究

蛋白质功能的精确控制对生物系统的组织和功能至关重要，如细胞中的蛋白质定位、蛋白质稳定性和酶活性的调节等。在不同的调控过程中，可逆翻译后修饰（post-translation modification，PTM）为调控蛋白质功能提供了一种优雅的机制。PTM 的一个关键优势是，它们可以以比蛋白质周转快得多的速度和更低的能源成本进行动态调节。真核蛋白组包含数百种不同类型的 PTM，然而，只有少数，如磷酸化、糖基化、甲基化、乙酰化、泛素化和 SUMO 化被广泛研究。尽管 PTM 的生理重要性已有半个多世纪的历史，但直到在 21 世纪的前几年，随着时下高分辨率质谱技术的进步并能够检测出数以千计的低丰富的 PTM 位点，PTM 的广泛应用才开始变得清晰。人们也越来越认识到，PTM 组合可以产生功能各异的不同蛋白亚型，极大地扩展了哺乳动物蛋白组的功能多样性。蛋白质翻译后修饰质谱分析流程如图 10-9 所示。蛋白质丝氨酸、苏氨酸和酪氨酸残基的磷酸化是真核生物中最积极研究和常见的 PTM 之一，其他 PTM，如赖氨酸乙酰化、泛素化、SUMO 化和赖氨酸残基甲基化，以及 *O*- 和 *N*-型糖基化，已越来越多地被认为是蛋白质功能的重要调节剂，甚至一些新型的蛋白酰化修饰，如巴豆酰化、琥珀酰化、β-羟基丁基化也已成为蛋白质组中翻译后修饰研究的热点。

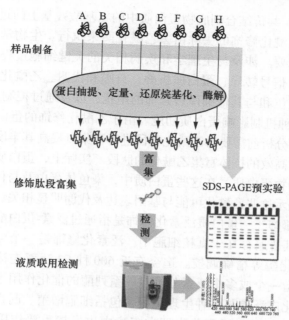

图 10-9　蛋白质翻译后修饰质谱分析流程图

**1. 蛋白质磷酸化修饰**　　蛋白质磷酸化是指蛋白质在磷酸化蛋白激酶的催化作用下将 ATP 或 GTP γ 位的磷酸基转移到蛋白质特定位点氨基酸残基上的过程。不同的氨基酸残基磷酸化过程所需的蛋白激酶是不一样的，研究发现至少有 500 种以上。磷酸化存在于大多数生物过程中，作为一种最重要的蛋白质翻译后修饰，几乎在每个细胞过程中都起着关键作用，包括代谢、分裂、细胞器运输、膜转运、免疫、学习和记忆，以及靶蛋白的功能。蛋白质磷酸化的质谱分析包括两个方面：一是检测磷酸化肽段；二是对磷酸化位点和磷酸化数量的确定。其中，磷酸化位点的确定是肽段分析的一个难点。而检测磷酸化肽段主要在于磷酸化肽段的富集。目前，磷酸化肽段的富集策略有固定化金属离子亲和层析法（immobilized ion affinity chromatography，IMAC）、二氧化钛（TiO$_2$）层析法及磷酸化酪氨酸免疫沉淀法。

**2. 蛋白质糖基化修饰**　　蛋白质糖基化是指在糖基转移酶的作用下，将糖类转移至蛋白质或蛋白质特定的氨基酸残基上，并共价结合形成糖苷键的过程。蛋白质经过糖基化作用，形成糖蛋白。蛋白质糖基化修饰也是细胞中一种比较重要的、复杂的翻译后修饰，它被认为影响了自然界中几乎一半的蛋白质。它不仅可以改变蛋白质的热力学和动力学特性，还可以改变蛋白质的结构特征，调节蛋白质稳定性、酶活性和蛋白质运输。糖基化的类型主要有两种：N-糖基化和 O-糖基化。动物糖蛋白的糖基化多发生在肽链上的天冬氨酸、丝氨酸、苏氨酸、羟赖氨酸、羟脯氨酸残基上。N-糖基化是指糖链通过与蛋白质的天冬氨酸的氨基侧链处共价连接。O-糖基化是指糖链与蛋白质的丝氨酸或苏氨酸的羟基共价连接。蛋白质糖基化修饰研究关键在于糖蛋白的分离与富集。目前糖蛋白和聚糖的分离策略有三条途径：①凝集素亲和色谱"糖捕获"方法；②二维凝胶电泳结合特殊染色的分离方法；③快速自动化多维液相色谱分离方法。糖基化蛋白质组富集的原理包括亲水作用、硼亲和、凝集素亲和及酰肼化学等。

**3. 蛋白质乙酰化修饰**　　蛋白质乙酰化是指蛋白质在乙酰转移酶的催化下把乙酰基团

（如乙酰辅酶 A 等供体）共价结合到底物蛋白质中的氨基酸残基上的过程。乙酰化修饰可由乙酰基转移酶催化，乙酰化修饰的去除由去乙酰化酶来执行。生物学中，蛋白质乙酰化修饰对细胞的功能非常重要。涉及与生理学和疾病相关的关键细胞过程，如基因转录、DNA 损伤修复、细胞分裂、信号转导、蛋白质折叠、自噬和代谢。乙酰化通过调节蛋白质稳定性、酶活性、亚细胞定位和与其他翻译后修饰的串扰，以及通过控制蛋白质-蛋白质和蛋白质-DNA 相互作用等多种机制影响蛋白质功能。由于乙酰化修饰的蛋白质在生物样本中含量低、动态范围广，质谱分析前需要对乙酰化肽段进行富集以提高其丰度。目前，乙酰化肽段的富集方法主要是通过高效的抗体富集乙酰化的肽段。实际上，蛋白质组学技术已经鉴定出数千种乙酰化的哺乳动物蛋白质。在这些蛋白质中，染色体蛋白及与代谢相关的蛋白质的乙酰化受到特别关注，提示这些乙酰化可能与基因表达及代谢明显相关。

**4. 蛋白质泛素化修饰**　　蛋白质泛素化修饰是指通过泛素-蛋白酶系统介导参与的调节蛋白质降解的过程，其普遍存在于真核细胞中。泛素化修饰是一个可逆的酶级联反应，由泛素连接酶和去泛素化酶等精确调控。迄今有近 600 种 E3 泛素连接酶和 100 种去泛素化酶被报道。泛素化是指一个或多个泛素分子在一系列酶的催化作用下与其他蛋白质分子共价结合的过程。泛素化广泛参与各种生理过程，包括细胞增殖、凋亡、自噬、内吞、DNA 损伤修复及免疫应答。另外，泛素化失调在疾病中也发挥重要作用，如癌症、神经退行性病变、肌肉营养不良、免疫疾病及代谢综合征。根据泛素分子与靶蛋白结合的不同方式，泛素化修饰可分为两种主要的类型：单泛素化（mono-ubiquitination）和多聚泛素化（polyubiquitination）。多聚泛素化是目前研究最为透彻的一种，也是我们通常所指的泛素化修饰。质谱鉴定泛素化修饰时，一般需要富集泛素化的蛋白或者肽段以提高其丰度。泛素化肽段的富集可通过高效的抗体对泛素化肽段进行特异性的富集。

**5. 蛋白质甲基化修饰**　　蛋白质甲基化是指蛋白质在甲基转移酶的催化下将甲基转移至特定的氨基酸残基上并共价结合的过程。蛋白质甲基化是一种普遍存在的翻译后修饰，甲基化由甲基转移酶调控，$S$-腺苷甲硫氨酸（SAM）是甲基供体。甲基化是一种可逆的修饰过程，由去甲基化酶催化去甲基化作用。甲基化修饰在很多的生理过程的调控中发挥着重要的调控作用，如调节基因的表达和抑制、调控转录、DNA 修复等多种功能，与癌症、衰老、阿尔次海默病等许多疾病息息相关，是表观遗传学的重要研究内容之一。由于甲基化修饰的多样性及复杂性，在蛋白质组学水平上鉴定甲基化位点仍然十分的困难，这主要是因为蛋白质的甲基化修饰可以发生在多达 8 种氨基酸残基上，包含了 11 种甲基化形式。因而在进行甲基化修饰位点的鉴定时，甲基化肽段的富集是关键，可通过抗体特异识别甲基化蛋白赖氨酸和精氨酸残基对其进行富集。

（二）蛋白质相互作用研究技术

　　生命的基本过程就是不同功能蛋白质在时空上有序和协同作用的结果。越来越多的研究显示：细胞中绝大多数的酶和调控过程是以蛋白质复合体或多蛋白质网络协同作用实现的。另外，细胞信号传导及病原体感染和免疫反应等都是蛋白质相互识别和相互作用的结果。由于生命活动的过程与蛋白质的相互作用密不可分，因此，蛋白质相互作用的研究成为功能蛋白质组学的重要内容。蛋白质相互作用的研究方法主要有酵母双杂交系统、噬菌体展示技术、亲和层析偶联质谱、免疫共沉淀偶联质谱、生物传感器偶联质谱和串联亲和纯化偶联质谱等多种技术和方法。随着这些技术的应用，将会在研究真核生物细胞的蛋白质相互作用网络领域中发挥越来越重要的作用。

**1. 酵母双杂交系统**　　细胞中含有多种蛋白质，其中包括许多蛋白质体系，如多酶复合体、多肽激素与受体、酶和底物蛋白等，通过直接分离的方法获得某种细胞蛋白质并对其进行研究是一个非常棘手的问题。但是我们知道，任何细胞蛋白质都是由染色体上的相应基因转录出 mRNA 并进行翻译的产物，细胞 cDNA 文库在理论上含有编码细胞全部蛋白质的基因，因此，将细胞 cDNA 文库插入适当的融合表达载体，即可获得一个细胞蛋白质文库，通过对蛋白质编码基因的遗传操作便可间接研究蛋白质之间的相互作用，确证和筛选已知蛋白质的完整配体并阐明其生物学特性。1989 年 Field 和 Song 等在酵母细胞中设计了一种巧妙的、新的分析蛋白质相互作用的方法——酵母双杂交系统（yeast two-hybrid system）。酵母双杂交系统是以真核细胞转录激活因子的结构和活性特点为基础的。真核细胞转录激活因子的结构基本相似，由一个 DNA 结合结构域（DNA-binding domain，BD）和一个转录激活结构域（transcription activating domain，AD）组成，这两个区域对于转录激活因子的功能均是不可缺少的。酵母蛋白 GAL4 就是一个典型的转录激活因子，能转录活化酵母半乳糖苷酶（galactosidase）——GAL1 和 GAL10 的基因。GAL4 由 881 个氨基酸组成，N 端 1～147 位氨基酸含细胞核定位序列（nucleus localization sequence，NLS）和与酵母 GAL1 基因启动子上游激活序列（upstream activation sequence of GAL1，$UAS_G$）结合的结构域。$UAS_G$ 由 4 个 17bp 位点组成，每个 17bp 位点均能与 GAL4 BD 区结合。GAL4 C 端 768～881 位氨基酸含 GAL1 转录激活结构域。这两个结构域相互独立但功能上又互相依赖，它们之间只有通过某种方式结合在一起才具有完整的转录因子活性。根据 GAL4 的这一特点，研究者分别构建了含 GAL4 BD 和 GAL4 AD 的两个酵母融合蛋白表达载体，并经过遗传学操作建立了含特殊基因型、适用于双杂交体分析的酵母菌株。这些菌株含 $UAS_G$/GAL1/ 报告基因（*LacZ*、*His3*或*Leu2*），缺失了内源性编码 GAL4 蛋白及其抑制蛋白 GAL80 的基因，突变了编码色氨酸（Trp）、亮氨酸（Leu）和组氨酸（His）的基因，这样酵母本身不能对 GAL1 进行转录调控，在缺乏 Trp、Leu 和 His 的培养基中不能生长，Leu、Trp 和 His 成为选择转化酵母菌株的标志。实验中，将靶蛋白 X 基因克隆在酵母 BD 表达载体，能在酵母菌中表达由 GAL4 BD 区和靶蛋白 X 组成的融合蛋白，将待筛选蛋白 Y 基因（或 cDNA 文库基因）插入至 AD 表达载体，它能表达由 GAL4 AD 区和蛋白 Y 组成的融合蛋白，然后将两个表达融合蛋白的载体转入含报告基因的酵母菌株，如靶蛋白 X 和待筛选蛋白 Y 能相互结合，则 GAL4 的 BD 和 AD 区重建为具有功能的转录激活因子，活化报告基因 $UAS_G$/GAL1/LacZ 转录，阳性菌落显示明显的 β-半乳糖苷酶活性，出现蓝色菌斑，从而达到从 cDNA 文库中随机筛选靶蛋白配体的目的（图 10-10）。除颜色筛选外，营养缺陷型筛选也应用较多，根据在缺乏相应氨基酸（如 Leu、His）的培养基中菌落生长与否来判断报告基因 $UAS_G$/GAL1/His3 或 Leu2 是否表达。

酵母双杂交系统研究蛋白质相互作用具有以下主要特点和优势：①不仅能筛选（识别）已知蛋白质的配体，而且能快速获得蛋白质的编码基因，使蛋白质表现型和基因型之间完美地联系起来；②可以筛选 cDNA 文库中编码的、与已知蛋白质作用的成分；③在细胞内研究蛋白质间相互作用，蛋白质可保持天然构象，能真实反应体内蛋白质间相互作用情况，且可免受实验操作的影响；④该方法是通过对编码蛋白质的基因进行操作而间接研究蛋白质间

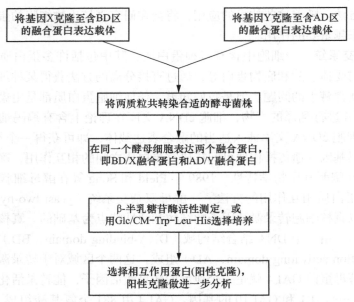

图 10-10　酵母双杂交系统筛选相互作用蛋白流程图

的相互作用，因此省去了分离靶蛋白这个非常棘手的问题；⑤该方法敏感性高，能检测到较弱的一过性的蛋白质之间相互作用。正由于此项技术具有上述优点，使之广泛用到分析蛋白之间的相互作用，至今，利用这一系统已证实和筛选出了大量具有相互作用的蛋白质，而且发现了许多新基因。近年来，在酵母双杂交系统的基础上，又出现了酵母三杂交系统（yeast three-hybrid system）和酵母反向双杂交系统（yeast reverse two-hybrid system）。酵母三杂交系统和酵母反向双杂交系统作为双杂交系统的有益补充，在研究蛋白质相互作用中发挥着日益重要的作用。酵母三杂交系统主要用于研究多蛋白质复合体之间的相互作用，酵母反向双杂交系统可发现蛋白质间的结合解离，主要用于从大量突变体中直接筛选出导致蛋白质间相互作用减弱的突变位点，以及发现可导致已知蛋白质间特异相互作用发生解离的肽类或其他小分子物质。

酵母双杂交系统研究蛋白质相互作用也存在以下缺点：①许多靶蛋白与 GAL4 BD 融合后，具有转录激活报告基因的功能，从而导致假阳性结果；②如果蛋白质需要通过翻译后修饰才能发生相互作用，而这种特定的翻译后修饰在酵母细胞中又不发生，则导致假阴性结果；③它只能研究在核内表达的蛋白质的相互作用，而且融合蛋白质的构建可能会影响到蛋白质本身的活性或折叠状态，这些因素亦可导致假阴性结果。

**2. 噬菌体展示技术**　　噬菌体展示（phage display）技术是一种噬菌体表面表达筛选技术，该技术的建立基于下列三个基本因素：①在噬菌体 pⅢ 和 pⅧ 衣壳蛋白的 N 端插入外源基因（待筛基因）编码的蛋白质形成的融合蛋白，表达在噬菌体颗粒的表面；同时其保持的外源蛋白天然构象也能被相应的抗体或受体识别。②利用固定于固相支持物（如酶标板）的筛选分子（抗体或受体），采用适当的亲和筛选法，洗去非特异结合的噬菌体，最终从噬菌体文库中筛选出能结合筛选分子的目的噬菌体。③外源多肽或蛋白质表达在噬菌体的表面，而其编码基因作为噬菌体载体（噬菌粒）基因组的一部分可通过分泌型噬菌体的单链 DNA 测序推导出来，使得表达蛋白（表型）和编码基因（基因型）之间有机地联系在一起。

噬菌体展示技术应用范围非常广泛，主要包括：①筛选与特异抗体或受体相互作用的蛋白质；②研究抗体或受体的结合位点；③构建随机肽库、抗体库和蛋白质文库；④改造和提高蛋白质、酶和抗体的生物学和免疫学特性；⑤研究新型多肽药物、疫苗和抗体；⑥研究涉及蛋白质与核酸相互作用的生物学过程和新型的基因治疗导向系统等。

噬菌体展示技术研究蛋白质相互作用具有以下主要优点：①可在细菌外完成对外源多肽、蛋白质和抗体的研究，并可以方便地获得目的分子 DNA 序列；②高度的选择性，每一次亲和筛选出的噬菌体感染大肠杆菌后，该噬菌体可得到 1000 倍甚至更多的扩增，几次循环后，可得到相互作用的序列；③可以构建大的噬菌体文库，亲和纯化可在高浓度（$>10^3$ 噬菌体 /ml）下进行；④以往对生物大分子的相互作用研究需要对筛选分子结构有详细了解，而噬菌体展示技术克服了研究蛋白质相互作用的这种限制，这也是其得以广泛运用的直接原因。但该技术也存在着一些局限性，包括：①多价展示中对于肽段大小的限制；②外源蛋白质在宿主细菌中有时无法正确折叠或修饰；③构建的融合蛋白有可能会影响蛋白质本身的活性。

**3. 基于质谱的蛋白质相互作用研究方法**　　蛋白质鉴定是研究蛋白质相互作用的重要步骤，而质谱（MS）分析技术的引入是蛋白质鉴定中最重要的技术突破，它具有高通量、灵敏、准确、自动化等特点，已逐步取代传统的 Edman 降解测序和氨基酸组成分析，成为蛋白质鉴定的核心技术，已广泛用于二维电泳、色谱分离的蛋白质，以及蛋白质复合体的鉴定。在过去的几十年中，基于质谱的蛋白质组学已成为鉴定蛋白质-蛋白质相互作用（protein-protein interaction，PPI）的重要技术。许多蛋白质在细胞内以蛋白质复合物的形式发挥其功能。因此，鉴定蛋白质-蛋白质相互作用（PPI）对于深入了解蛋白质的生物学功能至关重要。基于质谱技术研究蛋白质相互作用的基本步骤主要由三个部分组成：靶蛋白制备、蛋白质复合体的纯化、蛋白质复合体的质谱鉴定。蛋白质复合体的最初纯化方法有免疫共沉淀偶联质谱、亲和纯化质谱、串联亲和纯化质谱、邻近蛋白标记（又称生物素多肽标记）技术、交联质谱等，如图 10-11 所示。

1）免疫共沉淀偶联质谱（co-immunoprecipitation-MS，IP-MS）　　免疫共沉淀是研究蛋白质相互作用的一种非常有效的方法，它以细胞内源性靶蛋白为诱饵，采用抗靶蛋白抗体与细胞总蛋白进行免疫共沉淀（co-immuno-precipitation，co-IP）纯化包括靶蛋白及其结合蛋白的免疫复合物，凝胶电泳将蛋白质复合物分离后，应用质谱技术鉴定靶蛋白的结合蛋白。抗体可以是单克隆抗体，也可以是多克隆抗体。如被分析的靶蛋白质加上一个抗原决定簇标签（如 FLAG），则可应用抗 FLAG 抗体进行免疫共沉淀，免除对每一种被分析的靶蛋白均需制备其抗体的麻烦。至今该方法已对许多相互作用的蛋白质进行了成功的鉴定。我们采用免疫共沉淀偶联质谱技术对鼻咽癌细胞系中的 *p53* 相互作用蛋白质进行了研究。首先，用抗 *p53* 抗体分别与鼻咽癌细胞系 HNE1 和 HNE2 的总蛋白质进行免疫共沉淀富集 *p53* 结合蛋白；SDS 聚丙烯酰胺凝胶电泳（SDS-PAGE）对免疫沉淀复合物进行分离；从胶中切取 *p53* 结合蛋白条带，胶内酶解后进行电喷雾串联质谱（LC-ESI-MS/MS）分析，得到相应的肽序列标签，搜索数据库鉴定出 9 个 *p53* 结合蛋白，分别是热休克蛋白 70（HSP70）家族成员 GRP-78 和 GRP-75；HSP90 家族成员 GRP-94；核纤层蛋白 A/C（Lamin A/C）、α-辅肌动蛋白 4（α-actinin 4）、Ezrin/Cytovillin；DNA 复制准许因子（DNA replication licensing factor）；CD98/4F2 重链和蛋白激酶 C，为阐明鼻咽癌中 *p53* 蛋白聚集及功能异常的机制提供了重要依据和线索。

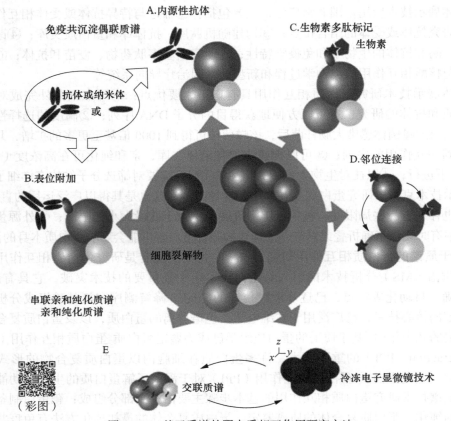

图 10-11 基于质谱的蛋白质相互作用研究方法

免疫共沉淀偶联质谱技术研究蛋白质相互作用时，是利用细胞内源性的靶蛋白质作为诱饵分离蛋白质复合体。因此，与其他研究方法相比其具有以下特点：①最大的区别在于，这种方法研究的是在生理条件下蛋白质之间的相互作用，因此，不仅可以检测到在体内形成的天然复合体，而且过表达靶蛋白所带来的假阳性结果可以被排除；②与亲和层析偶联质谱技术一样，其检测的是细胞裂解液中的所有蛋白质与靶蛋白的相互作用；③内源性的靶蛋白质是完全加工、修饰和成熟的蛋白质，因此，依赖于修饰的蛋白质相互作用也能被检测到。但是该技术研究蛋白质之间相互作用也存在一些局限：首先是免疫共沉淀的灵敏性不高，它只能研究较高丰度的蛋白质；其次是免疫共沉淀的蛋白质有时并非是与靶蛋白直接作用的蛋白质；最后是受免疫球蛋白的干扰较大。

2）亲和纯化质谱（affinity-purification mass spectrometry，AP-MS）　亲和层析是一种传统的纯化蛋白质复合体、研究蛋白质相互作用的方法。其基本原理是将某种蛋白质以共价键固定在基质（如琼脂糖）上作为诱饵，让含有与之相互作用的蛋白质的细胞裂解液通过层析柱，先用低盐溶液洗脱下未结合的蛋白质，然后用高盐溶液或 SDS 溶液洗脱结合在柱子上的蛋白质，最后用多维液相色谱偶联质谱技术（MDLC-ESI-MS/MS）鉴定靶蛋白的结合蛋白。这种方法成功的先决条件是能够得到足够多的保持生物活性的重组靶蛋白作为诱饵（bait），以及获得足够量、纯度高的与诱饵相互作用的蛋白质用于质谱鉴定。获得纯度高的相互作用蛋白质的一个简单方法是利用含靶蛋白的融合蛋白，常用的为谷胱甘肽 S 转移酶

（glutathione S-transferase，GST）融合蛋白，可以在谷胱甘肽-琼脂糖（agarose）柱子上纯化相互作用的蛋白质。其他的还有蛋白 A 融合蛋白，可在含 IgG 的柱子上纯化，含少数几个组氨酸肽段的融合蛋白可在镍柱上纯化。

亲和纯化偶联质谱技术研究蛋白质相互作用具有以下主要优点：①灵敏度高，在高浓度靶蛋白存在的条件下，能检测到微弱的蛋白质相互作用；②细胞裂解物中的所有蛋白质与靶蛋白的结合机会均等；③适应于检测多亚基蛋白质之间的相互作用。但是，运用这种方法研究蛋白质相互作用会碰到内源性诱饵蛋白的表达及非特异结合蛋白质的干扰等问题。

3）串联亲和纯化（tandem affinity purification，TAP）偶联质谱（TAP-MS）　　串联亲和纯化偶联质谱技术是一种比较传统的研究蛋白质相互作用的方法，它特别适应于研究生理条件下蛋白质的相互作用，能揭示细胞内部蛋白质分子之间的相互作用网络，是研究蛋白质相互作用的方法学上的突破。TAP-MS 技术鉴定蛋白质复合体的基本原理是：通过在靶蛋白的一端或中部嵌入蛋白质标记，由于没有破坏靶蛋白调控序列，因此被标记的靶蛋白的表达量与其自然表达水平相当，避免了由于过表达导致的假阳性结果。经过特异性的两步亲和纯化，在生理条件下与靶蛋白相互作用的蛋白质便可洗脱下来，然后用质谱技术对得到的蛋白质复合体进行鉴定。

串联亲和纯化偶联质谱技术研究蛋白质相互作用的主要流程是：将一个双重的分子标签［蛋白 A 的 IgG 结合区和钙调素的结合区，两个分子标签之间含一个烟草蚀刻病毒（tobacco etch virus，TEV）蛋白酶的酶切位点］构建到靶蛋白上，再在宿主细胞内表达融合蛋白，可以与靶蛋白发生相互作用的蛋白质结合到融合蛋白上，形成蛋白质复合体。然后，制备表达融合蛋白的细胞裂解液，首先用 IgG 柱纯化，融合蛋白通过蛋白 A 的 IgG 结合区与亲和柱上的 IgG 结合，洗脱非特异性结合蛋白后，加入含有 TEV 蛋白酶的洗脱液，将蛋白质复合体从柱中洗脱下来；再将含蛋白质复合体的洗脱液用偶联了钙调素的亲和柱纯化，在钙离子存在的情况下，融合蛋白通过钙调素的结合区与亲和柱上的钙调素结合，进一步洗去非特异性结合的蛋白，再用含 EGTA 的洗脱液将蛋白质复合体从柱中洗脱。最后用质谱技术鉴定与靶蛋白的结合蛋白质。

TAP 技术与质谱技术的联用，以及质谱技术的自动化，使得大规模分析蛋白质的相互作用成为可能。这种大规模、全细胞地分析蛋白质之间的相互作用可以向人们展示出细胞内蛋白质之间的相互作用网络图。这种相互作用的网络图是我们准确理解蛋白质功能，揭开细胞生命奥秘的又一个重要信息平台。TAP-MS 技术研究蛋白质相互作用的两个基本领域是：①鉴定新的蛋白质复合体；②鉴定已发现蛋白质复合体中的新组分。而鉴定已经发现的蛋白质复合体中的新组分是目前该技术应用的热点。与传统的研究蛋白质相互作用的技术相比，TAP-MS 技术研究蛋白质相互作用具有如下特点：①可获得生理条件下与靶蛋白存在真实相互作用的蛋白质，真实地反映细胞中蛋白质分子之间的相互作用网络，而且周期短、假阳性结果少。②可以鉴定出在空间上非直接物理相互作用的蛋白质，能找出传统方法所不能鉴定出的蛋白质复合体的新组分。③该技术特别适用于蛋白质组水平上的大规模蛋白质相互作用研究。例如，Gavin 应用该技术在酵母中鉴定了 232 个蛋白质复合体，并发现 TAP-MS 技术研究蛋白质相互作用不论在灵敏度、特异性和可靠性方面均超过了酵母双杂交等研究蛋白质相互作用的传统技术。

4）邻近蛋白标记技术（proximity-dependent biotin identification，BioID）　　BioID 是一

种筛选活细胞中发生的生理相关蛋白相互作用的独特方法。该技术工作原理是连接酶与感兴趣的蛋白融合并在细胞中表达，在细胞中，连接酶对近端内源性蛋白进行生物素化。同时生物素又能和链霉亲和素紧密结合，所以能够利用链霉亲和素偶联的磁珠富集目标蛋白。因为它本质上是一种罕见的蛋白质修饰，BioID 融合蛋白对这些内源蛋白质的生物素化使得它们能够通过标准生物素亲和捕获进行选择性分离和鉴定。BioID 鉴定的蛋白质是目标蛋白质的候选相互作用物。BioID 可以应用于不溶性蛋白，可以识别弱相互作用和（或）瞬态相互作用，并适合于时间调节。BioID 最初应用于哺乳动物细胞，但在来自不同物种的多种细胞类型中也具有潜在的应用价值。该技术具有灵敏、高效和周期短等特点，为筛选互作蛋白提供了新方法。Varnaite 和 Macneill 研究认为，在诱饵蛋白附近 10nm 范围内的蛋白质，包括直接、间接相互作用的都会被生物素化从而被鉴定出来。

BioID 的整个过程可以分为两个阶段：①哺乳动物（或其他）表达载体中 BioID 融合蛋白的产生和表征，用于在细胞系中稳定表达；②利用该细胞系进行大规模的 BioID pull-down 用于质谱鉴定蛋白质候选物。

5）交联质谱（chemical cross-linking of proteins coupled with mass spectrometry，XL-MS）　交联质谱技术随着交联试剂、仪器和分析软件的发展得到了更广泛的应用。它将质谱技术与交联技术相结合，在研究蛋白质结构与相互作用方面具有速度快、成本小、蛋白质各方面性状要求低等优势。它利用化学交联剂（chemical cross-linker）处理蛋白质样品，将空间距离足够接近、可以与交联剂反应的两个氨基酸以共价键连接起来，然后利用基于高精度质谱的蛋白质组学手段分析交联产物。在研究蛋白质结构和蛋白质相互作用上有着自己独特的优势：①通过交联剂的共价交联作用，可以固定原本不稳定的蛋白质相互作用，从而可以研究一大类容易解离的、结构松散的蛋白质复合物；②相对于核磁共振、X 射线晶体衍射，XL-MS 灵敏度高、对蛋白质性状要求低、需要样品绝对量小；③可以进行体内交联，有助于研究体内蛋白质结构和相互作用；④由于交联后的蛋白质先经过酶切之后才进行质谱分析，所以不受蛋白质本身的长度影响。

该方法最近被优化为与单步亲和纯化相容，并且可以与无标记 PPI 鉴定和定量平行进行。最近，基于冷冻电镜技术和交联质谱技术的结构解析手段彻底改变了结构生物学领域。在所有这些研究中，XL-MS 的复杂拓扑分析精确定位了多个结构模块及其互连性。这种技术非常有前景，然而，它目前主要涵盖目标样品中含量最丰富的蛋白质。

（三）蛋白质芯片技术

蛋白质芯片（protein chip）技术是一种高通量、平行、自动化、微型化的蛋白质的表达、结构和功能分析技术。目前已被应用于蛋白质相互作用、疾病诊断、药物设计和筛选等多个领域。根据蛋白质芯片的检测方法和应用领域的不同，可将蛋白质芯片大致分为生物化学芯片、化学型芯片和生物反应器芯片三类。

生物化学型芯片的探针可根据研究目的不同，选用抗体、抗原、受体、配体或酶等具有生物活性的蛋白质和多肽，其中，单克隆抗体是一种比较理想的探针蛋白。基因工程抗体技术的应用加速了生物化学型蛋白质芯片的发展，如噬菌体抗体探针就是典型的代表。化学型芯片的探针为色谱介质，通过介质捕获样本中的兴趣蛋白，若将洗脱条件进行调整，则可选择不同的靶蛋白进行研究。

目前，对芯片捕获的蛋白质的检测主要有两种方式。一种是以质谱技术为基础的直接检测法，包括前面已提到的 SELDI-TOF MS 蛋白质芯片技术、MALDI-TOF MS 和 ESI-MS/MS。通过质谱分析，可获取靶蛋白的肽质量指纹图谱或肽序列标签，经数据库搜寻，对靶蛋白进行鉴定。以质谱技术为基础的检测方法适用于上述三种蛋白质芯片。另一种靶蛋白的检测方法是间接的，将样品中的蛋白质或识别靶蛋白的抗体用酶、荧光素或同位素进行标记，结合到芯片上的靶蛋白就会直接或通过底物间接发出特定的信号（荧光、颜色、放射线），然后对信号进行扫描检测。这类芯片的检测方法类似于 DNA 芯片的检测，从定量及简便的角度来讲优于前一种方法。它主要适用于生物化学型芯片的检测，用于研究抗原与抗体、配体与受体、酶与受体之间的相互作用。

总之，蛋白质组学研究在技术发展方面将出现多种技术并存，各有优势和局限的特点，而难以像基因组研究一样形成比较一致的方法。除了发展新方法外，更强调各种方法间的整合和互补，以适应不同蛋白质的不同特征。另外，蛋白质组学与其他学科的交叉也将日益显著和重要，这种交叉是新技术新方法的活水之源，特别是蛋白质组学与其他大规模科学，如基因组学、生物信息学等领域的交叉所呈现出的系统生物学（system biology）研究模式，将成为未来生命科学最令人激动的新前沿。

# 第三节　蛋白质组学在疾病研究中的应用

## 一、疾病蛋白组学的诞生

在人类基因组计划（HGP）的推动下，人们从基因水平对许多疾病进行了广泛的研究，获得了很大的进展。但基因的功能活动最终要靠蛋白质来体现。已知在 DNA → mRNA → 蛋白质的过程中存在着转录后剪接和翻译后的修饰加工及蛋白质合成后的转移定位等多种变化，所以 DNA 或 mRNA 水平并不完全代表蛋白质的水平，也就是说基因的种类和数目不等于 mRNA 的种类和数目，mRNA 的种类和数目也不等于蛋白质的种类和数目。而蛋白质组是一个在空间和时间上动态变化着的整体。"蛋白质组学"是以蛋白质组为研究对象，在蛋白质多肽谱和基因产物图谱技术的基础上发展起来的一门科学，是通过对基因表达产物——蛋白质进行整体、动态、定量水平上的研究来阐述环境、疾病、药物等对细胞代谢的影响，并分析其主要作用机制、解释基因表达调节的主要方式。其研究目的是从整体的角度分析细胞内动态变化的蛋白质组成成分、表达水平与修饰状态，了解蛋白质之间的相互作用与联系，揭示蛋白质功能与细胞生命活动规律。蛋白质组学作为后基因组时代研究的一个重要内容，已广泛深入生命科学和医药学的各个领域，如细胞生物学、神经生物学等。在研究对象上，覆盖了原核微生物、真核微生物、植物和动物等范围，涉及各种重要的生物学现象，如信号转导、细胞分化、蛋白质折叠等，其理论和技术的发展完善将为生命科学的研究、生物技术的应用带来新的革命，亦为困扰人类健康的重大疾病的研究带来了新的思维方式和研究领域。蛋白质组学将成为寻找疾病分子标记和药物靶标最有效的方法之一。由此而产生了疾病蛋白质组学（disease proteomics）这一新兴学科，即从蛋白质整体水平来揭示疾病的发生发展，阐明疾病的发病机制。

## 二、疾病蛋白质组学的发展

疾病蛋白质组学研究是蛋白质组学研究的一项重要内容。其研究重点以人类疾病的发病机制、早期诊断及治疗，对致病微生物的致病机制、耐药性及发现新的抗生素为主。其蛋白质组研究是一个相对薄弱的环节，至今发现的疾病相关的特异性蛋白质仍然很少，许多疾病的发病机制还不清楚。疾病蛋白质组学旨在运用蛋白质组学研究手段，通过比较正常和病理情况下细胞或组织中蛋白质在表达数量、表达位置和修饰状态上的差异，探寻疾病相关的特异蛋白质（群），这些蛋白质既可为疾病发病机制提供线索，也可作为疾病诊断的分子标记，还可作为治疗和药物开发的靶标，深入了解这些疾病特异性蛋白质的结构和功能，从而揭示疾病过程中细胞内全部蛋白质的活动规律，为众多种疾病机制的阐明及治疗提供理论根据和解决途径，具有重要的理论和实际意义。

### （一）疾病蛋白质组学在心血管领域中的研究

目前蛋白质组学研究在对心血管疾病、神经系统疾病、肿瘤等人类重大疾病的临床诊断和治疗方面有着十分诱人的前景，并取得了一些有意义的进展。例如，扩张型心肌病是一种严重的可导致心衰的心脏病，大多数患者需进行心脏移植术。目前其发病机制仍不明确。Knecht 等采用 2-DE 取得了 3300 个心肌蛋白条带，通过氨基酸序列分析、Edman 降解法及基质辅助的激光解吸电离质谱（MALDI-MS）等分析了其中 150 条。经活检及术后病理证实，有 12 条为扩张性心肌病特有的蛋白质。D. Arnott 等对新福林诱导的肥大心肌细胞进行蛋白质组分析，同对照相比亦发现有 8 种蛋白质的表达水平发生了变化。另外，采用蛋白质组学技术在心血管领域中的研究中还发现近 100 种心肌蛋白质在扩张型心肌病的心肌中明显减少，它们大致可分为三类：细胞骨架及肌纤维蛋白、与线粒体及能量产生相关蛋白、与应激反应相关蛋白。B.A. Stanley 等学者利用 MALDI-TOF MS/MS 和表面增强激光解吸电离（surface enhanced laser desorption ionization，SELDI）等技术对心肌细胞、组织及血清等进行了研究，发现了两种类型的分子标志：心脏特异的分子标志和可同时监控心血管、肺部疾病的分子标志，并对血清中的心肌钙蛋白、心肌细胞来源的一些蛋白质的三维结构和疾病诱导的翻译后修饰情况进行了监测。S. A. You 等利用蛋白质组学技术发现冠心病患者的冠状动脉与正常人的相比铁蛋白轻链表达明显增高，并推测增加的铁蛋白轻链可通过氧自由基的产生调节血管壁内脂类的氧化状态而加速冠状动脉病的产生，这一发现与冠心病危险因素之一是细胞内铁过剩的假说一致。通过双向凝胶电泳和 N 端测序分析，在阿尔茨海默病（AD）患者脑组织和对照组中发现了 37 种差异蛋白质，包括与糖代谢、脂质转运、应激反应、神经介质等有关的多种功能性蛋白。其中许多蛋白质，如晶体蛋白、超氧化物歧化酶（SOD）、三磷酸甘油脱氢酶和脱氢嘧啶相关蛋白等，在既往的研究中已经证明与 AD 的发病有关。M. Basso 等在对帕金森病（Parkinson's disease，PD）的蛋白质组学研究中发现，L 和 M 神经纤维丝链（neurofilament chain）在该病中表达下调，而过氧化物还原酶Ⅱ（peroxiredoxin Ⅱ）、线粒体复合物Ⅲ（mitochondrial complex Ⅲ）、ATP 合成酶 D 链（ATP synthase D chain）等均显著上调，说明了这些蛋白质与 PD 的发病密切相关。在一项利用蛋白质组研究技术进行的乙醇对人体毒性的研究中发现，乙醇会改变血清蛋白糖基化作用，导致许多糖蛋白的糖基缺乏，如转铁蛋白。Jagathpala 等对免疫所致的不孕症的男性精子蛋白质进行蛋白质组分析，发现了导致不孕症的 6 种自体及异体抗精子抗体。

（二）疾病蛋白质组学在肿瘤中的研究

肿瘤是一种多基因疾病，同时也是一种蛋白质组疾病，采用蛋白质组学技术研究肿瘤发生发展过程中蛋白质种类、表达水平与修饰的改变，识别与肿瘤发生发展相关的蛋白质，不仅可揭示肿瘤发病机制，而且可发现肿瘤的分子标志物和治疗靶标。因此，蛋白质组研究已成为肿瘤研究的热点和重点领域。目前国内外已对鼻咽癌、肺癌、乳腺癌、卵巢癌、肝癌、胃癌、结直肠癌、肾癌、膀胱癌、前列腺癌和伯基特淋巴瘤等多种肿瘤进行了蛋白质组研究，并获得了具有重要意义的结果。例如，中南大学湘雅医院采用亚致死剂量放射线反复照射法建立了放射抵抗的鼻咽癌细胞株 CNE2-IR 和配对的放射敏感细胞株 CNE2，采用蛋白质组学技术比较 CNE2-IR 和 CNE2 细胞蛋白质表达谱的差异，筛选到 34 个鼻咽癌放射抵抗相关的蛋白质。在此基础上，采用分子生物学、细胞生物学和病理学等技术对其中 4 个蛋白质进行深入研究，证实这 4 个蛋白质（14-3-3$\sigma$、Maspin、GRP78 和 Mn-SOD）能作为预测鼻咽癌放疗敏感性的分子标志物，4 个标志物组合预测鼻咽癌放疗反应的灵敏性和特异性分别达到 90% 和 88%，具有潜在的临床应用价值和开发价值，并为揭示鼻咽癌放疗抵抗机制，以及鼻咽癌的个体化治疗和靶向治疗奠定了基础。他们采用激光捕获显微切割（laser capture microdissection，LCM）技术从鼻咽癌组织和正常鼻咽黏膜上皮组织中分离纯化靶细胞，采用蛋白质组学技术比较两种组织蛋白质表达谱的差异，识别鉴定了 36 个鼻咽癌差异表达的蛋白质。在此基础上，对部分差异蛋白质的功能和临床病理学意义进行了深入研究，发现 4 个差异蛋白质（stathmin、14-3-3、Annexin I、Cathepsin D）的表达水平与鼻咽癌发生、转移、分化或预后相关，可作为鉴别鼻咽癌分化程度、预测鼻咽癌转移或预后的分子标志物。他们通过比较鼻咽癌组织和鼻咽正常黏膜组织蛋白质表达谱的差异，发现 Raf 激酶抑制蛋白（RKIP）等 9 个蛋白质在鼻咽癌组织中表达下调。基于 RKIP 具有抑制肿瘤转移的作用及 RKIP 在鼻咽癌中的作用未见报道，运用 Western 印迹、免疫组化检测 RKIP 在不同转移潜能的鼻咽癌细胞系及在正常鼻咽黏膜上皮、原发和转移鼻咽癌中的表达；采用基因转染、MTT 检测法、流式细胞术及 Transwell 小室侵袭迁移实验等方法研究 RKIP 对鼻咽癌细胞侵袭与迁移的影响。结果表明，RKIP 在高转移鼻咽癌细胞系和淋巴结转移鼻咽癌中表达水平明显下调，RKIP 具有抑制鼻咽癌细胞侵袭迁移、增殖和停泊非依赖性生长的作用，提示 RKIP 可能是鼻咽癌的转移抑制蛋白。另外，对高分化、低分化和未分化鼻咽癌组织进行了定量蛋白质组学研究，共鉴定得到 730 个非冗余蛋白质。运用 Cytoscape 软件筛选出 146 个与肿瘤分化相关的差异蛋白质，建立了鼻咽癌分化相关蛋白质的相互作用网络图。GO（gene ontology）分类显示：随着鼻咽癌分化降低，细胞生长增殖加速、细胞凋亡减少、免疫防御机制减弱、DNA 修复失效、能量代谢更旺盛。根据差异蛋白质编码基因的染色体定位分类，发现 12 号染色体上聚集了较多的随鼻咽癌分化程度降低而表达升高的蛋白质编码基因，为研究鼻咽癌分化机制提供了有价值的信息。该研究使用存档的福尔马林固定-石蜡包埋的鼻咽癌组织进行蛋白质组学分析并获得了较多的蛋白质组数据，说明采用石蜡包埋的组织进行蛋白质组研究是可行的，这将拓展蛋白质组学研究的样本来源。此外，中南大学湘雅医院卫生部肿瘤蛋白质组学重点实验室也系统深入开展了肺癌蛋白质组学研究，发现了一些潜在的肺癌标志物。丹麦的 Celis 等采用双向电泳、微量蛋白质测序、质谱分析、冰冻切片免疫荧光检测等方法对膀胱癌组织和原代培养纯化的膀胱癌细胞进行了膀胱癌蛋白质组分析，发现了 20 多种膀胱癌相关蛋白质，建立了膀胱癌蛋白质 2-DE 数据库。瑞典的 Franzen 等、澳大利亚的 Rasmussen 等和 Williams 等应用 2-DE、免疫印迹分析法、Edman 降解测序、反向 HPLC、毛细管电泳、电喷雾质谱和生物信息学等方法分别鉴定了乳腺癌和乳腺癌细胞系的几十种相关蛋白质，在这些相关蛋白质中，大多数蛋白质表达改变是由于翻译后修饰造成的，RNA 水平的变化未能检测到，其中有些蛋白质是以前尚未报道的。国外学者在对肾癌的研究中，发现有 4 种蛋白质存在于正常肾组织而在肾癌细胞中缺失。其中两种分别是辅酶 Q 蛋白色素还原酶和线粒体泛醌氧化还原复合物 I。这提示线粒体功能低下可能在肿瘤发生过程中起重要作用。M. Gronborg 等通过对胰腺癌患者胰液的蛋白质组学研究发现了一些已知的分子标志，如 CEA、MUC1 等。瑞典的 Alaiya 等从蛋白质组出发分析了卵巢癌、良性卵巢瘤及癌旁组织的蛋白质表达谱，发现 9 个多肽标志物表达的变化较大，联合应用这 9 个多肽标志物进行相似性分析发现，在卵巢癌中有 5 个以上的多肽标志物表达，在良性卵巢瘤则不多于 3 个多肽，癌旁组织有 0~6 个不等，因此对 2-DE 分离的多肽进行相似性分析对卵巢癌的基因表达特征和诊断研究均是有用的。E. Brockstedt 等利用 2-DE、Edman 微型序列法、MALDI-MS 等技术对人 BL60-2 伯基特淋巴瘤细胞系进行了细胞凋亡机制的研究，结果发现 RNA 聚合酶转录因子 3a（BTF3a）和（或）BTF3b 与抗 IgM 抗体介导（anti-IgM antibody-mediated）的细胞凋亡有很大关系。蛋白质组研究方法也成功地被用来探测和分析化学致癌物诱发肿瘤的相关蛋白质及其特征。德国的 Zeindll-Eberhart 等通过氨基酸组成分析和微量蛋白质末端测序，在化学致癌物诱发的鼠肝癌中发现分子质量相同（33~35kDa）、等电点（pI）不同的 8 种蛋白质的变化形式，均为醛糖还原酶的同分异构体，其氨基酸序列与已知的晶体醛糖还原酶有 98.5% 的同源性。肝癌源性的醛糖还原酶只在肝癌组织和胚胎肝表达，目前在人肝细胞癌中发现一种与鼠肝癌源性的醛糖还原酶类似的蛋白质。

### （三）疾病蛋白质组学在感染性疾病中的研究

近年来，WHO 越来越重视感染性疾病对人类健康的影响。除结核、多重耐药链球菌感染及机会致病菌外，出现了一些新的感染因素，如 SARS 相关冠状病毒（SARS-associated coronavirus，SARS-COV）、HIV、博氏疏螺旋体及弓形虫病等。因此对这些致病微生物进行蛋白质组分析，对于了解其毒性因子、抗原及疫苗的制备非常重要，此外对疾病的诊断、治疗和预防也同样重要。现已获得 18 种微生物的全部基因组序列，另有 60 余种的基因序列正在研究之中。这些工作的开展为蛋白质组的研究提供了有利条件。自从 2002 年 11 月发现第一例严重急性呼吸综合征（severe acute respiratory syndrome，SARS）以来，短短几个月，该病迅速向全世界蔓延。2003 年 4 月，在中国、德国、加拿大等 10 个国家和地区的 13 个实验室的共同努力下，正式确认一种新的冠状病毒为引起 SARS 的病原体，并将其命名为 SARS 相关冠状病毒（SARS-COV）。这种病毒含有一条约 30 000 个核苷酸的正链 RNA，其中包含 14 个阅读框。经计算机模拟预测，病毒基因组编码的蛋白质主要包括依赖于 RNA 的 RNA 聚合酶、糖蛋白（S）、膜蛋白（M）、外膜蛋白（E）和核蛋白（N）及一些非结构蛋白。为了证实这些蛋白质是否存在，并进一步研究 SARS 的发病机制，找出早期诊断及治疗的分子靶标，各国科学家应用蛋白质组学技术对其进行了较为深入的研究。例如，周世力等应用蛋白质组学技术对纯化后的 SARS 冠状病毒颗粒蛋白进行了初步分离与鉴定，发现 SARS-COV 核蛋白的分子质量位于 47kDa 与 52kDa 之间，其质谱分析数据覆盖了所预测的

SARS-COV 核蛋白氨基酸序列的 87%，且符合率为 100%；笔者在 SDS-PAGE 胶中，对分子质量约 150kDa 的蛋白质点进行了质谱分析，发现其氨基酸序列与 SARS-COV 基因组所预测的 S 蛋白质序列高度吻合，从而从蛋白质水平对 SARS-COV 核蛋白及 S 蛋白的氨基酸序列进行了证实。另外，张养军等通过高效液相反相色谱、毛细管反相色谱-质谱联用的方法对 SARS-COV 攻击细胞进行研究，鉴定出了 N、S 和 M 3 种蛋白质。且通过比较 N 蛋白分子质量测定结果与生物信息学推断的 N 蛋白的理论分子质量，认为 N 蛋白不存在常见的磷酸化修饰和糖基化修饰或者这两种修饰很少，说明 N 蛋白可能存在降解现象，其降解机制还有待进一步研究。

艾滋病（acquired immunodeficiency syndrome，AIDS）是由人类免疫缺陷病毒（human immunodeficiency virus，HIV）侵入人体后破坏其免疫功能，使人体发生多种不可治愈的感染和肿瘤，最后导致被感染者死亡的一种严重传染病。AIDS 相关的蛋白质组学分析，对于了解其毒性因子、抗原及疫苗的制备，以及对疾病的诊断、治疗和预防都非常重要。美国内布拉斯加州的研究者对 21 名患者和 10 名对照进行分析：21 名 HIV 感染的女性与 10 名血清反应阴性的对照者在年龄和性别方面进行匹配后，检测他们在神经心理学、免疫功能和病毒感染方面的参数，9 名患者通过广泛的神经学和神经心理学测试被发现有轻微的认知损害。通过抽取外周血单核细胞并进行梯度离心后收集患者的巨噬细胞来源的单核细胞（monocyte-derived macrophages，MDM）。经过 7 天的培养后制备 MDM 溶解产物，并通过表面增强激光解吸电离（surface enhanced laser desorption ionization，SELDI）-飞行时间（time of flight，TOF）蛋白质芯片对其蛋白质进行分析，在 31 名患者的 MDM 溶解产物中发现了 2～80kDa 的 177 个蛋白质峰。其中 5.028kDa 和 4.320kDa 处的蛋白质峰可以对 HIV 感染个体和 HIV 血清反应阴性个体进行区分，灵敏度和特异度分别可达到 100% 和 80%。38 个峰可用于区分有或无认知损害的 HIV 感染的个体。而 4.348kDa 处的蛋白质峰在区分这两者的灵敏度和特异度可分别达到 100% 和 75%。HIV 感染的具有认知损害的患者独特的 MDM 模式的鉴定提示与 HIV 感染有关的痴呆（HIV-1-associated dementia，HAD）的发展过程伴随着单核细胞功能的变化。

目前国内外许多学者对伯氏疏螺旋体（*Borrelia burgdorferi*）进行了深入的研究，博氏疏螺旋体的染色体上有 853 个基因，它的 11 个质粒上有额外的 430 个基因。该螺旋体可分为 3 种类型：*B. burgdorferi sensu stricto*、*B. garinii*、*B. afzelii*。它的双向凝胶电泳图谱大约 300 个点，由这些蛋白点就可以寻找免疫相关抗体等蛋白质。Peter 等采用 2-DE 从 *B. garinii* 得到了 217 个银染的蛋白斑点。从中国兔多克隆抗体鉴别出 6 个已知的抗原。将不同临床表现莱姆病患者的血浆用 *B. garinii* 2-DE 图杂交。用抗 IgM 及抗 IgG 作为第二抗体，在 10 例有游走性红斑的患者血浆中，检测出 60～80 个抗原。同时发现在有关节炎的患者血浆中，包含有抗 15 种抗原的 IgM 抗体及抗 76 种不同抗原的 IgG 抗体。而晚期有神经系统症状的患者血浆中，则包含有抗 33 种抗原的 IgM 抗体及抗 76 种抗原的 IgG 抗体。上述 3 种类型患者的血浆中均包含有抗 6 种已知抗原的抗体，如 OspA、OspB、OspC、flagellin、p83/100 和 p39，且被 SDS-PAGE 杂交所证实，这几个抗原同时也是原来血清学实验中用来诊断的标记，它们均是潜在的具有特异性诊断的标志物。同时，2-DE 结果也发现了一些原来并没有发现的抗原，这些正是一些新的潜在的诊断标志。更多标志物的发现对于诊断的标准化和准确性的提高大有帮助。例如，弓形虫病是由原生动物弓形虫 *Toxoplasma gondii* 寄生感染引起的，全世界约有 30% 的人携带此种寄生虫，而在欧洲，弓形虫病是发生频率最高的传染病之一。Jungblut 等对弓形体抗原进行了检测，他们将鼠弓形体虫 RH 株在人羊膜细胞系 FL521 中传代后，用 2-DE 得到 300 个银染的斑点。再将其与以下 3 种患者的血浆进行免疫杂交：患有急性弓形体病的妊娠女性（$n=11$）；患急性弓形体病的非妊娠者（$n=6$）；有潜在感染的患者（$n=9$）。结果有 9 个斑点对各阶段的弓形体感染均反应，可被用来当作弓形体感染的标记。其中 7 种标记可用作区别疾病的不同阶段。目前通过蛋白质组分析方法，如 2-DE、质谱等已检测出在白色念珠菌的芽管结构所表达的一组特异蛋白，如 DNA 结合蛋白等，为其致病机制已经提供了一些参考指标。Monkt 等发现，在 ConA 反应后的 SDS-PAGE 图中，在芽管结构的膜上，分子质量为 80kDa 复合糖处，出现了很淡的考马斯亮蓝染色，而在孢子时则未出现。这提示膜的整合、出现未与 ConA 结合的 80kDa 复合糖可能与芽管结构的发生及生长有关。另外通过等电聚焦、2-DE 及洗脱电泳等方法，可使黏附素（adhesin）等一些难以提纯的蛋白质得到很好的纯化、分离及分析。

### （四）疾病蛋白质组学在抗生素中的研究

疾病蛋白质组学研究的另一重要应用是在阐明新抗生素的作用机制上。最近的 10 年中，用于临床的抗生素几乎都是原有抗生素的衍生物。目前这种状况有所改变，寻找作用于细菌内新的靶分子的研究工作已经展开，找到了许多有效的抗菌化合物。但目前遇到的困难在于难以揭示新的化合物的作用靶分子及其作用机制。有时虽在体外发现新化合物能够使某种蛋白质失活，但在体内是否有这种现象和这是否是抗菌的主要机制仍然未知，双向电泳分析提供了一个有效的手段。例如，在研究抑制核糖体类抗生素对细菌的作用机制时，对 12 种作用于翻译过程的不同阶段和核糖体内不同分子的抗生素加以考察，发现其中 8 种诱导冷休克反应（cold-shock response）的一系列蛋白质，另外 4 种诱导热休克反应的一系列蛋白质，因此预计新的作用于核糖体的化合物也是诱导这两种反应，并且借此可推测大肠杆菌对冷热的反应发生于核糖体水平。此外由于对真菌细胞壁蛋白分析了解太少，导致抗真菌药远少于抗细菌药。抗真菌药主要是通过改变真菌胞壁组分的生物合成和重组胞壁相关酶的结合位置而发挥作用的。现在临床上用于抗真菌的药物多为咪唑类（咪康唑、酮康唑）及三唑类（氟康唑、伊曲康唑），但有很多患者出现耐药现象。在白色念珠菌中，目前发现至少有 8 种 CDR 家族的基因可产生耐药株的表现型。且有 55 种基因分别表达 ABC 及 MFS 蛋白（菌内药物输出泵）。但这些基因、蛋白质与耐药性之间的关系仍未清楚。应用 2-DE、免疫检测蛋白质等技术，对这些蛋白质在菌内的表达量进行分析，发现 Cdrlp 及 CaMdrlp 蛋白在耐咪唑类菌株中过量表达。在对咪唑类敏感及去除 CDR1 基因的白色念珠菌株 CA114 中，提取并检测耐氟康唑突变子（FL3）的表达。结果发现 FL3 对氟康唑的耐受是去除 CDR1 基因的白色念珠菌株 CA114 的 500 倍，是 CA114 的 250 倍。且 CDR1 mRNA 在 FL3 的量是 CA114 的 8 倍。同时，对敏感性及耐药株蛋白质的 2-DE 图分析发现，在耐药株中有 25 种蛋白质增加，有 76 种蛋白质减少。推测白色念珠菌是通过改变染色体数目或染色体重组来调节基因的表达量，进而产生耐药性。随着蛋白质组技术成熟完善，将对真菌壁及耐药基因分泌的各种蛋白组成分析带来重大突破，并对抗真菌药物的研制提供重要资料。细菌的耐药性仍是临床上很棘手的一个问题，但细胞内蛋白质功能及其相互关系的阐明和细胞循环蛋白的相互作用图的成功绘制，为细菌耐药性的解决、新药的发现提供了信息和途径。例如，刘蓓等利用双向电泳技术对体外培养的结核分枝杆菌 H37Rv 株与耐异烟肼菌株进行细胞壁蛋白质组学比较，寻找与耐药相关的蛋白质，分别检测出 499 和 582 个蛋白质点，其中有 102 个点差异显著。它们的蛋白质分子质量分布基本相似。这为研究耐异烟肼菌株的耐药机制提供了蛋白质组学方面的信息。Chiosis 等通过对耐万古霉素和对万古霉素敏感的肠球菌的蛋白质组比较，发现该菌的细胞壁肽聚糖前体末端改变后不能结合抗生素，从而产生耐药性。总之，蛋白质组学的研究最终要服务于人类的健康、促进医学科学的发展，如寻找药物的靶分子等。很多药物本身就是蛋白质，而很多药物的靶分子也是蛋白质。药物也可以干预蛋白质-蛋白质相互作用。在基础医学和疾病机制研究中，了解人不同发育、生长期和不同生理、病理条件下及不同细胞类型的基因表达的特点具有特别重要的意义。这些研究可能找到直接与特定生理或病理状态相关的分子，进一步为设计作用于特定靶分子的药物奠定基础。

疾病蛋白质组学研究正在不断地深入发展，其研究成果将为建立各种疾病的蛋白质组数据库、发现疾病相关蛋白质、分析疾病相关蛋白质的结构和功能，以及揭示其发生的分子机制提供依据，为寻找疾病标志物、特异的治疗疾病的靶分子和开发新的抗各种疾病药物提供重要的、直接的线索，并通过合成相应的蛋白质和抗体或制备蛋白质芯片为疾病诊治服务等。可以相信，蛋白质组学将在人类治疗疾病的事业中发挥出越来越重要的作用，将为探讨重大疾病的机制、疾病诊断、疾病防治和新药开发提供重要的理论基础。

（肖志强）

# 第十一章　疾病产生的分子基础

　　人体疾病是一种或多种人体正常生理功能、能力的损害，并由此导致的不良后果。这些不良后果包括机体损伤和（或）心理创伤，以及机体功能、行为能力和个人角色受限。人体正常功能和能力的损害可以由机体自身稳定调节系统功能紊乱引起，也可以由外界环境的物理、化学及生物因素导致。蛋白质是生命活动的物质基础，人体的各种生命现象和生命过程主要通过蛋白质的生理功能体现出来。因此，疾病的本质是蛋白质功能紊乱，基本原理是各种原因引起蛋白质质和量的改变。例如，白血病、糖尿病、恶性肿瘤、神经退行性疾病、心脑血管疾病等的发生和发展都与蛋白质及其复合物的异常有关。这些异常一方面包括蛋白质一级结构改变、蛋白质环境的变化，以及蛋白质被修饰后导致的蛋白质空间结构的改变，即蛋白质质的改变引起的蛋白质功能紊乱；另一方面包括蛋白质的合成及降解变化，使一些蛋白质由无变有、由少变多；或反过来，使一些蛋白质由有变无、由多变少，即蛋白质量的改变引起的蛋白质功能紊乱。从医学分子生物学角度讲，基因结构及表达强度是蛋白质质和量的决定因素，所以，基因结构及表达改变是疾病发生发展的重要机制之一，它们不仅改变蛋白质的质，也改变蛋白质的量。现代医学也发现，几乎所有人类疾病的发生都不同程度地与遗传因素有关，这些遗传因素就是基因结构及表达的改变。值得特别注意的是，基因结构及表达的改变常常与环境因素有关，是环境因素的刺激引起基因结构及表达的改变，以使人体能够适应环境而生存和生活。可见，基因结构及表达的改变也是人体十分重要的生理调节机制，不是所有的基因结构及表达改变都会导致疾病，只有特定的基因结构改变和超过生理需要的基因表达改变才导致人类疾病的发生。

　　虽然蛋白质功能紊乱是疾病发生的基本病理机制，但导致蛋白质功能紊乱的原因各不相同，因而有不相同的分子机制。基因结构及功能改变可引起蛋白质功能紊乱。例如，基因结构改变导致蛋白质结构的变化或表达水平改变而改变蛋白质的质和量；有的基因自身的结构没有发生改变，但受细胞调节因素或其他因素的影响使基因的表达水平改变；有的则是外来致病基因，如病原体基因在体内表达，产生毒性蛋白质；或外源基因在体内表达产生的酶类合成非蛋白毒性物质；还有的是因为翻译后加工，包括蛋白质降解发生变化，使蛋白质的结构和含量发生改变，并最终导致疾病产生。

## 第一节　基因结构改变引起的疾病

　　在基因的特定 DNA 序列中，其碱基组成及排列顺序可因机体内外因素的作用发生改变，导致 DNA 一级结构发生改变，改变基因结构，形成突变（mutation）。如果基因突变使蛋白质发生了质的改变，即理化性质、生物化学性质、免疫学性质及生物学功能的改变，或使蛋白质量的改变超过了生理范围，就会导致疾病的发生。研究已经证实，人类许多疾病，包括血友病、白化病、糖原累积症等，均与基因突变所致的蛋白质结构和（或）表达量异常有关。

### 一、不同的分子机制产生不同类型的基因突变

　　基因突变是否产生遗传效应、是否导致疾病的产生，不仅取决于产生基因突变的细胞种类，如体细胞或生殖细胞，也取决于突变在基因中发生的位置及突变的类型。而基因突变的

类型取决于突变发生的分子机制，不同的突变分子机制产生不同突变类型。基因突变主要是 DNA 一级结构的改变，可以是单个核苷酸的改变，也可以是多个核苷酸，甚至一段核苷酸序列的改变；其分子机制可以是替换、插入或缺失等，因而产生不同的突变类型。

（一）一个碱基的取代产生点突变

在基因一级结构的某个位点上，一个碱基被另一个碱基取代产生的 DNA 一级结构的改变称为点突变（point mutation），其可分为转换（transition）和颠换（transversion）两种。转换指同类型碱基之间的取代，即一种嘧啶碱基被另一种嘧啶碱基取代或一种嘌呤碱基被另一种嘌呤碱基取代形成的点突变。颠换指不同类型碱基之间的取代，即一种嘧啶碱基被一种嘌呤碱基取代或一种嘌呤碱基被一种嘧啶碱基取代形成的点突变。

（二）一个或一段碱基的丢失产生缺失突变

基因的一级结构中，可因一个碱基或一段碱基序列丢失造成基因结构改变，因此而形成的基因突变称为缺失（deletion）。

（三）一个或一段碱基的增加产生插入突变

在基因一级结构的某个位置增加一个碱基或一段碱基序列，改变基因的结构，形成的基因突变称为插入（insertion）。

（四）一段碱基的方向或内部位置改变产生反置或迁移倒位

基因内部的 DNA 序列可发生重组，使一段 DNA 序列的方向反置，如由原来的 $5' \to 3'$ 方向排列整段倒置为 $3' \to 5'$ 方向排列，或一段 DNA 序列在基因内部位置迁移，使基因结构发生改变，形成的突变称为倒位。

（五）发生在配子的突变将传递给子代

基因突变既可以发生在生殖细胞，也可以发生在体细胞。发生在生殖细胞的突变叫配子突变，这种突变将传递给子代，是否改变子代的性状，产生相应的表型，取决于突变的遗传学特征。例如，常染色体和 X 性连锁显性突变在子一代显示出相应的性状，产生相应的表型。发生在女性配子中的 X 性连锁隐性突变在半合子男性子一代中也可能产生相应的表型。发生在常染色体的隐性突变，无论是在男性或是在女性，只要是杂合子，都不会产生相应的表型，只有当形成纯合子时，相应的性状才表现出来，产生相应的表型。

（六）基因组拷贝数变异

基因组拷贝数变异（copy number variation，CNV）是指基因组中 $\geq$ 1kb DNA 片段数量的改变，可以是同一 DNA 序列的连续重复，也可以是同源 DNA 序列在基因组多个位点的多次插入或缺失，还可以是这些改变互相组合衍生出的复杂变异。拷贝数变异具有覆盖范围广、组成形式多样的特点，是人类疾病的重要致病因素之一。许多关于拷贝数变异的研究结果表明，拷贝数变异可导致不同程度的基因表达差异，对正常表型的构成及疾病的发生发展具有一定作用。目前已发现人类有超过 20 种疾病与动态突变有关，如脆性 X 染色体综合征（Martin-Bell 综合征）。这种疾病的患者在 X 染色体长臂 2 区 7 带（Xq27）上具体有脆性部位，而该脆性部位的形成和 *FMR-1* 基因的 5′ 非翻译区三核苷酸重复序列（CGG）$_n$ 的异常增多有关。当（CGG）$_n$ 序列的增多未影响至相邻基因时，携带者可无症状或仅具有轻微症状。但（CGG）$_n$ 序列的异常增多可通过女性携带者在向后代的传递过程中扩增，最终导致该重复序列在脆性部位高表达，进而关闭 FMR-1 的表达，致使携带者后代出现智力低下、语言障碍、癫痫等症状。除了脆性 X 染色体综合征外，强直性肌营养不良由强直性肌营养不良蛋白激酶 DMPK 基因 3′非翻译区 CTG 拷贝数过度增加引起，亨廷顿病由 IT15 基因编码区 CAG 拷贝数过度增加引起、Friedreich 共济失调症由 FRDA 基因第一内含子 GAA 拷贝数过度增加引起。这种串联重复拷贝数的增加是不稳定的，它可随世代的传递而扩大，所以被称为动态突变（dynamic mutation）。动态突变是迄今只见于人类的一种非常普遍的基因突变现象。由于拷贝数变异具有可遗传性、相对稳定性和高度异质性，故作为第四代疾病分子标记，对深入理解复杂疾病的分子机制和鉴定易感基因具有重要意义。如上述脆性 X 染色体综合征的患者，绝大多数在基因的特定位置有相同类型的突变，因此分子生物学分析对于其诊断及其准确，对家庭成员的遗传咨询也具有重要意义。

### （七）发生在体细胞的突变

体细胞基因突变产生的基因结构变异，尽管可以产生相应的表型，如引起疾病，但突变基因不会传递给子代。事实上，由于内源性的水解、氧化、烷基化等过程，以及外界环境中的有害干扰，体细胞的 DNA 损伤是普遍存在的。虽然大部分损伤能够得到修复，但一旦原始模板出现不可修复或未被修复的变异，复制过程中这种错误将不可避免并且不可逆转。人类一生中受内外环境影响自发发生的突变可以在体细胞中累积。虽然这些突变中大多数没有特殊的作用，但有部分体细胞基因突变可以通过影响特定基因或调控元件改变关键的细胞功能。早期的体细胞突变可以引起发育障碍，而且突变的基因还可以通过细胞分裂过程，传递给突变细胞所形成的子代细胞群，从而形成突变细胞群体。因此，虽然目前的研究对正常细胞转变成为肿瘤细胞的分子机制还不明确，但体细胞基因突变被认为是肿瘤发生的重要分子生物学机制之一。例如，研究已经明确环境诱变剂可以通过与 DNA 分子结合，形成复合物，增加体细胞的突变率，进而引起肿瘤的发生。其中最典型的例子是吸烟与肿瘤。吸烟已被证实与肺癌的发病风险有明确的剂量依赖关系。尽管随着肿瘤干细胞学说、肿瘤表观遗传学说等的提出和发展，体细胞突变学说面临着极大的挑战。但在过去十年中，高通量 DNA 测序技术已经能够对超过 10 000 个肿瘤外显子和 2500 余种肿瘤的全基因组进行系统性测序，这些技术筛选和鉴定出了许多肿瘤相关的体细胞突变，推动了人类对肿瘤遗传学的理解。

### （八）RNA 序列的突变

尽管许多人类疾病都归因于基因组中编码蛋白质的基因突变。然而，与基因组中非编码的部分相比，人类基因组中编码蛋白质的基因所占比例非常小，而编码蛋白质的基因突变导致的疾病数量与这些基因的数量不成比例。实际上，基因组的非编码部分产生许多功能性的非编码 RNA。越来越多的研究证实，这些非编码 RNA 的基因突变可以与疾病的发生发展联系在一起。

在真核基因组的转录过程中，会产生多种对细胞功能至关重要的 RNA。新近的研究已证实长链非编码 RNA（lncRNA）和微小 RNA（miRNA）的突变和疾病的关系。例如，作为体细胞组织分化和肿瘤发生发展中的关键 lncRNA 之一，组织分化诱导非编码 RNA

（TINCR）的单核苷酸多态性位点 rs2288947 和 rs8105637 的变异均与中国人群中结肠癌的发生发展有关。

其他更经典的非编码 RNA，包括转运 RNA（tRNA）、小核 RNA（snRNA）、端粒酶 RNA、小核仁 RNA（snoRNA）等相关的突变与疾病的关系也逐渐明确。有研究指出，这些经典的非编码 RNA 的突变可以导致它们部分功能的改变，进而引起具有非常特殊表型的疾病。例如，第一种被证实与经典非编码 RNA 突变有关的疾病是线粒体脑肌病伴高乳酸血症和卒中样发作（mitochondrial encephalomyopathy with lactic acidosis and stroke-like episode，MELAS）综合征。这是一种由线粒体 tRNA（mt-RNA）突变所致的多系统疾病，可累及中枢神经系统及肌肉。而端粒酶 RNA 上单个核苷酸的改变或核苷酸片段的缺失，可以破坏端粒酶的功能，致使端粒缩短，引发 DNA 损伤，导致细胞凋亡或衰老。

## 二、基因突变引起的遗传学效应

基因突变改变了 DNA 的碱基组成和（或）碱基排列顺序，但基因突变后是否造成蛋白质结构的改变、是否导致变异基因表达水平的改变、是否造成蛋白质功能紊乱、多大程度上造成蛋白质功能紊乱，不仅与突变在基因中发生的位置有关，还与基因突变的类型有关，不同类型的基因突变会引起不同的遗传效应。也就是说，基因突变是否导致疾病的发生，基因突变的类型是主要的决定因素之一。

### （一）结构基因突变产生的遗传效应

发生碱基的取代、缺失、插入都会引起基因碱基组成和（或）碱基排列顺序的改变。这种改变在经过转录、翻译合成蛋白质后，不一定都能改变多肽链中氨基酸的组成和排列顺序。因此，就合成的蛋白质而言，基因突变会产生多种遗传效应，包括错义突变、无义突变、同义突变和移码突变。

**1. 错义突变** 错义突变（missense mutation）是因为 DNA 分子中碱基被替换，突变基因经转录产生的 mRNA 中相应的密码子发生了变化，导致所编码的氨基酸也被改变，翻译成蛋白质后，突变前的氨基酸被突变后的另一种不同的氨基酸取代，使突变蛋白质的氨基酸组成和排列顺序都发生了改变。错义突变因其在基因中发生的位置和突变的类型，对编码蛋白质的功能会产生程度不同的影响。如果突变发生在编码蛋白质的功能区，如酶蛋白的活性中心，则对蛋白质的功能影响较大；如发生在对编码蛋白质的结构及功能影响较小的非功能区，则对蛋白质功能影响较小。一般说来，如果突变类型为转换，对编码蛋白质的功能影响要小一些；如果发生颠换，对编码蛋白质功能的影响更大一些。有些错义突变不影响蛋白质或酶的生物活性，因而不表现出明显的表型效应，这种突变可称为中性突变（neutral mutation）。

**2. 无义突变** 无义突变（nonsense mutation）是由于碱基的取代、缺失或插入，使突变前编码某种氨基酸的密码子变成了终止密码子。但突变基因被转录成 mRNA 后，在以这种 mRNA 为模板合成蛋白质时，翻译过程就会被提前终止，mRNA 中的遗传信息不能全部翻译成蛋白质，形成一条切短了的、不完全的多肽链，影响蛋白质的生物活性和正常功能，甚至使蛋白质的正常功能完全丧失。例如，UAU 是编码酪氨酸的密码子，当其第三个碱基被颠换成 A 后，就形成终止密码 UAA，使多肽链的合成到此终止，最终的蛋白质产物被切短，不能生成具有完整结构和正常生物学功能的蛋白质。

**3. 同义突变**　　同义突变（synonymous mutation）是既不引起蛋白质产物错义也不使蛋白质的翻译提前终止的突变。同义突变时，虽然突变基因的 DNA 序列中发生了碱基的取代，基因的一级结构也发生了变化，但这种基因突变并不引起蛋白质水平上的任何改变，没有任何氨基酸被取代，也没有氨基酸序列的丢失或插入，蛋白质的氨基酸组成和顺序没有任何改变。这是因为遗传密码具有简并性，突变后的密码子与突变前的密码子编码同一个氨基酸，所以形成同义突变。例如，密码子 CUU 第三位上的碱基 U 被 C 取代，转换成 CUC；或第三位上的碱基 U 被 G 取代，颠换成 CUG；都发生了碱基的改变及基因的一级结构变化，但 CUU、CUC 和 CUG 都编码亮氨酸，突变的基因经表达翻译成蛋白质后，不会引起氨基酸组成和顺序的改变。因而，同义突变不会造成任何蛋白质结构和功能的变化，也不会造成任何表型的改变。在组成人体的氨基酸中，除了甲硫氨酸和色氨酸外，其余的氨基酸都有 2 个或 2 个以上的密码子，在这些简并密码子发生同义突变，不会产生异常蛋白质，也就不会引起任何性状的改变。

**4. 移码突变**　　移码突变（frameshift mutation）是指基因的碱基序列中发生了单个碱基、数个碱基的缺失或插入，或碱基序列片段的缺失或插入等，导致突变位点之后的三联体密码阅读框发生改变，突变点以后的碱基序列所编码的多肽链的氨基酸序列与突变前不同。如果插入或缺失的碱基数目恰好是 3 或 3 的整数倍，经表达合成的多肽链就会有一个或数个氨基酸的增加或减少，突变区域以后的氨基酸序列不会发生改变，对蛋白质结构的影响相对较小。如果缺失或插入的碱基数不是 3 的整倍数，就会使 mRNA 中碱基的编码分别向左或向右移码，使突变位点之后的所有密码子都发生改变，突变区域以后的氨基酸顺序全部发生改变，还重新产生终止密码子，改变编码区的长度，这些都会严重影响蛋白质的结构、理化性质和生物学功能，引起相应的表型改变或导致疾病的发生。

在发生点突变的情况下，前面插入一个碱基所引起的移码突变可因突变点之后一个碱基的缺失而恢复；同样，缺失一个碱基所引起的移码突变，也可因突变点之后的一个碱基插入而恢复。

### （二）基因突变引起 hnRNA 剪接改变

真核生物 mRNA 经转录合成后，必须经过一定的转录后加工，才具有生物学功能，才能作为模板指导蛋白质的生物合成。转录初始产物 hnRNA 的剪接就是一种重要的 RNA 转录后加工方式，这种剪接取决于 hnRNA 的一级结构，因为 hnRNA 的剪接只发生在其特定的剪接位点上。如果基因变异发生在这些剪接位点上，就会影响 hnRNA 的剪接。基因突变对 hnRNA 剪接影响的方式不外乎有两种：一是使 hnRNA 的正常剪接位点消失；二是产生新的剪接位点。无论是正常剪接位点消失还是形成新的剪接位点，都可导致 mRNA 的剪接错误，产生异常的 mRNA，最终产生异常的蛋白质表达产物，改变相应的生物学性状。例如，家族性孤立性生长激素缺乏Ⅱ型遗传病（familial isolated growth hormone deficiency type Ⅱ），就是由于生长激素-1（growth hormone-1，GH-1）基因上的第三外显子第 5 位 G 被 A 取代（G → A），造成了剪切错误，使得第三外显子被跳过，前两个外显子片段与最后两个外显子片段直接拼接在了一起，影响了蛋白质的功能。

### 三、结构基因改变导致的疾病

和许多其他真核生物一样，人类的基因结构十分复杂，不仅有结构基因，还有调控序列。即使结构基因，其 DNA 的碱基序列也是不连续的，而是被一些非结构基因分开，形成外显子、内含子相间排列的序列结构，决定蛋白质一级结构的是这些被称作外显子的结构基因。结构基因发生改变会改变蛋白质的一级结构，造成其理化性质的变化。如果这些改变造成了蛋白质的表达水平改变或生物学功能的紊乱甚至丧失，就会引起相应的疾病。如果受影响的是酶蛋白，其结构的改变，尤其是活性中心结构的改变，会使酶的催化活性丧失，导致相应的代谢紊乱，产生疾病。如果受影响的是结构蛋白，其结构的改变会使相应的细胞或组织结构破坏，导致疾病的发生。如果受影响的是其他功能蛋白，其结构的改变也会使其功能紊乱甚至完全丧失，导致疾病的发生。如果受影响的是转录因子，其下游被调控的蛋白质的表达水平会被异常激活或抑制，导致疾病的发生。

#### （一）结构基因改变通过蛋白质结构变化引起疾病

血红蛋白分子是由 4 个亚基组成的、具有四级结构的蛋白质分子，是红细胞中运输 $O_2$ 和 $CO_2$ 的重要功能蛋白。血红蛋白的结构异常可能导致功能变化，影响红细胞运输 $O_2$ 和 $CO_2$ 的能力，从而产生多种症状，形成所谓的异常血红蛋白血症（abnormal hemoglobin syndrome）。组成血红蛋白（hemoglobin，Hb）的珠蛋白肽链中，无论是 α 链还是 β 链发生结构异常，均可导致异常血红蛋白血症。如果珠蛋白基因突变，可使珠蛋白肽链上的氨基酸组成或排列顺序发生变化，其理化性质也发生相应改变，导致血红蛋白分子不稳定，形成所谓的不稳定血红蛋白病。错义突变、无义突变、密码子缺失和移码突变均可导致该种疾病的发生。

同时，血红蛋白是由 4 个亚基构成的四聚体，每个亚基都结合 1 分子血红素。血红素是疏水的有机分子，这就要求与血红素密切接触的血红蛋白氨基酸为疏水氨基酸。所以，在正常血红蛋白的空间结构中，有一簇疏水氨基酸排列在一起，形成所谓的"血红素口袋"，血红素位于这些疏水氨基酸形成的腔中。可见，这些疏水氨基酸对维持血红蛋白的功能和稳定性起着十分重要的作用。如果血红蛋白基因突变，使组成"血红蛋白口袋"的氨基酸发生替代或缺失，特别是被亲水氨基酸替代，不仅影响血红蛋白与血红素的结合，还会使水分子进入"血红蛋白口袋"，大大降低血红蛋白的稳定性，降低血红蛋白运输 $O_2$ 和 $CO_2$ 的能力，导致疾病的发生。

血红蛋白分子一级结构上的轻微差别就可能导致功能上的很大不同。镰状细胞贫血症是一种常染色体隐性遗传病，患者的死亡率很高。引起镰状细胞贫血症的原因就是 β-珠蛋白基因的第 6 位密码子点突变，即编码血红蛋白 β 链上一个决定谷氨酸的密码子 GAG 变成了 GTG，使得 β 链上的谷氨酸变成了缬氨酸，引起血红蛋白的结构和功能发生了根本的改变（图 11-1）。与正常血红蛋白相比，该病患者的红细胞由正

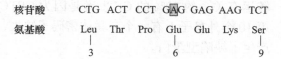

正常 β-珠蛋白多肽链(Hb A)

| 核苷酸 | CTG | ACT | CCT | G&#91;A&#93;G | GAG | AAG | TCT |
| --- | --- | --- | --- | --- | --- | --- | --- |
| 氨基酸 | Leu | Thr | Pro | Glu | Glu | Lys | Ser |
|  | &#124;<br>3 |  |  | &#124;<br>6 |  |  | &#124;<br>9 |

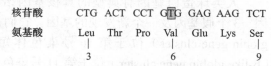

镰状细胞贫血症患者 β-珠蛋白多肽链(Hb S)

| 核苷酸 | CTG | ACT | CCT | G&#91;T&#93;G | GAG | AAG | TCT |
| --- | --- | --- | --- | --- | --- | --- | --- |
| 氨基酸 | Leu | Thr | Pro | Val | Glu | Lys | Ser |
|  | &#124;<br>3 |  |  | &#124;<br>6 |  |  | &#124;<br>9 |

图 11-1　镰状细胞贫血症 β-珠蛋白基因突变
方框内表示突变的核苷酸

常的圆盘形变成了镰刀形。血红蛋白基因上单个核苷酸的替换（A → T），恰好使该基因片段丢失了可被限制酶 $Mst$ II 酶切开的一个位点 CCTNAGG 序列（N 代表 4 个碱基中的任意一个）。由于基因突变改变了限制性酶切的结果，可用 Southern 印迹杂交分析方法和限制性片段长度多态性（restriction fragment length polymorphism，RFLP）分析方法，对镰状细胞贫血症胎儿进行产前诊断，或对发病家族成员的基因型进行分析。

家族性高胆固醇血症是一种以胆固醇代谢紊乱为基本特征的常染色体显性遗传病。患者血浆低密度脂蛋白（low density lipoprotein，LDL）清除障碍，血浆胆固醇水平异常升高，早年就发生严重的动脉粥样硬化。Goldstein 和 Brown 在研究家族性高胆固醇血症的发生机制时发现，患者之所以血浆胆固醇水平异常升高，是因为 LDL 受体功能障碍，不能有效地从血浆中摄取和清除 LDL，进而不能有效地调节细胞内的胆固醇代谢，使机体胆固醇代谢失调，大量胆固醇在细胞内异常蓄积，导致动脉粥样硬化发生。LDL 受体的发现被誉为脂代谢研究的里程碑。进一步研究发现，LDL 受体功能障碍是因为 LDL 受体基因变异，导致其编码蛋白结构异常，功能下降或完全丧失。

维持 LDL 受体正常功能的重要结构之一是配体结合结构域，它由 LDL 受体蛋白 N 端292 个氨基酸残基组成，富含半胱氨酸，所以也被称为富含半胱氨酸结构域。该结构域中有7 个由 40 个氨基酸残基组成的重复序列，每个重复序列中含有 6 个半胱氨酸残基，全部 42个半胱氨酸均以链内二硫键相连。7 个重复序列的羧基末端均含有"天冬-半胱-X-天冬-甘-丝-天冬-谷"序列，这 8 个氨基酸残基中有 4 个带负电荷，形成的负电荷簇就是 LDL 受体的结合位点，能识别和结合其配体载脂蛋白（apolipoprotein，apo）E 和 B100 分子中带正电荷的精氨酸或赖氨酸残基。重复序列 2、3、6、7 是 LDL 受体识别和结合 LDL 必需的，其中任何一个重复序列发生突变均可使 LDL 受体丧失识别和结合 LDL 的能力。重复序列中半胱氨酸构成的二硫键能够牢固地稳定结合域的结构。LDL 受体基因突变，引起该结合结构域的氨基酸发生替代、缺失，尤其是重复序列中的氨基酸和半胱氨酸的替换和缺失，都会导致 LDL 受体功能紊乱甚至完全丧失，引起高胆固醇血症。

囊性纤维化（cystic fibrosis，CF）是一种常染色体隐性遗传性疾病，多见于儿童及青年，在西方白种人中发病率最高。目前认为该疾病的发生机制之一是囊性纤维化跨膜传导调节蛋白（cystic fibrosis transmembrane conductance regulator，CFTCR）的基因突变所致。CFTCR 基因位于第 7 号染色体长臂（7q31.2），所编码蛋白含有 1480 个氨基酸。虽然CFTCR 的功能尚未完全明确，但研究证实其是一种离子通道功能型蛋白，与氯离子的跨膜转运有关。约 70% 的 CF 患者是因为 CFTCR 的 △ F508 变异。该变异导致 CFTCR 基因上第 10 个外显子上有一个三联体密码子缺失，使得 CFTCR 蛋白 508 位置上的苯丙氨酸缺失，产生了缺陷型蛋白。

（二）结构基因改变通过蛋白质合成量变化引起疾病

人类珠蛋白基因有典型的真核基因结构特点。珠蛋白基因包括已鉴定的 8 个功能基因、3 个假基因及一个新发现的基因。它们在染色体上成簇排列：α 类珠蛋白基因簇（α-like globin gene cluster）位于第 16 号染色体短臂（16p13.3），约占 30kb；β 类珠蛋白基因簇（β-like globin gene cluster）位于第 11 号染色体短臂（11p12），约占 60kb。此外，每种人类珠蛋白基因均有 3 个外显子，被两个内含子所分割。这一结构上的共同点提示它们来自共同的祖先基因，在以后的进化过程中发生分化与重组，才形成现在的 α 和 β 基因簇及同一簇内的基因对，如 α2 与 α1、Gγ 与 Aγ 等。各种珠蛋白基因在染色体上的线性排列如图 11-2 所示。

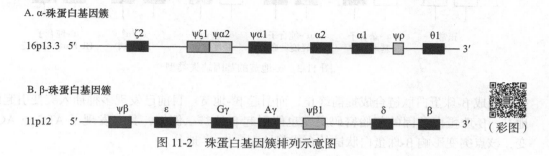

图 11-2　珠蛋白基因簇排列示意图

珠蛋白基因的表达在时空上受到遗传因素的精确调控，表现为以下特点。

**1. 珠蛋白基因的表达具有组织细胞特异性**　　珠蛋白基因受染色质上独立的调控结构域控制，特异地表达于卵黄囊、肝、脾与骨髓的红系细胞中。红系特异性顺式元件与反式因子的相互作用是其中的重要步骤。

**2. 珠蛋白基因的表达具有发育阶段特异性**　　虽然合成珠蛋白的组织器官依个体发育的不同阶段而不同，但人类珠蛋白类型与其生成部位无关，而与发育阶段密切相关，或者说血红蛋白随个体发育的不同阶段有规律地变化和更替着，这是由于在不同发育阶段有不同的珠蛋白基因开启和关闭表达的结果，即 α、β 基因簇分别从各自的 5′ 端开始进行表达，随着发育阶段的演变，5′ 端基因逐渐关闭而代之以 3′ 端基因不断开启，即基因簇内的基因依次进行表达。就主要演变过程而言，人类珠蛋白基因的表达至少有三个开关：第一个控制珠蛋白基因在原发红系组织中起始激活；第二个控制从胚胎到胎儿的血红蛋白转变；第三个则在出生时控制从胎儿到成人血红蛋白的转变。

**3. 珠蛋白基因的表达具有协同性**　　在 α 与 β 类珠蛋白肽链组成的血红蛋白四聚体中，每一种都含有两条 α 类肽链和两条 β 类肽链，表明 α 和 β 类珠蛋白基因虽不在同一条染色体上，但它们的表达维持严格的等摩尔比例。这种表达平衡的控制机制不仅作用于 α 与 β 两类之间，而且对同一基因簇内各个珠蛋白基因间也协同表达。

血红蛋白是由 2 条 α-珠蛋白链和 2 条 β-珠蛋白链组成的四聚体，具有完整功能的血红蛋白要求 α-珠蛋白和 β-珠蛋白的量保持平衡，如果任何一种珠蛋白的合成受到抑制甚至完全缺失，就会使 α-珠蛋白和 β-珠蛋白之间的量失去平衡，引起地中海贫血（thalassemia），简称地贫。如果 α-珠蛋白合成受到抑制或缺失叫作 α-地贫，并分别称为 $\alpha^+$ 和 $\alpha^0$；β-珠蛋白合成受到抑制或缺失叫作 β-地贫，也分别称为 $\beta^+$ 和 $\beta^0$。

α-地贫由多种 α-珠蛋白基因变异引起，结构基因突变抑制 α-珠蛋白的合成是重要原因之一（图 11-3）。例如，目前至少发现三种 α-珠蛋白结构基因起始密码突变，使 α-珠蛋白的翻译受到抑制，α-珠蛋白合成减少，引起 α-地贫（$\alpha^+$）。

同样，β-珠蛋白结构基因突变，也能抑制 β-珠蛋白的合成，使 β-珠蛋白含量减少甚至完全缺失，引起 β-地贫。例如，第 17 位赖氨酸密码子 AAG 第一个碱基 A → T 的点突变，就产生终止密码 TAG，形成无义突变，使珠蛋白肽链合成提前终止，引起 $\beta^0$-地贫。β 珠蛋白基因的编码顺序内插入或缺失 1、2、4 或 7 个核苷酸，会使突变点以后的阅读框遭破坏，

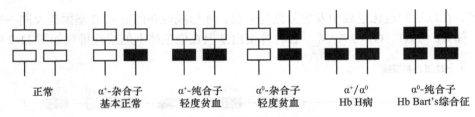

图 11-3　α-地贫的基因缺失类型

往往造成 β-珠蛋白肽链合成提前终止，而引起 β⁰-地贫。目前已发现多种插入突变引起的 β⁰-地贫。β-珠蛋白基因的起始密码突变也能引起 β-地贫。例如，我国发现了 ATG → AGG 突变，该点突变影响 β-珠蛋白肽链的合成起始而产生 β⁰-地贫。

### （三）基因突变导致转录因子功能变化引起疾病

转录因子（transcription factor）是能与基因特定调节序列（顺式作用元件）特异结合并启动转录的蛋白质因子，对下游基因表达发挥着重要的调节作用。肿瘤抑制因子 P53 位于人类染色体 17p13.1。作为一种转录因子，P53 可以在转录水平上通过调节其靶基因，以调节包括细胞凋亡、细胞周期停滞或衰老、DNA 修复等在内的各种过程，发挥自身抑制肿瘤的作用。野生型 P53 可以在 $G_1$ 期对细胞进行检测，受损细胞在 P53 蛋白的调控下进入凋亡，以避免子代细胞出现 DNA 突变，引起肿瘤的发生。在人类的恶性肿瘤中，P53 基因的突变率高达 50%。目前认为，在基因突变后，P53 失去对细胞生长、凋亡、DNA 修复等功能的调控，是肿瘤发生的重要机制之一。研究发现，5%～8% 无乳腺癌 1 号基因（BRCA1）和乳腺癌 2 号基因（BRCA2）致病性突变的 30 岁以下女性乳腺癌患者发现有 P53 的致病性突变。类似的，在恶性卵巢癌患者中，有 36.8% 的患者检测到 P53 基因突变。

P53 突变还可以引发肿瘤耐药。例如，在小鼠胰腺肿瘤中，P53 基因第 172 密码子发生的错义突变可产生突变结构体 P53 R172H，引起 P53 功能的丧失，从而激活 JAK2-STAT3 信号传导，引起肿瘤基质的改变和肿瘤生长，以及对抗癌药物吉西他滨的抵抗。P53 还可以和非编码 RNA 相互作用，引起肿瘤细胞耐药性的改变。在非小细胞肺癌 H1299 细胞株中，P53 R175H 突变体可以通过和 miRNA-223 的启动子区域结合，抑制该基因的表达，增加肿瘤细胞对 DNA 损伤药物的耐受性。同一 P53 突变体还可以通过上调 miRNA-128-2 的表达，增加 H1299 肿瘤细胞对 DNA 损伤药物的耐药性。

作为人类肿瘤中最常见的突变基因，P53 与其他肿瘤抑制因子不同。它的基因上大多数的突变属于错义突变，突变后的基因可以编码出全长的突变蛋白。由于蛋白质结构完整，除了肿瘤抑制功能的丧失外，肿瘤相关突变的 P53 蛋白还常常获得新的致癌活性，如获得在促进细胞增殖、血管生成、迁移、侵袭、转移和抗化疗等方面的特殊活性。研究表明，突变 P53 可以介导肿瘤的代谢变化。例如，突变 P53 可以促进肿瘤脂质代谢。突变型 P53 通过结合并激活转录因子胆固醇调节元件结合蛋白家族（SREBP），并诱导甲羟戊酸途径中许多基因的表达，调节胆固醇合成代谢。另外，在表达 P53 R172H 突变体的细胞和小鼠中，均发现了突变体能够促进葡萄糖转运蛋白 1（GLUT1）向细胞质转移，促进肿瘤细胞对葡萄糖的摄取，加强肿瘤细胞的糖酵解，促进肿瘤的生长。而在黑色素瘤细胞中，P53 R175H 突变体被证实能够促进肿瘤细胞利用外源性丙酮酸，帮助肿瘤细胞在缺乏葡萄糖的环境中生存。这些发现共同证明了突变型 *P53* 的"获得性功能"使其能够通过转录因子调节肿瘤代谢变化，为突变型 *P53* 在肿瘤发生中的作用提供了新的分子机制。

### 四、调控序列变异导致基因表达水平变化引起疾病

基因调控序列也称顺式作用元件，是基因的重要组成部分，虽然其遗传信息不会被表达传递到蛋白质的肽链中去，基因调控序列的突变也不会改变蛋白质的一级结构，但调控序列的突变会改变基因的表达强度，引起蛋白质生物合成量的改变。这种量的改变超过一定的范围，同样会导致蛋白质功能的紊乱，引起相应的疾病。

β-珠蛋白基因转录起始位点上游 30（–30）处有 TATA 盒，–90 及 –105 处有 CACACCC 序列，它们都是 β-珠蛋白基因的转录调控序列，如 TATA 盒调控正常的转录起始及其效率。这些调控序列如果发生基因突变，就会使 β-珠蛋白基因的转录效率降低，β-珠蛋白合成减少，引起 β$^+$-地贫。目前已知的发生在 TATA 盒上的 β-珠蛋白基因突变有：–32（C → A）、–30（T → C）、–29（A → G）和 –28（A → G）。在其上游的 CACACCC 序列也发现有基因突变，其中包括 –101、–92、–88、–87 及 –86 等位点的点突变。这些发生在顺式作用元件的基因突变，会降低 β-珠蛋白基因的转录，使 β-珠蛋白合成减少，导致 β$^+$-地贫。

在 LDL 受体中，也发现了涉及启动子的两种突变，一种是在启动子和外显子 1 之间 >10kb 的缺失；另一种是启动子和外显子 1 之间 6kb 的缺失。这两种突变都使 LDL 受体基因的表达能力完全丧失，LDL 受体蛋白的合成被完全抑制，纯合子变异携带者的体内完全测不出 LDL 受体抗原。这就会使 LDL 的代谢障碍，导致家族性高胆固醇血症。

不仅是调控序列变异能影响基因的表达，使相应蛋白质的合成减少，一些内含子的变异也会影响蛋白质的合成，使体内相应蛋白质含量减少或缺失。*Apo 100* 在血浆脂蛋白代谢中起着重要的作用，该脂蛋白含量降低或完全缺失，就会使 LDL、VLDL 等脂蛋白代谢障碍，导致相应疾病的发生。研究发现，*apo B100* 基因内含子 5 的第一个碱基发生 G → T 突变，突变基因转录后生产的 hnRNA，会影响 *apo B100* mRNA 的正常剪接，不能生产正常的成熟 *apo B100* mRNA，apo B100 肽链的合成被阻断，*apo B100* 基因中的遗传信息就不能表达。这种变异的纯合子携带者血浆中测不出 Apo B100，形成 Apo B100 缺乏症。

### 五、单核苷酸多态性与疾病的发生发展相关

随着人类基因组计划的完成，在人群中发现了大量微小的变异。这些变异绝大部分是单核苷酸序列的变异。当最小等位基因的群体变异率小于 1% 时，被称为点突变。大于 1% 时，则被称为单核苷酸多态性（single nucleotide polymorphism，SNP），是个体间最常见的遗传变异类型。截至 2016 年，在人类基因组中发现了大约 1.5 亿个 SNP。在一般人群中，SNP 的频率在 1% 到 50% 之间，变化很大。通常，SNP 在基因编码区的发生频率比在非编码区要低得多。从基因功能的角度讲，阐明位于不同基因的 SNP 中稀有等位基因的生物学作用至关重要。编码区的功能性 SNP 被称为同义单核苷酸多态性（sSNP）和非同义单核苷酸多态性（nsSNP）。其中，sSNP 可以改变核苷酸或密码子。而 nsSNP 可以分为无义 SNP 和错义 SNP，前者通常产生终止密码子，引起蛋白质翻译过程的提前停止，后者则引起多肽链上氨基酸的改变。实际上，大部分的 SNP 都在基因的非编码区，这些位于非编码区中的大多数 SNP 的具体作用迄今尚未阐明。

　　分子生物学、遗传学、生物化学的研究都证实了定位于编码区和非编码区中的SNP的稀有等位基因能够影响基因的表达、剪接、翻译、miRNA结构与功能、mRNA稳定性、miRNA和mRNA之间的相互作用。因此，SNP与许多疾病的发生或发展都有密切关系。例如，编码糖基化酶的 *OGG1* 基因的编码区上已经发现了至少4种可以导致氨基酸改变的SNP，其中最常见的一种是Ser326Cys。该SNP位于 *OGG1* 基因第7外显子，可以导致OGG1多肽链第326位氨基酸从丝氨酸变异为半胱氨酸。研究发现，当该位点发生变异时，OGG1蛋白质的切割活性会受到影响，进而影响OGG1对DNA的修复能力，成为包括肺癌在内的多种肿瘤发生的危险因子。另外，在健康人群中的研究已经证实，肝脂酶（LIPC）基因与肝脂酶活性减低、高密度脂蛋白水平升高有关。而且，该SNP上的A等位基因与心血管疾病的发病风险显著相关，可以成为心血管疾病的预测因子之一。

　　由于SNP还可以帮助定位与疾病有关的基因，近年来，对大量个体样本同时进行数千个SNP检测的迫切需要加速了SNP基因分型技术和分析方法的创新。例如，高通量测序技术（二代测序技术）可以在相对较短的时间内进行数以百万计的检测技术，已经成为基因组研究的强大工具。而全基因组关联分析（GWAS），则可以帮助科学家在不用预先假设致病基因的情况下，通过含有数百万SNP的微阵列，在不同个体的全部或大部分基因中进行SNP基因分型，并从中筛选出影响人类健康的风险相关SNP，为诸如糖尿病等复杂疾病的发生机制提供更多线索。以肥胖为例，GWAS研究已经分析出超过160个易感基因和超过200个与肥胖相关的SNP。在这些候选基因和SNP中，每一个都可能为进一步探索肥胖的发病机制提供新思路，为未来肥胖的预防和精准治疗指明方向。

# 第二节　细胞间异常信号导致基因表达异常引起的疾病

　　人体是由多细胞、多组织器官组成的，任何一个细胞的生命活动，包括基因的表达和蛋白质的合成都不能孤立进行，它们必须与同组织的其他相邻细胞，与其他组织细胞相互协调，才能维持人体的正常生命活动，才能完成人体的各种生理功能。于是，人体的各种细胞间就通过激素、神经递质、旁分泌信号等保持细胞间的联系，通过这些所谓的细胞间信号调节彼此的代谢，协调细胞之间的各种生命活动，以实现人体的正常生理功能。所以，虽然基因表达、蛋白质合成是在一个个的细胞内进行的，但它也受细胞间信号的调控。正常的细胞间信号，能保证基因表达的正常时间特异性、空间特异性及正常的表达水平。相反，错误的细胞间信号，会破坏基因表达的时间特异性和空间特异性，或使一种细胞合成另一种细胞特有的蛋白质，甚至使基因表达水平过高或过低，这些都会导致疾病的发生。

　　甲胎蛋白（alpha fetoprotein，AFP）接受异常细胞增殖信号成为肝癌发生的重要因素。AFP是一种具有胚胎时间表达特异性的蛋白质，胚胎发育过程中，AFP的增强子始终处于激活状态，而沉默子处于抑制状态，因此增强子的信号可以顺利到达启动子启动AFP基因，AFP基因大量表达。AFP具有免疫抑制作用，可以保护胎儿免受母体的免疫攻击。胎儿出生后，沉默子活化，阻碍了增强子的启动效应，使AFP表达受到抑制。但在异常细胞增殖信号的作用下，*c-myc*、*c-fos* 和 *c-jun* 等癌基因表达异常增加，其表达产物与AFP基因顺式作用元件相结合，激活AFP基因的表达，重新大量合成AFP。大量合成的AFP通过细胞膜上 AFP 受体介导，影响淋巴细胞或肝癌细胞的肿瘤坏死因子（tumour necrosis factor，TNF）家族及其受体的表达，导致肝癌细胞逃避机体免疫监视，同时又能促进癌基因表达，引起肝癌细胞大量生长。可见，由于肝细胞接受了异常的细胞增殖信号，破坏了 AFP 表达的时间特异性，使 AFP 在胚胎后肝脏异常表达，在肝癌的发生发展中起着十分重要的作用。

矽肺是由于长期吸入大量含游离二氧化硅粉尘引起的以肺纤维化为主要病变的疾病。受二氧化硅粉尘刺激，肺支气管上皮，尤其是肺泡巨噬细胞（alveolar macrophages，AM）大量分泌转化生长因子-β1（transforming growth factor-β1，TGF-β1）。TGF-β1 作用于成纤维细胞，促进细胞分裂和各种细胞外基质（extracellular matrix，ECM）蛋白基因表达，使包括糖蛋白在内的不同 ECM 蛋白成分合成和分泌的增加，如刺激成纤维细胞合成，分泌 I、III、V 型胶原蛋白等；TGF-β1 还促进 ECM 相关受体的表达。同时，成纤维细胞也可以调节白细胞介素-1（interleukin-1，IL-1）、血小板衍生生长因子（platelet derived growth factor，PDGF）、肿瘤坏死因子-α（TNF-α）和 TGF-β1 等的产生，这些因子反过来又可以使成纤维细胞增加合成 ECM。可见，矽肺发生的重要分子机制是成纤维细胞获得了异常的细胞间信号，使多种 ECM 蛋白质基因的表达增强，相应的蛋白质合成和分泌增加，造成 ECM 在肺组织病理性蓄积，最终形成矽肺。

# 第三节　细胞内因素导致基因表达异常引起的疾病

基因的表达不仅受基因本身结构和细胞间信号的影响，也受一些细胞内因素的影响，这些影响达到一定的强度或超过一定的范围，或破坏基因表达的时间特异性和空间特异性，或使基因表达水平过高或过低，均可导致疾病的发生。

## 一、细胞内信号异常导致基因表达异常

细胞内信号是调节基因表达、蛋白质合成的重要因素之一。错误的细胞内信号会破坏基因表达的时间特异性和空间特异性，也会使基因表达水平过高或过低，导致疾病的发生。持续高血糖引起的糖尿病心肌病就是通过一些细胞内信号介导的。对于糖尿病患者，持续高血糖使心肌细胞、血管平滑肌细胞、内皮细胞二酰甘油（diacylglycerol，DAG）从头合成增加，进而激活蛋白激酶 C（protein kinase C，PKC）。活化的 PKC 可增加血管紧张素转换酶（angiotensin converting enzyme，ACE）的表达，进一步使血清和组织中血管紧张素 II（angiotensin II，Ang II）增多，Ang II 具有强大的直接刺激蛋白质合成的作用，可致心肌重塑和心肌肥大。不仅如此，高血糖还能使 PKC 基因表达加强，PKC 合成增加。对 PKC 亚型变化的分析发现，持续高血糖时心肌细胞 PKCα、β1、β2 mRNA 均有增加，δ、ε 的表达也增多。但表达最为优先、对心肌造成损害最严重的是 PKCβ2。过度表达的 PKCβ2 使心肌 c-fos、转化生长因子-β1（TGF-β1）、IV 型及 VI 型胶原、胎儿型肌球蛋白重链（β-MHC）等基因表达上调，相应的蛋白质合成增加，造成心肌肥大，心肌细胞受损，纤维化，心肌收缩、舒张功能障碍。可见，糖尿病的持续高血糖，使心肌细胞产生异常细胞内信号，不仅使一些基因表达增强，蛋白质合成增加，还能使基因表达的时间特异性紊乱，合成胎儿型蛋白质，并最终导致糖尿病心肌病的发生。

## 二、DNA 甲基化异常导致基因表达异常

DNA 甲基化是一种重要的遗传修饰，其主要形式包括 5-甲基胞嘧啶（5-methylcytosine，5-mC）、N6-甲基腺嘌呤（N6-methyladenine，N6-mA）及 7-甲基鸟嘌呤（7-methylguanine，7-mG）。DNA 甲基化的作用机制是在甲基转移酶（methyltransferase，MTase）的催化作用下从甲基供体 $S$-腺苷甲硫氨酸（$S$-adenosyl methionine，SAM）分子中的甲基化基团添到 DNA 分子中的碱基上，最常见的是加在胞嘧啶上，形成 5-甲基胞嘧啶。DNA 甲基化广泛存在于转座子元件、功能基因编码群和重复的 DNA 中，且几乎所有的甲基化存在于 CpG 二核苷酸对中，在基因表达的调控中具有重要作用。正常的 DNA 甲基化在细胞分化、胚胎发育及机体免疫和防御过程中起重要作用，而异常的 DNA 甲基化修饰又与很多疾病的发生发展有关，如肿瘤、自身免疫性疾病、糖尿病等。

DNA 甲基化异常是导致肿瘤形成的重要原因。肿瘤细胞与正常细胞比较，DNA 甲基化模式显著不同。不同的 DNA 甲基化模式，会产生不同的基因表达谱。基因表达谱失去平衡就会导致疾病发生，如原癌基因过度扩增、表达异常增强和（或）抑癌基因的"沉寂"，相应表达产物减少甚至消失都会使细胞增殖平衡受到破坏而引起恶性肿瘤的发生。

人绒毛膜促性腺激素（human chorionic gonadotrophin，hCG）是由胚胎合体滋养层细胞所分泌的糖蛋白激素，活性 hCG 在维持早孕妇女的黄体功能以促使妊娠继续进行、胎儿性别的分化，以及防止母体排斥妊娠产物等方面具有重要的生理功能。正常情况下，成人组织细胞的胚胎基因处于静息状态，不表达或仅表达极其微量的 hCG。当恶性肿瘤发生时，癌细胞与胚胎细胞一样都在 hCG 基因的 5′转录起始区发生低甲基化，静息的胚胎基因被激活，在非滋养层癌细胞表达 hCG 基因，合成和分泌 hCG，形成所谓的 hCG 异位表达。异位 hCG 是肿瘤以自分泌或旁分泌方式产生的低剂量自分泌因子，具有生长因子功能，其作用类似于神经生长因子（nerve growth factor，NGF）、血小板衍生生长因子（platelet derived growth factor，PDGF）、转化生长因子（transforming growth factor，TGF）。肿瘤细胞表面有 hCG 的受体，与 hCG 结合后可激活胞内 cAMP 信号传导途径，调节肿瘤细胞的其他"生长因子""细胞因子"的产生，这些因子进一步促进和调控肿瘤细胞的增殖、分化和生长。所以，由于 hCG 基因的 5′转录起始区发生低甲基化，破坏了其表达的时间和空间特异性，本来在胚胎时期滋养层细胞表达的 hCG 基因，在胚胎后的一些非滋养层细胞表达，使肿瘤细胞通过 hCG 的作用，独立地调节肿瘤的非限制性生长。可见，hCG 基因 5′转录起始区的低甲基化，在肿瘤的发生和发展过程中起着非常重要的作用。

## 三、组蛋白异常修饰

组蛋白修饰包括组蛋白甲基化、组蛋白的乙酰化与去乙酰化及组蛋白的其他修饰，如泛素化、磷酸化和 ADP 核糖基化等。这些修饰构成了丰富的组蛋白密码（histone code），能影响染色质的压缩松紧程度，因此在基因表达中起重要的调节作用。组蛋白甲基化主要发生在 H3 和 H4 的赖氨酸和精氨酸残基上，由精氨酸介导的组蛋白甲基转移酶能选择性地甲基化 H2 和 H3 的精氨酸尾位点，并协同诱导转录活性。而赖氨酸残基上的甲基化存在单甲基、双甲基和三甲基三种状态，其中 H3Lys3 处发生的双甲基化是处于有活性的染色质区域。H3Lys4 甲基化则与活性基因的表达有关，它除发生甲基化外，还可以发生乙酰化。该位点

的竞争性修饰可能为常、异染色质改型的分子开关，通过调控相关酶及其活性，从而达到精密调控复杂的生物学过程。组蛋白的乙酰化和去乙酰化分别由组蛋白乙酰转移酶（histone acetyltransferase，HAT）和组蛋白去乙酰化酶（histone deacetylase，HDAC）催化完成。前者将乙酰辅酶 A（acetyl-CoA）的乙酰基转移至核心蛋白氨基末端中特定的赖氨酸残基上，中和其电荷，使核小体 DNA 易于接近转录因子，则 HAT 充当了转录的辅激活因子。它还可以通过与各种反式激酶的蛋白质相互作用，被募集到染色质的特定位点上以便其调节基因转录的作用。据报道，HDAC 异常募集是引起急性粒细胞白血病及非霍奇金淋巴瘤的主要发病机制。Gu 等报道，当 HDAC 过度表达时会抑制 *P53* 的功能。在许多类型的癌症中，编码 HAT 的基因发生易位、扩增、过表达和突变，如结肠癌和胃癌中 P300 发生点突变。80% 的恶性胶质瘤和急性白血病中发现 P300 的杂合性缺失。

### 四、非编码 RNA 引起基因表达改变

随着全基因组关联研究（genome-wide association study，GWAS）的发展，许多疾病的风险基因被定位于基因组的非编码区。研究已经证实，非编码 RNA 在基因表达中发挥重要作用，可调控转录、翻译过程，甚至影响染色体的结构。按照大小，非编码 RNA 可分为 lncRNA 和短链非编码 RNA。lncRNA 是一类长度超过 200nt、没有阅读框的非编码 RNA，在基因组以至于整个染色体水平发挥顺式调节作用。研究发现，lncRNA 在心血管疾病、自身免疫性疾病和肿瘤的发生发展中都发挥重要的作用。以心力衰竭为例，MRAK078262 是一种基因内 lncRNA，其序列与细胞周期相关激酶（cell cycle related kinase，CCRK）基因的外显子重叠。CCRK 属于细胞周期蛋白依赖性蛋白激酶激活激酶家族，对细胞周期的主要调节因子细胞周期蛋白依赖性激酶 CDK2 的激活至关重要。而在缺血性心力衰竭患者中，MRAK078262 可以通过抑制 CCRK 的表达，增加心肌细胞的死亡率，加速心力衰竭的进程。而另一种名为 H19 的 lncRNA，则被证实可以在氧化应激条件下通过激活白细胞介素-6（IL-6）调节胆管癌细胞的迁移和侵袭。短链非编码 RNA 的转录本序列一般不超过 40nt，参与了几乎所有生命活动，在基因组水平对基因表达进行调控，其可介导 mRNA 的降解，诱导染色质结构的改变，决定着细胞的分化命运，还对外源的核酸有降解作用以保护本身的基因组。常见的短链 RNA 包括小干扰 RNA（small interfering RNA，siRNA）、微小 RNA（micro-RNA，miRNA）和 piwi-interacting RNA（piRNA）。在人类细胞中，特异的 siRNA 可以结合于上皮钙黏素（E-cadherin）启动子区的 CpG 岛，诱导 DNA 甲基化和组蛋白 H3 K9 甲基化。类似的，特定的 miRNA 可以与 DNA 甲基转移酶 1（DNMT1）的 3′ 端非翻译区结合，抑制 DNMT1 的表达，进而影响狼疮 CD4$^+$ T 细胞的甲基化。piRNA 得名于 PIWI 蛋白家族，其稳定性受自身甲基化水平的影响。piRNA 可以通过与转座子结合导致靶基因降解，也可以通过诱导靶基因调控区域的甲基化，抑制相应基因的表达水平或活性。在人类肿瘤中，如胃癌、膀胱癌、乳腺癌、结直肠癌和肺癌里，已发现了 piRNA 的表达改变，这些发现表明 piRNA 通路可能与癌症的发生发展有关，如 piRNA-4987 表达水平的上调与乳腺癌的淋巴结转移正相关。

## 第四节　翻译后加工运输障碍引起的疾病

在机体细胞内，DNA 序列中所含的遗传信息通过转录成 mRNA，指导的蛋白质的生物

合成，并通过蛋白质的生物功能体现机体的生命活动。但是，即使没有任何突变，所含遗传信息完全正确，刚刚合成的、未成熟的蛋白质也没有生物活性，不能正确地完成其生物学功能。要使新合成的蛋白质具有完整的生物学活性，还需对其进行翻译后加工，其方式包括：除去信号肽、基团修饰、蛋白质的折叠、亚基聚合、运输至发挥功能的靶部位等。其中任何一个环节的障碍，都会使蛋白质功能紊乱，导致疾病的发生。

　　酪氨酸酶是黑色素细胞中催化黑色素生成的限速酶，在黑色素的生成过程中起着关键的作用。酪氨酸酶肽链合成后，需先在内质网进行折叠，再从内质网运输至高尔基体进行糖基化加工，然后由运转囊泡将其转运至黑色素体发挥作用。多种蛋白质（包括酶蛋白）参与了酪氨酸酶的这一成熟及转运过程。所以，不仅酪氨酸酶本身的基因变异会使酪氨酸酶功能紊乱，参与酪氨酸酶成熟和转运的蛋白质基因变异，也可以导致酪氨酸酶不能成熟或不能运输至靶部位，使酪氨酸酶功能紊乱，黑色素合成障碍，导致一些色素病的发生。I型泛发性白化病就是一种色素病，主要表现为眼、毛发、皮肤的色素缺失，易发生皮肤及眼部的肿瘤，由先天性酪氨酸酶基因缺陷引起。研究发现，不仅发生在酪氨酸酶的 $Cu^{2+}$ 结合位点，即催化结构域的点突变可以使酪氨酸酶的活性降低甚至消失，黑色素合成减少或完全不能合成，导致I型泛发性白化病；酪氨酸酶催化结构域以外的点突变也能导致色素缺失，因为突变的酪氨酸酶蛋白会使其在内质网中与分子伴侣结合障碍，蛋白质不能正常折叠。没有正常折叠的酪氨酸酶不能从内质网输出而滞留在内质网，无法完成其成熟及运输过程。可见，变异的酪氨酸酶蛋白在内质网的折叠障碍是I型泛发性白化病的一种重要的分子机制。

　　在酪氨酸酶的成熟及转运过程中，一种被称为P蛋白的蛋白质起着重要的作用。P蛋白是一种含 12 个跨膜结构域组成的膜蛋白，参与酪氨酸酶蛋白从高尔基体到黑色素体的运输。P蛋白基因突变，会使P蛋白的功能障碍，酪氨酸酶不能正确地转运至黑色素体，导致酪氨酸酶功能紊乱，黑色素合成障碍，引起II型泛发性白化病。

# 第五节　蛋白质降解异常引起的疾病

　　基因表达及蛋白质合成是影响体内蛋白质含量的重要因素，但不是唯一的因素。蛋白质合成后，在执行完功能衰老后，或在执行功能的过程中，甚至在执行功能前的成熟及运输过程中，可以被机体降解。蛋白质的降解也是调节体内蛋白质含量的一个重要因素，事实上，是蛋白质的合成及降解之间的相对速度大小或量的多少决定体内蛋白质含量。某蛋白质合成大于降解，则该蛋白在体内的含量增加，反之亦然。哺乳动物体内蛋白质降解有两条基本途径，一条是溶酶体途径，主要降解细胞吞入的胞外蛋白质。另一条是泛素-蛋白酶体途径（ubiquitin proteasome pathway，UPP），主要降解细胞内泛素化的蛋白质，是细胞质和细胞核内依赖于 ATP、非溶酶体途径的蛋白质降解通路，能高效并高度选择性进行细胞内蛋白质降解，尤其降解半衰期短的功能蛋白、癌基因产物和变性、变构蛋白等，应急状态下也降解细胞内结构蛋白。泛素-蛋白酶体途径的作用范围非常广泛，被认为是十分重要的细胞功能调节因素。

　　泛素-蛋白酶体途径由泛素（ubiquitin，Ub）、特异性泛素激活酶（ubiquitin-activating enzyme，E1）、泛素结合酶（ubiquitin-conjugating enzyme，E2）、泛素连接酶（ubiquitin ligase，E3）、蛋白酶体（proteasome）组成，泛素-蛋白酶体途径是在这些酶的顺序作用下的

底物蛋白泛素化过程，泛素化蛋白最后被降解为小肽。在这个过程中，泛素首先被泛素激活酶E1活化，然后被转移至泛素结合酶E2，通过泛素连接酶E3的催化作用或泛素直接结合，泛素被转运至目标蛋白。在这个级联的酶促反应中，泛素C端的氨基酸残基与目标蛋白赖氨酸残基的ε-氨基以共价键连接，使底物蛋白被泛素化。该酶促反应反复进行，通过泛素分子之间48位赖氨酸的连接，在目标底物蛋白分子上形成多聚泛素链。多聚泛素作为启动蛋白质降解的信号，可被26S蛋白酶体识别并最终将目标蛋白降解。在某些有害的环境，如氧化应激、内质网应激和老化过程中，蛋白质会受到损害而发生折叠错误；即使新合成的蛋白质，在翻译后修饰加工过程中，会发生异常裂解。正常情况下，这些受到损害的蛋白质会被泛素-蛋白酶体系统识别、降解，从而将其从细胞内清除。如果该系统功能障碍，不能将这些受损蛋白质从细胞内降解清除，就会使其在细胞内积聚，造成细胞功能障碍，甚至死亡，引起相应的疾病。相反，如果该系统功能异常增强，就会使一些正常功能或结构蛋白被降解、导致蛋白质的功能紊乱或细胞结构破坏，引起疾病。一些蛋白质，特别是调节蛋白质，它们在完成功能后，需及时被降解清除，以适应机体代谢或其他功能调节的需要。这些调节蛋白的降解清除，也主要靠泛素-蛋白酶体系统来完成。如果该系统的功能异常，不能及时地降解清除这些调节蛋白，就会使这些调节蛋白持续地发挥作用，失去调节意义，导致机体功能紊乱，引起疾病。

载脂蛋白（apolipoprotein，apo）是人体血浆中与脂质结合的一类蛋白质，主要功能是作为脂类的运输载体，稳定脂蛋白颗粒的结构，修饰并影响脂蛋白代谢有关酶的活性。血浆载脂蛋白含量异常升高或异常降低，都会使血浆脂蛋白代谢紊乱，导致高脂血症的发生。同时，不仅高脂血症本身，血浆载脂蛋白含量异常升高或异常降低造成脂蛋白组成异常，这些异常脂蛋白也会脂质浸润，使脂质异常沉积于血管壁，导致动脉粥样硬化，引起冠心病、卒中等心脑血管病。研究发现，泛素-蛋白酶体系统在维持正常载脂蛋白含量中起着重要的作用，该系统功能障碍，会导致载脂蛋白含量异常。Apo A主要存在于血浆HDL中，发挥着维持HDL结构、酯化游离胆固醇及参与胆固醇逆转运等重要生理功能。在缺乏脂质的情况下，新合成的apo AI会被泛素-蛋白酶体系统降解而防止其在细胞内过度蓄积产生毒副作用。使用蛋白酶体抑制剂乳胞素（lactacystin）和ALLN可抑制apo AI降解并促进它与脂质的结合及分泌，增加血浆apo AI水平，表明泛素-蛋白酶体系统在维持血浆apo AI水平中起着重要的作用。Apo B100在内源性甘油三酯及胆固醇代谢中起着重要的作用，并直接参与了血浆LDL的清除，对维持正常的血浆LDL及低密度脂蛋白-胆固醇（low density lipoprotein-cholesterol，LDL-C）水平具有十分重要的意义。用培养的仓鼠原代肝细胞建立肝脂质代谢模型，发现大约40%新合成的apo B被泛素化并降解；在人的脂蛋白代谢模型中，脂质核心再循环受到限制，原因是部分apo B通过泛素-蛋白酶体系统被迅速降解。给予蛋白酶体抑制剂ALLN或MG132，apo B的多聚泛素化及降解都受到剂量依赖性抑制，提示蛋白酶体抑制剂可能抑制泛素化的apo B被降解。血浆apo E水平与动脉粥样硬化的敏感性相关，巨噬细胞源性的apo E可清除动脉壁的胆固醇而发挥抗动脉粥样硬化作用。在RAW264.7单核巨噬细胞及HepG2细胞转入泛素使其过表达，结果发现apo E明显泛素化并被降解，而蛋白酶体抑制剂乳胞素可使apo E降解速率减慢，导致apo E聚集。

阿尔茨海默病（Alzheimer's disease，AD）是一种以进行性痴呆为主要临床表现的大脑变性疾病。其病理特征包括老年斑、神经原纤维缠结、海马锥体细胞中颗粒空泡变性及血管壁淀粉样蛋白沉积。研究发现，AD 患者脑组织蛋白酶体活性的下降，尤其是在海马、海马旁回、颞上回、颞中回及顶下小叶，且蛋白酶体活性下降与其表达下降不一致，因此认为 AD 患者脑细胞蛋白酶体活性可能受到抑制。淀粉样蛋白（amyloid protein β，Aβ）是细胞外淀粉样斑的主要成分，并存在于神经元内的神经原纤维缠结内。研究发现，Aβ 可选择性地抑制 20S 蛋白酶体糜蛋白酶样活性，且在病理状态下可通过抑制 26S 蛋白酶体活性来影响泛素依赖性蛋白的降解。可见，泛素-蛋白酶体系统的功能紊乱在 AD 的发生发展中起着重要的作用。

## 第六节　病原生物基因引起的疾病

人体疾病除了由机体自身的某些基因表达异常引起外，还可以由外源性基因，也就是病原生物的感染引起。由于不同的外源性基因各有特点，相应病原生物的生活特性也各不相同，不同的病原生物基因引起人类疾病的机制也各有特点。第一，外源性基因通过病原生物的感染进入体内，在人体的特定组织器官表达，病原生物得以生存、繁殖，引起机械或生物学损伤。第二，病原生物基因在人体内大量表达，病原生物大量繁殖，与人体争夺营养物质，造成人体营养物质缺乏，引起疾病。第三，病原生物基因在人体表达，可产生生物毒素作用于人体细胞，使细胞的一些生理功能或代谢异常，引起疾病。第四，一些病原生物的基因还可以整合到人体基因组中，改变一些基因的结构，或改变机体原有基因表达产物的结构和功能，或改变机体原有基因的表达水平，或引起新的异常蛋白的表达，引起疾病的发生。总之，不同的病原生物基因可以通过不同的方式引起疾病。

## 第七节　通过结构、表达及功能分析研究疾病分子机制

一般来讲，疾病的发生是基因和环境因素之间相互作用的结果，但不同的疾病，其发生的分子机制各不相同，有的疾病是由于有关的基因结构发生了改变（即基因突变），有的疾病则是由于有关基因的表达发生了改变。即使是基因表达的改变，也可以由多种原因引起，如可以是基因表达调控系统本身障碍，也可以是其他因素的影响使基因表达调控系统功能异常。针对如此复杂的疾病发生分子机制，对不同的疾病就要采取不同的研究策略。

### 一、基因结构变异分析

基因结构改变即基因突变是人类疾病发生的重要原因之一。对于由基因结构改变引起的疾病，弄清其发病机制的基本策略是突变基因的结构分析，并通过对突变基因的结构分析找到致病突变。主要方法有：核糖核酸酶切分析、杂合双链分析、化学切割错配、酶促切割错配、多元焦磷酸测序法等。

#### （一）核糖核酸酶切分析

核糖核酸酶切（RNase cleavage）分析寻找基因突变位置的基本原理是在一定条件下，异源双链核酸分子 RNA：RNA 或 RNA：DNA 中的错配碱基可被核糖核酸酶（ribonuclease，RNase）识别并切割，通过凝胶电泳分析酶切片段的大小，即可确定错配的位置。根据该原

理，利用含 SP6 或 T7 噬菌体启动子的质粒，在体外合成与野生型 DNA 或 RNA 互补的标记 RNA 探针，将标记探针与待检测 DNA 或 RNA 样品杂交后再用 RNase 处理，形成异源双链核酸分子。如有单碱基错配，就会被 RNase 识别并切割，通过对酶切片段数量和大小的分析就可检测出有无点突变和点突变的位置。可见，RNase 酶切分析仅需一步简便的反应就可确定突变在片段中的位置，且不使用有害化学试剂；但当 RNA 探针上错配的碱基为嘌呤时，RNase 在错配处的切割效率很低甚至不切割，而当错配碱基为嘧啶时，则其切割效率较高，所以如果仅分析被检 DNA 的一条链，突变检出率只有 30%，即使同时分析被检 DNA 的正义和反义两条链，突变的检出率也只能达到 70%；而且该方法还需要制备特异性的 RNA 探针。正是由于这些缺点，使 RNase 酶切分析法在寻找基因突变位置的实际使用中受到一些限制。

## （二）杂合双链分析

杂合双链分析（heteroduplex analysis，HA）检测基因突变基本原理是当有缺失突变的待检 DNA 与野生型 DNA 探针杂交后，形成的异源杂合双链 DNA 在错配处会产生单链的环形突起，而没有突变的待检 DNA 与野生型 DNA 探针杂交后，形成的双链 DNA 则不会产生单链的环形突起，这两种杂交后形成的双链 DNA 在凝胶电泳时会产生不同的迁移率，根据迁移率是否改变就可以判断出待检 DNA 样品有无缺失突变。杂合双链分析方法简单、完成分析所需时间少、能较快获得检测结果；但用 HA 检测缺失突变只适用于 200～300bp 的片段，并且不能确定突变的具体位置，检出率也不是很高，一般只有 80% 左右。

## （三）化学切割错配

化学切割错配（chemical cleavage of mismatch，CCM）的基本原理是：在 DNA：DNA 或 DNA：RNA 异源杂合双链核酸分子中，如发生 C 错配，错配处能被羟胺（hydroxylamine）和哌啶（piperidine）切割；如果发生 T 错配，错配处能被四氧化锇（osmium tetroxide）切割。根据该原理，先用野生型核酸探针与待检核酸样品杂交，再分别用胺、哌啶和四氧化锇处理样本。如果待检核酸样品有突变，杂交核酸分子就会被切割；如果待检核酸样品没有突变，杂交核酸分子就不会被切割。最后，根据处理后的杂交核酸在凝胶电泳谱上片段的数量和大小就能判断待检核酸有无突变、突变的位置和类型。该方法检测突变的准确率很高，只要操作得当，一般不会发生非特异性切割；该方法对基因突变的检出率也很高，如果对正义链和反义链都进行分析，可使检出率达到 100%；如果使用荧光检测系统，还会大大提高该方法的灵敏度，可检测出 10 个细胞中的一个突变细胞；该方法还能对长度达 2kb 的核酸片段进行分析。该方法的缺点是步骤多、费时、要使用有毒化学物质。

## （四）酶促切割错配

酶促切割错配（enzyme mismatch cleavage，EMC）是一种与 RNase 酶切分析相类似的方法，不同的是该方法采用的酶是 T4 核酸内切酶Ⅶ而不是 RNase。T4 核酸内切酶Ⅶ能够识别 12 种错配的碱基并在错配碱基的附近进行酶切，根据该酶的这一特性，将核酸探针与待检核酸分子杂交，如果待检核酸分子有点突变，杂交形成的异源核酸分子就会有错配产生，这种错配就会被 T4 核酸内切酶Ⅶ识别并在错配附近对异源核酸分子进行酶切。最后，根据酶切处理后的异源核酸分子片段的数量和大小判断出被检核酸分子有无突变。该方法的优点是能对 DNA：DNA 异源杂合分子进行分析，因而可以省去体外转录的步骤；最长检测片段可达到 1.5kb。该方法的缺点是会产生非特异性切割，对有些错配碱基的识别也不是 100%，所以用该方法检测基因突变必须设内对照。

### （五）多元焦磷酸测序法

多元焦磷酸测序是在焦磷酸测序的基础上发展起来的一种检测 SNP 的方法。其原理为：PCR 扩增 DNA，扩增产物变性成单链后与一小段测序引物结合。测序时依次加入 4 种不同的 dNTP，当加入的 dNTP 的碱基与模板互补时，则发生延伸反应，释放出等摩尔量的焦磷酸，反应系统内的硫酸化酶将焦磷酸转化成 ATP，ATP 激活荧光素酶发出荧光。产生的荧光强度与结合的碱基成正比；如果加入的碱基与模板不互补，则无荧光产生，以此来测定引物后的碱基序列。该方法通过测序直接获取目的片段的碱基序列，通过序列间的比较直观有效地获得 SNP，检出率高达 100%。该方法还可以直接确定 SNP 的种类及其准确位置，因此是最常规的检测方法。但它也存在着一些问题，如步骤多、测序峰值会产生误差、成本较高等，目前该方法已实现自动化，检测时间短、适合于高通量的 SNP 精确检测，还可以对突变点定量检测。

### （六）基因芯片与高通量测序技术检测基因突变

人类基因组计划等研究对人类基因组序列进行了测序，标志着宏基因组时代的到来。传统测序方法成本高、操作复杂、效率低下，难以满足遗传学、生物化学等领域的研究需求。因此，快速、高效、特异性高、敏感性好、高度自动化的基因芯片技术和高通量测序技术先后诞生。这两种测序方法协助科学家们对各种动物、植物、微生物完成了基因组序列的测序，极大地推动了后基因组学的发展。

基因芯片核心技术的原理与核酸印记杂交原理类似，都是利用是碱基互补配对原则。基因芯片所使用的固相载体上，会预先以一定顺序和密度固定 DNA 或寡核苷酸探针。随后，该载体与被放射性元素或荧光染料标记过的待检测核酸分子进行杂交，通过检测杂交信号，一次性获得大量基因数据的信息，再通过计算机对信息进行分析，完成对目标基因的检测。现在商业化的基因芯片通常采用原位合成法和点样法进行生产。原位合成法首先定位载体上的探针顺序和位置，再原位合成不同的探针。点样法则先人工合成探针，再固定在载体上。

根据研究目的的不同，基因芯片上固定的探针可以进行特殊化设计。例如，目前的基因芯片已经有特异性针对 SNP 检测的 SNP 基因芯片和针对 DNA 甲基化检测的 DNA 甲基化基因芯片，可以满足基础医学、临床医学等领域对生物序列突变的分析。以出生缺陷的诊断为例，现在的产前诊断中常规使用的超声检查无法检出胎儿的染色体异常，且易受医生经验、胎儿位置、产妇羊水状况等因素的影响。而基因芯片技术可以通过检测羊水或绒毛细胞样本，分析胎儿染色体的基因片段缺失、重排等情况，提高产前诊断的准确性。另外，采用基因芯片对微生物进行测序，可以检出致病细菌的基因变异情况，帮助临床医生对细菌耐药等情况进行判断，为患者进行更个性化的治疗方案。

高通量测序（high-throughput sequencing，HTS）技术又称二代测序技术（next-generation sequencing，NGS），是一种能同时对百万个核酸分子进行测序的测序技术。随着高通量测序技术的运用，实现了全基因组测序、全外显子测序、靶向测序和 RNA 测序等。高通量测序技术的主流技术之一是 Solexa 聚合酶合成测序法。先将基因组 DNA 的随机片段固定在测序芯片的表面，然后对这些随机片段进行原位扩增，形成 DNA 簇，再利用荧光标记过的脱氧核糖核苷酸（dNTP），对待测样本进行可逆性终止的边合成边测序。上述步骤的具体过程如下：在测序过程中，首先将待测基因组制备长度为 200～500bp 的 DNA 文库；文库中的 DNA 片段随机吸附在芯片表面后通过桥式 PCR 扩增放大检测信号强度。在扩增的过程中，每次合成只能在序列上添加 1 个带有荧光标记的碱基，其余 dNTP 会被洗去后才能进入下一次合成；当合成完成，合成链上带有荧光标记的 dNTP 的荧光信号会被激发，通过仪器检测记录；最后，计算机能够将检测到的光学信号转化为碱基序列的信息。由于成本低、效率高、高度自动化等优点，Solexa 的应用几乎覆盖了目前基因组学相关研究的各个方面，包括对基因突变的检测。

　　除了在高度重复序列进行多态性分析中的出色表现，高通量测序技术在 DNA 甲基化检测中也有十分重要的地位。与传统的亚硫酸盐法相比，使用高通量测序技术所获得的甲基化序列信息更加完整，效率也更高。另外，高通量测序技术也帮助科学家筛选单基因遗传疾病和多基因遗传疾病的风险基因突变，推动了疾病的预防、诊断和治疗。

　　能用于核酸结构分析并检测基因突变的方法还很多，如限制性片段长度多态性分析、特异性寡核苷酸探针斑点杂交、反相点杂交分析、单链构象多态性分析、变性梯度凝胶电泳分析、甲基化特异性 PCR、DNA 芯片技术、实时荧光 PCR 技术、质谱法、变性高效液相色谱法等，具体内容请参见本书的相关章节。

## 二、基因表达水平分析

　　在不同的生长时期、在个体的发育与分化的不同阶段、在生物体对疾病的反应及不同的环境下，基因的表达水平都是不同的，这就是基因的差异表达（differential expression）。因此，从分子生物学的角度讲，人类疾病发生的另一个重要的原因是基因表达水平的改变，而且这种表达水平的改变涉及的往往不是单基因，而是多个基因，即一些相关基因的表达增强，另一些相关基因的表达降低，导致由其编码蛋白组成的代谢及其调节系统功能异常，并最终引起疾病的发生。对于这样的疾病，通过基因表达水平分析找到正常与疾病状态下的差异表达基因，从而确定其在疾病发生中的作用，是阐明疾病发生分子机制的关键步骤。基因表达分析的主要方法包括 Northern 印迹杂交法、抑制性差减杂交技术、差异显示技术、定量 RT-PCR、基因表达芯片、基因表达系列分析技术等，在这里主要讨论差异显示技术、抑制性差减杂交技术和基因表达系列分析技术，其余技术请参见本书的相关章节。

### （一）差异显示技术

　　差异显示（differential display，DD）技术是目前筛选差异表达基因、确定基因在疾病发生中的作用的最有效方法之一。该技术自 1992 年由 Liang 和 Pardee 建立以来，已经从乳腺癌、胃癌、肝癌、骨肉瘤、前列腺肿瘤、血液病等多种疾病的分子遗传学研究中找出一些肿瘤和疾病相关的基因，显示出广阔的应用前景。

　　如图 11-4 所示，mRNA 差异显示技术是基于 RT-PCR 原理而建立起来的。图 11-4 中虚线代表 RNA；实线代表 DNA；M 表示 A、C、G（简并）；N 可以是 A、C、G、T。凝胶图谱表示用一套引物对正常和疾病组织 mRNA 的 RT-PCR 扩增结果，箭头所示为差异 cDNA。先将正常和疾病状态细胞内的 mRNA 或总 RNA 抽提出来，分别反转录成 cDNA，然后用

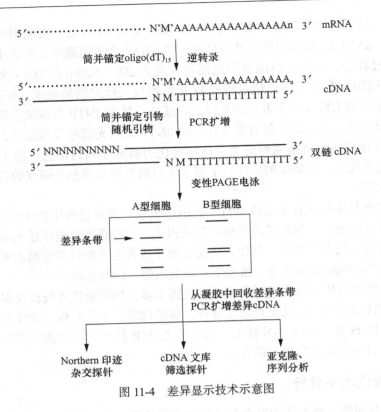

图 11-4　差异显示技术示意图

PCR 随机扩增。由于用于 PCR 扩增的一条引物为 oligo（dT），能与 mRNA 3′端 poly A 结合；另一条引物为随机引物，能与 mRNA 5′端的互补核苷酸序列结合，经过 RT-PCR 扩增后，能将组织中的 mRNA 反转录成 cDNA 并扩增。将扩增产物在测序凝胶上电泳后，比较正常与疾病状态扩增产物的条带，就能找到在疾病细胞中表达、在正常细胞中不表达基因的 cDNA 片段，也能找到在疾病细胞中不表达、在正常细胞中表达基因的 cDNA 片段。从凝胶中回收差异 cDNA 片段，经扩增后作为探针，在 cDNA 文库或基因组 DNA 文库中筛选到相关基因，从而确定这些基因在疾病发生中的作用。

　　采用差异显示技术确定基因在疾病发生中的作用具有明显的优越性：①简单易行。该方法主要依靠的技术有两种，PCR 和 DNA 测序凝胶电泳，而这两种技术都是非常成熟的。②灵敏度高。用 RNA 差异显示技术，只需要 20μg 细胞总 RNA，而差减法则需要至少 200μg 细胞总 RNA。③重复性好。90%～95% 的 mRNA 可以被重复显示。④多能性。一次实验可以比较很多个不同的种类、不同状态的组织细胞，还可以进行细胞间的双向比较，所以不仅能显示如癌基因的表达，也可以检测到诸如抑癌基因一类基因的表达。⑤快速。应用该方法，两天之内可以检出 mRNA 的差异，从重新扩增到 Northern 印迹杂交一般只需一周时间。而且，这一方法从头至尾都可以监测进行情况，而不像其他方法要到最后才能知道系统是否工作。

　　但 mRNA 差异显示也存在明显的缺点。首先是所获得结果的假阳性率较高，一般在 70% 以上；其次是反转录所获得的 cDNA 绝大部分仅是 mRNA 3′端非翻译区的片段，要获得 mRNA 翻译区需要进行费时的 cDNA 文库筛选。为了消除假阳性，增加重复性与敏感性，往往需要对差异显示的各种因素和条件进行优化。

（二）抑制性差减杂交技术

从 mRNA 入手的传统差异基因筛选方法，包括 mRNA 差异显示，虽然能够筛选到差异表达基因并确定基因在疾病发生中的作用，但都不同程度地存在着对低丰度 mRNA 的富集效率低、费时费力、假阳性高等缺点。因此，人们在筛选差异表达基因过程中，不断地在对这些方法进行改进。经 Clontech 公司、加州大学旧金山分校和俄罗斯科学院合作研究，Diatchenko 等于 1996 首次报道了抑制性差减杂交（suppression subtractive hybridization，SSH）技术，该技术根据抑制性 PCR 和消减杂交技术的基本原理，利用两种接头，选择性扩增差异表达的 cDNA 片段，抑制非差异表达片段的扩增，使差异表达基因的筛选灵敏度更高，能够筛选到低丰度 mRNA 的差异表达基因，并达到快速分离差异基因的效果。该方法具有简便易行、周期短、假阳性率低、特异性高、重复性好等优点，是目前分离差异表达基因最常用的方法之一，对确定基因在疾病发生中的作用具有重要的价值。

（三）基因表达系列分析

基因表达系列分析（serial analysis of gene expression，SAGE）以转录本（cDNA）上特定区域的 9～11bp 特异寡核苷酸序列作为标签（tag），并用该标签来特异地代表该转录本。用连接酶随机串联多个标签（20～60 个），并克隆到载体中，建立 SAGE 文库。特定的序列标签的出现次数就反映了对应基因的表达丰度。通过对标签的序列分析，获得基因转录的分布及表达丰度（尤其可检测到低丰度表达的基因），从而充分了解基因转录组的全貌。可见，SAGE 的基础是能特异代表转录本，并含有足够信息的标签。

SAGE 的基本过程是先用生物素标记的引物将 mRNA 反转录为 cDNA，然后将双链 cDNA 用限制酶消化。这时使用的限制酶通常被称作锚定酶（anchoring enzyme，AE），一般采用具有 4bp 识别位点的 Nla Ⅲ。消化后的 cDNA 通过生物素与抗生物素蛋白结合进行分离，得到的 cDNA 片段分成两组并分别与接头 A 和接头 B 连接。接头 A 和 B 分别含有能被 PCR 引物 A 和 B 的识别序列。用 T4 DNA 连接酶连接 cDNA 片段，形成两端分别带有连接子 A、B 的标签二聚体。用引物 A 和 B 扩增标签二聚体并纯化 PCR 产物，锚定酶 Nla Ⅲ 切除连接子 A、B，分离纯化标签二聚体，将其连接成标签二聚体的串联体，最后将串联体克隆到载体上，经扩增后进行 DNA 序列测定。分析序列测定结果，一种标签的丰度即反映该标签所代表的转录本的转录水平。用这种方法分析疾病组织，可获得疾病情况下该组织基因表达的全貌；经过与正常组织的对照分析，就能确定基因在疾病发生中的作用，还能发现未知的疾病基因或疾病相关基因。可见，SAGE 在疾病基因或疾病相关基因的表达研究中具有广阔的应用前景，尤其在正常组织、癌旁组织、癌组织中基因的差异表达研究方面具有独特优点，有助于发现肿瘤特异基因。

（四）微阵列分析

微阵列（microarray）是近年来发展起来的可用于大规模快速检测基因差异表达、基因组表达谱、DNA 序列多态性、致病基因或疾病相关基因的一项研究基因功能的新技术，具有高通量分析的优点。采用微阵列分析，可以进行 DNA 或 RNA 表达水平的高效快速检测。微阵列分析包括 cDNA 微阵列（cDNA microarray）和 DNA 芯片。其原理是将成千上万条

DNA 片段［cDNA、表达序列标签（expressed sequence tag，EST）或特异的寡核苷酸片段］
按横行纵列方式有序点样在固相支持物上。固相支持物为硝基纤维膜或尼龙膜时称为微阵
列，固相支持物为玻片或硅片时所形成的微阵列称为 DNA 芯片。检测时，先用来自不同生
理状态和发育阶段的 mRNA 作为模板，以放射性同位素或荧光标记的 dNTP 为底物反转录
合成 cDNA，再用所得 cDNA 与微阵列或 DNA 芯片进行杂交，然后通过计算机对结果进行
判读和处理，从而判断待测样品中基因是否存在或者存在多少。微阵列分析打破了以往"一
种疾病一个基因"的研究模式，通过对个体在不同生长发育阶段或不同生理状态下大量基因
表达的平行分析，研究相应基因在生物体内的功能，阐明不同层次多基因协同作用的机制，
已成为后基因组时代生命科学研究强有力的工具。

### 三、基因功能研究

　　基因功能研究是确定其在疾病发生中作用的重要手段之一，只有弄清了基因的生物学功
能，才能明确基因在疾病发生中的具体作用、弄清疾病发生的分子机制。因此，要真正弄清
基因在疾病发生中的作用，就必须进行基因功能研究；也只有在完成了基因功能研究并弄清
了生物学功能之后，才能真正确定基因在疾病中的作用。因此，基因功能研究成了整个生命
科学研究的热点。随着分子生物学技术的不断发展，基因功能的分析方法也日趋成熟和多样
化，常用的基因功能分析策略包括转基因技术、基因敲除技术、反义技术、核酶技术、RNA
干扰技术、基因诱导超表达技术和基因诱捕技术等。

（一）转基因技术

　　转基因技术（transgenic technique）是将人工分离和修饰过的外源基因导入培养细胞和
（或）生物体内，通过导入基因的表达改变细胞或生物体的性状，形成性状的可遗传性修饰。
通过对这些性状改变的分析，就能了解导入基因的生物学功能。因而，转基因技术是揭示人
类遗传病、肿瘤、心血管疾病、感染性疾病、神经及免疫系统等疾病发生的分子机制，确定
基因在疾病发生中作用的重要手段之一。用大鼠弹力蛋白酶Ⅰ基因的增强子与激活的 *H-ras*
基因重组成融合基因并导入小鼠，制备的转基因小鼠几乎 100% 都产生胰腺癌。这种方法直
接证明了原癌基因的突变是肿瘤发生的重要原因。

　　用转基因技术研究基因的功能或确定基因在疾病中的作用可以在细胞水平进行，也可以
通过转基因动物在整体水平进行，基本策略都是细胞的基因转染。当在细胞水平进行时，采
用外源基因转染体外培养细胞，通过转染后培养细胞的性状改变判断转染基因的生物学功能
或在疾病发生中的作用。当在整体水平，如小鼠中进行时，则是用外源基因转染受精卵细
胞，使之与小鼠胚胎的基因组发生整合，从而使转染基因在小鼠体内表达，通过转基因小鼠
的性状改变判断转染基因的生物学功能或在疾病发生中的作用。

　　转染基因包括质粒 DNA、RNA 和寡核苷酸。转染分为瞬时转染和稳定转染。瞬时转染
将外源基因导入宿主细胞核内但不整合到染色体中；稳定转染不仅将外源基因导入宿主细胞
核内，还将其整合到宿主细胞的染色体中或形成附加体。转染的方法有物理方法（如电穿
孔法）、化学方法（如磷酸钙法、阳离子脂质体法、非脂质体脂类法）和生物学方法（如反
转录病毒等病毒介导法）。非脂质体脂类转染试剂对一些细胞的毒性比一般阳离子脂质体的
要小，可提高转染效率和扩大使用细胞的范围。影响转染效率的因素较多，如培养细胞的密

度、核酸（外源基因）的用量、核酸与转染试剂的比例、转染时间、转染后培养时间等；所以，要获得理想的转染效率，通常要对这些转染条件进行优化。还有一些因素也会影响转染，包括以下几个方面：①细胞培养物，如细胞培养代数、培养基种类、培养基中血清的含量等；②载体，包括载体大小及形式（超螺旋或线性）；③导入基因，包括其核酸的纯度、杂质的种类及含量；④转染方法，不同的转染方法在不同的细胞有不同的转染效率。

（二）基因敲除技术

基因敲除（gene knockout）又被称为基因打靶（gene targeting），是一种通过外源 DNA 与染色体 DNA 之间的同源重组、精细地定点修饰和改造染色体基因片段的技术。基因敲除是在胚胎干细胞技术和同源重组技术基础上发展起来的一门新兴生物技术，具有位点专一性强、打靶后目的片段可以与染色体 DNA 共同稳定遗传的特点，不仅是一种较理想的改造生物遗传物质的实验方法，也是研究基因的功能、确定基因在疾病发生中的作用最直接和最有效的方法之一。

基因敲除最常使用的细胞是小鼠胚胎干细胞（embryonic stem cell，ES 细胞），因为 ES 细胞在体外有白血病抑制因子（LIF）的条件下培养，可增殖并维持多潜能未分化状态，具备发育成胚系各种组织的能力。基因敲除的基础是要构建打靶载体，其中含有与待敲除的目标基因高度同源的外源基因，它通常是两端与目的基因同源的突变或缺失外源 DNA 序列。用转染的方法将重组载体导入 ES 细胞中，使之与 ES 细胞染色体上的靶基因发生同源重组，把突变或缺失的外源基因置换到 ES 细胞中，从而使内源性目的基因的转录子中断，阻断 ES 细胞中目标基因的表达。从表达的角度讲，这个目标基因就被剔除了。转染 ES 细胞后，通过外源基因上的筛选标记筛选出发生同源重组的 ES 细胞并将其在体外扩增，再将带有此 ES 细胞的囊胚移植到假孕鼠的子宫内，使之发育成一个嵌合体。然后将这些 ES 细胞植入假孕小鼠的子宫内，产生 $F_1$ 代嵌合鼠，$F_1$ 代小鼠互相交配就可能产生杂合子和纯合子基因敲除小鼠。研究杂合子和纯合子基因敲除小鼠的表型改变，就能了解敲除的目的基因的功能，确定目的基因在疾病发生中的作用。例如，小鼠是一种对动脉粥样硬化有抗性的动物，当把小鼠的载脂蛋白（apo E）基因敲除后，纯合子 apo E 基因敲除小鼠用普通饲料或脂肪含量稍高的饲料喂养 2～3 月，血浆残粒脂蛋白胆固醇含量大大升高，主动脉和冠状动脉出现明显的动脉粥样硬化斑块，从而证实了 apo E 促进残粒脂蛋白代谢、抗动脉粥样硬化的作用。

基因敲除技术在模拟基因相关病变和确定基因在相应疾病中的作用中有着不可替代的作用。基因敲除技术本身也在不断改进、完善和发展，已由简单的完全敲除发展到条件敲除，并朝着特定组织基因敲除、特定时间基因敲除的可调控敲除方向发展。可以预见，基因敲除技术将在基因的功能研究和确定基因在疾病发生中作用的研究中发挥越来越重要的作用。当然，基因敲除技术也还存在一些不足，主要表现在：①操作复杂，实验周期长，费用昂贵。②存在基因不完全敲除（incomplete knockout）而导致泄漏突变（leaky mutation）。在基因敲除过程中，被阻断表达的只是染色体中靶基因的某一个或几个外显子，而不是该基因的全部编码区，残留的编码序列可能获得新的未知功能，给表型分析带来麻烦。③基因敲除过程中的染色体片段破坏会导致其他基因的编码区或调控元件破坏。④基因的冗余和代偿机制也会给表型分析带来很大困难。⑤同一个打靶载体在不同遗传背景下进行基因敲除获得的表型会有很大差异。

（三）反义技术

反义技术（antisense technique）是根据碱基互补原理，用人工或生物合成特异的互补 DNA 或 RNA 片段（反义核酸），使之能特异地与目的核酸片段互补结合，从而特异地抑制甚至阻断目的基因的表达的一种技术。根据所采用的反义核酸的不同，反义技术又可分为反义寡核苷酸技术、反义 RNA 技术等。

**1. 反义寡核苷酸（antisense oligonuleotide，ASON）技术**　　反义寡核苷酸技术根据碱基互补结合原理，人工或生物合成与目的 DNA 或 RNA 互补的寡核苷酸，将其导入细胞后与细胞内目的 DNA 或 RNA 特异地结合，从而抑制甚至阻断目的基因的表达或目的 RNA 的翻译，达到人工调控表达基因的目的。目的基因被抑制后会发生表型的变化，通过表型改变的分析，就能了解被抑制基因的功能，确定其在相关疾病发生中的作用。

ASON 主要通过以下几种机制抑制或阻断目的基因的表达：①通过与染色体 DNA 的互补结合，ASON 掺入基因组特异区域并形成三股螺旋 DNA（triplex DNA）或 D 环（D-loop）结构，或通过对转录因子的套圈作用，封闭目的基因，使目的基因不能被复制，也不能被转录成 RNA。这样，目的基因的表达就被抑制或被阻断。② ASON 进入细胞后，与细胞内目的 mRNA 互补结合，形成 DNA·RNA 具有双链结构的异源杂交体。这种杂交体一旦形成，就能激活细胞内固有的核糖核酸酶 H（RNase H），激活的 RNase H 特异地降解杂交体中的 mRNA，阻止 mRNA 被翻译成蛋白质，从翻译水平上阻断相应基因的表达。③ ASON 能与核内不均一 RNA（hnRNA）互补结合，使其不能被正确地剪切，阻断 mRNA 的成熟，相应的基因在转录后不能被翻译成蛋白质，基因的表达被阻断。④ ASON 能与核糖体 rRNA 的 mRNA 结合位点互补结合，阻止 mRNA 与 rRNA 结合，进而阻止蛋白质翻译的正确启动，相应基因的表达就会被阻断。⑤真核细胞 RNA 转录完成后需经过转录后修饰并移至细胞质的特定部位才能被翻译。特异的 ASON 与 mRNA 互补结合后能阻止其进入正确的翻译部位，mRNA 不能被翻译成蛋白质，相应基因的表达被阻断。

人们经过精确的计算发现，用 4 种碱基随机组合成在人类基因组中不重复的核苷酸序列需要的单核苷酸数目平均为 13 个，因此从理论上来说，设计合成的特异 ASON，如果其长度在 15（一般为 15～20）个碱基以上，就能作用于人类基因组中特定的单个基因靶点。因此 ASON 技术具有与靶序列互补性很强、高精确度、高效率和应用范围广等优点，特别是计算机辅助设计应用于 ASON 设计后，更是大大地提高了 ASON 技术的效率。

由于 ASON 进入机体或细胞后很容易被降解，为提高其稳定性、延长其半衰期，在实际运用过程中往往要对 ASON 进行修饰。例如，将 ASON 磷酸骨架上的氧用硫原子或乙基、甲基代替，形成硫化、乙基化、甲基化的反义寡核苷酸，是第一代修饰方式，其中以硫化修饰使用最多。修饰后的 ASON 虽然增加了稳定性、延长了其半衰期，但也同时增加了其细胞毒性，还降低了其细胞吸收率。为克服第一代修饰方式的缺点，产生了第二代修饰方式，即使用混合骨架反义寡核苷酸（mixed-backbone oligonucleotide，MBO）。MBO 中含有多种类型的骨架形式，不仅保持了核酸酶抗性、增加了稳定性，而且具有很好的目的序列杂交特异性和较低的毒副作用。近年来发现，以 2-氨基乙基甘氨酸为基本骨架的多肽链是一种核酸类似物，每个氨基酸残基间由酰胺键连接到多肽骨架上，碱基通过亚甲基羰基连接到多肽骨架上。与核酸不同的是，这种多肽链不含任何戊糖或磷酸成分，而是以酰胺键连接骨架取代核酸中以磷酸二酯键连接骨架。由于这种多肽链能与 RNA 或 DNA 互补结合形成稳定的多肽链：DNA 或 RNA 杂合链，所以这种多肽链被称为肽核酸（peptide nucleic acid，PNA）。PNA 具有较强的蛋白酶、核酸酶抗性，在机体内或细胞中具有较强的稳定性，当它与 DNA 或 RNA 结合后，能阻止其转录或翻译，从而阻断相应基因的表达，是较好的反义抑制剂，被称为第三代反义核酸。

**2. 反义 RNA（antisense RNA）技术**　　反义 RNA 是一类自身没有编码功能，但能通过配对碱基间氢键与目的 RNA，特别是 mRNA 的特定区域互补结合，抑制目的 RNA 功能、调控相应基因表达的小分子 RNA。反义 RNA 技术就是采用反义 RNA 抑制目的基因表达，然后通过表型改变的分析，探讨目的基因的功能及其在疾病发生中的作用的一种研究手段。在实际操作过程中，该技术采用自然存在或人工合成的反义 RNA，通过基因重组技术将其反向插入适当的表达载体，构建成重组表达载体，然后用该反义 RNA 表达载体转染受体细胞，转染成功的受体细胞就会表达该反向插入序列，产生大量反义 RNA。这些反义 RNA 就会与目的 mRNA 的特异序列互补结合，阻止其翻译成蛋白质，相应基因的表达被抑制。

事实上，反义 RNA 的抑制作用并不仅仅限于翻译水平，它能在复制、转录、转录后和翻译等多个水平上发挥抑制作用。在复制水平上，反义 RNA 可以作为 DNA 复制的抑制因子，与引物 RNA 结合或作用于引物前体，阻止引物与 DNA 结合，通过抑制复制的起始从而抑制 DNA 复制。在转录水平上及转录后加工过程中，除阻止特定基因的转录外，反义 RNA 能与 mRNA 5′端互补结合，阻断帽子结构形成；也可作用于外显子和内含子的连接区，阻止 mRNA 前体的剪接；还可以作用于 poly A 形成位点，使 mRNA 的成熟及其向细胞质转运的过程不能顺利进行，阻止 mRNA 的成熟和向细胞质转运，这些都能从转录及转录后水平抑制相应的表达。在翻译水平上，反义 RNA 可直接与 mRNA 的 SD 序列（Shine-Dalgarno sequence）或编码区（如 AUG）结合，直接阻止核糖体与 mRNA 的正常结合，使 mRNA 不能翻译成蛋白质；也可以与 mRNA 在 SD 序列配对形成复合体或在互补区段结合形成 RNA-RNA 双链结构，阻止翻译过程的进行。可见，反义 RNA 的作用机制比较复杂，它对基因表达在多水平、多作用点发挥抑制作用。

在反义 RNA 技术中，针对目的 mRNA 设计并合成人工反义 RNA 是其关键环节之一，选择目的 mRNA 特异靶序列是设计高效、特异反义 RNA 的第一步。一般认为，在原核细胞中，反义 RNA 针对目的 mRNA 的 SD 序列和 AUG 区域比针对编码区有更强的抑制作用；而针对编码序列不同区域的反义 RNA，其抑制程度的差别比较大。在真核系统中，靶序列的选择较复杂，可根据目的 mRNA 的特点，选择针对其不同区域的反义 RNA。针对 mRNA 前体 5′端的反义 RNA 能阻止加"帽"反应及翻译；针对外显子-内含子交界区域的反义 RNA 能阻止剪接；针对 3′端的反义 RNA 能阻止 mRNA 的加尾作用，并阻止 mRNA 由细胞核内向细胞质转运；针对编码区的反义 RNA 能直接阻止核糖体与 mRNA 的结合与翻译的延伸过程。通过这些反义 RNA 能抑制目的 mRNA 的基因表达、翻译成蛋白质。蛋白质合成被阻断后，就会产生相应的表型改变。分析这些表型改变，就能确定被抑制基因在疾病发生中的作用。

（四）核酶（ribozyme）技术

1981 年，Cech 等发现四膜虫 rRNA 前体具有自剪接（self-splicing）功能，这是一种分子内通过自我催化完成的剪接反应；1986 年，Cech 等又发现该 rRNA 前体的内含子能催化分子间反应。在这期间，S. Altman 等也有类似发现。至 20 世纪 80 年代初，自然界 RNA 的催化功能不断被发现，包括不同来源的不同内含子所具有的自剪接功能、在类病毒和拟病毒中发现的 RNA 自剪切（self-cleavage）功能。后来，人们采用体外转录方法得到一些具有催化活性的 RNA，并测得其酶促反应动力学参数。可见核酶就是具有生物催化活性的 RNA，能按碱基互补原理识别特定核苷酸序列并特异地剪切底物 RNA 分子。

　　根据分子大小核酶可以分成大分子核酶和小分子核酶两类。大分子核酶包括第一型内含子（group I intron）、第二型内含子（group II intron）和核糖核酸酶 P 的 RNA 亚基，它们都是由几百到几千个核苷酸组成的结构复杂的大分子。小分子核酶可按结构分为多种，其中包括锤头形（hammer head）、发夹形（hairpin）、肝炎病毒 D（hepatitis delta virus）和 VS 核酶（Varkud satellite ribozyme），其大小多在 35～155 个核苷酸。

　　由于核酶能识别目的 RNA 的特定序列并使 RNA 降解而无法进行转录和翻译，所以核酶是一种具有催化活性的特殊反义 RNA，用核酶抑制基因表达的核酶技术是研究基因的功能及其在疾病发生中作用的一种有效手段。在核酶技术的应用过程中，一般都采用小分子核酶。由于其底物的碱基配对特异性，核酶与底物结合常形成"发夹"结构或"锤头"结构。由于锤头核酶的结构最为简单，易于人工设计，对其进行的研究也最多，所以应用最广；其次是发夹核酶，因为其催化效率较高，受金属离子和 pH 变动的影响也较小。在实际应用过程中，根据核酶的结构特点和目的 RNA 的特异序列特征，设计并合成针对目的 RNA 特异序列核酶的基因，构建表达载体，然后将其导入细胞。核酶基因就会表达产生核酶，通过特异序列识别并降解目的 RNA，使其不能翻译成蛋白质，相应基因的表达被抑制。

## （五）RNA 干扰技术

　　RNA 干扰（RNA interference，RNAi）是指由双链 RNA 分子介导的、特异的 mRNA 降解，导致转录后基因沉默（post-transcriptional gene silencing，PTGS）现象，广泛存在大肠杆菌、真菌、线虫、果蝇、植物、动物卵和哺乳动物等细胞中，是生物在长期进化过程中形成的抵御外来核酸入侵和抑制转座子诱导基因组 DNA 突变的重要途径。因为外源核酸的引入可能使宿主细胞基因组或细胞内平衡机制遭受致命破坏，所以基因沉默使宿主将外源核酸作为对自身有害的序列而将其降解，阻止外源核酸在宿主细胞内发挥毒性作用。这种降解作用具有很强的序列特异性，能有效地保持宿主细胞基因组的完整性。

　　RNAi 过程可分为起始和效应两个阶段。在起始阶段，dsRNA 被 dsRNA 特异性核酸内切酶（dsRNA-specific endonuclease）——Dicer 切割为 21～25 个核苷酸的小干扰 RNA（small interfering RNA，siRNA）。Dicer 是 RNA 酶III的家族成员，能特异识别双链 RNA，将其降解成 5′端为磷酸基、3′端为羟基，并有 2 个核苷酸突出的 siRNA。siRNA 是启动 RNAi 所必需的，其启动 RNAi 能力受 siRNA 大小的影响，21～23 个核苷酸的 siRNA 启动 RNAi 的能力最强，因为这种大小的 RNA 片段识别同源互补序列的特异性最佳；siRNA 的长度过短，会减弱其特异性；siRNA 的长度过长，容易引起靶序列的不完全匹配，扩大 siRNA 的目标范围。研究发现，siRNA 并不全都直接来自 dsRNA 的裂解，有一部分来自以 dsRNA 裂解产生的 siRNA 为模板、由依赖于 RNA 的 RNA 聚合酶（RNA-dependent RNA polymerase，RDRP）催化的链式扩增反应。由这部分 siRNA 诱发的 RNAi，不仅能使 RNAi 作用更加持久，还能使 RNAi 作用得到加强。在效应阶段，siRNA 与螺旋酶、特定的核酸内切酶等结合在一起形成 RNA 诱导沉默复合体（RNA-induced silencing complex，RISC）。该复合物形成以后，会使 RISC 中的 siRNA 变性，双链解开，卸下正义链，反义链仍保留在 RISC 上，并按碱基互补原则识别目的 mRNA 的互补序列，通过反义链与目的 mRNA 互补序列的结合，将 RISC 与目的 mRNA 结合在一起。这时，RISC 中的核酸内切酶就会在与 siRNA 引导链中心对应的位置将目的 mRNA 裂解，使目的 mRNA 失去指导蛋白质合成的活性，从翻译水平上阻断相应基因的表达。

　　利用上述原理，可以将 RNAi 作为一种技术，用来研究基因的功能及其在疾病发生中的作用。先根据目的基因（mRNA）的结构特点设计 siRNA，并将其导入细胞。进入细胞的 siRNA 就会启动 RNAi，目的基因的 mRNA 被降解，相应基因的表达被阻断并产生相应的表型改变。分析表达阻断前后的表型变化，就能了解目的基因的功能，确定目的基因在疾病发生中的作用。向细胞内引入 siRNA 的方法有两种：一种是设计并合成目的 mRNA 特异的 siRNA，并将其直接引入细胞，或用一种小分子发卡结构 RNA（small hairpin RNA，shRNA）转染到细胞，shRNA 在细胞中会自动被加工成为 siRNA；另一种是构建特定的 siRNA 表达载体，通过质粒在体内表达产生 siRNA。

（六）基因诱导超表达技术

　　基因诱导超表达技术是将目的基因全长序列与高活性启动子或组织特异性启动子融合，经过转化后，在诱导剂的作用下或在特定的组织细胞中，目的基因超表达，相应的基因表达产物大量积累。基因诱导超表达技术实现了基因在时间、空间、数量上的有效人工调节。因为在没有诱导的条件下，基因不表达或不能表达产生具有生物活性的产物，不会干扰生物的正常生长发育，也不会导致多重效应。当在给予诱导剂进行诱导后，目的基因迅速高效表达，产生大量具有生物活性的表达产物，或目的基因表达产物被迅速激活，并在一定时间保持稳定，引起相应的表型变化。比较加入诱导剂前后的表型变化，就能了解目的基因的功能、确定目的基因在疾病发生中的作用。

（七）基因诱捕技术

　　基因诱捕技术是近几年发展起来的研究基因功能的新技术，是基因打靶技术的进一步发展。基因诱捕技术的基本原理是通过物理、化学、生物等方法，将带有外源基因的载体导入细胞中，使内源基因突变，并在被诱捕序列启动子的转录控制下表达插入的报告基因（常为新霉素或半乳糖苷酶基因）以鉴定突变。无启动子、增强子的报告基因在细胞中通过同源重组得到重组子后，分析不同发育阶段、不同组织器官中报告基因的表达情况，可以研究重组部分内源基因的表达特性。基因诱捕载体在整合位点可利用内源基因调控元件模仿内源基因表达，使其表达终止，从而可以阐明内源基因的功能，因此广泛应用于基因功能的研究。

（林　佳　方定志）

# 第十二章　基因诊断的原理与应用

随着分子生物学理论与技术的发展，人们对基因结构与功能及基因表达与调控等问题的阐明，以及诊断技术不断改进、更新和应用，基因诊断（gene diagnosis）已成为现代医学诊断学的一个重要分支。它在许多重大疾病的早期诊断、鉴别诊断、分期分型、疗效判断、预测预后等方面发挥了重要作用，显示出独特优势。目前基因诊断的内容也从早期的单一诊断遗传性疾病发展到一个全新的阶段，广泛应用于产前诊断、感染性疾病、流行病学调查、肿瘤学、食品卫生检验、法医学等多个领域。

## 第一节　基因诊断学基础

1976 年美国加州大学旧金山分校的华裔科学家 Y. M. Kan 采用 DNA 分子杂交技术，在世界上首次完成了对 α-地中海贫血（又称为珠蛋白生成障碍性贫血）的基因诊断，开辟了基因诊断的新纪元。随着科学技术的发展，基因诊断技术已取得了长足发展，并逐步走向成熟。

### 一、基因诊断的概念及特点

所谓基因诊断，是用分子生物学的理论和技术，通过检测基因及基因表达产物的存在状态，对人体疾病做出诊断的方法。基因诊断检测的目标分子是 DNA、RNA 或者蛋白质。检测的基因有内源性（即机体自身基因）和外源性（如病毒、细菌等）两种，前者用于检测基因及基因表达有无缺陷，后者用于检测有无病原体感染。

疾病的发生、发展过程中都存在基因结构和表达水平的改变。遗传性疾病主要是由于患者某种基因的突变，造成其体内相应的蛋白质不能执行正常功能而表现的疾病。例如，α-和β-珠蛋白生成障碍性贫血症就是由于患者的 α-和 β-珠蛋白基因的突变，不能正常表达珠蛋白，进而导致红细胞的数量和质量发生变化而表现出贫血症。遗传性相关疾病是一类具有明显家族倾向性发病的疾病，其致病的基因尚未研究清楚，但与某种遗传标记具有显著的相关性。产前基因诊断是预防严重遗传性疾病或先天性缺陷胎儿出生的一项有效而可靠的措施，是优生和提高人口质量的重要保障之一。心血管疾病、糖尿病、高血压病等疾病的发生都存在相关基因的变化。感染性疾病是感染了病原体而引起的一类疾病，它的特点是在患者体内常常含有致病病原体的遗传物质。肿瘤的发生发展具有多因素、多阶段性的特点，在每一个阶段都可能存在基因结构和功能的改变。基因诊断的目的就是要探寻基因异常改变（包括发现外源基因）及其与人体状态或疾病的关系，诊断有关疾病。

基因诊断技术与传统医学诊断技术相比，基因诊断具有高特异性、高灵敏性、早期诊断性、应用广泛性等特点。

1）高特异性　　基因诊断以探测基因结构变异为主要目标，以碱基互补配对原则为基础，采用核酸分子杂交、PCR 体外扩增及 DNA 序列分析等技术，从而赋予基因诊断以很高的特异性，非传统临床诊断技术可比拟。

2）高灵敏性　　分子杂交技术的特征是使用了高灵敏度探针，如酶、放射性核素、生物素、荧光素标记探针等，因而具有高灵敏性。PCR 技术能成百万倍地扩增待测基因，从而极大地提高了检测灵敏度，对几个细胞、一根发丝、一滴血迹、贮存已久的血抹片、组织切片和石蜡包埋组织块等，都可进行基因诊断或分析。

3）早期诊断性　　很多疾病在出现临床症状之前，其基因已经发生了相应变化。基因诊断遵循逆向遗传学规律，先找出变异基因，再分析基因产物，最终探明病理作用的临床机制。因此基因诊断往往在临床症状出现之前就可以检测出疾病相关基因的变化，从而科学地预见受检者可能发病情况，因此，在诊断时间上存在显著优越性，有利于早期诊断和防治。

4）应用广泛性　　基因诊断不仅广泛应用于临床疾病诊断，而且也用于非疾病性的检查。例如，对肿瘤及其他多因素常见病（包括心血管疾病和内分泌疾病等）易感性进行预测，对传染病、流行病进行诊断和普查，对器官移植的组织进行 HLA 配型和法医学中物证鉴定等。

基因诊断的意义并不局限于对某种疾病做出诊断，还在判断个体对某种重大疾病的易感性、预告发病、制订对这些疾病的预防措施，以及临床药物疗效评价和指导个体化用药的过程中发挥积极作用。例如，遗传性乳腺癌，易感基因为 *BRCA1* 和 *BRCA2*，这两种基因突变型携带者的家族中乳腺癌的发病风险性显著升高，发病年龄早，*BRCA1* 突变基因携带者患卵巢癌的风险高。基因诊断在推动人口优生优育中也有优势，它避免了用常规细胞遗传学及生化方法诊断遗传病费时费力，且很多疾病难以诊断的弊端，成为遗传病产前诊断的有效方法。在预防医学中，某些传染性流行病病原体由于突变或外来毒株入侵导致地域性流行，用经典的生物学及血清学方法只能确定其血清类型，不能深入了解相同血清型内各分离株的遗传差异。采用基因诊断分析血清型中不同地域、不同年份分离株的遗传差异（同源性和变异性）有助于研究病原体变异趋势，跟踪新毒株的地域来源、病原体进化过程的规律、扩散途径及优势流行株，有助于爆发流行的预测，因此基因诊断在预防医学中大有作为。此外，基因诊断可快速检测不易在体外培养、血清学方法准确性差的病原体和不能在实验室安全培养的病原体（如人乳头瘤病毒、立克次体、艾滋病病毒等），扩大了临床诊断室的诊断范围。

临床上可用于基因诊断的样品有血液、组织块、羊水和绒毛、精液、毛发、唾液和尿液等。

## 二、基因诊断常用的分子生物学技术

基因诊断常用的技术主要有：① DNA 液相杂交和斑点杂交等；②限制性片段长度多态性（RFLP）连锁分析；③寡核苷酸探针杂交；④聚合酶链反应（PCR）体外 DNA 扩增；⑤ DNA 序列分析；⑥生物芯片技术。本节将主要阐述目前在基因诊断领域常用的分子生物学技术。

### （一）核酸分子杂交

核酸杂交技术在基因诊断中占有重要地位，有关核酸分子杂交技术涉及的核酸分子探针选择、探针的制备与标记和核酸分子杂交方法请参见本书相关章节，这里只介绍其在基因诊断中常用的杂交方法及其应用。

**1. Southern 印迹杂交**　　Southern 印迹杂交（Southern blotting）是指将凝胶电泳的分

辨率同 DNA 分子杂交的灵敏度相结合，结果可靠。该方法可用于基因缺失型突变、短串联重复序列变异型疾病的诊断，还可进行限制性片段长度多态性分析和酶谱分析研究等。

**2. Northern 印迹杂交**　　Northern 印迹杂交（Northern blotting）是指将 RNA 变性及电泳分离后，将其转移到固相支持物上的过程，然后利用杂交反应来鉴定其中特定 mRNA 分子的含量及其大小。Northern 印迹杂交可以对 mRNA 进行定性和定量分析，即基因表达分析。Northern 印迹杂交除了在样品的制备、凝胶电泳分离及凝胶的处理步骤与 Southern 印迹杂交不同外，其他步骤与 Southern 印迹杂交基本一致。

**3. 斑点杂交**　　斑点杂交（dot blotting）也称点杂交。它与狭缝杂交（slot blot hybridization）的区别是点样形状不同，而操作方法基本一致。这种杂交方法是直接将被测 DNA 或 RNA 固定在滤膜上，然后加入过量的标记的核酸探针进行杂交。其优点主要是在同一张膜上可以进行多个样品的检测；根据斑点杂交的结果，可以推算出杂交阳性的拷贝数。用于基因组中特定基因及其表达的定性及定量分析，方法简便、快速、灵敏、样品用量少。其缺点是不能鉴定所测基因的分子质量，特异性不高，可能出现假阳性结果。

**4. 反向斑点杂交**　　反向斑点杂交（reverse dot blotting）是一种检测点突变的新技术，该技术为先固定探针于膜上。用一张含有多种特异性寡核苷酸探针的膜与待测目的基因杂交，经过一次杂交便可同时筛查出被检 DNA 中的多种突变。从而改变了传统杂交方法中一次杂交只能检测一种突变的局限，大大提高了基因诊断的效率。近年来反向斑点印迹技术在遗传病的基因诊断、病原微生物的鉴定分型及癌基因的点突变分析等领域中显示了良好的应用前景。

寡核苷酸中的碱基错配会大大影响杂交分子的稳定性，因此可用人工合成的探针对正常和突变等位基因特异性寡核苷酸（allele specific oligonucleotide，ASO）进行反向斑点杂交检测点突变，大大提高检测结果的可靠性。

**5. 原位分子杂交**　　原位分子杂交（molecular hybridization *in situ*）是指用特定标记的已知核酸片段作为探针与细胞或组织切片中的核酸进行杂交、实行检测的方法。该技术可以用来检测 DNA 在细胞核或染色体上的分布及特定基因在细胞中的表达情况，还可以用于组织、细胞中某种病菌和病毒等病原体的检测。

1）荧光原位杂交（fluorescence *in situ* hybridization，FISH）　　FISH 技术具有以下几个特点：①荧光标记探针比放射性标记探针更稳定，且不需要特殊的安全防护和污物处理措施；②与经典的原位杂交一样，不需要提取和纯化核酸；③多色 FISH 可以在同一细胞核中显示不同的颜色，从而同时检测两种或多种序列；④应用不同的探针可以显示某一物种的全部基因或某一染色体、染色体片段及单拷贝序列。

2）挂锁 FISH（FISH with padlock）　　该技术是在 FISH 技术的基础上发展起来的，所用的探针为一特殊的核苷酸序列，中间部分为连接序列，可连接标记物（如生物素、地高辛等），当其两侧臂的序列与目的 DNA 序列完全互补并结合时，DNA 连接酶可将其两侧端连接并形成一个环，形似挂锁，该探针称为"挂锁探针"（padlock probe）。当挂锁探针两臂上的序列与靶序列互补结合后，两端的最后一个碱基紧密相邻，因而在 DNA 连接酶作用下两端相连形成一个完整的环。由于 DNA 双螺旋性质，环状的探针即与靶序列相互缠绕，这种形式的杂交体可以经受住较强烈的洗涤条件，从而大幅度减少背景误差，显示出清晰的杂交信号。

**6. 夹心杂交法（sandwich hybridization）**
该法采用位于待测靶基因序列上两个相邻但不重叠的 DNA 序列片段（A、B 片段），分别作为捕捉探针（不标记的 A 片段）和检测探针（标记的 B 片段）同时与靶基因杂交。先将捕捉探针吸附于固相支持物上，它与靶基因序列 A 部分杂交，靶基因与固相支持物上的捕捉探针结合，经漂洗去除杂质，再加入标记的检测探针，检测探针再与靶基因序

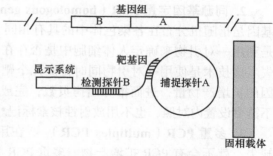

图 12-1　固相夹心杂交法示意图

列 B 部分杂交，随后可检测杂交体（图 12-1）。夹心杂交法的优点是特异性好，对核酸样品纯度要求不高，定量比较准确。

## （二）聚合酶链反应（PCR）

PCR 是利用 DNA 聚合酶在体外条件下，催化一对引物间的特异 DNA 片段合成的基因体外扩增技术。PCR 包括三个基本过程：①变性（denaturation）；②退火（annealing）；③延伸（extension）。这三个过程组成一个循环周期；每个周期合成的产物又可作为下一个周期的模板，循环往复，经过 $n$ 轮循环后，靶 DNA 的拷贝数理论上呈 $2^n$ 增长。

PCR 技术广泛应用于致病基因的发现、cDNA 文库制备、基因分离、克隆、核酸序列分析、突变体的构建、DNA 多态性分析、遗传病和传染病病原体的基因诊断、法医鉴定等众多领域。PCR 技术的基本原理和方法详见本书第七章第三节，这里主要介绍基因诊断应用的相关技术。

**1. 荧光定量 PCR**　荧光定量 PCR（fluorescent quantitative PCR，FQ-PCR）技术综合运用了 PCR 的高效扩增特性、核酸探针的特异性、光谱技术的高灵敏性和可计量性，以及 DNA 聚合酶的 $5' \rightarrow 3'$ 外切酶活性。其原理为设计一条位于引物 3' 下游的探针，该探针的 5' 和 3' 分别标记荧光报告基团和荧光淬灭基团。由于淬灭基团的存在（相隔很近），完整探针中荧光报告基团不能发射荧光。在 PCR 扩增反应的变性阶段，探针游离于反应体系中，具完整性，所以不发射荧光；退火复性阶段，探针与目的基因杂交，仍具完整性；但在延伸阶段，当 DNA 聚合酶移至探针的 5' 端时，发挥其 $5' \rightarrow 3'$ 外切酶活性而将探针 5' 端的荧光报告基团切下，荧光报告基团与淬灭基团分开，此时反应体系发射出荧光。发射荧光的强度与 PCR 产物数量成正比关系，因此在扩增过程中或反应结束后可用荧光探测仪对荧光信号进行检测，经电脑分析给出定量分析图谱或计算出结果。FQ-PCR 的主要优点是可在封闭状态下对扩增产物进行检测，避免了扩增产物污染而引起的假阳性。

对荧光定量 PCR 中的荧光标记探针，可将其设计成具有茎环结构的探针：分子的环形部分与目的 DNA 序列互补；两侧的序列与靶序列无关，但互补结合成双链的茎环结构。探针一端与荧光报告基团相连，另一端接有淬灭基团。由于分子的茎环结构使报告基团与淬灭基团相隔很近，报告基团的荧光被淬灭而不发射荧光。在 PCR 扩增反应中的退火阶段探针与模板杂交，茎环消失，荧光报告基团与淬灭基团分离而发射出荧光，延伸时探针再与模板分离而形成原先的茎环结构，荧光被淬灭。因此可通过在退火阶段检测荧光信号而达到定量检测的目的。

**2. 同源基因定量 PCR（homologous gene quantitative PCR，HGP-PCR）** 所谓同源基因是指随机分布在各染色体中的具有相同和相似核苷酸序列的一类基因。HGP-PCR 技术是利用一对引物来确定人体细胞中是否存在某一染色体三倍体、染色体嵌合或基因片段缺失。该技术是使用一对引物同时检测几个靶基因，PCR 扩增同源基因，然后比较各同源基因的扩增产物量，进而推算出拷贝数，完成基因诊断。这种方法使定量 PCR 变得更简单，不需要设置内对照，也不用放射性核素标记。

**3. 多重 PCR（multiplex PCR）** 在用 PCR 扩增某一段基因序列时，如果这一片段缺失，就不会有 PCR 扩增产物。多重 PCR 技术能同时扩增同一模板的几个区域，如果基因的某一区段缺失，则相应的电泳图谱上这一区带就会消失。多重 PCR 作为一种实用可靠的检测 DNA 缺失的方法，可简便、准确、灵敏地对进行性假肥大性 / 贝克肌营养不良（Duchenne/Becker muscular dystrophy，DMD/BMD）进行基因诊断。目前多重 PCR 技术已发展成为一种通用的技术，还可应用于病原体的鉴别、连锁分析、法医研究、模板定量等方面。

**4. 重叠延伸 PCR** 重叠延伸 PCR（overlap PCR）技术是一种通过寡聚核苷酸链之间重叠的部分互相搭桥、互为模板，通过多次 PCR 扩增，从而获得目的 DNA 基因片段的方法。重叠延伸 PCR 技术在应用过程中还存在很多问题需要解决，如最合适的引物长度、最佳退火温度、最佳连续延伸的循环数等。重叠延伸 PCR 在基因定点突变、融合基因构建、长片段基因合成、基因敲除及扩增出具有突变的全基因等方面有其广泛而独特的应用。

**5. 降落 PCR** 降落 PCR（touchdown PCR）指的是每一次循环退火温度降低 1℃，直到达到一个较低的退火温度，该温度称为"touchdown"退火温度，然后在该温度下继续循环 10 次左右。该方法主要用于避免非特异性 PCR 产物的出现，尤其是当使用复杂的基因组 DNA 模板非特异性退火时容易发生。目前降落 PCR 已应用于结核分枝杆菌、肠道病毒 71 等传染病的检测。

**6. 巢式 PCR** 巢式 PCR（nested-PCR）使用两对 PCR 引物扩增完整的片段。第一对 PCR 引物扩增片段和普通 PCR 相似。第二对引物称为巢式引物（在第一次 PCR 扩增片段的内部）结合在第一次 PCR 产物内部，使得第二次 PCR 扩增片段短于第一次扩增。巢式 PCR 的优势在于，如果第一次扩增产生了错误片段，则第二次能在错误片段上进行引物配对并扩增的概率极低。因此，巢式 PCR 的扩增非常特异，在病毒检测中灵敏度高于直接 PCR。

**7. 数字 PCR** 数字 PCR（digital PCR，dPCR）技术是一种核酸分子的绝对定量技术，原理是将 PCR 反应体系分配到大量微小的反应器中，在每个微反应器中包含或不包含 1 个或多个拷贝的目标核酸分子（DNA 模板），进行"单分子模板"PCR 扩增。扩增结束后，通过阳性反应单元（通过终点荧光信号判断）的数目和统计学方法计算原始样本中靶基因的拷贝数。工作流程包含 4 个主要环节，即样本 DNA/RNA 的 PCR/RT-PCR 反应预混；反应预混液的分散或分区；PCR 扩增；荧光信号的采集与数据分析。与传统的 PCR 比较，dPCR 具有以下优点：①高检测灵敏度，dPCR 将一个传统的 PCR 反应分割成了数万个体系，这些体系独立扩增，独立检测，保证了个位数的模板（如含量只有 0.01% 的突变 DNA）都可以被检测到。②高定量精确度，使用 qPCR 进行绝对定量，需要制备反应标准品，绘制标准曲线，根据待检样品和标准曲线的关系进行换算，在反应和换算过程中势必会产生极大误差。而 dPCR 不用标准品，通过微体系的荧光计数，直接将反应初始模板数量统计出来。

dPCR 尤其适合对灵敏度要求非常高的核酸痕量分析研究，如环境水样的微生物检测等。在癌症低频突变检测方面，在一份给定的样本中，相比于野生型 DNA，癌症相关的突变序列比例较低，经常无法检测。而凭借其超高灵敏度，dPCR 系统可以很容易地定量分析低至 0.001%～0.0001% 的突变频率。凭借简便、可靠的特点，dPCR 已经在癌症分子标志物的发现、传染病研究、基因组结构变异分析、基因表达分析等领域展现出了强大的优势。

**8. 多重连接探针扩增**　　多重连接探针扩增（multiple ligation-dependent probe amplification，MLPA）是在 PCR 技术基础上建立的一种快速、可靠的基因拷贝数变异检测方法，采用该技术可在一次反应中同时检测多个基因或位点拷贝数的改变，主要用于较大片段基因组拷贝数改变的检测。例如，基因外显子的缺失或重复、染色体微缺失或微重复等。

MLPA 技术的特点在于其探针的设计。每个 MLPA 探针包括一段靶核苷酸特异性序列、一段填充序列和一段通用的引物序列。在 MLPA 反应中，每一对探针与变性后的待测样本目标序列杂交，经过连接、通用引物扩增、毛细管电泳，在一个反应中即可实现约 45 个目标序列的分离，进而再比较、分析目标序列的相对拷贝数。

**9. 多色探针熔解曲线分析**　　探针熔解曲线分析是指在 PCR 完成后，通过实时监测温度变化过程中探针荧光强度变化的情况，得到荧光强度或者荧光强度相对温度的负导数随温度变化的曲线。从探针熔解曲线上可获得探针与靶序列杂交的熔点值（$T_m$）。当荧光探针与不同的靶序列杂交时，由于碱基匹配程度不同，形成双链 DNA 的稳定性也各不相同，其 $T_m$ 值也就存在差异。一条荧光探针可同多条序列相近的靶序列杂交产生不同的 $T_m$ 值，因此根据 $T_m$ 值的差异就可以实现不同靶标的检测和区分，即 $T_m$ 值的多重检测，若同时结合多色荧光检测就可大大提高单个反应中检测的靶序列数目。

多色探针熔解曲线分析（multicolor melting curve analysis，MMCA）是在传统探针熔解曲线分析基础上发展而来的，其特点是采用多个双标记自淬灭荧光探针作为检测探针，在多色实时 PCR 仪上可检测多个靶序列的熔点变化。双标记自淬灭探针是一条两端分别标记荧光基团和淬灭基团的单链寡核苷酸探针，可以是线性也可以是发夹形，其中的线性探针与 TaqMan 探针结构相同。自淬灭探针用于熔解曲线分析具备以下多个优点：①对错配碱基的耐受度高，熔点温度检测范围宽。在广泛的温度范围内（一般为 40～80℃）仍然能够产生稳定的熔解曲线信号。这一特点使得多个匹配程度不同的靶序列能够同时被一条探针检测。②探针设计自由度高。设计方式基本等同于普通实时 PCR 探针，可根据靶序列特点和错配碱基的数目对探针长度进行灵活调整。③适用范围广。MMCA 的上述特点决定了其在肿瘤、遗传和微生物等多个研究领域均有较大的应用价值。

**10. 高分辨率熔解曲线**　　高分辨率熔解曲线（high resolution melt curve，HRM）分析技术是一项新兴的突变扫描和基因分型检测技术。具备可同时识别多个突变位点、不受突变碱基位点与类型限制、无须昂贵的荧光探针等优点。HRM 的主要原理是根据 DNA 序列的长度、GC 含量及碱基互补性的不同，高分辨率地识别熔解曲线的差异，进而对突变进行识别与分析。HRM 对 DNA 序列的识别能力主要由三个因素决定：①检测仪器的分辨率；②双链 DNA 嵌入型染料的种类；③ PCR 产物的纯度。由于 HRM 分析不受碱基突变位点和种类的限制，因此能够应用于许多疾病诊断，包括突变扫描、基因分型、序列匹配、DNA 甲基化等方面。

用于 HRM 分析的 PCR 产物最佳长度小于 400bp，大部分小于 1000bp 的 PCR 产物也可以进行分析。在 HRM 体系中，荧光染料也会嵌入非特异性 PCR 产物而产生检测信号。因此，在设计引物时，对于特异性的要求高于一般的实时定量 PCR，应尽量避免形成引物二聚体。

### （三）单链构象多态性

单链构象多态性（single-strand conformation polymorphism，SSCP）分析是一种基于单链 DNA 构象差别的快速、敏感、有效的检测 DNA 突变位点和多态性的方法。在非变性条件下，单链 DNA 分子为维持其稳定而自身折叠形成一定的空间构象，这种构象是由单链 DNA 分子中的碱基顺序所决定，DNA 分子中的碱基变异（即使只有一个碱基）可导致其空间构象改变，从而导致电泳迁移率发生改变。单链构象多态性现象不只是存在于 DNA，RNA 亦同样存在。而且单链 RNA 的构象因链内戊糖上的 2′-OH 能加强糖基-碱基、糖基-糖基之间的氢键连接而比 DNA 更加稳定，对单个碱基的突变更加敏感。SSCP 分析的灵敏度取决于突变是否影响到 DNA 的折叠和变性形成的单链 DNA 分子在电泳中的移动速度，对于碱基数目不大的 DNA 片段的突变分析比较有效，但是随着碱基数目的增大（>300bp），突变碱基对单链构象的形成作用被"稀释"，灵敏度随之迅速降低。

目前，常用的 SSCP 分析法主要为 PCR-SSCP，即首先将待测 DNA 片段进行 PCR 扩增，然后变性（物理或化学方法）使双链 DNA 变成单链 DNA，之后进行聚丙烯酰胺凝胶电泳观察结果。

### （四）限制性片段长度多态性（RFLP）

在人类基因组中存在着许多限制酶位点，当用某种或几种限制酶对某一段基因消化时，就会产生大小不同的特定片段，这些片段称为限制性片段。如果由于缺失、重排或核苷酸置换使 DNA 分子中某种限制酶的识别位点发生改变，使原有的限制酶位点消失或形成了新的酶切位点，于是用这种酶进行酶切后，生成的 DNA 片段的长度或数目随之发生改变。这种变化如果与某种遗传性疾病的基因有关，就可作为这种遗传病的诊断指标。PCR 扩增后用相应的限制酶进行切割而得到不同长度的 DNA 片段，然后分析琼脂糖或聚丙烯酰胺凝胶电泳酶切片段的多态性，通过与正常人的限制性酶谱比较而推断该个体是否患有该种疾病。

### （五）DNA 序列测定

许多遗传病（包括单基因遗传病和多基因遗传病）、恶性肿瘤，以及各种传染病（包括细菌性和病毒性）都与基因结构变异或者基因表达产物异常有关，通过 PCR（或 RT-PCR）技术扩增相关基因及其转录产物，再直接对扩增的 DNA 片段进行测序分析，即可达到对疾病进行准确诊断和早期诊断的目的。DNA 序列测定是基因突变检测的最直接、最准确的方法，它不仅可确定突变的部位，还可确定突变的性质。

### （六）单核苷酸多态性

单核苷酸多态性（single nucleotide polymorphism，SNP）在人类基因组中广泛存在，平均每 500~1000 个碱基对中就有 1 个，是人类可遗传的变异中最常见的一种，占所有已知多态性的 90% 以上。估计其总数可达 300 万个甚至更多。人类基因组 SNP 研究所揭示的人种、人群和个体之间 DNA 序列的差异，以及这些差异所表现的意义将对疾病的诊断、治疗和预防带来革命性的变化。

SNP 将在下列领域发挥重要作用：①进行疾病的遗传连锁分析（linkage analysis）及关联分析（association analysis），用于疾病易感基因定位；而且其定位的精度比微卫星标记精细得多。②在药物基因组学（pharmacogenomics）研究中，可通过检测 SNP 的遗传多态性标记揭示人群中不同个体对不同药物的敏感性差异。③在法医学领域可用于罪犯身份鉴别、亲子鉴定等，此外在器官移植中供体和受体间的配对选择及物种进化的研究中都将具有重要意义。PCR 扩增出包含 SNP 位点的 DNA 片段，用 DNA 序列测定进行鉴定。

### （七）生物芯片

生物芯片（biochip）主要有基因芯片和蛋白质芯片两种。

**1. 基因芯片（gene chip）**　　基因芯片技术是指将大量探针分子固定于固体支持物上，与标记的样品分子进行杂交，通过检测每个探针分子的杂交信号强度而获取样品分子的数量和序列等信息的技术。基因芯片技术由于同时将大量探针固定于支持物上，故可一次性对样品中大量序列进行检测和分析，从而解决了传统核酸分子杂交技术操作繁杂、检测效率低的问题。

基因芯片的应用领域主要有疾病的诊断、基因表达谱、药物筛选、新基因寻找、基因分型、遗传作图及基因突变分析等众多领域。按其应用目的可分为三类：①诊断芯片，如肝癌、糖尿病等的诊断用基因芯片；②表达谱芯片，主要用于基因功能研究和系统生物学研究；③检测芯片，如商品化的检疫芯片、病原体检测芯片等。目前基因芯片在疾病诊断方面已有产品面市，如检测反转录酶基因的 HIV 芯片、通过检测 *p53* 基因是否有突变以判断患癌症可能性的芯片，还有能诊断有无药物代谢酶缺乏症的细胞色素 P450 芯片等。基因芯片技术在基因诊断中具有广泛的应用前景，为临床医学提供了一种直接、高效的诊断工具。

**2. 蛋白质芯片（protein chip）**　　蛋白质芯片是将能识别特异抗原的抗体制成微阵列，检测生物样品中抗原蛋白质表达模式的方法。当芯片上的抗体与待测样品反应时，通过蛋白质分子之间的相互作用，捕获样品中的靶蛋白，再经检测系统对靶蛋白进行定性和定量分析。可用于检测某一特定的生理或病理过程相关蛋白的表达水平，该技术可用于信号转导、蛋白质组学、肿瘤和其他疾病的发病机制研究及相关疾病的辅助诊断。

### （八）Western 免疫印迹

细胞中基因表达的最终产物是蛋白质，因此检测蛋白质是研究基因表达最常用、最有效的手段之一。Western 免疫印迹（Western blotting）的基本原理与 Northern 印迹杂交和 Southern 印迹杂交十分相似，都是由凝胶电泳、转膜、探针与待测分子相互作用、信号显示等步骤组成。不同之处是 Western 免疫印迹检测是的蛋白质，使用的凝胶是 SDS-聚丙烯酰胺凝胶，所用的探针是蛋白质抗体，而不是核酸。可用放射性标记物，也可用非放射性标记物进行信号显示。

### （九）环介导等温核酸扩增技术

环介导等温核酸扩增技术（loop-mediated isothermal amplification，LAMP）的特点是针对靶基因的 6 个区域设计 4 种特异引物，利用一种链置换 DNA 聚合酶在等温条件（65℃左右）保温几十分钟，即可完成核酸扩增反应。不需要分离病毒或细菌及培养细胞，DNA 粗制品及 RNA 均可作为扩增模板，不需要模板的热变性、长时间温度循环、烦琐的电泳、紫外观察等过程。LAMP 是一种崭新的 DNA 扩增方法，具有简单、快速、特异性强的特点。在某些方面具有替代 PCR 方法的可能性。可直接用临床标本，如血液、体腔液、洗漱液、毛发、细胞、活组织等 DNA 扩增检测。目前已应用于寄生虫、病毒及肿瘤等的检测。但 LAMP 技术也有自身的局限，即需要的引物比一般 PCR 结构复杂；扩增的靶序列长度要控制在 300bp 以下；灵敏度和特异性高，容易受到其他 DNA 污染出现假阳性；扩增产物不能用于测序、克隆和表达。

### 三、基因诊断技术路线和方法选择

人类疾病的发生很大一部分是由于内源基因的突变和外源基因的入侵引起。内源性的突变概括起来说主要有点突变、核苷酸片段的缺失和插入、基因重排（染色体易位）、基因扩增等方面；外源基因的入侵主要表现为一些病原体的 DNA 存在于人体中，有些则与人类基因组整合而导致正常的机体代谢发生紊乱。

进行基因诊断时，应有明确的目的和合理的设计方案。首先应看临床提示的疾病的致病基因或相关基因是否属于已知基因及突变位点是否已有线索，然后再决定基因诊断的技术路线。基因诊断技术有两条途径：①直接分析致病基因的分子结构及表达是否异常的直接诊断途径；②利用多态性遗传标志与致病基因进行连锁分析的间接诊断途径。

#### （一）直接诊断途径

采用直接诊断途径的必要条件是：①被检基因的突变类型与疾病发病有直接的因果关系；②被检基因的正常分子结构已被确定；③被检基因突变位点固定而且已知。

**1. 点突变检测**

1）导致限制酶位点改变的点突变　　当单个核苷酸的取代或少数几个核苷酸的缺失或插入，正好使某一限制性酶切位点丢失或新增加位点时，可用 RFLP 技术进行分析，或者用 PCR 技术对 DNA 进行扩增后，再进行 RFLP 分析。

2）无限制性酶切位点改变的点突变　　绝大多数点突变并不改变限制酶的识别位点，如 β-珠蛋白生成障碍性贫血的基因缺陷多由于 β-珠蛋白基因点突变所致。现已知的 β-珠蛋白基因的点突变不低于 170 种，其中在中国人群中常见有 27 种。这些突变大多数不影响限制酶识别位点的丢失或产生。

目前常用的检测非限制性酶切位点突变的方法有 PCR-ASO 斑点杂交或反向斑点杂交，以及等位基因特异 PCR（allele specific PCR，AS-PCR 或称为等位基因特异性扩增）等技术。PCR-ASO 斑点杂交或反向斑点杂交技术可快速、简易地检测已知突变，如对中国人 β-珠蛋白基因（$\beta^T$）点突变的检测。

**2. 基因重排检测**　　基因重排又称为 DNA 重排，是指在 DNA 序列上有较长一段序列的重新排布。包括 DNA 片段（10bp～1kb）的丢失、插入、取代、复制、放大和倒位等，这些突变可引起更大范围内的染色体结构上的改变从而影响多个基因的功能，即染色体突变或畸变，包括染色体的易位、缺失或染色三体（如唐氏综合征）等。因 DNA 重排导致的常见遗传性疾病见表 12-1。

**表 12-1　DNA 重排导致的常见遗传性疾病**

| 遗传病种类 | DNA 重排类型 |
| --- | --- |
| α-珠蛋白生成障碍性贫血 | α-珠蛋白基因缺失 |
| β-珠蛋白生成障碍性贫血 | IVS-II和外显子III部分缺失（619bp） |
| 甲型血友病 | *FVIII* 基因大片段缺失与插入；*FVIII* 基因内含子 22 倒位 |
| 丙型血友病 | *FIX* 基因的缺失与插入 |
| 杜氏肌营养不良 | 两个缺失热点：DMD 基因 5′ 和 DMD 基因中部<br>外显子 3～20 和外显子 40～50 |
| 视网膜母细胞瘤 | *Rb* 基因大片段缺失（热点区在外显子 13～17 的 *Hind* III 片段中） |
| 家族性高胆固醇症 | *LDLR* 基因有大片段的缺失与插入（外显子 8～9 和外显子 9～10） |
| 唐氏综合征 | 21 号染色体三体 |

对 DNA 重排的基因诊断首先可通过核酸分子探针杂交的方法，如 Southern 印迹杂交、斑点杂交、原位杂交等。通过设计一系列相应于缺失区域的核苷酸探针，之后杂交分析，则正常个体中会出现杂交信号，即探针与其互补的基因组 DNA 配对形成异源双链，患者则因缺失这一区域而检测不到杂交信号。采用多重 PCR 技术可同时扩增人类杜氏肌营养不良蛋白基因的多个基因位点。

**3. 基因表达异常检测**　　针对 RNA 的基因诊断，可以分析基因表达水平是否异常，也就是说能直接检测基因能否转录、转录产物（mRNA）的结构是否正常，以及转录效率的高低等。可以说基因表达异常诊断的对象主要是基因转录产物 mRNA，与针对 DNA 的基因诊断方法相比，其所检测的范围大为缩小。因为 mRNA 由外显子剪接而成，没有内含子，从而降低了基因突变分析的难度。

1）mRNA 相对定量分析　　从表达某一特定基因的组织中提取总 RNA 或 mRNA，经反转录合成 cDNA，设计引物，利用 PCR 技术扩增特异 cDNA 片段及内对照基因 cDNA 片段。PCR 产物通过光密度扫描计算出两种片段的相对比例，即得出相应的 mRNA 的相对含量。

2）mRNA 绝对定量分析　　采用 RT-PCR 和竞争性 PCR 技术，通过点突变构建一标准 cDNA，其 5′ 端和 3′ 端序列与待测 mRNA 相似，但长度相差约 100bp，并将此标准 cDNA 稀释成不同的递减浓度（$10^{-12}$～$10^{-21}$ mol/ml RNA）。然后在不同稀释度的每一反应管中加入等量的待测 mRNA，利用共同的引物进行竞争性 PCR。在 PCR 过程中掺入 α-$^{32}$P-dNTP，切下电泳后的区带测定放射活性即可反映 cDNA 的量，当待测 mRNA 的扩增产物量相当于相应标准 cDNA 管时，待测 mRNA 浓度就等于此管标准的 cDNA 浓度。

3）mRNA 长度分析　　对 RT-PCR 产物电泳条带的长度和大小进行分析，可获悉突变基因中外显子或编码序列的插入和缺失的信息；辅以其他基因诊断技术，如 DNA 序列测定，还可以知道插入和缺失的范围或 mRNA 剪接加工的缺陷。

**（二）间接诊断途径**

基因诊断采用间接诊断途径的主要原因是致病基因尚属未知，或未能克隆成功，或基因序列尚未确定，也可能因为突变位点不明，有时致病基因虽已知，但片段长度不易全面分析，导致无法设计 PCR 引物，也无法制备特异性的基因探针。因此无法进行基因突变的直接检测，只能借助与致病基因关联的遗传标记进行连锁分析，进而间接地进行疾病的诊断。

　　DNA 多态性是指群体中的 DNA 分子存在至少两种不同的基因型，即个体间同一染色体的相同位置上 DNA 核苷酸序列存在一定的差异或变异。这种 DNA 一级结构上的个体差异在非编码区域及无重要调节功能的区域更为明显，但一般而言，这种多态性的任一变异在人群中出现的频率应大于 1%。DNA 的多态性是在生物进化过程中形成的，它本身并不致病，与遗传病无直接联系，故称为"中性突变"，但有时这种多态性可能与某遗传性致病基因有一定的连锁关系。

　　**1. RFLP**　　　　人类基因组非编码序列中，平均每 200～300 个碱基对就可能有一多态性位点。由此估计人类基因组约有 $1.4 \times 10^7$ 碱基具有多态性，但其中仅约 10% 可导致限制性酶位点的改变。这种改变可能使原来存在的某限制酶识别位点消失，也可能出现新的限制酶切位点，因此可用 RFLP 进行分析。用相应的限制酶消化时，可见酶解生成的 DNA 片段长度发生变化。

　　在进行基因 RFLP 的连锁分析时，必须具备某些必要的条件，即父母均健在，可进行 DNA 的检测，且均为变异基因杂合子；子代中必须有一患病的纯合子。只有具备这些条件，才可能进行 RFLP 位点及（或）单体型检测，并将其与变异基因进行连锁分析，得出较明确的诊断。

　　**2. 单个多态位点连锁分析**　　　　用 β-珠蛋白基因作为探针与用 *Hpa*I 消化的正常人（N）和镰状细胞贫血患者（P）的 DNA 进行分子杂交和显影，结果显示正常人 β-珠蛋白基因出现一 7.6kb 长的 DNA 片段，而镰状细胞贫血患者的异常珠蛋白基因（β^s）则与一较大的（13kb）DNA 片段相连锁。在西非人群中，β^s 基因和 *Hpa*I 酶切生成的 13kb 片段之间的相关频率为 0.8～0.9，而人群中的正常 β 基因大多数则与 7.6kb DNA 片段相连锁（图 12-2）。

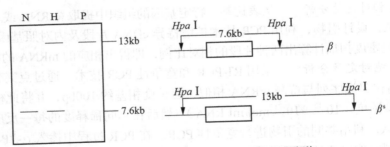

图 12-2　正常 β 基因和 β^s 基因的 *Hpa*I 酶谱
N：正常人；H：杂合子；P：患者（纯合子）

　　**3. 多个多态位点连锁分析**　　　　为了提高疾病诊断的可信度和检出率，可采用多种限制酶对目的 DNA 进行酶解分析，从而可获得一组多态性位点，增加了遗传信息含量，也就是单体型分析。所谓单倍体型（简称单体型，haplotype）是指存在于一条染色体上某一区域内的两个或两个以上的限制性位点的特定组合或排列，即构成该染色体或某区域基因 DNA 的"单体型"。

　　在基因诊断中，可以寻找出与待测遗传病基因有关的某一特定单体型，该单体型与该疾病基因的突变连锁在一起，因而该单体型可作为该疾病的遗传标记，用于该病的诊断。

　　**4. 串联重复序列长度多态性分析**　　　　真核基因组 DNA 还有另一种因重复序列串联排列

次数差异而出现的多态性，称为重复序列长度多态性，也可作为遗传标记进行基因连锁分析或诊断。这种多态性普遍存在于人类基因组中，其特点是相同的核心序列（core sequence）按首尾相接的方式串联排列在一起形成具高度多态性的特殊的 DNA 序列，被称为可变数目串联重复序列（variable number of tandem repeat，VNTR）。不同个体串联重复的次数不同。不同的 VNTR 位点其核心序列组成也不同，其中有一类核心序列较短，2～6bp 核苷酸为重复单元。正常时多以 10～50 次重复串联而成，一般位于相应表达基因的侧翼区或非编码区。这种序列被称为短串联重复序列（short tandem repeat，STR），又名微卫星序列。STR 是 RFLP 之后的第二代遗传标记。

现已发现，至少有 5 种遗传性疾病，如脆性 X 染色体综合征、肌强直性营养不良、X 连续脊髓、延髓肌萎缩症和亨廷顿舞蹈病等，与某一段特殊的核苷酸重复序列长度改变有一定的关系。

**5. 动态突变分析**　　近年来，在一些神经性肌肉系统遗传性疾病中发现存在三核苷酸重复的过度扩增，拷贝数超过了正常人的范围，这种突变的突变速率与重复序列的拷贝数有关，子代突变体与亲代的突变速率不同，拷贝数随着世代传递而不断增多，因此称其为动态突变。动态突变遗传病的最大特点是：发病年龄逐代提前，临床表现逐代加重。常见的动态突变遗传病见表 12-2。

**表 12-2　动态突变遗传病**

| 疾病种类 | 重复的核苷酸序列 | 突变区域 |
| --- | --- | --- |
| 脆性 X 综合征 | CGG | 5′UTR |
| 强直性肌萎缩 | CTG | 3′UTR |
| 亨廷顿舞蹈病 | CAG | 编码区 |
| 小脑脊髓共济失调 | CAG | 编码区 |
| 马赫多-约瑟夫病 | CAG | 编码区 |
| 延髓脊髓肌萎缩 | CAG | 编码区 |

动态突变遗传疾病的基因诊断在方法上非常简明。因为除脆性 X 染色体综合征有极少数缺失和点突变外，其他疾病都是因为重复序列拷贝数过多，并且正常人、携带者和患者的拷贝数依次增多，各有一定范围，一般不重复，因此运用 PCR 及聚丙烯酰胺凝胶电泳直接测定受检者的三核苷酸重复的拷贝数，即可对其是否患病做出判断。

# 第二节　遗传病的基因诊断

由于遗传物质的改变（包括染色体畸变和基因突变）而导致的疾病统称为遗传病。根据遗传病的性质，可将遗传病分为三大类：第一类是单基因遗传病，主要指一对等位基因突变导致的疾病，包括显性基因和隐性基因突变；第二类是多基因遗传病，这类疾病涉及多个基因起作用，与单基因病不同的是这些基因没有显性和隐性的关系，每个基因只有微效累加的作用，因此同样的疾病对于不同的人而言，由于可能涉及的致病基因数目的不同，其病情严重程度、复发风险均明显的不同，且表现出家族聚集现象；第三类是染色体数目或结构改变所致的疾病。有关人类遗传病的信息可参考 NCBI 网站（http://www.ncbi.nlm.nih.gov）的人类孟德尔遗传数据库（Online Mendelian Inheritance in Man，OMIM）。OMIM 包含了所有已知的孟德尔遗传病和 12 000 多个基因信息。OMIM 集中于表型和基因型之间的关系，每日更新，并且与其他遗传学资源广泛链接。本节仅对一些常见遗传病的基因诊断做一简单介绍。

## 一、血红蛋白病基因诊断

血红蛋白病（hemoglobinopathy）是由于血红蛋白分子结构或珠蛋白肽链量的异常所引起的一组遗传性疾病。它是人类遗传病中研究得最深入、最透彻的分子病，也是最常见的遗传病之一，包括异常血红蛋白病和珠蛋白生成障碍性贫血两大类。异常血红蛋白病是指由于珠蛋白基因突变导致珠蛋白链结构异常，又称异常血红蛋白综合征；珠蛋白生成障碍性贫血病是指由于珠蛋白基因缺失或突变而导致某种蛋白链合成障碍，造成 α 链或 β 链合成失去平衡而导致的溶血性贫血。根据合成障碍的肽链的不同，可将珠蛋白生成障碍性贫血分为α-和 β-珠蛋白生成障碍性贫血两类，此外还有少见的 αβ-和 γβ-珠蛋白生成障碍性贫血。

血红蛋白病的诊断是分子生物学和分子遗传学的理论、技术和方法应用于医学领域的最好典范。这里我们将以血红蛋白疾病中的镰状细胞贫血病和 β-珠蛋白生成障碍性贫血病为例，讲述基因诊断在这两种血红蛋白病中的具体应用。

### （一）镰状细胞贫血病

一般情况下，通过血红蛋白电泳、血红蛋白理化性质的测定等可以对镰状血红蛋白病做出明确诊断，但只有通过基因诊断才可以实现早期诊断和产前诊断。

**1. 限制性酶切图谱分析**　　限制性内切核酸酶 *Mst* Ⅱ识别的核苷酸序列为 CCTGAGG。基因组 DNA 被此酶消化并与 β-珠蛋白基因探针进行杂交后，正常 β-珠蛋白基因（CCTGAGGAG）产生 1.15kb 与 0.20kb 的片段；而 β$^s$-珠蛋白基因（CCTGTGGAG）因不含有 *Mst* Ⅱ酶切位点，因此不被切割而产生 1.35kb 的片段，通过 Southern 印迹杂交分析即可完成基因诊断。

**2. PCR 分析**　　PCR 技术可用于镰状细胞贫血病的基因诊断。设计引物扩增 β-珠蛋白基因第 6 密码子区域 110bp，将扩增的 β-珠蛋白基因用限制酶 *Mst* Ⅱ消化后，进行 2% 琼脂糖凝胶电泳。*Mst* Ⅱ识别的核苷酸序列为 CCTGAGG，是 β-珠蛋白基因第 5、6 密码子序列和第 7 密码子序列的第一个碱基组成。正常人的扩增产物经 *Mst* Ⅱ消化可生成 54bp 和 56bp 两个片段，电泳条带显示为两条非常接近的条带，而患者扩增的 DNA 片段不被酶切，仍为 110bp，电泳条带为一条，镰状细胞贫血病杂合体可见三条带（图 12-3）。

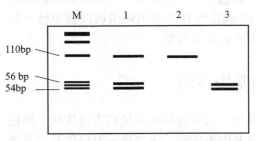

图 12-3　PCR 扩增后限制性酶切分析图谱
M. DNA 分子质量标记；1. 杂合子；
2. 患者；3. 正常人

此外还可以对扩增产物进行 ASO 探针杂交来诊断镰状细胞贫血病。对探针 5′ 端进行标记，与尼龙膜上固定的 β-珠蛋白基因片段进行杂交。PCR-ASO 技术增加了突变检测的特异性。

### （二）β-珠蛋白生成障碍性贫血症

β-珠蛋白生成障碍性贫血症中除极少数是由于基因缺失引起以外，绝大多数是由于 β-珠蛋白基因不同类型的点突变（包括单个碱基的取代、插入或缺失）所致。这些点突变分别导致转录受阻、mRNA 剪切加工错误、翻译无效、合成不稳定的 β-珠蛋白链，从而使珠蛋白链不平衡等。

由于 β-珠蛋白生成障碍性贫血症发生的分子基础主要是 β-珠蛋白基因的点突变所致，所以 β-珠蛋白生成障碍性贫血症的基因诊断主要为点突变分析，但 β-珠蛋白生成障碍性贫血症患者的 β-珠蛋白基因突变往往没有涉及限制性酶切位点的改变，所以应主要用 PCR-RFLP、PCR-ASO、AS-PCR、反向印迹杂交和 DNA 直接测序等方法。

**1. PCR-RFLP** β-珠蛋白基因第 17 位碱基 β17A → T 突变是中国人一种常见的 β-珠蛋白基因突变，如用 PCR 扩增 β-珠蛋白基因 –140 至 473 之间的 613bp DNA 片段，扩增产物经 *Mae* I 酶解后，正常 β-珠蛋白基因（βA）可产生 455bp 片段，而 β17 突变（A → T）可产生一个新的 *Mae* I 酶切位点（CAAG → C↓TAG），使 445bp 片段被酶解为 72bp 与 373bp 两个片段。所以，PCR 产物经 *Mae* I 酶切，如出现 373bp 片段，则表明有 β17A → T 无义突变发生（图 12-4）。

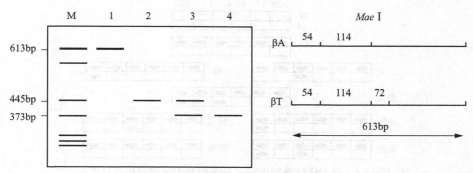

图 12-4 β-珠蛋白生成障碍性贫血症基因密码子 17 突变的检测

M. pBR322 DNA/*Msp* I；1. 未酶解片段；2. βA/βA；3. βA/βT；4. βT/βT。

由于 54bp、114bp、72bp 片段及分子质量标准中低于 200bp 的片段太小，在 0.8% 的琼脂糖凝胶中不易被观察到

**2. PCR-ASO 分析** PCR 结合 ASO 探针斑点杂交技术可快速、简便地检测已知 β-珠蛋白基因 βT 突变。先用两对引物扩增整个 β 基因，第一对引物在 β-珠蛋白基因 –140 至 473 之间扩增 613bp DNA 片段。此片段包含了中国人最常见 15 种突变中的 14 种类型。第二对引物在 β-珠蛋白基因 952 至 1374 之间扩增出 423bp 片段，可用于第 15 种突变（*IVS-II654*）的检测。两对引物可同时加入到同一反应管中，同时扩增。将合成的各种突变和相应正常的寡核苷酸探针成对点在尼龙膜上，分别与标记的 ASO 探针进行杂交，放射自显影分析。若两个等位基因均含有相应点突变时，则仅与突变探针杂交；若均不含突变，则仅与正常探针杂交；一个等位基因带有该突变而另一个等位基因正常时，则与两种探针均可杂交，据此即可做出诊断。

这种检测方法的优点是灵敏准确，可对大量样品进行筛查和诊断。缺点是效率低，对具高异质性的 β-珠蛋白生成障碍性贫血症的检测必须合成多种探针，并依次进行杂交，工作量比较大。

**3. AS-PCR 分析** 根据引物的 3′ 端碱基如与模板不互补，PCR 则不能正常进行的原理，设计 3′ 端碱基分别只能与正常模板或突变模板配对的特异 PCR 引物，如果 PCR 产物有

突变引物特异性扩增带，表明模板 DNA 有该种突变，反之则表明没有这种突变，从而将有某种已知点突变的模板 DNA 和正常 DNA 区分开来。此技术无须标记探针即可检出固定点突变。

**4. 反向印迹杂交（RDB）**　　针对前述 PCR-ASO 技术效率低的缺点，可以将多种 ASO 探针点在尼龙膜上，分别与每个样品杂交，即反向印迹杂交。国内有研究者利用该方法进行中国人 β-珠蛋白基因突变的检测，通过两次杂交即对目前已报道的 18 种中国人 β-珠蛋白基因点突变进行了全面筛查。目前这一技术正得到逐步推广应用。图 12-5 为 RDB 法对 β-珠蛋白生成障碍性贫血症进行基因诊断的原理简图。第一张杂交膜上固定了中国人中常见的 6 种点突变，分别为正常和突变各 6 对特异性 ASO 探针，第二张杂交膜显示正常人 RDB 结果，第 3～9 张膜为 β-珠蛋白生成障碍性贫血症患者家系的 RDB 结果：父亲为 41/42 突变杂合子，母亲为 654 突变杂合子，患儿为 41/42 和 654 双重突变杂合子，第 6～9 张杂交膜为这对夫妇后代可能的突变类型。

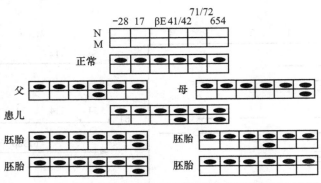

图 12-5　反向印迹杂交进行 β-珠蛋白基因突变分析示意图

## 二、血友病基因诊断

血友病（hemophilia）是一组遗传性凝血功能障碍的血液疾病，可分为甲、乙、丙和血管性假血友病 4 种类型。甲型血友病又称凝血因子Ⅷ缺乏症，即通常所称的血友病；乙型血友病又称凝血因子Ⅸ缺乏症；丙型血友病称为凝血因子Ⅺ缺乏症。其中甲型血友病发病率占人类先天性血液系统疾病的 85%，下面主要就甲型血友病基因诊断进行阐述。

（一）甲型血友病基因诊断

甲型血友病基因诊断主要是鉴定患者家系中的携带者或对未出生的胎儿进行产前诊断。凝血因子Ⅷ基因定位于 Xq28，全长 186kb，含 26 个外显子，25 个内含子，mRNA 长 9kb，编码 2351 个氨基酸。

甲型血友病的突变类型非常广泛，几乎每个家庭都拥有独特的突变类型。相关资料显示：甲型血友病的基因突变类型已有 300 余种，其中点突变占 174 种；另有少数患者是由于缺失或插入突变或内含子 22 的基因倒位所致。

随着分子生物学技术的飞速发展及新技术、方法的出现，甲型血友病的基因诊断有了不少新进展。

**1. FⅧ 基因倒位的 DNA 印迹分析**　　甲型血友病基因突变中，约 40% 的重型患者的

*FVIII* 基因是由于大片段 DNA 倒位所致的 *FVIII* 基因同源重组，即约半数重型血友病患者的共同分子缺陷为基因倒位重排。所以对重型血友病家系进行基因诊断时，首先应采用 DNA 印迹杂交法进行 *FVIII* 基因倒位分析。

将基因组 DNA 用 *Nco* I、*Dra* I 或 *Bcl* I 等限制酶（酶切位点位于交换点两侧）消化，随后，用 α-$^{32}$P-dCTP 标记的特异探针杂交，放射自显影分析，该探针为质粒 p482.6 的 *Eco*R I-*Sst* I 限制酶消化的片段，正常人表现为 21.5kb、14kb 和 16kb 三种类型。I 型倒位患者表现为 204kb、17.54kb 和 14kb 三种带型；II 型倒位患者表现为 204kb、164kb 和 15.5kb 三种带型。另外，在一些重型甲型血友病家系中有其他异常带型出现。*FVIII* 基因倒位的 Southern 印迹分析是比较简单、直接、准确的甲型血友病基因诊断的方法，目前已广泛地应用于重型 HA 患者的基因诊断及其家系成员的遗传咨询。

**2. *FVIII* 基因突变的直接检测**　　*FVIII* 基因点突变是引起轻中型甲型血友病的主要病因，目前采用较多的方法有 SSCP 和变性梯度凝胶电泳（denaturing gradient gel electrophoresis，DGGE）等，这些方法均基于 PCR，并通过 DNA 测序来证实。

1）依赖于 *FVIII* 基因内或旁侧的多态性标记的连锁分析　　由于甲型血友病 *FVIII* 基因的点突变较多，而在实际工作中不可能对每一 HA 患者做点突变的检测，所以 DNA 多态性连锁分析是 HA 基因诊断的常用手段，但注意其应用前提是：①存在先证者；②先证者的母亲必须是该突变位点的杂合子。

2）RFLP 连锁分析　　中国人 *FVIII* 基因中 RFLP 已报道了 6 种；基因内多态位点有 4 个，包括外显子 18 的 3'*Bcl* I 位点；内含子 22 中的 *Xha* I 位点；外显子 19 的 *Hin*d III 位点及外显子 25 的 *Bgl* I 位点。基因外有两个：*Taq* I/DXS52（st14）和 *Bgl* II/DXS15。调查结果显示基因内的多态性变异 *Bcl* I、*Xha* I 和基因外变异 *Taq* I 的多态性信息量较大。

近年来 RFLP 连锁分析已广泛地采用 PCR 结合 *Bcl* I 和 *Xba* I 的酶谱分析，或对应于这两个 RFLP 多态性的 ASO 探针杂交技术。

3）数目可变的串联重复序列（VNTR）分析　　中国人中已报道了两种，即外显子 13 和 *FVIII* 基因外侧的 DS52（st14-1）。其中 st14-1 位点的 VNTR 与 *FVIII* 基因紧密连锁，相距约 2Mb，以 60bp 为一重复单位，重复单位中含有 *Taq* I 酶切位点，所以可通过 DNA 印迹技术、PCR 技术检测，但由于 st14-1 位于 *FVIII* 基因外，故在基因诊断结果分析时需注意基因重组导致误诊的可能性。

4）短串联重复序列（STR）的连锁分析　　在 *FVIII* 基因内含子 13 中发现 $(CA)_n$ 和内含子 22 中的 $(GT)_n$、$(AG)_n$ 等微卫星序列。STR 是大量随机分布于人类基因组中并能稳定遗传的多态性序列，作为第二代遗传标志，遗传多态性信息较大。可通过 STR-PCR 技术进行基因诊断，因这些 STR 是基因内的遗传标记，故一般不会因基因重组而导致诊断错误。可与 RFLP 连锁分析相互补充，提高 HA 基因诊断的准确水平。

综合近年来对甲型血友病的研究进展，我们认为对血友病进行基因诊断首先应寻找有无基因倒位，其次利用基因内的遗传标志（多态位点）进行连锁分析，最后采用 PCR-SSCP 或 PCR-DGGE 分析。

### 三、脆性 X 综合征基因诊断

脆性 X 综合征是最常见的遗传性智力低下疾病之一，其发病率男性约为 1/4000，女性约为 1/8000。该病致病基因位于 X 染色体长臂 2 区 7 带（Xq2.7）。人们把在 Xq2.7 处有脆性部位（fragile site）的 X 染色体称为脆性 X 染色体（fragile X，fra X），而它所导致的疾病称为脆性 X 染色体综合征。脆性 X 综合征在临床上主要表现为中度到重度的智力低下，并常伴有巨睾、特殊面容、多动症及癫痫等临床表现。目前已证实该病的致病原因是脆性 X 智力低下基因 1（*FMR1*）所编码的脆性 X 智力低下蛋白 FMRP 表达缺失或者其表达产物异常，但 FMRP 的这种表达异常和脆性 X 综合征出现的各种临床表现之间的联系尚不清楚。

脆性 X 综合征的发病原因是 *FMR1* 基因 5′ 非翻译区遗传不稳定的三核苷酸重复序列 $(CGG)_n$ 的异常扩增及相邻 CpG 岛的异常甲基化。$(CGG)_n$ 在正常人中为 8～50 拷贝，而在正常男性传递者和女性携带者中增多到 52～200 拷贝，同时相邻的 CpG 岛未被甲基化，称为前突变（premutation）。前突变者无或只有轻微症状。女性携带者的 CGG 区不稳定，在向后代传递过程中拷贝数逐代递增（即动态突变），以致在男性患者和脆性部位高表达的女性中，CGG 重复数目达到 200～1000 拷贝，相邻的 CpG 岛也被甲基化，称为全突变（full mutation）。这种全突变可关闭相邻 *FMR1* 基因的表达，几乎所有患者不表达或只有低表达的 *FMR1* mRNA，从而出现临床症状，这是动态突变的典型疾病之一。也有部分患者因 *FMR1* 基因点突变导致 FMRP 表达减少或缺失或功能低下，从而引起一系列的病理表现，但具体的发病机制尚不清楚。

常用的基因诊断方法如下。

**1. PCR-ASO**　　该病的基因诊断可采用 PCR-ASO 法进行，用 CGG 寡核苷酸探针对 PCR 产物进行杂交分析。正常人基因的扩增产物分子质量较小，电泳速度较大，而脆性 X 综合征患者的 PCR 产物分子质量较大，电泳速度较慢，与正常对照比较即可做出明确的诊断。

**2. DNA 连锁分析**　　*FMR1* 基因两侧有 3 个二核苷酸重复序列 FraXAC1、FraXAC2、DXS548 可作为遗传标记。利用 $(AC)_n$ 重复序列多态性特点，用 PCR 扩增 FraXAC2，杂合率高达 80%。此法简单、方便、信息量大，遗传标记与 FraX 位点无基因重组等。优点是可作为直接 DNA 分子诊断技术的对照和补充，其缺点是需要先证者及杂合子母亲等。

**3. Southern 印迹杂交法**　　FraX 患者 CGG 扩增使 CpG 岛异常甲基化，导致相应酶切位点消失，因此可以用来诊断。基因组 DNA 先经酶切，并与基因内探针 StB12.3 进行杂交，根据杂交后 DNA 片段大小，可了解 $(CGG)_n$ 重复数及 CpG 岛甲基化程度来诊断携带者和患者。此法是目前诊断 FraX 的主要方法，但该技术繁杂费时，不易于基层推广应用，亦不宜于群体筛查。使用时还应注意酶解完全，否则产生的杂交带可致错误结果。

**4. PCR 扩增**　　应用 $(CGG)_n$ 重复序列两侧引物直接扩增包括 $(CGG)_n$ 重复区域在内的 DNA 片段，其产物经琼脂糖或变性序列胶电泳分离，转印后与同位素或非同位素标记的寡核苷酸探针杂交，可检测扩增产物；也可用银染方法直接检测 PCR 产物，即可精确测定重复拷贝数；还可在 PCR 反应体系内掺入放射性核素标记的某种脱氧单核苷酸（如 $^{32}$P-dCTP），再经变性序列胶电泳分离，放射自显影得到 PCR 产物；但当重复拷贝数超过 200 时，扩增就比较困难，如采用耐热的 *pfu* DNA 聚合酶和巢式 PCR 以提高扩增效率，可取得满意效果。PCR 不仅能够快速简便地确定 $(CGG)_n$ 拷贝数，而且采用多对引物可以检测 *FMR1* 基因的缺失和点突变，RT-PCR 可检测 FMR1 mRNA，了解基因的表达情况，还可利用 PCR 方法扩增 CpG 岛邻近区域来判断 CpG 岛甲基化状态。将基因组 DNA 先经甲基化敏感性酶充分酶切后再进行 PCR 扩增。正常男性 CpG 岛未甲基化，模板 DNA 可被切割而检测不到 PCR 产物，男性患者 CpG 岛存在异常甲基化，故该位点不能被甲基化敏感性酶识别而扩增出一固定大小的 PCR 产物。此法能诊断男性患者，适用于对 FraX 男性患者的确诊及群体筛查，且这类个体基因组 DNA 经上述酶切不完全时也可产生假阳性结果，故所有阳性标本均应用 Southern 印迹杂交进一步验证。因女性有一条 X 染色体本身就已存在甲基化，故不适用于女性患者的检测。PCR 法快速、灵敏，可用于临床筛查及初步诊断。

# 第三节　传染病基因诊断

任何类型的病原体，包括病毒、支原体、细菌、真菌和寄生虫，它们感染宿主细胞后均携带有自身特异的 DNA 和（或）RNA，因此可以用基因诊断技术来进行检测或诊断。

基因探针杂交技术对各种病原体的检测有重要意义。①可从临床标本直接检出特异性的病原体，有可能淘汰过去常规使用的培养检验技术，特别是那些生长慢的微生物，如分枝杆菌属、肺炎支原体及许多病毒；②不仅能检出正在生长的病毒，而且也能检出已整合至宿主染色体，但尚未发现的潜伏病毒，显著缩短了诊断周期；③对那些不易在体外培养或体外安全培养的病原体，如肠毒性大肠杆菌、结核菌及立克次氏体等病原菌，用探针检测更为必要。

PCR 及其衍生技术为传染病的基因诊断提供了一种快速、敏感的方法。基因探针虽然一般具有较好的敏感性，但是对于病原体的检测，不同的探针、不同的标记方式、不同的杂交方法，甚至不同的临床标本，均可能存在较大的差异。PCR 由于特异性和灵敏度都很高，可克服基因探针的某些不足之处，能在斑点杂交法未能检出的样品中也能得出阳性结果。但值得注意的是：由于临床实验室每次检测的样本多，如不严加防范，很容易交叉污染，特别是 PCR 产物的污染，带来假阳性或假阴性结果。因此，在样本中病原体含量甚少时，一般采用 PCR-印迹杂交。

## 一、病毒性疾病基因诊断

### （一）甲型肝炎病毒

利用 PCR 技术可从粪便中检测出甲型肝炎病毒（hepatitis A virus，HAV）的基因组 RNA。该方法非常快速，一般在 4～12h 即可得出结果，并且可早期诊断出甲型肝炎病毒，从而可及时采取预防措施，隔离传染源，防止疾病流行。

### （二）乙型肝炎病毒

目前 PCR 检测乙型肝炎病毒（hepatitis B virus，HBV）的技术已有取代过去的血清学方法、斑点杂交方法的趋势。可以选择 HBV DNA 序列中高度保守区作为特异性扩增对象。HBV 的 DNA 分子是已知动物病毒中基因组较小的分子，由部分双链环形 DNA 组成。转录链平均长 3200 核苷酸（nt）。基因组中主要的开放阅读框架（ORF）有 4 个，即 P、S、C 和 X 基因。

HBV DNA 全序列及各基因的定位均已明确，在设计特异引物时，可根据已发表的 HBV 各亚型（adw、adr、ayw 和 ayr）的序列，通过同源性比较，设计用保守区序列作为引物，以扩增各型 HBV DNA 片段，为了进一步诊断 HBV 的亚型，可设计位于可变区的引物来扩增某一亚型 HBV DNA。

### （三）丙型肝炎病毒

与甲型肝炎及乙型肝炎有血清学诊断系统不同，丙型肝炎的诊断缺少相应的病毒关联的血清学检测方法。由于丙型肝炎病毒（hepatitis C virus，HCV）是一种 RNA 病毒，基因组为正链的单链 RNA，约由 10kb 组成，编码 3011～3024 个氨基酸，因此对 HCV 做基因诊断时，先将其反转录成 cDNA，再进行 PCR，现在多采用巢式 PCR 检测 HCV。

PCR 扩增片段主要选择 HCV 结构基因核心区，为一段 324bp 长的非编码区，该区高度保守，在具有明显变异 HCV 各株之间有很好的同一性。所采用的引物包括逆转录用引物和 PCR 扩增用引物两条。采用巢式 PCR 可显著提高检测的灵敏性和特异性。

## 二、细菌性疾病基因诊断

### （一）结核分枝杆菌

传统的结核病实验诊断主要依靠痰涂片镜检抗酸杆菌和结核分枝杆菌的培养与鉴定。结核分枝杆菌的基因诊断是先设计一对特异性引物，用 PCR 技术扩增出一 383bp 序列，再用探针杂交，灵敏度可达到 100 个细菌水平。或者用结核分枝杆菌染色体中特异性重复序列设计引物，扩增出 123bp，进行 30 个循环，灵敏性可达到 10fg。并且该保守的特异性重复序列在结核分枝杆菌染色体内有多个拷贝，因此即便某些结核菌发生变异，只要它保留一个重复序列拷贝就能保证扩增的准确性。利用基因诊断技术一般可在很短的时间内做出诊断，从患者的痰中抽提结核杆菌的染色体 DNA 开始，至做出结论一般在一天内即可完成。

### （二）幽门螺杆菌

幽门螺杆菌（*Helicobacter pylori*，HP）是一种微需氧革兰氏阴性菌，为 B 型慢性胃炎的主要致病因素，又是消化性溃疡发病的重要因素，与胃癌的关系也十分密切。目前检测 HP 的方法有细菌培养法、组织培养法、尿素呼吸试验和血清学试验等。但这些传统的方法都缺乏足够的灵敏度，易受多种因素干扰而受到限制。而基因诊断恰好克服了上述缺点，主要采用 PCR 技术。按引物不同有三种方法：①检测 HP 染色体 DNA 特异片段；②检测 HP 尿素酶 *A* 基因；③用 PCR-RFLP 鉴别 HP 菌株。国内外大量报道表明这三种方法都可取得较理想的结果。

## 三、寄生虫病基因诊断

寄生虫基因组 DNA 中结构基因仅占小部分，这些结构基因所表达的功能蛋白在种内表现出类似性，而较少特异性。寄生虫基因组 DNA 大部分序列为非编码序列，其中含有中度和高度重复序列，目前研究证明，这些重复序列经过进化过程中的快速变化，具有明显的种特异性，因此若用这些重复序列作为分子探针，可达到特异性诊断的目的。与传统诊断方法相比，基因诊断的优点主要在于：① DNA 诊断的对象是 DNA，只有当寄生虫存在时，才可被诊断出来，以往感染则为阴性结果，所以基因诊断是可达到诊断现行感染的可靠方法；②通过杂交信号的强弱，还可判断患者受感染的程度；③寄生虫高度重复序列在个体发育过程中保持恒定，所以不论检测哪些生活时期寄生虫同样都可得到准确诊断，即不受生活时期的影响；④一般来讲，探针序列在虫体内为多拷贝，故 DNA 诊断灵敏度很高，比血清学检查高 1000 倍以上，对早期诊断病原体和流行病学研究有重要作用。

疟原虫（Malaria）是疟疾的病原体。血细胞镜检是疟原虫的传统诊断方法，但是在现场调查中这种方法的敏感性较低、工作量大。目前广泛应用的一般为免疫学方法，具有敏感性高、结果快的优点。但采用基因诊断方法，不但可达到诊断的目的，还可以了解疟原虫基因变异等。基因诊断方法主要是采用针对不同疟原虫的不同基因部位（如恶性疟原虫的重复序列等）的核酸探针和引物而进行核酸杂交和 PCR 扩增。

卡氏肺孢子虫（*Pneumocysis carinii*）可引起肺孢子虫病（pneumocystosis）。卡氏肺孢子虫体外培养十分困难，从灌洗物、痰等标本中检测病原体主要依靠直接染色镜检，但特异性不高，单克隆抗体的应用效果尚待评价。而基于核酸杂交和 PCR 技术的基因诊断无论从灵敏度还是特异性来讲，都优于传统检测方法，加之具有快速、简便的特点，所以适用于卡氏肺孢子虫感染的早期诊断。

## 四、其他应用

衣原体（chlamydia）是专一性细胞内寄生的微生物，目前衣原体属共分 4 个种，即沙眼衣原体、肺炎衣原体、鹦鹉热衣原体和家禽衣原体。其中沙眼衣原体和肺炎衣原体是人类多种疾病的重要病原。衣原体的基因诊断始于核酸分子杂交，因敏感性不高，未能广泛应用于临床诊断。PCR 技术的广泛应用，为衣原体感染的临床诊断、流行病学和基础理论研究提供了很好的途径。这些方法的敏感性和特异性比较高，充分体现了基因诊断的优势。

目前可开展基因诊断的感染性疾病种类很多，其他具体种类因篇幅有限不加赘述。

# 第四节 恶性肿瘤基因诊断

恶性肿瘤的基因诊断是指用分子生物学理论和方法，通过检测肿瘤相关基因的存在，分析肿瘤相关基因的结构缺陷、表达及其功能异常，以达到肿瘤诊断的目的。大多数人类肿瘤都已检测到癌基因或抑癌基因的缺失或点突变，这些改变可作为某些肿瘤的基因标志，有些基因表达产物也可作为标志物，如甲胎蛋白（AFP）可作为肝实质性肿瘤诊断的标志物。但目前已比较明确视网膜母细胞瘤与 *Rb* 基因，肾母细胞瘤、I 型神经纤维瘤与 *WT1* 基因，结肠癌与 *APC* 基因，Li-Fraumeni 综合征与 *p53* 基因，乳腺癌与 *BRCA* 基因之间有一定的关系。

常见的肿瘤基因诊断技术包括：PCR、PCR-SSCP、DNA 测序、RFLP 分析、斑点杂交、基因芯片等技术。

## 一、原癌基因与抑癌基因检测

### （一）原癌基因的检测

*ras* 癌基因是人类肿瘤中最易被激活的癌基因，其最常见的点突变是第 12、13、59 或第 61 位密码子的突变。*ras* 基因家族由 *H-ras*、*K-ras* 和 *N-ras* 组成。不同的 *ras* 基因在不同的肿瘤具有优势激活现象，胰腺癌、结肠癌、肺癌以 *K-ras* 突变为主，如 *K-ras* 第 12 位密码

子突变，由编码甘氨酸的 GGT 突变为 TGT、GTT 或 GAT，少数突变为 GCT。在急性淋巴细胞白血病、慢性淋巴细胞白血病等血液系统肿瘤中以 *N-ras* 突变为主；泌尿系统肿瘤则以 *H-ras* 突变为主。检测 *ras* 基因突变，对判断这些肿瘤的发生发展及了解肿瘤的治疗效果具有一定意义。

### （二）*ras* 癌基因突变常用的检测方法

**1. PCR 扩增技术**　　检测 *H-ras* 基因第 12 位密码子点突变。

**2. PCR-SSCP 分析**　　应用 PCR-SSCP 及直接测序法可确定患者 *N-ras* 原癌基因点突变的位置，突变点为 12 密码子第 2 碱基的 G → A 转换。

**3. 其他技术**　　检测 *H-ras* 基因点突变可用核苷酸杂交技术、PCR-直接测序法、Western 印迹技术及 PCR-RFLP 技术检测 *ras* 基因密码子点突变及表达。

### （三）抑癌基因 *p53* 的检测

约 50% 以上的癌症都有 *p53* 基因的突变，其中密码子第 175 位、第 248 位、第 249 位、第 273 位及第 282 位点突变率最高。*p53* 基因以点突变多见，另有少量插入或缺失突变，其基因表达产物也可出现异常，这些突变有助于形成肿瘤。肿瘤抑制基因 *p53* 的活动终止则预示着肿瘤的形成。在结直肠癌、乳腺癌、小细胞肺癌都可见异常的 *p53* 基因蛋白。*p53* 的基因诊断方法有以下几种。

**1. 巢式 PCR 技术**　　先对 2.9kb 片段进行第一轮扩增，然后再分别用外显子 5、6、7、8 引物进行第二轮扩增。采用 PCR-SSCP 研究人原发性肺癌 DNA 中 *p53* 基因外显子 5~8，并用 DNA 循环测序技术对部分突变样品分析。结果发现 *p53* 基因突变占 39%（16/41），突变位点均分布在外显子 5~7，而外显子 8 未观察到突变；外显子 5 和外显子 7 同时存在突变；不同组织类型肺癌中，小细胞肺癌的突变频率最高，其次是腺癌和鳞癌，分别为 55.5%（5/9）、37.5%（3/8）和 35%（7/20）。

**2. DNA 序列分析**　　经 PCR-SSCP 检测 *p53* 基因有突变的 DNA 进行突变区域的 PCR 产物序列分析，发现 157 号密码子 GTC 中插入一个 A，变成 GATC。一个核苷酸的插入导致移码突变，158 号密码子由 CGC → CGG，发生同义突变；159 号密码子由 GCC → CCC，发生错义突变；153 号密码子由 CCC → CGC，发生错义突变；173 号密码子由 GTG → GTT，发生同义突变；外显子 6 上三个连续的密码子发生突变；198 号密码子由 GAA → TAA，发生无义突变；199 号密码子由 GGA → TGGA，发生移码突变，200 号密码子由 AAT → TAAT，发生移码突变等。

**3. PCR-RFLP 分析**　　可对突变后有酶切位点消失或增加的突变类型进行检测。

**4. PCR-SSCP 分析技术**　　引物设计是选自突变频率最高的外显子 5~8 特异保守区。

## 二、常见恶性肿瘤基因诊断

### （一）乳腺癌

**1. 乳腺癌常见基因变异**　　乳腺癌的家族聚集性是遗传或是共同环境造成的争议较大，但支持遗传因素的证据逐步增多。乳腺癌患者中有 5%~10% 具家族遗传性。乳腺癌高危家族中常有属于抑癌基因的 *BRCA* 基因（breast cancer gene）的突变。目前发现 *BRCA* 基因有两个，一个是位于 17q21 的 *BRAC1*，此基因大于 100kb，有 22 个外显子，外显子几乎占了编码序列的 60% 以上，其突变易致乳腺癌。突变分布于整个编码序列，没有明显的突变簇或突变热点。70% 的缺失或插入导致编码序列的框移和提前终止密码。另一个为 *BRCA2* 基因，位于 13q12.3，其长度超过 70kb，有 11 385bp 的编码序列分布于 27 个外显子，编码 3418 个氨基酸，30%～40% 的散发性乳腺癌有 *BRCA2* 的杂合性缺失（LOH）。这些变异一般为截短了的蛋白质。*BRCA1* 在 N 端的一半部位截短，与乳腺癌和卵巢癌的高风险相关；而在 C 端截短则主要与乳腺癌高危有关。*BRCA2* 基因的突变主要是提高乳腺癌易感性，而出现卵巢癌的风险性相对较低，但其家族成员易患男性乳腺癌。另外，原癌基因 *myc*、*erb*B2、H-*ras*、染色体 11q13 DNA 异常增生及 *p53* 突变均与乳腺癌的高发有关。

**2. 乳腺癌基因诊断方法**

1）PIRA-PCR 分析法检测 *BRCA1* 基因突变　　因 *BRCA1* 基因没有明显的突变簇或热点，因此可用 PIRA-PCR（primer-introduced restriction analysis-PCR）方法直接检测 *BRCA1* 基因的点突变。其原理为：根据正常和患者的基因序列差异，在引物设计时，引入一个或破坏一个限制酶切点，使 PCR 产物具有相应的碱基，之后用限制酶消化产生不同的片段。

2）其他的检测方法　　利用荧光原位杂交（FISH）检测发现 *BRCA2* 基因扩增；比较基因组杂交（comparative genomic hybridization，CGH）检测发现乳腺癌中一些新的染色体畸变；PCR-SSCP 法检测乳腺癌中的点突变，以上这些检测乳腺癌的技术均有报道，在此不作详细阐述，可参阅其他文献资料。

另外，*BRCA* 基因的突变主要与家族性高发性乳腺癌和卵巢癌有关，至少有 10% 在 40 岁前发病，因此无明显家族史的妇女，没有太大必要做 *BRCA* 基因的遗传咨询。

（二）结肠癌

**1. 结肠癌常见基因变异**　　流行病学资料表明，有明确遗传背景的结肠癌其实并不多见。只有两类疾病可称为遗传综合征，一类是家族性腺瘤性息肉病（FAP），另一类是遗传性非息肉病性结肠癌（HNPCC）。它们分别占结肠癌总数的 1% 及 4%～6%。因而，大部分结肠癌家族集中现象其原因并不清楚。目前将这部分患者统称为散发型腺瘤及结肠癌。分析表明，散发性患者的一级亲属患结肠癌的风险是普通人群的 2～3 倍；若父母双方均为该病患者，则其后代的患病风险是普通人群的 4～6 倍。这很可能与不完全显性的遗传因子有关。

结肠癌的形成是多基因参与的多步骤过程，抑癌基因和原癌基因的突变使上皮细胞具有增殖优势，并发展为恶性表型。在癌发展过程的不同阶段发生不同的基因突变，如 APC（adenomatous polyposis coli）是结肠癌发生过程中第一个发生突变的基因。而 *p53* 基因则是结肠癌发展过程的后期发生突变的基因。早期是由结肠腺瘤样息肉的 2 个等位基因突变而失活，生殖细胞 APC 基因的突变及继后体细胞 APC 基因另一个等位基因的突变，导致遗传性腺瘤样息肉综合征，其特征为结肠内有成百上千个腺瘤样息肉，若不及时治疗，最终发展为结肠癌。K-*ras* 原癌基因的突变导致调节失控，也是结肠癌形成的早期事件，染色体 18q 的杂合缺失、使 DCC（deletion of colorectal cancer）基因失活是腺瘤发展成癌的晚期事件，并预示其预后不良。抑癌基因 *DPC4* 和 *MADR2* 也可能会因 *18q* 等位基因丢失而失活。*p53* 基因的突变是结肠癌发生过程的晚期现象，由于多基因改变，处于发展中的肿瘤逃避了细胞周期的停止和凋亡。20%～50% 的结肠癌形成过程还伴有染色体 1q、4p、6p、8p、9q 和 22q

的等位基因的丢失，预示可能还有未知基因的参与。除了癌基因与抑癌基因外的第三类基因，DNA 修复基因也与结肠癌发生相关。例如，由于生殖细胞 hMSH2、hMLH1、hPMS1 或 hPMS2 基因的突变所致的 DNA 错配修复的缺陷与遗传性非息肉性结肠癌的发生有关。多数这类肿瘤患者和 10%～15% 的散发性结肠癌患者显示有微卫星的不稳定性，也称为复制错误阳性（RER⁺）表型。DNA 错配修复缺陷可致Ⅱ型 TGF-β 受体和胰岛素样生长因子Ⅱ受体的突变和失活。当 DNA 复制、遗传重组和 DNA 损伤等形成错配碱基时需要 DNA 错配修复系统，这种系统的某些组分在原核生物和真核生物中是保守的，错配修复系统的遗传缺失，在肿瘤易感综合征和散发性癌中起重要作用。

**2. 结肠癌基因诊断方法**　　由于 APC 基因的变异发生在多数结肠癌的早期。因此，对腺瘤样息肉患者做 APC 基因的检查，对预测结肠癌形成的可能性是一种有用的手段。APC 基因位于 5 号染色体长臂，有 15 个外显子，常见的突变发生在外显子 7、8、10、11，对 APC 基因突变的检测方法可从以下四方面进行。

1）PCR-SSCP 法　　对腺瘤样息肉患者 APC 基因可进行 PCR-SSCP 法基因诊断。

2）异源双链 PCR 法　　异源双链 PCR（HD-PCR）法是将异源双链分析法与 PCR 结合，检测 APC 基因的变异。首先进行 PCR，然后将 PCR 产物进行异源双链电泳分析，若第一次电泳未见异源双链电泳带，根据异源双链电泳迁移率比同源双链慢的原理，在相应于异源双链阳性对照电泳带的位置，切取 5mm×5mm 凝胶，经 TBE 缓冲液洗涤，用 200μl 扩散液（500mmol/L NaAc，10mmol/L MgAc、1mmol/L EDTA、0.1%SDS）50℃振摇浸泡 30min、13 000r/min 离心，取上清，用乙醇沉淀，20μl 水溶解沉淀作 PCR 模板，再次 PCR 和异源双链电泳分析。

3）蛋白质免疫印迹法　　可检测因基因突变而缩短了的 APC 蛋白。APC 基因的阅读框含 8538bp、编码 2843 个氨基酸残基的肽链。由于结构庞大，对其进行全面突变研究费时费力。而生殖细胞和体细胞的 APC 基因突变，无论是无义突变或移码突变，都产生截短了的 APC 蛋白，因此，通过检测 APC 蛋白能提供 APC 基因突变的信息。APC 全蛋白大于 300kDa，截短了的 APC 蛋白为 80～200kDa，出现截短了的蛋白质条带即显示有 APC 基因突变。若有两条截短的蛋白质带，提示 2 个等位基因有不同的突变；出现 1 条正常带，1 条短的肽链，提示 1 个等位基因正常，另 1 个等位基因有突变；只显示 1 条带，提示有 1 个基因完全缺失。从截短的 APC 蛋白的相对分子质量可推算突变的位点，此法与 PCR-SSCP 或变性梯度凝胶电脉法比较，更为简便。

# 第五节　基因检测在药效评价和指导个体化用药的应用

药物代谢酶、药物转运蛋白及药物受体等相关基因的单核苷酸多态性（SNP）是造成药物体内处置过程、药物效应个体差异的主要原因，基因多态性检测开启了个体化治疗的新模式，提高了药物的疗效及安全性。本节将从基因型检测在药物疗效评价和指导个体化用药的应用这两个方面进行简述。

## 一、临床药物疗效评价

通过干扰素 α 为主的持续的免疫诱导治疗可以清除丙型肝炎患者体内的病毒，但由于病毒基因亚型的不同和丙型肝炎患者的个体差异，许多患者达不到预期疗效。通过研究发现，当患者是难治性的丙型肝炎病毒（HCV）（如 1 型和 4 型）感染者或者携带对干扰素治疗不敏感的白细胞介素 28B（interleukin 28B，IL28B）相关的单核苷酸多态性基因型时，在抗病毒治疗后获得持续性病毒学应答的可能性非常低。为此，学界将不同的 IL28B 相关的 SNP 基因型称为保护性和非保护性基因型，分析 HCV 基因型和患者 IL28B 基因变异对干扰素联合利巴韦林治疗丙型肝炎的影响，有望建立丙型肝炎患者抗病毒治疗药物效应预测及临床药物疗效评价的方法。

## 二、指导个体化用药

基因多态性使人们对药物的反应性和对病毒的易感性存在个体差异，通过测定人体的这些基因多态性或其单倍型可以预测药物代谢情况或疗效的反应性和对病毒的易感性，从而制订针对不同个体的药物治疗方案。例如，基因检测发现携带人类白细胞抗原——B*1502（HLA-B*1502）等位基因而接受卡马西平治疗的患者，更易发生重症多形性红斑和中毒性表皮坏死松懈症等严重皮肤反应。因此，在用卡马西平治疗前，检测 HLA-B* 1502 等位基因，发现卡马西平 HLA-B*1502 阳性个体，可极大可能避免卡马西平不良反应发生，增加卡马西平治疗的安全性。药物代谢酶的遗传多态性，也是个体对某些药物的反应性差异的重要因素。干细胞色素 P450 是研究最多的药物代谢酶基因多态性，CYP2C19 变异等位基因（*2 或 *3 等位基因）携带者体内活性代谢物浓度下降，使用氯吡格雷治疗急性冠脉综合征会使血小板活化的抑制作用减弱和不良心血管事件增加。因此，在治疗前对患者检测血小板功能识别氯吡格雷无反应人群，结合基因型检测，从而进行个体化治疗。白细胞介素-1α（IL-1α）的基因多态性与甲型流感易感性存在相关性。IL-1α 存在 rs1304037、rs16347、rs17561 和 rs2071373 四个位点基因多态性，其中 rs17561 存在 T 和 G 两种等位基因，而 T 等位基因是甲型流感易感基因。据此，可以通过检测 rs17561 等位基因判断疑似感染者的接触易感性。在系统阐明人类药物代谢酶及其他相关蛋白的编码基因遗传多态性的基础上，通过对不同药物代谢基因靶点的药物遗传学检测，将为真正实现个体化用药提供技术支撑。仅需少量的样品和费用就可为大量基因提供高通量、高灵敏度和特异性的差异检测，可较快地确定一个基因多种差异的相对位置，从而提供个体中每个等位基因的分布状况。基因多态性检测将有助于为特定人群设计最为有效的药物，为每一个患者设计最为理想的用药方案，不仅可以提高疗效，缩短疗程，而且可以减少毒副作用。

# 第六节　基因诊断在法医学上的应用

## 一、DNA 指纹与多态性遗传标记

随着科学技术的发展，基因诊断在法医学上的应用越来越广泛，包括了亲权认定、个体识别、性别鉴定等多个领域。人类染色体上小卫星 DNA 的高度可变区（hypervariable region，HVR）是由头尾相连的串联重复序列（tandem repeat，TR）组成，TR 的核心序列同源性很高，HVR 的长度由于 TR 的重复次数不同而有很大的差别，具高度多态性，经限制酶消化，在 Southern 印迹杂交图上表现为丰富的 RFLP，这样的序列被称之为数目可变串联重复序列（variable number of tandem repeats，VNTR）。1985 年，英国遗传学家 Jeffeys 等用 TR 的核心序列为探针进行 RFLP 分析时，检测到许多 VNTR，所得图谱具有高度的个体特异性，达到了如同人类指纹那样的高度专一性，所以称其为 DNA 指纹（DNA fingerprint）。

## 二、短串联重复序列

短串联重复序列（short tandem repeat，STR）作为普遍存在于人类基因组中的遗传标记，在法医物证应用方面显示出了巨大的优势：① STR 位点 PCR 扩增成功率和灵敏度都很高。因为 STR 仅为 2～4bp 的"核心序列"串联重复，尤其对降解检材的扩增分型十分有效。② PCR 反应中当两个等位基因片段长度相差较大（大于 200bp）时，它们的扩增效率产生明显差异，一般来讲，短片段会优先扩增。从而扩增结果就会显示一深一浅的两条谱带，甚至只有一条谱带，从而出现错误结果。这种情况在等位基因片段较长的 VNTR 位点的 PCR 分析时较为常见，而 STR 位点的 PCR 分析则可避免这种情况。③可通过在同一反应体系中同时扩增几个 STR 位点来提高有限检材的利用率和检验速度。

## 三、Y 染色体上的 STR 基因座

人类 Y 染色体属于性染色体，正常男性拥有 Y 染色体，而女性没有。Y 染色体除了拟常染色区外，在遗传过程中不发生交换重组，其序列结构能稳定地由父亲传给儿子，呈父系遗传。因此，在法医学个体识别、亲子鉴定、追溯父系迁移历史等方面都具有独特的应用价值。

与常染色体 STR 基因座比较，Y-STR 分型的法医学应用具有以下特点：① Y 染色体为男性特有，对单拷贝 Y-STR 基因座，每个男性个体仅有一个等位基因，因此 Y-STR 分析在法医物证假定中的特殊意义在于混合斑迹中推断男性个体的最少人数；而多拷贝 Y-STR 基因座，每个男性有一个到多个等位基因，且分型结果中单峰和多峰间呈现明显的剂量效应关系。② Y-STR 呈父系遗传特征，同一父系的所有男性个体均具有相同的 Y-STR 单倍型，故在父系亲缘关系鉴定中有重要价值。③在减数分裂过程中，Y-特异性区不发生重组，所有 Y-STR 基因座均连锁遗传，故不能采用乘法原则将各基因座等位基因频率相乘，而应将所有 Y-STR 基因座分型结果视为一个单倍性，再根据被测男性所在群体的单倍型频率分布评估证据价值。

在著名的"白银案"中，就是因为案犯的远房堂叔因犯罪被抓获后，警方采集了此人的血液样本，经 Y-STR 检测分析后，将此人遗传数据输入到违法犯罪人员 DNA 数据库中进行初步对比，结果与"白银案"嫌犯的 Y 染色体信息相符合。这一初步检测的结果表明，白银案犯与此人遗传了相同的 Y 染色体，他们属于同一家族的男性。随后警方查询了该家族所有的男性成员，经排查分析，确认其远房侄子高某具备作案条件，并将其作为"白银案"嫌犯进行抓捕。高某归案后，其本人指纹和 DNA 与案发现场指纹和 DNA 检验对比，确认来自同一个体。至此，这起长达 28 年的"世纪悬案"终于画上了句号。

## 四、STR 微卫星标记和亲权鉴定

在法医学中 DNA 的检测目的主要有两个，即个体识别和亲权鉴定。下面简单阐述一下

DNA 检测在个体识别和亲权鉴定中的应用。

**1. 单位点探针检测 VNTR 多态性及 PI 值的计算**　　DNA 多态性中，单位点 VNTR 检测结果十分直观，纯合子为一条电泳条带，杂合子为两条电泳谱带。父权指数（paternity index，PI）值、父权相对指数或亲子关系概率（relative change of paternity，RCP）值计算方法基本一致。例如，对于 D14S/*Eco*R I 位点的 DNA 指纹图谱来说，母子共有 19.8kb 的片段，孩子有一条 23.3kb 的片段，则该片段必然是来自生父的基因，而争议父具有 23.31kb，故不排除争议父与孩子有亲生关系。23.3kb 片段的基因频率为 $Y=0.004$，而争议父提供该片段的概率为 $X=0.5$，则 $PI=X/Y=125$。PI 值表示争议父作为亲父比随机男人作为亲父的可能性大多少倍，PI 值大于 1 表示倾向肯定父子关系，值越大，可能性越大；等于 0 时表示排除父子关系。

单位点分析的缺点主要在于 VNTR 的等位基因呈连续分布，基因频率分布也呈随机变量模式，因而 PI 值在计算上也呈随机变量的波动。因此最好多分析几个 VNTR 位点，累积计算 PI 值。

**2. STR 微卫星标记和亲权鉴定**　　根据孟德尔遗传定律，即孩子身上的遗传物质一半来自父亲，一半来自母亲。目前常用的亲子鉴定为 STR 微卫星标记，如在特定基因座上，孩子的两个等位基因应该在父亲或母亲身上找到，否则即不符合孟德尔遗传定律。将样本中的 DNA 提取出来，PCR 扩增微卫星位点 DNA 片段，扩增产物通过电泳分析对大小不等的等位基因进行检测。通常利用 ABI 遗传分析仪对荧光标记 DNA 片段进行检测，加上分子质量内标进行 DNA 片段长度计算，使 STR 分型结果变得高效快捷，精确可靠。图 12-6 以微卫星 D13S317 位点为例，3 个子女基因型的一个等位基因来自父亲，另外一个等位基因来自母亲。检测的基因位点数越多，准确度就越高，一般鉴定试剂盒所检测的位点数都在 20 个以上，检测亲权概率必须在 99.99% 以上。

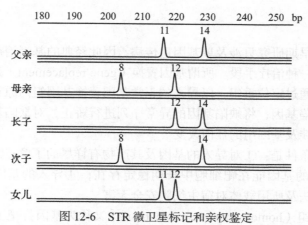

图 12-6　STR 微卫星标记和亲权鉴定

图中数字 8、11、12、14 为微卫星 D13S317 位点的等位基因命名和该微卫星序列的重复次数

（何淑雅　漆辉洲）

# 第十三章　基因治疗的原理与应用研究

人类与疾病的斗争从来没有停止过，随着分子生物学的迅速发展，人类对疾病的认识进入分子水平，从而产生了基因治疗（gene therapy）。1972 年，Friedmann 和 Roblin 在美国 *Science* 杂志上发表了题为 "Gene therapy for human genetic disease?" 的文章，提出了基因治疗的概念，并对人类遗传病基因治疗的可行性进行了探讨。1990 年美国 FDA 批准了首个人类遗传病的基因治疗实验。基因治疗是现代分子生物学技术与医学科学交叉渗透而形成的一个全新治疗领域。基因治疗研究的不断深入，使人们将基因治疗概念延伸扩展为将遗传物质转移至机体细胞，以达到治疗疾病的目的。基因治疗根据靶细胞的不同，分为生殖细胞（germ cell）治疗和体细胞（somatic cell）治疗两类，由于前者涉及伦理学等诸多问题而不宜应用于人类，因此人类基因治疗研究的重点是体细胞基因治疗。

## 第一节　基因治疗的基本策略

基因治疗是指将目的基因导入靶细胞内，成为宿主细胞遗传物质的一部分，目的基因表达产物对疾病起治疗作用。随着基因治疗基础研究的深入，技术不断进步，研究内容不断扩展，不仅可以将外源正常基因导入到病变细胞中，产生正常基因表达产物以补充缺失的或失去正常功能的蛋白质；而且可以采用适当的技术抑制细胞内过度表达的基因；也可以将特定的基因导入非病变细胞，在体内表达特定产物；还可以向功能异常的细胞（肿瘤细胞）中导入该细胞中本来不存在的基因（如自杀基因），利用这些基因的表达产物达到治疗疾病的目的。在基因治疗研究中，所用的目的基因就像临床上使用的药物一样在治疗中发挥作用。

### 一、基因置换

由于基因治疗的早期研究只涉及单基因遗传病，因此经典的基因治疗是指利用外源基因纠正细胞遗传病变的一种治疗手段。所谓基因置换（gene replacement）是指将特定的目的基因导入特定的细胞，通过定位重组，以导入的正常基因置换基因组内原有的缺陷基因。基因置换的目的是纠正缺陷基因，将缺陷基因的异常序列进行矫正，对缺陷基因的缺陷部位进行精确的原位修复，不涉及基因组的任何改变。

基因置换的必要条件是：①对导入的基因及其产物有详尽的了解；②外来基因能有效地导入靶细胞；③导入的基因能在靶细胞中长期稳定存在；④导入的基因能有适度水平的表达；⑤基因导入的方法及所用载体对宿主细胞安全无害。

利用基因同源重组（homologous recombination）[又称为基因打靶（gene targeting）] 技术在基因置换的实验研究中已取得了一些进展。实现定点整合的条件是转导基因的载体与染色体上的 DNA 有相同的序列。这样，带有目的基因的载体就能定向找到同源重组位点，进行部分基因序列的交换，使基因置换这一基因治疗策略得以实现。定向导入的自然发生率非常低，加上正常体细胞的生命周期，以及克隆、筛选等实验给细胞生长带来的一系列问题尚未得到真正解决。

近年发展起来的基因编辑（gene editing）技术为基因置换和修复提供了契机。基因编辑技术主要有 ZFN（zinc-finger nuclease）、TALEN（TAL effector nuclease）和 CRISPR/Cas9 这三种系统。目前最为常用的基因编辑系统为 CRISPR/Cas9 系统（简称 CRISPR 系统）。CRISPR 系统包括两个部分：一个导向 RNA（gRNA）和一个非特异性 CRISPR 结合核酸内切酶（CRISPR-associated endonuclease，即 Cas9）（见第九章图 9-17）。CRISPR/Cas9 技术经过进一步优化，已经发展为简单、高效的基因打靶工具，利用该技术可以实现基因组的精确编辑，如基因敲除、基因敲入、基因置换、点突变等。

## 二、基因添加

基因添加或称基因增补（gene addition）是通过导入外源基因使靶细胞表达其本身不表达的基因。基因添加有两种类型：一是针对特定的缺陷基因导入其相应的正常基因，使导入的正常基因整合到基因组中，而细胞内的缺陷基因并未除去，通过导入正常基因的表达产物，补偿缺陷基因的功能；二是向靶细胞中导入靶细胞本来不表达的基因，利用其表达产物达到治疗疾病的目的。例如，将细胞因子基因导入肿瘤细胞进行表达，即属于这一类型。

基因添加与基因置换一样，也必须具备上面提到的 5 个必要条件。

## 三、基因干预

基因干预（gene interference）是指采用特定的方式抑制某个基因的表达，或者通过破坏某个基因的结构而使之不能表达，以达到治疗疾病的目的。此类基因治疗的靶基因往往是过度表达的癌基因或者是病毒基因。常用的方法是采用反义核酸、核酶或者干扰 RNA 技术等抑制基因表达。

## 四、自杀基因治疗

自杀基因治疗是恶性肿瘤基因治疗的主要方法之一。其原理是将"自杀"基因导入宿主细胞中，这种基因编码的酶能使无毒性的药物前体转化为细胞毒性代谢物，诱导靶细胞产生"自杀"效应，从而达到清除肿瘤细胞的目的。

### （一）自杀基因系统

TK/GCV 和 CD/5-FC 是目前研究最多的两种自杀基因系统。单纯疱疹病毒（herpes simplex virus，HSV）I 型胸苷激酶基因（*HSV-tk*）编码的胸苷激酶（thymidine kinase，TK），特异性地将无毒的核苷类似物丙氧鸟苷（ganciclovir，GCV）转变成毒性 GCV 三磷酸，后者能抑制 DNA 聚合酶活性，阻止 DNA 合成，导致细胞死亡。大肠杆菌胞嘧啶脱氨酶（cytosine deaminase，CD）基因，在细胞内将无毒性 5-氟胞嘧啶（5-FC）转变成细胞毒性产物 5-氟尿嘧啶（5-FU）。此外，带状疱疹病毒（varicella-zoster virus，VZV）胸苷激酶基因、大肠杆菌脱氧胞苷激酶（deoxycytidine kinase，DCK）基因、大肠杆菌鸟嘌呤磷酸核糖转移酶（guanine phosphoribosyl transferase，GPT）基因及嘌呤核苷磷酸化酶（purine nucleoside phosphorylase，PNP）基因，它们都能将无毒或低毒的药物前体在肿瘤细胞内转变成毒性代谢产物，从而达到杀死肿瘤细胞的目的（图 13-1）。

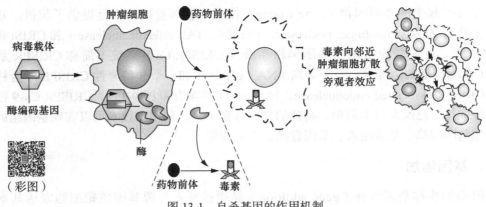

图 13-1　自杀基因的作用机制

## （二）旁观者效应

自杀基因转导入肿瘤组织所有细胞并非易事。1986 年 Moolten 将转导 *tk* 基因的纤维肉瘤细胞和非转导细胞混合培养，当转导细胞占肿瘤细胞总数的 10% 时，GCV 就能杀死大部分混合细胞，这一效应被称为旁观者效应（bystander effect）。因此肿瘤细胞的消除有赖于旁观者效应，旁观者效应显著增强了自杀基因对肿瘤细胞的杀伤作用，在很大程度上弥补了基因转导效率低的问题，对恶性肿瘤的治疗具有重要的意义。

## 五、基因免疫治疗

基因免疫治疗是通过将抗癌免疫增强细胞因子基因或者 MHC 基因导入肿瘤组织，以增强肿瘤微环境中的抗癌免疫反应。

### （一）基因修饰肿瘤细胞"疫苗"疗法

将某些细胞因子基因，如 *IL-2*、*IL-4*、*TNF-α*、*INF-γ*、*GM-CSF* 等导入肿瘤细胞，可使肿瘤细胞表达活性细胞因子。导入细胞因子基因的肿瘤细胞致瘤性丧失，且动物预接种这种转基因肿瘤细胞后，该动物对再接种的同种肿瘤有抵抗作用。因此能分泌细胞因子的转基因肿瘤细胞具有肿瘤疫苗作用，可成为新型肿瘤"疫苗"。这种肿瘤疫苗的作用机制是由于细胞因子表达后，一方面促进肿瘤表达特异抗原并诱发宿主抗肿瘤的细胞毒性 T 淋巴细胞（cytotoxic T lymphocyte，CTL）反应；另一方面分泌的细胞因子增强 CTL 和其他抗癌效应细胞的作用。

### （二）基因修饰 TIL 的过继免疫疗法

将细胞因子导入肿瘤浸润淋巴细胞（tumor-infiltrating lymphocyte cell，TIL 细胞）中，活化后的 TIL 具有显著抗自身肿瘤的作用，回输体内后有聚集于肿瘤部位的倾向，携带抗癌免疫增强的细胞因子基因在肿瘤局部表达量增加，同时还避免全身大剂量使用 IL-2、TNF-α 等细胞因子所引起的严重毒副反应。目前已将 TNF-α 基因导入 TIL，并在癌症患者中进行临床试验。

### （三）免疫增强基因疗法

将 MHC I 类抗原基因导入肿瘤细胞内，增加其免疫原性，有效地激活机体抗癌免疫反应，降低肿瘤细胞的致瘤性。

（四）原位修饰肿瘤免疫原性的基因疗法

诱导肿瘤特异性细胞毒反应，同时肿瘤组织的 CTL 可产生"旁观者效应"，即 CTL 不仅可以杀伤转导基因的阳性肿瘤细胞，还可以杀伤未转导基因的阴性肿瘤细胞，使受基因治疗的瘤灶消退时，其他未治疗的瘤灶也会消退。

（五）嵌合抗原受体 T 细胞（chimeric antigen receptor T cell，CAR-T 细胞）疗法

把识别肿瘤细胞特异靶点的功能基因，通过基因工程方法改造患者的 T 淋巴细胞，让 T 细胞能够识别肿瘤细胞，成为肿瘤特异性 T 细胞用于肿瘤治疗。

# 第二节　基因转移的基本技术

人类基因治疗按基因转移（gene transfer）的途径可分为两类（图 13-2）：一类称为 *ex vivo*（经活体），即将靶细胞在体外导入外源基因及经体外增殖、筛选、药物处理或其他一系列操作后，再输回患者体内；另一类称为 *in vivo*（活体内），即将无复制能力的、含外源基因的重组病毒直接应用于患者体内，此外还包括将脂质体包埋或裸露 DNA 直接注射到患者体内等方法。*ex vivo* 方法比较经典、安全，治疗效果比较容易控制，但操作步骤多，技术较复杂，不容易推广；*in vivo* 方法操作简便，容易推广。虽然 *in vivo* 方法目前尚不成熟，未能彻底解决安全性、疗效短及免疫排斥等问题，但仍是基因转移方法的重点研究方向。

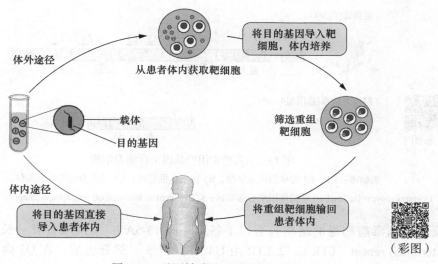

图 13-2　基因转移的两种途径

基因治疗取得突破性进展的关键在于基因转移技术的发展。基因转移技术种类较多，新的技术还在不断发展，但总体可分为病毒介导的基因转移系统（生物学方法）和非病毒介导的基因转移系统（非生物学方法）两大类型。

## 一、病毒介导的基因转移系统

研究表明，病毒介导的基因转移效率较高，因此病毒也是使用最多的基因治疗载体。据

统计，有 70% 左右临床试验计划和病例使用的是病毒载体，而其中用得最多的是反转录病毒（retrovirus，RV）载体和腺病毒（adenovirus，AV）载体。

（一）反转录病毒载体

反转录病毒（简称逆病毒）又称为逆转录病毒，是一种 RNA 病毒，其感染颗粒是由包装蛋白包装的两条 RNA 链组成，基因组结构比较简单，其基因表达框（expression cassette）可被治疗基因取代（图 13-3）。包膜上的突起由外膜糖蛋白和穿膜蛋白组成。病毒包膜上有型、亚属特异性抗原决定簇，在病毒核心内有属特异性抗原。当反转录病毒进入宿主细胞后，病毒 RNA 反转录成双链 DNA 分子，并进入细胞核内，随机整合至宿主细胞基因组，称为前病毒（provirus），然后再转录成 RNA，并合成包装蛋白，将转录的 RNA 基因组包装后分泌至细胞外，完成一个生活周期（life cycle）（图 13-4）。

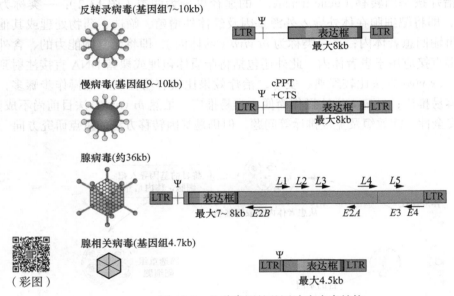

图 13-3　几种常用的基因治疗病毒结构

腺病毒：E1～E4 为早期转录单位，E1 被表达框置换；L1～L5 为晚期转录单位；

cPPT（central polypurine tract）：顺式作用中心起始区；CTS（central termination sequence element）：顺式作用终止区

反转录病毒前病毒的结构具有以下特点（图 13-5A）：①两端各有一长末端重复序列（long terminal repeat，LTR）。②LTR 由 U3、R 和 U5 三部分组成，在 U3 内有增强子和启动子；U3 和 U5 两端分别有病毒整合序列（integration sequence，IS）及前病毒 DNA 正链与负链转录起始位点 γ+ 和 γ-；在 R 内还有 poly（A）加尾信号。③病毒有三个结构基因：*gag* 基因，编码核心蛋白和属特异性抗原；*pol* 基因，编码反转录酶；*env* 基因，编码病毒外壳或包膜糖蛋白（包括外膜糖蛋白和穿膜蛋白）。④在 5′ 端 LTR 下游有一段病毒包装所必需的序列 ψ 及剪接供体位点（donor splicing site，SD）和剪接受体位点（acceptor splicing site，SA）。⑤含有负链 DNA 转录的引物结合位点（primer binding site，PBS）和正链 DNA 转录的引物结合位点。⑥反转录病毒 LTR 的长度在不同病毒株中各不相同，如莫洛尼鼠白血病病毒（Moloney murine leukemia virus，MMLV）的 LTR 长度约为 550bp。LTR 是病毒

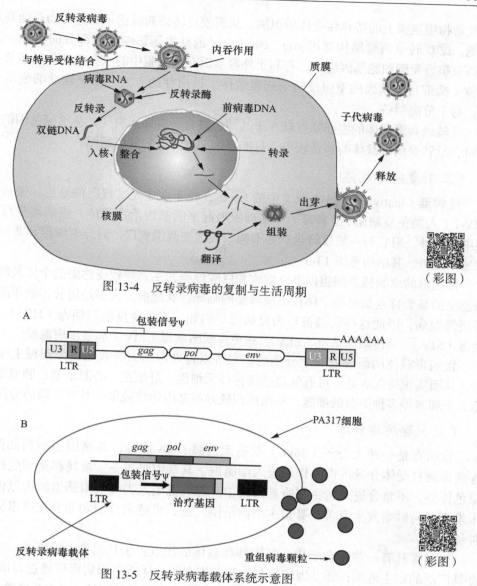

图 13-4　反转录病毒的复制与生活周期

图 13-5　反转录病毒载体系统示意图

DNA 整合进入细胞基因组 DNA 过程中的关键性结构。

用于基因治疗的反转录病毒载体系统由两部分组成（图 13-5B）：①反转录病毒基因组，为缺陷型，保留了病毒的包装信号（packaging signal）ψ，而缺失病毒的包装蛋白基因；它可以克隆并表达外源治疗基因，但不能自我包装成有增殖能力的病毒颗粒。②辅助细胞株（如 PA317 等），它由另一种缺陷型反转录病毒（即带有全套病毒包装蛋白基因，但缺失包装信号 ψ 的反转录病毒）感染构建而成。该细胞株能合成包装蛋白，用于反转录病毒载体包装，但本身却不能包装成辅助病毒颗粒。将上述两部分结合使用，即可产生携带治疗基因，且只有一次感染能力的重组反转录病毒颗粒。用它们感染靶细胞后，可将治疗基因带入宿主细胞内并发挥治疗作用。

反转录病毒载体系统有如下特点：①反转录病毒包膜上由 *env* 编码的糖蛋白能够被许多

哺乳动物细胞膜上的特异性受体所识别，从而使反转录病毒携带的遗传物质能高效地进入靶细胞。②反转录病毒结构基因 gag、env 和 pol 的缺失不影响其他部分的活性。③前病毒可以高效整合至靶细胞基因组中，有利于外源基因在靶细胞中的永久表达。④包装好的假病毒颗粒（携带目的基因的重组反转录病毒载体）以出芽的方式分泌至辅助细胞培养的上清液中，易于分离制备。

反转录病毒载体的主要缺点就在于其随机整合，有插入突变、激活癌基因的潜在危险；同时，反转录病毒载体的容量较小，只能容纳 8kb 以下的外源基因。

### （二）慢病毒载体

慢病毒（lentivirus）英文原文中的 Lenti-在拉丁文中是"慢"的意思。慢病毒载体是以 HIV-1（人类免疫缺陷Ⅰ型病毒）为基础发展起来的基因治疗载体。慢病毒是反转录病毒家族中的一种，但它与一般反转录病毒不同，其宿主范围更广，对分裂细胞和非分裂细胞均具有感染能力，其结构见图 13-3。

慢病毒的原始感染细胞以淋巴细胞和巨噬细胞为主，导致受感染的个体最终发病。慢病毒感染的显著特点是感染个体在出现典型的临床症状之前，大多经历长达数年的潜伏期，之后缓慢发病，因此这些病毒被称为慢病毒。例如，人类免疫缺陷病毒（HIV）、猴免疫缺陷病毒（SIV）、马传染性贫血（EIA）、猫免疫缺陷病毒（FIV）都是慢病毒属。

慢病毒载体的研究发展十分迅速，它可以将外源基因有效地整合到宿主细胞的基因组中，从而实现持久表达。可有效地感染神经元细胞、肝细胞、心肌细胞、肿瘤细胞、内皮细胞、干细胞等多种类型的细胞，从而达到较好的基因治疗效果，具有广阔的应用前景。

### （三）腺病毒载体

腺病毒是一种大分子（36kb）双链无包膜 DNA 病毒，其基因组结构如图 13-3 所示。腺病毒通过受体介导的内吞作用进入细胞内，其基因组进一步被转移至细胞核内，保持在染色体外，不整合进入宿主细胞基因组中。腺病毒是人类呼吸道感染的病原体，但目前尚未发现它与肿瘤发生有关，其宿主细胞范围广泛，可感染分裂和非分裂终末分化细胞，如神经元等。

腺病毒具有一些适合于作为基因转移载体的优点：①基因导入效率高，对人类安全；②具广泛的宿主范围；③基因转导与细胞分裂无关；④重组腺病毒可通过口服经肠道吸收，或喷雾吸入或气管内滴注，对患者进行治疗；⑤腺病毒载体可插入 7.5kb 外源基因；⑥腺病毒在体外容易培养制备，可达到较高的病毒滴度。

然而，腺病毒载体也存在一些缺点：①不能整合到靶细胞的基因组 DNA 中，因此不能像反转录病毒那样使外源基因稳定表达。分裂增殖快的细胞，如肿瘤细胞、支气管上皮细胞等，导入的重组病毒载体，随分裂而丢失的机会增多，表达时间相对较短。但腺病毒载体的这种特性在肿瘤的基因治疗中有时十分有益，因为尽管表达时间短，但并不影响外源基因的表达水平，而高水平的外源基因表达可在杀死肿瘤细胞后迅速消退，从而减少外源基因可能的不良反应。②宿主的免疫反应可能是导致腺病毒载体表达短暂的关键性因素之一，如果合理使用免疫抑制剂可以增加外源基因的表达效果。③基因治疗临床试验中已证实，有两个环节可能产生复制型腺病毒。其一是腺病毒产生过程中与 293 辅助细胞内 E1 区序列发生同源重组；其二是腺病毒载体与被治疗的患者体内已感染的野生型腺病毒，甚至乳头瘤状病毒、巨细胞病毒发生重组。而复制型病毒比缺陷型病毒繁殖迅速，加上病毒蛋白的大量表达所引发的免疫反应，将进一步破坏外源基因的表达。④宿主范围广是其优点，但同时也说明其靶向性差。

### （四）腺相关病毒载体

腺相关病毒（adeno-associated virus，AAV）是一类单链线状 DNA 缺陷型病毒，是目前所发现的动物病毒中最小的病毒，其基因组 DNA 小于 5kb，无包膜，外形为裸露的二十面体颗粒，其结构如图 13-3 所示。AAV 不能独立复制，只有在辅助病毒，如腺病毒、单纯疱疹病毒、痘苗病毒存在的条件下才能进行复制和溶细胞性感染，否则只能建立溶原性潜伏感染。AAV 载体是目前正在研究的一类新型安全载体，它对人类无致病性。其中一种 B19 病毒可以高效定位整合至人 19 号染色体的特定区域 19q13.4 中，并能较稳定地存在。这种靶向整合可以避免随机整合可能带来的抑癌基因失活和原癌基因激活的潜在危险性，而且外源基因可以持续稳定表达，并可受到周围基因的调控，兼具反转录病毒载体和腺病毒载体两者的优点。当然，AAV 载体的使用也存在一些局限性，如 AAV 载体容量小，最多只能容纳 5kb 以下的外源 DNA 片段，并且其感染效率比反转录病毒低。此外，该病毒在 40%～80% 的成人中存在过感染，可能会引起免疫排斥。这些都在一定程度上影响了它的应用。

### （五）单纯疱疹病毒载体

单纯疱疹病毒（herpes simplex virus，HSV）具有许多天然特征，适合于作为神经组织的基因转移载体。其中包括：①在不同的神经细胞中可建立长期潜伏状态；②在病毒进入细胞和建立潜伏状态时，不需要宿主细胞分裂；③在神经元细胞核中，病毒基因可持续存在，不整合至宿主细胞的染色体中，避免了因整合而使宿主细胞基因失活或激活原癌基因的潜在危险。

采用 HSV 构建重组病毒载体用于基因转移还具备某些难得的优点：① HSV 中有许多基因，去除后可明显阻碍其在体内的复制，使之丧失神经毒性；②可插入较大的外源基因片段甚至多个基因，而不影响病毒外壳的包装能力；③ HSV 在体外可达到很高的滴度，以作为病毒贮备。HSV 感染往往导致非神经性宿主细胞的蛋白质翻译关闭和 mRNA 降解。

作为载体的几种病毒比较见表 13-1。

**表 13-1　几种常用病毒载体比较**

| 项目 | 腺病毒 | AAV | 反转录病毒 | 慢病毒 | HSV |
|---|---|---|---|---|---|
| 家族 | 腺病毒属 | 细小病毒属 | 反病毒属 | 反病毒属 | 疱疹病毒属 |
| 基因组 | dsDNA | ssDNA | ssRNA$^+$ | ssRNA$^+$ | dsDNA |
| 感染 | 分裂和非分裂细胞 | 分裂和非分裂细胞 | 分裂细胞 | 分裂和非分裂细胞 | 分裂和非分裂细胞 |
| 整合状态 | 不整合 | 整合 | 整合 | 整合 | 不整合 |
| 外源基因表达 | 短暂表达 | 长期持续表达 | 长期持续表达 | 长期持续表达 | 长期持续表达 |
| 包装容量 | 7.5kb | 4.5kb | 8kb | 8kb | ＞30kb |

dsDNA：双链 DNA；ssDNA：单链 DNA

## 二、非病毒介导的基因转移系统

### （一）脂质体介导的基因转移技术

脂质体介导的基因转移技术使用方便、成本低廉。其基本原理是利用阳离子脂质体单体与 DNA 混合后，可以自动形成包埋外源 DNA 的脂质体，然后与细胞一起孵育，即可通过细胞内吞作用将外源 DNA（即目的基因）转移至细胞内，并在细胞内表达（图 13-6）。

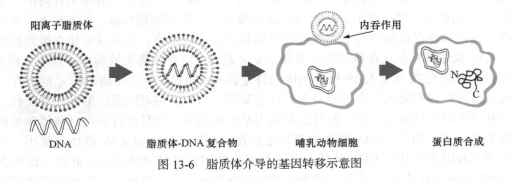

图 13-6　脂质体介导的基因转移示意图

在靶细胞中表达治疗基因时，对基因转移系统最基本的要求除了包括将治疗基因导入适当的靶细胞外，还包括将基因有效地、不被降解地运送至靶细胞的细胞核。在体内条件下，脂质体被网状内皮系统（reticuloendothelial system，RES）选择性地吸纳，特别是被肝、脾和骨髓的巨噬细胞吸纳。因此使用脂质体时，首先要考虑避免 RES。目前的解决办法有多种，如修饰脂质体膜以减少它对 RES 的亲和性；在其脂膜中引入负电荷的神经节苷脂或聚乙二醇即可避免 RES；引入阳离子或引入对 pH 敏感的脂类以避开细胞中的溶酶体等。同时为了使脂质体具有靶向性，可采用某些靶向性配体分子修饰脂质体表面。例如，将脂质体与抗胶质瘤的抗体偶联，使脂质体运送基因进入癌细胞的能力提高 7 倍；将运铁蛋白偶联于脂质体，经静脉注射家兔后，发现它们绝大部分聚集于骨髓的成熟红细胞；将表面活性蛋白 A 引入脂质体可增加Ⅱ型肺泡细胞对脂质体的摄入。此外，一种很有希望的转移技术是将病毒颗粒结合于脂质体或将病毒表面糖蛋白掺入脂质体，从而使脂质体像病毒一样能够有效地附着并进入细胞。例如，采用呼吸道综合病毒（ReSV）的表面蛋白，可使脂质体靶向导入呼吸道上皮细胞，而掺有 ReSV 依附蛋白和融合蛋白的脂质体被膜可以在 1h 内进入所有培养的呼吸道上皮细胞。

### （二）受体介导基因转移技术

基因转运体至少能实现两项主要目标：①将治疗基因运送到相关组织的靶细胞；②治疗基因易于转运进入靶细胞核。因此受体介导的基因转移技术应运而生。将多聚阳离子（如多聚赖氨酸）与细胞或组织亲和性配体偶联，与配体共价连接后，又通过电荷相互作用与带负电荷的 DNA 结合，将 DNA 包围，只留下配体暴露于表面。这种复合物可被带有特异性受体的靶细胞有效吞饮，从而将外源 DNA 导入靶细胞。第一个进行这方面应用研究的受体是仅在肝细胞内产生的去唾液酸糖蛋白受体。它的主要天然配体是去唾液酸血清类粘蛋白。将牛血清白蛋白半乳糖基化也可形成该受体的人工配体，带有这种配体的 DNA 复合物即可被定向送入肝细胞，而不进入其他组织。目前研究的配体还有胰岛素、表皮生长因子、凝集素、运铁球蛋白和红细胞生成素等。当然，这种类型转移技术还存在一些缺点，如 DNA 复合体进入细胞依赖于配体-受体介导的吞饮作用，而这是一个将配体-受体复合物导向溶酶体的过程。在溶酶体中大部分复合物将被降解和再循环利用，只有少数导入的 DNA 能够逃避这条途径而进入细胞核发挥作用。

（三）其他方法

非病毒载体介导的基因转移系统还包括磷酸钙共沉淀法、电穿孔法、DEAE-葡聚糖法、细胞显微注射及基因枪颗粒轰击等多种物理、化学方法。这些转移方法的效率差异较大，有的需要特殊的仪器，只适合体外基因转移，在基因治疗中极少使用，此处不作赘述。

各种基因转移方法的特点见表 13-2。

**表 13-2　各种基因转移方法的特点比较**

| 类型 | 方法 | 主要优点 | 主要缺点 |
|---|---|---|---|
| 病毒介导 | 反转录病毒 | 稳定整合，易操作 | 仅转染分裂细胞，有插入突变风险 |
| | 慢病毒 | 稳定整合，易操作 | 有插入突变风险 |
| | 腺病毒 | 安全性高，易制备 | 短暂表达，可诱导免疫反应 |
| | 腺相关病毒 | 定点整合，无致病性 | 难制备，容量较小 |
| | 单纯性疱疹病毒 | 有神经组织特异性 | 难制备，有细胞毒性 |
| 非病毒介导 | 脂质体介导 | 易制备，操作简便 | 转导效率低，短暂表达 |
| | 受体介导 | 特异组织靶向性 | 易降解，表达水平较低 |
| | 磷酸钙共沉淀 | 易制备 | 转移效率低 |
| | 细胞显微注射 | 特异细胞靶向性 | 操作复杂，表达效率差异大 |
| | 基因枪 | 无病毒序列 | 瞬间表达，表达效率差异大 |

# 第三节　基因干预

基因干预是指采用特定的方式抑制某个基因的表达，或通过破坏某个基因的结构而使之不能表达，以达到治疗某种疾病的目的。

## 一、反义 RNA

### （一）反义 RNA 与基因表达调控

反义 RNA 被作为一种调控特定基因表达的手段，进行了广泛研究。通过反义 RNA 与细胞中 mRNA 特异互补结合而调控其翻译。有关应用反义 RNA 在调控基因表达，特别是在抑制一些有害基因的表达或失控基因过度表达方面取得了很大的进展。无论是在细胞水平，还是整体水平，反义 RNA 的调节作用都已得到证实。反义 RNA 在基因治疗中的应用尚处于研究阶段，但已取得了不少进展。

利用反义 RNA 对体外培养的细胞进行基因表达调控通常采用的方法有两种：一种是体外合成反义 RNA，直接作用于培养细胞，细胞吸收反义 RNA 后，发挥作用。另一种是构建一些能转录反义 RNA 的重组质粒，将这些质粒转入细胞中，转录出反义 RNA 而发挥作用。但是，当进行体内基因治疗时，这两种方法都很难应用。由于 RNase 对 RNA 的降解作用，直接注射反义 RNA 在整体水平上是行不通的；而转移外源 DNA（反义 RNA 表达质粒）进入细胞后，转录出来的反义 RNA 的量不好控制，对于一些过度表达的基因，难以将其控制在正常表达水平。用合成的反义 RNA 在体内调节基因表达当然是较为理想的，但要将合成的 RNA 用于体内基因治疗，必须解决以下两个关键问题。

**1. 特异性转移问题**　　即如何特异性地对病变细胞进行调控，而不影响其他正常细胞。特定基因的失控或有害基因表达造成的后果常是某一组织、器官或系统中部分或全部细胞发生病变。这就要求进行基因治疗时也必须是针对病变组织、器官或系统的特殊细胞，对其他正常细胞影响越小越好，最好是没有影响。因此利用反义 RNA 进行基因治疗时必须特异性转移到病变细胞中，才能最有效地发挥作用。

**2. 反义 RNA 进入靶细胞前的降解问题**　　反义 RNA 抗 RNase 的能力不强。将反义 RNA 注射到体内，体内的 RNase 就会使反义 RNA 的有效量迅速减少，剩下的未被降解的反义 RNA 也无法集中到病灶处而是分散到全身。因此，直接注射反义 RNA 无法得到很好的调节效果。

受体介导的反义 RNA 转移技术是解决上述两个问题的一条有效途径。

### （二）受体介导反义 RNA 转移技术

借助受体介导 DNA 转移方法把 DNA 换成反义 RNA，就可以实现受体介导的反义 RNA 转移，如脱唾液酸血清类黏蛋白（ASGP）受体介导反义 RNA 转移。通过化学物质作为中间连接物，将 AGSP 与多聚赖氨酸（PL）共价连接，得到 ASGP-PL 复合物，即可成为运载核酸的工具。这种复合物不仅可以携带 DNA，同样可以携带 RNA。ASGP-PL 反义 RNA 复合物可以特异性地被肝细胞表面的 ASGP 受体所识别，并吞噬到肝细胞中，反义 RNA 通过这一途径进入肝细胞后，可被逐渐释放出来，一边发挥作用，一边被降解。

利用肝素作为配体在细胞水平（如 L929 细胞、HeLa 细胞）可以抑制 *c-myc* 基因的表达。利用 ASGP 受体介导系统，在细胞水平（Hep G2 细胞系）可以特异性抑制乙肝病毒基因的表达。这些实验已证明受体介导的 RNA 转移十分专一，而且效率高；被转移的 RNA 是被保护的，与周围环境之间存在多聚赖氨酸的保护层，因而可以抵抗环境中核酸酶的降解作用，提高了转移效率。因此，这种方法基本上可以满足反义 RNA 在基因治疗中的特异性高、抗降解作用强的要求。

### （三）反义 RNA 的应用前景

由于许多组织的特异性受体已先后被发现，随着受体介导的反义 RNA 转移技术进一步完善，反义 RNA 基因治疗将成为一个非常重要的技术。与基因转移后表达外源基因的方法相比，受体介导的反义 RNA 基因治疗有其自身的优点，而且在一定程度上补充了转基因治疗的不足。

**1. 安全性高**　　反义 RNA 只作用于特异的 mRNA 分子，并不改变所调节基因的结构。反义 RNA 分子无论怎样修饰，最终将在细胞内部被降解，不留"残渣"。即使在反义 RNA 治疗中出现一些未曾预料到的副作用，也可以通过停止用药来终止副作用。在这一点上，反义 RNA 与通常的药物十分相似。

**2. 反义 RNA 设计和制备方便**　　设计反义 RNA 时，所需的靶序列不大。对阅读框也没有要求，在真核系统中，应用覆盖 mRNA 5′端的反义 RNA 可以封闭帽反应，抑制特定基因的表达或功能。反义 RNA 的制备很简单，可以化学合成，也可以将靶基因的一段关键序列插入表达质粒中，反向接到启动子（如 SP6、T7 等）下游，在体外进行转录就可以得到大量的反义 RNA。

**3. 具有剂量调节效应**　　在转基因治疗中，转入到细胞中的基因表达量很难调控，很难让目的基因表达量调整到正常生理水平。而反义 RNA 则存在剂量调节效应。反义 RNA 量越大，抑制靶基因的能力越强，反之则弱。

**4. 能直接作用于一些 RNA 病毒**　　在治疗 RNA 病毒感染性疾病时，受体介导的反义 RNA 基因治疗比一般的 DNA 基因治疗有更大的优势。利用反义 RNA 可以直接作用于病毒 RNA，阻断 RNA 病毒的繁殖。在体外细胞培养实验中，反义 RNA 抑制 *HIV-1* 基因的表达已取得十分明显的效果、抑制效率基本都在 50% 以上；利用 T 细胞上 CD3 受体，进行受体介导反义 RNA 抑制 *HIV-1* 基因的表达也有报道。

反义 RNA 技术的发展已经不再局限于反义 RNA 自身的特性，而是可以让反义 RNA 带上其他活性，从而使受体介导的反义 RNA 技术在基因治疗方面更具优势。例如，用硫代磷酸核苷酸代替通常的核苷酸，可以增强反义 RNA 的抗降解作用。设计出具有核酶活性的反义 RNA，不仅可以阻断特定 mRNA 的翻译，而且能通过它带上的核酶来切割 mRNA 分子，促进 mRNA 的降解。例如，利用携带核酶的反义 RNA 对 HIV-1 病毒的抑制作用明显增强。核酶反义 RNA 技术，必将更加有效地阻断 RNA 病毒的复制，从而实现 RNA 病毒的基因治疗。

## 二、RNA 干扰

### （一）RNA 干扰现象

RNA 干扰（RNA interference，RNAi）是一种由双链 RNA 诱发的基因沉默（silencing）现象。在此过程中，与双链 RNA 有同源序列的 mRNA 被降解，从而抑制了该基因的表达。RNA 干扰技术在基因功能研究和人类疾病治疗方面有广阔的应用前景。最初的实验结果显示，有义链 RNA（sense RNA）或反义链 RNA（antisense RNA）均能抑制线虫基因的表达，双链 RNA 比单链 RNA 更为有效。将特异的双链 RNA 注入线虫体内可抑制有同源序列的基因表达。得到的结果是有义链 RNA 和反义链 RNA 都同样能阻断基因表达。这与传统上对反义 RNA 技术的解释正好相反，而且其抑制基因表达的效率比反义 RNA 至少高 2 个数量级。

### （二）RNA 干扰的机制

Dicer 是细胞内 RNase Ⅲ 家族中的双链 RNA 特异性核酸内切酶（dsRNA-specific endonuclease）。人 Dicer 含一个假定的螺旋酶（helicase）结构域、一个 DUF 283 结构域、一个 PAZ（Piwi-Argonaute-Zwille）结构域、两个相邻的 RNase Ⅲ 结构域（Ⅲa 和Ⅲb）和一个双链 RNA 结合域（double stranded RNA-binding domain，dsRBD）。与人 Dicer 相比，贾第鞭毛虫（Giardia）Dicer 只有一个 PAZ 结构域、RNase Ⅲa 和 RNase Ⅲb 结构域。Dicer 与其他 RNase Ⅲ 家族成员不同，Dicer 多了 PAZ 结构域，这个区域对其功能至关重

要。Dicer 的 PAZ 结构域可识别剪切产物的末端，并将 RNase Ⅲb 固定在双链 RNA 前体的茎部（图 13-7A）。

RNA 干扰过程主要有两个步骤：①长双链 RNA（double-stranded RNA，dsRNA）被细胞内 Dicer 切成 21～25 个碱基对的短双链 RNA，称为小干扰 RNA（small interfering RNA，siRNA）。② siRNA 与细胞内的某些酶和蛋白质形成复合体，称为 RNA 诱导的沉默复合体（RNA-induced silencing complex，RISC），该复合体可识别与 siRNA 有同源序列的 mRNA，并在特异位点将该 mRNA 切断或者抑制蛋白质翻译（图 13-7B）。阐明 siRNA 在双链 RNA 诱发的基因沉默中的作用机制是 RNA 干扰研究中最重要的发现之一。

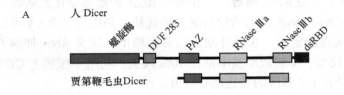

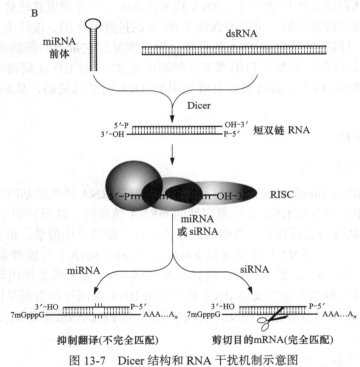

图 13-7　Dicer 结构和 RNA 干扰机制示意图

A. 人 Dicer 和贾第鞭毛虫 Dicer 结构；B. RNA 干扰机制示意图

siRNA 的发现不仅加深了人们对 RNA 干扰机制的认识，同时突破了一个用长双链 RNA 在哺乳动物细胞中抑制基因表达时常常遇到的障碍，即非特异性作用。长于 30 个碱基对的双链 RNA 常常会激活蛋白激酶而诱发对蛋白质合成的非特异抑制。siRNA 一般不会在哺乳动物细胞中诱发这种非特异性抑制。用人工合成的 siRNA 可特异性地抑制哺乳动物细胞中外源性或内源性基因的表达。实验表明，长度为 21 个碱基、3′端有 2 个碱基突出的双链

RNA 活性较高。siRNA 诱发的基因抑制具有高度序列特异性。在 siRNA 上一个错配碱基对即可使其失去原有的抑制基因表达的活性。换言之，只有与 siRNA 高度同源的 mRNA 才会被降解。这一特性在将 RNA 干扰技术用于治疗人类疾病时极为重要，从而减少或避免了对不相关基因的抑制。

### （三）RNA 干扰在基因治疗中的应用

RNA 干扰现象在生物界普遍存在。RNA 干扰机制和生物学功能的初步阐明，为 RNA 干扰技术的应用提供了理论基础。RNA 干扰研究目前已经在功能基因组学研究、微生物学研究、基因治疗和信号转导等广泛领域取得了令人瞩目的进展，在医学、生物学领域的应用有着广阔的前景。

**1. 肿瘤的基因治疗** 肿瘤是多个基因相互作用的结果，传统反义 RNA 技术诱发的单一癌基因的阻断，不可能完全抑制或逆转肿瘤的生长，而 RNA 干扰技术可以利用同一基因家族的多个基因具有一段同源性很高的保守序列这一特性，设计针对这一区段序列的 siRNA 分子，只使用一种 siRNA 即可以产生多个基因同时剔除的表现；也可以同时使用多种 siRNA，将多个序列不相关的基因同时剔除。RNA 干扰技术可用于治疗有异常基因表达的恶性肿瘤。K-RAS 蛋白为肿瘤发生所必需，*bcr/abl* 融合基因与人白血病有关，用 RNA 干扰技术可以阻碍 K-RAS 蛋白的表达从而抑制肿瘤发生，或杀死有 *bcr/abl* 的人白血病细胞系。通过 RNA 干扰抑制某些内源性基因的表达，能促进白血病细胞凋亡或增加其对化疗药物的反应性。又如应用 RNA 干扰技术成功地阻断了 MCF-7 乳腺癌细胞中一种异常表达、与细胞增殖分化相关的核转录因子基因 *Sp1* 的功能。

**2. 病毒性疾病的基因治疗** RNA 干扰可以被看成是一种与免疫系统类似的防御机制。用 siRNA 抑制人类免疫缺陷病毒（HIV）某些基因的表达，如 *p24*、*vif*、*nef*、*tat* 或 *rev*，阻碍 HIV 在细胞内复制。用 RNA 干扰技术抑制 HIV 受体（CD4）或辅助受体（CXCR4 或 CCR5）在细胞内表达，可阻碍 HIV 感染细胞。也有通过 RNA 干扰技术抑制其他病毒在细胞内复制的报道，如脊髓灰质炎病毒、人乳头状瘤病毒、乙型肝炎病毒和丙型肝炎病毒等。

使用 RNAi 抑制 HIV-1 的辅助受体 CCR5 进入人体外周 T 淋巴细胞，而不影响另一种 HIV-1 主要的辅助受体 CCR4，从而使导入 siRNA 进入细胞内产生了免疫应答，由此治疗 HIV-1 和其他病毒感染性疾病的可行性大大增加。RNA 干扰技术还可应用于其他病毒感染，如脊髓灰质炎病毒等。siRNA 已被证实介导人类细胞抗病毒免疫，用 siRNA 对 Magi 细胞进行预处理可使其对病毒的抵抗能力增强。siRNA 在病毒感染的早期阶段能有效地抑制病毒复制，病毒感染能被针对病毒基因和相关宿主基因的 siRNA 所阻断，这些结果提示 RNA 干扰技术能用于许多病毒性疾病的基因治疗。

## 三、核酶

天然核酶（ribozyme）多为单一的 RNA 分子，具有自剪切作用。核酶分子内部通过互补序列相结合，形成锤头状的二级结构（3 个螺旋区），并组成核酶的核心序列（13 个或 11 个保守核苷酸序列），就可在锤头右上方产生剪切反应（图 13-8）。核酶也可以由两个 RNA 分子组成，只要两个 RNA 分子形成上述类似结构。在这种情况下，组成核酶的两个 RNA 分子中，带有被剪切位点的 RNA 分子实际上是被剪切的靶分子，而与之结合的 RNA 分子

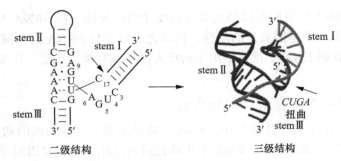

图 13-8　核酶分子结构（引自 Doherty and Doudna，2001）

数字代表核酶从二级结构变成三级结构的核苷酸位置

虽然只是构成了核酶的一部分，但实际上是作为一个酶在起作用，这种 RNA 分子也被称为核酶，基因治疗中应用的就是这种核酶。在基因治疗时，利用这种核酶分子结合到靶 RNA 分子中的适当部位，形成锤头状核酶结构，将靶 RNA 分子切断，通过破坏靶 RNA 分子达到治疗疾病的目的（图 13-9）。

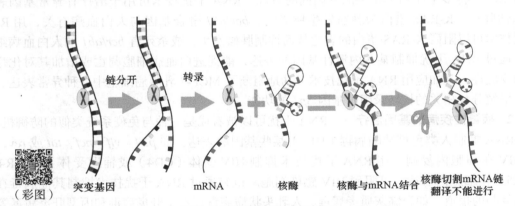

图 13-9　核酶作用机制示意图

## （一）核酶的设计

核酸是 RNA 分子，分子中的保守序列是酶活性的必需结构，这种保守序列构成了酶活性结构域。应用核酶进行基因治疗是通过靶 RNA 分子与核酶分子共同组成酶活性结构域，因此需要从靶分子和核酶分子两个方面来考虑核酶的设计。

**1. 选择合适的靶部位**　　靶部位具有核酶切割位点，能与核酶分子结合并组成酶活性结构域，是容易受到核酶攻击的部位。从理论上讲，核酶的靶部位普遍存在，但用核酶进行基因治疗时，必须把核酶导入细胞内，而细胞内的 RNA 是有空间结构的，不能像在体外实验中那样将其随意变性解链。设计核酶时首先需要确定靶部位，即选择靶 RNA 分子中没有二级结构、容易与其他 RNA 分子互补结合的区域，在此区域中必须具有核酶的切割位点，即 GUN 三核苷酸序列；在 GUN 序列的附近，可以有组成核酶活性结构域的部分核苷酸序列，也可以不含这些序列。

**2. 核酶的基本组成**　　用于基因治疗的核酶分子由三个部分组成，中间是保守序列（能够组成酶活性结构域），两端是引导序列（guide sequence）。在基因治疗中，主要是根据治疗的靶基因序列的特点，设计和合成特定的核酶。设计的基本原则是核酶分子与靶部位结合后能形成酶活性结构域。

核酶两端的引导序列与靶 RNA 分子的序列互补，起识别和结合底物的作用。这两段序列可以根据底物的核苷酸序列而变动，关键是能够特异性识别并结合靶分子，形成锤头结构的三个螺旋区。引导序列的长度及引导序列识别区域的确定（如抗病毒时选择调节或功能必需区域），在实际应用时还需根据具体情况具体考虑。

（二）核酶的应用

在基因治疗研究领域中，反义核酸技术是一种非常重要的技术。在该项技术的应用中，存在着一个难题，由于 mRNA 的拷贝数太多，难以达到完全抑制。核酶的出现为这一问题的解决提供了契机。与一般的反义 RNA 相比，核酶具有较稳定的空间结构，不易受到 RNA 酶的攻击，而更重要的是，核酶在切断 mRNA 后，又可从杂交链上解脱下来，重新结合和切割其他的 mRNA 分子。

核酶导入细胞的方法有两种：外源导入和内源导入。

**1. 外源导入**　　核酶可以通过化学合成，也可以采用体外转录的方法制备。在选好合适的靶序列后，根据靶序列设计合成核酶的正链和负链 DNA 片段；用 T4 多核苷酸激酶将其 5′端磷酸化，然后将 DNA 链退火互补，形成 DNA 双链；再将其克隆至合适的表达载体，连接到启动子（如 SP6、T7 等）下游，在体外进行转录就可以得到大量的核酶。

外源导入方法多采用脂质体法，将体外合成的核酶通过脂质体包裹后，导入细胞，此方法将核酶导入细胞的效率较高，每个细胞中可导入 30 万个核酶分子。

**2. 内源导入**　　内源导入就是通过真核表达载体（如反转录病毒载体）在细胞内表达核酶。根据靶序列设计合成核酶的正链 DNA 和负链 DNA 片段；形成 DNA 双链后，将其克隆至合适的真核表达载体；最后将此载体用适当的方法转入靶细胞或组织，让其表达出核酶，阻断基因表达。

**3. 内源导入前的检测**　　在导入细胞前，还要在体外对所克隆出的核酶进行检测。观察其是否确实能够与底物高亲和力结合，并对底物进行高效率剪切。在导入细胞的同时，还要分别导入报告基因和相应的反义表达载体作为对照，以检测载体的表达能力，以及区别所达到的抑制作用究竟是核酶还是反义 RNA 本身。

# 第四节　治疗基因的受控表达

治疗基因的受控表达包括控制治疗基因表达的时间、空间和水平三个方面。其中，时间又有两个方面的内容：①控制治疗基因在患者需要实施治疗时才表达，而不需要治疗时则处于关闭状态；②根据不同疾病的治疗要求，控制治疗基因持续表达的时间跨度。例如，遗传病和神经退行性疾病的治疗中要求治疗基因表达时间越长越好，而肿瘤治疗中则往往不要求治疗基因长时间表达。空间则是指为了提高基因治疗的特异性和安全性，必须严格限制治疗基因只在靶细胞中表达，而不在非靶细胞中表达，避免治疗基因指导合成的蛋白质干扰非靶细胞的正常行为，产生毒副作用。在表达水平方面，则希望治疗基因能在一个适当水平表达。

要实现治疗基因的受控表达，必须建立完善的基因表达调控体系。目前正在研究的基因调控策略大致有以下几种：基因内部调节机制、基因外部调节机制、利用病灶微环境使治疗基因特异表达，以及治疗基因的诱导表达等。

## 一、基因内部的调节机制

基因表达本身受到多个环节的调控。其中启动子和增强子是调节基因表达的最基本调控元件，而 RNA 聚合酶、DNA 结合蛋白和转录因子等组成的转录复合物是激活基因的最主要因素。调控元件只有与特异的转录复合物相互作用，才能启动相应基因的转录表达。由于许多转录因子等基因表达调节蛋白的存在具有细胞或组织特异性，造成许多基因的表达也相应具有细胞或组织特异性，形成细胞与组织分化的分子基础。利用这一原理可用来控制治疗基因表达的细胞或组织特异性。

### （一）正常细胞的组织特异性启动子、增强子元件

不同类型的正常细胞或组织中往往存在某些特有的蛋白质，它们的基因表达调控元件可用于驱动治疗基因的特异性表达，从而起到治疗作用。例如，酪氨酸酶是皮肤细胞和黑色素瘤细胞产生色素途径中的一种酶，可利用其启动子驱动治疗基因只在黑色素瘤细胞中表达，而不在正常的周边细胞中表达。前列腺特异性抗原（prostate specific antigen，PSA）是参与精液凝块中蛋白质降解、使精液液化的一种丝氨酸蛋白酶。它主要在前列腺中产生，而在前列腺癌细胞中含量很高，可以利用 PSA 基因调控元件驱动治疗基因在 PSA 阳性的前列腺癌细胞中表达而发挥作用，而其在 PSA 阴性细胞和非前列腺癌细胞中不能使治疗基因表达。此外，正在开展研究的这种类型的调控元件还有血管性血友病因子基因启动子、清蛋白基因增强子、髓鞘碱性蛋白质基因启动子和骨钙蛋白基因启动子等。

### （二）病变细胞的组织特异性启动子、增强子元件

某些病变细胞或组织产生一些特殊的蛋白质，其基因表达调控元件也可以用来控制治疗基因的特异性表达。例如，甲胎蛋白（α-fetoprotein，AFP）基因正常情况下只在胚胎肝细胞中表达，在妊娠 30 周达最高峰，以后逐渐下降，出生时血浆中浓度为高峰期的 1% 左右，在 1 周岁时接近成人水平。成年肝脏细胞中表达水平极低。研究发现，肝癌细胞中甲胎蛋白基因异常激活，因此可利用该基因启动子驱动自杀基因（如 HSV-*tk*）在癌细胞中表达，使癌细胞经给药后被杀死。癌胚抗原（cancer embryonic antigen，CEA）是膜糖蛋白家族的成员，在许多腺癌细胞中含量很高，采用其启动子驱动治疗基因，可以使治疗基因只在 CEA 阳性的癌细胞中表达，而不会在阴性细胞中表达。

## 二、基因外部的调节机制

除了利用基因内部的调节机制以外，还可以通过施加外部刺激，促进治疗基因在特定细胞或组织中表达。例如，采用热休克蛋白基因的表达调控元件来启动治疗基因，可以通过对病灶局部进行热处理，达到使治疗基因特异性表达的目的。又如 *Egr-1* 基因是一种编码锌指转录因子的早期基因，包括电离辐射和细胞因子在内的多种外部刺激都可以诱导其表达，将其调控序列启动的治疗基因（如肿瘤坏死因子基因）导入肿瘤组织，可以在电离辐射的作用下，使治疗基因获得暂时性的局部表达，增强放疗效果，杀死肿瘤细胞。此外，组织纤溶酶

原激活物（t-PA）作为溶解血栓的药剂，在中风和心肌梗死等疾病治疗中起着重要作用。而目前研究发现在一些抗放疗的肿瘤中，t-PA 的活性在辐射后竟然增加了 50 倍，表明其基因表达调控元件中存在受辐射诱导的调控元件，故可利用其调控元件启动治疗基因的表达，增强放疗效果。

### 三、利用病灶微环境使治疗基因特异性表达

病灶微环境与正常时往往不同，因此也可以利用这些变化控制治疗基因的表达。例如，在肿瘤病灶处，常常出现葡萄糖缺乏等情况，葡萄糖调节蛋白 GRP78/Bip 的含量也随之增加，使癌细胞能够抵御应激。当采用这种基因的启动子来控制治疗基因（如自杀基因）时，可以使其在肿瘤细胞中表达，导致肿瘤组织坏死。在过度生长的肿瘤组织中，由于肿瘤细胞的生长速度快于血管内皮细胞的生长速度，造成供血不足，因此在肿瘤内部形成酸性、缺氧和营养缺乏的区域，而缺氧条件可以通过缺氧诱导因子（hypoxia-inducible factor-1，HIF-1）和缺氧响应元件（hypoxia response element，HRE）相互作用，调节一些基因（如生长因子、转录因子、糖酵解酶和 DNA 复制酶等基因）的表达；如果采用 HRE 来控制治疗基因的表达，即可实现治疗基因只在缺氧的肿瘤组织中表达，而在正常组织中不表达。此外，利用病理环境诱导治疗基因表达的策略还可用于非肿瘤性疾病的治疗。例如，机体发炎时产生许多急性期蛋白，其基因的启动子可以控制发炎条件下治疗基因的表达；而一旦炎症消失，治疗基因的表达也随之终止。

### 四、治疗基因的诱导表达

采用组织特异性启动子控制治疗基因的表达，可能造成这些基因在靶细胞中表达，不再受外界控制。为了避免这种情况发生，研究人员正在开发和完善一些可诱导的基因表达系统。这种系统有两种必要成分：一种是转录激活物，它只在诱导药物存在时才能与 DNA 结合；另一种则是特异性基因表达调控元件，仅对这种转录激活剂有所响应。

目前较为理想的可诱导的基因表达系统有四环素抗性操纵子（tetracycline-resistance operon）系统。其原理是：大肠杆菌四环素抗性基因的转录受到 Tet 阻遏蛋白的负调控，在没有四环素存在的条件下，阻遏蛋白与四环素抗性操纵子序列结合从而阻断四环素抗性基因的表达；而当四环素存在时，由于阻遏蛋白与四环素具有极高的亲和性，造成阻遏蛋白对四环素抗性操纵子阻遏解除，从而使四环素抗性基因的转录得以进行。基于上述原理所开发的 Tet-On/Tet-Off 基因表达调控系统已成为基因治疗基础研究中的一种有效工具（图 13-10）。已有将四环素抗性操纵子系统与组织特异性转录调节元件结合使用的报道，如利用肌球蛋白基因启动子将四环素抗性操纵子系统限制在心肌细胞中表达；利用大鼠胰岛素基因启动子将四环素抗性操纵子系统限制在胰脏的 β 细胞中表达等。最近也有将 Tet-On 基因表达调控系统与自杀基因 HSV-*tk* 结合的报道，以反转录病毒或者腺相关病毒（AAV）为载体，将 HSV-*tk* 基因和 Tet-On 基因同时导入肿瘤细胞内，在丙氧鸟苷（GCV）和四环素衍生物强力霉素（doxycycline，Dox）存在时，Dox 通过 Tet-On 基因调控系统诱导 HSV-*tk* 基因表达，HSV-*tk* 基因表达产物使无毒的 GCV 转变成有毒的 GCV 三磷酸，从而杀死肿瘤细胞，取得较好的疗效。

此外，正在开发的可诱导的基因表达系统还有酵母的 DNA 结合蛋白 GAL4 和酵母蛋白

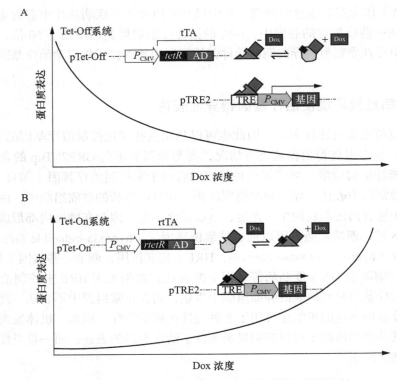

图 13-10　Tet-On/Tet-Off 基因表达调控系统的作用机制

Tet-Off 系统中，Tet 控制的转录活化子（tTA）是野生型 Tet 阻遏蛋白（TetR）与 HSV 病毒 VP16 活化域（AD）的融合体。Tet-On 系统中，TetR 中 4 个氨基酸的变化，改变了其结合特性为反向 TetR（rTetR），在 Dox 存在时与 TRE 结合

Leu3、昆虫激素（蜕皮素）响应元件及某些人工构建合成的可调控系统（如利用雌激素受体的配体结合域，人工构建的、对雌二醇响应的嵌合型转录因子）等。随着这些系统的发展和完善，将为基因治疗提供一条可控的安全途径。

# 第五节　基因治疗的应用研究

　　世界上第一个正式被批准用于基因治疗的病例是先天性腺苷脱氨酶（adenosine deaminase，ADA）缺乏症。1990 年 9 月美国 R.M. Blaese 博士成功地将正常人的 ADA 基因植入 ADA 缺乏症患者的淋巴结内，完成世界上首例基因治疗试验。此后，基因治疗在临床上的试验和应用越来越多。

## 一、遗传病的基因治疗研究

　　已知人类有 4000 多种遗传病，但真正了解病因，能进行产前诊断的仅限于那些为数不多的常见遗传病。由于目前基因治疗的发展正处于起步阶段，对遗传病进行基因治疗的研究范围还十分有限，必须符合以下要求的遗传病才可以考虑开展基因治疗研究工作：①在 DNA 水平明确其发病原因及机制；②必须是单基因遗传病，而且属于隐性遗传；③该基因的表达不需要精确调控；④该基因能在一种便于临床操作的组织细胞（如皮肤细胞、骨髓细胞等）中表达并发挥作用；⑤该遗传病不经治疗将有严重后果（如不经治疗难以存活等）。可供选择并符合上述条件的只有 30 余种遗传病。以下列举了几种已经或可望在临床进行基因治疗的人类单基因遗传病。

**1. 腺苷脱氨酶（ADA）缺乏症**　　ADA 缺乏症是 1972 年由 Giblett 等发现的一种先天性代谢性异常疾病，是一种罕见的常染色体隐性遗传性代谢缺陷性疾病。其病因是腺苷脱氨酶（ADA）缺乏，导致核酸代谢产物异常累积，使 T、B 淋巴细胞发育不全，功能障碍，引起严重的细胞、体液免疫缺陷，最终导致重症联合免疫缺陷病（severe combined immunodeficiency disease，SCID），患者常因感染而危及生命。临床上该病只能用骨髓移植治疗。ADA 主要在未成熟的造血细胞中表达，而且只需少量 ADA（如正常量的 5%～10%）即可缓解症状。因此，在鼠和猴体内成功进行 ADA 基因治疗试验的基础上，美国科研人员于 1990 年 9 月对一名 4 岁女孩进行 ADA 缺乏症的基因治疗并获得成功，并在 1992 年又成功进行了第二例基因治疗。

**2. 珠蛋白生成障碍性贫血和血红蛋白病**　　这两类疾病均属常见的单基因遗传病，前者以 β 珠蛋白生成障碍性贫血［又称为 β-地中海贫血（thalassemia），简称 β-地贫］，后者以镰刀状红细胞贫血（HbS 病）较为常见。它们都是由于 β 珠蛋白基因缺陷或突变引起，但这两类疾病的基因治疗较前述的酶缺陷更为困难，主要因为 β 珠蛋白基因表达具有较高的组织特异性（只在红系造血细胞中表达），需要精确调控才使得 α/β 珠蛋白合成比趋向平衡，而且基因表达的需求量很大。随着基因表达调控机制研究不断取得进展，结合使用高效基因表达载体，同时合理运用血红蛋白诱导剂，对珠蛋白生成障碍性贫血和血红蛋白病的基因治疗的设想也将有可能实现。

**3. 血友病（hemophilia）**　　虽然凝血因子大都在肝细胞内合成，但研究表明，这些凝血因子基因在其他细胞组织中也可以表达，只需少量表达的蛋白质进入血液即可缓解症状，因此引起科研人员的极大兴趣。其中，血友病 A（凝血因子Ⅷ缺乏）及 B（凝血因子Ⅸ缺乏）均为 X 染色体连锁的隐性遗传病，凝血因子Ⅷ基因的 cDNA 很大，目前尚未见有用反转录病毒载体进行转移的报道；而凝血因子Ⅸ基因的 cDNA 较小，所以血友病 B 的基因治疗走在前面。已证明凝血因子Ⅸ基因能够在肝细胞以外的许多细胞中表达，特别是在人皮肤成纤维细胞中能得到 100% 的具有凝血活性的Ⅸ因子。我国科学家于 1991 年 12 月成功地进行了血友病 B 的基因治疗，即首先将携带凝血因子Ⅸ基因的巨细胞病毒载体导入患者自身皮肤的成纤维细胞，经体外培养后再植入患者皮下，结果患者血浆中凝血Ⅸ因子浓度上升，凝血活性改善，取得了较为满意的结果。

**4. 苯丙酮酸尿症（phenylketonuria，PKU）和其他先天性代谢缺陷病**　　这类先天性代谢缺陷病主要是由于肝脏内某些代谢酶的缺乏所致，其中最具代表性的是苯丙酮酸尿症。这是一种由于肝内苯丙氨酸羟化酶（phenylalanine hydroxylase，PAH）缺乏，致使苯丙氨酸不能转变为酪氨酸而产生的病症。由于 PAH 的辅因子生物蝶呤（biopterin）也在肝内合成，因此肝细胞理所当然地成为 PAH 基因转移的靶细胞。在动物试验中，采用反转录病毒为载体，将 PAH 基因的 cDNA 成功地转移至新生小鼠肝细胞并获得较高水平的表达，为 PKU 的基因治疗迈出重要的一步。

**5. 莱-纳（Lesch-Nyhan）综合征**　　Lesch-Nyhan 综合征又称自毁容貌综合征，是一种严重的 X 染色体连锁隐性遗传病。患者从小表现为智力迟钝，并且具有强烈的自残行为，其血清中因存在过量的尿酸而极易形成结石，并继而引起痛风等症状。研究表明，这是一种由于次黄嘌呤磷酸核糖转移酶（hypoxanthine phosphoribosyl transferase，HPRT）缺乏所致的疾病，患者往往得不到有效治疗而多在 20～30 岁早逝。已证明将 HPRT 基因转移至多种成纤维细胞、人和小鼠骨髓细胞及 HPRT 缺陷的细胞中均得到较好表达，其产生的 HPRT 酶活性足以矫正细胞的代谢缺陷，使人们认为 Lesch-Nyhan 综合征的成功基因治疗已为期不远。但是要缓解由于该病所造成的中枢神经系统症状，还有一些复杂的问题尚待解决。

**6. 家族性高胆固醇血症（familial hypercholesterolemia）** 家族性高胆固醇血症又称为高 β 脂蛋白血症。这是一种因低密度脂蛋白（low density lipoprotein，LDL）受体基因突变，导致肝细胞不能有效清除血浆中的 LDL（包括胆固醇），从而导致的一种高胆固醇血症（血清胆固醇比正常高 4～5 倍）。据报道，研究人员 1992 年 6 月首次对一位临床患者进行基因治疗研究，将携带有 LDL 受体基因的重组反转录病毒载体在体外导入肝细胞，然后再将转染的肝细胞输回患者体内，从而表达产生 LDL 受体蛋白，帮助肝细胞清除血中胆固醇或LDL，取得了一定的疗效。

**7. 囊性纤维化（cystic fibrosis，CF）** 囊性纤维化是一种以呼吸道囊性增生为主的隐性遗传病。研究表明，此病是由于囊性纤维化跨膜传导调节蛋白（cystic fibrosis transmembrane conductance regulator，CFTCR）基因突变所致，该基因编码的蛋白质负责在呼吸道黏膜细胞的细胞膜上形成氯离子通道。由于患者体内的这种突变基因只能产生缺陷型蛋白，致使氯离子转运障碍，破坏性黏液在呼吸道黏膜内淤滞，黏膜形成囊性增生，造成呼吸道堵塞；终因反复感染，导致患者呼吸衰竭而死亡。其常规治疗主要依赖抗感染等对症处理，而不能解决囊性增生问题；随着病情不断加重，治疗效果也越来越差。已有数例囊性纤维化基因治疗的研究报道，对肺有亲嗜性的腺病毒载体成为治疗该病的首选载体之一。其基本方法是将 CFTCR 基因的 cDNA 与腺病毒载体重组，采用涂布鼻腔或喷雾吸入气管及肺部等方法，进入患者呼吸道上皮细胞中，获得了正常 CFTCR 基因的表达，氯离子转运缺陷得以纠正，减少了黏液分泌，取得了一定的疗效。

## 二、恶性肿瘤的基因治疗研究

肿瘤发生是一个极为复杂的过程，许多基因的突变会导致肿瘤的发生，如乳腺癌的发生至少与 20 个基因缺失有关。21 世纪肿瘤的基因治疗将会在以下几个方面取得突破。一是通过基因置换和基因补充，导入多种抑癌基因以抑制癌症的发生、发展和转移；二是抑制癌基因的活性，通过干扰癌基因的转录和翻译，发挥抑癌作用；三是增强肿瘤细胞的免疫原性，通过对肿瘤组织进行细胞因子修饰，刺激免疫系统产生对肿瘤细胞的溶解和排斥反应；四是通过导入"自杀基因"杀死肿瘤细胞。

由于肿瘤基因治疗较少涉及伦理问题，加之临床治疗的迫切需要，肿瘤发生的分子机制及其基因治疗研究也已走在基因治疗的前列，有希望发展成为继外科手术、放射治疗和化学药物治疗三种经典疗法之后的一种新型、分子水平的肿瘤预防和辅助治疗手段。由于许多癌症患者无法接受外科手术、放疗或化疗，因此基因疗法有可能成为挽救他们生命的唯一选择。

（一）肿瘤基因治疗的基本策略

从实际临床治疗应用的角度来看，肿瘤基因治疗的策略包括：①直接杀死肿瘤细胞或抑制其生长；②增强机体免疫系统，间接杀伤或抑制肿瘤细胞；③改善肿瘤常规治疗方法，提高疗效。

从基因操作的角度来看，肿瘤基因治疗则主要有四大策略，即基因置换、基因失活、基因修饰和自杀基因治疗。①基因置换是采用基因打靶技术或者基因编辑技术矫正突变的抑癌基因（tumor suppressor gene）中的突变序列，将外源性的正常抑癌基因直接导入肿瘤细胞，取代突变的抑癌基因，以改变肿瘤细胞的恶性表型；②基因失活是利用基因干预技术抑制异常表达的癌基因（oncogene）或肿瘤相关基因，降低其表达活性或不表达；③基因修饰则是一种广泛应用的策略，将具有增强治疗效果的外源基因导入靶细胞，外源基因的表达产物可以修饰、改变靶细胞的功能，如免疫基因治疗、药物敏感基因治疗和耐药基因治疗等；④自杀基因治疗则是向肿瘤细胞中导入"自杀基因"，其表达产物可催化对真核细胞无毒或低毒的药物前体，转变为细胞毒性物质，进而使肿瘤细胞产生"自杀"效应。

（二）肿瘤基因治疗的常用方法

**1. 基因干预技术**　　癌基因的过度表达已被公认为肿瘤发生和发展的重要分子机制之一。基因干预技术为恶性肿瘤的基因治疗提供了有效的手段。通过基因干预，使肿瘤细胞过度表达的癌基因得到抑制，从而降低其恶性表型。

1）反义 RNA 技术　　反义 RNA 技术最先应用于肿瘤基因治疗研究。有两种方法获得反义 RNA，一种是体外构建反义 RNA 表达载体，导入肿瘤细胞并表达反义 RNA，另一种是体外合成反义 RNA，导入靶细胞，对表达异常的癌基因产生抑制效应。由于反义 RNA 表达载体导入肿瘤细胞后，可产生大量的对异常癌基因有抑制效应的反义 RNA，因而是反义 RNA 技术的研究重点。反义 RNA 技术治疗肿瘤的设想主要集中在三个方面：①封闭异常表达的癌基因。有研究表明，反义 RNA 对 *fos*、*neu*、k-ras、c-src、c-myb 和 c-myc 等癌基因有不同程度的抑制作用。②癌基因的易位和重排部位是反义 RNA 治疗的理想目标。例如，在 90% 的慢性粒细胞白血病患者的粒细胞中，具有由 9 号和 22 号染色体易位形成的费城染色体（ph'），所形成 bcr-abl 融合基因的连接处正好是反义 RNA 封闭的最佳位置。③抑制肿瘤细胞耐药性，从而提高化疗效果。

反义 RNA 技术用于肿瘤基因治疗还具有安全性高的特点，即它只作用于特异的 mRNA，而不改变靶基因的结构，同时它最终可被 RNA 酶完全水解，不会残留。当然，反义 RNA 技术要真正应用于肿瘤基因治疗，还面临一些问题。例如，细胞癌变并非仅由某一个基因发生变异所致，而是多个相关基因共同作用的结果。反义 RNA 技术一般只能特异地抑制某一基因，同时抑制多个异常癌基因表达的反义 RNA 技术还有待进一步研究。

2）RNA 干扰技术　　RNA 干扰技术可用于癌基因异常表达的恶性肿瘤基因治疗。利用 RNA 干扰技术可以阻断 k-ras 基因的表达从而抑制肿瘤生长，或杀死 bcr-abl 表达的人白血病细胞系。通过 RNA 干扰技术可以抑制某些内源性基因的表达，促进白血病细胞的凋亡或增加其对化疗药物的敏感性。应用 RNA 干扰技术成功地阻断了乳腺癌细胞中一种异常表达的、与细胞增殖分化相关的核转录因子基因的表达。RNA 干扰技术在恶性肿瘤的基因治疗中展示了美好的前景。

**2. 自杀基因治疗**　　自杀基因治疗是目前肿瘤基因治疗领域中的研究热点之一。其基本原理是：向肿瘤细胞内导入某些真核细胞中不存在的酶基因，这些基因表达的特异性酶可以催化对真核细胞无毒或低毒的药物前体，转变为具有抑制核酸合成效应的抗代谢药物，进而选择性地将转染了该基因的肿瘤细胞"自杀"。这些基因也相应地被称为"自杀基因"。目前研究较多的自杀基因有单纯疱疹病毒胸苷激酶基因（HSV-*tk*），它编码的胸苷激酶可以将无毒的核苷类似物 GCV 磷酸化为细胞毒性物质。此外，还有大肠杆菌胞嘧啶脱氨酶（CD）基因，它编码的酶可以将 5-氟胞嘧啶（5-FC）转化为细胞毒性药物 5-氟尿嘧啶（5-FU）。

自杀基因治疗的前提条件是自杀基因的表达必须局限于肿瘤细胞中，而不伤及正常细胞。

根据某些肿瘤细胞产生一些特殊蛋白质的特点，如许多腺癌中异常表达的癌胚抗原、黑色素瘤异常表达的酪氨酸酶、肝细胞癌异常表达的甲胎蛋白及乳腺癌中过度表达的黏蛋白样糖蛋白 DF3（MUC1）等，这些蛋白质的活化依赖组织特异性启动子和调控元件，从而转录表达某些特异性的基因。如果在自杀基因的上游插入这些组织特异性启动子和调控元件，然后将构建的重组自杀基因载体导入有关肿瘤细胞，进行基因治疗，即可实现自杀基因只在导入的肿瘤细胞中特异性转录，即使导入正常细胞中，自杀基因也不会表达。

自杀基因治疗的研究表明，不仅转导了自杀基因的肿瘤细胞在用药后被杀死，而且通过"旁观者效应"，与其相邻的、未转导自杀基因的肿瘤细胞也被杀死。这种效应明显扩大了自杀基因的杀伤范围。

**3. 肿瘤的免疫基因治疗**　　肿瘤的免疫基因治疗是根据免疫学的理论和技术，并结合基因转移和基因表达调控等分子生物学方法，以激发机体肿瘤免疫效应或提高免疫效应细胞功能为目的的一种肿瘤基因治疗方法。主要包括细胞因子（或受体）基因治疗和抗原抗体基因治疗两大类。

1）细胞因子（或受体）基因治疗　　20 世纪 80 年代中期 S.A. Rosenberg 发明了淋巴因子活化杀伤细胞（lymphokine-activated killer cell，LAK 细胞）的细胞转移治疗技术，即采用肿瘤患者自身淋巴细胞，在体外与白细胞介素-2（IL-2）共培育，增殖得到大量 LAK 细胞，然后再与 IL-2 联合输回患者体内，治疗肿瘤晚期患者。其中约有 10% 的黑色素瘤和 10% 的肾癌患者的肿瘤完全消退，10%～25% 患者获部分消退（肿块缩小 50% 以上），开辟了肿瘤的继承性免疫治疗（adoptive immunotherapy）或称为细胞转移治疗（cell transfer therapy）。此后又从患者肿瘤中分离淋巴细胞，即肿瘤浸润淋巴细胞（tumor infiltrating lymphocyte cell，TIL 细胞），然后用含有 IL-2 的培养基进行培育，最终形成典型的细胞毒性 T-细胞。它不同于 LAK 细胞，能特异地杀伤其他来源的肿瘤细胞，而不杀伤患者正常细胞。临床使用中证明其疗效比 LAK+IL-2 联合治疗高 2 倍。随后，Rosenberg 又进一步在 TIL 细胞中导入能增强 TIL 治疗潜力的基因，如肿瘤坏死因子（tumor necrosis factor，TNF）、α-干扰素和 IL-2 等基因，并被批准试用于临床，取得较好的疗效。

2）嵌合抗原受体 T 细胞（chimeric antigen receptor T cell，CAR-T 细胞）疗法　　CAR-T 细胞疗法通过基因工程方法将识别肿瘤细胞表面抗原的嵌合抗原受体（chimeric antigen receptor，CAR）导入从患者体内获得的 T 细胞中表达，使这些 T 细胞能够杀伤肿瘤细胞，此疗法被认为是最有前景的肿瘤治疗方法之一。CAR-T 疗法在治疗血液肿瘤方面及实体瘤的治疗方面取得了巨大的进展。近年来日本的科学家将 IL-7 及 CCL-19 基因导入 CAR-T 细胞，制备出能够有效杀伤肿瘤的"超级 CAR-T 细胞"，在多种实体瘤小鼠模型中，该"超级 CAR-T 细胞"能够进入实体瘤内部，对于那些常规 CAR-T 几乎无效的实体瘤，实现了肿瘤的完全消除。

3）抗原抗体基因治疗　　　将抗原基因导入肿瘤细胞进行免疫基因治疗的设想，是鉴于许多临床研究中发现肿瘤细胞缺乏 MHC I 类或 MHC II 类分子的表达，导致不能将肿瘤抗原运输至细胞表面，也不能向 T 细胞呈递抗原，因而不会诱导产生特异性的细胞毒性 T 淋巴细胞（CTL），使得肿瘤细胞能够逃避机体的免疫监视。动物试验表明，将几种编码小鼠 MHC I 类分子的基因（如 *H-2K$^b$*、*H-2D$^b$*、*H-2D$^d$* 等）导入小鼠恶性间质瘤及黑色素瘤细胞，不但使小鼠皮下致瘤性明显下降，同时还使肿瘤细胞的转移能力下降。采用人类主要组织相容性复合物（MHC）I 类基因 HLA-B7 进行黑色素瘤基因治疗，在肿瘤细胞中表达同种异体 HLA-B7 基因，诱导特异性 CTL 参与免疫效应。

将抗体基因用于肿瘤基因治疗，主要出于以下两方面的考虑。一方面是由于抗体可以诱导特异性细胞毒反应，本身具有一定的抗肿瘤效应，可直接用于某些癌基因异常表达所致的肿瘤。另一方面则是利用抗体所具有的靶向性来介导其他基因治疗手段的实施，使治疗基因能定向导入靶细胞（如肿瘤细胞或淋巴细胞等），从而达到直接杀死癌细胞或者增强免疫细胞功能间接杀死癌细胞的目的。

**4. 提高化疗效果的辅助基因治疗**　　　临床上对肿瘤患者进行化疗时，通常面临两大难题，其一是患者机体内的肿瘤细胞对化疗药物的敏感程度存在差异，特别是某些经过多次化疗的患者，其体内的肿瘤细胞已经产生了多药耐药性，对多种化疗药物产生交叉耐受，最终导致化疗失败；其二则是大剂量的化疗可能导致患者的正常细胞，特别是骨髓造血细胞的功能受到抑制。为了解决上述问题，主要在以下两方面开展研究工作。

1）药物增敏基因治疗　　　为了使化疗药物能够最大限度地杀死肿瘤细胞，可以考虑将某些药物增敏基因导入肿瘤细胞，特别是对化疗药物原本不敏感的肿瘤细胞，使其对抗肿瘤药物的敏感性大大增加，从而达到增强化疗效果的目的。例如，将鸡钙调蛋白（calmodulin，CaM）基因导入小鼠乳腺癌细胞株 C127，结果仅需低剂量的长春新碱或长春花碱即可明显抑制该细胞株的生长。对其作用原理进行研究后发现，CaM 基因的表达产物作为细胞内信号转导系统的重要物质，增加肿瘤细胞对长春新碱或长春花碱的吸收量而相应减少了排出量，从而提高了肿瘤细胞内化疗药物浓度，导致肿瘤细胞死亡。

2）耐药基因治疗　　　肿瘤细胞耐药性的产生与多种糖蛋白或酶有关，包括多药耐药基因（multidrug resistance-1，mdr-1）编码的 P-糖蛋白、多药耐药相关蛋白（multidrug resistant-related protein，MRP）及肺耐药相关蛋白等；还有细胞内氧化和解毒作用的酶系统，包括细胞色素 P450（cytochrome P450）、谷胱甘肽 S-转移酶（glutathione S-transferase，GST）及谷胱甘肽过氧化物酶（glutathione peroxidase，GSH-PX）等。目前除了不断开发针对肿瘤细胞耐药性产生机制的拮抗剂，如用于阻断 P-糖蛋白所引发多药耐药的戊脉安（verapamil）和用于阻断 GSH 合成的丁硫氨酸亚砜胺（BSO）等。还采用基因干扰技术，在基因水平阻断耐药基因的表达，使肿瘤细胞的多药耐药性丧失，从而易于被化疗药物杀死。

针对化疗所致骨髓细胞造血功能受到严重抑制的问题，通过向肿瘤患者的骨髓细胞导入某种耐药基因，如 *mdr-1* 基因等，以增强骨髓细胞的抗药性，以便能耐受大剂量的化疗药物，以达到彻底杀灭肿瘤细胞的目的。

## 三、病毒性疾病的基因治疗研究

据统计，75% 的人类传染病是由病毒引起的。病毒感染人体后不仅可能引起急性发病，还可以在人体内长期潜伏，造成终身伤害。同时，病毒还是造成先天畸形的重要因素之一。有研究表明，病毒与某些癌症、自身免疫性疾病和内分泌疾病也存在一定的联系。迄今为止，临床上对绝大多数病毒感染性疾病仍然缺乏有效的治疗手段，而在众多开展的抗病毒治疗方案中，抗病毒基因治疗十分引人注目。

目前正在开展的抗病毒基因治疗研究工作包括调节机体免疫应答和抗病毒复制两方面。

**1. 调节机体免疫应答**　　其方法有以下几种。

（1）将细胞因子（如干扰素、白细胞介素等）的基因，通过适当的载体导入机体免疫细胞，激活免疫细胞并促进其增殖分化，增强机体的细胞和体液免疫应答，促进机体清除病毒感染细胞和游离病毒。

（2）将能够诱导机体产生保护性免疫应答的病毒抗原基因，如乙型肝炎病毒表面抗原基因等，插入表达载体后直接导入机体，表达的抗原不仅可以诱导机体产生保护性抗体，还可以引发特异性的细胞免疫应答，产生对野生致病病毒攻击的防御作用。

**2. 抗病毒复制**　　其方法是根据病毒在机体细胞中复制周期的各个环节来设计的，主要包括以下几点。

（1）抑制病毒与宿主细胞结合：即阻断病毒表面抗原决定簇与宿主细胞受体间的特异性结合。研究发现：HIV 病毒感染 T 细胞是通过其包膜蛋白（gp120）与 T 细胞膜上的 CD4 受体分子 N 端结合而实现的。因此，可采用适当载体将 CD4 分子的编码基因导入外周血淋巴细胞或血管上皮细胞，使其持续分泌表达，进入血液的可溶性 CD4 分子与 HIV 病毒的 gp120 蛋白结合，从而起到中和游离病毒，竞争性地保护 T 细胞不受 HIV 病毒侵害。

（2）抑制病毒基因组的复制和蛋白质合成：根据 RNA 病毒基因组的结构设计合成反义 RNA，导入体内与病毒 mRNA 形成二聚体，阻碍病毒 mRNA 的转录、运输和翻译等过程，同时诱导 RNA 酶降解病毒 mRNA。抑制病毒的装配与释放。例如，HIV 病毒基因组的 5′LTR 下游和 *gag* 基因上游区域间存在一段与病毒核酸包装有关的序列，称为包装序列（packaging sequence）；可以设计并合成针对该包装序列的反义 RNA，通过导入细胞与病毒包装序列特异结合，封闭其指导病毒颗粒的包装功能，从而达到阻断 HIV 病毒在患者体内扩散。

（3）RNA 干扰技术：使用 siRNA 可抑制人类免疫缺陷病毒（HIV）的 *p24*、*vif*、*nef*、*tat* 或 *rev* 基因，阻碍 HIV 在细胞内复制。用 RNA 干扰技术抑制 HIV 受体或辅助受体在细胞内表达，阻碍 HIV 感染细胞。RNA 干扰技术还可应用于其他病毒感染（如脊髓灰质炎病毒等）的治疗。siRNA 在病毒感染的早期阶段能有效地抑制病毒复制，病毒感染能被针对病毒基因和相关宿主基因的 siRNA 所阻断。

（4）将抗病毒蛋白质基因，如 3′→5′腺苷酸合成酶等基因，通过适当载体导入机体细胞并持续表达，可以激活核酸酶 F，降解病毒 RNA，对 RNA 病毒感染产生明显的抵抗作用。

## 四、其他疾病的基因治疗研究

随着高龄人口的增加，对于人神经退化性疾病（如帕金森病）的治疗提出了一个重要的挑战。由于腺病毒可以感染有丝分裂后的细胞，同时具有潜在的高转导效率和在中枢神经系统免疫特惠区（immunologically privileged site）中的低病原性，因此是进行神经系统疾病基因治疗的有效载体。已试验了两种传递治疗基因的主要策略：一个是重组载体的脑内直接注射，另一个则是采用取出体内细胞在体外经由载体转染修饰后回输脑内相关区域。神经母细胞（neuroprogenitor）和人星型胶质细胞可以作为自体同源的细胞载体用于 *ex vivo* 修饰和扩增。使用四环素调节的腺病毒载体来表达酪氨酸羟化酶（多巴胺合成途径中的限速酶），在若干动物模型中用 *ex vivo* 技术表现出了可观的前景。

目前，对于关节炎和细胞因子刺激炎症反应在关节和滑膜液中出现的过程有了更深的理解。一个主要的发现是肿瘤坏死因子（tumor necrosis factor，TNF）在诱导类风湿性关节炎过程中所扮演的角色。由 TNF 抗体和 TNF 受体成功进行的临床试验充分地说明了这一点。腺病毒载体在阐明某些细胞因子在这种疾病过程中的重要性和作用途径方面非常有用。因此，用腺病毒载体直接递送 TNF 受体和细胞因子 IL-1 建立的大鼠模型中，在注射部位和远端部位均显示了协同效应。使用表达 IL-4 的重组载体证明，这种细胞因子能为软骨提供相当重要的保护作用以免发生炎症反应，而 IL-12 却加速了疾病的进程。通过观察发现，核因子 B（nuclear factor B，NF-B）抑制物的表达抑制了巨噬细胞中 TNF 的产生，而 NF-B 的抑制伴随着致炎细胞因子的抑制，而不是伴随着主要的炎症介导物，如 IL-10 的抑制。这些结果表明 NF-B 在炎症中的重要作用，并指明了治疗目标。然而，TNF 的产生在某些细胞，如单核细胞中并非依赖于 NF-B。

## 第六节　基因治疗的前景与问题

基因治疗有别于目前多数其他治疗技术手段，基因疗法是针对疾病的根源而不是根据症状来治疗疾病。基因治疗被定义为"利用遗传工程技术将基因导入患者体内，以治疗疾病的医疗行为"。从理论上讲，从遗传性疾病到恶性肿瘤，从感染性疾病到心血管疾病等，基因治疗几乎无所不能。近年来 CAR-T 细胞疗法及导入了 IL-7 和 CCL-19 基因的"超级 CAR-T 细胞"，以及能根治小儿脊髓性肌萎缩症的基因治疗新药 Zolgensma 的问世，将基因治疗推向了新阶段。

基因治疗是由分子生物学与临床治疗有机结合而形成的一个交叉领域，但目前它还不是一个十分成熟的疾病治疗技术，还存在着一系列理论和技术问题，需要通过进行大量的基础研究和临床试验来加以解决。

**1. 安全性问题**　没有人否认基因治疗必将在疾病的治疗及预防中引起一次重要的革命，但 1999 年 9 月《自然》杂志公布的首例基因治疗失败的事件，使基因治疗的安全性成为公众最为关注的问题，人们不禁要问，基因治疗研究还要不要坚持下去。美国亚利桑那州 18 岁的高中毕业生泽西杰辛格因患鸟氨酸氨甲酰基转移酶（ornithine transcarbamylase，OTC）部分缺失症，在宾夕法尼亚大学接受基因治疗 4 天后，因发烧、凝血障碍而死亡。针对这一事件，2000 年 3 月 7 日，美国食品与药品监督管理局（FDA）和美国国立卫生研究院（NIH）公布了两项新措施：一是制定基因治疗临床试验检查计划；二是定期开办基因治疗安全性专题研讨会。目前，世界各国对基因治疗产品、方法的安全性与质量控制都采取了严格的措施和周密的临床前研究与评价。

任何新的治疗方法都不可能没有风险，新技术、新药物等在给患者带来利益的同时，也会带来包括危及生命的风险。正因如此，人们在不断强调尽快完善基因治疗临床试验法则，加大政府监管力度的同时，并没有放弃基因治疗试验的努力，并一次又一次地点燃了公众对基因治疗的希望。只要严格按照规程操作，基因疗法是安全的。在临床上，目前大约已有数千位患者接受了基因治疗，其安全性也在严格的监控下逐渐获得认可。

**2. 伦理问题**　　基因治疗另一个棘手的问题是由此带来的伦理学问题。围绕基因治疗可能带来的社会和伦理问题的争论从来就没有停止过。人类基因治疗技术如果轻率使用的话将会产生巨大危害。科学家们担心，生殖细胞的基因治疗将有可能永久地改变某个个体后代的遗传结构，人类基因库也将会受到永久的影响，因此人类生殖细胞的基因治疗应该永远被禁止。

有人可能出于商业目的，将基因治疗技术应用于正常人，特别是运动员，它有可能成为未来的兴奋剂，这对于体育事业来说，是一场潜在的灾难。因为在基因技术的帮助下，运动员可以改变自身的组织细胞来激发潜能、提高运动成绩。例如，将增强肌肉爆发力的基因注入田径或者游泳运动员的体内，那么目前这些竞赛项目的世界纪录将很容易地被打破；将促红细胞生成素（erythropoietin，EPO）基因注入马拉松选手体内，他就可能轻松地打破2h大关。这与服用兴奋剂如出一辙，而且因为难以检测而更加防不胜防。可以说，基因治疗技术一旦应用于体育活动，那将给体育界，尤其是现存的体育法规和体育道德规范带来毁灭性打击。因此，对于基因治疗技术的发展，我们既要支持，又要慎重，要制订有效的法律法规，防止某些别有用心的人滥用这一技术，确保基因治疗技术真正用于解除患者病痛，造福于人类。

**3. 当前存在的技术问题**

1）**基因调控元件的选择**　　在基因治疗中，为了使治疗基因导入细胞后获得高效且受控表达，必须选择合适的顺式作用元件，对治疗基因的表达进行有效调控。目前虽有一些办法调控这些基因的表达，但都不是十分理想。因此，选择更好的基因调控元件显得非常必要。基因表达的调控元件包括启动子、增强子、剪接信号、poly（A）加尾信号及决定mRNA半衰期的信号等。这些调控元件具有组织特异性，从而使治疗基因的表达具有时空特点。不同基因的表达调控机制虽存在共性，但也存在独特的性质，因此需要深入开展系统的和有针对性的基础理论研究。

2）**安全高效载体的构建和转移技术的选择**　　前面介绍的几种载体及相应转移技术，它们都不十分完善，均存在影响实际应用的明显缺点。因此，只有加强安全高效载体构建和转移技术的研究工作，才可能早日实现基因治疗的真正临床应用。

3）**靶细胞的选择**　　对于不同的疾病而言，其主要累及的细胞类型是不同的，同时治疗基因在不同类型细胞中的表达水平也存在明显差异。因此必须选择合适的细胞作为靶细胞，才能取得良好的效果。

随着人类基因组计划的完成和功能基因组学的实施，以及基因功能的逐步阐明，有理由相信，人类将能了解自身全部基因的功能及调控机制，上述安全性问题、理论问题和技术问题将有可能得到最终解决，而基因治疗技术也将真正成为恶性肿瘤和各种疑难杂症的克星，成为千千万万患者的福音。

（胡维新　胡景平）

# 第十四章　肿瘤分子生物学

1775 年英国医生 P. Pott 发现长期清扫烟囱的男童易患阴囊癌，而展示的化学物质与阴囊癌变关系的流行病学证据，开启了人类对肿瘤发病原因的认识、思考和探索。20 世纪 50 年代 Watson 和 Crick 提出的 DNA 双螺旋结构模型和理论不仅在人类探究和识别生命本质的实践中具有里程碑的意义，也为长达近 200 年的近代肿瘤学基础理论和临床诊治研究注入了新的活力。事实上，癌基因、抑癌基因、基因修饰和表达调控、蛋白质相互作用、信号转导等分子生物学理论，以及 DNA 重组、核酸分子杂交、蛋白质印迹、核苷酸 / 氨基酸测序、PCR 技术、蛋白质二维电泳、质谱分析等分子生物学技术已在阐释肿瘤发生发展的分子机制和临床肿瘤的分子诊断和靶向治疗中发挥了不可磨灭的作用。综合肿瘤生物学半个世纪的发展历程，分子生物学理论和技术的更迭和发展加速了肿瘤的研究步伐和进程，更高水平的肿瘤研究也呼唤出新分子生物学技术和手段；肿瘤学和分子生物学已融合成一个不可分割的整体，并衍生出分子肿瘤学这一新兴学科体系。可以预料，随着对于恶性肿瘤在分子或更为微观层面的本质认知，人类最终攻克肿瘤将成为历史的必然。

## 第一节　肿瘤发生的分子基础

肿瘤发生过程是指正常细胞转化为具有恶性表型肿瘤细胞的过程，启动此类转化的原始动因称为肿瘤的病因。与一般感染性疾病不同，肿瘤发生是多种因素相互作用的结果。依其来源、性质和作用方式，这些因素分外源性和内源性两大类。外源性因素统称环境因素，包括化学因素、物理因素和生物因素等；内源性因素包括机体免疫、内分泌状态和遗传因素等。肿瘤的发生机制即多因素相互作用机制。人类对肿瘤发生机制的认识经历了一个漫长的历史过程。早在 1928 年，Bauer 就提出基因突变学说，认为环境致癌因素作用于正常细胞后，在引起基因型（genotype）改变的基础上产生细胞癌变；后来有人根据肿瘤的分化异常（逆分化）和部分肿瘤的自愈现象（再分化）提出基因表达失调学说；认为环境致癌因素亦可在不改变基因结构的前提下，通过改变基因的阻遏形式导致细胞癌变。近年来大量有关非编码 RNA、基因甲基化、蛋白乙酰化及泛素化等基因调节和蛋白修饰异常与肿瘤发生发展关系的报道进一步佐证并完善了肿瘤发生的基因表达失调学说。

上述学说相对重视肿瘤发生的环境因素，因而认为肿瘤是一种环境病。20 世纪 70 年代后，癌基因和抑癌基因的相继发现及它们在正常细胞中生理功能的阐述和在肿瘤细胞中的异常改变；肿瘤易感基因和 DNA 修复基因在许多遗传性肿瘤和遗传性肿瘤综合征的缺失；与化学致癌物代谢活化的相关代谢酶基因在不同地域、不同种族人群的多态性分布等，使人们对肿瘤发病机制有了更深层次的理解：认为肿瘤不仅是一种环境病，也是一种基因病（也称分子病或遗传病）。各种环境因素作为原始动因，只有通过改变基因结构和（或）表达，通过与遗传因素相互作用才能产生致癌作用。因此，肿瘤是一类多因素作用下发生、多阶段发展、涉及多基因改变的十分复杂的疾病。

## 一、多因素启动癌变的分子基础

（一）环境因素

环境因素主要有化学因素、物理因素和生物因素。

**1. 化学因素致癌的分子基础**　　化学致癌物分为直接致癌物（direct carcinogen）和间接致癌物（indirect carcinogen）。前者具有亲电子性，进入机体后不需经过代谢即可与细胞 DNA 结合而诱发癌变，如氮芥、硫芥等烷化剂和亚硝酰胺类等。后者本身并不活泼且无致癌性，进入机体后需经混合功能氧化酶代谢后成为亲电子的活性致癌物，如多环芳烃类、芳香胺类、亚硝胺类及黄曲霉毒素类致癌物等，间接致癌物占全部化学致癌物的 80% 以上。活化前的致癌物称前致癌物（procarcinogen），活化后的致癌物称终致癌物（ultimate carcinogen）。

DNA 是终致癌物（含直接致癌物）攻击的主要目标。终致癌物分子中有一个未配对的外层电子，带正电荷，化学性质活泼，极易与生物大分子中富含电子的分子基团发生共价结合形成加合物（DNA adduct）或交联损伤，鸟嘌呤又是最易受到攻击的部位。当鸟嘌呤 O-6 被终致癌物结合会影响 DNA 分子中的碱基配对而导致点突变；C-8 被结合则易造成移码突变等。DNA 损伤还可发生在磷酸核糖骨架上，表现为磷酸二酯键断裂，往往引起染色体重排和缺失。当终致癌物靶向癌基因、抑癌基因因而使其发生突变、扩增、易位、重排或缺失等，有可能引起癌基因活化或抑癌基因失活而产生细胞癌变（图 14-1）。

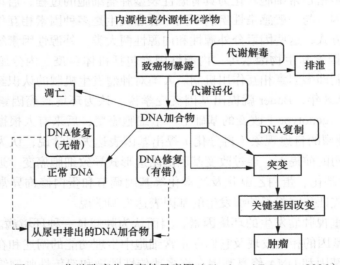

图 14-1　化学致癌分子事件示意图（Singh and Farmer，2006）

以 DNA 为靶标的化学致癌物又称遗传毒性致癌物（genotoxic carcinoma）。研究发现，部分化学致癌物并不直接损伤 DNA 结构，而是通过修饰作用改变某些与细胞增殖、分化、凋亡相关的基因表达而引起细胞癌变，如有机氯杀虫剂、糖精、雌激素、免疫抑制剂（如环孢素 A 及硫唑嘌呤）等。此类致癌物被称为表观遗传致癌物（epigenetic carcinogen）。

**2. 物理因素致癌的分子基础**　　致癌的物理因素主要包括电离辐射（ionizing radiation）和紫外线照射等。电离辐射是人类环境中主要的物理致癌因素，这种因素常见于具有电离作用的质子、电子、中子、α-粒子、X射线、β射线、放射性核素辐射和以短波、高频为特征的电磁波辐射。紫外线照射及日光长期暴晒可引起人或动物的皮肤癌，其特点是主要分布于头颈、手臂暴露部位；白种人和照射后色素不增加的有色人种相对易感。

电离辐射的表现是放射线引发生物靶分子电离，形成性质非常活泼的自由基以破坏正常靶分子结构。DNA是电离辐射最常见的分子靶，其损害方式主要是单链断裂、缺失、易位等结构改变，这些改变常常能诱导一系列原癌基因的活化或抑癌基因的失活而导致细胞癌变。

当紫外线照射细胞后，细胞核DNA的光吸收可导致DNA分子中某些键断裂形成分子内或分子间、DNA与蛋白质间的交联；也可导致DNA链上彼此相邻的二个嘧啶碱基形成嘧啶二聚体。这些改变如不能得到及时修复，将引起DNA复制发生错误而致细胞癌变。例如，着色性干皮病患者因缺乏切除嘧啶二聚体的修复酶类，在紫外线照射下很易产生皮肤癌。

**3. 生物因素致癌的分子基础**　　生物因素主要包括病毒、细菌、真菌和寄生虫等，以病毒因素最为常见。具有致癌作用的病毒分为DNA肿瘤病毒和RNA肿瘤病毒两类。

1）*DNA肿瘤病毒致癌机制*　　DNA肿瘤病毒感染有急性感染和慢性（或潜伏性）感染两种。前者在病毒感染后随着病毒基因组的整合，病毒在宿主细胞得以复制，并以溶胞的方式释放到胞外再感染其他细胞。由于限制了它们在宿主细胞的长期存在，此种类型的感染往往不能引起细胞转化；后者感染细胞后很快进入潜伏期，病毒基因组持续存在于细胞内，仅少量的病毒蛋白得以表达，不产生病毒DNA的复制，因而此类感染往往能引起宿主细胞的转化而产生癌变。病毒基因组中具有致癌作用的基因称为病毒癌基因，目前得到公认的人类DNA病毒癌基因有HBV的X基因、HPV的E6和E7基因、EBV的潜伏性膜蛋白（LMP1）基因等（表14-1）。DNA病毒癌基因常常通过活化细胞癌基因、灭活抑癌基因或调节细胞信号传导而发挥致癌作用。

**表14-1　常见的DNA病毒癌基因**

| DNA肿瘤病毒 | 病毒癌基因 | 相关肿瘤 |
|---|---|---|
| 猴空泡病毒40（SV40） | 大T抗原基因 | 人细胞体外转化、动物肿瘤 |
| 多瘤病毒（polyoma virus） | 大T抗原基因 | 人细胞体外转化、动物肿瘤 |
| 腺病毒（adenovirus） | E1A，E1B基因 | 动物肉瘤和淋巴瘤 |
| 人乳头状瘤病毒（human papilloma virus，HPV） | E6，E7基因 | 人宫颈癌 |
| 乙型肝炎病毒（hepatitis B virus，HBV） | X基因 | 人肝细胞癌 |
| EB病毒（Epstein-Barr virus，EBV） | 潜伏性膜蛋白（LMP1）基因 | 人鼻咽癌，恶性淋巴瘤 |

2）*RNA肿瘤病毒致癌机制*　　遗传物质为RNA并具有致瘤作用的病毒称RNA肿瘤病毒，又称反转录病毒。绝大多数此类病毒主要是能引起各类动物肿瘤的病毒，如肉瘤病毒、淋巴细胞白血病病毒、急性白血病病毒等。目前已知的与人类癌症相关的反转录病毒有人T细胞白血病病毒-1（HTLV-1）、人T细胞白血病病毒-2（HTLV-2）及艾滋病病毒（HIV）等。RNA肿瘤病毒颗粒进入宿主细胞后解聚并释放出病毒RNA基因组，在反转录酶的作用下合成前病毒DNA，并整合入细胞染色体。这种整合的前病毒DNA可长期驻留于宿主及子代细胞基因组中，且不杀灭宿主细胞。这种整合DNA的转录、复制活动完全依赖于宿主细胞。RNA肿瘤病毒基因组通常包含有不同的病毒癌基因。目前认为RNA肿瘤病毒主要通过

转导细胞癌基因和插入活化细胞癌基因等机制使宿主细胞癌变。

（二）遗传因素

虽然 90% 以上的人类肿瘤主要由环境因素引起，但流行病学研究发现：同一环境下接触相同致癌物的人不一定都患癌；某些肿瘤具有明显种族分布差异和家族聚集性。提示肿瘤的发生不仅与环境因素有关，也与遗传因素有关。个体在相同环境条件下具有更易发生肿瘤的倾向性称为肿瘤遗传易感性（tumor genetic susceptibility）。肿瘤遗传易感性反映了个体遗传变异对环境致癌因素的敏感程度。有遗传易感性的个体比不具遗传易感性的个体肿瘤发病率高 10～100 倍。个体遗传变异依据遗传物质 DNA 结构变化与否分为遗传变异和表观遗传变异。

**1. 遗传变异与肿瘤发生**　　　遗传变异传统上指基因结构的遗传变异。作为肿瘤易感性的分子基础，主要包括以下几种形式。

1）染色体的不稳定性　　　染色体的不稳定性易致染色体产生自发或诱发断裂和裂隙。染色体的脆性部位（fragile site）是一种随机的发生断裂的特殊点，往往预示着染色体的不稳定性。脆性部位是细胞染色体重排的好发部位，也是环境致癌因素作用的敏感部位。化学致癌物和辐射照射均易致脆性位点处的染色体断裂、缺失或重排；更为重要的是，脆性部位可能与癌基因同位或相邻，该部位染色体的缺失或重排常常能激活癌基因而致肿瘤发生。因此，携带可遗传异常脆性染色体的人群对多种肿瘤具有易感性。

2）抑癌基因的种系突变　　　抑癌基因的失活有一些是家系水平上的遗传。例如，位于 13 号染色体上（13q14）的最早发现的抑癌基因——视网膜母细胞瘤（Rb）基因需经历两个等位基因的二次突变方能导致视网膜母细胞瘤（Rb）发生。散发型 Rb 的二次突变均发生于长期接触致癌物质的体细胞，需要突变积累，故肿瘤发病迟，并且多是单发或单侧性。遗传性 Rb 第一次突变发生于生殖（或胚胎）细胞，第二次突变是在保留第一次突变产生的遗传缺陷的基础上，子代体细胞接触致癌物质后而发生。这种由家族遗传因素获得的突变基因不仅有利于癌变克隆的选择和生长，而且可使这种遗传因子携带者对环境致癌因素的敏感性增高而成为肿瘤易感个体。显而易见，遗传性 Rb 的发病率高、发病早（多在儿童期发病），且表现为多发性或双侧性。图 14-2 是二次突变假说（two-hit hypothesis）示意图，现已明确的胚细胞突变的抑癌基因除 *Rb*（成视网膜细胞瘤）外，还有 *p53*（Li-Fraumeni 综合征）、*APC*（家族性结肠息肉病）、*NF1*（神经纤维瘤病）、*BRCA1*（乳腺癌 / 卵巢癌）和 *HMLH1*（遗传性非息肉病结肠癌）

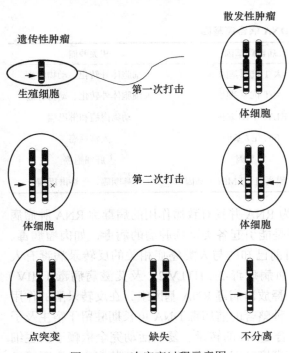

图 14-2　二次突变过程示意图

等。这些基因也称肿瘤易感基因（tumor susceptible gene）。

3）单核苷酸多态性　　人类基因的多态性作为一种遗传变异与肿瘤发生存在密不可分的关系。这些可被检测、呈一定方式和规律存在、符合孟德尔遗传规律的变异又称遗传标记。遗传标记是遗传性肿瘤及其综合征发生的分子基础，也是识别肿瘤易感（对环境致癌物易感）人群的分子标记。对人类遗传标记的认识经历了以下几个阶段：第一代遗传标记为限制性片段长度多态性（restriction fragment length polymorphism，RFLP），第二代遗传标记为微卫星多态性（microsatellite polymorphism），第三代遗传标记为单核苷酸多态性（single nucleotide polymorphism，SNP）。SNP是一类基于单碱基变异引起的DNA多态性，其特定核苷酸突变在人群中出现的频率≥1%（<1%的称为种系突变）。SNP存在于整个基因组中，约每1kb就有一个SNP，它是人类可遗传变异最常见的一种，占所有已知多态性的90%以上。一旦遗传变异发生在与肿瘤相关的基因编码区或调控区，就有可能使这些肿瘤相关基因的表达和功能发生变异，继而造成个体对环境致癌物的敏感性增高。事实上，癌基因、抑癌基因、代谢酶基因、DNA修复基因等基因结构和功能的变异常常与SNP有关。

**2. 表观遗传性变异与肿瘤发生**　　表观遗传是指活细胞中一切除了DNA序列以外的可遗传信息；表观遗传学则是研究在不发生DNA序列改变前提下，由胞嘧啶DNA甲基化修饰、组蛋白修饰、非编码RNA（miRNA和lncRNA）修饰等主要表观遗传信息改变所致细胞功能发生可遗传变化，并最终导致表型变异的遗传现象和本质的科学。因此表观遗传主要包括两方面特点：一是其遗传信息仅与相关基因表达变化相关，而与DNA结构改变无关；二是遗传信息可传递至子代。因而推测肿瘤发生存在经典遗传机制（如上述的基因结构改变）以外的，以基因修饰为特征的遗传机制（表观遗传机制）。

1）DNA甲基化（DNA methylation）与肿瘤　　DNA甲基化是指在DNA甲基转移酶（DNA methyltransferase，DMT）的作用下，将一个甲基添加在DNA分子中的碱基上，最常见是加在C-5位置的胞嘧啶上。几乎所有的甲基化胞嘧啶（5mC）都发生在CpG二核苷酸（CpGs）。DNA甲基化状态的特征之一是CpG岛和富含CpG区域的甲基化。人类基因组中70%的5mC在CpG岛，基因调控元件（如启动子）所含的CpG岛中的5mC会阻碍转录因子复合物与DNA的结合，因此DNA甲基化一般与基因沉默相关联；而非甲基化（non-methylation）一般与基因活化相关联。去甲基化（demethylation）则通常与沉默基因的活化相关联。

DNA甲基化与肿瘤关系的发现始自1983年Feinberg和Vogelstein有关癌症组织中存在DNA甲基化缺失的临床观察；1989年，Horsthemke实验室首次提出肿瘤组织中Rb基因5′区域的高甲基化导致其沉默的证据。经过20余年的研究，目前人们已清楚地认识到，DNA低甲基化既能改变单基因表达（如癌基因过表达）直接发挥致癌作用，也可能导致染色体不稳定而增加肿瘤易感性；高甲基化则主要通过诱导DNA损伤修复、细胞周期调控、细胞凋亡及血管生成等相关基因的表达沉默而诱发细胞的恶性转化。

2）组蛋白修饰与肿瘤　　组蛋白修饰是表观遗传学研究的重要内容。染色体中的组蛋白虽然在进化中高度保守，但其结构并非恒定，其修饰状态决定转录复合物能否靠近，直接影响基因的表达活性；同时组蛋白参与调节染色质转录活跃或沉默状态的转换，并为其他蛋白因子和DNA的结合产生协同或拮抗效应。组蛋白氨基末端是突出在核小体之外的结构域，对很多翻译后修饰十分敏感，这些修饰包括乙酰化、甲基化、磷酸化、泛素化、糖基化等。组蛋白中被修饰氨基酸的种类、位置和修饰类型被称为组蛋白密码（histone code），它决定基因表达调控状态。迄今已发现数百种蛋白酶参与组蛋白共价修饰的精细调控以形成"组蛋白密码"。

组蛋白修饰异常是肿瘤细胞的一个明显标志。研究发现组蛋白修饰酶在大部分肿瘤组织中存在突变或表达异常，其中研究最多的是组蛋白乙酰化和甲基化异常与肿瘤发生发展及治疗与转归的关系，且以组蛋白修饰相关酶类为靶向治疗可能极大地提高相关肿瘤的治疗效果。

3）非编码RNA与肿瘤　　长期以来人们对遗传疾病机制的研究多集中在蛋白质及其编码基因上，作为参与了生命活动多个步骤（包括转录、染色体形成、RNA的剪切和修饰、mRNA的稳定和翻译、蛋白质的稳定和转运等）的非编码RNA的发现为此提供了一种崭新的思路。非编码RNA通常指具有类似mRNA的结构，却不编码蛋白质的RNA分子，主要包括微小RNA（miRNA）和长非编码RNA（lncRNA）。

miRNA为长度约22个核苷酸的内源性非编码小RNA，成熟miRNA与靶基因mRNA的3′-非翻译区（3′-UTR）结合，通过抑制靶基因的翻译或促进靶基因mRNA的降解而在转录后调节基因的表达，从而参与细胞增殖、分化及凋亡等生命过程，miRNA表达异常与肿瘤的发生发展密切相关，通过肿瘤组织类型依赖性发挥癌基因或抑癌基因的功能。例如，包括miR-17、miR-18a、miR-19a、miR-20a、miR-19b-1和miR-92-1在内的miR-17-92表达簇在各种肿瘤中显示癌基因的活性，而miR-34则能被*P53*直接转录激活，通过影响与细胞周期、凋亡、血管生成相关的基因的表达促进细胞凋亡，显示出抑癌基因的活性。

lncRNA通常指长度超过200bp，具有类似mRNA的结构，却不编码蛋白质的RNA分子。过去一直认为lncRNA仅仅是生物体进化和生命活动中遗留下来的一些无用碎片。但近年来的研究发现其在细胞的发育和代谢中都发挥着巨大的作用。lncRNA通过参与基因印记、改变基因表观遗传学状态、辅助其他调控分子定位于相应基因区域或mRNA分子上、结合miRNA并中和其调控作用等方式参与肿瘤相关基因的表达调控。lncRNA表达的时空特异性非常明显，其在不同类型的肿瘤中可能发挥不同的作用。目前已经发现多个具有癌基因作用的lncRNA，如乳腺癌中的HOTAIR、肝癌中的MALAT1和前列腺癌中的PCA/DD3等。其中PCA/DD3已作为分子标志成为前列腺癌临床诊断的指标之一。

## 二、多基因参与癌变的作用规律

由上一节的描述可知，肿瘤的发生是环境因素和遗传因素相互作用的结果。环境因素作用的靶是包含各种癌基因、抑癌基因的DNA大分子；遗传因素则是这些分子和相关基因的先天缺陷。如果说前者是癌症发生的启动因素，后者则是癌症发生的易感因素。研究表明，两种因素综合作用下所致的细胞癌变涉及众多的基因改变。虽然不同类型或同一类型不同个体肿瘤所涉及的基因异常的方式、异常基因的种类和数量可能存在差异，但多个基因不同程度改变共同导致肿瘤发生已成为不争的事实。因此，肿瘤又被称为一类"多基因"复杂性疾病。

细胞的生命活动主要包括细胞分裂增殖、分化、运动和凋亡等。癌基因和抑癌基因作为生命的必需基因在正常情况下共同调节这些活动以维持细胞内环境的稳定。当细胞受到致癌物的攻击，这些基因的结构及其表达可出现改变，其所调控的细胞信号通路随之发生紊乱，细胞生命活动可能变得无序和失控而发生细胞癌变。本节将在介绍癌基因和抑癌基因生理功能的基础上简要阐述部分基因的改变方式和致癌机制。

## （一）癌基因（oncogene）

**1. 癌基因的基本概念**　　癌基因是存在于病毒或细胞基因组中的一类在一定条件下能使正常细胞发生恶性转化的核苷酸序列。由于最先在能引起动物肿瘤的反转录病毒（RNA病毒）基因组中发现而得名，并沿用至今。根据其来源的不同，癌基因可分为病毒癌基因（viral oncogene，v-onc）和细胞癌基因（cellular oncogene，c-onc）。

病毒癌基因又分 RNA 病毒癌基因和 DNA 病毒癌基因。RNA 病毒癌基因是在漫长的进化过程中，反转录病毒捕获来自细胞基因组的相关序列并经过复杂的重排和重组而整合于病毒基因组的具有转化作用的序列；DNA 病毒癌基因并不一定在细胞基因组中有同源类似物，虽然也能引起细胞转化，但作用机制与 RNA 病毒癌基因不一样，主要发挥转录活化因子样作用（表 14-1）。细胞癌基因有两种存在形式：一是在正常细胞内的未活化形式，称原癌基因（proto-oncogene），又称生命必需基因。它们不仅不会引起肿瘤，相反在细胞生长分化、个体发育、组织修复等基本生命过程中行使重要功能。细胞癌基因的另外一种存在形式是细胞内的活化形式，活化的（原）癌基因能促进细胞转化，故称具有转化作用的细胞癌基因，是细胞癌变的重要分子基础。

**2. 癌基因的分类与功能**　　如前所述，几乎所有的 RNA 病毒癌基因均有结构、命名相对应的原癌基因，这些未活化的细胞癌基因又称生命必需基因，在正常细胞生长、分化、凋亡、运动等细胞生命活动中发挥重要作用。人们按照这些癌基因表达产物的结构、性质、亚细胞定位及功能的相似性将其分为 6 大类（表 14-2）：①生长因子类；②生长因子受体类；③非受体酪氨酸激酶类；④ GTP 结合蛋白类；⑤丝/苏氨酸激酶类；⑥核蛋白类，其功能主要包括以下四个方面。

**表 14-2　部分癌基因的分类及功能**

| 分类 | 亚细胞定位 | 癌基因 | 产物功能 |
|---|---|---|---|
| 生长因子类 | 分泌性 | *sis* | PDGF |
|  |  | *unt-2*，*hst*，*fgf-5* | FGF |
| 生长因子受体类 | 细胞膜 | *erbB*，*erb-2*，*erb-3* | EGF 受体家族、酪氨酸蛋白激酶 |
|  |  | *fms* | 集落刺激因子 1（CSF-1）受体 |
|  |  | *kit* | 造血干细胞因子（SCF）受体 |
|  |  | *ros* | 胰岛素受体，TPK |
|  |  | *mas* | 血管紧张素受体 |
|  |  | *met*，*sea* | 肝细胞生长因子（HGF）受体家族 |
|  |  | *trk*，*trk-B*，*trk-C* | 神经生长因子（NGF）受体家族 |
| 非受体酪氨酸激酶类 | 细胞膜 | *src* | 传导因子，调节 Ras 蛋白活性 |
|  |  | *yes*，*fgr*，*lck*，*fyn*，*lyn*，*hck*，*blk*，*yrk*，*abl*，*arg*，*fes*，*fer*，*fps*，*rel* | 传导因子，结合 CD4、CD8 等非受体 TRK |
| GTP 结合蛋白类 | 细胞膜 | *H-ras*，*Ki-ras*，*N-ras* | 传导枢纽因子，GTP 酶 |
|  |  | *dbl*，*ect2*，*vav*，*bcl* | 促进 *ras* 活性 |
|  |  | *gsp*，*gip* | 环磷酸腺苷（CA）催化系统，cAMP ↑ |

续表

| 分类 | 亚细胞定位 | 癌基因 | 产物功能 |
|------|-----------|--------|----------|
| 丝/苏氨酸激酶类 | 细胞质 | *Raf-1*、*A-raf*、*B-raf*、*mos*、*pim-1*、*akt*、*tpl-2* | 传导增殖信号 |
| 核蛋白类 | 细胞核 | *c-jun*、*jun-B*、*jun-C*、*c-fos*、*fos-B*、*frA-1*、*frA-2*、*c-myc*、*N-myc*、*L-myc*、*myb*、*erbA*、*rel* | 转录因子 |

1）生长因子功能　　　人们早就推测细胞能分泌生长因子而促进自身的增殖，但直到 Chiu 等发现编码血小板衍生生长因子（platelet-derived growth factor，PDGF）β 链的结构基因就是 *c-sis* 原癌基因时，这一假说才得以证实。PDGF 由 α 和 β 两条多肽链构成，后者与 v-sis 蛋白产物 p28$^{v-sis}$ 同源性高达 90% 以上；PDGF 能刺激间叶组织的细胞分裂增殖，因而间叶来源的肿瘤（如纤维肉瘤、胶质瘤等）均表达 PDGF mRNA。属于生长因子类的癌基因还有成纤维细胞生长因子（fibroblast growth factor，FGF）家族的成员 *int-2*、*hst* 和 *fgf-5* 等。这些癌基因与 *sis* 癌基因一样，通过编码生长因子样活性物质刺激细胞分裂，直接参与细胞信号传导和生长调节。

2）生长因子受体功能　　　随着表皮生长因子受体（EGFR）的分离、纯化和鉴定，人们发现其 6 条肽链都与禽红母细胞增生症病毒（AEV）的癌基因（*v-erbB*）产物 p65$^{v-erbB}$ 蛋白的氨基酸序列相似，其同源性高达 90%。p65$^{v-erbB}$ 虽然是一个没有配体结构域的不完整的 EGFR，但一旦表达，同样会产生类似于 EGF 与相应受体结合所发生的生长信号（如受体酪氨酸激酶活化），从而引起细胞分裂、增殖。另外，癌基因 *fms*、*rit*、*ros*、*mas*、*met*、*trk* 等分别与 CSF-1、SCF、胰岛素、血管紧张素、HGF、NGF 等受体基因有不同程度的同源性，其表达产物具有相似功能。

3）信号传导因子功能　　　生长因子与受体结合，经胞内传导体（transducer）将生长信号传至细胞核内，引起一系列与细胞增殖、分化有关的反应。这些传导体部分为原癌基因产物或在其作用下产生的第二信使，如三磷酸肌醇（IP3）、二酰基甘油（DAG）、Ca$^{2+}$、cAMP 和 cGMP 等。充当胞内信号传导因子的原癌基因主要有以下三类。

（1）非受体酪氨酸激酶。*src* 癌基因家族成员，如 *yes*、*fgr*、*lck*、*fyn*、*abl* 和 *fes* 等编码的蛋白质产物，有的与细胞内膜共价相连，有的游离于细胞质之中；Src 蛋白可被受体（如 PDGF 受体）酪氨酸激酶活化，而其他成员则被非酪氨酸激酶受体（如 CD4 和 CD8 受体）活化，促进增殖信号的传导。Abl 和 Fes 蛋白被活化时，其激酶活性也大大增强。

（2）GTP 结合蛋白。又称 G 蛋白，是一组能与鸟苷酸结合的 Ras 蛋白，包括 H-Ras、K-Ras、N-Ras 蛋白等，属 GTP 酶超家族。G 蛋白通过其偶联的受体对多种胞外信号发生反应，不同的 G 蛋白介导不同受体与不同靶蛋白，如腺苷酸环化酶、鸟苷酸环化酶、离子通道及磷脂酶 C-β（PLC-β）等细胞内第二信使的联系，因而在细胞增殖、信号传导过程中起着枢纽作用。

（3）丝/苏氨酸蛋白激酶。哺乳动物细胞中蛋白激酶以丝/苏氨酸激酶为主。它们不仅是 cAMP 和 PIP2 途径的核心成分，而且与细胞信号传导密切相关。它们中的部分成员，如 Raf 家族（Raf-1、A-Raf、B-Raf）、mos、pim-1、akt 及蛋白激酶 C（PKC）家族均为已知的癌基因产物。

4）转录因子功能 从外界信号的传入到一系列有关基因的表达，取决于传递过程中所活化的转录因子，部分转录因子就是核内癌基因产物。例如，AP-1 作为人细胞中一种转录因子，由能结合 DNA 的 Jun 蛋白的同源二聚体或 Jun 家族（c-*jun*、*jun*-B、*jun*-D）和 Fos 家族（c-*fos*、Fos-B、FrA-1、FrA-2）成员形成的异源二聚体组成；Myc 家族（Myc、N-Myc、L-Myc）蛋白结构也提示其为转录因子，除自身能低效率形成同源二聚体外，还能与另一蛋白 Max 形成异源二聚体，二者均能与 DNA 结合。此外，有一些癌基因编码的蛋白质具有特征性的 DNA 结合结构域，因而也可能是转录因子，如 *Ets* 家族（12 个成员）、NF-κB/*rel* 家族（5 个成员）、*erb*A、*bcl*-6、HoxⅡ、Tal-1、Tal-2 等。

**3. 癌基因的活化机制** 原癌基因在生物进化过程中大都表现为高度保守，正常情况下其表达水平及蛋白质产物活性受到严格调控，但如在不恰当的时间和空间被激活，其表达产物的质和量将随之发生改变而使活性异常增加，继而以不同的途径和方式改变细胞生长和分化程序而致细胞癌变。

原癌基因主要通过以下机制活化。

1）基因点突变（gene point mutation） 主要指 DNA 序列中某一个碱基被另一碱基替换，也可以是局部个别碱基的插入或缺失，是癌基因活化的一种主要方式。1983 年从人膀胱癌细胞株 T24 中分离到第一个活化的人类肿瘤来源的基因就是突变型 H-*ras* 基因，序列分析证明人膀胱癌细胞中的 H-*ras* 癌基因在第 12 位密码子处发生 G**G**C → G**T**C 的单碱基改变（图 14-3），当用突变型 H-*ras* 和野生型 H-*ras* 分别转染体外培养细胞，仅突变型 H-*ras* 使细胞产生了恶性表型，说明点突变使该基因被活化。

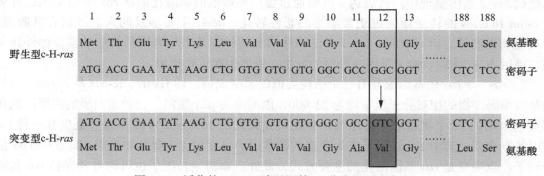

图 14-3 活化的 c-H-*ras* 癌基因第 12 位密码子点突变

2）基因重排（gene rearrangement） 染色体易位而导致的基因重排是癌基因激活的另一重要方式。当染色体易位发生时，定位于染色体某部位的原癌基因可能丧失自身的表达调控信号，随染色体易位重排到另一基因附近，在新的启动子和增强子驱动下过度表达。基因重排的典型例子是慢性粒细胞白血病（chronic myeloid leukemia，CML）。CML 患者白细胞中几乎均能找到费城染色体（Philadelphia chromosome）。该染色体是 9q34 与 22q11 易位的结果，即 t（9：22）（q34：q11）。Abl 原癌基因从 9 号染色体重排至 22 号染色体后，结构和表达均发生改变而活化，目前认为这是 CML 的重要发病机制。

3）基因扩增（gene amplification） 人类细胞有 22 对常染色体，每一基因均是双拷贝。但在一定条件下，一个拷贝可以增加数倍到上千倍，这种现象称为基因扩增。原癌基因一旦扩增，便以其超量拷贝数充分在细胞内表达，其结果是细胞不受控制地生长，并伴有细胞遗传学改变。有人发现，在含有 HSR 和 DM$_S$（基因扩增的遗传标志）的人结肠癌细胞中，癌基因 c-myc mRNA 是正常细胞的 30 倍。涉及基因扩增的原癌基因还有 her-2、ras、raf-1、N-myc 等，它们的活化能扰乱细胞的正常功能，是多种肿瘤发生的原因。

4）基因低/去甲基化　　　DNA 甲基化通常是指 CpG 岛（CpG island）发生的胞嘧啶（C）5′端的甲基化修饰。研究发现，癌基因甲基化水平与癌基因的活性密切相关。低/去甲基化将导致一些在正常情况下受到抑制的癌基因得到大量表达，并导致整个基因组的不稳定性增加，如 H-ras、c-myc 基因的低/去甲基化改变就是细胞癌变的一个重要特征。

**4. 部分癌基因的致癌机制**　　从癌基因的生理功能不难看出，不同的癌基因产物共同构成庞大的细胞信号网络，参与细胞外信号穿过细胞膜、细胞质和核膜向细胞核传递的全过程。研究表明：癌基因启动细胞癌变有两个先决条件：一是活化后癌基因表达水平的改变（量变或质变）；二是多个癌基因的改变。异常表达的癌基因产物引起细胞癌变的机制虽尚不十分清楚，但其所致的信号间相互作用关系改变、信号通路异常肯定存在。以下是与人类肿瘤相关的几个主要细胞癌基因致癌机制的描述。

1）her-2/erbB-2/EGFR-2　　　人的原癌基因 her-2/EGFR-2 编码 1255 个氨基酸组成的蛋白质，其分子质量为 185kDa，因而被称为 p185 蛋白，是表皮生长因子受体（EGFR）超家属成员之一，与家族中的其他三个成员（HER-1/EGFR-1、HER-3/EGFR-3、HER-4/EGFR-4）一样，都属于酪氨酸蛋白激酶类。her-2 在人类肿瘤中的主要激活方式是基因扩增，其转录水平的表达受到 TPA、cAMP、EGF 等的正性调控及雌二醇和视黄酸（RA）的负性调控。活化的 her-2 基因呈现蛋白过表达，继而通过蛋白酪氨酸的磷酸化激活 ras 和 MARK，并刺激 c-jun 和 c-fos 的转录而促进正常细胞的恶性转化。her-2 主要涉及的人类肿瘤有乳腺癌、卵巢癌和胃癌等。研究表明：her-2 表达阳性的上述肿瘤几乎均表现药物疗效差，远外转移多，预后不佳，提示 her-2 基因在肿瘤的发生、发展中起重要作用。

2）ras　　　ras 癌基因家族有三个结构类似的家庭成员，即 H-ras、K-ras 及 N-ras。三种癌基因编码产物的相对分子质量均为 21 000，因而称为 p21 蛋白。三种蛋白质的主要区别在其羧基末端的 20 个氨基酸残基序列。早期研究就发现 10%～15% 的肿瘤中至少有一种 ras 基因的点突变，其中 K-ras 更易成为突变的靶基因。突变位点主要集中在第 12、13 和 61 位密码子。点突变是 ras 基因活化的主要方式，此外，血清生长因子也可诱导并保持 ras 基因的高水平表达。异常或高水平 ras 表达与细胞癌变有着正相关关系，机制却十分复杂。研究表明：Ras 蛋白不仅能诱导促进细胞分裂增殖的生长因子，如胰岛素样生长因子 I（IGF-I）等的分泌，而且能破坏染色体的稳定性和细胞周期 G$_1$-S 限制点（restriction point）的功能，抑制细胞程序化死亡；同时各种类型的突变型 Ras 蛋白分子之间的相互作用也是其诱导细胞恶性转化的重要机制。

3）myc　　　myc 是一类核内癌基因家族，主要包括 c-myc、L-myc 和 N-myc，是高度保守序列与多变基因序列交替排列的一种镶嵌基因。myc 基因的活化方式有染色体的易位和基因扩增。作为一种核蛋白转录因子，能与特异 DNA 序列结合，通过对一系列基因启动子序列的活性调节，而在细胞周期、细胞分化、细胞凋亡及细胞恶性转化过程中起重要作用。已有研究显示，Myc 可与 Max 蛋白形成二聚体而起转录因子作用，myc 基因可能受到抑癌基因 APC 的调节等。虽然 *myc* 的致癌机制尚不十分清楚，但已有研究证实该基因 5' 端的盒式结构区及 3' 端的高度保守区是其促细胞恶性转化的重要功能区，任一部位的突变即可导致 *myc* 基因恶性转化作用的完全丧失。

4）*bcl-2*　　*bcl-2* 基因是从 B 细胞淋巴瘤中鉴定出来的癌基因，由染色体易位 [（14；18）（q32；q21）] 激活而导致表达失控。它不像通常意义上的癌基因那样加速细胞分裂，而是促进细胞生存，即通过抵抗多种形式的细胞死亡而延长细胞寿命，导致细胞数目增加，因而又被称为"存活基因"（survival gene）。*bcl-2* 基因在细胞程序性死亡（或细胞凋亡）的调控中最具重要意义，它能保护多种类型的正常细胞和癌细胞免于各种因素诱导的细胞凋亡，因而在恶性肿瘤的发生和发展中均具有重要作用。有关 *bcl-2* 的作用机制一直是人们感兴趣的问题，有人发现 *bcl-2* 与秀丽隐杆线虫（*Caenorhabditis elegans*）中的 *ced-9* 具有高度同源性，推测 *bcl-2* 可能具有 *ced-9* 类似的功能，可抑制另外两个细胞死亡相关基因（*ced-4* 和 *ced-5*）的活性；亦有人提出 *bcl-2* 抗凋亡作用可能与其抑制内质网 $Ca^{2+}$ 释放有关；最近的研究提示 *bcl-2* 通过影响线粒体细胞色素 c 的释放调控下游一系列基因表达而影响细胞凋亡过程。

## （二）抑癌基因

**1. 抑癌基因的基本概念**　　抑癌基因又称肿瘤抑制基因（tumor suppressor gene）或抗癌基因（antioncogene），是存在于细胞基因组内的一类能抑制细胞恶性转化的核苷酸序列。生物体细胞主要受正、负信号的双向调控以维持生命活动的平衡。正性信号促使细胞进入增殖周期，阻止其分化过程；负性信号则抑制细胞进入周期，促进其分化成熟。癌基因信号属正性信号，抑癌基因信号属负性信号，可见抑癌基因亦具有重要生理功能。

**2. 抑癌基因的生理功能**　　抑癌基因产物分布和癌基因产物一样，与此类基因负性调控功能相适应，遍及整个细胞的细胞膜、细胞质和细胞核。抑癌基因的功能大致可分为几个方面：①编码转录因子作为负性生长因子调节剂或编码 cyclinD/CDK 抑制因子参与细胞周期调控、抑制细胞增殖、促进细胞分化；此类基因主要包括 *Rb*、*p53*、*WT1*、*VHL*、*p15*、*p16*、*p21* 等；②参与 DNA 损伤后修复与复制，保证 DNA 遗传稳定性。此类基因的典型代表为 *p53*、*BRCA1* 和 *BRCA2*；③产物位于细胞外膜，行使细胞黏附分子样功能，如 *DCC*；④产物与细胞骨架蛋白相连，参与细胞运动和细胞信号传递，如 *APC*、*NF2*、*PTC*、*DPCa/smad4* 等；⑤编码 GTP 酶活化蛋白或磷酸酶，通过降低癌基因（如 *ras*、*akt* 等）产物活性而发挥抑癌功能，如 *NF1*、*PTEN* 等。表 14-3 列举了部分抑癌基因的定位、功能及功能失活时与肿瘤的关系。

**表 14-3　已知的和候选的抑癌基因**

| 基因名称 | 染色体定位 | 产物定位 | 产物功能 | 常见相关肿瘤 |
|---|---|---|---|---|
| *Rb* | 13q14 | 细胞核 | 转录因子 | 视网膜母细胞瘤 |
| *p53* | 17p13 | 细胞核 | 转录因子 | 多种肿瘤 |
| *VHL* | 3p25 | 细胞膜 | 转录延长因子 | 肾癌、嗜铬细胞瘤 |
| *WT1* | 11p13 | 细胞核 | 转录因子 | Wilms' 瘤 |
| *p16* | 9p21 | 细胞核 | 周期素依赖性激酶抑制子 | 多种肿瘤 |
| *NF1* | 17q11 | 细胞质 | GTP 酶活化蛋白 | 神经纤维瘤病 |
| *NF2* | 22q12 | 质膜 | 细胞骨架蛋白 | 施万细胞瘤、脑膜瘤 |

续表

| 基因名称 | 染色体定位 | 产物定位 | 产物功能 | 常见相关肿瘤 |
|---|---|---|---|---|
| *APC* | 5q21 | 细胞膜 | 与 β-联蛋白相关 | 结肠癌 |
| *BRCA1* | 17q21 | 细胞质 | 锌指蛋白 | 乳腺癌、卵巢癌 |
| *BRCA2* | 13q12-13 | 细胞质 | 锌指蛋白 | 乳腺癌、卵巢癌 |
| *PTEN* | 10q23.3 | 细胞质 | 磷酸酶 | 胶质母细胞瘤等 |
| *RHIT* | 3p14.2 | 细胞质 | 二腺苷三磷酸水解酶 | 消化道肿瘤、肾癌、肺癌等 |
| *HNPCC* | 2p22 | 细胞质 | | 遗传性非息肉病性结肠癌 |
| *DCC* | 18q21.3 | 细胞膜 | 细胞黏附分子 | 结直肠癌 |
| *DPC4* | 18q21.1 | 细胞质 | 参与 TGF-β 信号通路 | 胰腺癌 |
| *E-cadherin* | 16q | 细胞膜 | | 乳腺癌、膀胱癌 |
| *p21* | 6q21 | 细胞核 | 抑制 CDK 和 PCNA | 多种肿瘤 |
| *p27* | 12p13 | 细胞核 | CDK 抑制子 | 多种肿瘤 |
| *p15* | 9p21 | 细胞核 | | 多种肿瘤 |
| *p18* | 1p32 | 细胞核 | CDK4/6 抑制子 | 多种肿瘤 |
| *p19* | 19p13.2 | 细胞核 | CDK4/6 抑制子 | 多种肿瘤 |
| *p33* | 13q33~34 | 细胞核 | | 多种肿瘤 |
| *p73* | 1p36 | 细胞核 | | 多种肿瘤 |
| *p51* | 3q27~28 | 细胞核 | | 多种肿瘤 |
| *p57* | 11p11.5 | 细胞核 | | 多种肿瘤 |

**3. 抑癌基因的失活机制**　　抑癌基因是细胞内正常基因，其表达产物对细胞增殖、分化起负性调节作用。一旦失活，即有可能导致细胞失控性增长。各种致癌因素均可能导致此类基因的失活，其主要机制有下述几个方面。

1）点突变　　点突变是许多抑癌基因较常见的失活方式，如 *p53* 基因的点突变存在于50% 以上的肿瘤中。在人类肿瘤中，*p53* 基因突变频率自高到低依次为 175、248、249、273和 282 位密码子，特定类型的肿瘤有其特定的突变热点（hotspot）。例如，在中国南方所发生的肝癌中，53% 的病例存在 249 位密码子的突变。

引起蛋白质功能改变的 *p53* 基因点突变绝大多数是错义突变，其突变方式存在两种情况：一种是在有些肿瘤中，两个 *p53* 等位基因均产生突变（纯合突变）并失活，表现为典型的隐性癌基因特点，造成蛋白质表达缺失，抑癌活性消失；另外一种情况是，在有些肿瘤，仅有一个 *p53* 等位基因发生某种突变而使 *p53* 表现显性癌基因特性，即突变的 *p53* 蛋白灭活另一个野生型 *p53* 等位基因产物活性而发挥类似癌基因的作用。这种能使抑癌基因失去抑癌活性的，同时获得致癌功能的单个等位基因杂合突变称为显性负突变（dominant negative mutation）。

2）等位基因丢失　　等位基因丢失（allelic loss）又分纯合性丢失（loss of homozygosity）和杂合性丢失（loss of heterozygosity，LOH），是抑癌基因失活的又一种重要方式。纯合性丢失指两个等位基因均发生丢失，如视网膜母细胞瘤、肾细胞瘤、乳腺癌等肿瘤中 Rb、WT1、BRCA1 发生二次突变所致的两个等位基因的丢失；杂合性丢失（LOH）指呈杂合状态的基因位点上一个等位基因位点的丢失，这种现象在肿瘤中更为普遍。如果某种肿瘤中持续出现某一特定染色体位点的 LOH，则提示该染色体部位可能存在着一个抑癌基因，如视网膜母细胞瘤中，常常表现出特定染色体部位，即 13q14.1 的 LOH，结果从该染色体位点确实分离出了视网膜母细胞瘤（Rb）基因。目前根据 LOH 线索寻找和克隆新的抑癌基因已成为一种重要方法。很显然，等位基因丢失后，抑癌基因的抑癌作用就会降低或消失。

3）与癌基因产物结合　　一些 DNA 病毒癌基因能在蛋白质水平抑制某些抑癌基因活性而发挥致癌作用。例如，人乳头状瘤病毒（HPV-16 和 HPV-18）癌基因产物 E7 及腺病毒癌基因产物 E1A 能与 Rb 蛋白结合，HPV 的 E6 及腺病毒的 E1B 能与 *p53* 蛋白结合，猴空泡病毒（SV40）的大 T 抗原既能与 Rb 蛋白，又能与 *p53* 蛋白结合，这种结合均导致抑癌蛋白失活而丧失抑癌活性。

4）高甲基化　　越来越多的研究表明，DNA 甲基化异常是发生在肿瘤细胞中较为普遍的现象，通常表现为细胞基因组普遍性低甲基化与局部区域的高甲基化共存。研究显示，*p16*、*p15* 等抑癌基因转录启动区 5'-CpG 岛多位点高甲基化在多种肿瘤中的发生频率较高；*Rb*、*p53*、*VHL* 等抑癌基因在没有突变或缺失的肿瘤中呈现高甲基化，强烈提示 DNA 甲基化可能是这些抑癌基因失活的另一种重要方式。

**4. 抑癌基因的抑癌机制**　　抑癌基因的抑癌机制主要与其表达调控、生理功能有关。往往不同的抑癌基因在同一肿瘤或相同的抑癌基因在不同肿瘤发生发展中的作用有着不同的调控机制。

1）*Rb* 基因　　*Rb*（retinoblastoma）基因是第一个被克隆的抑癌基因，在肿瘤中主要表现为等位基因丢失和点突变，其双等位基因的失活能直接导致遗传型和散发型视网膜母细胞瘤发生，因而又称 *Rb* 为视网膜母细胞瘤易感基因。后来发现在骨肉瘤、软组织肉瘤、小细胞肺癌、乳腺癌等多种恶性肿瘤中也存在 *Rb* 基因缺失和突变失活，提示该基因与肿瘤有着极为密切的关系。

*Rb* 基因的抑癌作用主要是通过抑制一系列能够导致正常细胞发生恶性转化的癌基因转录表达来实现的。例如，非磷酸化的 *Rb* 基因表达蛋白（pRB）能特异性结合转录因子 E2F 而使其功能丧失，不能提供实现 S 期所需的基因产物而使细胞阻滞于 $G_1$ 期；Rb 还能结合核转录因子 c-myc 癌蛋白家族及具有酪氨酸激酶功能的癌蛋白 c-Abl，并使之在细胞周期调节中的活性受到抑制。*Rb* 基因的抑癌作用同时又受到癌基因产物的调节，如 cyclinD/CDK 复合物所致的 Rb 磷酸化，病毒癌基因产物与 Rb 的特异结合使 Rb 失去结合 E2F、c-Myc、c-Abl 的能力。此外，*p53* 蛋白也能反式激活或抑制 *Rb* 基因启动子活性而对 pRB 产生双向调控作用。

2）*p53* 基因　　*p53* 基因编码的蛋白质作为一种核转录调节因子，主要行使对一些癌基因的转录激活和转录抑制作用。例如，野生型 *p53* 蛋白能通过特异性结合作用反式激活 Fas/APO-1、*bax* 及 *bcl-2* 基因启动子区的负调控元件以促进细胞凋亡；通过反式激活细胞周期调节蛋白 p21WAF1/cip1 及通过对癌基因 *c-fos*、*c-jun* 和 *c-myc* 等的启动子序列的转录抑制作用抑制细胞信号传导和细胞周期的行进；另外，*p53* 还能与一些特异的 DNA 序列结合蛋白结合，如 TATA 结合蛋白（TATA binding protein，TBP）、CCAAT 结合因子（CCAAT binding factor，CBF）等，通过对其转录抑制而抑制与细胞恶性转化有关的生长促进因子。

3）*p16* 基因　　*p16* 基因的异常主要表现为基因丢失，且多为纯合性丢失，在肿瘤细胞系中可达 80% 以上，在实体瘤可达 70% 左右。由于与多种肿瘤有关，*p16* 基因又称为多瘤抑制基因 1（multiple tumor suppressor gene 1，MTS1）。近年发现一些肿瘤中存在 p16 启动子区域的 CpG 岛甲基化改变。

　　p16 的抑癌机制主要源于其抑制 CDK4/CDK6 两种蛋白激酶的活性。这种特异性的抑制作用降低或阻断了 CDK4/CDK6 对 pRB 蛋白的磷酸化修饰，致使转录因子 E2F 不能从与 pRB 的结合中解离而抑制细胞周期进程。可见 pRB 是 p16 作用机制中重要的下游效应分子，后来发现，处于下游的 pRB 对 p16 基因的转录具有抑制作用。因此在 p16-CDK4/CDK6-pRB 之间具有反馈作用调节环（feed back loop）。除直接抑制 CDK4/CDK6 激酶活性外，p16 对 CDK4 及周期蛋白 D1 还有转录抑制作用，同时可抑制 ras 诱导的细胞生长及恶性转化。

### （三）DNA 修复基因

　　DNA 是生命活动最主要的遗传物质，也是生物体内、外环境作用的靶分子。内环境中的温度、pH、自由基等代谢产物和外环境中的化学、物理、生物因素等均可在一定条件下引起 DNA 损伤，同时机体也在不断地清除和恢复这种损伤，因此 DNA 损伤和修复在生物进化上有着特殊的意义。

　　关于 DNA 损伤类型、修复方式及修复基因的分类和功能在有关书籍（章节）中已有介绍，本节仅就 DNA 修复基因与肿瘤遗传易感性的关系加以简述。

　　如前所述，人类细胞具有一系列 DNA 修复系统，以防御体内外因素引起的不同类型的 DNA 损伤，保护基因组的完整性。每个系统都有许多基因参与，组成复杂的功能体系，虽然不是所有的基因功能都已十分清楚，但已发现有些基因存在胚细胞突变，有些基因在人群中的分布呈现多态性。这些改变直接造成修复能力和肿瘤发生的个体差异，因此有人将 DNA 修复基因归类为肿瘤易感基因。

　　**1. DNA 修复基因缺陷与肿瘤易感综合征**　　遗传性非息肉病性大肠癌（hereditary nonpolyposis colonrectal cancer，HNPCC）基因异常主要表现为基因修复缺陷，hMSH$_2$、hMLH$_1$、hPMS$_1$ 和 hPMS$_2$ 是在 HNPCC 中具关键作用的易感基因。这些基因的胚细胞突变使其患 HNPCC 及相关家族聚集性肿瘤的风险大大增加；"二次突变"后呈现的微卫星不稳定和错配修复缺陷将大大增加基因突变的频率而导致癌变。HNPCC 的常染色体显性遗传综合征具有结肠癌、子宫内膜癌、乳腺癌及其他胃肠道肿瘤的家族聚集现象。

　　着色性干皮病（xeroderma pigmentosum，XP）是一种皮肤癌易感的遗传综合征。该综合征患者细胞内核苷酸切除修复（nucleotide excision repair，NER）系统有缺陷，不能有效修复由紫外线 β 辐射产生的嘧啶二聚体。因此 XP 患者因日光诱发的皮肤癌风险比正常人高 1000 倍，且体内其他肿瘤（如黑色素瘤、舌鳞癌等）风险也显著增高。目前已鉴定出参与 NER 的 7 个基因（XPA～XPG），其中任何一个基因因胚细胞突变而功能丧失均可导致携带者对日光性皮肤癌的高度易感。

　　**2. DNA 修复基因多态性与肿瘤易感性**　　早年的研究发现，人群中 DNA 修复能力具有明显的个体差异，癌症患者的 DNA 修复能力通常低于正常人群。近年分子流行病学和分子遗传学研究进一步显示：DNA 修复能力的个体差异取决于 DNA 修复基因的遗传多态性，是肿瘤遗传易感性的重要因素之一。例如，核苷酸切除修复（NER）基因 XPD 就存在若干单核苷酸多态性（SNP），其中位于第 10 个外显子第 321 密码子的 G → A 多态导致进化保守区的氨基酸 Asp$^{321}$ → Asn$^{321}$ 的取代；另一个位于第 23 外显子的第 751 密码子的 C → A 多态导致 Lys[751] → Gln[751] 的取代。最近有人分析了北京地区 351 个肺癌患者和 383 个正常对照的 XPD 基因型，发现 XPD 基因的上述两个多态与肺鳞癌的易感性相关，为 XPD 基因多态性与肺鳞癌的易感性提供了重要的分子流行病学证据。

### （四）代谢酶基因

在众多的化学致癌物中，除少数为直接致癌物外，绝大多数为间接致癌物。间接致癌物进入体内后需经代谢酶的活化才具有致癌作用。同一种代谢酶可以活化不同的化学致癌物，同一种化学致癌物可以受到不同代谢酶活化。代谢酶由代谢酶基因编码，代谢酶基因在不同种族的人群及同种族人群的不同个体呈现明显的多态性，代谢酶活性可在携带不同基因型的个体呈现明显差异性，于是产生了个体间对某种化学致癌物代谢能力和肿瘤易感性的差异。因此，严格意义上讲，化学致癌物代谢酶基因也属于肿瘤易感基因。关于代谢酶基因与肿瘤易感性的关系十分复杂，许多问题有待进一步阐明，此处仅就一些基本概念作简要介绍。

**1. 化学致癌物与代谢酶**　　化学致癌物的代谢酶主要包括 Ⅰ 相代谢酶和 Ⅱ 相代谢酶。

Ⅰ 相代谢酶主要指细胞色素 P450（cytochrome P450，CYP450）系统，是代谢活化前致癌物为终致癌物的主要酶类。CYP450 因其还原态与 CO 结合后在 450nm 波长处有最大的吸收峰而得名，系一类含血红素的单链蛋白质。自 1958 年首次被发现以来到目前已鉴定出 74 个基因家族中的 481 个 P450 基因，其中人类的 P450 基因为 36 个。肝脏是 CYP450 含量最丰富的器官。此外在皮肤、肺、肾、消化道等也存在一定程度的表达。CYP450 能催化内源性的甾醇、脂肪酸等小分子代谢和外源性药物、毒物及致癌物的代谢。其对底物的作用方式包括环氧化、脱烷基、羟化、氧化、还原、结合、水解等多种类型。就对致癌物代谢而言，CYP450 的功能具有双重性，一是多数致癌物经代谢活化为终致癌物；二是部分致癌物经代谢灭活并提高水溶性而排出体外。

Ⅱ 相代谢酶与 Ⅰ 相代谢酶不同，主要参与对致癌物的解毒过程。其包括环氧化物水解酶、谷胱苷肽转硫酶（glutathione S-transferase，GST）、N-乙酰基转移酶（N-acetytransferase，NAT）、硫转移酶、UDP-葡萄糖醛酸基转移酶（UDP-glucuronosyltransferase）等。Ⅱ 相代谢酶则通过巯基、乙酰基及葡萄糖醛酸基的转移，以及水解、结合的方式将 Ⅰ 相酶的代谢产物转变成极性高的水溶性物质排出体外。

**2. 代谢酶多态性与肿瘤易感性**　　代谢酶基因的多态现象是在漫长的生命演化过程中自然选择压力和生物群体之间共进化作用的结果。筛查正常人群中代谢酶基因的多态性位点，探讨多态性与酶活性、酶与化学致癌物（底物），以及致癌物与肿瘤的关系是研究代谢酶基因多态性与肿瘤易感性关系的重要内容。本节仅以两个代谢酶为例进行简要介绍。

1）CYP1A1　　CYP1A1 主要参与多环芳烃类（polycyclic aromatic hydrocarbon，PHA）化学致癌物的代谢，具有芳香烃羟化酶（aryl hydrocarbon hydroxylase，AHH）活性。早在 1991 年 Nakahi 等就发现日本人群中 CYP1A1 基因 m1 和 m2 与肺鳞癌发生危险性相关。具有突变型纯合子 m2/m2 基因型个体患鳞癌的危险性是其他基因型个体的 7.3 倍；最近 Song 等在大样本病例一对照研究中发现 m1 和 m2 与中国人肺鳞癌风险增高显著相关。特别重要的是这两个多态与吸烟有明显的相互作用。例如，携带一个 m1 变异基因的个体中，吸烟者比不吸烟者发生肺鳞癌的风险显著增高，且吸烟量与患癌风险成正比例关系。这些资料表明 CYP1A1 基因多态是中国人吸烟相关性肺癌强烈的遗传易感因素。除肺癌外，在其他分子流行病学调查中还发现 CYP1A1 的多态性与头颈部癌、口腔癌、儿童急性淋巴细胞白血病及雌激素相关的乳腺癌等的易感性存在相关性。

2）GSTs　　GSTs 是一个多功能的二聚体蛋白家族，主要催化还原型谷胱苷肽（GSH）与亲电子化学致癌物间的结合反应，使其失去 DNA 结合活性。GSTs 又分为 α（GSTA）、μ（GSTM）、π（GSTP）和 θ（GSTT）四类，其中 GSTM$_1$ 和 GSTT$_1$ 能催化 CYP450 酶类代谢活化的产物，提示二者与 I 相代谢酶之间可能存在协同作用。GSTM$_1$ 和 GSTT$_1$ 的多态主要表现为杂合性缺失（+/−）和纯合性缺失（−/−）。研究发现，GSTM$_1$（−/−）基因型个体与头颈部肿瘤、膀胱癌、结肠癌及皮肤基底细胞癌发病的危险性有关；虽然有 30 余项研究探讨了 GSTT$_1$ 缺失与肺癌、食管癌、胃癌、白血病和头颈部肿瘤的关系，但结果并不一致。可能与 GSTT$_1$ 催化的代谢具有解毒和增毒的两面性有关。由于 GSTM$_1$ 和 GSTT$_1$ 等 II 相代谢酶能催化 I 相代谢酶的代谢产物，因此存在基因-基因的联合作用。例如，在日本人中的研究发现，携带 CYP1A1 变异基因有吸烟史的肺癌患者肺组织中 p53 突变频率显著高于对照组，如果此类患者又存在 GSTM$_1$ 基因缺失，则 p53 突变频率更高；国内亦报道 GSTM$_1$ 基因缺失和 CYP1A1 多态联合作用后肺癌的风险显著增加。

### 三、多阶段递进性癌变的分子依据

早在 20 世纪 50 年代，Berenblum 等依据苯并芘（致癌剂）结合巴豆油（促癌剂）诱导小鼠皮肤癌发生率远高于其单独使用时发生率的动物试验结果提出了著名的"癌变二阶段学说"，即细胞癌变需经历由致癌剂引起的特异性"激发阶段"和促癌剂所致的非特异性"促进阶段"。这一学说对于启发和完善人类对细胞癌变本质的认识具有重要的历史和现实意义。此后，随着实验肿瘤学对癌变中激发、促进、演进和转移过程的发现，肿瘤病理学对癌变中增生、不典型增生、原位癌、浸润癌病理过程的观察，提出了"癌变多阶段学说"；随着分子肿瘤学对癌变中癌基因、抑癌基因、DNA 错配修复基因等多基因的时序性改变和交替作用的阐述，为"癌变多阶段学说"提供了有力的证据。

多基因参与癌变多阶段过程的证据主要来自以下三个方面。一是体外细胞转化研究：实验表明，在绝大多数情况下单个癌基因并不足以引起细胞转化，但在两个或两个以上癌基因的作用下，细胞较易发生恶性转化，如 Rich 等将能使 p53 基因失活的大 T 抗原基因、端粒酶活化基因 hTERT 和 H-ras 基因共同导入星形胶质细胞，引起了其中任何两个基因作用下所不能发生的恶性转化。二是体内转基因模型研究：当用乳腺癌病毒 MMTV 作为调控序列构建 MMTV-c-myc 或 MMTV-ras 转基因，其转基因鼠 50% 产生乳腺肿瘤的时间分别为 325 天和 168 天，而用上述两种转基因鼠交配得到双转基因鼠 50% 发生肿瘤的时间仅为 46 天。三是肿瘤组织标本的分子标记研究：在对结肠癌、胃癌、前列腺癌、乳腺癌等多种肿瘤研究中发现，绝大多数肿瘤均存在多个癌基因的活化和抑癌基因的下调。有人通过对常见肿瘤的分子流行病学统计资料分析和数学推导后指出，正常细胞需经过 3～7 次突变才能发展为癌，癌瘤的形成是这些基因突变累积的结果。

Vogelstein 曾对发生和演进具有明显形态学时相的结肠癌（如正常结肠黏膜最初由上皮增生发展成为良性的腺瘤 I、II、III 级，再经腺癌发展为转移癌）不同发展阶段的标本进行了系统遗传学分析，并据此提出了结肠癌多阶段的分子模型（图 14-4）。该模型显示：①抑癌基因 APC 的丢失或突变似乎是肿瘤发生的早期事件；②腺瘤中除有 ras 基因突变外，还

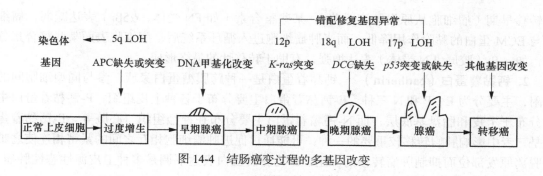

图 14-4 结肠癌变过程的多基因改变

有抑癌基因 *APC*、*DCC* 和 *p53* 的丢失，提示 *DCC* 和 *p53* 的缺失促进了从良性到恶性的发展过程；③从腺瘤到癌的演进过程还伴有 DNA 错配修复基因的异常及 DNA 甲基化改变。

上述模型将结肠癌的病理形态与基因改变联系起来，与癌变多阶段的理论相吻合，因此得到了众多学者的重视。继结肠癌以后，在人类其他肿瘤，如胃癌、前列腺癌、卵巢癌、鼻咽癌等的研究中也获得了类似的模型。这些模型的完善和确立对进一步揭示肿瘤发生机制、开展肿瘤的基因诊断、基因预防及基因治疗具有重要的理论意义和潜在的应用价值。

## 第二节　肿瘤转移的分子基础

肿瘤转移（metastasis）是指恶性肿瘤细胞脱离原发部位，对瘤体邻近组织产生浸润性破坏，同时由浸润部位进入静脉、淋巴或神经鞘膜等体内的自然管道到达继发组织或器官继续增殖生长，形成与原发肿瘤性质相同的继发肿瘤的全过程。浸润和转移是恶性肿瘤的重要生物学特征，浸润是转移的前奏，转移是浸润的结果。肿瘤转移的机制十分复杂，其过程的每一个步骤均涉及肿瘤细胞、邻近血管及细胞外基质（extracellular matrix，ECM）中转移相关因子的相互作用，同时受到众多转移相关基因的调控。因此，肿瘤的转移也是一个多因素参与、多基因调控的多步过程。

### 一、肿瘤转移相关因子

（一）细胞黏附分子

细胞黏附分子（cell adhesion molecule，CAM）是指由细胞合成并组装于细胞表面或分泌至胞外基质（ECM），可促进细胞黏附的一类分子。它们介导细胞之间或细胞与 ECM 之间的选择性黏附，在机体胚胎发育、形态发生、炎症反应、凝血和维持组织结构完整等方面起重要作用。肿瘤转移过程中存在 CAM 及其介导的黏附行为的改变。

**1. 整合素（integrin）**　整合素是一类广泛分布的具有二价阳离子依赖性的细胞表面糖蛋白。每种整合素分子都是由 α、β 亚基以非共价键结合而成的异源二聚体，其配体分别为 ECM 中的Ⅰ型和Ⅳ型胶原、层粘连蛋白（laminin，LN）、纤维连接蛋白（fibronectin，FN）等。整合素主要通过识别"精-甘-天冬氨酸"（Arg-Gly-Asp，GRD）三肽序列与配体特异性结合而介导细胞间或细胞与 ECM 之间的黏附反应。细胞表面的整合素分子与配体结合后，可通过细胞内蛋白激酶 C（PKC）、局灶黏附激酶（focal adhesion kinase，FAK）等传递信号并影响细胞运动。整合素的表达水平或分子结构随肿瘤转移的不同阶段而改变。例如，在转移早期（瘤细胞从原发肿瘤脱落），某些整合素（如 FN 受体、$\alpha5\beta_1$）表达减弱，瘤细胞与 ECM 蛋白的黏附作用降低；而当肿瘤细胞进入循环系统后，瘤细胞表面某些整合素分子，如 $\alpha_2\beta_1$（胶原 /LN 受体）表达增强，有助于转移灶的最终形成。

**2. 钙黏着蛋白（cadherin）** 钙黏着蛋白是一种跨膜糖蛋白家族，参与同型细胞间的黏附，主要分为 E、P 和 N 三种。E-钙黏着蛋白主要分布于各种上皮组织，P-钙黏着蛋白主要分布于上皮和胎盘基底层，而 N-钙黏着蛋白主要分布在神经组织、心脏等。E-钙黏着蛋白是三者中影响肿瘤转移较重要的一种，可能通过促进肿瘤细胞相互之间的紧密相连使之难以脱离原发部位而抑制肿瘤转移的发生。E-钙黏着蛋白表达下调是多种上皮源性恶性肿瘤，如乳腺癌、头颈部鳞癌等发生淋巴结转移的原因之一。

**3. 免疫球蛋白超基因家族** 这一类分子结构上同源，在细胞外结构中均含有免疫球蛋白样折叠，因而被视为免疫球蛋白（Ig）的同源类似物。主要包括神经细胞黏附分子（NCAM）、I 型血管细胞黏附分子（VCAM-1）、I 型细胞间黏附分子（ICAM-1）、癌胚抗原（CEA）、MVC-18 及抑癌蛋白 DCC 等，这类分子中的多数成员参与 $Ca^{2+}$ 依赖性的细胞间黏附反应，与多种类型恶性肿瘤转移有关。

**4. 选择素（selectin）** 选择素是一类新发现的，以唾液酸化路易斯 a 和 x 抗原（$Sle^a$ 和 $Sle^x$）为识别配体的跨膜蛋白，由于附属调节蛋白的不同可分为 L、E 和 P 三种。它们均具有一个独特的类似凝集素样的细胞外结构，该结构决定选择素参与糖基介导的识别过程。肿瘤转移的一些关键步骤，如进入循环系统内肿瘤细胞的聚集，以及肿瘤细胞与特定脏器血管内皮的锚定黏附都有选择素的参与，人们认为选择素可能与肿瘤转移的器官选择性有关。

**（二）细胞外基质降解酶类**

细胞外基质（extra celluar matrix，ECM）包括基底膜和间隙基质，主要由胶原（collagen）和非胶原糖蛋白（noncollagenous glycoprotein）及其他一些大分子组成。胶原共分 I、II、III、IV 型，其中 IV 型胶原是构成基底膜的主要成分，I、II、III 型胶原主要存在于结缔组织和间隙基质中；非胶原糖蛋白包括 LN、FN、巢蛋白（entactin）等。上述 ECM 的各种成分共同构成正常细胞移动的天然屏障。具有转移潜能的肿瘤细胞可产生或诱导产生降解 ECM 的蛋白水解酶，如纤维蛋白溶酶及纤维蛋白溶酶原活化因子（plasminogen activator，PA）、基质金属蛋白酶（matrix metallo proteinase，MMP）、弹力蛋白酶、组织蛋白酶 B、组织蛋白酶 L 等，而 ECM 的降解直接导致细胞屏障的崩溃和肿瘤转移的启动，因此各种蛋白水解酶的水平与肿瘤转移潜能相平行。下面介绍两种主要的蛋白水解酶。

**1. 基质金属蛋白酶类** 基质金属蛋白酶类（matrix metalloproteinase，MMP）是 ECM 降解酶中最重要的一类蛋白水解酶，目前家族成员近 20 种，各种 MMP 之间有序列同源性。此类酶系统具有共同的特点：①以无活性的酶原形式产生，经有限的蛋白水解而被激活；②酶活性部位含有一个 $Zn^{2+}$，去除 $Zn^{2+}$，酶活性明显抑制；③酶活性可被特异性金属蛋白酶组织抑制剂（TIMP）所抑制。

根据结构与功能的不同将 MMP 分为四大类：①胶原酶，包括间质胶原酶（又称 I 型胶原酶或 MMP1）和多形核细胞胶原酶（MMP8）；②明胶酶，又称 IV 型胶原酶，有 MMP2 和 MMP9 两种；③基质溶解酶（SL），包括 SL-1（MMP3）、SL-2（MMP10）和 SL-3 等；④膜型金属基质蛋白酶（MT-MMP）。各种 MMP 在不同肿瘤的分布不同，如食道癌和胰腺癌主要含有 MMP1、MMP2 和 MMP3，胃癌中 MT1-MMP 表达较高，MMP9 在胃癌及肠癌中均高表达。

能抑制 MMP 活性的金属蛋白酶组织抑制物（TIMP）有 4 种（TIMP1~TIMP4），TIMP1 能抑制所有活化的胶原酶，TIMP2 能显著抑制 MMP2 的活性，TIMP3 和 TIMP4 分别自乳腺癌和心脏组织 cDNA 文库中克隆，均具有较明显的抑制肿瘤转移的作用。

**2. 纤维蛋白酶及其酶原活化因子**　酶原活化因子（PA）能将纤维蛋白溶酶原转变为纤维蛋白溶酶（plasmin），后者除能引起血凝块溶解外，还可降解 ECM 中的 LN、FN 及蛋白多糖（PG）的蛋白质核心，但不降解胶原和弹力蛋白。PA 有组织型（t-PA）和尿激酶（u-PA）两种结构相似的形式，是一种单链丝氨酸蛋白酶。t-PA 可促使肿瘤细胞降解 ECM，肿瘤组织匀浆中 t-PA 的水平常可作为预后判断的指标之一；u-PA 存在于绝大多数人类肿瘤细胞表面（少数位于细胞质），促进肿瘤转移的效应主要表现在参与细胞分化、血管形成、细胞迁移、ECM 降解和组织重建等。另外，u-PA 还具有非蛋白溶解的特殊功能，如促进细胞黏附、迁移及与整合素共同传递信号等，因此在肿瘤转移中扮演比 t-PA 更为重要的角色。

PA 的特异性抑制物为 PAI，主要包括 PAI-1、PAI-2 和 PAI-3。PAI-1 分布在肿瘤实质内，也广泛存在肿瘤细胞周边，其高水平表达在大多数肿瘤中可提示预后良好；PAI-2 在肿瘤中的表达意义有所不同，在乳腺癌、胃癌、胰腺癌、卵巢癌中 PAI-2 高表达提示预后良好，而在结肠癌和皮肤黑色素瘤则相反。

（三）细胞运动因子

细胞运动贯穿于肿瘤转移的每个阶段，尤其是穿入和穿出血管过程。因此，活跃的细胞运动能力是影响肿瘤转移过程的重要因素之一。现知许多因子可影响细胞的运动能力，如生长因子及其受体、ECM 成分及扩散因子（SF）等。后来，Liotta 等又发现癌瘤细胞能分泌一种刺激细胞本身运动的促进因子，称为自分泌运动因子（autocrine motility factor，AMF），其分子质量约 60kDa，能特异性增强肿瘤细胞运动能力，其受体则为对百日咳毒素（PT）敏感的分子质量为 78kDa 的细胞表面糖蛋白（gp78）。该受体的信号传导受 G 蛋白调节，但 cAMP 不是必需的第二信使。最近又分离出一种新的运动刺激因子自毒素（autotaxin，ATX），其分子质量为 120kDa，氨基酸序列与已知的生长因子或其他促运动因子无同源性，可能是 AMF 家族的一个新成员，也是通过 G 蛋白偶联的细胞表面受体介导而发挥作用。

（四）肿瘤血管生成因子

许多证据表明，无论是原发肿瘤还是转移性肿瘤的生长和扩散均与血管形成密切相关。转移性瘤细胞到达靶器官静脉周围基质 2~3h 后开始生长，18h 后即有新生毛细血管从已存在的小静脉壁长出，以营养新长成的瘤结。瘤细胞之所以能吸引新生的毛细血管长入，是因为宿主细胞和瘤细胞本身能分泌促进血管形成的可溶性物质，即肿瘤血管生成因子（tumor angiogenesis factor，TAF）。这些因子能促进宿主毛细血管和小静脉内皮细胞的分裂并刺激毛细血管的生长，为肿瘤（含转移瘤）提供继续增殖和播散的条件。血管生成因子很多，常见的有肽类细胞因子，如 VEGF、EGF、aFGF、bFGF、TGFα、TGFβ、IL-1α、IL-8、TNFα 和非肽类生长因子，如肝素、前列腺素 E1/E2 等。Fett 等从结肠癌细胞株 HT-29 培养上清分离出一种单链蛋白，称为血管生长素（angiogenin），具有强烈的诱发血管生成的作用。

在正常和肿瘤组织内还存在抑制血管生成的因子。它们主要通过干扰血管生成因子的合成和释放（如 VEGF 抑制因子，FGF 抑制因子 IL-1、IL-4、IL-10、IL-18 等），阻止血管内皮细胞（EC）的分裂增殖（如 INFa、INFb、INFg 等）。最近分别从肿瘤细胞和鼠内皮细胞中分离出来的血管抑素（angiostain）和内抑素（endostain）均特异性作用于血管内皮细胞，具有强烈的抑制肿瘤血管生成的作用，并表现出明显的抑制肿瘤转移的能力，但对肿瘤细胞及其他正常细胞的增殖状态无影响。

## 二、肿瘤转移相关基因

纵观肿瘤的整个生物学过程，应包括肿瘤的发生、发展、转移、复发等具有密切内在联系的过程。从某种意义上说，在肿瘤的起源阶段就已决定了肿瘤的转移性状。因此从肿瘤的发生学和基因突变着手研究肿瘤转移的分子机制更有利于揭示肿瘤转移的本质。事实上，癌基因和抑癌基因参与了调节肿瘤转移的复杂过程。通过肿瘤转移相关基因及一系列基因产物的参与，对整个转移过程进行调控涉及肿瘤细胞的遗传特征、表面结构、抗原性、侵袭能力、黏附能力、血管形成能力及肿瘤细胞与宿主、肿瘤细胞与间质之间相互关系的多步骤、多因素过程。

### （一）肿瘤转移促进基因

研究表明，肿瘤的转移性和致瘤性是相对独立的，它们应由不同的遗传因素所决定。因此，肿瘤的转移基因不同于癌基因。然而迄今为止尚未发现特异性的转移基因，但在癌基因研究中发现，某些癌基因具有促转移潜能。例如，活化的 ras 基因转化的人、鼠多种类型的细胞不仅能在裸鼠中致瘤，而且还能产生转移。又如，c-erb-2、c-met、c-mye、c-ets1 及突变型的 p53 均能使合适的受体细胞产生转化表型。尤其当 2 个或以上癌基因共同转化时，这种作用更为明显。但有些癌基因转染某些细胞时，只能使细胞产生恶性表型而不能产生转移，提示癌基因本身可能与转移没有直接因果关系，而是通过下游途径在肿瘤转移中发挥作用。另外，某些特定的癌基因的促转移作用还取决于宿主细胞的遗传背景。例如，在 ras 转染的细胞模型中确已发现一些能应答癌基因的转移效应基因产物，其中包括蛋白水解酶及其抑制物（如Ⅳ型胶原酶、TIMP 等）、钙结合蛋白及与细胞运动相关的因子等，这些效应基因被癌基因激活或抑制，以某种协同方式共同诱导转移的形成。同时也发现另外一些癌基因转染的细胞模型，由于一些转移效应基因对癌基因信号不应答或应答错误，使得癌基因无法诱导细胞发生转移，进一步说明癌基因产物作为信号传导者在肿瘤转移过程中起着某些间接的促进作用。

由于肿瘤转移涉及多因素、多步骤，肿瘤转移促进基因可能作用于不同的环节，作用机制也不尽相同。除癌基因外，整合素 β1、癌胚抗原 CEA、ECM 降解酶中的Ⅳ型胶原酶（明胶酶或 MMP-2）、MT-MMP、u-PA 及 12-脂氧合酶［12(s)-HETE］等的编码基因均属于肿瘤转移促进基因（metastasis-enhancing gene）。

### （二）肿瘤转移抑制基因

肿瘤转移抑制基因（metastasis-suppressor gene）指可在体内特异性抑制肿瘤转移，而不影响原发肿瘤生长的一类基因。前述肿瘤转移相关因子中的 E-钙黏着蛋白、金属蛋白酶组织抑制物（TIMP）及血管生成抑制物等具有肿瘤转移抑制作用，其编码基因为肿瘤转移抑制相关基因。目前较明确的肿瘤转移基因主要有 *nm23*、*MMK4*、*KAL1*、*CD44*、*KISS1* 及 *BRSM1* 等。

**1. *nm23*** 　　*nm23* 基因是以低转移性和高转移性小鼠黑色素瘤细胞的抑制性消减杂交 （subtractive hybridization）方法克隆筛选获得的，因为来自非转移克隆第 23 号，因此称为 *nm23*（non-metastatic clone #23）。*nm23* 在低转移性肿瘤的表达水平显著高于高转移性肿瘤 的表达水平。将 *nm23* 导入到转移肿瘤中去表达，能使转移潜能下降 57%～96%。

人基因组中存在两个与小鼠 NM23 同源的基因，它们分别编码分子质量为 18.5kDa 和 17kDa 的蛋白质（分别用 nm23-H1 和 nm23-H2 表示）。在人乳腺癌、卵巢癌、垂体瘤中， nm23-H1 的表达与淋巴结转移成负相关；但在部分人结肠癌、神经母细胞瘤、前列腺癌中 nm23-H1 基因并不表现为转移抑制基因，相反其表达水平的升高却与癌细胞恶性表型增强有 关。这些不尽一致的结果使 *nm23* 基因作为一种转移抑制基因受到挑战。

NM23 的作用机制尚未阐明，迄今仅获得三个方面的证据：①NM23-H2 蛋白（与转 录因子 PuF99 同源）可体外启动 *c-myc* 基因的转录；②NM23 蛋白具有细胞因子样活性， 影响免疫细胞的分化；③表达于细胞表面的 *nm23* 基因产物具有整合素结合基序（integrin binding motif）的功能，其数量变化影响瘤细胞的黏附能力。

**2. *MMK4*** 　　MMK4 是应激激活的蛋白激酶（stress-activated protein kinase，SAPK）信 号通道家族成员，参与细胞生理活动的调节。有研究表明，将该基因导入具有高度转移能力 的大鼠前列腺癌细胞后，细胞在裸鼠体内肺转移较对照细胞下降 77%；临床前列腺癌标本检 测亦显示，MMK4 表达水平与反映前列腺癌转移倾向的 Gleason 分级成负相关。MMK4 可 被丝裂原激活的蛋白激酶（mitogen-activated protein kinase，MAPK）、细胞外调节蛋白激酶 （extracellular regulated protein kinase，ERK）和 p38 双重激活而发挥转移抑制作用。

**3. *KAL1*** 　　*KAL1* 是继 *nm23* 后发现的又一个具有肿瘤转移抑制功能的基因，又称 R2、 IA4、C33，与 CD82 结构相同。*KAL1* 基因最早是作为前列腺癌的特异性转移抑制基因被发 现的。经多年研究，发现 *KAL1* 基因的表达水平与前列腺癌、肝癌、肺癌、胰腺癌、胃肠肿 瘤、黑色素瘤等转移成负相关。

*KAL1* 基因的作用机制尚不十分清楚。有研究认为，KAL1 能与整合素、E-钙黏着蛋白 等彼此连接，在细胞黏附、细胞运动及侵袭和转移过程中发挥作用。

**4. Kiss** 　　最近从人类胎盘中分离到一种具有肿瘤转移抑制作用的 *Kiss* 基因，其产物 是 G 蛋白结合受体的内源性配体，在它的作用下细胞内钙浓度明显增加，细胞的化学趋向 性和侵袭性受到抑制。动物试验发现 *Kiss* 基因能抑制黑色素瘤的体内肺转移；临床研究显 示其蛋白质表达缺失与胃癌转移能力密切相关。

**5. *BRSM1*** 　　BRMS1 是最新发现的转移抑制基因。BRMS1 表达可恢复乳腺癌及黑色 素瘤细胞间正常的缝隙连接，提示其在转移的调节中具有十分重要的作用。因为有研究显 示，细胞间缝隙连接的破坏程度与乳腺癌及黑色素瘤的临床分期成正相关，当恢复这种破 坏，肿瘤细胞的生长受到抑制。这些研究结果提示 BRMS1 的转移抑制作用可能与增加原发 肿瘤细胞的信号传递有关。

### 三、肿瘤转移相关机制

肿瘤转移是癌变细胞恶性生物学行为持续存在并不断发展的一个重要标志。Fidler 认为，大多数原发肿瘤细胞转移能力很低，只有少数细胞由于突变获得转移表型。这些细胞构成瘤体中独特的细胞亚群，具备完成转移过程的必要潜能（肿瘤异型性学说）。Kerbal 则认为，具有转移潜能的肿瘤细胞在肿瘤形成早期就有别于多数肿瘤细胞形成具有生长优势的细胞亚群（克隆优势学说）。两种学说虽然在转移细胞克隆来源上存在争议，但在肿瘤转移潜能依赖于整体细胞中数量极少的独特亚细胞克隆这一点上却是一致的。那么这些亚细胞克隆通过怎样的驱动机制完成其转移过程，即肿瘤转移的分子机制是什么？尤其是不同肿瘤转移的时间和空间差异，同一肿瘤在不同个体转移的行为和频率差异等问题，至今尚远未阐明。本节仅就目前的研究线索对肿瘤转移中的一些共性机制予以简要讨论。

### （一）上皮-间质转化与肿瘤转移

上皮-间质转化（epithelial-mesenchymal transition，EMT）是指上皮细胞通过特定程序失去相邻细胞间的黏附和紧密连接而获得具有纤维母细胞样形态、特定基因表达改变、运动潜能增加等间质表型的过程，与胚胎形成、组织再生、器官纤维化及肿瘤转移等生理、病理过程密切相关。虽然 EMT 在不同的生物学过程差异较大，但其中涉及的遗传分子及调节机制则十分相似且高度保守。

EMT 是癌细胞获得转移能力的关键机制之一。其在肿瘤中启动的原始动因是机体的微环境改变。肿瘤细胞在癌变过程中所经历的某些遗传和表观遗传学改变或在治疗过程中经受的各种环境压力均可导致肿瘤微环境的改变，继而引起包括 TGF-β、EGF、HGF、PDGF 在内的多种细胞因子的内分泌和（或）旁分泌增加，这些因子通过与相应受体作用促进 snail1、slug（snail2）、ZEB1/ZEB2、Twist、FOXC2 等转录抑制因子的转录，后者通过结合维系上皮细胞黏附表型的 E-钙黏着蛋白基因起始位点附近的 DNA 结合序列 E-box 序列（5′-CACCTG-3′）抑制其表达，继而细胞间黏附逐渐疏松解体，间质标志分子，如波形蛋白（vimentin）等表达增加，蛋白水解酶（如 MMP 等）活化，EMT 形成，部分细胞自瘤体脱落并突破血管基膜发生远处转移。

EMT 是一种可逆的过程。例如，在肿瘤转移过程中，发生 EMT 的肿瘤细胞自原发灶进入血循环并移行、穿透至新的部位后，将通过一个 EMT 的反向过程，即间质-上皮转化（mesenchymal-epithelial transition，MET）过程恢复转移病灶细胞的上皮状态。

### （二）血管新生与肿瘤转移

血管新生是指活体组织在微血管床上芽生出新的毛细血管的过程。与生理性新生血管形成不同的是，肿瘤血管具有不断生长形成新生血管的能力。肿瘤新生血管的形成在肿瘤转移中具有维持原发性肿瘤生长、作为肿瘤和循环之间的桥梁导致细胞全身播散和维持远处继发性肿瘤生长等作用。事实上，肿瘤迅速生长所形成的压差有利于周围淋巴管的扩张和肿瘤细胞的进入，故新生血管的形成亦可促进肿瘤的淋巴道转移。

肿瘤内新生血管的生成主要受控于局部微环境中促血管形成分子（如 VEGF、EGF、EGF、PDGF、LPA 等）和抗血管形成分子［如血小板反应蛋白（thrombospondin）、血管抑制素（angiostatin）、内皮抑制素（endostatin）、血管能抑素（canstatin）、肿瘤抑素（tumstatin）等］。其他如细胞间质和基膜中的黏附分子、酶类通过影响血管内皮细胞的运动及通透性；一些癌基因、抑癌基因通过调控上述各类分子的表达和活性，而影响肿瘤新生血管的生成，参与肿瘤转移。

（三）肿瘤治疗耐受与肿瘤转移

肿瘤治疗耐受（therapy resistance）主要指肿瘤对化学治疗或放射治疗的敏感性低或不敏感，分为原发性耐受（intrinsic resistance）和继发性耐受（secondary resistance）两种。前者是肿瘤细胞固有的特性，后者是治疗过程中逐渐获得的特性。事实上，肿瘤异质性决定了肿瘤转移也有原发性和继发性之分。近年的一些研究发现，化学治疗、放射治疗或靶向治疗可通过改变肿瘤内环境而致残余肿瘤细胞表现出对继续治疗的耐受，且这些耐受细胞往往呈现与肿瘤转移细胞相似的 EMT 表型、肿瘤干细胞特征和基因表达谱（如耐药相关基因、DNA 修复基因及凋亡相关基因等），提示肿瘤微环境对肿瘤耐受和转移的影响可能存在交集，细胞存活和细胞运动的调控信号可能存在对话（cross-talking）。

# 第三节　肿瘤靶向治疗的分子基础

恶性肿瘤传统治疗方法包括手术治疗、放射治疗和化学治疗等。其中唯一作为全身治疗的化学药物治疗长期以来在恶性肿瘤多学科综合治疗中展现出不可替代的重要地位。但依赖细胞毒作用杀灭肿瘤细胞的化学药物选择性差，对正常细胞损害大，毒副作用强。因此，探索和挖掘具有靶向治疗作用的抗肿瘤药物一直是广大科研工作者和临床医师关注的焦点。肿瘤"靶向治疗"泛指药物定向作用于肿瘤并抑制或杀灭肿瘤的治疗。依据药物作用部位可分为器官靶向（只针对某个器官肿瘤）、细胞靶向（只针对某类别的肿瘤细胞）和分子靶向治疗。分子靶向治疗（molecular targeted therapy）指以肿瘤发生发展起关键作用的基因或编码蛋白质及其相关信号分子为靶点，采用能选择作用于靶分子并抑制肿瘤生长转移或杀灭肿瘤的特异制剂或药物的治疗，是基于分子检测的靶向治疗。自 1997 年全世界第一个分子靶向药物——抗 CD20 的利妥昔单抗（Rituximab）获准进入临床应用至今，已有数十种分子靶向药物获准上市。此类药物选择性强，特异性高，毒副作用小，在多种肿瘤的姑息治疗、辅助治疗和维持治疗中发挥了十分重要的作用。另外还有数百种新药正在进行临床试验，昭示肿瘤的治疗正在从前基因组时代的细胞毒药物治疗时代过渡到后基因组时代的分子靶向治疗新时代。限于篇幅，本节仅就肿瘤分子靶向治疗的靶标、分子检测、药物分类、治疗原则及耐药机制等进行小范围介绍。

## 一、分子靶向治疗靶标

"肿瘤靶标"又称肿瘤标志物，指存在于肿瘤组织 / 细胞或由组织或细胞分泌的、区别于正常组织 / 细胞存在或分泌的一类物质，不同组织来源的肿瘤或相同来源不同性质、不同阶段的肿瘤的标志物谱系往往有所区别。因此，筛选和识别肿瘤标志物的理论意义在于有助于阐述肿瘤发生、发展和转归机制；临床意义在于肿瘤易感人群筛查和早期诊断，抗肿瘤新药筛选，临床用药指导及治疗疗效、病程和预后判断等。迄今已发现的肿瘤标志物多达数百种，其中可供临床应用的近 200 种。依据肿瘤标志物的性质和检测方法可将其分为两大类，即生化标志物（如蛋白质、多肽、激素、酶、糖脂、多胺类标志物等）和分子标志物（如DNA、RNA 等）。可见分子靶向治疗的靶标包括基因及其转录、翻译产物和上下游相关信号分子。

（一）肿瘤驱动基因

依据基因突变学说，恶性肿瘤发生的根本原因是基因突变，表现形式是肿瘤细胞呈现不可控制地增长。因此，人们将突变后能导致细胞癌变并维持失控性增长的基因称为肿瘤驱动基因（driver oncogene），将此类突变称为驱动突变（driver mutation）。驱动基因主要包括各种生长因子、生长因子受体基因，抑癌基因，细胞凋亡相关基因及细胞周期调节基因等。必须指出的是：①由于癌基因驱动突变（oncogenic driver mutation）是环境因素作用下随机发生的事件，故不同个体、不同部位、不同病理分型肿瘤的驱动基因各有不同；②部分肿瘤的驱动基因的种类已比较明确，部分肿瘤的驱动基因尚不明确；③驱动基因作为肿瘤的分子标志物，是肿瘤分子靶向治疗的靶标。迄今已发现的驱动基因较多，以下是常见肿瘤驱动基因和驱动突变的简介。

**1. *EGFR* 基因**　　EGFR（表皮生长因子受体）又称 ERBB1 和 HER1，其基因定位于 7p12-14，由 28 个外显子（exon）组成，编码具有细胞增殖和凋亡调控功能的跨膜受体酪氨酸激酶（RTK），功能性蛋白酪氨酸激酶（PTK）由 18～24 号外显子（exon 18-24）编码。EGFR 在肺腺癌 90% 左右的突变位于外显子 19～21（exon 19-21），其中 exon 19 的突变频率最高，占整个突变的 60% 以上。EGFR exon 19 和 exon 21 的突变形式分别以缺失（如 E746-A750 等）和点突变（如 L858R）为主，且通过改变受体 ATP 结合位点而活化 PTK 及其下游信号途径以促进细胞增殖，抑制细胞凋亡。EGFR 上述驱动突变发生在欧美人群肺腺癌中的比率为 15%～20%，在亚洲人群中为 30%～40%，可见，EGFR 是肺腺癌中最重要的驱动基因，也是一代酪氨酸激酶抑制剂（EGFR-TKI）吉非替尼、厄洛替尼和二代 EGFR-TKI 阿法替尼的分子靶标。

**2. *K-ras* 基因**　　*K-ras* 基因是肺腺癌的驱动基因之一，编码的 K-ras 蛋白是 EGFR 信号通路下游调节因子。携野生型 *K-ras* 基因的肺腺癌对一、二代 EGFR-TKI 敏感。*K-ras* 在肺腺癌的突变频率为 30% 左右，基因突变后处活化状态的 *K-ras* 基因不受 EGFR 上游信号的影响而对 EGFR-TKI 治疗耐受。第 12、13 和 61 密码子的点突变是 *K-ras* 基因的突变热点。另外，*K-ras* 基因也是结直肠癌、胰腺癌、甲状腺癌、卵巢癌等多种肿瘤的驱动基因，其在这些癌症的突变频率分别为 30%～50%、80% 以上、50% 左右和 15% 左右。与肺癌相似，一旦发生突变，这些癌症对西妥昔单抗等分子靶向治疗耐受。

**3. *B-raf* 基因**　　*B-raf* 是位于 *K-ras* 下游的基因，编码 MAPK 通路中的丝氨酸/苏氨酸蛋白激酶。*B-raf* 突变见于结直肠癌、肺癌、黑色素瘤、肝癌、甲状腺癌及胰腺癌等。90% 以上的突变发生在 1799 位核苷酸上（T-A），导致其编码的谷氨酸被缬氨酸取代（V600E）。该基因突变与 *K-ras* 基因突变互斥，故 *K-ras* 野生型患者若发生 *B-raf* 突变，可导致 15% 左右患者对 EGFR-TKIs 耐受；最近报道，*B-raf* 在 50% 以上恶性黑色素瘤存在突变，其突变患者对正在研制的非受体 TKI（PLX-4032、RG7204 等）敏感。

**4. *PIK3CA* 基因**　　*PIK3CA* 基因突变 80% 发生于螺旋区（exon 9）和激酶区（exon 20），可见于乳腺癌、结直肠癌、肺癌、胃癌、肝癌等，其中乳腺癌突变率高达 40%。该基因突变与西妥昔单抗和曲妥珠单抗的耐药有关。

**5. *Her-2* 基因**　　Her-2 为 EGFR 家族成员之一（又称 EGFR-2/erbB2），主要介导 MAPK 和 PI3K/AKT 信号途径，涉及 Akt、B-raf、K-ras、MEK1、PTEN 等信号分子。Her-2

在 30% 左右乳腺癌中主要通过基因扩增而呈过表达。过表达（Her-2 阳性）患者肿瘤浸润性强、无病生存期短、预后差；同时过表达也是使用抗 Her-2 曲妥珠单抗（赫赛汀）的指征。最近研究发现，Her-2 阳性也是胃癌（16% 左右阳性）预后不良的重要指标之一；曲妥珠单抗联合化疗可改善 Her-2 阳性进展期胃癌患者的生存。因此临床乳腺癌和胃癌患者需常规检测 Her-2 表达。

**6. KIT 基因**　　KIT 是一种Ⅲ型酪氨酸激酶受体，其配体是干细胞因子（SCF），激活的下游信号包括 Ras/Raf/MAPK 和 PI3K/AKT 通路。KIT 基因突变会导致胃肠道基质瘤（GIST）、急性髓细胞白血病（AML）和睾丸癌发生。80% 以上的 GIST 携有 KIT 基因突变，突变热点为 exon 11（50%～92%）和 exon 9（8%～13%），靶向药物伊马替尼（imatinib）对两类突变患者的缓解率分别为 83.5% 和 47.8%；野生基因型携带者的疗效较差，exon 13、exon 17 突变患者与耐药有关。

**7. c-MET 基因**　　c-MET 基因编码的蛋白质是一种跨膜酪氨酸激酶受体，属于 RTK 超家族，其配体为肝细胞生长因子（hepatocyte growth factor，HGF），故也称肝细胞生长因子受体（HGFR）。c-MET 与配体结合后磷酸化激活下游 PI3K/AKT/mTOR 等信号通路，促进细胞增殖、分化和迁移等生物学过程。在约 5% 的非小细胞肺癌（NSCLC）患者中存在 c-MET 基因 exon 14 跳跃突变或 c-MET 基因扩增，这类 c-MET 基因突变型 NSCLC 患者对克唑替尼治疗敏感。

**8. 融合基因**　　融合基因是指来源于两个或两个以上不同基因的 DNA 片段物理上的融合连接形成新的功能活化基因，又称基因重排。与多种肿瘤的发生密切相关，同时又是肿瘤靶向治疗的理想分子靶点。例如，EML4-ALK 融合基因｛常见融合变异类型：2 号染色体倒位［inv（2）（p21p23）］｝在 3%～5% 的 NSCLC 呈阳性，其编码的融合蛋白具有异常活化的间变性淋巴瘤激酶（ALK）活性。克唑替尼是一种靶向 EML4-ALK 融合基因的 ALK 抑制剂，适用于 EML4-ALK 阳性的 NSCLC 患者；BCR-ABL 融合基因［常见融合变异类型：t（9：22）（q34：q11）］在 90% 以上慢性粒细胞性白血病（CML）呈阳性，其编码的融合蛋白具有异常活化的酪氨酸激酶活性。伊马替尼（格列卫）是一种靶向 BCR-ABL 融合基因的 ABL 酪氨酸激酶抑制剂，可用于 BCR-ABL 阳性的 CML 患者的治疗。另外，在某些肿瘤中也存在类似融合基因，如急性早幼粒细胞白血病中的 PML-RARα 等。

（二）驱动基因检测

如前文所述，癌基因的活化机制包括点突变、扩增、重排（或称易位）或低甲基化等；抑癌基因的活化包括突变、缺失、与病毒基因结合及高甲基化等。驱动基因多数为癌基因和抑癌基因，驱动基因突变泛指导致基因活化时的上述各种改变，驱动基因检测包括基因结构序列的检测及基因转录和蛋白产物表达水平的检测，对于阐述肿瘤发生发展机制，筛查肿瘤易感人群，肿瘤伴随诊断和分子分型，指导分子靶向治疗药物选择均具有十分重要的意义。基因检测方法发展迅速，主要包括以下几种。

**1. Sanger 基因测序法**　　该方法以纯化的待测序模板 DNA 片段、测序引物、4 种普通 dNTP 和少量的 4 种不同荧光标记的 ddNTP 为主要原料，在 Taq DNA 聚合酶的作用下进行测序扩增反应，当任一扩增片段在延伸过程中有 ddNTP 加入时，该链的延伸就终止，当测序反应结束时形成了一系列长度只差一个碱基的荧光标记的核酸片段，这些片段可通过测序仪的毛细管电泳进行分离与识别，从而得到待测核酸片段的序列信息并进行分析。此法多用于基因突变的检测，优点是准确度高、重复性好、可检测已知或未知突变、可进行复杂突变的综合分析；缺点是对检测样品要求高、灵敏度较低（可检测 25% 以上的突变 DNA）、步骤多、成本高。

**2. 二代基因测序法**　　二代基因测序技术又称为高通量并行测序技术，其首先利用样品 DNA 或 cDNA 构建测序文库，然后一次对多个样品的几十万至几百万条 DNA 分子同时进行快速测序分析，最后通过数据分析系统与人类基因组计划获得的参考序列比对以实现对基因突变、融合和扩增的检测。该方法具有通量高、灵敏度高、节约样品等优点，适合少量样品或耐药后样品的多基因突变检测。但该方法对设备、场地、技术和人员要求高，检测试剂耗材昂贵，检测相关各项技术标准尚未规范，因此并不适合基层医疗机构采用。

**3. 探针扩增阻滞突变检测法（ARMS 法）**　　利用 PCR 引物 3' 端必须与模板完全匹配才能有效扩增的原理，针对已知突变设计特异的 3' 端与突变型 DNA 完全匹配的引物从而有效、特异的扩增突变基因片段。扩增产生的片段通过凝胶电泳或利用实时荧光 PCR 进行突变检测或分析。该方法亦多用于基因突变检测，与基因测序法相比，具有灵敏度高、准确性好、快捷、对标本要求相对较低等优点，但仅能检出已知突变，无法检出未知突变，不适用于突变类型复杂、繁多的突变位点的检测。

**4. 反转录实时荧光 PCR（qRT-PCR 法）**　　首先利用反转录反应获得样品的 cDNA，然后使用针对融合基因或基因突变特殊设计的引物或荧光标记的特殊探针，利用荧光 PCR 来进行检测。该方法可用于融合基因、基因突变检测，有快速、简便、灵敏度高，可明确融合突变体类型等优点，缺点是无法检测未知的融合型，样本要求高（常需新鲜组织样品）。

**5. 荧光原位杂交法（fluorescence *in situ* hybridization，FISH）**　　以特定标记的已知序列的核苷酸片段为探针，将其与细胞或组织切片中的核酸进行杂交，从而检测细胞或组织中是否存在相应互补的核苷酸片段并精确定量定位的一种实验方法。该方法可同时进行定量与定位分析、结果准确，是目前基因扩增和融合基因检测的较理想的方法；但缺点是费时费力，成本较高，技术难度较大，对标本和操作人员的要求较高。

**6. 免疫组化法（immunohistochemistry，IHC）**　　利用抗原抗体反应的特异性，使用特异性标记抗体与组织细胞内相应的抗原结合，然后通过化学反应使标记抗体的显色剂显色来确定组织细胞内抗原存在与否，并对其进行定位、定性及定量研究的一种方法，可用于基因、融合基因表达检测。优点为简便、成熟、便宜；缺点是不能直接检测基因水平的改变、灵敏度相对较低。

## 二、分子靶向治疗药物

纵观近 30 年来的理论研究和临床应用成果，肿瘤靶向治疗主要包括抗体依赖性和受体依赖性分子靶向治疗，以及免疫系统依赖性细胞靶向治疗；涉及分子靶向治疗的药物主要分为抗肿瘤单克隆抗体和抗肿瘤小分子靶向药物。

（一）单克隆抗体

单克隆抗体（moloclonal antibody，mAb）因针对单一抗原决定簇而具有很强的专一性及结合相应抗原的特异性。在已识别的肿瘤抗原（多为肿瘤相关抗原）中，相当一部分具有促进肿瘤生长转移，抑制肿瘤细胞凋亡作用，因此特异性单克隆抗体能通过其靶向优势达到肿瘤治疗之目的。治疗性单克隆抗体主要有鼠/人嵌合单抗、人源化单抗、人抗体和完全人源化单抗等基因工程抗体。例如，自1997年第一个抗肿瘤单克隆抗体——利妥昔单抗（美罗华）上市以来，先后有多个单克隆抗体相继被批准用于临床治疗（表14-4）。

**表14-4　主要抗肿瘤单克隆抗体**

| 单抗名称（别名） | 靶点 | 检测方法 | 适应证 |
| --- | --- | --- | --- |
| 利妥昔单抗（Rituximab） | CD20 | IHC | 非何杰金氏淋巴瘤（NHL） |
| 奥滨尤妥珠单抗（Obinutuzumab） | CD20 | IHC | NHL、白血病 |
| 曲妥珠单抗（Trastuzumab） | Her-2 | IHC/FISH | 乳腺癌、胃癌 |
| 西妥昔单抗（Cetuximab） | EGFR | IHC/FISH | 大肠癌、头颈癌、NSCLC |
| 贝伐单抗（Bevacizumab） | VEGF | IHC/FISH | 大肠癌、NSCLC、肾癌 |
| 帕尼单抗（Panitumumab） | EGFR | IHC/FISH | NSCLC、大肠癌 |
| 吉妥单抗（Gemtuzumab） | CD33 | IHC | AML |
| 达雷木单抗（Daratumumab） | CD38 | IHC | 多发性骨髓瘤（MM） |
| 阿仑单抗（Alemtuzumab） | CD52 | IHC | CLL |
| 依贝莫单抗（$^{90}$Y-ibritumomab） | CD20 | IHC | NHL |
| 托西莫单抗（$^{131}$I-tositumomab） | CD20 | IHC | NHL |
| 纳武单抗（Nivolumab） | PD-1 | IHC | NSCLC、尿路上皮癌、淋巴瘤、黑色素瘤、肾癌等 |
| 派姆单抗（Pembrolizumab） | PD-1 | IHC | NSCLC、尿路上皮癌、黑色素瘤 |
| 阿特珠单抗（Atezolizumab） | PD-1 | IHC | NSCLC、尿路上皮癌 |
| 雷莫芦单抗（Ramucirumab） | VEGFR2 | IHC/qPCR | NSCLC、肺癌、大肠癌 |

就单独的单抗药物而言，主要通过三个方面效应杀伤肿瘤细胞：一是靶向效应，单克隆抗体靶向肿瘤细胞相关抗原产生肿瘤特异性反应物，然后由免疫系统中的活化因子将肿瘤细胞消灭；二是阻断效应，现用于临床的大部分未偶联单抗通常都是通过阻断免疫系统的一种重要的受体-配体相互作用而实现的；三是信号传导效应，许多抗癌单抗是通过恢复或抑制效应因子，直接启动或抑制信号机制而获得细胞毒效应。治疗性单克隆抗体分为针对肿瘤相关抗原（如针对Her-2抗原的赫赛汀单抗）和不针对肿瘤相关抗原（如针对肿瘤血管内皮细胞VEGF的贝伐单抗）两类。

另外，依据单克隆抗体体积小，穿透性好，消除快、累积毒性小等优势，可将其与化学药物、毒素、放射性核素、生物因子、基因、光敏剂、酶等物质制成免疫偶联物靶向治疗肿瘤。

（二）小分子靶向药物

人体每个细胞均有一个精巧设计的通信网络，即"信号转导"系统。细胞外刺激通过该系统将信号传入基因，同时又将基因指令传出至细胞外引起细胞增殖、分化、运动、凋亡等各种生命活动。肿瘤细胞几乎均伴随有信号转导通路的异常而表现过度增殖、分化障碍、侵袭转移、凋亡抑制等异常生命活动等，因此，一旦与这些异常表型有关的信号分子（肿瘤分子标志）被抑制，信号通路将被阻断，肿瘤将会受到致命性的打击。

表 14-5 总结了部分进入临床的肿瘤靶向治疗药物、作用靶点及适应证，这些药物详细的作用机制、使用方法等见相关专著或教材。值得指出的是：与传统化疗药物相比，此类药物对肿瘤细胞的选择性高，作用明确；对正常细胞影响较小，因而毒性较小。缺点是肿瘤往往存在多条通路多个信号分子异常，单独使用对肿瘤的杀伤力有限。

**表 14-5 常见肿瘤异常信号分子抑制药物**

| 药物【别名】 | 靶点 | 检测方法 | 适应证 |
| --- | --- | --- | --- |
| 伊马替尼（Imatinib） | Kit，PDGFRA，Bcr-Abl | 测序 /IHC | CML、GIST |
| 尼洛替尼（Nilotinib） | ABL | FISH/qPCR | 白血病 |
| 达沙替尼（Dasatinib） | ABL | FISH/qPCR | 白血病 |
| 吉非替尼（Gefitinib） | EGFR | 测序 /IHC/qPCR | NSCLC、头颈部癌 |
| 厄洛替尼（Erlotinib） | EGFR | 测序 /IHC/qPCR | NSCLC、胰腺癌 |
| 奥希替尼（Osimertinib） | EGFR | 测序 /IHC/ qPCR | NSCLC |
| 阿法替尼（Afatinib） | EGFR/ Her-2 | 测序 /qPCR/FISH | NSCLC |
| 维罗非尼（Vemurafenib） | BRAF | 测序 /qPCR | 黑色素瘤 |
| 达拉非尼（Dabrafenib） | BRAF | 测序 /qPCR | 黑色素瘤 |
| 曲美替尼（Trametinib） | MEK | 测序 /qPCR | 黑色素瘤 |
| 阿昔替尼（Axitinib） | PDGFR/Kit/VEGFR | IHC/ qPCR | 肾癌 |
| 瑞戈非尼（Regorafenib） | PDGFR/Kit/VEGFR/raf/RET | 测序 /qPCR | GIST、大肠癌、肝癌 |
| 索拉非尼（Sorafenib） | PDGFR/VEGFR | IHC/qPCR | 肾癌、肝癌、NSCLC、黑色素瘤 |
| 舒尼替尼（Sunitinib） | PDGFR/Kit/VEGFR | IHC/qPCR | GIST、肾癌、黑色素瘤 |
| 拉帕替尼（Lapatinib） | EGFR/Her-2 | 测序 /FISH | 乳腺癌、NSCLC |
| 克唑替尼（Crizotinib） | EML4-ALK/c-MET | qRt-PCR/FISH/IHC | ALK 阳性的 NSCLC |
| 塞立替尼（Ceritinib） | EML4-ALK | qRt-PCR/FISH/IHC | NSCLC |
| 艾乐替尼（Alectinib） | EML4-ALK | qRt-PCR/FISH/IHC | NSCLC |
| 依维莫司（Everolimus） | mTOR | 测序 /qPCR | 乳腺癌、肾癌、胰腺癌 |

抗肿瘤小分子靶向药物主要为受体依赖性激酶抑制剂，如针对 EGFR、Kit 等的酪氨酸激酶抑制剂（TKI），针对 Raf 的丝 / 苏氨酸蛋白酶抑制剂等；亦有部分为受体非依赖型激酶抑制剂，如针对 Ras、Abl 的法尼基转移酶抑制剂等。主要通过阻断由基因突变激活的信号通路而抑制肿瘤生长和迁移，诱导细胞凋亡。有些药物（如索拉非尼和舒尼替尼）通过阻断肿瘤血管新生而抑制肿瘤生长；有些药物由于突变改变了受体结合位点的角度而增加了敏感性。例如，肺癌 EGFR 酪氨酸激酶（TK）编码区 exon 19 和 exon 21 的突变改变了受体 ATP 结合位点的角度，使分子靶向药物吉非替尼、厄洛替尼治疗的有效率高达 80% 以上，而 exon 20 突变导致受体位置改变时，两种药物的耐药性增强。

## 三、分子靶向治疗原则

### （一）以分子检测为基础

肿瘤分子靶向治疗药物通过选择性封闭与肿瘤发展相关的受体或非受体激酶从而纠正病

理过程，其是细胞生长抑制剂而非细胞毒类制剂，该治疗过程属于病理生理治疗。其疗效依赖于两方面因素：一是患者肿瘤是否存在特异性目标基因表达；二是该目标基因是否为驱动癌细胞恶变行为的关键因素。例如，曲妥珠单抗（赫赛汀）只对过度表达 HER-2 的肿瘤有活性（30% 的乳腺癌患者），如果用曲妥珠单抗治疗所有的乳腺癌，其有效率就会大大下降；又如 c-kit 和 c-abl 基因突变分别为胃肠基质瘤（GIST）和慢性粒细胞白血病（CML）发生发展的主要原因，而伊马替尼（格列卫）是这两种基因产物酪氨酸激酶跨膜受体特异性和选择性抑制剂，因此对 GIST 和 CML 抑制作用特别明显。如果用格列卫治疗与这两种基因突变关系并不明显的肿瘤，其效果亦会大打折扣。因此，分子靶向治疗的临床方案的制定必须以分子检测结果为基础，以减少治疗上的盲目性，避免治疗延误并杜绝浪费。通常，不同个体同一类型的肿瘤的驱动基因状态不尽一致，即便同一个体，肿瘤不同发展阶段的驱动基因状态亦可产生变化。因此以分子检测为基础的分子靶向治疗不仅属于个体化治疗，也是临床精准医疗的重要体现。

（二）以实际病情为前提

由于恶性肿瘤是一类多因素诱发、多阶段发展、多基因改变的复杂疾病，驱动基因众多，且在不同肿瘤表现形式和重要性不一样，尤其是许多肿瘤的驱动基因尚未被识别，导致现有的分子靶向治疗药物在肿瘤治疗上存在明显局限性：一是无法达到根治效果，二是即便同一类肿瘤，药物的使用和疗效不尽一致。因此，此类药物的使用原则除需以分子检测为基础外，尚需依据临床病情为前提。

**1. 姑息治疗** 对于放、化疗耐受且失去手术机会的晚期肿瘤、转移性肿瘤、复发性肿瘤或手术后放化疗不敏感的肿瘤，在分子检测提示具有用药指征的前提下，分子靶向药物可作为首选治疗。例如，放、化疗耐受的晚期（或伴转移/复发）肺腺癌可根据分子改变特点首先选用吉非替尼、拉帕替尼或克唑替尼进行治疗；手术后复发且放、化疗不敏感的胃肠基质瘤可首选伊马替尼治疗。此类肿瘤姑息治疗的意义在于延缓病情进展，提高生存质量。

**2. 辅助治疗** 对于放、化疗敏感的、失去手术机会的原发肿瘤、转移性肿瘤、复发性肿瘤，以及手术后的中早期的恶性肿瘤，应以放疗和（或）化疗作为首选，以分子靶向治疗作为放、化疗的辅助治疗。例如，对于 Her-2 阳性的乳腺癌，分子靶向药物曲妥珠单抗或拉帕替尼作为放、化疗的辅助治疗可明显提高其综合治疗效果。

**3. 维持治疗** 对于已完成放、化疗或放、化疗加靶向药物辅助治疗整个疗程并获得病情缓解（肿块缩小或消失）的肿瘤患者，继续采用分子靶向药物维持治疗将起到巩固疗效的作用。有研究显示：用利妥昔单抗（美罗华）+CHOP 方案化学治疗非何杰金淋巴瘤（NHL）后，再用美罗华维持治疗（每 3 个月一次）2 年以后的患者复发概率明显降低；雌激素受体阳性的乳腺癌患者在化疗完成后采用受体抑制剂他莫昔芬（Tamoxifen）或雌激素合成抑制剂阿那曲唑（Anastrozole）维持治疗也取得了防止或延缓复发的效果。

## 四、分子靶向治疗耐受

建立在分子靶标检测基础上的分子靶向治疗在前期基本上是敏感有效的，但在连续治疗一段时间（1 年左右）后，许多肿瘤不可避免地对药物治疗产生耐受。与传统化疗药物治疗耐受比较，肿瘤对分子靶向药物的耐受发生机制由于药物作用方式不同而具有自身特点。

（一）耐受的分子基础

众所周知，无论单克隆起源抑或多克隆起源的肿瘤，在其早期形成和随后的生长增殖过程中，因基因的不稳定性，可自发不断地出现表型不同的细胞亚克隆（subclone），或称细胞亚群。这些亚群细胞的基因型、免疫表型、增殖能力、转移倾向、药物敏感性和其他细胞生物学特征方面表现出的多样性或多态性称为异质性（heterogeneity）。因此，异质性是恶性肿瘤固有生物学特征，且在肿瘤演进过程中和各种内外环境影响下随细胞亚群数量和种类的变化而变化。当肿瘤分子靶向药物应用于肿瘤患者，随宿主和肿瘤内环境的改变，具有适应性和竞争力的细胞克隆逐渐成为抵抗药物作用的优势群体（亚克隆）。可见，内环境变化、对药物适应性的形成，以及肿瘤异质性的变化是分子靶向药物耐受形成的基础；而药物引起的基因突变，以及编码产物和相关信号分子的改变则可能是分子靶向药物耐受形成的分子基础。

**1. 二次突变**　　二次突变（secondary mutation）是指作为分子治疗靶标的驱动基因在分子靶向治疗过程中出现的、有别于治疗前突变的新的突变。以肺腺癌 EGFR 基因为例：靶向驱动基因 EGFR 的酪氨酸激酶抑制剂（TKI）治疗敏感的肺腺癌治疗前存在的 EGFR exon 19 或 exon 21 突变称为"一次突变"；治疗过程中出现的 EGFR exon 20 激酶区第 790 位点甲硫氨酸（methionine，M）取代苏氨酸（threonine，T）的突变（T790M）称为"二次突变"。这两次突变的直接结果是突变蛋白与 TKI 竞争 ATP 结合位点而引起 TKI 治疗耐受。T790M 作为"一次突变"在治疗前肺腺癌的检出率为 5% 左右，提示对 EGFR-TKI 治疗存在原发性耐受；作为"二次突变"在对 EGFR-TKI 治疗继发性耐受肺腺癌的检出率高达 50%。提示其为一、二代 EGFR-TKI 耐药的重要标志。其他几个非 T790M 的二次突变为 D761Y、L747S、T854A 等，这些突变发生频率很低，虽能降低 EGFR 对 TKI 的敏感性，但作用机制不明。"二次突变"的另一典型支持证据是，采用以 T790M 为靶的第三代 EGFR-TKI 奥斯替尼（Osimeitinib，又称 AZD9291）治疗肺腺癌的临床试验观察到平均 9.6 个月出现药物耐受，并从耐药组织标本中检测到以 C797S 为主的新突变（二次突变），该突变蛋白通过与 T790M 突变位点结合阻断 AZD9291 与 T790M 的结合而介导耐药。上述事实强烈提示，二次突变是分子靶向药物治疗耐受独特的、重要的分子基础。

**2. 旁路信号分子激活**　　虽然靶向药物通过靶向阻断肿瘤生长依赖关键信号通路的关键分子实现对肿瘤细胞的精准杀灭，但人体细胞内至少有上百条信号通路，在药物精准阻断靶基因相关信号通路一段时间后，旁路信号可能依次出现代偿性开放和异常激活，从而逐渐降低药物效应直至耐受发生。例如，在肺腺癌分子靶向治疗过程中，当 EGFR 活性及肿瘤生长被 TKI 抑制时，可能出现 HER2、cMET 扩增或 IL-6 分泌增加等，前者能启动自身磷酸化活化而激活下游信号通路促细胞生长，后者可激活 IL-6R/JAK1/STAT3 信号通路促细胞生长。笔者实验室最近在 HER2 阳性乳腺癌对赫赛汀（Herceptin）耐药的组织和细胞中发现 IGF2/IGF-1R/IRS1 信号通路异常活化。上述事实表明，靶基因相关信号通路之外的旁路信号的激活参与到分子靶向治疗耐受的形成。

**3. 下游分子异常活化**　　与旁路信号分子激活不同的是，分子靶向药物在精准抑制靶基因活性和肿瘤生长的同时，可能激活靶基因下游信号分子而导致治疗耐受。例如，EGFR-TKI 可低频率引起 EGFR 下游基因 *k-ras*、*BRAF*、*PIK3CA* 的突变和 *PTEN* 基因的缺失，即便在 EGFR 被抑制或不出现二次突变的情况下，仍维持肿瘤的快速生长。

**4. 组织细胞表型改变**　　有多种肿瘤组织细胞表型转化与分子靶向治疗耐受相关。目前发现的与耐受相关的转化表型主要有两种：一是上皮-间充质细胞转化（EMT）。分子靶向药物通过改变细胞内环境促进 TGFbeta、EGF、FGF 等细胞因子分泌，继而通过相应受体促进转录抑制因子 ZEB1、snail、slugd 等的表达，抑制 E-钙黏着蛋白表达，促使 EMT 形成。E-钙黏着蛋白表达降低是 EMT 形成的标志，而 EMT 是包括乳腺癌、肺癌、胃肠癌在内的多种癌症分子靶向治疗耐受的标志。最近有研究发现，E-钙黏着蛋白的丢失能激活 EGFR-MEK/ERK/ ZEB1/MMP2 信号轴介导肿瘤耐受和转移。二是非小细胞肺癌向小细胞肺癌转化。例如，有研究发现 EGFR-TKI 治疗耐受组织仍保留原有的 EGFR 突变，但病理切片却显示小细胞肺癌细胞表型。提示这一表型变化与耐受相关，但转化的分子机制尚不清楚。

（二）逆转耐受策略

鉴于分子靶向治疗耐受不可避免，逆转耐受，提高治疗水平已成为广大医学和药学工作者十分关注的热点。但由于耐受的机制尚未完全阐明，逆转分子靶向治疗耐受研究和应用尚处于探索阶段。逆转耐受的策略大致可分为几个方面：一是选择多靶点药物。如果肺癌同时存在 EGFR 突变和 HER2 或 c-MET 扩增而对吉非替尼或厄洛替尼治疗耐药时，可分别选用阿法替尼（同时靶向 EGFR 和 HER2）或克唑替尼（同时靶向 EGFR 和 c-MET）进行治疗。二是联合使用。例如，雌激素受体和 HER2 双阳性的乳腺癌可考虑使用赫赛丁单抗和雌激素受体抑制剂他莫昔芬；与化疗药物联合使用也是规避耐药的策略之一。三是加强耐药机制研究，不断筛选开发新的靶向耐药分子的药物。事实上，近年来针对 EGFR 第一代 TKI 的耐药性，已先后筛选出针对 EGFR 和 HER2 的第二代（阿法替尼）和针对 T790M 的第三代（奥希替尼）EGFR-TKIs；针对 EML4-ALK 对克唑替尼的耐药性，已筛选出新的靶向EML4-ALK 的敏感药物塞立替尼和艾乐替尼（表 14-5）。

（贺智敏）

# 主要参考文献

陈主初. 2005. 病理生理学. 北京：人民卫生出版社

陈主初，肖志强. 2006. 疾病蛋白质组学. 北京：化学工业出版社

冯作化. 2005. 医学分子生物学. 北京：人民卫生出版社

冯作化，药立波. 2015. 生物化学与分子生物学. 第三版. 北京：人民卫生出版社

胡维新. 2007. 医学分子生物学. 北京：科学出版社

胡维新. 2014. 医学分子生物学. 第二版. 北京：科学出版社

贾弘褆，冯作化. 2010. 生物化学与分子生物学. 第二版. 北京：人民卫生出版社

来茂德. 2001. 医学分子生物学. 北京：人民卫生出版社

兰秋艳，高媛，李衍常，等. 2016. 泛素、泛素链和蛋白质泛素化研究进展. 生物工程学报，32（1）：14-30

李恩孝. 2011. 恶性肿瘤分子靶向治疗. 第二版. 北京. 人民卫生出版社

李桂源. 2011. 现代肿瘤学基础. 北京：科学出版社

李立家，肖庚富. 2004. 基因工程. 北京：科学出版社

李青旺. 2005. 动物细胞工程与实践. 北京：化学工业出版社

刘秉文，陈俊杰. 2000. 医学分子生物学. 北京：中国协和医科大学出版社

楼士林，杨盛昌，龙敏南，等. 2004. 基因工程. 北京：科学出版社

吕建新，尹一兵. 2004. 分子诊断学. 北京：中国医药科技出版社

钱晖，侯筱宇. 2017. 生物化学与分子生物学. 第四版. 北京：科学出版社

邬玲仟. 2016. 医学遗传学. 北京：人民卫生出版社

吴士良，魏文祥，何凤田，等. 2014. 医学生物化学与分子生物学. 第三版. 北京：科学出版社

薛京伦. 2006. 表观遗传学——原理、技术与实践. 上海：上海科学技术出版社

药立波. 2004. 医学分子生物学实验技术. 北京：人民卫生出版社

查锡良. 2003. 医学分子生物学. 北京：人民卫生出版社

曾益新. 2003. 肿瘤学. 第二版. 北京：人民卫生出版社

詹启敏. 2005. 分子肿瘤学. 北京：人民卫生出版社

张迺蘅. 1999. 医学分子生物学. 北京：北京医科大学出版社

周爱儒. 2004. 生物化学. 北京：人民卫生出版社

周春燕，药立波. 2018. 生物化学与分子生物学. 第九版. 北京：人民卫生出版社

Abbas M, Habib M, Naveed M, et al. 2017. The relevance of gastric cancer biomarkers in prognosis and pre- and post- chemotherapy in clinical practice. Biomed Pharmacother, 95: 1082-1090

Adachi K, Kano Y, Nagai T, et al. 2018. IL-7 and CCL19 expression in CAR-T cells improves immune cell infiltration and CAR-T cell survival in the tumor. Nat Biotechnol, 36(4): 346-351

Aebersold R, Goodlett DR. 2001. Mass spectrometry in proteomics. Chem Rev, 101: 269-295

Alexander S, Friedl P. 2012. Cancer invasion and resistance: interconnected processes of disease progression and therapy failure. Trends Mol Med, 18(1): 13-26

Alwine JC, Kemp DJ, Stark GR. 1977. Method for detection of specific RNAs in agarose gels by transfer to diazobenzyloxymethyl-paper and hybridization with DNA probes. Proc Natl Acad Sci USA, 74(12): 5350-5354

Anderson NL, Anderson NG. 1998. Proteome and proteomics: new technologies, new concepts, and new words. Electrophoresis, 19: 1853-1861

Aretzweiler G, Leuchter S, García-Álvarez M, et al. 2019. Analytical performance of four molecular platforms used for HIV-1, HBV and HCV viral load determinations. Expert Rev Mol Diagn, 19: 1-9

Asch BB, Barcellos-Hoff MH. 2001. Epigenetics and breast cancer. J Mammary Gland Bio Neoplasia, 6: 151-152

Atkinson NS, Braden B. 2016. Helicobacter pylori infection: diagnostic strategies in primary diagnosis and after therapy. Dig Dis Sci, 61(1): 19-24

Bachman J. 2013. Site-directed mutagenesis. Methods Enzymol, 529: 241-248

Banowary B, Dang VT, Sarker S, et al. 2018. Evaluation of two multiplex PCR-High-Resolution melt curve analysis methods for differentiation of Campylobacter jejuni and Campylobacter coli intraspecies. Avian Dis, 62(1): 86-93

Bantscheff M, Hopf C, Savitski MM, et al. 2011. Chemoproteomics profiling of HDAC inhibitors reveals selective targeting of HDAC complexes. Nat Biotechnol, 29(3): 255-265

Bartel DP. 2009. MicroRNAs: target recognition and regulatory functions. Cell, 136(2): 215-233

Berns KI, Srivastava A. 2019. Next Generation of adeno-associated virus vectors for gene therapy for human liver diseases. Gastroenterol Clin North Am, 48(2): 319-330

Block TM, Mehta AS, Fimmel CJ, et al. 2003. Molecular virus oncology of hepatocellular carcinoma. Oncogen, 22: 5093-5107

Breidenbach M, Rein DT, Wang M, et al. 2004. Genetic replacement of the adenovirus shaft fiber reduces liver tropism in ovarian cancer gene therapy. Hum Gene Ther, 15(5): 509-518

Brudno JN, Kochenderfer JN. 2018. Chimeric antigen receptor T-cell therapies for lymphoma. Nat Rev Clin Oncol, 15(1): 31-46

Budworth H, Matthewman G, O'Neill P, et al. 2005.Repair of tandem base lesions in DNA by human cell extracts generates persisting single-strand breaks. J Mol Biol, 351: 1020-1029

Cathy B, Lilit A, Suvi P, et al. 2018. Methylation-specific multiplex ligation-dependent probe amplification (MS-MLPA). Methods Mol Biol, 1708: 537-549

Cavazzana-Calvo M, Thrasher A, Mavilio F. 2004. The future of gene therapy. Nature, 427(6977): 779-781

Celis J, Wolf H, Ostergaard M. 2000. Bladder squamous cell carcinoma biomarkers derived from proteomics. Electrophoresis, 21(11): 2115-2121

Chandler LC, Barnard AR, Caddy SL, et al. 2019. Enhancement of adeno-associated virus-mediated gene therapy using hydroxychloroquine in murine and human tissues. Mol Ther Methods Clin Dev, 14: 77-89

Chandler RJ, Venditti CP. 2019. Gene therapy for methylmalonic acidemia: past, present, and future. Hum Gene Ther, 30(10): 1236-1244

Chen CZ. 2005. MicroRNAs as oncogenes and tumor suppressors. N Engl J Med, 353(17): 1768-1771

Chen J, Röcken C, Lofton-Day C, et al. 2005. Molecular analysis of APC promoter methylation and protein expression in colorectal cancer metastasis. Carcinogenesis, 26(1): 37-43

Chen Y, Ouyang GL, Yi H, et al. 2008. Identification of RKIP as an invasion suppressor protein in nasopharyngeal carcinoma by proteomic analysis. J Proteome Res, 7(12): 5254-5262

Chen Y, Zhao Y, Wu R. 2001. In silico cloning of mouse Muc5b gene and upregulation of its expression in mouse asthma model. Am J Respir Crit Care Med, 164(6): 1059-1066

Clarke J, Wu HC, Jayasinghe L, et al. 2009. Continuous base identification for single-molecule nanopore DNA sequencing. Nature Nanotechnology, 4(4): 265-270

Collins I, Wang H, Caldwell JJ, et al. 2017. Chemical approaches to targeted protein degradation through modulation of the ubiquitin-proteasome pathway. Biochem J, 474: 1127-1147

Cox TM, Sinclair J. 2000. Molecular Biology in Medicine, Blackwell Science. 北京：科学出版社

Dancey JE, Chen HX. 2006. Strategies for opitimizing combinations of molecularly targeted anticancer agents. Nature Reviews Drug Discovery, 5(8): 649-659

David L, Nelson MM. 2017. Cox Lehninger Principles of Biochemistry. New York: W. H. Freeman and Company

de Almeida RA, Fraczek MG, Parker S, et al. 2016. Non-coding RNAs and disease: the classical ncRNAs make a comeback. Biochem Soc Trans, 44: 1073-1078

de Boer J, Hoeijmakers JH. 2000. Nucleotide excision repair and human syndromes. Carcinogenesis, 21: 453-460

Dehghan A. 2018. Genome-wide association studies. Methods Mol Biol, 1793: 37-49

Denise RF. 2017. Lippincott Illustrated Reviews: Biochemistry. 7th ed. Philadelphia: Wolters Kluwer

Dever TE. 2002.Gene-specific regulation by general translation factors. Cell, 108: 545-556

Di Iorio E, Barbaro V, Alvisi G, et al. 2019. New frontiers of corneal gene therapy. Hum Gene Ther, 30(8): 923-945

Diatchenko L, Lau YF, Campbell AP, et al. 1996. Suppression subtractive hybridization: A method for generating differentially regulated or tissue-specific cDNA probes and libraries. Proc Natl Acad Sci USA, 93: 6025-6030

Doetschman T, Georgieva T. 2017. Gene editing with CRISPR/Cas9 RNA-Directed nuclease. Circ Res, 120(5): 876-894

Doherty EA, Doudna JA. 2001. Ribozyme structures and mechanisms. Annu Rev Biophys Biomol Struct, 30: 457-475

Domenger C, Grimm D. 2019. Next-generation AAV vectors—don't judge a virus (only) by its cover. Hum Mol Genet, 28: R3-R14

Druker B. 2002. Perspectives on the development of a molecularly targeted agents. Cancer Cell, 1: 31-36

Engle LJ, Simpson CL, Landers JE. 2006. Using high-throughput SNP technologies to study cancer. Oncogene, 25(11): 1594-1601

Essigmann JM, Wood ML. 1993. The relationship between the chemical structures and mutagenic specificities of the DNA lesions formed by by chemical and physical mutagens. Toxicol Lett, 67: 29-39

Farhang N, Ginley-Hidinger M, Berrett KC, et al. 2019. Lentiviral CRISPR epigenome editing of inflammatory receptors as a gene therapy strategy for disc degeneration. Hum Gene Ther, 30(9): 1161-1175

Feng XP, Yi H, Li MY, et al. 2010. Identification of biomarkers for predicting nasopharyngeal carcinoma response to radiotherapy by proteomics. Cancer Res, 70(9): 3450-3462

Friedmann T, Roblin R. 1972. Gene therapy for human genetic disease? Science, 175 (4025): 949-955

Galligan JJ, Petersen DR. 2012. The human protein disulfide isomerase gene family. Hum Genomics, 6: 6

Gavin AC, Aloy P, Grandi P, et al. 2006. Proteome survey reveals modularity of the yeast cell machinery. Nature, 440, 631-636

Gerhard M, William HS. 2017. Principles of Medical Biochemistry. 4th ed. Philadelphia: Elsevier

Green M, Sambrook J. 2012. Molecular Cloning: A laboratory Manual.4th ed. New York: Cold Spring Harbor

Laboratory Press

Gu H, Marth JD, Orban PC, et al. 1994. Deletion of a DNA polymerase beta gene segment in T cells using cell type-specific gene targeting. Science, 265: 103-106

Hartl FU, Hayer-Hartl M. 2002. Molecular chaperones in the cytosol: from nascent chain to folded protein. Science, 295: 1852-1858

Harvey L. 2002. Molecular Cell Biology. 4th ed. New York: Scientific American Books

Hatahet F, Ruddock LW. 2009. Protein disulfide isomerase: a critical evaluation of its function in disulfide bond formation. Antioxid Redox Signal, 11(11): 2807-2850

Hollstein M, Sidransky D, Vogelstein B, et al. 1991. P53 mutations in human cancers. Science, 253(5015): 49-53

Holubec L Jr, Topolcan O, Pikner R, et al. 2003. Criteria for the selection of referential groups in tumour marker statistical evaluation on the basis of a retrospective study. Anticancer Res, 23(2A): 865-870

Ide H, Kotera M. 2004.Human DNA glycosylases involved in the repair of oxidatively damaged DNA. Biol Pharm Bull, 27: 480-485

Igor VC, Alexander VL, Thomson BA. 2001. An introduction to quadrupole-time-of-flight mass spectrometry. J Mass Spectrom, 36: 849-865

James DW. 2017. Molecular Biology of The Gene. 6th ed. 北京：科学出版社

Jascolski M. 2001. 3D domain swapping, protein oligomerization, and amyloid formation. Acta Biochimica Polonica, 48: 807-827

Jiao Q, Bi L, Ren Y, et al. 2018. Advances in studies of tyrosine kinase inhibitors and their acquired resistance. Mol Cancer, 17: 36

Jungblut PR, Zimny AU, Zeindl EE, et al. 1999. Proteomics in human disease: cancer, heart and infectious diseases. Electrophoresis, 20 (10): 2100-2110

Kamenski T, Heilmeier S, Meinhart A, et al.2004. Structure and mechanism of RNA polymerase II CTD phosphatases. Molecular Cell, 15: 399-407

Kan YW, Golbus MS, Dozy AM. 1976. Prenatal diagnosis of alpha-thalassemia. Clinical application of molecular hybridization. N Engl J Med, 295 (21): 1165-1167

Kenri M. 1992. Tumour marker in oncology: past, present and future. J of Immunological Methods, 150: 133-143

Kersteen EA, Raines RT. 2003. Catalysis of protein folding by protein disulfide isomerase and small-molecule minics. Antioxidants & Redox Signaling, 5: 413-424

Kim YH, Han ME, Oh SO. 2017. The molecular mechanism for nuclear transport and its application. Anat Cell Biol, 50(2): 77-85

Klenow H, Henningsen I. 1970. Selective elimination of the exonuclease activity of the deoxyribonucleic acid polymerase from Escherichia coli B by limited proteolysis. Proc Natl Acad Sci USA, 65(1): 168-175

Köberle B, Koch B, Fischer BM, et al. 2016. Single nucleotide polymorphisms in DNA repair genes and putative cancer risk. Arch Toxicol, 90: 2369-2388

Kris MG, Johnson BE, Berry LD, et al. 2014. Using multiplexed assays of oncogenic drivers in lung cancers to select targeted drugs. JAMA, 311: 1998-2006

Kristensen VN, Kelefiotis D, Kristensen T, et al. 2001. High-throughput methods for detection of genetic variation. Biotechniques, 30(2): 318-322, 324, 326

Krogan NJ, Cagney G, Yu H, et al. 2006. Global landscape of protein complexes in the yeast *Saccharomyces cerevisiae*. Nature, 440: 637-643

Ku CS, Loy EY, Salim A, et al. 2010. The discovery of human genetic variations and their use as disease markers: past, present and future. J Hum Genet, 55: 403-415

Kubo T, Yamamoto H, Lockwood WW, et al. 2009. MET gene amplification or EGFR mutation activate MET in lung cancers untreated with EGFR tyrosine kinase inhibitors. Int J Cancer, 124: 1778-1784

Landi L, Cappuzzo F. 2013. HER2 and lung cancer. Expert Rev Anticancer Ther, 13: 1219-1228

Lee JS, Smith E, Shilatifard A. 2010. The language of histone crosstalk. Cell, 142(5): 682-685

Lequin RM. 2002. Standardization: comparability and traceability of laboratory results. Clin Chem, 48: 391-393

Lewandoski M. 2001. Conditional control of gene expression in the mouse. Nature Review Genetics, 2: 743-755

Lewin B. 2000. Genes Ⅶ. Oxford: Oxford University Press

Lewin B. 2004. Genes Ⅷ. Upper Saddle River: Pearson Prentice Hall

Li C, Chen ZC, Xiao ZQ, et al. 2003. Comparative proteomics analysis of human lung squamous carcinoma. Biochem Biophys Res Commun, 309: 253-260

Li H, Yang F, Liu CH, et al. 2016. Crystal structure and substrate specificity of PTPN12. Cell Reports, 15(6): 1345-1358

Li K, Hou X, Li R, et al. 2019. Identification and structure-function analyses of an allosteric inhibitor of the tyrosine phosphatase PTPN22. J Biol Chem, 294(21): 8653-8663

Lill J. 2003. Proteomic tools for quantitation by mass spectrometry. Mass Spectrometry Reviews, 22: 182-194

Liu J, Zhang C, Hu W, et al. 2015. Tumor suppressor p53 and its mutants in cancer metabolism. Cancer Lett, 356: 197-203

Liu F, Rijkers DT, Post H, et al. 2015. Proteome-wide profiling of protein assemblies by cross-linking mass spectrometry. Nat Methods, 12: 1179-1184

Lodish H. 2000. Molecular Cell Biology. 4th ed. New York: Scientific American Books

Macrae IJ, Zhou K, Li F, et al. 2006. Structural basis for double-stranded RNA processing by Dicer. Science, 311(5758): 195-198

Makowski MM, Willems E, Jansen PW, et al. 2016. xIP-MS: topological analysis of chromatin-associated protein complexes using single affinity purification. Mol Cell Proteomics, 15: 854-865

Manjrekar J. 2017. Epigenetic inheritance, prions and evolution. J Genet, 96: 445-456

Marsin S, Vidal AE, Sossou M, et al. 2003. Role of XRCC1 in the coordination and stimulation of oxidative DNA damage repair initiated by the DNA glycosylase hOGG1. J Biol Chem , 278: 44068-44074

Mary C, Shawn OF, Owen M. 2018. Biochemistry. 9th ed. Boston: Cengage Learning

Maxam AM, Gilbert W. 1977. A new method for sequencing DNA. Proc Natl Acad Sci USA, 74(2): 560-564

McCreath KJ, Howcroft J, Campbell K, et al. 2000. Production of gene-targeted sheep by nuclear transfer from cultured somatic cells. Nature, 405: 1066-1069

McKenna NJ, O'Malley BW. 2002. Combinatorial control of gene expression by nuclear receptors and coregulators. Cell, 108: 465-474

Mefford HC. 2012. Diagnostic exome sequencing-are we there yet. N Engl J Med, 367(20): 1951-1953

Mila M, Alvarez-Mora MI, Madrigal I, et al. 2018. Fragile X syndrome: An overview and update of the FMR1 gene. Clin Genet, 93(2): 197-205

Mingot-Castellano ME, Núñez R, Rodríguez-Martorell FJ. 2017. Acquired haemophilia: Epidemiology, clinical presentation, diagnosis and treatment. Med Clin (Barc), 148(7): 314-322

Miterski B, Kruger R, Wintermeyer P, et al. 2000. PCR/SSCP detects reliably and efficiently DNA sequence variations in large scale screening projects. Comb Chem High Throughput Screen, 3(3): 211-218

Monaco A, Larin Z. 1994. YACs, BACs, PACs and MACs: Artificial chromosomes as research tools. Trends Biotechnol, 12(7): 280-286

Moustafa K, Cross JM. 2016. Genetic approaches to study plant responses to environmental stresses: an overview. Biology (Basel), 5: E20

Mullis KB, Faloona F, Scharf S, et al. 1986. Specific enzymatic amplification of DNA *in vitro*: the polymerase chain reaction. Cold Spring Harb Symp Quant Biol, 51: 263-273

Muthusamy B, Nguyen TT, Bandari AK, et al. 2019. Exome sequencing reveals a novel splice site variant in HUWE1 gene in patients with suspected Say-Meyer syndrome. Eur J Med Genet, S1769-7212(18)30478-6

Nedelsky NB, Todd PK, Taylor JP. 2008. Autophagy and the ubiquitin-proteasome system: collaborators in neuroprotection. Biochim Biophys Acta, 1782(12): 691

Nicoletti A, Ziccardi L, Maltese PE, et al. 2017. Design and validation of a new MLPA-based assay for the detection of RS1 gene deletions and application in a large family with X-linked juvenile retinoschisis. Genet Test Mol Biomarkers, 21(2): 116-121

Ogawara K, Rots MG, Kok RJ, et al. 2004. A novel strategy to modify adenovirus tropism and enhance transgene delivery to activated vascular endothelial cells *in vitro* and *in vivo*. Hum Gene Ther, 15(5): 433-443

Orphanides G, Reinberg D. 2002. A unified theory of gene expression. Cell, 108: 439-451

Pan X, Sands SA, Yue Y, et al. 2019. An engineered galactosylceramidase construct improves AAV gene therapy for krabbe disease in twitcher mice. Hum Gene Ther, 30(9): 1039-1051

Pandey A, Mann M. 2000. Proteomics to study genes and genomes. Nature, 405: 837-846

Parakh S, Atkin JD. 2015. Novel roles for protein disulphide isomerase in disease states: a double edged sword. Front Cell Dev Biol, 3: 30

Pardue ML, Gall JG. 1969. Molecular hybridization of radioactive DNA to the DNA of cytological preparations. Proc Natl Acad Sci USA, 64(2): 600-604

Patil VS, Zhou R, Rana TM. 2014. Gene regulation by non-coding RNAs. Crit Rev Biochem Mol Biol, 49(1): 16-32

Pinkert CA. 2004. 转基因动物技术手册. 劳为德译. 第二版. 北京：化学工业出版社

Pinkert CA. 2003. Transgenic Animal Technology: A Laboratory Handbook. 2nd ed. New York: Elsevier Inc. Press

Pitchers W, Nye J, Márquez EJ, et al. 2019. A multivariate genome-wide association study of wing shape in *Drosophila melanogaster*. Genetics, 211(4): 1429-1447

Pomari E, Piubelli C, Perandin F, et al. 2019. Digital PCR: a new technology for diagnosis of parasitic infections. Clin Microbiol Infect, pii: S1198-743X(19)30316-7

Prober JM, Trainor GL, Dam RJ, et al. 1987. A system for rapid DNA sequencing with fluorescent chain-terminating dideoxynucleotides. Science, 238(4825): 336-341

Prusiner SB. 1982. Novel proteinaceous infections particles cause scrapie. Science, 216: 136-144

Prusiner SB. 1998. Prions (Nobel lecture). Proc Natl Acad Sci USA, 95: 13363-13383

Ramirez-solis R, Liu P, Bradley A. 1995. Chromosome engineering in mice. Nature, 378: 720-724

Rappsilber J. 2011. The beginning of a beautiful friendship: cross-linking/mass spectrometry and modelling of proteins and multi-protein complexes. J Struct Biol, 173: 530-540

Reginald HG, Charles MG. Biochemistry. 6th ed. Boston: Cengage Learning

Robert FW. 2013. 分子生物学. 郑用琏等译. 第五版. 北京：科学出版社

Robert MJ, David RS. 2015. Advances in molecular-based personalized non-small-cell lung cancer therapy: targeting epidermal growth factor receptor and mechanisms of resistance. Cancer Medicine, 4(11): 1621-1632

Roberts JD, Wells GA, Le May MR, et al. 2012. Point-of-care genetic testing for personalisation of antiplatelet treatment (RAPID GENE): a prospective, randomised, proof-of-concept trial. Lancet, 379(9827): 1705-1711

Roger LM, Megan MM. 2017. Biochemistry. New York: W. W. Norton & Company

Ruella M, Xu J, Barrett DM, et al. 2018. Induction of resistance to chimeric antigen receptor T cell therapy by transduction of a single leukemic B cell. Nat Med, 24(10): 1499-1503

Rupp S. 2017. Microarray technologies in fungal diagnostics. Methods Mol Biol, 1508: 385-409

Salehi M, Sharifi M. 2018. Exosomal miRNAs as novel cancer biomarkers: challenges and opportunities. J Cell Physiol, 233(9): 6370-6380

Sambrook J, Fritsch F, Maniatis T. 1989. Molecular Cloning: A Laboratory Manual .2nd ed. New York: Cold Spring Harbor Laboratory Press

Sanger F, Nicklen S, Coulson AR. 1977. DNA sequencing with chain-terminating inhibitors. Proc Natl Acad Sci USA, 74(12): 5463-5467

Schon K, Tischkowitz M. 2018. Clinical implications of germline mutations in breast cancer: TP53. Breast Cancer Res Treat, 167: 417-423

Schonberger ST, Edgar PF, Kydd R, et al. 2001. Proteomics analysis of the brain in Alzheimen's disease: Molecular phenotype of a complex disease process. Proteomics, 1: 1519-1528

Schonbrunner ER, Schmid FX. 1992. Peptidyl-prolyl cis-trans isomerase improves the efficiency of protein disulfide isomerase as a catalyst of protein folding. Proc Natl Acad Sci USA, 89: 4510-4513

Sekiguchi JM, Ferguson DO. 2006.DNA double-strand break repair: a relentless hunt uncovers new prey. Cell, 124: 260-262

Shendure J, Ji H. 2008. Next-generation DNA sequencing. Nature Biotechnology, 26: 1135-1145

Sheridan C. 2011. Gene therapy finds its niche. Nature Biotechnology, 29: 121-128

Smith H, Nathans D. 1973. Letter: A suggested nomenclature for bacterial host modification and restriction systems and their enzymes. J Mol Biol, 81(3): 419-423

Smith SH, Ploegh HL, Weissman JS. 2011. Road to ruin: Targeting proteins for degradation in the endoplasmic reticulum. Science, 334(6059): 1086-1090

Smits AH, Vermeulen M. 2016. Characterizing protein-protein interactions using mass spectrometry: challenges and opportunities. Trends in Biotechnology, 34: 10

Singh R, Farmer PB. 2006. Liquid chromatography-electrospray ionization-mass spectrometry: the future of DNA adduct detection. Carcinogenesis, 27 (2): 178-196

Southern EM. 1975. Detection of specific sequences among DNA fragments separated by gel electrophoresis. J Mol Biol, 98(3): 503-517

Stanley BA, Gundry RL, Cotter RJ, et al. 2004. Heart disease, clinical proteomics and mass spectrometry. Dis

Markers, 20(3): 167-178

Steffin DHM, Hsieh EM, Rouce RH. 2019. Gene therapy: current applications and future possibilities. Adv Pediatr, 66: 37-54

Stenman UH. 2001. Immunoassay standardization: is it possible, who is responsible, who is capable? Clin Chem, 47: 815-820

Stilgenbauer S, Dohner H. 2005. Genotypic prognostic markers. Curr Top Microbiol Immunol, 294: 147-164

Sun JP, Fedorov AA, Lee SY, et al. 2003. Crystal structure of PTP1B complexed with a potent and selective bidentate inhibitor. J Biol Chem, 278(14): 12406-12414

Tang H, Kirkness EF, Lippert C, et al. 2017. Profiling of Short-Tandem-Repeat disease alleles in 12, 632 human whole genomes. Am J Hum Genet, 101(5): 700-715

Twyman RM. 2001. 高级分子生物学要义. 陈淳, 徐沁译. 北京: 科学出版社

Varnaite R, Macneill SA. 2016. Meet the neighbors: Mapping local protein interactomes by proximity-dependent labeling with BioID. Proteomics, 16(19): 2503-2518

Victor WR, David AB, Kathleen MB, et al. 2018. Hpaper's Illusterated Biochemistry. 31st ed. New York: McGraw-Hill Education

Vijg J. 2014. Somatic mutations, genome mosaicism, cancer and aging. Curr Opin Genet Dev, 26: 141-149

Wang AY, Peng PD, Ehrhardt A, et al. 2004. Comparison of adenoviral and adeno-associated viral vectors for pancreatic gene delivery *in vivo*. Hum Gene Ther, 15(4): 405-413

Wang HM, Xu YF, Ning SL, et al. 2014. The catalytic region and PEST domain of PTPN18 distinctly regulate the HER2 phosphorylation and ubiquitination barcodes. Cell Research, 24(9): 1067-1090

Wang Y, Zhang P, Wang Y, et al. 2017. Distinct interactions of EBP1 isoforms with FBXW7 elicits different functions in cancer. Cancer Res, 77(8): 1983-1996

Weaver RF. 2002. Molecular Biology. 2nd ed. 北京: 科学出版社

Weiss RA. 2004. Multistage carcinogenesis. Br J Cancer, 91: 1981-1982

Wiederhold L, Leppard JB, Kedar P, et al. 2004. AP endonuclease-independent DNA base excision repair in human cells. Molecular Cell, 15: 209-220

Wiles MV, Vauti F, Otte J, et al. 2000. Establishment of a gene-trap sequence tag library to generate mutant mice from embryonic stem cells. Nat Genet, 24: 13-14

Wolf DP, Mitalipov PA, Mitalipov SM. 2019. Principles of and strategies for germline gene therapy. Nat Med, 25(6): 890-897

Wu X, Hammer JA. 2014. Melanosome transfer: it is best to give and receive. Curr Opin Cell Biol, 29: 1-7

Wyman C, Ristic D, Kanaar R. 2004. Homologous recombination-mediated double-strand break repair. DNA Repair, 3: 827-833

Xiao Y, Yin C, Wang Y, et al. 2018. FBXW7 deletion contributes to lung tumor development and confers resistance to gefitinib therapy. Mol Oncol, 12(6): 883-895

Yang D, Xiao P, Li Q, et al. 2018. Allosteric modulation of the catalytic VYD loop in Slingshot by its N-terminal domain underlies both Slingshot autoinhibition and activation. J Biol Chem, 293(42): 16226-16241

Zeng ZJ, Li ZB, Luo SQ, et al. 2006. Retrovirus-mediated tk gene therapy of implanted human breast cancer in nude mice was in the regulation of Tet-On. Cancer Gene Therapy, 13(3): 290-297

Zhang PF, Zeng GQ, Hu R, et al. 2012. Identification of Flotillin-1 as a novel biomarker for lymph node metastasis and prognosis of lung adenocarcinoma by quantitative plasma membrane proteome analysis. J Proteomics, 77: 202-214

Zhang Z, Lee JC, Lin L, et al. 2012. Activation of the AXL kinase causes resistance to EGFR-targeted therapy in lung cancer. Nat Genet, 44: 852-860

Zhao C, Xie S, Wu H, et al. 2019. Quantification of allelic differential expression using a simple Fluorescence primer PCR-RFLP-based method. Sci Rep, 9(1): 6334

Zhao S, Xu W, Jiang W, et al. 2010. Regulation of cellular metabolism by protein lysine acetylation. Science, 327: 1000-1004

Zheng Y, Yang C, Tong S, et al. 2017. Genetic variation of long non-coding RNA TINCR contribute to the susceptibility and progression of colorectal cancer. Oncotarget, 8: 33536-33543

# 索　引

## （按汉语拼音排序排列）

3D 结构域交换（3D domain swapping）　76

5-甲基胞嘧啶（5-methylcytosine，5-mC）　258

5-溴-4-氯-3-吲哚-β-D-半乳糖苷（5-bromo-4-chloro-3-indolyl-β-
D-galactoside，X-gal）　184

7-甲基鸟嘌呤（7-methylguanine，7-mG）　258

ADP 核糖基化因子（ADP-ribosylation factor，ARF）　84

APC（adenomatous polyposis coli）　295

APE-1（apurinic/apyrimidinic endonuclease-1，脱嘌呤 / 脱嘧
啶核酸内切酶 1）　135

AP 位点（apurinic 或 apyrimidinic site）　135

ATP 硫酸化酶（ATP-sulfurylase）　146

Avidin（抗生物素蛋白）　167

*BRCA* 基因（breast cancer gene）　294

cAMP 受体蛋白（cAMP receptor protein，CRP）　105

CCAAT 结合因子（CCAAT binding factor，CBF）　339

cDNA（complementary DNA）　5

cDNA 末端快速扩增技术（rapid amplification of cDNA end，
RACE）　167

cDNA 微阵列（cDNA microarray）　267

cDNA 文库（cDNA library）　179

CpG 岛（CpG island）　336

Cre 重组酶（Cre recombinase）　203

CRISPR（clustered regularly interspaced short palindromic
repeats）　8

CRISPR 结合核酸内切酶（CRISPR-associated endonuclease，
即 Cas9）　301

CTD（carboxy-terminal domain）　126

C 端多肽结合结构域（C-terminal peptide-binding domain）　71

DCC（deletion of colorectal cancer）　295

DNA 复制准许因子（DNA replication licensing factor）　235

DNA 甲基化（DNA methylation）　331

DNA 甲基转移酶（DNA methyltransferase，DMT）　331

DNA 解旋酶（DNA helicase）　43

DNA 聚合酶（DNA polymerase，DNA pol）　44

DNA 聚合酶 I（DNA polymerase I，DNA pol I）　172

DNA 克隆（DNA cloning）　170

DNA 连接酶（DNA ligase）　172

DNA 酶 I 足迹（DNase I footprinting）　100

DNA 双链断裂（double-strand break，DSB）　138

DNA 拓扑异构酶（DNA topoisomerase）　44

DNA 微阵列（DNA microarray）　163

DNA 修复（DNA repairing）　133

DNA 指纹（DNA fingerprint）　29，298

DNA 指纹图谱技术（DNA fingerprinting）　15

DNA 重组（DNA recombination）　170

dsRNA 特异性核酸内切酶（dsRNA-specific endonuclease）　272

D 环（D-loop）　270

EB 病毒（Epstein-Barr virus，EBV）　329

*ex vivo*（经活体）　303

E- 钙黏着蛋白　348

GAL1 基因启动子上游激活序列（upstream activation sequence
of GAL1，UAS$_G$）　233

GG-NER（global genome-NER）　136

G 蛋白（GTPase-activating protein）　10

HIV 感染有关的痴呆（HIV-1-associated dementia，HAD）　243

HMG 蛋白（高速泳动族蛋白，high mobility-group protein）　133

*in vivo*（活体内）　303

ISG15（Interferon-stimulated gene 15，干扰素刺激基因 15）　86

Klenow 片段（Klenow fragment）　7，173

MCI（mobile charge interaction，移动电荷相互作用）假说　131

mRNA 干扰性互补 RNA（mRNA interfering complementary
RNA，micRNA）　107

MSH（MutS homolog）　135

N6- 甲基腺嘌呤（N6-methyladenine，N6-mA）　258

NEDD8（neural-precursor-cell-expressed developmentally down-
regulated 8，神经前体表达发育下调蛋白-8）　86

NEDD 化修饰（Neddylation）　86

Northern 印迹杂交（Northern blotting）　150，276

N 端 ATP 酶结构域（N-terminal ATPase domain）　71

N 端规则（N-end rule）　96

N 端酰胺水解酶（N-terminal amidohydrolase）　96

*N*- 型糖基化修饰（*N*-glycosylation modification）　82

*N*- 乙酰半乳糖胺（*N*-acetylgalactosamine，GalNAc）　83

*N*- 乙酰基转移酶（*N*-acetytransferase，NAT）　341

*N*- 乙酰葡糖胺（*N*-acetylglucosamine，GlcNAc）　82

*O*- 型糖基化修饰（*O*-glycosylation modification）　83

P1 派生的人工染色体（P1-derived artificial chromosome，
PAC）　178

PAZ（Piwi-Argonaute-Zwille） 311

PCR 产物单链构象多态性分析（PCR-single strand conformation polymorphism，PCR-SSCP） 169

PIRA-PCR（primer-introduced restriction analysis-PCR） 295

Piwi 互作 RNA（Piwi-interacting，piRNA） 121，122

PTP（Pico-Titer plate） 146

*Rb*（retinoblastoma）基因 339

RNA 干扰（RNA interference，RNAi） 122，214，272，311

RNA 聚合酶（RNA polymerase，RNA pol） 45，112

RNA 酶保护分析法（RNase protection assay，RPA） 151

RNA 诱导的沉默复合体（RNA-induced silencing complex，RISC） 122，215，273，312

Rous 肉瘤病毒（Rous sarcoma virus，RSV） 5

RT-PCR（reverse transcription PCR） 157

SAM 复合体（sorting and assembly machinery complex，SAM complex） 92

SARS 相关冠状病毒（SARS-associated coronavirus，SARS-COV） 242

SDS- 聚丙烯酰胺凝胶电泳（SDS-PAGE） 166

SD 序列（Shine-Dalgarno sequence） 99，178，271

Southern 印迹杂交（Southern blotting） 149，275

SRP 受体（SRP receptor） 89

SUMO 化修饰（Sumoylation） 86

SUMO 特异性蛋白酶（SUMO-specific protease，SUP） 86

*S*- 腺苷酰甲硫氨酸（*S*-adenosyl methionine，SAM） 258

T4 多核苷酸激酶（T4 polynucleotide kinase） 173

*Taq* DNA 聚合酶（*Taq* DNA polymerase） 173

TATA 结合蛋白（TATA binding protein，TBP） 339

TC-NER（transcription -coupled NER） 136

UDP- 葡萄糖醛酸基转移酶（UDP-glucuronosyltransferase） 341

VS 核酶（Varkud satellite ribozyme） 272

Western 免疫印迹（Western blotting） 166

X 射线损伤修复交叉互补组分 1（X-ray repair cross-complementing group 1，XRCC1） 136

α- 互补（alpha complementation） 184

α 类珠蛋白基因簇（α-like globin gene cluster） 127，252

β- 半乳糖苷酶（β-galactosidase，β-gal） 95，101

β 类珠蛋白基因簇（β-like globin gene cluster） 127，252

β- 羟 β 甲基戊二酰辅酶 A 还原酶（β-hydroxy-β-methylglutaryl-CoA reductase） 83

β 桶蛋白（β-barrel protein） 92

θ 复制（θ replication） 48

σ 因子（σ factor） 52

**A**

阿尔茨海默病（Alzheimer's disease，AD） 75，261

癌基因（oncogene） 321，333

癌基因驱动突变（oncogenic driver mutation） 350

癌胚抗原（cancer embryonic antigen，CEA） 316

艾滋病（acquired immunodeficiency syndrome，AIDS） 243

氨基肽酶（aminopeptidase） 78

氨基酰 -tRNA 合成酶（aminoacyl-tRNA synthetase） 62

**B**

靶向蛋白质组学（targeted proteomics） 228

白喉毒素（diphtheria toxin） 68

白细胞介素 -1（interleukin-1，IL-1） 257

白细胞介素 28B（interleukin 28B，IL28B） 297

斑点杂交（dot blotting） 150，276

半保留复制（semi-conservative replication） 42

半不连续复制（semidiscontinuous replication） 45

半乳糖苷酶（galactosidase） 233

半乳糖苷通透酶（galactoside permease） 101

伴侣蛋白（chaperonin） 71

包装细胞（packaging cell） 198

包装信号（packaging signal） 305

包装序列（packaging sequence） 324

胞嘧啶脱氨酶（cytosine deaminase，CD） 301

胞质环（cytoplasmic ring） 92

苯丙氨酸羟化酶（phenylalanine hydroxylase，PAH） 319

苯丙酮酸尿症（phenylketonuria，PKU） 319

比较基因组学（comparative genomics） 34

比较基因组杂交（comparative genomic hybridization，CGH） 295

边合成边测序（sequencing by synthesis） 146

编码 RNA（coding RNA） 42

编码链（coding strand） 52

变性（denaturation） 148，152，277

标志补救（marker rescue） 183

表达框（expression cassette） 304

表达模式（expression profile） 222

表达序列标签（expressed sequence tag，EST） 35，268

表达载体（expression vector） 174

表观遗传致癌物（epigenetic carcinogen） 328

表面增强激光解吸电离（surface enhanced laser desorption ionization，SELDI） 240，243

表位酶（epimerase） 103

别乳糖（allolactose） 102

丙酮酸脱氢酶（pyruvate dehydrogenase） 81

丙氧鸟苷（ganciclovir，GCV） 301

病毒（virus） 31

病毒癌基因（viral oncogene，v-onc） 33，333

波形蛋白（vimentin） 348

伯氏疏螺旋体（Borrelia burgdorferi）　243
哺乳动物人工染色体（mammalian artificial chromosome，MAC）　178
不对称 PCR　161
不均一 RNA（hnRNA）　270
不完全敲除（incomplete knockout）　269
不相容性（incompatibility）　23

**C**

操纵基因（operator，O）　101
操纵子（operon）　21，101
层粘连蛋白（laminin，LN）　343
插入（insertion）　132，247
插入失活（insertional inactivation）　183
插入型载体（insertion vector）　176
插入序列（insertion sequence，IS）　23
差异表达（differential expression）　265
差异显示（differential display，DD）　265
长分散片段（long interspersed repeated segment）　29
长链非编码 RNA（long non-coding RNA，lncRNA）　42，121
长末端重复（long terminal repeat，LTR）序列　33
长片段 PCR　162
长双链 RNA（double-stranded RNA，dsRNA）　312
常染色质（euchromatin）　111
巢蛋白（entactin）　344
巢式 PCR（nested-PCR）　278
沉默子（silencer）　114，129
成环（looping）　117
成纤维细胞生长因子（fibroblast growth factor，FGF）　334
乘客链（passenger strand）　122
重叠延伸 PCR（overlap PCR）　278
重复相关的小干扰 RNA（repeat-associated small interfering RNA，rasiRNA）　122
重复序列（repetitive sequence）　26
重症联合免疫缺陷病（severe combined immunodeficiency disease，SCID）　319
重组 DNA（recombinant DNA）　2
重组修复（recombination repair）　133，138
初级 miRNA（pri-miRNA）　122
初级转录产物（primary transcript）　52
穿梭载体（shuttle vector）　178
传导体（transducer）　334
串联亲和纯化（tandem affinity purification，TAP）　237
串联质谱（tandem mass spectrometry，MS/MS）　225
串联重复序列（tandem repeat，TR）　297
锤头形（hammer head）　272

纯合性丢失（loss of homozygosity）　338
次黄嘌呤磷酸核糖转移酶（hypoxanthine phosphoribosyl transferase，HPRT）　320
粗面内质网（rough endoplasmic reticulum，RER）　63
促红细胞生成素（erythropoietin，EPO）　326
脆性 X 染色体（fragile X，fra X）　290
脆性部位（fragile site）　290，330
存活基因（survival gene）　337
错配修复（mismatch repair）　133
错配修复系统（mismatch repair system）　134
错义突变（missense mutation）　249

**D**

单倍体型（简称单体型，haplotype）　284
单纯疱疹病毒（herpes simplex virus，HSV）　202，301，307
单核苷酸多态性（single nucleotide polymorphism，SNP）　36，280，331
单拷贝序列（single-copy sequence）　27
单克隆抗体（moloclonal antibody，mAb）　352
单链 DNA 结合蛋白（single-stranded DNA binding protein，SSB）　44
单链断裂（single-strand breakage）　131
单链构象多态性（single-strand conformation polymorphism，SSCP）　280
单顺反子（monocistron）　18，26，110
单体蛋白（monomeric protein）　76
蛋白激酶 A（protein kinase A，PKA）　80
蛋白激酶 C（protein kinase C，PKC）　257
蛋白激酶 R（protein kinase R，PKR）　215
蛋白酶体（proteasome）　96，260
蛋白质（protein）　221
蛋白质靶向输送（protein targeting）　87
蛋白质 - 蛋白质相互作用（protein-protein interaction，PPI）　235
蛋白质的磷酸化修饰（phosphorylation modification）　80
蛋白质二硫键异构酶（protein disulfide isomerase，PDI）　73
蛋白质泛素化（protein ubiquitination）　85
蛋白质分选（protein sorting）　87
蛋白质构象病（protein conformational disease）　75
蛋白质甲基化（protein methylation）　83
蛋白质降解（protein degradation）　95
蛋白质精氨酸甲基转移酶（protein arginine methyltransferase，PRMT）　84
蛋白质赖氨酸甲基转移酶（protein lysine methyltransferase，PLMT）　84
蛋白质酪氨酸激酶（protein tyrosine kinase，PTK）　80
蛋白质去乙酰化（protein deacetylation）　82

蛋白质丝氨酸 / 苏氨酸激酶（protein serine/threonine kinase） 80

蛋白质糖基化修饰（protein glycosylation modification） 82

蛋白质芯片（protein chip） 238，281

蛋白质乙酰化（protein acetylation） 82

蛋白质折叠（protein folding） 70

蛋白质折叠病（protein fold disease） 75

蛋白质脂酰化（protein lipidation） 84

蛋白质组（proteome） 221

蛋白质组学（proteomics） 34，221

蛋白质组装（protein assembly） 76

倒位或转位（transposition） 133

等基因（isogene） 22

等位基因（allele） 17

等位基因特异 PCR（allele specific PCR，AS-PCR） 282

等位基因特异性寡核苷酸（allele specific oligonucleotide，ASO） 276

低密度脂蛋白（low density lipoprotein，LDL） 252，320

低密度脂蛋白 - 胆固醇（low density lipoprotein-cholesterol，LDL-C） 261

地中海贫血（thalassemia） 128，253，319

颠换（transversion） 132，247

点突变（point mutation） 132，247

电穿孔法（electroporation） 186，199

电离辐射（ionizing radiation） 328

电喷雾质谱（electrospray ionization mass spectrometry，ESI-MS） 224

电转移（electrotransfer） 216

电子克隆（in silico cloning） 194

淀粉样蛋白（amyloid protein β，Aβ） 262

定点突变（site-directed mutagenesis） 188

定量 RT-PCR（quantitative RT-PCR，QRT-PCR） 157

定向克隆（directional cloning） 181

动态突变（dynamic mutation） 248

豆蔻酰化（myristoylation） 84

豆蔻酰基（myristol） 84

读框移动（reading frame shift） 132

端粒（telomere） 49

端粒酶（telomerase） 50

短串联重复序列（short tandem repeat，STR） 285，298

短发夹状 RNA（short hairpin RNA，shRNA） 216

短分散片段（short interspersed repeated segment） 29

断裂基因（split gene） 6

对话（cross-talking） 349

对接蛋白（docking protein，DP） 89

多反应监测（multi reaction monitor，MRM） 229

多环芳烃类（polycyclic aromatic hydrocarbon，PHA） 341

多基因家族（multigene family） 30

多聚蛋白（polymeric protein） 76

多聚核苷酸激酶（polynucleotide kinase，PNK） 136

多克隆位点（multiple cloning site，MCS） 174

多瘤病毒（polyoma virus） 329

多瘤抑制基因 1（multiple tumor suppressor gene 1，MTS1） 339

多色探针熔解曲线分析（multicolor melting curve analysis，MMCA） 279

多顺反子（polycistron） 18，26，99

多萜醇焦磷酸酯（dolicol diphosphate，p-Dol） 82

多维蛋白质鉴定技术（multidimensional protein identification technology） 224

多药耐药基因（multidrug resistance-1，mdr-1） 323

多药耐药相关蛋白（multidrug resistant-related protein，MRP） 323

多重 PCR（multiplex PCR） 278

多重连接探针扩增（multiple ligation-dependent probe amplification，MLPA） 279

E

二次突变假说（two-hit hypothesis） 330

二级去稳定残基（secondary destabilizing residue） 95

二硫键（disulfide bond） 86

二酰甘油（diacylglycerol，DAG） 257

F

发夹形（hairpin） 272

翻译后调控（posttranslational control） 120

翻译同步转运（co-translational translocation） 87

反密码子（anticodon） 62

反式激活反转录病毒（*trans*-activating retrovirus） 33

反式作用因子（*trans*-acting factor） 114

反向 PCR 161

反向斑点杂交（reverse dot blotting） 276

反向重复（inverted repeat，IR）序列 171

反向重复序列（inverted repeat sequence） 24，27

反义 RNA（antisense RNA） 214，271

反义寡核苷酸（antisense oligonuleotide，ASON） 270

反义技术（antisense technique） 270

反义链（antisense strand） 214

反义链 RNA（antisense RNA） 311

反转录（reverse transcription） 41，51

反转录病毒（retrovirus） 33，51，304

反转录酶（reverse transcriptase） 5，33，173

泛素（ubiquitin，Ub） 85，260

泛素 - 蛋白连接酶（ubiquitin-protein ligating enzyme，E3） 85

泛素 - 蛋白酶体通路（ubiquitin-proteasome pathway，UPP）　95

泛素 - 蛋白酶体途径（ubiquitin proteasome pathway，UPP）　260

泛素活化酶（ubiquitin-avtivating enzyme，E1）　85

泛素结合酶（ubiquitin-conjugating enzyme，E2）　260

泛素连接酶（ubiquitin ligase，E3）　260

泛素偶联酶（ubiquitin-conjugating enzyme，E2）　85

泛素尾（ubiquitin tail）　73

芳香烃羟化酶（aryl hydrocarbon hydroxylase，AHH）　341

飞行时间（time of flight，TOF）　243

非编码 RNA（non-coding RNA，ncRNA）　42

非翻译区（untranslated region，UTR）　10

非急性转化性反转录病毒（non-acute transforming retrovirus）　33

非甲基化（non-methylation）　331

非胶原糖蛋白（noncollagenous glycoprotein）　344

非同源末端连接（non-homologous end joining，NHEJ）　138

非折叠蛋白反应（unfold protein response，UPR）　97

肺孢子虫病（pneumocystosis）　293

肺泡巨噬细胞（alveolar macrophages，AM）　257

分拣（sorting）　83

分解代谢基因激活蛋白质（catabolite gene activator protein，CAP）　104

分解物阻遏（catabolite repression）　104

分泌蛋白质（secretory protein）　87

分选（sorting）　120

分支迁移（branch migration）　138，153

分子靶向治疗（molecular targeted therapy）　349

分子伴侣（molecular chaperone）　71，121

分子克隆（molecular cloning）　2，6，170

分子内分子伴侣（intramolecular chaperone，IMC）　73

分子信标探针（molecular beacon）　159

分子医学（molecular medicine）　14

封闭（blocking）　167

封闭界面（closed interface）　76

氟碘阿糖尿嘧啶（fialuridine）　209

辐（spoke）　92

辅 - 伴侣蛋白（co-chaperonin）　72

父权指数（paternity index，PI）　299

复合调控（compound control）　103

复性（renaturation）　148

复制（replication）　41

复制叉（replication fork）　43

复制泡（replication bubble）　43

复制起点（origin of replication，ori）　22，174

富含谷氨酰胺的结构域（glutamine-rich domain）　116

富含脯氨酸的结构域（proline-rich domain）　116

## G

钙黏着蛋白（cadherin）　344

钙调蛋白（calmodulin，CaM）　323

甘露糖（mannose，Man）　82

肝细胞生长因子（hepatocyte growth factor，HGF）　351

肝炎病毒 D（hepatitis delta virus）　272

感染（infection）　182

感受态细胞（competent cell）　182

干扰素（interferon）　68

冈崎片段（Okazaki fragment）　4，45

高度可变区（hypervariable region，HVR）　297

高度重复序列（highly repetitive sequence）　26

高分辨率熔解曲线（high resolution melt curve，HRM）　279

高迁移率组（high mobility group，HMG）　111

高通量（high throughput）　6

高效液相色谱（high performance liquid chromatography，HPLC）　224

功能蛋白质组学（functional proteomics）　221

功能基因组学（functional genomics）　34，35

共翻译（cotranslational）　83

共激活物（coactivator）　124

共价闭合环状 DNA（covalent closed circular DNA，cccDNA）　22

共价修饰（covalent modification）　77，79

共抑制物（corepressor）　124

共有序列（consensus sequence）　99，112

谷胱甘肽 S 转移酶（glutathione S-transferase，GST）　236，323

谷胱甘肽过氧化物酶（glutathione peroxidase，GSH-PX）　323

固相 pH 梯度（immobilized pH gradient，IPG）　224

固相锚定 PCR　162

寡聚蛋白（oligomeric protein）　76

寡聚体（oligomer）　70

挂锁 FISH（FISH with padlock）　276

挂锁探针（padlock probe）　276

关联分析（association analysis）　281

滚环复制（rolling circle replication）　48

过表达（overexpression）　213

过氧化物酶体靶向信号（peroxisome targeting signal，PTS）　93

## H

合成后交联（post-synthesis attachment）　163

核不均一 RNA（heterogeneous nuclear RNA，hnRNA）　57，110

核蛋白细丝（nucleoprotein filament）　138

核定位信号（nuclear localization signal，NLS）　93，124

核苷酸（nucleotide，nt） 154
核苷酸切除修复（nucleotide excision repair，NER） 133
核孔蛋白（nucleoporin） 92
核孔复合体（nuclear pore complex，NPC） 92
核酶（ribozyme） 9，271
核受体超家族（nucleic receptor superfamily） 117
核输出信号（nuclear export signal，NES） 124
核输入受体（nuclear import receptor） 93
核输入因子（nuclear importin） 93
核素（nuclein） 3
核酸（nucleic acid） 3
核酸酶 S1 保护分析法（nuclease S1 protection assay） 151
核糖核酸酶（ribonuclease，RNase） 262
核糖核酸酶 A（RNase A） 5
核糖核酸酶 H（RNase H） 270
核糖核酸酶切（RNase cleavage） 262
核糖体 RNA（ribosome RNA，rRNA） 42
核糖体结合糖蛋白（ribophorin） 89
核小体（nucleosome） 111
核心颗粒（core partical，CP） 96
核心酶（core enzyme） 52
核心启动子（core promoter） 113
核心序列（core sequence） 285
核质环（nucleoplasmic ring） 92
亨廷顿病（Huntington disease，HD） 75
红细胞 251
宏阵列（macroarray） 163
后基因组学（post-genomics） 35
后随链（lagging strand） 45
候选基因（candidate gene） 35
滑动（sliding） 117
化学活化膜（chemical activated paper） 149
化学切割错配（chemical cleavage of mismatch，CCM） 263
环丁烷基（cyclobutane） 131
环介导等温核酸扩增技术（loop-mediated isothermal amplification，LAMP） 281
回文结构（palindrome） 27，171
混合骨架反义寡核苷酸（mixed-backbone oligonucleotide，MBO） 270

**J**

基序（motif） 195
基因（gene） 17
基因编辑（gene editing） 8，301
基因表达（gene expression） 99
基因表达系列分析（serial analysis of gene expression，SAGE） 267

基因操作（gene manipulation） 2
基因打靶（gene targeting） 195，202，269，300
基因点突变（gene point mutation） 335
基因干预（gene interference） 301
基因工程（gene engineering） 2，170
基因间 DNA（intergenic DNA） 18
基因克隆（gene cloning） 2，170
基因扩增（gene amplification） 111，335
基因敲除（gene knockout） 202，269
基因敲除动物（gene knockout animal） 202
基因芯片（gene chip） 163，281
基因型（genotype） 327
基因诱捕 217
基因增补（gene addition） 301
基因诊断（gene diagnosis） 274
基因治疗（gene therapy） 300
基因置换（gene replacement） 300
基因重排（gene rearrangement） 111，335
基因转移（gene transfer） 303
基因组（genome） 8，17，20，221
基因组 DNA 文库（genomic DNA library） 179
基因组文库（genomic library） 7
基因组学（genomics） 17，34
基质导入序列（matrix-targeting sequence，MTS） 90
基质辅助激光解吸/电离飞行时间质谱（matrix-assisted laser desorption/ionization time of flight mass spectrometry，MALDI-TOF MS） 225
基质金属蛋白酶（matrix metallo proteinase，MMP） 344
激光捕获显微切割（laser capture microdissection，LCM） 223，241
激酶（kinase） 103
急性转化性反转录病毒（acute transforming retrovirus） 33
疾病蛋白质组学（disease proteomics） 239
继承性免疫治疗（adoptive immunotherapy） 322
继发性耐受（secondary resistance） 349
家族性孤立性生长激素缺乏Ⅱ型遗传病（familial isolated growth hormone deficiency type Ⅱ） 250
夹心杂交法（sandwich hybridization） 277
甲基化 CpG 序列结合蛋白（methyl CpG binding protein） 111
甲基转移酶（methyltransferase，MTase） 258
甲硫氨酸（methionine，Met） 78
甲胎蛋白（alpha fetoprotein，AFP） 256，316
甲酰甲硫氨酸（formylmethionine，fMet） 78
贾第鞭毛虫（Giardia） 311
假基因（pseudogene） 30
间隔序列（intervening sequence） 26

间接致癌物（indirect carcinogen）　328

间质-上皮转化（mesenchymal-epithelial transition，MET）　348

减色效应（hypochromic effect）　148

剪接（splicing）　26，58

简并引物（degenerate primer）　156

碱基切除修复（base excision repair，BER）　133

碱性亮氨酸拉链（basic leucine zipper，bLZ）　115

碱性磷酸酶（alkaline phosphatase）　174

降解盒（destruction box）　96

降落 PCR（touchdown PCR）　278

交叉 β 折叠结构（cross-β-sheet）　76

交汇点（cross point，Cp）　160

胶原（collagen）　344

焦磷酸测序法（pyrosequencing）　146

铰链区（hinge region）　76

酵母反向双杂交系统（yeast reverse two-hybrid system）　234

酵母人工染色体（yeast artificial chromosome，YAC）　178

酵母三杂交系统（yeast three-hybrid system）　234

酵母双杂交系统（yeast two-hybrid system）　233

接合（conjugation）　23

结构基因（structure gene）　18

结构基因组学（structural genomics）　34

结构域交换模型（domain swapping model）　76

解链酶（helicase）　39

解链温度（melting temperature，$T_m$）　148

金属激活酶（metal-activated enzyme）　79

金属酶（metalloenzyme）　79

进行性假肥大性 / 贝克肌营养不良（Duchenne/Becker muscular dystrophy，DMD/BMD）　278

局灶黏附激酶（focal adhesion kinase，FAK）　343

巨噬细胞来源的单核细胞（monocyte-derived macrophages，MDM）　243

聚丙烯酰胺凝胶电泳（polyacrylamide gel electrophoresis，PAGE）　142

聚合酶链反应（polymerase chain reaction，PCR）　152

聚类分析（cluster analysis）　165

聚乳糖胺（polylosamine）　83

**K**

卡氏肺孢子虫（*Pneumocysis carinii*）　293

开放界面（open interface）　76

开放型复合体（open complex）　100

开放阅读框（open reading frame，ORF）　18

抗 IgM 抗体介导（anti-IgM antibody-mediated）　241

抗癌基因（antioncogene）　337

拷贝数变异（copy number variation，CNV）　247

可变剪接（alternative splicing）　59

可变数目串联重复序列（variable number of tandem repeat，VNTR）　285

可转座的噬菌体（transposable phage）　24

克隆载体（cloning vector）　174

**L**

类泛素蛋白（ubiquitin-like protein）　86

类泛素化修饰（ubiquitin-like modification）　86

类核（nucleoid）　22

冷休克反应（cold-shock response）　244

利妥昔单抗（Rituximab）　349

连接酶（ligase）　45

连锁分析（linkage analysis）　281

两性 α 螺旋（amphipathic α-helix）　115

邻近蛋白标记技术（proximity-dependent biotin identification，BioID）　237

临界点（threshold）　159

临界点循环（threshold cycle，Tc 或 Ct）　160

淋巴因子活化杀伤细胞（lymphokine-activated killer cell，LAK 细胞）　322

磷酸甘露糖变位酶（phosphomannomutase）　87

硫代半乳糖苷转乙酰基酶（thiogalactoside transacetylase）　101

硫酸化（sulfatation）　83

硫氧还蛋白（thioredoxin，Trx）　74

螺旋-环-螺旋（helix-loop-helix，HLH）　115

螺旋酶（helicase）　311

螺旋-转角-螺旋（helix-turn-helix）　114

**M**

慢病毒（lentivirus）　306

毛细管电泳技术（capillary electrophoresis，CE）　224

锚定酶（anchoring enzyme，AE）　267

锚定信号序列（signal-anchor sequence，anchor sequence）　90

酶促切割错配（enzyme mismatch cleavage，EMC）　263

密码（code）　41

密码子（codon）　4

免疫共沉淀（co-immuno-precipitation，co-IP）　235

免疫球蛋白 G（immunoglobulin G，IgG）　83

免疫特惠区（immunologically privileged site）　324

模板链（template strand）　53

模式生物（model organism）　34

膜间腔导入序列（intermembrane-space-targeting sequence）　91

末端利用底物（terminus utilization substrate，Tus）　47

末端脱氧核苷酸转移酶（terminal deoxynuc-leotidyl transferase，TdT）　173

莫洛尼鼠白血病病毒（Moloney murine leukemia virus，

MMLV） 157，304

**N**

囊性纤维化（cystic fibrosis，CF） 252，320

囊性纤维化跨膜传导调节蛋白（cystic fibrosis transmembrane conductance regulator，CFTCR） 62，252，320

内含子（intron） 26，58

内膜转运酶复合体（translocase of inner membrane，TIM complex） 91

内抑素（endostain） 346

内引物（inter primer） 162

内源 siRNA（endogenous siRNA） 122

内质网（endoplasmic reticulum，ER） 88

内质网相关蛋白质降解途径（endoplasmic reticulum-associated degradation，ERAD） 97

内质网驻留信号（endoplasmic reticulum retention signal） 74

尼龙膜（nylon membrane） 149

黏附素（adhesin） 243

黏粒（cosmid） 177

酿酒酵母（Saccharomyces cerevisiae） 8

鸟氨酸氨甲酰基转移酶（ornithine transcarbamylase，OTC） 325

鸟类成髓细胞性白血病病毒（avian myeloblastosis virus，AMV） 157

牛小肠碱性磷酸酶（calf intestinal alkaline phosphatase，CIP） 174

扭曲（twisting） 117

**P**

帕金森病（Parkinson disease） 75

哌啶（piperidine） 263

旁侧序列（flanking sequence） 18

旁观者效应（bystander effect） 302

胚胎干细胞（embryonic stem cell，ES 细胞） 195，269

配伍末端（compatible end） 171

碰撞诱导裂解（collision-induced dissociation，CID） 225

嘌呤核苷磷酸化酶（purine nucleoside phosphorylase，PNP） 301

嘌呤霉素（puromycin） 68

平行反应监测（parallel reaction monitoring，PRM） 229

平台效应（plateau effect） 153

**Q**

启动子（promoter） 101，113，128

起始因子（initiation factor，IF） 64

前病毒（provirus） 304

前病毒或原病毒 DNA（provirus DNA） 33

前导链（leading strand） 45

前导肽（leader peptide） 73，90

前激素原转换酶（prohormone convertase） 78

前列腺特异性抗原（prostate specific antigen，PSA） 316

前体 miRNA（pre-miRNA） 122

前突变（premutation） 290

前胰岛素原（preproinsulin） 78

前致癌物（procarcinogen） 328

嵌合抗原受体（chimeric antigen receptor，CAR） 322

嵌合抗原受体 T 细胞（chimeric antigen receptor T cell，CAR-T 细胞） 303，322

嵌合体动物（chimeric animal） 195

强力霉素（doxycycline，Dox） 317

羟胺（hydroxylamine） 263

羟基脲（hydroxyurea，HU） 129

亲和纯化质谱（affinity-purification mass spectrometry，AP-MS） 236

亲子关系概率（relative change of paternity，RCP） 299

琼脂糖（agarose） 237

驱动突变（driver mutation） 350

去甲基化（demethylation） 331

去甲基化酶（demethylase） 84

去稳定残基（destabilizing residue） 95

全基因组关联研究（genome-wide association study，GWAS） 147，259

全酶（holoenzyme） 52

全突变（full mutation） 290

缺口平移（nick translation） 173

缺失（deletion） 132，247

阈值（threshold） 160

**R**

染色质（chromatin） 111

染色质特异的转录延长因子（chromatin specific transcription elongation factor） 125

热点（hotspot） 338

热激蛋白（heat shock protein，Hsp） 71

热休克蛋白（heat shock protein，Hsp） 101

人工接头（adaptor 或 linker） 181

人工染色体（artificial chromosome） 178

人类基因治疗（human gene therapy） 8，15

人类基因组计划（human genome project，HGP） 9，37

人类基因组组织（Human Genome Organization） 37

人类孟德尔遗传数据库（Online Mendelian Inheritance in Man，OMIM） 285

人类免疫缺陷病毒（human immunodeficiency virus，HIV） 243

人类游离人工染色体（human artificial episomal chromosome, HAEC） 178

人绒毛膜促性腺激素（human chorionic gonadotrophin, hCG） 258

人乳头状瘤病毒（human papilloma virus, HPV） 329

人纹状体脊髓变性病（Creutzfeldt-Jakob disease, CJD） 75

熔球（molten globule） 70

乳胞素（lactacystin） 261

乳化 PCR（emulsion PCR） 146

朊病毒（prion） 75

朊病毒病（prion disease） 75

朊病毒蛋白（prion protein, PrP） 75

**S**

三股螺旋 DNA（triplex DNA） 270

三级去稳定残基（tertiary destabilizing residue） 95

上皮 - 间质转化（epithelial-mesenchymal transition, EMT） 348

上游启动子元件（upstream promoter element, UPE） 113

神经母细胞（neuroprogenitor） 325

神经生长因子（nerve growth factor, NGF） 258

生活周期（life cycle） 304

生物蝶呤（biopterin） 319

生物工程（bioengineering） 12

生物技术（biotechnology） 12

生物芯片（biochip） 281

生物信息工具（bioinformatics tool） 163

生物医学（biomedicine） 14

生长激素 -1（growth hormone-1, GH-1） 250

生长激素抑制素（hormone somatostatin） 13

生殖细胞（germ cell） 300

时间系列分析（time series analysis） 165

实时荧光定量 PCR（realtime fluorescent quantitative PCR, FQ-PCR） 158

释放因子（release factor, RF） 66

嗜热菌（Thermus thermophilus） 155

嗜热水生菌（Thermus aquatics） 153

嗜热四膜虫（Tetrahymena thermophila） 9

噬菌体（bacteriophage, phage） 176

噬菌体展示（phage display） 234

首建者转基因动物（founder transgenic animal） 200

疏水信号序列（hydrophobic signal sequence） 92

数字 PCR（digital PCR, dPCR） 278

衰减子作用（attenuation） 105

双倍体（diploid） 26

双底物特异性蛋白激酶（double specific protein kinase, DSPK） 80

双链 RNA（double-stranded RNA, dsRNA） 122

双链 RNA 结合域（double stranded RNA-binding domain, dsRBD） 311

双链 RNA 特异性核酸内切酶（dsRNA-specific endonuclease） 311

双链断裂（double-strand breakage） 131

双螺旋（double helix） 41

双桶状结构（double cylinder） 72

双脱氧核苷酸末端终止法（dideoxynucleotide chain termination method） 142

双向凝胶电泳（two-dimensional electrophoresis, 2-DE） 223

水解探针（hydrolysis probe） 158

顺式激活反转录病毒（cis-activating retrovirus） 33

顺式作用元件（cis-acting element） 18, 55, 113, 128

顺向重复序列（directed repeat sequence, DR 序列） 24

丝裂原激活的蛋白激酶（mitogen-activated protein kinase, MAPK） 347

四环素抗性操纵子（tetracycline-resistance operon） 317

四氧化锇（osmium tetroxide） 263

松弛型质粒（relaxed plasmid） 23

酸性 α 螺旋（acidic α-helix domain） 116

**T**

胎儿型肌球蛋白重链（β-MHC） 257

肽核酸（peptide nucleic acid, PNA） 271

肽基脯氨酰顺反异构酶（peptidylprolyl cis/trans isomerase, PPI） 73

肽转位复合物（peptide translocation complex） 89

糖苷酶（glycosidase） 135

糖苷转移酶（glycosyl transferase） 83

特异性泛素激活酶（ubiquitin-activating enzyme, E1） 260

特异转录因子（special TF, STF） 55

体内（in vivo） 216

体外（in vitro） 216

体细胞（somatic cell） 300

替代（置换）型载体（replacement vector） 176

天然构象（native conformation） 70

条件性基因敲除（conditional gene knockout） 203

条件性组织特异性基因敲除（conditional tissue-specific gene knockout） 203

调节颗粒（regulatory partical, RP） 96

调节物（regulator） 124

调节子（regulon） 22

调介物（mediator） 124

调控元件（control element） 101

铁蛋白（ferritin） 79, 119

铁反应元件（iron-response element） 119

铁结合调节蛋白（regulatory iron-binding protein）　119

停止转运信号（stop-transfer signal）　89

停止转运序列（stop-transfer sequence）　91

通用转录因子（general TF，GTF）　55

同聚物加尾（homopolymer tailing）　181

同裂酶（isoschizomer）　171

同尾酶（isocaudarner）　171

同位素的相对与绝对定量（isobaric tags for relative and absolute quantitation，iTRAQ）　227

同线性（synteny）　36

同义突变（synonymous mutation）　250

同源基因定量 PCR（homologous gene quantitative PCR，HGP-PCR）　278

同源结构域（homeodomain，HD）　114

同源重组（homologous recombination）　138，202，300

同质异序标签（tandem mass tags，TMT）　227

投送（transfiching）　83

突变（mutation）　132，246

突变子（muton）　24

退火（annealing）　152，277

脱甲酰基酶（deformylase）　78

唾液酸化（sialylation）　83

**W**

外膜定位序列（out-membrane location sequence）　91

外膜孔蛋白（porin）　91

外膜转运酶复合体（translocase of outer membrane，TOM complex）　91

外显子（exon）　26，58

外显子组测序（exome sequencing）　148

外引物（outer primer）　162

外源 siRNA（exogenous siRNA）　122

完全敲除（complete knockout）　205

网状内皮系统（reticuloendothelial system，RES）　308

微 RNA（miRNA）　10

微粒体（microsome）　4

微小 RNA（microRNA，miRNA）　121

微阵列（microarray）　267

卫星 DNA（satellite DNA）　28

位点定点诱变（site-directed mutagenesis）　83

位点控制区（locus control region，LCR）　129

稳定残基（stabilizing residue）　95

稳定同位素标记技术（stable isotope labeling strategies，SILAC）　227

无偿的诱导剂（gratuitous inducer）　102

无义突变（nonsense mutation）　212，249

戊脉安（verapamil）　323

**X**

系统生物学（system biology）　239

细胞癌基因（cellular oncogene，c-onc）　7，333

细胞毒性 T 淋巴细胞（cytotoxic T lymphocyte，CTL）　302

细胞核小分子核糖核蛋白颗粒（small nuclear ribonucleoprotein particle，snRNP）　58

细胞黏附分子　343

细胞色素 P450（cytochrome P450，CYP450）　323，341

细胞外基质（extracellular matrix，ECM）　257，343

细胞转染（cell transfection）　213

细胞转移治疗（cell transfer therapy）　322

细菌碱性磷酸酶（bacterial alkaline phosphatase，BAP）　174

细菌人工染色体（bacterial artificial chromosome，BAC）　178

狭缝印迹杂交（slot blotting）　150

狭缝杂交（slot blot hybridization）　276

下游启动子元件（downstream promoter element，DPE）　55

先天性糖化紊乱症（congenital disorders of glycosylation，CDG）　87

纤维蛋白溶酶（plasmin）　345

纤维蛋白溶酶原活化因子（plasminogen activator，PA）　344

纤维连接蛋白（fibronectin，FN）　343

显性负突变（dominant negative mutation）　338

限制性内切核酸酶（restriction endonuclease）　170

限制性内切酶或限制酶（restriction enzyme）　5

限制性片段长度多态性（restriction fragment length polymorphism，RFLP）　252，331

线粒体输入刺激因子（mitochondrial import stimulating factor，MSF）　91

腺病毒（adenovirus）　304，329

腺苷 -5′ - 磷酸硫酸酐（adenosine-5′-phosphosulfate，APS）　146

腺苷酸环化酶（adenylate cyclase）　10

腺苷脱氨酶（ADA）　319

腺相关病毒（adeno-associated virus，AAV）　307

消减杂交（subtractive hybridization）　347

硝酸纤维素膜（nitrocellulose membrane，NC 膜）　149

小非编码 RNA（small noncoding RNA）　121

小分子 RNA（microRNA，miRNA）　216

小分子发卡结构 RNA（small hairpin RNA，shRNA）　273

小干扰 RNA（small interfering RNA，siRNA）　10，121，215，259，272，312

小核 RNA（small nuclear RNA，snRNA）　42，58

泄漏突变（leaky mutation）　269

锌簇（cluster）　114

锌扭（twist）　114

锌指（zinc finger）　114

信号肽（signal peptide）　78，88

信号肽酶（signal peptidase）　78，88

信号肽识别颗粒（signal recognition particle，SRP）　88

信号序列（signal sequence）　88

信使 RNA（mRNA）　42

信使分子（reporter molecule）　163

星号活性（star activity）　172

胸苷激酶（thymidine kinase，TK）　202，301

秀丽隐杆线虫（Caenorhabditis elegans）　10

序列特异性 DNA 结合蛋白（sequence specific DNA binding protein，SDBP）　114

选择标志（selection marker）　174

选择反应监测（selective reaction monitor，SRM）　228

选择素（selectin）　344

选择性剪接（alternative splicing）　118

血管紧张素Ⅱ（angiotensin Ⅱ，Ang Ⅱ）　257

血管紧张素转换酶（angiotensin converting enzyme，ACE）　257

血管生长素（angiogenin）　345

血管抑素（angiostain）　346

血红蛋白（hemoglobin，Hb）　127，251

血红蛋白病（hemoglobinopathy）　286

血浆铜蓝蛋白（ceruloplasmin）　79

血小板衍生生长因子（platelet derived growth factor，PDGF）　257，258，334

血友病（hemophilia）　288，319

循环芯片测序法（cyclic-array sequencing）　147

### Y

亚基（subunit）　76

延伸（extension）　152，277

延长因子（elongation factor，EF）　66

延长子（elongator）　125

严紧型质粒（stringent plasmid）　23

严重急性呼吸综合征（severe acute respiratory syndrome，SARS）　242

岩藻糖化（fucosylation）　83

氧化萤光素（oxyluciferin）　146

药物基因组学（pharmacogenomics）　281

液相杂交（solution hybridization）　150

一级去稳定残基（primary destabilizing residue）　95

衣原体（chlamydia）　293

依赖于 RNA 的 DNA 聚合酶（RNA-dependent DNA polymerase）　5

依赖于 RNA 的 RNA 聚合酶（RNA-dependent RNA polymerase，RDRP）　272

胰蛋白酶（trypsin）　78

胰岛素原（proinsulin）　78

胰凝乳蛋白酶（chymotrypsin）　78

移码突变（frameshift mutation）　133，250

遗传毒性致癌物（genotoxic carcinoma）　328

遗传工程（genetic engineering）　12

遗传性非息肉病性大肠癌（hereditary nonpolyposis colonrectal cancer，HNPCC）　141，340

遗传学（genetics）　37

乙酰辅酶 A（acetyl-CoA）　258

乙酰化（acetylation）　83

乙酰转移酶（acetyltransferase）　82

乙型肝炎病毒（hepatitis B virus，HBV）　329

异丙基 -β-D- 硫代半乳糖苷（isopropylthio-β-D-galactoside，IPTG）　184

异常血红蛋白血症（abnormal hemoglobin syndrome）　251

异构酶（isomerase）　103

异染色质（heterochromatin）　111

异戊二烯化（prenylation）　84

抑癌基因（tumor suppressor gene）　321

抑制性差减杂交（suppression subtractive hybridization，SSH）　267

抑制性消减杂交（suppression subtractive hybridization，SSH）　151

引导链（guide strand）　122

引导序列（guide sequence）　314

引物（primer）　45

引物酶（primase）　45

荧光定量 PCR（fluorescent quantitative PCR，FQ-PCR）　277

荧光共振能量转移（fluorescence resonance energy transfer，FRET）　158

荧光染料（fluorescent dye，fluorochrome）　158

荧光原位杂交（fluorescence in situ hybridization，FISH）　150，276

萤光素（luciferin）　146

萤光素酶（luciferase）　146

应激激活的蛋白激酶（stress-activated protein kinase，SAPK）　347

应用遗传学（applied genetics）　12

幽门螺杆菌（Helicobacter pylori，HP）　292

游离体（episome）　214

有义链 RNA（sense RNA）　311

诱导剂（inducer）　102

原癌基因（proto-oncogene）　7，333

原发性耐受（intrinsic resistance）　349

原核表达载体（prokaryotic expression vector）　178

原位 PCR　163

原位分子杂交（molecular hybridization *in situ*）　150，276
原位合成（*in situ* synthesis）　163
运铁蛋白（transferrin）　79

**Z**

杂合双链分析（heteroduplex analysis，HA）　263
杂交（hybridization）　149
载体（vector）　6，174
载脂蛋白（apolipoprotein，apo）　252，261
增强子（enhancer）　113，128
增色效应（hyperchromic effect）　148
折叠（folding）　120
折叠酶（foldase）　73
着色性干皮病（xeroderma pigmentosum，XP）　141
真核表达载体（eukaryotic expression vector）　178
整合酶（integrase）　33
整合素（integrin）　343
整合素结合基序（integrin binding motif）　347
正义链（sense strand）　214
脂质体（liposome）　200
直接致癌物（direct carcinogen）　328
直系同源（orthologous）　36
质粒（plasmid）　6，22，174
质谱（MS）　235
治疗学（therapeutics）　15
中度重复序列（moderately repetitive sequence）　27
中性突变（neutral mutation）　249
中央栓（central plug）　92
终致癌物（ultimate carcinogen）　328
肿瘤坏死因子（tumor necrosis factor，TNF）　322
肿瘤浸润淋巴细胞（tumor infiltrating lymphocyte cell，TIL 细胞）　302，322
肿瘤驱动基因（driver oncogene）　350
肿瘤血管生成因子（tumor angiogenesis factor，TAF）　345
肿瘤遗传易感性（tumor genetic susceptibility）　330
肿瘤抑制基因（tumor suppressor gene）　337
肿瘤易感基因（tumor susceptible gene）　331
肿瘤治疗耐受（therapy resistance）　349
肿瘤转移（metastasis）　343
肿瘤转移促进基因（metastasis-enhancing gene）　346

肿瘤转移抑制基因　346
周期蛋白（cyclin）　96
珠蛋白（globin）　127
主成分分析（principal component analysis）　165
转导（transduction）　182
转导性反转录病毒（transducing retrovirus）　33
转化（transformation）　182
转化生长因子（transforming growth factor，TGF）　258
转化生长因子 -β1（transforming growth factor-β1，TGF-β1）　257
转换（transition）　132，247
转基因（transgene）　195
转基因动物（transgenic animal）　195
转基因技术（transgenic technique）　195，268
转录（transcription）　41
转录后基因沉默（post-transcriptional gene silencing，PTGS）　215，272
转录激活结构域（transcription activating domain，AD）　116，233
转录起始（transcription initiation）　100
转录因子（transcription factor，TF）　54，114
转录因子ⅡD（transcription factorⅡD，TFⅡD）　112
转录组（transcriptome）　52
转染（transfection）　182
转位因子（transposable element）　23
转移酶反义技术（antisense technique）　83
转运 RNA（transfer RNA，tRNA）　42
转座子（transposon，Tn）　24
自分泌运动因子（autocrine motility factor，AMF）　345
自剪接（self-splicing）　271
自剪切（self-cleavage）　272
自我组装（self-assembly）　70
棕榈酰化（palmitoylation）　84
组蛋白密码（histone code）　125，258，332
组蛋白去乙酰化酶（histone deacetylase，HDAC）　82，259
组蛋白乙酰转移酶（histone acetyltransferase，HAT）　82，259
组合抗体库（combinatorial immunoglobulin library）　7
组合式基因调控（combinatorial gene regulation）　117
组织蛋白酶（cathepsin）　96